# 조경학

*LANDSCAPE ARCHITECTURE*

## 저자

### 존 옴즈비 사이먼즈(John Ormsbee Simonds)

이미 2005년 5월 타계했지만, 20세기 조경 분야와 환경계획 분야에서 가장 중요한 인물 중 한 사람이었다. 그의 비전으로 가득 찬 사고(思考), 혁신 정신은 세계 널리 잘 알려져 있다. 70년 넘는 조경 일생 역정을 통해 미국에서 조경이라는 분야가 소수 전문가가 활동하던 1900년대 초부터, 오늘날 30,000명 넘는 토지이용계획 전문가, 환경계획 전문가까지 활동하는 시대가 되도록 확대, 발전시키는 다리 역할을 담당해 왔다. 《조경학》 책은 물론, 여타 허다한 기여를 통해 오늘날 친환경적 계획과 설계에 초점을 맞추도록 이끄는 초석을 다졌다. 미국조경가협회(ASLA) 회장을 역임하였고, 원로회원이었으며, 미국조경가협회는 최고 영예로운 상 '협회 메달(ASLA Medal)'과, 이제까지 유일하게 수여한 '100주년 기념 협회장 메달(Centennial President's Medal)'을 수여한 바 있다. 미국대통령 환경특별위원회(President's Task Force on the Environment) 위원, 플로리다 주지사 자연자원특별위원회(Florida Governor's Task Force on Natural Resources) 위원, 영국 왕립디자인학술원 원로회원(Fellow of the Royal Academy of Design in Great Britain)을 역임했다.

### 배리 스타키(Barry W. Starke)

40년 이상 조경분야 선도자 역할을 해오고 있다. 1967년 캘리포니아 버클리 대학교 환경설계대학(College of Environmental Design, Univ. of California, Berkeley) 조경학과를 졸업했다. 재학시절 《조경학》 책 초판을 접하게 되었고, 그의 조경 인생에 큰 영향을 미치게 된다. 1974년 그는 'Earth Design Associates'라는 조경 회사를 공동 설립하였고, 회사 대표로 일하면서 융합 학술적 조경/환경설계회사로서 상도 받는 회사로 키운다. 1988년에는 버지니아 대학교 건축대학(University of Virginia School of Architecture) 교수로 취임하여 실무를 가르친다. 1999년에는 미국조경가협회(ASLA American Society of Landscape Architects) 창립 100주년 회장으로 선임되어, 기념사업을 주도하였다. 신재생자연자원재단(Renewable Natural Resources Foundation) 이사장을 역임했고, 현재 미국조경가협회(ASLA) 원로회원, 미국계획가협회(American Institute of Certified Planners) 회원이다. 2003년 조경발전에 기여한 탁월한 공로를 인정받아 제1회 미드파머 메달(M. Meade Palmer Medal)을 수상하였고, 2010년에는 버지니아 주 조경가협회로부터 《조경학》 책 4차 개정판 저술 공로에 대하여 기념비상(VA ASLA Landmark Award)과, 저작상(Honor Award in Communications)을 수상했다.

## 역자

### 안동만(Ahn, Tong-Mahn)

서울대학교(Seoul National University) 공대 건축공학과 학사

서울대학교 환경대학원 조경학과 석사

호주 시드니 대학교(University of Sydney) 도시 및 지역계획학과 석사

미국 펜실베니아 대학교(University of Pennsylvania) 도시 및 지역계획학과 박사과정 이수

서울대학교 농업생명과학대학 조경 · 지역시스템공학부 명예교수

# 조경학

## LANDSCAPE ARCHITECTURE

*A Manual of Environmental Planning and Design*

FIFTH EDITION

BARRY W. STARKE
JOHN ORMSBEE SIMONDS 저
안동만 역

McGraw Hill Education

普 文 堂

B. Starke & J. Simonds : Landscape Architecture, 5/ed



**ISBN** 978-0-07-179765-8 / **MHID** 0-07-179765-3



# 조경학(5판)_Landscape Architecture, 5/ed

A Manual of Environmental Planning and Design

**1판 1쇄 인쇄** 2016년 10월 20일
**1판 1쇄 발행** 2016년 10월 25일

**저 자** B. Starke & J. Simonds
**역 자** 안동만
**발행인** 김병계
**발행처** 도서출판 보문당
**등록** 1990년 6월 15일(제1-1066호)
**주소** 서울시 마포구 토정로15길 32
**전화** 704-7025/704-0635
**팩스** 704-2324
**홈페이지** www.bomoondang.co.kr
**전자우편** bmdpub@naver.com

**ISBN** 978-89-8413-213-9 93520

*책값은 뒤표지에 있습니다.
*파본은 구입하신 곳에서 교환해 드립니다.

---

이 도서의 국립중앙도서관 출판예정도서목록(CIP)은 서지정보유통지원시스템 홈페이지(http://seoji.nl.go.kr)와 국가자료공동목록시스템(http://www.nl.go.kr/kolisnet)에서 이용하실 수 있습니다.(CIP제어번호: CIP2016023758)

# 헌사

마조리에게 바칩니다

마조리 토드 사이먼즈 (Marjorie Todd Simonds, 1920 – 2012)

존 옴즈비 사이먼즈(John Ormsbee Simonds) 반려자로서 63년, 그가 '도움과 영감'을 주지 않았으면 이 책 초판부터 그 후속 판까지 모두 세상에 태어나지 못했을 것입니다.

필자는 또한 본 5차 개정판을 저술하는 것이, 전 세계에서 활약하는 본인의 동료 조경가, 회사, 협력사, 빼어난 사진가들이 기꺼이 큰 도움을 베풀었기에 가능했으며, 내 동반자 로리(Laurie)의 성원, 우리 직원들의 협업, 힘든 기색도 없이 열정과 헌신과 기여를 아끼지 않은 내 조수 조경가 브리나 로(Breanna Rau) 도움이 없었으면 불가능했기에 특별히 감사를 표합니다.

*배리 스타키 (Barry W. Starke)*

# 목차

# 5차 개정판 역자 서문

1961년 초판 발간 후 반세기가 흘렀고, 역자가 그 책을 읽으며 조경(造景) 공부를 시작한 것은 1973년이었으니 40년 넘는 세월이 흘렀다. 이 책 읽는 즐거움을 더 많은 조경 동학(同學)들과 나누고 싶어 3차 개정판(1997) 번역서를 출간한 것은 1999년이었다.

그사이 저자 존 옴즈비 사이먼즈는 타계했지만, 이 책을 읽는 조경인 수는 꾸준히 늘고 있다고 믿으며, 이 책이 세계 조경은 물론 우리나라 조경이 더욱 눈부시게 성장, 발전하는 데 기여했다고 믿는다.

세상 변화 가속도는 날듯해 순식간 생존을 위해 자연과 싸우던 인간을 자연 정복자 지위에 올리더니, 벌써 지구 환경 파괴를 통해 자기 자신을 파괴할 수 있는 최대 적으로 둔갑시켰다. 수십만 년, 수백만 년 진화해온 동물 인간은 자연에 맞서 싸워 이겨야 생존한다는 진화 본능을 쉬 떨쳐 잊을 수 없을 것 같다. 자연 자원을 최대한 많이 먼저 점유, 소비하는 것이 자기 유전자를 확산 보전하는 최상 전략임을 진화 본능에서 지우기 힘들 것이다.

이미 오늘날 우리 서로 우리 자신에게 최대 위협이 되고 있음을 깨닫지만, 앞으로 우리 손자들은 우리를 자기들 생존을 위협하는 최대 적이었다고 간주할 수밖에 없게 될지도 모르지 않는가?

이 책은 이제 환경 위기 시대를 맞이해 인간이 발붙이고 사는 땅, 작은 별 지구를 어떻게 잘 보전하고, 이용하면서, 관리하고 살아갈 것인가, 인간이 살아가는 환경을 어떻게 계획하고 설계할 것인가를 논한다. 새 공저자가 시대 변화에 맞추어 개정하고, 사진과 그림도 새 것으로 많이 바꾸어 단장했다. 그러나 아직도 인류가 부닥치고 있는 환경 위기 극복 처방으로는 많이 부족해 보인다.

독자는 이 책을 공부하면서 동시에 한국 전통 자연관을 생각하기 바라며, 우리 선현(先賢)들 가르침을 깨우치기 바란다. 우리나라 전통 지혜, 동양 지혜와 서양 문명을 잘 융합해 인간이 자연과 조화를 이루며 살아갈 새 시대 조경을 꿈꾸기를 간절히 기원한다.

3판 역자 서문 일부를 다시 여기 옮겨 적으면서 바라건대 그래도 우리 후손들이 우리들의 지구 환경 보전 노력을 고마워한다면 다행이겠다.

*조경이 무엇인지 궁금할 때 이 책을 읽어보십시오.*
*조경 전문가가 되고 싶을 때 이 책을 읽으십시오.*
*조경에 자신이 있을 때 한 번 더 이 책을 읽으십시오.*

*첫 번째 읽고 조경이 무엇인지 알게 될 것입니다.*
*두 번째 읽고 조경 전문가가 되는 자신을 얻을 것입니다.*
*세 번째 읽고 자연과 마주하는 마음, 조경의 철학에 대해 생각하게 될 것입니다.*

조경학에의 즐거운 여행 되십시오.

2016년 9월 역자

이 번역을 인간(人間)을 낳아준 자연(自然)에 바친다.
이제는 자연으로 귀향(歸鄕)하신,
나를 낳고 오늘의 나로 만들어주신 부모(父母)님께 바친다.

# 3차 개정판 역자 서문

1973년, 역자가 조경학 공부를 시작할 당시에는 참고서는 물론 교과서도 구해 보기가 어려웠다. 일반인들은 조경학을 고래잡이(捕鯨)와 연관 있는 것으로 인식할 정도로 조경학이 알려지지 않은 시절이었다. 그러던 시절에 조경이 무엇을 하는 것이며, 건축, 도시와는 어떤 관계가 있는 것인가를 명쾌히 설명해 주고, 수많은 우수 조경 사례를 사진으로 보여주고 있어서, 무한히 넓은 조경의 영역에 감탄하면서 조경 전문가에의 꿈으로 가슴 설레게 하는 교과서를 만났으니 바로 이 책이었다. 1961년 초판이 발간된 이래 조경학 분야의 세계적 베스트셀러가 된 역저(力著)다.

1997년의 삼판(三版)은 최신 조경 이론과 기법을 추가, 크게 확대 개정해,

· 조경과 환경계획의 기본원리
· 모든 것을 포용하는 틀로서의 자연
· 지형과 지형의 변경
· 습지, 강, 수계(水系) 다루기
· 기후와 날씨를 고려하는 설계
· 부지 선정과 분석 지침
· 단지계획/개발 과정
· 부지체계
· 경관과 전망의 설계
· 보행교통과 차량교통의 계획
· 성장관리, 도시확산 대책
· 주거와 정원의 통합
· 담장, 포장, 데크, 표지판, 조명, 연못, 분수, 가로 시설물의 설계
· 근린주구와 지역사회 계획
· 도심, 시가지, 교외의 활성화
· 역사경관 보전
· 훼손지 복구
· 옥외 생활과 레크리에이션 계획

등 조경학 제분야의 기초이론부터 실무에 필요한 전문지식, 조경의 철학까지 폭넓고 깊이 있게 다룬 조경학도 필독의 교과서가 되었다.
서양 조경이 동양 조경에서 배울 점을 곳곳에서 상세히 지적하고 있으며, 조경 연구자에게는 좋은 연구 주제들을 제시하고 있다.

옥외 공간의 계획과 설계, 자연 보전에 참여하는 건축, 토목, 도시, 단지계획 등 관련 분야 전문가에게도 일독을 권한다.

조경이 무엇인지 궁금할 때 이 책을 읽어보십시오.
조경 전문가가 되고 싶을 때 이 책을 읽으십시오.
조경에 자신이 있을 때 한 번 더 이 책을 읽으십시오.

첫 번째 읽고 조경이 무엇인지 알게 될 것입니다.
두 번째 읽고 조경 전문가가 되는 자신을 얻을 것입니다.
세 번째 읽고 자연과 마주하는 마음, 조경의 철학에 대해 생각하게 될 것입니다.

읽기 편안한 번역이 되도록 노력했지만 많이 부족합니다.

조경학에의 즐거운 여행 되십시오.

1999년 1월 역자

# 시작하는 글

반세기 넘어 전 1961년 이 책 초판이 발간됨으로써 조경(造景 Landscape Architecture)이란 무엇인가를 종합적으로 설명해 주는 책이 없던 공백을 메워주었고, 어떻게 계획해야 인간이 환경과 조화를 이루면서 땅을 이용할 수 있는가를 가르쳐주었다. 그 시대는 말하자면 환경운동 시대 초기였다. 레이첼 카슨이 쓴 책 《고요한 봄(Silent Spring)》 같은 일련의 시대적 경종(警鐘)이 미국뿐만 아니라 실로 전 세계에 울려 퍼져, 인간이 환경을 보는 시각은 물론 환경과 상호 작용하는 방식을 근본적으로 바꾸지 않으면 안 된다는 신호를 보내고 있던 때였다. 더 이상 우리 인간이 지구 정복자라 생각할 수 없으며, 인간은 떼어놓을 수 없는 자연(自然) 일부분이며, 그래서 자연이 곧 인간이라는 사실을 깨닫는 시대였다. 더 이상 숲을 훼손하고, 토양을 오용하고, 공기와 물을 오염시키고, 자연자원을 낭비하고, 인구 과잉을 방치하면서 지구에 비참한 결과가 오지 않기를 기대할 수 없다는 것을 알게 된 것이다.

그때보다 100년도 채 되기 이전에 탄생해 겨우 신생 전문 분야로 성장하기 시작한 조경은 꼭 필요한 때 꼭 필요한 장소에 꼭 필요한 기술과 지식을 갖추고 등장해서, 환경운동이라는 새 흐름 속에서 디자인 분야 선도자 역할을 맡고 있었다. 건축, 토목, 식물학, 지질학, 원예학, 자연과학, 사회문제 등을 교육받고, 훈련받았기에 조경가(Landscape Architect)들은 그런 역할을 담당하기에 가장 적합했던 것이다. 그러나 그 당시 조경이라는 전문 분야는 잘 알려지지도 않았고, 오해도 많았으며, 문헌 자료는 거의 모두 너무 오래되었고 구시대 조경을 다루고 있을 뿐이었다. 존 사이먼즈가 이를 바꾸어 놓았다.

존은 미시간 주립대학교에서 조경학을 전공했고, 세계를 두루 여행하고, 동양철학도 공부하고, 보르네오 원주민 속에서 살기도 하고, 보전 활동에도 참여하고, 결국 환경 공부에 심취해 새로 태동하던 생태학 원리를 껴안게 되었다. 존은 그 악명 높았던 '반란의 동지들' 일원으로 개릿 에크보(Garrett Eckbo), 댄 카일리(Dan Kiley), 찰스 로즈(Charles Rose) 등과 함께 1939년 하버드 대학교에서 조경학 석사 학위를 취득하며 졸업했다.

이러한 경력 때문에 존은 조경가 중에서 독보적 환경운동 주창자로 앞장설 수 있게 되고, 환경운동 속에서 조경가 역할이 어떠해야 하는가를 말할 수 있게 된다. 그래서 《조경학》 책 초판 저술 이유를 '조경학이라는 종합 전문 분야가 무엇인가를 말해야 할 책무가 있다고 느꼈기 때문'이라고 기술했다. 그 후 30년 동안 존 단독 저자로 두 차례 개정판을 출간했다. 10년 여 더 흐른 뒤 내가 공저자로 참여하는 이야기가 시작된다.

2004년 12월 12일 오후 전화가 울렸다. 전화기에 나타난 전화 거는 사람 이름이 '존 사이먼즈'였다. 순간 내 마음에 불안이 스쳤다. 우리는 오륙년 이상 미국조경가협회(ASLA) 창립 100주년 기념사업 추진을 논의하고 있었고 근간 2년 동안은 자주 긴밀히 의논하고 있던 터였다. 당시 사이먼즈는 건강이 좋지 않았고, 전화는 가족이 그가 위중하다거나 작고했다고 알리는 것 아닌가 불안했던 것이다. 전화를 받고 그의 목소리가 들려 왔을 때 난 안도의 숨을 내 쉬었다. 그리고 그의 이야기를 듣고 난 후 불안했던 마음이 오히려 기쁨으로 들뜨게 되었다.

"배리, 《조경학》 책 4차 개정판 공동저자로 함께 일할 수 있을지 생각해보겠나?" 듣고 있는 말을 믿기 어려울 지경이었다. 순간 옛일이 떠올랐다. – 1963년 11월 22일의 추억. 당시 나이 들었던 사람은 거의 모두 이날이 케네디 대통령이 암살당한 날이라는 것을 기억할 것이고 사람들은 대개 그때 자기가 어디서 무엇을 하고 있었는지 기억할 것이다. 나는 그때 버클리 대학교 도서관에서 존 사이먼즈가 지은 초판 《조경학》을 읽고 있었고, 책 속에 완전히 빠져 있었다. 물론 케네디 대통령 암살은 누구에게나 큰 충격이었다. 그러나 나 개인적으로는 내 장래, 조경 분야 전문가 장래에 존 사이먼즈 책이 미친 영향을 생각하면 케네디 대통령 암살 사건이 미치는 충격보다 더 컸으리라 생각한다.

1961년 《조경학》 초판을 발간하던 때는 컴퓨터 설계(CAD computer-aided design)나 지리정보체계(GIS Geographic Information Systems) 같은 전자혁명 전, 조경을 돕는 현대적 도구가 개발되기 전이었다. 그러나 존이 《조경학》 초판과 후속 개정판에서 기술한 내용은 처음 간행 때와 마찬가지로 오늘날에도 아주 유효한 내용들이다. 존은 조경 계획과 설계 원칙을 천재적 재능을 가지고 글을 통해, 스케치를 통해, 타인의 지혜로운 말들을 통해 우리에게 전달하고 있어서, 실로 시대를 초월하며, 전세기(前世紀)에 그랬듯이 금세기(今世紀)에도 똑같이 세상을 바꾸는 데 기여할 것이다.

전화통화 후 몇 달 동안 서로 생각을 나누면서 4차 개정 작업을 진행했다. 존은 개정 원고를 완성하기로 하고, 내 역할은 원고를 검토하면서 책에 사용할 조경 작품이나 관련 자료 사진을 그의 표현대로 '최상급'으로 수집하는 것이었다. 그는 《조경학》 책 저술을 그의 최고 성취라고 생각했고, 물론 나는 그 공저자가 된 것이 내 일생의 영광이었다.

5월 26일, 또 전화가 왔다. 12월 12일 걱정스레 받았던 전화가. 한 번 쓰러진 후 병원에 잠시 입원해 있다가 집으로 돌아와 가족과 친구들 곁에서 존은 영면에 들었다. 4차 개정 원고는 벌써 완성해 부인 마조리 손에 최종 마무리를 부탁하면서 이 세상에 함께 남기고 떠났다. 존이 남기고 떠난 유산(遺産) – 20세기 가장 영향력 컸던 조경가 중 한 사람이 남긴 유산 – 을 이제 더 속히 마무리하기 위해 열정과 헌신하는 마음을 다잡고 속도를 내기로 했다. 마조리가 즐겨 말했듯이 "나머지는 운에 맡긴다." (마조리 사이먼즈는 2012년 4월 남편 곁으로 갔다)

《조경학》 4차 개정판은 영어, 중국어, 일어 3개 국어로 출판했고, 세계 여러 나라에 퍼져 나갔다. 처음으로 전자책으로도 출간했다. 5차 개정판은 처음으로 존이 직접 참여하지 않고 출간하는 것이다. 최신 자료를 보완하고, 책의 면모를 일신하기 위해 새 사진이나 그림으로 교체하기도 했지만, 존이 1960년대 이 세상에 탄생시켰으며 세월이 흘러도 변치 않을 본질적 가치는 그대로 보존하기 위해 특별히 주의를 기울였다. 나의 간절한 희망은 이 책이 미래에도 단절 없이 개정판이 속간(續刊)되어 존 옴즈비 사이먼즈의 유업(遺業)이, 더 살기 좋은 세상을 만드는 그의 유업이 계속 이어지는 것이다.

배리 스타키 (Barry W. Starke)

# 머리말

《조경학》(造景學 Landscape Architecture) 책을 쓰는 이유는 토지계획(土地計劃 land-planning) 과정을 간단명료하고 실무적인 용어로 소개할 필요성 때문이다. 넓은 의미에서 지구라는 별과 조화롭게 사는 방법 지침서이다. 이 책은,

모든 인간 활동 무대와 배경이 되는 자연(自然)은 우리에게 무엇인가 소개하고;
자연 또는 인공환경(built environment)의 형(形 forms), 힘(forces), 경(景 features) 따위가 계획에 미치는 제약 조건을 설명하고;
기후(氣候)에 대한 감각(感覺), 기후가 설계에 미칠 수밖에 없는 시사점을 배우고;
부지 선정과 부지 분석 방법을 논하고;
여러 용도 공간을 실효성 있게 서로 잘 연결하면서 배치하는 기법을 공부하고;
외부 공간을 입체적 삼차원 공간으로 조성하는 방법을 모색하고;
시설물과 단지가 일체를 이루어 유기적 결합체(site-structure organization)를 형성하도록 하는 가능성을 탐색하고;
인간 정주계획(定住計劃)과 지역사회 계획에 현대 사상을 적용, 표출하는 방법을 찾고자 하며;
도시 및 지역 차원에서 더욱 효율적이고 쾌적한 환경을 창조하는 지침을 제공하고자 한다.

이 책 한 권으로 조경이라는 전문 분야가 수행하는 업무 형태 모두를, 가장 최신 기술 모두를 설명할 수는 없다. 이 책을 읽는 독자가 모두 토지계획 전문가가 되리라 기대할 수도 없다. 다른 어떤 분야나 마찬가지로, 전문성이란 오랜 기간의 연구, 여행, 관찰 및 경험에서 비롯하기 때문이다. 그렇지만 이 책을 통해 물리적 환경에 대한 보다 깊고 예리한 통찰력을 얻을 수 있을 것이다. 뿐만 아니라 주택, 학교, 위락시설, 종합상가, 교통시설, ... 기타 여러 설계업무를 수행함에 있어, 총체적인 경관과 조화되게 계획하고 순응시키는 데 적용할 유용한 지식을 얻으리라 기대한다.

적어도 이러한 목표는 꼭 이루어지기를 바라는 것이 본서의 목적이다.

조경가(造景家)
(즉, 경관 건축가)
역할은
사람, 인공 시설, 인간 활동, 인간 사회,
이 모두가
살아 숨 쉬는 지구,
자연이고자 하는 땅과
조화 이루게 돕는 것이다.

The work of the landscape architect
(architect of the landscape)
is to help bring people,
their structures, activities, and communities
into harmonious relationship
with the living earth -
with the "want-to-be" of the land.

## 사냥꾼과 현인(賢人)

사냥꾼 한사람이 북(北) 다코타 주(州) 넓은 초원 지대를 며칠씩이고 걸어 다니곤 했다. 때로는 따라나서기를 좋아하는 소년과 더불어, 사냥개도 데리고, 손에는 사냥총을 들고. 오늘 아침도 사냥꾼과 소년은 멀리 초원 가운데 앉아서 앞에 있는 둔덕을 유심히 바라보고 있었다. 그곳에는 뒤쥐(gopher)들이 사는 쥐구멍들이 있었다. 줄무늬 작은 뒤쥐가 굴에서 나와 초원으로 사라졌다가 이내 볼 주머니가 불룩하게 먹이 물고 다시 나타나곤 했다.

"뒤쥐란 녀석들은 작지만 영리한 집단이란다." 사냥꾼 말이다. "뒤쥐들 일하는 것 보면 알 수 있단다. 뒤쥐들 사는 마을 곁에는 반드시 쉽게 먹이를 구할 수 있는 밭이 있고, 또 물 먹을 골짜기나 물웅덩이가 있단다. 올빼미와 매가 둥지 트는 버드나무 숲 근처, 뱀이 숨어 잡아먹으려 기다리는 바위나 돌무더기 근처에는 집을 짓지 않아. 언덕 동남쪽에 집을 지으면 하루 종일 햇볕이 집 안을 따뜻하고 아늑하게 해준다는 것도 아는 영리한 녀석들이란다. 북풍한설에 언덕 북쪽이 얼어붙어도 뒤쥐들 집 위에는 보드라운 눈가루만 날리게 된단다."

"집을 어떻게 짓는지 아니? 경사지게 굴을 두세 자 파 내려가서는 다시 위쪽으로 올라가 그곳에 습기 없고 멋진 단을 만들지. 이렇게 만든 집은 잔디뿌리 바로 아래 자리 잡아 햇볕을 받아 따뜻하고, 바람도 들이치지 않고, 물과 먹을 것들이 가까이 있고, 천적으로부터 멀리 떨어져 있고, 주변에는 친구들만 모여 사는 것이란다. 완벽한 계획이지!"

"우리 마을도 동남쪽 언덕에 지었지요?"

소년이 어른스레 물었다.

"아니란다. 우리 마을은 북향이어서 북풍한설에 얼음장같이 춥단다. 여름바람 덕도 보지 못한단다. 60킬로미터 이내에 하나밖에 없는 아마(亞麻)공장 지을 때 어디에 세웠는지 아니? 여름바람이 공장 매연을 마을 집집 열어두는 창문마다 실어다 주는 곳에 자리 잡았단다."

"그래도 우리 마을이 물가, 강가에 자리 잡은 것은 잘한 것이지요?"

"그렇지. 하지만 우리가 물가에 자리 잡은 줄 아니? 너무 저지대에 자리 잡았단다. 그래서 봄철 평원 눈이 녹아 강물이 범람하면 동네 지하실마다 물이 차지 않던?"

"뒤쥐들이 그보다는 계획을 잘하는 것 같군요."

"그래, 뒤쥐가 더 영리하단다."

"뒤쥐 집과 도시계획이 사람들 계획보다 뛰어나군요."

소년 말은 현인이 된 듯하다.

"그렇지. 어느 동물이나 대개 그렇단다. 어째서 인간이 동물보다 계획을 잘 못하는지 때로는 의아스럽단다." 사냥꾼은 생각에 잠겼다.

# 조경학

*LANDSCAPE ARCHITECTURE*

NASA

# 1

# 인류 삶터 지속가능성

# THE HUMAN HABITAT AND SUSTAINABILITY

인간 역시 동물이다. 인간은 아직 천부적(天賦的) 동물 본능을 유지하고 있고, 그에 따라 행동한다. 현명한 계획을 하려면 이러한 본능을 이해하고 수용해야 한다. 계획 사업에서 흔히 드러나는 문제점은 이 간단한 사실을 인식하지 못한 데서 비롯한다.

## 인간이라는 동물(The Human Animal)

호모사피엔스(*Homo sapiens*, 人類)는 동물이다(가장 고등동물이라고 스스로 생각하지만, 역사를 살펴보거나 어떤 연구 결과를 살펴보아도 이렇다 할 근거가 없다).

알몸에 연약한 치아, 가녀린 팔 뭉툭한 무릎뼈, 이런 모습으로 숲 속에 서 있는 인간은 다른 동물들과 비교하면 보잘것없을 것이다. 강한 턱, 날카로운 발톱을 가진 곰이 동물계에서는 인간보다 우월한 존재다. 거북이, 개, 스컹크, 두더지조차 인간보다 뛰어난 공격 능력이나 방어 능력을 갖추고 있다. 사실은 자연계 모든 생물이 자연환경 속에서 일상적인 생활을 누리기에 매우 적합하게 잘 발달되어 있다. 인간관 그렇지 못하다.

민첩성, 힘 등등 다른 동물이 지닌 장점을 가지지 못한 인간은 이지(理智)의 힘으로 상황에 대처하는 법을 배웠다. 사실 그 외에 다른 길이 없다.

모든 동물 중에서 인간만 문제의 원인을 분석하고 대응책을 강구하는 힘을 가

*지성(知性, intelligence)이란 '환경에 적응하는 능력', 즉 '오감을 통해 얻은 정보를 바탕으로 어떠한 행동을 취할 것인가 계획하는 능력'이라고 정의할 수 있다.*

**John Todd Simonds**

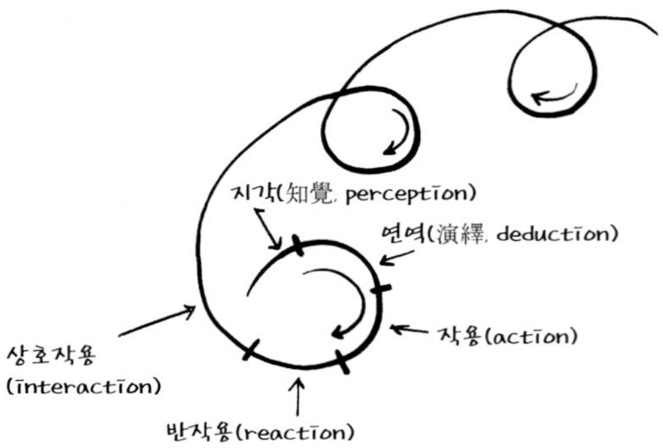


지각-연역 사고과정(思考過程)은 작용, 반작용, 상호작용이라는 물리적 과정을 따라 실행에 옮겨진다. 이 다섯 가지 동적(動的) 추진력이 영원히 반복 순환하면서 모든 인생만사(人生萬事)를 엮어나간다.

*그러면 인간이란 무엇인가? 무엇보다도 두뇌라는 복잡한 기관을 지니고 태어난 유기체다. 두뇌는 오감(五感)과 내분비선 도움을 받으면서 유기체적 형성 작용을 통해 경험을 기억 속에 저장하는 능력이 있다. 두뇌는 기억한 것을 정리(整理)할 줄 알며, 모든 인간의 정신 작용 기본은 기억한 것의 정리다. 예술, 과학, 철학, 종교, 공학, 의학 등 모든 문명 활동은 경험을 정리하고 거기서 얻어지는 착상(着想, design)을 활용하는 것에서 출발한다.*

**Lancelot Law Whyte**

지고 있다. 인간은 자신의 경험뿐 아니라 재난의 역사, 승리의 역사, 수많은 동료의 하찮은 경험에서도 지식을 쌓아왔다. 인간은 인류의 축적된 지혜를 빌려오고 이를 문제 해결에 적용할 수 있는 것이다.

인류 생존과 미래 성취의 열쇠가 되는 기본적인 강점은 우리 인간의 지각(知覺, perception)과 추론(推論, deduction) 능력이다. 지각 즉 상황과 조건을 인식하는 능력과 추론 즉 이성을 통해 적절한 절차와 방법을 도출하는 능력이 계획의 핵심이다.

혼돈의 시대를 지나오면서도 이지(理智)의 힘으로 온갖 상황을 헤쳐왔고, 계획이라는 과정을 통해 인간은 지구상 어떤 생물보다 우위를 점하게 된 것이다.

지구(地球)는 우리 선조에게서 물려받은 것이다. 이 거대한 지구는 우리 모두의 것이며, 더욱 발전시켜 좋은 생활환경을 조성해야 할 삶의 터전이다. 인류가 지닌 반짝이는 이지의 힘을 생각한다면 지금쯤은 벌써 지구상에 지상낙원이 건설되었음직하다.

과연 그러한가? 우리가 물려받은 최상의 유산(遺産) — 자연(自然)을 가지고 우리는 무엇을 이루었는가?

> 우리는 산림(山林)을 수탈했고,
> 언덕을 파헤친 채로 방치하고 침식되게 하여 도랑은 깊어만 가고,
> 오염된 강물, 악취와 매연으로 물고기와 야생동물을 쫓아내 죽이고,
> 도로변에는 무모하고 무질서하게 개발한 상가가 늘어서고,
> 도로는 혼잡과 체증으로 몸살을 앓는다.
> 시원한 숲, 맑은 공기, 밝은 햇빛은 생각도 않고 집만 빽빽하게 지었다.

눈을 크게 뜨고 비판적 시각으로 우리 주변을 둘러보면 당혹스럽고 충격적인 것들을 많이 보게 된다. 고속도로 혼잡, 무질서하게 확산하는 교외(郊外), 즐거움보다 긴장과 불쾌감 주기 일쑤인 도시환경.

우리는 우리 자신이 이룩한 것의 희생물이다. 우리가 주변에 건설해놓은 기계적(機械的) 환경 속에 우리 몸과 마음이 모두 갇혀 있는 것이다. 생활 공간, 도시, 도로 따위를 발전시키는 복잡한 과정 속에서 기계의 힘, 새로운 건설 기술의 개발, 새로운 재료의 탐구에만 몰두한 나머지 우리의 인간적 욕구를 등한시해온 것이다. 인간 깊은 곳에 잠재한 본능을 거역한 것이다. 인간 본연의 욕구가 충족되지 못한 채로 남아 있다. 자연 속의 삶에서 유리되어 버림으로써, 생동감으로 충만하고 건강한 동물로 살아가는 기쁨과 충족감을 상실하고 있다.

고혈압, 신경증 같은 현대병은 계획가들이 이제까지 건설해놓은 숨 막힐 것 같은 인공환경과 우리가 본성적으로 동경하는 환경의 격차에서 오는 좌절과, 우리의 물리적 환경에 대한 저항의 증거에 불과하다.

순간순간 환경에 적응하는 것이 삶이다. 과학적으로 배양액을 잘 만들어야 세균 배양 접시 속에서 박테리아를 배양할 수 있다. 화분 속 제라늄꽃도 적합한 생육 조건이 구비되어야 번성한다. 매우 민감한 감각과 복잡성을 지닌 유기체인 인간도 마찬가지여서, 고도의 특별한 환경에서만 정상적인 발전이 가능하다. 유감스럽게도 이러한 생태적 조건에 대한 탐구가 너무 부족하다. 희귀한 난초의 최적 생육 조건에 대한 책만도 두수히 많다. 기니피그(guinea pigs), 흰쥐, 금붕어, 잉꼬 따위를 키우는 방법을 서술한 책도 많다. 그런데 인간에게 가장 적합한 물리적 환경이 무엇인가 묻는 책은 많지 않다.

야생 여우나 토끼를 잡아서 우리에 가두면 눈동자가 흐려지고, 털 윤기가 없어지고, 활기도 떨어진다고 자연주의자들은 말한다. 자연에서 너무 오래, 너무 멀리 격리되면 인간도 마찬가지다. 인간도 동물이기 때문이다.

우리 인간도 초원과 숲, 바다와 평원과 친숙하게 살아가야 하는 생물이다. 인간은 태어나면서부터 가슴속 신선한 공기, 발아래 밟히는 마른 땅, 살갗에 내리쬐는 따스한 햇살에 애정을 지니고 있다. 인간은 태어나면서부터 풍요롭고 따뜻한 대지(大地)의 느낌과 냄새, 맑은 물의 맛과 반짝임, 머리 위의 싱싱하고 시원한 녹음(綠陰), 창공(蒼空)의 넉넉함을 사랑한다. 우리 깊은 내면에 이러한 것들에 대한 열망이 때로는 강한 욕구로, 때로는 잠잠하게 자리하고 있어 떠날 줄을 모른다.

*인간이 살아가기 위해 해야 하는 모든 일을 열망과 즐거움으로 만드는 것이 자연이다.*

**Seneca**

*인간의 이성(理性, reason)은 대지(大地)에 뿌리박고 있다.*

**Kenneth Clark**

USDOE

인간은 원자 속에 잠재한 엄청난 힘을 끌어내는 데 성공했다. 이제 인간은 그 힘을 통제하는 난제(難題)를 해결해야 한다.

다른 여건이 동일하다면, 자연과 가장 가깝게, 자연과 최대한 조화를 이루는 삶을 사는 것이 최상의 행복이라고 많은 현인이 주장해왔다. 그러면 인간이 숲 속으로 돌아가면 되지 않는가? 그곳에서 물, 흙, 하늘을 마음껏 향유할 수 있지 않은가? 그렇다면 잘 보존된, 손대지 않은 원시 숲, 혹은 인위적으로 조성한 원시 숲이 우리의 이상적(理想的) 환경(環境)인가? 아니다. 인류 역사는 자연의 힘을 순화하려는 끊임없는 투쟁의 역사이기 때문이다. 점진적으로, 그러나 무던히 힘써서 주거환경을 개선하고, 좀 더 다양한 식량을 공급하기 위해 애쓰고, 생활 조건을 개선하기 위해 할 수 있는 일을 다 해왔다.

*… 하늘이나 바다를 바라볼 때, 그의 눈은*
*피부로 날씨를 알아채는 사람 눈이었고,*
*미풍 변화에서도 날씨 냄새 맡는 사람 눈이었고,*
*날씨와 맞서 자신을 시험하며, 날씨와 더불어 살아*
*온 사람이 지니는*
*꿰뚫어보는 눈이었다.*
*의연함이 숨어 있지만 자유가 깃든 눈.*

**Stephen Vincent Benét**

Tom Lamb, Lamb Studio

우리는 바로 우리 기계와 기계가 벌이는 공사(工事) 속에 갇힌 신세다.

*결코 만족해본 적 없는 네 가지,*
*이슬(Dews 역주: 성경에서 하늘의 이슬, 불경에서 감로(甘露)) 맺기 시작한 이래 한 번도 채워진 적 없는 것은 …*
*자콜라* 입,*
*솔개 주린 배,*
*원숭이 손,*
*인간 눈.*

**Rudyard Kipling**

**자콜라는 하이에나다.*

그러면 남은 대안은 무엇인가? 인간 잠재력을 더욱 잘 구현하고 인류 운명을 행복하게 개척할 수 있는, 완벽한 인공적 환경을 창안할 수 있을까? 그런 가능성은 낮을 것 같다. 성공적이었다고 생각되는 계획 사업들을 한번 통찰력을 가지고 분석해보자. 자연을 온전히 정복하거나, 자연 조건을 무시하거나, 자연 지세(地勢) · 지형(地形) · 지피(地被)를 우리가 원하는 구조물로 바꾸었다고 해서 최선의 개발이 이루어진 것은 아님을 알 수 있다. 오히려 자연과 조화(調和), 융합(融合)을 추구하는 것만이 최선의 개발이었다. 자연과의 조화와 융합은 어떻게 가능한가? 대지(垈地)와 구조물 형상을 자연 형상과 어우러지게 해야 한다. 언덕, 골짜기, 햇빛, 물, 초목(草木), 대기(大氣)를 계획의 핵심으로 끌어들여야 한다. 언덕 사이에, 강과 골짜기를 따라서 또는 넓은 경관 속에 구조물을 배치할 때는 신중하고 자연에 감응하는 자세를 가져야 한다.

*생태적 설계(ecological design)란 그저 자연 과정(nature's processes)에 대한 효과적 순응(adaptation), 자연 과정과 효과적 통합(integration)을 의미할 뿐이다.*

**Sim Van der Ryn**
**Stuart Cowan**

질서와 미를 추구한다는 점에서 인간은 유별난 동물이다. '경치'(view)를 즐기거나 참나무 고목의 웅장함을 완상(玩賞)하고, 바닷가를 거닐며 즐기는 동물이 또 있을까? 인간은 본능적으로 조화를 추구하며, 무질서, 마찰, 추한 것, 비논리적인 것을 멀리한다. 우리 마을과 도시가 공원을 바라보고 있는 것보다 혼잡한

*마치 운명과도 같이, 거대한 인공환경이 문명 세계를 뒤덮고 있다. 인공환경이 … 자연 법칙과 … 심각하게 충돌하도록 내버려두면 안 된다.*
*기초적인 것에서부터 복잡한 것에 이르기까지 인내심을 가지고 연구한다면, 우리 주변 인공환경을 점차 개조해 새로이 유기적 건강 상태에 도달하게 할 수 있으리라 확신한다. …*
*예부터 질서 정연한 세상은 정서적 만족감을 준다고 했으며, 정서적 만족감은 변함없이 소중한 가치를 지닌다. 계획과 설계 영감(inspiration)은 모두 여기서 얻을 수 있다.*

**Richard J. Neutra**

Barry W. Starke, EDA

도로변 난개발(亂開發) 혼란상(混亂相)

길거리에 면하고 있으면 좋을까? 고속도로가 마을 공동체를 두 동강 내고 지나간다면? 화물 트럭이 우리 교회나 집 앞으로 덜컹거리며 지나다닌다면? 우리 아이들이 학교 가는 길에 위험한 도로를 건너고 또 건너야 한다면? 널찍한 교외로, 탁 트인 시골로 막힘 없이 연결되는 경관도로(parkway)는 못 될지언정, 시내 · 시외, 낮밤 없이 교통체증이 심하다면?

과학(科學)의 기본 전제는 예측 가능한 규칙성이 자연계(自然界)를 지배한다는 것이다.

현대인들은 이러한 당혹스러움에 봉착한다. 도시, 도시 근교, 농어촌의 모든 개발 구상이 대부분 잘못되어 있다. 도시와 고속도로 개발 패턴이 상호 논리적인 관계를 가지지 못하고, 지형학 · 기상학 · 생리학 · 생태학 원칙에 비추어보아도 논리성이 부족하다. 합리성 없이 되는 대로 조금씩 성장해왔고 성장해가고 있다. 우리의 불만과 당혹과 좌절이 여기에 기인한다. 계획 과정이 어딘가 잘못된 것이다.

*특정 장소와 그곳에서 생활하는 사람들과의 살아있는 생태적 관계, 즉 다양한 삶의 모습이 그 장소에서 비롯되고 다시 그 장소에 인간적 삶의 모습을 가미하는 관계를 상징적으로 나타내는 것이 장소의 진수(眞髓, genius of place)다. 아무리 웅대하고 풍요로운 경관이라도 인간의 사랑과 노작(勞作)과 예술을 통해 신화(神話)로 만들기 전까지는 그 속에 깃든 풍요로움이 빛을 보지 못한다.*

**René Dubos**

돌이켜보면, 좋은 계획이란 각각의 문제점이나 개별 대상지 차원에서 이루어지는 것이 아니다. 영감(靈感)이 낳은 비전(vision)에서 좋은 계획이 나오며, 각 문제점을 부분이 아닌 전체를 사로잡는 개념에 따라 해결할 때 좋은 계획이 탄생함은 자명한 일이다. 간단히 말해, 더 안전하고 효율적이며 쾌적하고 가치 있는 삶을 누릴 수 있는 — 그렇게 건강한 생활환경을 창조하고자 하는 것이 모든 물리적 계획의 핵심 목표다. 인간이 유전자뿐 아니라 환경의 소산물일진대, 환경 특성은 우리 초미의 관심사가 아닐 수 없다. 우선 긴장과 마찰이 없고, 인간 잠재 능력을 최대로 발휘할 수 있고, 옛날 중국 북경 계획가들이 이루고자 한 것처럼 인간이 '자연, 신 그리고 다른 인간과 조화를 이루며'[1] 살고 성장하고 발전할 수 있으면서, 질서와 미를 갖춘 환경이 이상적인 환경인 것이다.

그런 환경이 단번에 만들어지는 것은 아니다. 만들어졌다고 그대로 유지되는 것도 아니다. 본질적으로 그러한 환경은 동적(動的)이며 확장되어야 하고, 우리 욕구 변화에 맞추어 바뀌어야 한다. 그런 환경을 만들 수 있을 가능성은 거의 없다. 그러나 이상적인 환경 창조를 향한 노력이 모든 토지계획/설계의 당면 핵심 과제가 되어야 하고, 학술연구 대상이 되어야 하고, 목표가 되어야 한다.

*계획 분야가 추구하는 공동목표는 인간과 환경의 적절한 상호관계를 찾고, 창조하고, 늘 그렇게 적절하게 유지하는 것이다. …*
*현대 의사들과 마찬가지로 계획가는 인간에게 심신 상태 균형과 온전한 건강을 주고자 노력한다. 그러려면 심리적 요소뿐만 아니라 신체적 · 생리적 요소까지 다루어야 한다. …*
*설계 작품 성공 여부는 오직 인류 건강과 행복과 생존 전반에 대하여 그 작품이 장기적으로 어떤 효과를 미칠 것인가 평가한 결과에 따라 결정될 것이다. 건축이건, 조경이건, 도시계획이건, 다른 평가는 의미가 없다.*

**Norman T. Newton**

계획은 모두 인체 치수에 맞아야 하며, 인간의 오감(五感)—시각, 미각, 청각, 후각, 촉각에도 맞아야 한다. 인간의 습성, 감응, 충동도 고려해야 한다. 그러나 인간이라는 동물의 생물적 천성만 만족시킨다고 충분한 것은 아니다. 완전한 인격체로서 인간에게 필요한 다양한 욕구를 충족시켜야 한다.

계획(計劃)은 지역, 공간, 재료 그리고 감정과 본능 따위만 다루는 것이 아니고, 정신의 영역인 사상(思想)을 다루어야 한다. 설계는 지적(知的) 호소력이 있어야 하고, 희망과 바람을 충족해야 한다. 감성적으로 호소력 있는 설계는 사람으로 하여금 무릎 꿇고 기도하도록 이끌거나, 기꺼이 행진에 동참하도록 하거나, 높은 이상(理想)의 세계로 끌어 올릴 수도 있다. 단순히 수요를 충족시키는 것만으로는 부족하다. 환희와 영감을 불러일으키는 것이 훌륭한 설계다.

*오감(五感) 모두를 통해 인지(認知)하고 체험(體驗)함으로써 인간은 세상을 알 수 있게 된다.*

**Hans Vetter**

성운(星雲)

1 왕실 건축가 후손 라이(H. H. Li)가 소장하고 있는 필사본에서 번역.

아리스토텔레스는 웅변술을 이렇게 가르쳤다—청중을 감동시키려면 먼저 청중을 알고 이해하라. 남녀노소, 신분과 환경이 다른 각계각층 사람들 특성을 기술하면서, 사람뿐 아니라 그들의 개성까지 파악하고 감안해야 한다고 가르쳤다. 계획가도 마찬가지다. 시대를 물론하고 계획이란 인간 처지를 개선하려는 것이었다. 계획은 인간 사고(思考)와 문화(文化)를 계획 속에 투영하고, 더 나아가 계획이 인간 사고와 문화를 변모시켜 왔다.

*자연은 자원(資源) 보고(寶庫) 이상으로 의미가 크다. 우리가 부닥치는 모든 설계문제 해결 최상 전범(典範, model)이다.*

**Sim Van der Ryn**
**Stuart Cowan**

## 자연(自然, Nature)

자연은 우리 각자 관심에 따라 다르게 보인다. 자연과학자에게는 거미줄, 벌레 알 더미, 양치류 엽상체(葉狀體) 따위가 신비한 생명의 세계로 펼쳐진다. 채광업자가 보기에 자연은 떨칠 수 없는 무한한 광물 보고(寶庫)다— 석탄, 구리, 텅스텐, 납, 은 등등. 수력발전 기사에게는 풍부한 수원지(水源池)다. 자연 속에는 구조공학자가 배우고 응용할 수 있는 모든 구조공학 원리가 숨어 있다.

NASA

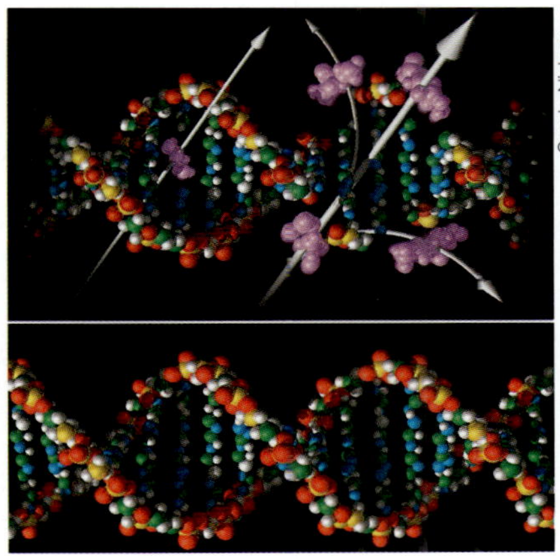
Carole Nickerson

Joao Estevado A. de Freitas, Santa Cruz, Madeira, Portugal

자연이 빚는 형상

방대하게 축적한 지식을 가지고 있으니 인류는 진정한 지상낙원을 건설할 능력을 갖추었다. 그러나 실패하고 있다. 자연을 거역하고 자연법칙을 무시하는 계획을 지속하는 한 실패는 계속될 것이다. 현대사회 최대 오류는 개발 규모가 방대하다는 것이 아니다. 자연을 경시하고, 지형, 표토, 공기 흐름, 수계(水系), 산림과 지피식생을 무시하는 개발이 문제다. 굴착기, 대형 중장비를 쓰는 계획만 일삼는다. 물과 숲과 언덕이 있는 수천, 수만 에이커 땅을 마구 파헤쳐 도로, 주택, 상가, 공장으로 바꾸어놓는다. 아스팔트, 벽돌, 유리, 강철 따위로 만든 도시 거의 모두 불모지(기상학적 측면에서 보아도) 사막이나 다름없는 것은 이상할 것이 없다.

황진 지대(黃塵 地帶, Dust bowl)

참혹한 도살(屠殺)

*그리스인, 로마인은 결코 미래를 걱정하지 않고 바로 여기 지상에 낙원을 건설하려 노력했다. …*
*중세 사람은 정반대로 높은 구름 위에 자신의 낙원을 건설하고, 이 세상은 만인의 눈물 골짜기로 만들었다. …*
*르네상스는 정치적 운동도 종교적 운동도 아니었다. 정신 변화가 온 것이었다. 르네상스 시대 사람은 오로지 천국 즉 축복받은 삶을 위해 더 이상 마음과 몸을 바치고자 하지 않았다. 이 땅 위에 낙원을 건설하려 노력했으며, 놀랄 만한 성공을 거두었다.*

**Hendrik Van Loon**

*멕시코만류(灣流)(The Gulf Stream) 해도(海圖)를 처음 만든 것은 1769년, 당시 식민지령 우정공사 부총재였던 프랭클린(Benjamin Franklin)이 지휘해 제작했다. 보스턴 세관 당국은 영국에서 우편물을 실어오는 배가 바다를 건너오는 데 걸리는 기간이 로드아일랜드 상선(商船)보다 이주일이나 더 걸린다고 불평했다. 의아심을 품은 프랭클린은 이 문제를 낸터킷 해(Nantucket 海)를 항해하는 폴저(Timothy Folger) 선장에게 문의한 결과, 로드아일랜드 상선 선장은 멕시코만류 흐름을 잘 알기 때문에 서쪽으로 항해할 때 멕시코만류를 피해 오지만 영국 선장은 그러지 못해 당연할 것이라는 답변을 들었다. 폴저 선장이나 낸터킷 지방 고래잡이 어부들이 멕시코만류 흐름에 익숙할 수밖에 없는 이유를 설명했다. "고래를 쫓다 보면 멕시코만류 내에는 없고 가장자리에서만 잡히기 때문에 멕시코만류 가장자리를 따라 항해한다. 간혹 반대편 가장자리로 가기 위해 만류 내부를 건너가다 보면 우편선을 만나고 이야기를 나눌 때도 있는데, 만류 한가운데에서 거슬러 항해하고 있는 것이었다. 시속 5킬로미터 해류를 거슬러 항해하고 있으니 피해 가라고 알려주어도 너무 똑똑한 사람들이라 하찮은 미국 어부들 충고는 듣지 않는다."*

**Rachel Carson**

지금으로선 속수무책인 것 같다. 앞으로 더 나가기 전에 뒤부터 돌아보아야 할 것 같다. 전래의 본능을 회복하고, 선현의 지혜를 다시 배워야겠다. 집과 마을을 만드는 뒤쥐의 지혜와 댐을 막는 비버(beaver)의 지혜를 배워야겠다. 매일 매일 들판에서 일하며 자연의 힘, 자연의 형상, 자연의 특성을 충분히 이해하고 자연을 존중하며 자연에 순응하는 농부의 계획 접근 방법을 응용해야겠다. 인간(人間)과 대지(大地)의 물리적 · 영적 인연(因緣)을 깊이 이해해야 한다. 자연을 재발견해야 한다.

계획가가 어떤 사업을 수행하더라도, 어떤 계획을 수립하더라도, 자연만은 언제나 영원하고, 생동하며, 거대하면서도 은혜로운 터전이다. 계획이 성공하려면 필수 전제가 자연을 이해하고 자연을 아는 것이다. 마치 사냥꾼이 자연을 자기 집 마당같이 알아서 물을 마시려면 옹달샘을 찾고, 몸을 숨길 곳을 알고 있고, 바람을 마주 안고 사냥에 나서며, 짐승이 언제 언덕 위 너도밤나무 열매와 상수리를 따 먹으러 오는지, 언제 골짜기 딸기를 따 먹으러 오는지 알고, 폭풍이 다가오는 것을 느끼고 본능적으로 피신처를 찾듯이. 또 마치 뱃사람이 바다에 정통해 사주(砂洲)를 읽고, 사구(砂丘)를 감지하며, 천기(天氣)를 해석하고, 바다 밑의 변화도 살피듯이. 마찬가지로 계획가도 자연에 통달해 어떤 땅이나 어떤 건물 대지이거나 어떤 경관 지역이라도 그곳의 자연적 특성, 제약 조건, 잠재 가능성의 모든 것을 본능적으로 인지할 수 있어야 한다. 그러한 앎을 터득한 후에야 조화로운 관계를 구현하는 계획이 가능하다.

인간미 있는 계획은 자연과 조화를 이루는 계획이었음을 역사는 생생히 보여

*도(道, Tao), 즉 길(Way)이라는 것은 중국 철학 기본으로, 자연 질서와 조화를 믿는 것이다. 오랜 옛날부터 있던 심오한 개념으로서, 하늘과 땅을 관찰하고 해와 달과 별 뜨고 지는 모습, 밤과 낮 바뀜, 계절 순환 등을 보면서 자연 법칙, 하늘과 땅을 지배하는 일종의 신성한 법칙이 존재함을 믿는 것이다. 본래 목적이 인간 생존과 행복을 좌우하는 것은 자연의 힘(tao)이라 믿고, 여기에 인간사회 질서를 조화시키고자 함이었음을 주목할 필요가 있다.*

**Mai-mai Sze**

*교토,*
*산은 청산(靑山)이요,*
*물은 녹수(綠水)로다.*

**Sanyō Rai**

*믿기 어렵겠지만, 현대 건축가나 공학자가 구조(構造)설계에서 부닥치는 문제 중에 자연이 아직 접해보지 못했거나 해결하지 못한 문제는 거의 없다. 인간 기준으로 봐도 자연이 설계한 것이 인간이 설계한 것보다 구조적으로 더 효율적이며, 미학적으로도 더 훌륭하다.*
*남북전쟁 전 비평가였던 그리노프(Horatio Greenough) 말을 빌리면, 우리는 자연을 모방하는 원숭이가 되지 말고, 자연에서 배울 줄 아는 인간이 되어야 한다. 그러나 문제는, 최근 들어서야 자연 구조를 진정 이해할 수 있는 방법을 터득했다는 것이다.*

**Fred M. Severud**

주고 있다. 20세기 시작 무렵 교토시(京都市)가 그렇게 기가 막히게 아름다운 도시 예다. 최근까지도 그 모습은 이러했다.

> 교토시는 소나무와 단풍나무가 들어찬 국유림에 자리 잡고, 맑은 계곡물이 이끼 낀 바위틈을 미끄러져 흐르다 부서져 내리는 넓은 계곡을 내려다본다. 돌과 나무와 창호지로 지은 집들이 층층이 질서 정연하게 자리한 도시다. 건물 하나하나를 도시 전체에 맞추어 세웠고, 집터에 어울리게 집을 지은 솜씨가 빼어나다. 이 뛰어난 경관 속에 사는 사람들은 신이 그 땅을 내려주신 것으로 생각한다. 그래서 나무 한 그루, 바위 하나, 옹달샘 하나까지 모두 신의 은총이며, 힘 닿는 한 잘 보존하고 개발해 친지, 이웃, 도시 전체에 이익이 되도록 해야 한다고 생각한다. 여기 숲으로 덮인 도시를 내려다보면서 쾌적한 거리를 거닐며, 진정 '땅을 보살핀다(The stewardship of land)'는 뜻을 깨닫게 된다. 교토는 조화의 도시, 질서의 도시, 아름다움의 도시다. 도시 전체 개념에서부터 세부에 이르기까지 그렇게 계획했기 때문이다.

동양 토지계획 모범 사례 교토는 풍수지리(風水地理, geomancy) 사상에 따라 건설했다. 풍수지리는 땅과 대기 속을 흐르는 기(氣) 통로에 순응하고 조화를 이루게 토지 이용을 배치하고 구조물 형태를 설계하는 것이다.

서양인 마음에는 미심쩍어 보일 것이다. 좀 더 성숙한 문화권에서는 풍수지리 효험을 의심 없이 받아들인다. 그러나 불행히도 풍수지리 원리는 종교적 신비 속에 잠긴 채, 명확하게 기술적 용어로 정의된 바는 없다. 다만 예부터 건축가, 계획가, 공학자들이 경관을 형성하고 또 계속 경관을 지배하며, 새로 건설하는 모든 요소에 강력한 영향을 미치는 지질학적 조건과 자연의 힘에 대한 직관적 느낌을 건설 사업 속에 표현했던 것이라고 말할 수 있다. 풍수지리에서 고려하는 요소는 지상이나 지하 암반, 지층, 갈라진 틈, 지반 균열, 배수로(排水路), 대수층(帶水層, aquifer), 광맥(鑛脈), 전기적 에너지가 집중하고 흐르는 곳, 대기 흐름, 조수(潮水), 기온변화, 일조(日照), 지구 자장(磁場) 등이다.

## 자연과학(The Natural Sciences)

조경가가 종합계획을 수행함에 있어 지니는 특유 강점과 기여할 바는 자연과학에 관한 폭넓은 지식이다. 특히 지질학, 수문학, 생물학, 식물학, 생태학 등이 응용 가치가 크다. 물론 화학, 물리학, 전자공학, 인문학, 화상통신 등도 기본이다. 모두 건실한 조경설계에 필수다.

### 지질학(Geology)

시설물 기초 지형을 알려면 지표면 구성층과 토양을 파악해야 한다. 지질학자들은 언덕이나 능선 하부는 대개 바위나 밀도 높은 토양층으로 형성되어 있다는 것을 일찍부터 알고 있다. 이런 곳은 시설물 기초로서 튼튼한 장점이 있는 반면 굴착이 힘들고 비용이 많이 드는 단점이 있다. 지하층이나 땅속 시설 없게 설계하는 것이 좋다. 그런 비싼 공사 대신 지상에 중정을 둘러싸고 건물을 배치하면 언덕 위로 부는 바람을 막고 따뜻한 햇살은 모아둔다.

경사면은 계단식 건물과 낮은 옹벽 위에 바깥 전망을 향하는 시설이 적합하다. 건조 기후 지역이 아니라면 저지대 특히 산림 우거진 숲 아래 계곡 바닥은 토심이 깊고, 습하고, 비옥해 농경과 정원 조성 모두 적합하다. 시설 기초 지지력을 확보하려면 지하실을 만들거나 기초를 깊게 설치할 필요가 있다. 굴착은 대개 용이한 편이다.

화산

C.R. Thornber, U.S. Geological Survey, Hawaiian Volcano Observatory

평지, 평탄 부지는 건물을 펼쳐 배치해도 좋고 날개 건물을 달아 바람을 막거나 받아들이고, 중정을 두어 아늑한 공간을 만들기 좋다. 지질학이 가르쳐주는 추가적인 유용한 정보는 단층선, 깊은 지각변동, 화산핵 등이 있고, 회오리바람 피해나 홍수 피해 가능성 파악도 도와준다. 실용적 측면은 각종 토양 유형과 침식 취약성, 비옥도, 지내력(地耐力) 파악을 도와준다. 이런저런 지질과 토양 문제가 있는 곳은 인명 피해를 초래할 수 있으니 토지이용계획에서 중요 교통/고속철도, 도시 개발을 피한다. 자연 상태로 보전하거나 약간 손질해서 운동과 레크리에이션 공간으로 이용하는 오픈스페이스로 남기면 환영받는다. 폭풍우 피해 우려 지역은 관찰과 조기 경보 기술을 적용해 사전 대피를 가능하게 해 막대한 인명과 재산 피해를 예방할 수 있다.

William Smith

윌리엄 스미스(William Smith) 제작 잉글랜드(England)와 웨일스(Wales) 지질도. 최초 지질도 중 하나에 속한다.

*생물은 모두 에너지와 먹이를 소비해 생명을 만들고 동시에 각종 폐기물을 배출한다. 이 폐기물은 다시 말 그대로 썩은 음식을 치우는 무수한 '부식자(腐食者)' 먹이가 된다. 이들 분해자는 투구벌레류, 버섯류, 선충류, 세균류들로 그 개체 숫자는 다른 종 모두 합친 것보다 많다. 그 마무리 신진대사(新陳代謝) 덕택에 필수 영양 물질은 물론 미량 광물질까지 다시 순환계 속으로 되돌아간다.*

**Sim Van der Ryn**
**Stuart Cowan**

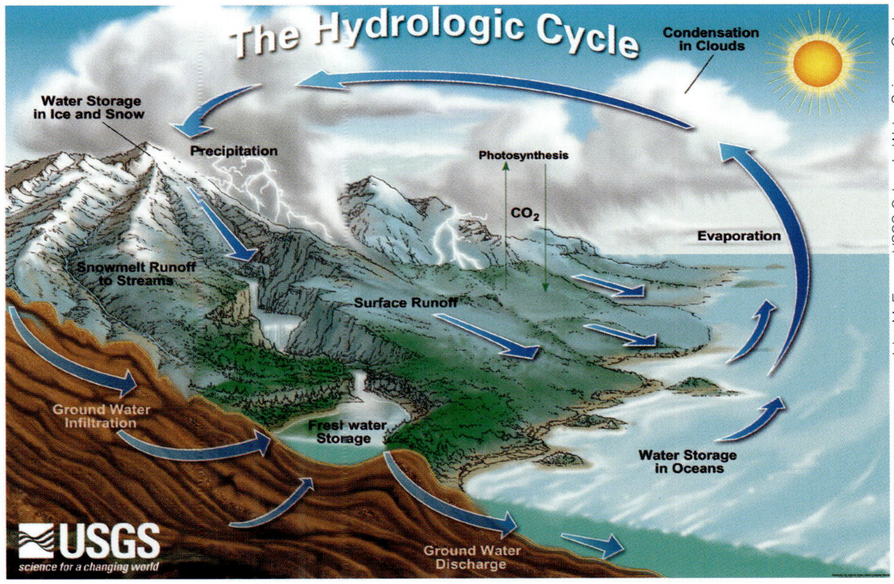


John M. Evans, USGS Colorado Water Science Center

물 순환

### 수문학(水文學, Hydrology)

수문(水文)은 물 관리 차원에서 토지이용계획, 자원관리계획과 밀접한 관련이 있다. 지형을 잘 이해하는 계획가는 굳이 많은 배수시설, 지하 배수관망 없이도 땅을 개발할 수 있음을 터득하게 되었다. 대신 잔디 도랑(swales), 저류 연못(retention ponds), 자연형 하천으로 배수(排水)한다. 하수는 낮게 묻은 지선을 통해 간선으로 보내고 모두 지형에 따라 중력으로 자연 유하(流下)한다. 곳곳에서 수자원 부족이 문제가 되면서 지역계획에서 수자원 관리가 중요한 과제가 되고 있다. 관개용수, 도시용수로 사용하면서 전에 풍부했던 강물과 강 유역이 물 부족 상황에 부닥치고 있다. 미국 동해안, 서해안 모두 지하수 과다 사용 때문에 염수 유입 피해가 더 이상 보고만 있을 수 없는 심각한 지경에 이르렀다. 더는 넓은 잔디밭 상수(上水) 관수도 계속할 수 없다. 이제 잔디 관수, 농경지 관수 모두 재활용수를 활용해야 한다. 재활용수 사용 확대를 통해 부족해지는 지하수자원을 보충해야 한다.

### 생물학(Biology)

모든 생명체와 그 상호 관계를 연구하는 학문이기에 누구나 생물학은 각종 계획에서 항상 중심에 있어야 함을 인정할 것이다. 하지만 현실은 그렇지 못하다. 흔히 사람에게 쏟는 관심보다 외양 꾸미기에 더 신경 쓴다. 계획 작품에 생명을 불어넣는 것은 생물학을 아는 설계가 혹은 팀원 중 생물학을 아는 사람이다. 이 사람들이 작품 시안(試案)마다 거기 살 모든 생명체 삶이 어떨지 검토 비교할 수 있기 때문이다.

**식물학**(Botany)

식물학과 1학년 학생이라면 식물 가치부터 배웠을 것이다. 지구 전체를 휩싸고 있는 이산화탄소 구름, 배출가스 구름 속에서 우리가 숨 쉬는 신선한 공기, 산소를 생산 · 공급하는 것은 오로지 식물뿐이라는 것. 또 이 모두가 생명의 근원인 물을 함양(涵養)하고, 순환시키고, 지하수를 충전하러 보낸다. 그뿐인가. 음식, 옷감, 목재 공급자이기도 하다. 이런 사실을 안다면 우리 모두 벌써 자연보호주의자가 되어 있어야 하지 않는가? 곧 그런 시대가 올 것이다. 그때까지는 그저 의식 없이 건설 사업이라면 우선 땅을 밀어버릴 생각부터 한다.

관상식물(觀賞植物)

종합조경계획이라면 가장 먼저 식물학자가 보전해야 할 천연림을 가려낼 것이다. 이는 벌채 비용, 개발 후 다시 식재하는 막대한 비용을 절감하는 길이기도 하다. 조경계획 과정에서 특별한 경우가 아니면 식물학 박사의 도움까지 필요하지는 않다. 향토식물을 잘 알고 그 특성과 잘 생육하는 조건을 알면 될 것이다. 기존 식물은 손대지 않고 그대로 둔다면 유지 관리가 거의 필요 없다. 유지 관리 손길이 더 필요한 외래 관상수 종류는 아껴 써야 한다.

### 생태학(Ecology)

생명체와 환경 관계를 연구하는 학문이다. 따라서 인간에게 환경과 관계를 가장 잘 가르쳐주면서, 땅을 어떻게 이용하고 땅 위에서 일어나는 인간 활동을 어떻게 계획해 조화롭고 지속 가능하게 만들 것인가 도와주는 핵심 과학이다.

### 기타(Other)

폭넓은 자연과학 지식을 갖추는 것이 조경가로서 제대로 교육받은 징표가 될 것이다. 다른 어떤 전문 분야도 종합조경계획 분야 같은 중요한 훈련을 받지 않는 것 같다.

## 생태적 기반(生態的 基盤, The Ecological Basis)

지구 생명체 모두 서로 상호 작용하며 균형을 이루고 살아가도록 태초부터 오늘에 이르기까지 진화해왔다.

### 생물권(生物圈, Biosphere)

땅과 공기와 불과 물에서 탄생한 모든 생명체 그물망 즉 생물권이 우리 삶의 환경이다. 우리 환경은 깊은 바다 밑바닥인 현무암층에서부터 하늘 높은 곳, 그러니까 공기가 없는 전리층에 이르기까지 방대하며, 천둥 치는 먹구름이나 노호하는 태풍, 부서지는 파도와 같이 두려운 존재고 산꼭대기 거대한 화강암괴와 같이 강인한가 하면, '동틀 녘 서리꽃같이 연약'하기도 하다.[2]

이렇게 경외(敬畏)로운 피조물(被造物) 생물권은 코끼리와 고래 떼에서 보이지도 않는 바이러스 군집(群集)에 이르기까지, 크고 작은 온갖 동식물 보금자리다. 또 여기가 인류(人類) 보금자리임은 말할 것도 없으며, 아직 다른 생명터는 없다.

*슈펭글러(Oswald Spengler 역주: 독일 철학자, 역사가. 1880~1936)의 가장 감명 깊은 한 구절을 들여다보면 그는 '경관(landscape)'을 '문화(culture)'의 기반으로 인식하면서, … 인간은 … 무수히 많은 끈으로 경관과 결속되어 있어서 경관 없는 인간 삶, 영혼(靈魂), 사상(思想)은 상상할 수 없다고 말한다.*

**Stanley White**

지구생물권(biosphere)을 몇 가지 주요 서식처(habitat)로 구분하면 수권(水圈, aquatic), 지상권(地上圈, terrestrial), 지하권(地下圈, subterranean), 대기권(大氣圈 aerial)으로 나눌 수 있다.

### 상호의존(相互依存, Interdependence)

인간은 이제 겨우 모든 유기체가 상호 의존 관계를 가지며, 지구 기온, 화학성분, 습도, 대기 이동, 토양 구조나 물 흐름에 미세한 변화만 있어도 생활환경에 심각한 영향을 미칠 수 있다는 것을 깨닫기 시작했다. 섬세한 생명체 그물망 어느 곳 작은 변화일지라도, 예를 들어 습지, 연못, 강 유역, 결국 바다에 이르는 자연계 구석구석에 반향(反響)을 일으킬 수 있다.

숨 쉬며 살아가는 인간이라면 다른 모든 생명체에 우리 생명을 온전히 의탁하지 않을 수 없으며, 궁극적으로 지구 어딘가 아직 개발되지 않고 남아 있는 자연지역이 생산해주는 생명원에 기댄다. 만약 지구 자연이 인류 생존을 유지시킬 수 없을 정도로 줄어들거나 파괴된다면 인간도 절멸(絶滅)할 것이다. 최근까지

*자연계는 물을 공급 · 운송 · 정화 · 저장하며, 기후를 조절하고, 공기를 정화하고 산소를 공급하며, 식량을 생산하고, 쓰레기를 처리 · 소화하고 땅을 만들며 해변 백사장을 생성 · 유지하고 폭풍우 피신처도 제공한다. …*
*만약 자연계 핵심 요소를 파괴하거나 자연계 전체에 무리를 가하면, 그 기능이 망가지고 자연계 전체가 무너질 것이다.*

**Albert R. Veri 등**

2 Ernest Braun and David E. Cavagnaro, *Living Water*.

*케냐 원산 플래티드버그(flattid bug)라는 생물이 있는데, 몇 년 전 나이로비에서 리키 박사(Dr. L. S. B. Leakey)가 내게 보여준 적 있다. 산호빛 작은 꽃이 알로에나 히아신스처럼 여러 개 매달리는 총상화(總狀花)였다. 꽃은 대략 1센티미터 정도 크기 타원형이었는데, 자세히 들여다보니 그것은 꽃이 아니라 곤충 날개였다. 죽은 나뭇가지에 들러붙은 곤충 군체(群體, colony) 모습이 진짜 꽃 같아서, 봄날 꽃밭 향기라도 풍겨나올 듯했다. …*
*이렇게 산호 닮은 꽃이 실제 자연계에 존재하지는 않는다. 곤충이 만들어내는 형태일 뿐 … 곤충 암컷이 알을 낳으면 최소 한 무더기에서는 산호가 아니라 녹색 날개 새끼들이 태어나고, 대여섯 개 알 무더기에서는 녹색과 산호빛 중간 색조 날개 새끼가 태어난다.*
*자세히 보니, 곤충이 만들어내는 꽃대 꼭대기에 단 한 개 녹색 꽃봉오리가 있고, 그 밑으로는 산호빛을 띠는 꽃송이가 대여섯 개 피어나기 시작했다. 더 밑에는 완전히 산호빛으로 만개한 꽃송이들이 나뭇가지를 덮고 있어서 굶주린 새들 눈을 속여 먹이가 되는 것을 피하려는 의도가 역력히 드러나 보였다.*
*리키 박사가 나무줄기를 흔들자 놀란 곤충들이 하늘 가득히 날아오르는 것이었다. 아프리카 숲 속을 날아다니는 나방 떼와 다를 바 없었다. 잠시 후 다시 가지에 앉기 시작했다. 특별히 앉는 순서가 있어 보이지 않았고, 서로 어깨를 타고 기어 올라가는 등 잠시 소란스러웠다. 그러나 아무렇게나 움직인 것이 아니었다. 나뭇가지는 금방 잠잠해졌고 다시 꽃이 나타나는 것이 아닌가. 선두 격인 녹색 날개는 맨 꼭대기에 자리 잡고 나머지도 색깔에 맞는 자기 위치를 잡았다. 전 가족이 제자리를 잡자 이 세상에는 존재하지 않는 아름다운 산호꽃이 내 눈앞에 다시 피어났다.*

**Robert Ardrey**

생명체는 모두 환경에 의존해 살아간다.

도 폭발적 인구 증가, 오염 증가, 급속한 자연 자원 고갈을 보면서도 인류 생존 위협이라는 재앙은 아주 먼 일로만 여겼다. 그러나 오늘날 현황과 변화를 분석하는 과학자들은 그러한 재앙을 심각하게 우려한다.

계획가, 설계가, 도로 전문가, 주택과 정원 건설업체에는 무슨 의미가 있을까? 개발은 자연경관과 조화, 통일되어야 함을 의미하며, 수질 보전과 대기오염 방지에 최선을 다해야 함을 의미한다. 이제는 그림 같은 숲과 물결치는 초원, 고요한 수면, 라벤더꽃 피는 언덕, 이런 곳을 아무렇게나 파헤치고 건물을 흩어 놓는 곳으로 생각해선 안 된다. 이제는 땅 한 필지라도 고립된 섬같이 여기고 사

신비스러운 자연 수분(受粉) 과정. 꿀벌이 꽃에 앉으면 수술이 꿀벌 몸을 눌러 꽃가루가 벌 몸에 잘 붙게 한다. 벌과 꽃 관계 - 인간이 이에 비견(比肩)할 비슷한 것이라도 만들어본 적이 있는가?

*모든 자연 작용(process)은 그에 필요한 형태를 취한다. 자연 작용은 항상 기능적 형태를 만들어낸다. 지점과 지점 사이 최단거리를 택하는 법칙을 따른다. 냉각은 냉각되게 노출된 표면에서만 발생하며, 압력은 압력이 가해지는 지점에서만, 장력(張力)은 장력이 작용하는 선에서만 나타난다. 움직임은 이동에 적합한 형태를 만들어낸다—에너지는 에너지마다 나름의 형태가 있다.*
*인간이 만들어내는 모든 형태의 원형은 자연 속에 있다. 최소 저항 법칙이나 최소 노력 법칙에 의거해 유사한 활동은 항상 유사한 형태로 귀결될 수밖에 없다. 따라서 인간은 지금까지와는 전혀 다른 방법으로 자연의 힘을 모은다면 이제까지와 달리 자연을 이용할 수 있게 된다.*
*생물체가 유용한 목표를 향해 노력하는 과정에서 적용한 원리들만 인간이 십분 활용한다면, 앞으로 수세기 동안은 인류가 가지고 있는 자본과 힘과 재능만으로 충분히 잘 살아갈 수 있을 것이다. 덤불숲, 나무 한 그루에서도 수많은 발명품과 기구 장치와 응용 기술을 발견하고, 조언을 얻고, 배울 수 있을 것이다.*

**Raoul France**

*초원이건, 숲이건, 경사지건, 우리가 소중하다고 생각하는 그 대상지 형태는 물론 제반 특징과 잘 어울리는 설계를 했을 때에만 원래 그 땅이 지닌 미묘한 쾌적성과 어우러짐으로써, 우리가 점유하는 경관이 전보다 훨씬 더 풍부해질 것이다. … 경관 특성은 강화해야 한다. 말살하면 안 된다. 궁극적으로 대상지와 그 주변 지역 고유 속성이 그대로 살아남아서 융화해야 한다. … 이렇게 '인간미 담긴(humanized)' 경관은 가장 마음이 끌리고 사랑스러운 경관이다. 경관 전체 구조와 정겨움이 보존되어야만 그 경관에서 큰 기쁨과 영감을 얻을 수 있다. …*
*새로 조성하는 경관이 하나의 예술 작품이나 시대를 초월해 역사에 남을 높은 경지의 예술 작품이 되려면, 그곳에 현존하는 무수한 형태의 승화(昇華) 또는 정수(精髓)가 되어야 한다는 법칙에는 예외가 있을 수 없다.*

**Stanley White**

Hermann Eisenbeiss, courtesy LIVING LEICA

유지라 해서 땅주인 기분대로 바꾸거나 무자비하게 바둑판 모양으로 구획하는 일은 없어야 한다. 아무리 작은 땅 한 쪽이라도 인접 대지나 근처 수계(水系), 나가서 환경 전체와 떼어두고 생각할 수 없다. 이쪽이 있어 저쪽이 있고, 서로 영향을 주고받고 있음을 이제는 잘 알기 때문이다. 생태학적으로는 땅이나 물이나 모두 서로 연결되어 있다.

### 자연계(Natural Systems)

현명한 토지이용계획과 자원계획을 수립하는 기본은 우리 건강과 안녕을 지켜주는 자연계를 이해하고 지속시키는 것이다. 생태적으로 민감한 곳, 생산성이 높은 곳, 빼어난 자연 경승을 자연 상태로 보존(保存, preserve)하고, 보존 대상 주변을 둘러싸는 보호구역을 보전(保全, conserve)해 보전 목적에 부합하는 용도로만 사용하고, 자연 훼손 위험성이 적은 곳만 개발하되, 주변 환경에 큰 해가 없도록 계획한다. 또 사람과 사람, 사람과 자연경관 사이 최상 관계를 이루도록 토지이용계획(土地利用計劃)을 수립하는 것이다.

## 지구경관(地球景觀, Earthscape)

수세기에 걸친 과학 발달 과정을 통해 우리가 살고 있는 지구는 무한한 공간 속에 떠 있는 한 개의 작은 별, 우주 만물 중 무한히 작은 점 하나에 불과하다는 것을 알게 되었다. 그래도 우리가 살아가는 세상이다. 광대하고, 이루 다 헤아릴 수 없을 뿐 아니라 경이로움 그 자체이며, 신비로운 질서와 무한한 에너지를 간직했다. 어김없이 태양이 뜨고 지며 골고루 비추어 따뜻하고, 공기와 구름 소용돌이가 감싸고 있다. 중심부에서는 용암이 작열하고, 식어 굳어진 지각에는 주름지고 파인 골짜기와 언덕, 산맥, 솟아오른 준봉(峻峯)이 자리 잡고 있다. 땅보다 훨씬 넓은 해양에는 염수가 밀물 썰물 파도가 되어 요동치고, 거대하고 복잡한 조류(潮流)가 대양 심연(深淵)까지 누비며 흐른다.

얼음으로 뒤덮인 극지방부터 뜨거운 태양이 이글거리는 적도 지방에 이르기까지 지구 모습은 변화무쌍하다. 인간이라는 동물은 100만 년 가까운 세월을 그 위에서 떠돌며 적응 과정을 통해 생존법을 배우고 번성의 길을 찾았다. 현명하게 적응 과정을 반복한다면 인류 역사는 계속 발전할 것이다. 인간과 자연 상호 관계에 관한 탐구 역사는 인류 역사만큼이나 오래다. 장기적 관점에서 보면 아직 초보 단계 학문이겠지만, 모든 것을 생각하면 가장 기본 과학이라 하겠다.

우리 세대 동안에 지구상에서 가장 높은 봉우리를 정복했고, 바닷속 가장 깊은 곳 깊이를 재고, 우주탐험 첫발을 내딛었다. 그래서 자연을 정복했노라고 믿고 싶은 유혹에 빠진다. 머지 않은 미래 인간이 자연을 지배할 것이라 확신하는 사람들도 있다. 착각하지 말자. 미물(微物) 인간에게 쉽사리 정복당할 자연이겠는가.

자연 작용(natural process)을 무시하면 재앙을 초래한다.

*수세기 동안 유럽 예술은 예술 속에 자연의 근본을 표출하는 일에 등을 돌려왔고, 서양인은 인간과 자연은 대척(對蹠) 관계라 생각해왔다. 사실 서양인이 자랑하는 독립 존재라는 것도 환상이며, 오늘날 동양이 서양인에게 가르쳐주는 것은 인간이 자연과 별개가 아니며 모든 생물과도 별개가 아니라는 것, 인간은 자연과 하나이며 모든 생물과도 하나라는 것이다.*

**Christopher Tunnard**

자연을 정복하자! 우리가 어찌 자연을 정복할 수 있겠는가? 살과 뼈와 피와 영혼이 자연 그 자체일진대. 인간은 자연이 잉태하고, 인간은 자연에 뿌리박고, 인간은 자연의 자양분을 양식으로 산다. 가슴속 고동, 온 신경으로 받는 느낌, 머릿속 오가는 모든 생각, 인간 의지와 행동 하나하나가 자연 섭리에 따른 것 아닌가. 자연을 정복하자! 인간이란 우주 만물 영원한 순환 속 잠시 스쳐 지나가는 삶의 흔적일 뿐이지 않은가. 자연을 정복하자! 다시 자연으로 눈을 돌려 우주 원리에 합치하는 질서를 찾아 발전시키고, 자연의 생명력에서 삶의 원천을 찾고, 인류 문화 발전 방향을 찾고, 의미 있는 형태를 세우고 구성하고 질서 지우며, 자연과 합일하는 풍부하고 고동치는 삶을 다시 깨우치는 것이 훨씬 좋지 않은가.

이 지구상 인류 역사는 곧 자연의 생명력과 자연의 힘을 깨달아온 역사다. 가장 뛰어난 현인(賢人)의 지혜라는 것이 가장 단순한 자연법칙 이해에 불과한 것 아닌가. 훌륭한 과학자 지식도 오묘한 자연현상 극히 일부를 엿본 것에 불과한 것 아닌가.

©2010 AECOM/Photography by David Lloyd

야생동식물 관리 구역

인간이 힘들여 이룩한 발전이라는 것은 과학 발전이며, 그 과학이 우리에게 가르쳐주는 것은 인간 삶의 방식은 불변의 자연법칙과 합치해야 한다는 것이다.

산속이나 밀림, 바다에서 사는 사람들은 자연환경에 민감하며, 본능적으로 사시사철 변하는 자연 순환에 맞춰 살아간다. 그러지 않으면 재앙을 불러오며, 살아갈 수 없다는 것을 터득한 것이다.

필자는 미지의 세계를 떠돌아다니고 싶어서, 여러 해 전 영국령 보르네오 북부 지방(Sabah) 오지에서 몇 달 지낸 적 있다. 그곳 사람들이 자연의 아들딸로 건강하고 행복하게, 검소한 생활 속에서도 큰 기쁨을 맛보며 살고 있는 모습을 보고 깊은 감명을 받았다. 섬사람 모두 자연과 가까이, 아니 자연의 일부가 되어 살고 있었다. 매일매일, 매 시간 시간 삶이 모두 일월성신(日月星辰)과 계절과 비바람과 밀물 썰물과 파도에 따라 움직이고 있었다. 보름날 썰물 바닷가에 나가면 고기를 많이 잡는다. 새들이 하늘을 빙빙 돌며 울어대면 폭풍우가 다가오는 징조다. 상쾌한 아침, 사냥꾼은 딸을 옆에 불러 허리를 굽히고 기다란 갈색 손가락을 펼쳐 야자나무 숲 위로 솟은 키나발루 산봉우리를 가리키며 주의를 준다. "티바야, 착하지. 산꼭대기 구름 좀 봐라. 산에 비바람이 몰아칠 텐데, 그러면 냇물이 넘쳐흐르니까 오늘은 냇둑에서 놀지 말고 집에서 엄마와 놀아라." 섬사람들 생활은 자연에 순응할수록 행복하다. 어찌 섬뿐이겠는가. 농촌, 도시 근

*서양에서는 인간과 환경 관계가 추상적이고, '나와 그것(I – It)'의 관계다. 반면 동양에서는 구체적이고 직접적이며, '나와 너(I – Thou)' 관계다. 서양인은 자연과 싸우고 동양인은 자신이 자연에 순응하고, 자연을 자신에게 적응시킨다. 이 말은 극히 일반화한 것이어서 다른 모든 일반화와 마찬가지라는 점을 감안해 받아들이기 바란다. 그러나 동서양이 생활과 환경에 대해 각기 다른 태도를 보이는 근본 차이점을 이로써 설명할 수 있고, 이러한 근본 차이점이 각기 달리 현재와 미래를 변화시키는 데 결정적 역할을 할 수밖에 없다고 믿는다.*

**E. A. Gutkind**

교, 도시 생활도 마찬가지다. 생활에 젖어 있다 보면 이러한 사실을 잊을 때가 있다. 그것이 많은 고통을 불러온다.

*인간이 땅을 대하는 태도를 보면, 우주(宇宙) 속에서 지구(地球)가 어떤 위상을 차지하는지를 인간이 잘 이해하지 못하고 있음을 상징적으로 잘 보여주고 있다. … 이것은 인간이 시간(時間)을 어떻게 이해하는가와 긴밀한 관련이 있다. 인간은 아직 장구(長久)한 시간 개념을 이해할 만큼 충분히 진화하지 못한 것 같다. 인간은 이제 겨우 시간을 측정할 줄 아는 단계에 이른 것 같다.*

**John McPhee**

### 지속가능성(持續可能性, Sustainability)

영어사전에는 '지속(sustain)'을 '영양을 공급하다, 계속하다, 견디다, 지원하거나 공급하다'는 뜻으로 풀이한다. 위키피디아 전자백과사전에 보면 현대사회에서 흔히 쓰는 '지속' 개념을 이렇게 소개한다. "지속가능성(sustainability)은 라틴어 sustinere[떠받치다(tenere)와 위로(sus) 합성어]에서 유래. 영어사전에는 '지속하다(sustain)' 뜻을 열 개도 넘게 열거한다. '유지하다(maintain)', '지탱하다(support)', '견디다(endure)' 등이 있다. 그러나 1980년대부터 지속가능성 개념은 지구라는 별에서 인류가 번성하는 삶을 계속할 수 있을 것인가를 묻는 단어로 더 널리 쓰게 되었다. 그래서 1987년 3월 20일 유엔 브룬트란트 위원회 보고서 정의가 가장 유명하다. '지속가능한 발전은 미래 세대 수요 충족을 희생시키지 않으면서 현세대 수요를 충족시키는 발전'이다."

지속가능성이라는 용어가 이제는 시대 유행어가 되었다. 어떤 문제, 어떤 상황, 어떤 제품에나 붙여 쓰다 보니 너무 많이 쓰는 경향이다. 조경이나 계획 분야에서는 지속가능성 개념이 이미 상용(常用), 정착(定着)해 환경계

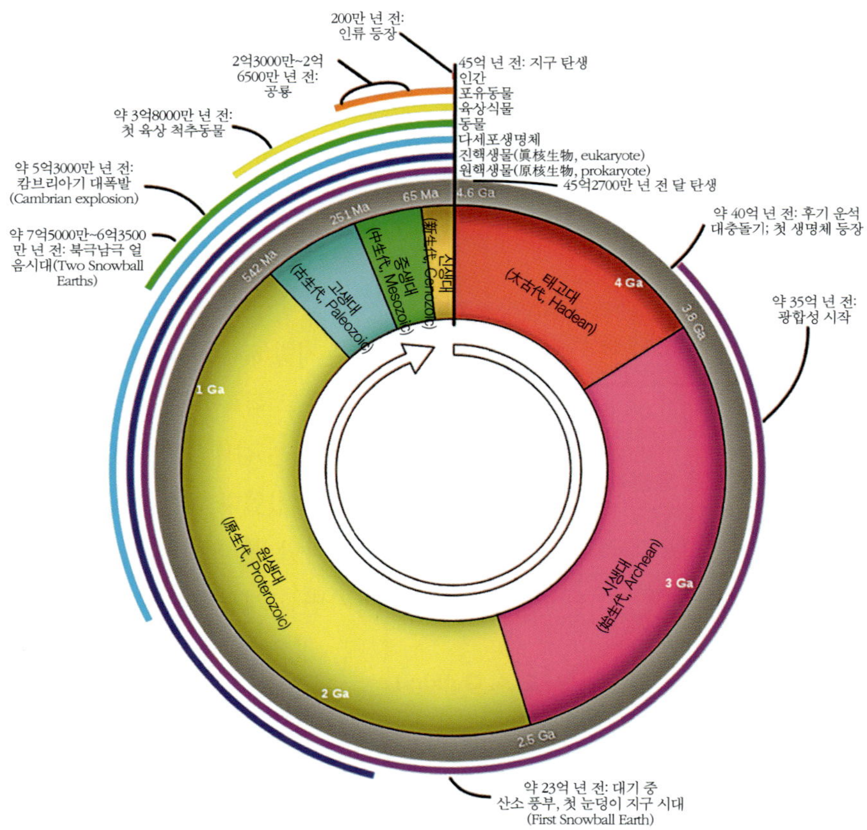


Woudloper

지질(地質) 연대(年代)—12시 방향부터 시계 방향으로

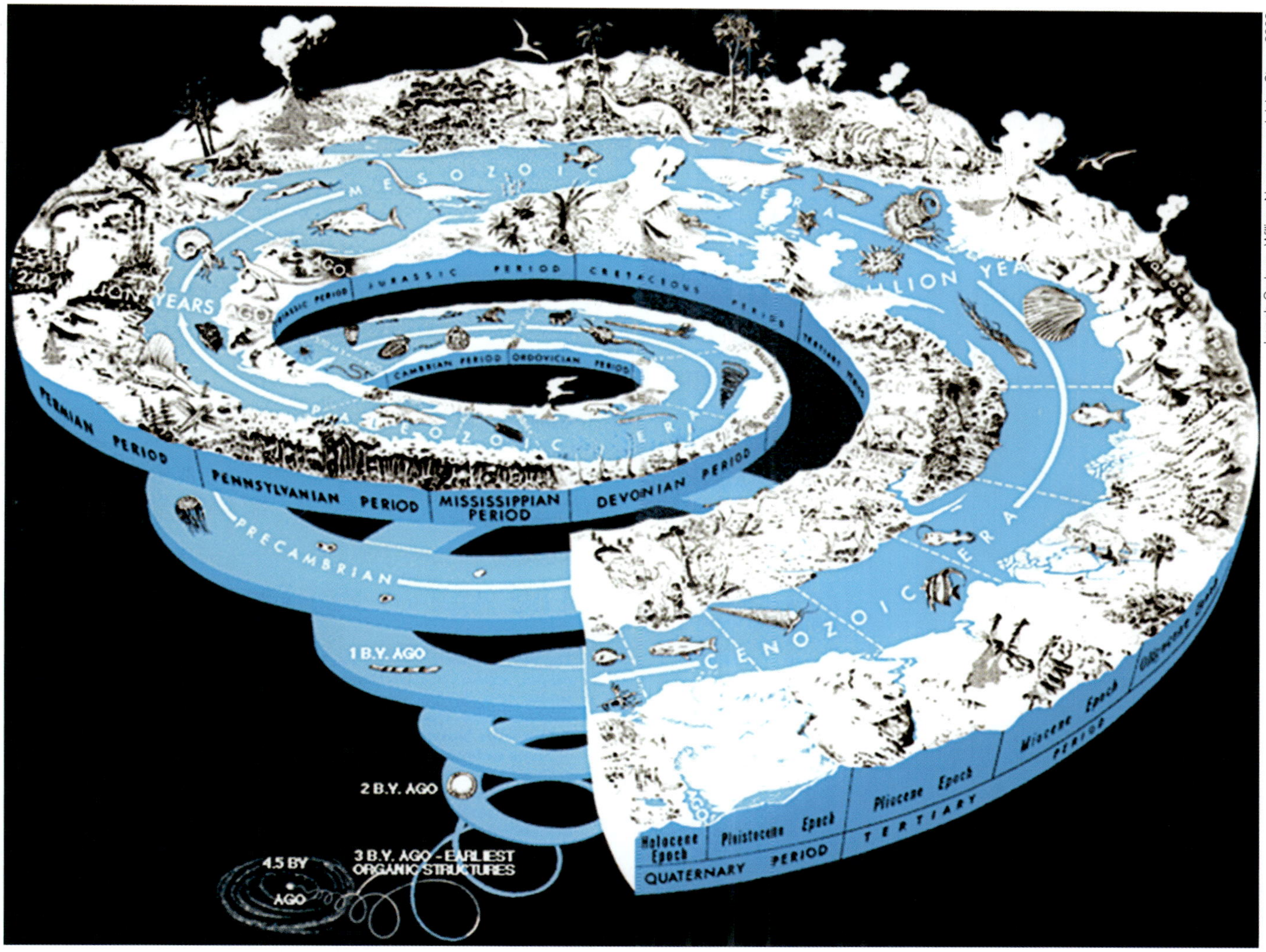


Joseph Graham, William Newman and John Stacy, 2008

지구 역사

획이나 환경설계와 동의어가 되었다.

인간 누구에게나 진정 장구한 시간을 인지한다는 것은 어려운 일이다. 그러나 넓은 의미에서 지속가능성 개념을 이해하려면 지구라는 별이 어떻게 생성 변화해왔으며, 인간은 그 위에서 어떻게 진화해왔는지 지질연대 차원에서 이해해야 한다. 지질연대는 지구 탄생부터 따지는 시간이다. 흔히 쓰는 일 년 단위로 표시하면 지질연대와 인간 진화 시간표는 이렇다.

| | 년(年) 전(前) |
|---|---|
| • 지구 탄생 | 4,500,000,000 |
| • 생명 탄생 | 3,000,000,000 |
| • 인류 원인(原人) (First humanoids) | 7,000,000 |
| • 직립(直立) 원인(*Homo erectus*) | 2,000,000 |
| • 인류(*Homo scpiens*) | 200,000 |

00:00 인류 원인(原人, prehumans) 출현

16:08 p.m. 직립 원인(Homo erectus) 출현

23:19 p.m. 인류(Homo sapiens) 출현

23:58:34 p.m. 문명 발생

23:59:57 p.m. 산업혁명

| | |
|---|---|
| • 문명 시작 | 7,000 |
| • 산업혁명 | 200 |

인류 진화에 걸린 시간은 인류 원인이 등장한 시간을 0시로 하여 24시간으로 표시하면 이해하기 쉽다. 직립 원인은 오후 4시 8분, 인류는 오후 11시 19분에 왔고, 산업혁명은 오후 11시 59분 57초에 시작했다. 자정 2.47초 전에 불과하다. 여기서 요점은 인간이 지구상 한 생물 종으로 진화해온 것은 아주 장구한 세월이 걸렸으며, 지구 그 자체 한 부분으로서 진화해왔다는 점이다.

진화 기간 97% 이상 농경이 발전하기 전까지 인류는 자연 속에서 다른 동물을 사냥하고, 식물을 채집해 명을 유지해야 했다. 인간은 지구의 한 부분이고, 지구는 인간의 한 부분이다. 인간은 지구와 떼어놓을 수 없는 존재다. 그러므로 인간은 자연법칙 지배를 받으며, 인간이 자연법칙을 거역하려 하거나 언젠가 자연법칙을 인간 뜻대로 조종하려는 시도는 낭패를 볼 수밖에 없다.

진화 초기 700만 년 동안 인류도 다른 동물과 마찬가지로 수렵-채취 생활을 하면서, 유전자 속에는 환경 일부로 생존하면서 어떻게 환경에 기대어 살아갈까 하는 필요한 정보가 생물학적으로 기록되었을 것이다. 현대 생물학이 말해주는 것은, 인간 유전자 속에는 세 가지 기본 생존 전략이 입력되어 있다. 최대한 오래 살아남는다, 자손 번식을 통해 종(種)을 이어간다, 생존과 번식에 필요한 자원을 축적한다. 현대에 이르기까지 이런 전략은 인류 생존에 적확(的確)했다.

현대인류(*Homo sapiens*)는 다른 동물에 비해 인체는 약소(弱小)해도 20만 년 이상 살아남기에 성공하면서 평균수명은 약 20년에서 오늘날 세계 평균 67.2세에 이르게 되었고, 지구상에 등장한 이래 20만 년 만에 인구 0에서 80억으로 번성했다.

지구상 인구 집단마다 차이는 있지만, 대개 점점 더 많이 자원을 축적하고, 더 오래 살고, 결국 인구 증가에 성공했다. 이렇게 인류는 유전자에 입력된 생존 전략대로 수명 연장, 인구 증가에 성공하고 결국 자원 소비가 늘면서 이율배반적으로 지구 신재생 자연 자원 공급 가능량을 초과해버렸다. 그 결과는 자신의 생명을 지속해주는 환경을 파괴하는 것이었고, 자신뿐만 아니라 여타 모든 생명 존속을 위협하게 된 것이다.

1800년 산업혁명 여명기에 세계 인구는 9억 명 정도에 이르렀다. 그 후 폭발적 인구 증가, 지구 자원 수요 폭증이 뒤따랐다.

- 1900 – 세계 인구 10억 도달
- 1961 – 세계 인구 30억, 지구 신재생 자연 자원 50% 정도 사용
- 1986 – 세계 인구 50억, 지구 신재생 자연 자원 100% 사용
- 2000 – 세계 인구 60억, 지구 신재생 자연 자원 120% 사용

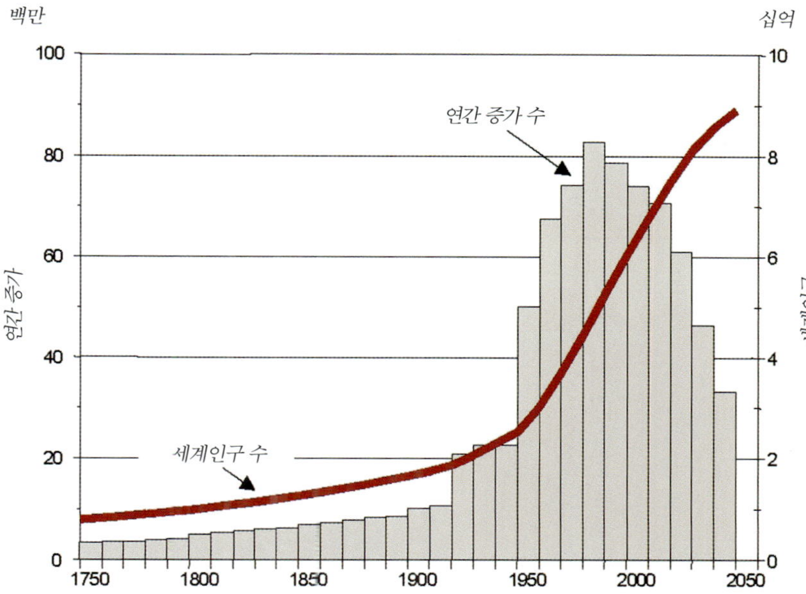


United Nations Department of Economic and Social Affairs, Population Division

1750~2050 장기 세계 인구 성장 추세

*지구를 파괴하면서 뒤덮는 괴물은 인구 성장이다. 이러한 인구 성장 앞에서 지속가능성은 헛된 이론에 불과하다. 많은 사람이 말하듯 나라마다 겪는 어려움은 인구문제 때문이 아니라 그릇된 이데올로기나 잘못된 토지 관리 때문이라고 말한다면 그것은 궤변에 속한다.*

**Edward O. Wilson**

1986년 이후는 신재생 자연 자원 공급 기반 자체를 잠식하고 있어 상황을 가속적으로 악화시키고 있음을 의미한다. 소비 폭증에 따라 어자원 남획, 목초지 훼손, 삼림 남벌 등이 필연이다. 소비에 따라오는 부작용은 토양오염, 대기오염, 수질오염, 생물권 훼손 등이고 모두 지구온난화 원인이 된다.

인류 지속가능성을 미래 세대 수요 충족을 희생시키지 않으면서 현세대 수요를 충족시키는 것이라고 정의한다면, 산업혁명 이래 수명 연장, 인구 증가, 날로 증가하는 소비가 합작으로 빚어 내는 효과는 인간 삶 양태가 결코 지속 가능하지 않음이 명백하다.

인류가 지속가능성을 구현하려면 생물학적으로 유전자에 입력된 인간 기본 생존 전략을 절제해 인구 폭증과 과소비를 다스리지 않으면 안 된다.

NOAA

# 2

# 기후

# CLIMATE

기후는 대기의 종합적이고 평균적인 상태를 말한다.

계획의 주목적이 인간을 위한 환경을 조성하는 것이라면, 기후는 필수 고려 항목이다. 기후는 인간 활동에 적합한 지역을 선택할 때 필히 고려해야 하고, 그 지역 내에서 가장 적합한 부지를 선정할 때도 고려해야 한다. 일단 부지를 선정하고 나면 추가로 고려할 사항 두 가지가 있다. 첫째, 어떻게 주어진 기후 조건에 맞는 단지를 설계하고 구조물을 설계할 것인가, 둘째, 환경 조건을 개선하기 위해 기후 영향을 어떻게 통제할 것인가다.

## 기후 파악(Climate and Response)

가장 두드러진 기후 특성은 연간, 계절, 하루 중 기온변화일 것이다. 기온변화는 위도 · 경도 · 고도 · 일조량 · 식생의 영향을 받고, 기후변화 요소에 속하는 해류 · 수계 · 빙하 · 사막 등과 근접 정도에 따라 달라진다. 이슬, 비, 서리, 눈 형태로 내리는 총 강수량은 물론 계절별 습도 변동 자료가 필요하다. 일조 시간, 하루 또는 연중 특정 시각 일사각(日射角), 태양 복사량 등은 계획과 설계에 중요한 요소다. 풍향, 풍속, 태풍 시기와 진로(進路) 기록이 필요하고, 상수원 수량과 수질, 취수 깊이를 조사해야 한다. 지질 구조, 토양, 토심, 현존 식생, 야생동물도 조사한다. 끝으로 이러한 모든 물리적 요소가 함께 어우러져 상호 작용하는 생태계를 살펴서 지역 기후 파악을 마무리한다.

## 기후와 사회(Social Imprint)

기후는 삶의 풍요로움과 생활양식에 직접 영향을 끼치며, 이는 다시 계획 내용을 결정한다. 따라서 어떤 지역 기후를 분석할 때는 기후와 날씨에 적응해온 독특한 행동양식, 기후 조건에서 연유하는 독특한 지역 공동체 조직 유형을 살펴보아야 한다. 독특한 음식과 식사, 옷 입는 습관, 전통적인 풍습은 기후 영향을 잘 보여준다. 좋아하는 놀이 형태, 교육 수준, 문화 취향도 마찬가지다. 농업 생산이나 상품 생산 같은 경제적인 요인도 주목해야 한다. 정부 형태나 정치적 성향, 일반적인 공중보건 상태, 특수 질병 발병 빈도, 질병 유형 등도 함께 분석한다. 사람 키와 체중, 혈액순환, 호흡, 발한 작용과 탈수 등은 신체 내구력이나 풍토순화 같은 요인과 마찬가지로 기후와 관련 있다. 에스키모 여자들은 키가 작고 체격이 중후한 반면, 안데스산맥 고지대 처녀들 발목은 새처럼 가늘고 가슴이 큰 것은 기후 영향이 확연하다. 간단히 말하면 먹는 것, 마시는 것, 믿는 것, 우리 존재 자체가 기후 산물이며, 지역 특징을 이룬다. 어느 지역 문학, 미술, 음악도 모두 지역 문화와 주민 특징을 잘 나타낸다. 여행하면서 직접 접하면 더욱 생생한 느낌을 받을 수 있다. 따라서 어떤 지역을 계획하고자 한다면 현장 세부 조사가 필수다.

© D.A. Horchner/Design Workshop

고유 의상은 기후 특징을 반영한다.

## 기후 적응(Accommodation)

지구 기상에 대해서는 순응하는 것 외에 인간이 할 수 있는 일이란 거의 없다.

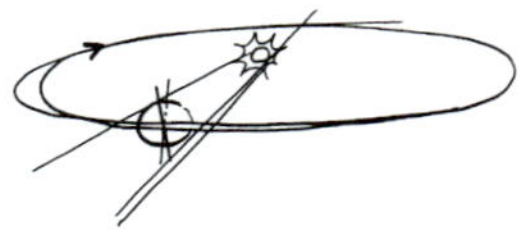

지구는 일 년에 한 번 태양 주위를 공전하며, 지구 자전축은 공전축과 경사를 이룬다. 지면 태양 복사에너지량은 타원형 공전궤도와 자전축 경사 때문에 변화가 발생하는데, 복사량 변화에 따라 기후 차이와 계절이 생긴다.

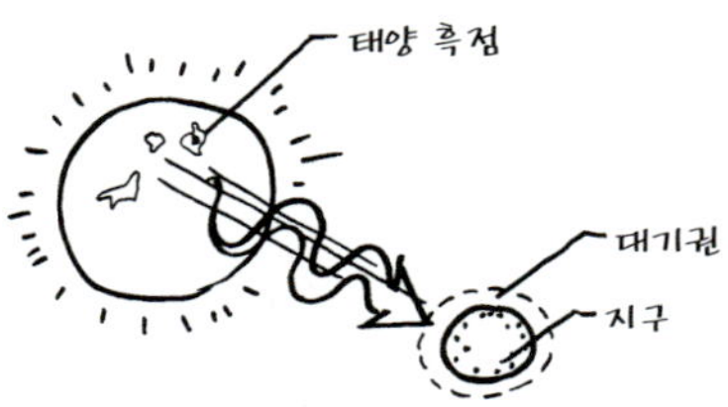


지표면 열(에너지)은 태양에서 온다. 지구에 도달하는 에너지량은 타원형 공전궤도상 지구 위치와 관련 있고, 아직도 불가사의한 태양 흑점 영향도 받는다. 지구 대기권 햇빛 투과 조건도 어느 정도 영향을 미친다.

극빙(極氷) 증가와 감소 주기는 예측할 수 없다. 극빙은 태양의 영향을 받아 전진과 후퇴를 되풀이하고, 극빙 전진과 후퇴는 다시 세계 기상 조건에 막대한 영향을 미친다.

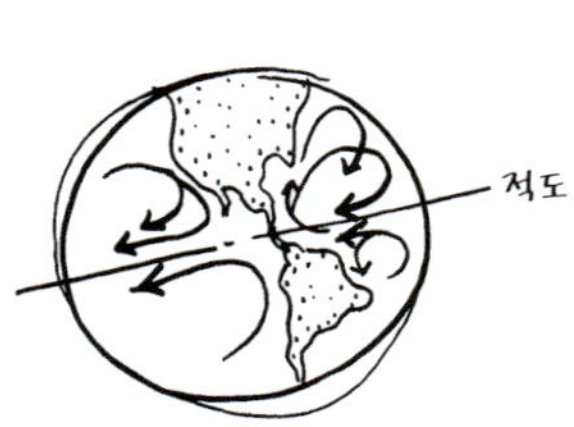


대양(大洋) 해류(海流)가 태양에너지를 지구 곳곳에 분산시킨다. 해류에 의한 에너지 흐름은 대류권(對流圈, troposphere) 흐름과 같이 태양이 만들어내는 것이다. 해류는 적도 위아래에서 크게 서로 반대 방향으로 회전하면서 지구에 축적되는 태양열을 분산시키는 것을 돕는다.

지역 특유 색상과 식물

가장 직접적인 적응 형태는 우리가 필요로 하거나 욕구를 충족시킬 수 있는 기후대로 이주하는 것이다. 그 노력 과정이야말로 인류 역사의 큰 흐름을 이룬다. 이상적 기후대에 정착하지 못했다면, 현재 머무는 곳 기후 조건을 최선의 방법으로 이용하는 수밖에 없다. 지구 기후대는 크게 한대, 온대, 아열대, 열대 건조 지역 네 가지로 나눌 수 있다. 북미 지역에서는 네 가지 기후대를 모두 볼 수 있다. 기후대 경계가 불분명하고 하나의 기후대 내에도 많은 예외 지역이 존재하지만 각 기후대는 독특한 특성을 지니며, 개발계획 수립이나 구조물 건설에 심대한 영향을 미친다. 농장, 주택, 마을 2차원 평면계획은 물론이고, 한 지역 내 부지나 구조물 3차원 설계에서도 기후 조건을 고려해야 한다. 예를 들면 이용 공간이나 도로를 필요에 따라 '솔바람 불어오는 곳에', '바람으로부터 멀리' 배치하거나 '양지바른 곳에' 배치하는 것처럼 단지나 건축물 공간 구성 역시 따스한 햇살이나 여름철 산들바람을 맞이하거나 눈부신 햇빛이나 찌는 듯한 더위 혹은 매서운 겨울바람을 피하도록 계획할 수 있는 것이다. 빼어난 단지계획이나 건축설계 작품은 형태, 재료, 색상까지도 그 지역 기후에 잘 순응(順應)한 작품이다. 세계 곳곳에서 날아온 그림엽서에서 그곳 사람들, 의상, 건축물 등을 보면 한눈에 그 지역이 어떤 곳인지 알아볼 수 있다. 각 지역마다 주어진 기후 조건이 있고 그에 알맞은 논리적 계획과 설계를 찾아야한다고 말하고자 하는 것이다. 다음은 지역사회, 단지계획, 건물설계 등에서 각양각색의 지역 기후 조건들을 잘 반영하는 예시들이다.

기후 조건

1. 겨울에 매우 춥다.
2. 눈이 많이 쌓인다.
3. 바람이 강하다.
4. 바람 때문에 체감온도는 더욱 낮다.
5. 동결심도(凍結深度)가 깊다.
6. 덤불숲이 많다.
7. 겨울철 낮 길이가 짧다.
8. 겨울이 길다.
9. 결빙과 해빙이 반복된다.
10. 봄에 눈이 빨리 녹는다.

Ken Graham Photography/Charles Anderson

## 한대 지역

### 마을, 도시계획

1. 양지바른 곳에 배치한다.
2. 눈을 치우고 모아두는 공간을 마련한다.
3. 바람을 막고 토양을 안정시키기 위해 지형과 지피(地被)를 최대한 이용한다.
4. 도로 노선과 선형(線形) 필지는 풍향과 직각으로 배치한다.
5. 대지 조성 면적을 줄여 값비싼 굴착 공사비와 동해 방지 공사비를 줄인다.
6. 바람을 막아주는 역할을 할 수 있도록 가능한 한 모든 식생, 특히 바람에 강한 숲 경계부 식생을 보전한다.
7. 활동 공간들을 모아 배치해 이동 소요 시간을 줄인다.
8. 주거 밀집지구 내에 또는 가까이에 오락, 문화센터를 배치한다.
9. 도로는 그늘지는 곳에 배치해 눈이 녹아 얼어붙는 것을 예방한다.
10. 저지대, 자연 수로(水路), 범람원(floodplain)은 피한다.

### 단지계획

1. 위요된 중정과 해가 잘 드는 공간을 만든다. 재료는 질감이 거친 것, 색상은 따뜻한 원색이 좋다.
2. 진입로는 짧게, 출입구는 한데 모아서, 출입구 바닥은 높게 만들고 보행로에는 지붕을 설치한다.
3. 방풍림을 보전하거나 없으면 새로 조성한다. 방설(防雪) 울타리를 설치하고, 강풍에 버틸 수 있는 낮고 튼튼한 담장을 둘러친다.
4. 걷는 거리가 긴 곳은 중간에 대피 공간을 만든다. 바람을 비껴가게 하거나 막을 수 있는 시설을 설치한다.
5. 굴착과 기초공사량을 줄일 수 있도록 목재 조립건축을 권장한다. 경사지는 단 차이를 두고 수평면을 이어나가는 방식으로 개발한다.
6. 관목이나 교목 숲 속에 나무를 베고 만든 작은 '방' 같은 공간들을 모아 배치하고, 이 공간들을 연결하는 길 역시 숲 속에 구불구불 배치한다. 숲을 이루는 수목의 자연스러운 생육이 지장받지 않을 정도로 개발 규모를 제한한다.
7. 햇빛을 최대한 받아들여 이용한다. 건물은 햇빛이 잘 들면서 하늘도 보이고 볕이 잘 드는 언덕도 바라보는 방향으로 배치한다.
8. 복합단지 조성 기법(clustered-compound plan approach)을 활용한다. 이 기법은 공동체 생활을 즐겁게 하고 이웃 관계를 긴밀하게 해준다.
9. 데크 길을 설치하거나, 보도를 지면보다 높게 조성하거나, 서릿발 피해를 줄이는 유연성 포장재를 사용하면 진창길을 피할 수 있다.
10. 단지 유출수 배수는 자연형 배수로를 이용한다. 배수로 표토와 지피식물 등을 보존해 유수에 의한 토양 침식 발생을 예방한다.

### 건물설계

1. 건물은 육중하게, 저층으로, 단열 효과 높게 설계한다. 벽과 지붕은 가능한 한 햇빛을 많이 받도록, 바람은 되도록 적게 받도록 설계한다. 창문 면적을 줄이는 등 가능한 한 모든 방법으로 열 손실을 줄인다.
2. 바람에 불려오는 눈이 건물 입구에 쌓이지 않도록 설계한다. 현관 입구 바닥을 예상 적설고보다 높게 만든다. 다락방을 밑에 두고 지붕을 가파르게 설계하면 눈 무게 때문에 지붕이 붕괴될 위험을 줄일 수 있다.
3. 주 풍향이 아닌 쪽에 창문을 내고, 건물 장축을 주 풍향과 평행하게 배치하고, 지형과 수림대를 바람막이로 이용한다.
4. 바람이 부는 쪽에 입구를 내고, 출입로는 방풍 구조로 하고 찬 바람을 쏘이는 시간을 줄이기 위해 가능한 한 짧게 설치한다.
5. 건물 둘레는 짧게, 땅과 접촉 면적은 최소화해 열 손실과 건물 기초에서 발생할 수 있는 문제를 줄인다.
6. 수림을 보전하고, 건물은 언덕이나 숲을 방패 삼아 배치한다.
7. 창문과 생활 공간은 태양빛을 충분히 받게 설계한다.
8. 편안하고 재미있는 건물, 상세 부분까지 주의를 아끼지 않은 건물을 설계한다. 혹한 기후 지역에서는 '집이 곧 피난처'다.
9. 결로(結露) 현상과 성에가 문제이므로, 가능한 한 한파에 약한 연결 부품이나 미끄러질 위험 있는 포장재는 피한다.
10. 지붕물매는 가파르게, 처마는 깊게 만들고, 배수가 잘 되도록 보통 배수로보다 경사는 가파르게, 용량은 크게 설치한다.

### 기후 조건

1. 온도 변화가 많다. 여름은 따뜻하거나 덥고, 겨울은 추우며, 봄과 가을은 온난하다.
2. 계절 변화가 뚜렷하다.
3. 풍향과 풍속이 자주 변한다.
4. 이따금 심한 폭풍이 일어난다.
5. 가뭄이나 약간의 비 또는 많은 비가 내리는 기간이 교차하고, 서리와 눈이 내리기도 한다.
6. 토양은 대개 배수가 잘 되며 비옥하다.
7. 개울, 강, 호수가 많다.
8. 물이 풍부하다.
9. 지피 상태는 나지에서부터 수림까지 다양하며 식생도 다양하다.
10. 해양, 평원, 고원, 산악 지방 등 지형적으로 경관이 뛰어나다.

Robert Cardillo/Stephen Stimson Associates

## 온대 지역

### 마을, 도시계획

1. 토지이용 배분과 교통체계 유형은 국지적 기온 변화 범위와 기후 조건을 고려해 결정한다. 추운 지방에서는 밀집 배치가 적절하고 온난한 지방에서는 분산 배치도 좋다.
2. 기후에 적응. 사계절 언제나 기능을 발휘하는 데 지장 없는 계획인지 검증해야 한다.
3. 도로와 오픈스페이스는 겨울바람을 막고, 여름 미풍을 받아들이도록 배치한다.
4. 도로, 공공 기반시설, 배수로는 최악 조건에도 견디도록 설계한다.
5. 강풍, 홍수, 눈보라 대비책을 설계에 반영한다.
6. 공원, 녹지를 많이 조성해 지역사회 특징이 되도록 한다.
7. 지역사회 개발계획에 자연수계를 포함해 사람들이 즐기고 이용할 수 있도록 한다.
8. 공공 또는 사유(私有) 정원이 많이 조성되도록 해 지역 특징을 삼는다.
9. 녹지 내 토종식물을 보전한다.
10. 지역사회 개발은 각 환경 특성을 독특하게 표출할 수 있도록 계획한다.

### 단지계획

1. 옥외 활동 유형과 규모는 매우 다양하며, 따라서 옥외 공간도 다양한 유형과 규모로 마련해야 한다.
2. 계절 변화는 철마다 새로운 무대를 펼친다. 봄, 여름, 가을, 겨울, 무대마다 어울리는 활동 공간을 계획한다.
3. 주 풍향과 미풍 방향을 고려해 설계한다.
4. 최악의 폭풍우에 대비해 구조물을 설계한다.
5 모든 기상 조건에 견딜 수 있고 유지 관리가 용이하게 설계한다.
6. 중요 숲과 농경지를 보전한다.
7. 수변 지역은 물의 경관, 생태 가치를 보전하도록 세심하게 계획하고 용도지구를 설정한다.
8. 공원이나 사람이 많이 모이는 장소에는 연못, 분수 등을 설치해 경관을 개선한다.
9. 계획구상은 모두 주변 자연경관과 일체시키는 것을 목표로 삼는다.
10. 경관 잠재 가치를 최대한 활용한다.

### 건물설계

1. 냉방, 난방, 환기 부하(負荷)를 최소화해 설계한다.
2. 사계절 변화에 따른 건물 요구 조건과 계절이 제공하는 장점을 설계에 반영한다.
3. 시원한 바람 이용, 찬 바람 냉각 효과 활용하게 건물을 배치하고 상세 설계한다.
4. 심한 폭풍도 견디는 구조로 설계한다.
5. 수축, 팽창, 결로, 결빙, 눈 하중을 고려한다.
6. 굴착과 기초공사가 크게 문제 되지 않기 때문에 건물을 펼쳐 넓게 배치 할 수 있다.
7. 각 대상지 휴양자원 가치를 최대한 활용한다.
8. 수자원을 확보하고 저장은 크게 중요하지 않다.
9. 건물 배치와 형태 설계는 지형에 맞춘다.
10. 경관가치를 최대한 활용해 건축을 계획한다.

### 기후 조건

1. 기온이 높고 비교적 일정하다.
2. 습도가 높다.
3. 집중호우가 내린다.
4. 태풍, 허리케인 같은 폭풍이 분다.
5. 낮 동안은 대개 미풍이 고르게 분다.
6. 식생 유형은 듬성한 것에서부터 울창한 숲까지 다양하며, 밀림 같은 숲도 있다.
7. 뜨거운 태양열이 사람을 무기력하게 만든다.
8. 하늘에서, 바다에서 작열하는 눈부신 햇빛 때문에 피곤하다.
9. 기후 조건 때문에 벌레가 많다.
10. 균류도 항상 문젯거리다.

Robin Hill/Raymond Jungles

## 아열대 지역

### 마을, 도시계획

1. 수렵 전통 영향으로 주거지 형태는 산촌(散村)이다.
2. 주거지는 바람이 잘 통하는 곳에 배치한다.
3. 범람원과 배수를 피해 배치한다. 파헤친 곳은 침식이 심하게 발생한다.
4. 주거지는 숲 속이나 폭풍을 막아주는 언덕 앞에, 폭풍 때의 파고보다 높은 곳에 배치한다.
5. 도로 등 사람 많이 모이는 공공 공간은 바람이 잘 부는 곳에 배치한다.
6. 자연 식생을 훼손하는 개발은 피한다. 지피를 손상하면 토양 침식이 발생한다.
7. 기존 식생을 이용해 도로와 공공 지역에 그늘을 드리우도록 한다. 필요하면 녹음수 보식(補植).
8. 해가 뜨고 질 때 뜨거운 햇빛이 바다에 반사되어 주거지로 비치지 않게 배치한다.
9. 벌레가 많이 서식하는 곳에서 바람 불어오는 쪽에 주거지를 배치하지 않는다.
10. 햇빛과 미풍이 건물로 잘 들게해 균류와 곰팡이 발생 예방한다.

### 단지계획

1. 그늘이 있고, 환기 잘 되고, 녹음과 물이 있는 시원한 공간을 설계한다.
2. 원활한 통풍과 수분 증발에 의한 냉각 효과를 얻도록 설계한다.
3. 호우에 대비하고 충분한 용량의 배수시설을 설치한다.
4. 중요 활동 공간과 중요 동선은 폭염 노출이 적은 곳, 파도나 홍수위보다 높은 곳에 배치한다.
5. 시원한 바람이 부는 곳에 배치하거나 바람을 모아 불게 해 미풍 효과 극대화한다.
6. 무성한 녹음, 지역 대표 조경수로 배경경관과 경관 틀을 형성하고, 아름다운 수형(樹形), 잎사귀, 꽃 경관을 제공한다.
7. 옥외 활동 공간은 시원한 아침, 저녁 시간에 이용하도록 계획한다. 낮에 햇빛이 많이 드는 시간에 이용하는 공간은 지붕이나 녹음수를 이용해 그늘을 드리운다.
8. 배치계획, 차폐식재에 유의해 눈부심을 저감한다.
9. 데크와 평상 같은 구조물을 이용, 보도나 이용 공간을 지면보다 높여 바람이 잘 통하도록 하고 곤충 피해를 저감한다.
10. 지면에 접하는 곳에는 석재, 콘크리트, 금속재, 방부 처리 목재 따위만 사용한다.

### 건물설계

1. 가능한 한 냉방 수단을 총동원. 개방형 건축 평면, 높은 천장, 길게 나온 처마, 개구부 차양을 설치하고 필요한 곳에는 냉방기를 설치한다.
2. 자연 통풍을 확보한다. 햇빛을 받아 건조할 수 있도록 설계한다. 필요에 따라 인공 건조 설비 설치한다.
3. 회랑, 아케이드, 큰 천막(pavilion), 지붕이 있는 통행로, 베란다 등을 건축에 이용한다. 출입구와 창문은 폭풍이 부는 반대 방향에 설치한다.
4. 강풍을 견딜 수 있게 구조물을 설계한다. 또는 비바람 가리개 가설시설이나 접었다 펴는 시설로 설계한다.
5. 방, 복도, 발코니, 중정까지 모두 연결되며, 미풍이 흐르도록 설계한다.
6. 내 · 외부 공간 모두 자생수종을 식재해 녹음에 의한 냉각 효과를 얻는다.
7. 그늘, 그늘, 그늘 제공한다.
8. 경관 조망점은 햇빛이 눈부시지 않은 곳에 설치하고, 차광시설을 잘 활용한다.
9. 구조물은 지면보다 높게 바람을 마주해 배치하고 중요 지점이나 장소에는 방충시설을 한다.
10. 통풍 잘 되는 개방형 창고를 설치한다. 균류 발생이 적은 소재를 사용하고 필요한 곳에는 건조장치를 설치한다.

기후 조건

1. 낮 동안 매우 덥다.
2. 밤은 아주 추울 때도 있다.
3. 광활하게 펼쳐져 있다.
4. 햇빛이 강렬하고 눈부심이 강하다.
5. 건조한 바람이 많이 불고, 가끔 거친 먼지폭풍이 일어난다.
6. 연중 강우량이 아주 적고 식생은 수로주변 외에는 거의 없다.
7. 봄이면 갑작스레 호우가 내리지만, 금방 흘러가버리고 침식이 생긴다.
8. 물이 매우 부족하다.
9. 농업 생산성이 낮아 식량, 기타 상품 수입이 불가피하다.
10. 관개(灌漑) 사업은 일상생활화되어 있다.

Christopher Brown, FASLA, JJR 1Floor

## 열대 사막 지역

### 마을, 도시계획

1. 찌는 듯한 무더운 환경이므로 그 속에 서늘한 용도 공간을 섬처럼 조성한다.
2. 단체 활동을 할 수 있는 공간이 필요하다. 야간은 툰드라 지대만큼 싸늘하므로 사막 지역에서도 따스한 단체 활동 공간이 필요하다.
3. 전진초소, 요새, 목장 같은 건물 형태를 응용한다.
4. 건물은 무리지어 분산 배치하고, 해를 가릴 수 있는 좁은 도로나 주랑(柱廊)으로 연결한 작은 공간을 건물군 사이에 배치한다.
5. 지피식물이 정착한 곳을 찾아 주거지와 상업시설을 배치한다. 건조한 모래바람을 막을 방풍림을 조성한다.
6. 개발 지역 주위에 있는 모든 자연 식생을 최대한 보호한다.
7. 범람 가능 지역을 피한다. 사막의 홍수를 경험한 사람이라면 범람 지역은 결단코 피할 것이다.
8. 시설을 집중적으로 배치하고 녹지 공간을 다목적으로 활용해 관개를 최소화한다.
9. 주거와 공공시설은 교통 노선이나 수송 요충지에 배치한다.
10. 토지이용, 교통체계는 기존 또는 계획 관개수로나 저수지 위치를 고려해 배치한다.

### 단지계획

1. 해를 등지고, 녹음 그늘, 차양(遮陽)을 설치하고, 건물 그늘을 이용하게 배치해 더위와 눈부심을 줄인다.
2. 주거와 마을에 가축우리 배치 원리를 적용해 배치한다.
3. 필수 운송수단인 자동차를 주요 계획 요소로 고려한다.
4. 이용 공간이나 도로는 직사광선으로부터 차폐한다.
5. 외부 활동 공간은 폭염에 노출되지 않도록 차단한다.
6. 자생식물은 자기 지속 능력이 있고, 사막 경관의 매력 요소이므로 최대한 보전한다.
7. 배수로나 범람원(汎濫原) 개발을 금지한다.
8. 공원, 정원, 식재 공간 면적은 관수량을 감안하여 제한한다.
9. 통이나 화분 재배 식물을 사용하고, 점적(点滴) 관개, 수경 정원 기법(hydroponic gardening)을 적용한다.
10. 관개수로, 관개용 저수지, 기타 관개시설을 경관 요소로 활용한다.

### 건물설계

1. 두꺼운 벽, 높은 천장, 넓은 처마, 작은 창, 빛 반사 색을 사용한다. 태양 고도와 방향을 감안해 건물을 설계한다.
2. 단열재를 사용해 밤의 한기를 막고, 열 손실을 줄인다. 난로 같은 소형 복사 난방 기기를 이용한다. 사막에서 실내 화덕을 사용해온 전통은 이유가 있는 것이다.
3. 뜨겁고 건조한 기후와 사막 지형에서는 목장 건물을 닮은 저층 분산 건축이 합당하다.
4. 숨 막히게 뜨겁고, 눈이 너무 부시고, 광막한 외부 공간과 대비되도록, 내부 공간은 시원하고 작게, 흐린 색으로 꾸민다.
5. 바람과 먼지가 못 들어오게 건물을 밀폐한다. 개구부 공기 밀폐 등 섬세한 건축 상세설계가 필요하다.
6. 나무와 물이 있는 중정 중심으로 방이나 건물을 모아 배치한다.
7. 봄철 우기의 빗물을 받아 저장하는 시설을 설치. 지붕, 중정, 포장구간에서 흘러나오는 빗물을 수조에 모은다.
8. 중수(中水)를 사용한다. 중수는 용도에 따라 정수(淨水) 정도와 정수 처리 방법을 선정한다.
9. 식품 저장고, 사료 창고를 설치하는 것은 사막 건축설계에서 중요하다.
10. 건물 내 중정과 정원에 관수 시설을 설치한다. 포장구간, 분수, 관수설비, 뿌리덮개(mulch), 잎사귀에서 증발되는 수분이 냉방 효과 발휘한다.

© D.A. Horchner/Design Workshop

Barry W. Starke, EDA

미기후와 대응

## 미기후학(微氣候學, Microclimatology)

미기후학은 국지적(局地的)인 기후 조건을 연구하는 학문이며, '소규모 기상을 연구하는 과학'이라 부르기도 한다. 과학 연구의 목적은 인간이 처한 여건 개선에 적용할 수 있는 진리와 원리를 발견하는 데 있다. 미기후학도 마찬가지다.

### 사례

가상적인 예로 고온 건조한 지역(사막)에 있는, 벽으로 둘러싸인 작은 중정을 생각해보자. 미기후학적 설계 원리를 적용하면, 지상 1미터 지점의 기온을 16~22도만큼 낮출 수 있다고 한다. 이렇게 할 수만 있다면, 견디기 힘들 정도로 열악한 기후 조건이라도 쾌적하고 즐거운 상태로 개선할 수 있다—여하튼 한번 시도해볼 만하지 않은가.

주어진 조건들이 최악인 경우를 상정해보자. 빈틈없는 벽이 주위를 막고 있어 바람이 통하지 않고, 벽 높이도 높아 태양열을 많이 받아들이고 뜨거운 복사열을 방출하며, 벽 색깔도 열 흡수가 많은 어두운 색이라고 가정하자. 거기에다 바닥은 태양열 다량 축적과 복사열 방출에 적합하게 두툼한 콘크리트에 암적색을 칠했고, 중정은 텅 비어 있어 기후 조건이 더욱 나쁘다고 생각해보자. 실험 조건을 더 완벽하게 하기 위해 한낮의 타는 듯한 햇빛을 잘 받는 방향으로 중정을 배치했다고 가정하자. 이러한 악조건의 공간 한복판에 금속 의자를 놓고 사람이 앉아 있게 한다면 아마 통닭구이가 될 것이다. 그것도 단시간에.

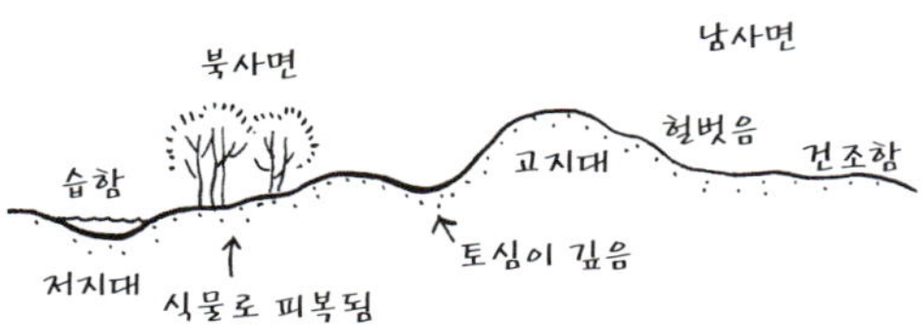


어느 땅이나 상당한 정도 미기후 변이가 있다. 미기후 차이는 향, 풍향, 지형, 식생, 토양 종류, 토심과 토양 수분, 심지어 토양 색상의 영향을 받는다. 언덕, 산림, 강, 호수나 바다, 도시 같은 부지 외부 조건도 영향을 미친다.

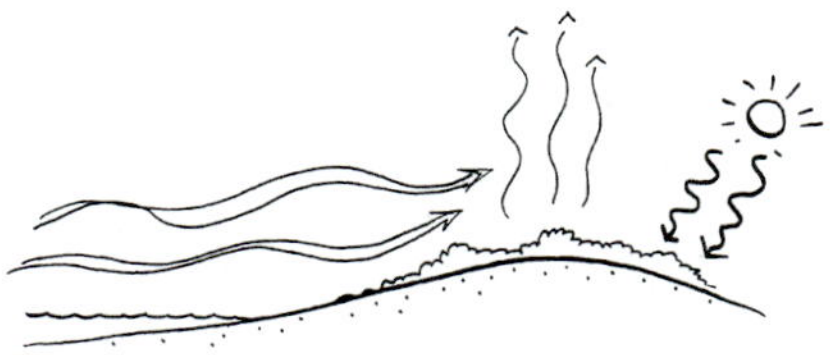

낮 동안 태양열이 지표면을 데우고 더워진 공기가 상승하면 주변에 있는 수면의 서늘하고 습윤한 공기가 빈자리를 메우려 육지 쪽으로 이동한다.

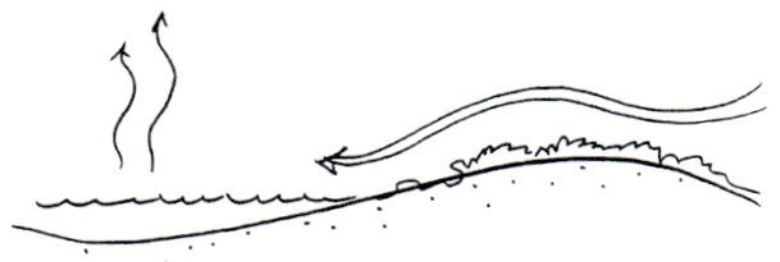

밤에는 육지 숲 속의 시원해진 공기가 수면 쪽으로 이동한다.

**하루 중 육지와 수면의 대기 이동**

註: 배치를 잘하고 조경 기법을 동원해도 변화시킬 수 있는 온도 차이는 불과 몇 도밖에 안 되는 경우도 있을 것이다. 그러나 그만큼 쾌적성을 높이는 외에도 냉난방 에너지 절감 효과는 상당할 것이다.

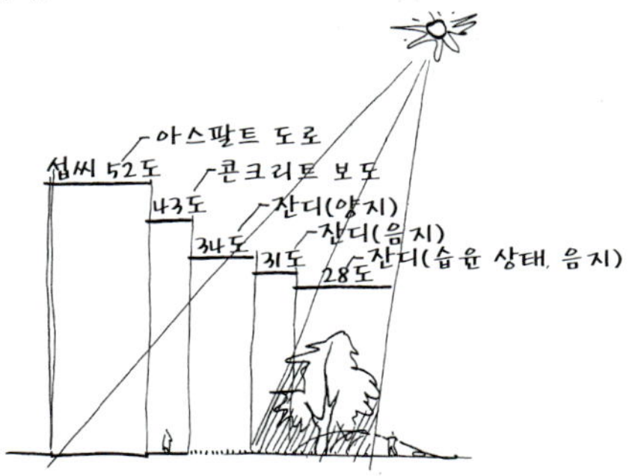


더운 여름날 정오, 한 단지 내에서도 온도 차이가 크다.

**표면 온도 비교**

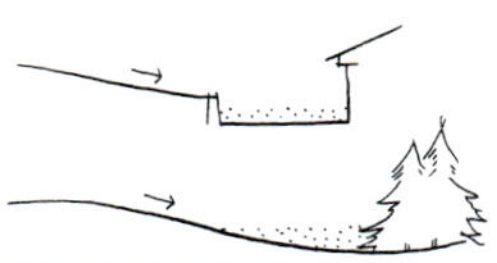

서늘한 공기는 낮은 곳으로 흐르기 때문에, 우묵한 공간이나 가로막힌 낮은 곳은 서늘해 좋은 곳이 될 수도 있고, 피하고 싶은 냉골(frost pocket)이 될 수도 있다.

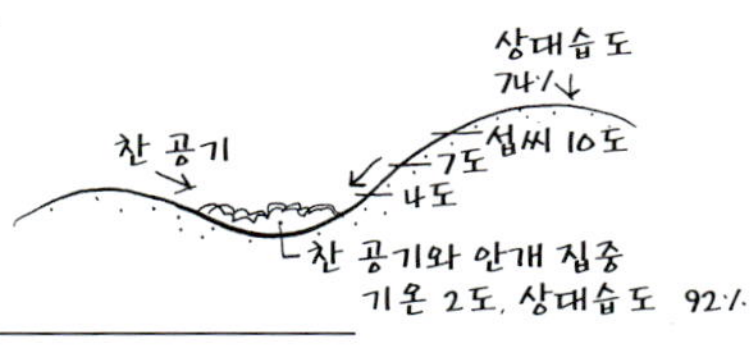


추운 기후 지역에서는 경사면 상부이면서 노출된 정상부 아랫부분이 대지로 적합하다. 남사면(南斜面)이 따뜻하다.

그러나 찬 바람을 맞는 정상부까지 올라가면 온도에 득이 없다.

**지형이 미기후에 미치는 영향**

반대로 이곳에 시원하고 생기 넘치는 중정을 만들고자 한다면, 상쾌한 미풍을 모아들이도록 측면 벽을 날개처럼 펼쳐보자. 또 열은 반사시키고 덩굴식물이 자랄 수 있도록 아주 밝은 회색, 질감 있는 콘크리트나 거친 돌로 벽을 만들어 보자. 바닥에 연못, 넘칠 듯한 수반이나 물방울 튀기는 분수를 설치해 물을 끌어들여 보자. 낮은 둔덕을 이룬 식재 공간에 물을 뿌려주고, 수분 증발을 촉진하기 위해 식재 공간 가장자리는 자갈을 깔아두자. 식재 공간에는 관수시설을 설치하고 줄기가 무성한 녹음수를 심어 잎과 꽃이 지붕을 이루고, 포장 바닥과 벽에까지 그늘을 드리우도록 하자. 가벼운 천막이나 시원한 색의 나일론 차양을 쳐 그늘을 더 많이 만든다. 나무분이나 화분 식물을 배치하면, 녹색이 주는 편안함과 장식적 흥미를 더할 것이다. 등나무로 엮은 의자에 앉아 얼음 넣은 음료수 한잔 마시면서 가볍게 흘러나오는 음악을 듣는다면 오아시스가 완성된다.

사례가 조금 극단적이기는 하지만, 미기후를 어떻게 바꿀 수 있는지 보여주는 예가 되었을 것이다.

### 설계 지침

어떠한 기상 · 기후 조건에서도 쾌적한 주거환경을 계획하고자 한다면, 득이 되는 미기후 조성 일반 원리들은 다음과 같다.

PWP Landscape Architecture

옥외 공간은 햇빛 방향 영향을 받는다.

PWP Landscape Architecture

수분 증발 냉방 효과

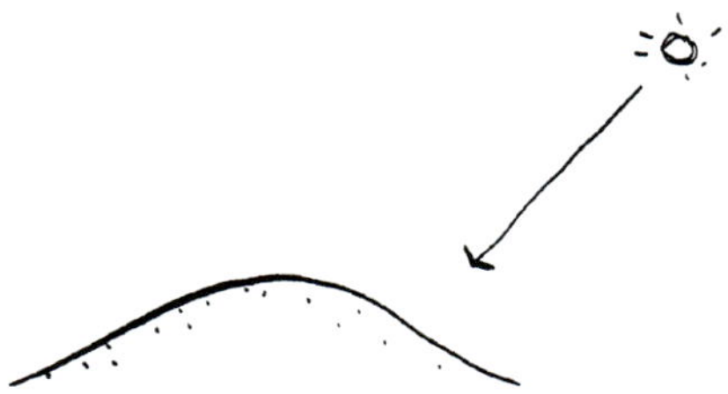

남사면은 매일 장시간 강한 햇빛을 받는다. 언덕 양지바른 곳에는 봄이 몇 주일이나 빨리 올 수 있다.

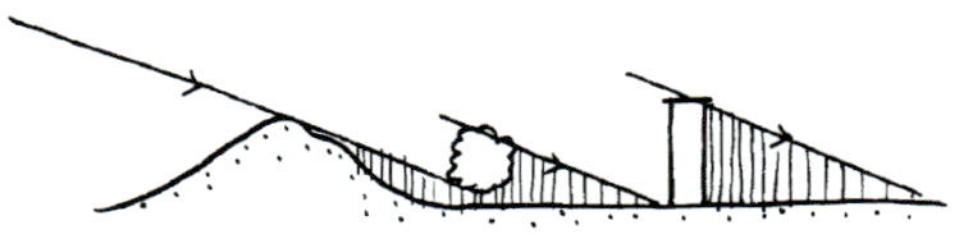

지형, 수목, 고층 건물 등은 일조 시간을 감소시킨다. 기후 조건에 따라 일조 시간 증감은 장점이 될 수도, 단점이 될 수도 있다.

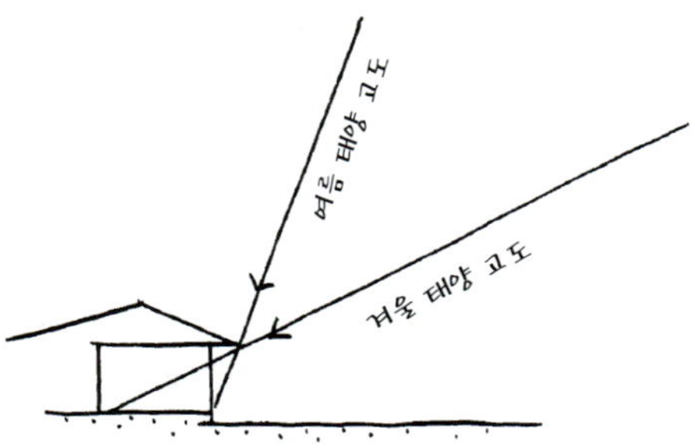


태양 궤적과 고도는 계절 따라 변한다. 향(向)의 선택, 차폐, 처마 깊이 등에 따라 받아들이는 일조량을 정확하게 조절할 수 있다.

- 극도의 더위, 추위, 건습, 바람, 햇빛 노출을 막는다. 그러려면 부지 선정, 배치계획, 건물 향(向)을 잘 선택하고, 기후 조건에 맞는 공간을 창조해야 한다.
- 태양복사열, 강수, 바람, 폭풍우, 추위 같은 악조건을 막아줄 구조물을 설치한다.
- 계절 변화에 대처한다. 계절마다 어려운 문제가 있지만, 잘 적응하면 오히려 즐거움을 주는 기회 요인이기도 하다.
- 도시개발계획, 단지계획, 건축계획을 태양 궤적(軌跡)에 맞춘다. 실내 · 외 생활 공간 설계는 원하는 시간에 원하는 형태와 필요한 만큼 햇빛을 받을 수 있도록 한다.
- 햇빛 그대로, 또는 태양열 집열판을 이용해 냉난방 에너지를 보충한다.
- 수분 증발을 핵심 냉방 기법으로 이용한다. 벽돌, 섬유, 나뭇잎, 무엇이든 습기가 있는 표면에 공기가 스치면 냉방 효과가 생긴다.
- 수계(水系) 인접 이점을 최대한 활용한다. 물은 뜨거운 땅은 시원하게, 찬 곳은 따뜻하게 해준다. 수경(水景)을 도입한다. 작은 수막(水膜)에서 큰 폭포에 이르기까지, 어떠한 형태로든 물이 존재한다는 것은 물리적으로는 물론이고 심리적으로도 냉방 효과가 있다.
- 기존 식생을 보존한다. 식생은 여러 형태로 기후문제를 해결한다.
  지면을 그늘로 가려준다.

수분을 저장해 냉각 효과가 있다.

한파(寒波)로부터 주변 환경과 토양을 보호한다.

증발산 작용을 통해 더운 공기를 냉각시키고 신선하게 한다.

차양 역할을 하며 그늘과 응달을 만든다.

강우가 너무 빠르게 유출되는 것을 막고, 토양 수분 함양(涵養)을 돕는다.

강풍을 막는다.

- 필요한 곳에는 새로 식재한다. 방풍림, 녹음수, 열을 흡수하는 지피(地被) 등 다양하게 기후를 개선하는 용도로 수목을 이용한다.
- 고도(高度) 영향을 고려한다. 고도가 높을수록, (북반구에서는) 위도가 높을수록 기온이 낮아진다.
- 습도를 줄인다. 일반적으로 습도가 감소하면 신체 쾌적감은 증가한다. 건조하면서 추운 것이 습도가 높으면서 추운 것보다 덜 춥고, 건조하면서 더운 것이 습하면서 더운 것보다 사람을 덜 무기력하게 한다. 공기를 순환시키고 햇빛의 건조 효과를 이용하면 습도를 줄일 수 있다.
- 겨울바람, 홍수, 폭풍 경로를 피한다. 모두 파악 가능하다.
- 에너지를 소비하는 냉난방 설비에 의존하기 전에 가능한 한 모든 천연 냉·난방 기법을 발굴, 적용한다.

*열손실 저감 방안*

- 주 풍향에의 노출, 경사면을 타고 내려오는 차가운 하향풍에의 노출을 피한다.
- 너무 높은 곳을 피한다.
- 습한 곳, 배수 불량 토양, 대기 순환 불량 지역, 냉골(frost pocket) 등을 피한다.
- 지형과 기존 수목(상록수가 좋음)을 바람막이로 이용한다.
- 바람을 피하기 어려우면 밀집 배치하고, 좁고 창문이 없는 건물 벽을 겨울바람에 면하게 배치해 후류(slipstream) 효과를 얻도록 한다.
- 건물 입구로 찬 바람이 들이치는 것을 막는다.
- 건물 정면을 동향, 남동향이나 남향으로 해를 바라보게 배치한다.
- 추운 지방에서는 방풍림 두 편 땅을 이용하고, 방풍림 뒤편에 건물을 배치해 방풍림 뒤에 쌓이는 눈이 지면과 건물 단열층이 되게 한다.
- 건물 주위에 녹지를 두어 바람이 잘 통하고, 겨울 햇빛이 많이 들게 한다.
- 낙엽수를 심어 겨울에는 햇빛, 여름에는 녹음과 그늘 덕을 본다.
- 땅속으로 들어간다. 일부라도 땅에 묻은 구조물은 보온 효과를 얻으며, 높이가 낮아져 경관도 보호한다.
- 태양열을 흡수해 건물 내부로 복사하는 건설 재료, 표면 처리, 색상을 선택한다.

수면, 모래밭, 기타 반사율이 큰 표면은 열부하(熱負荷)를 증가시킬 수 있다.

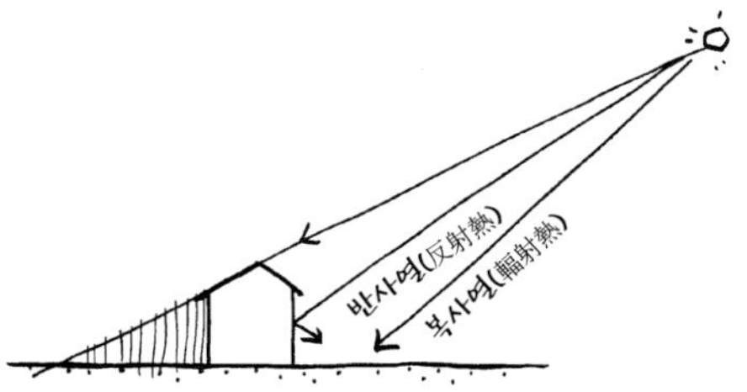


건물은 기온을 변화시킨다. 건물 배치는 물론 형태와 여러 가지 속성에 따라 주변 공간 용도가 달라진다.

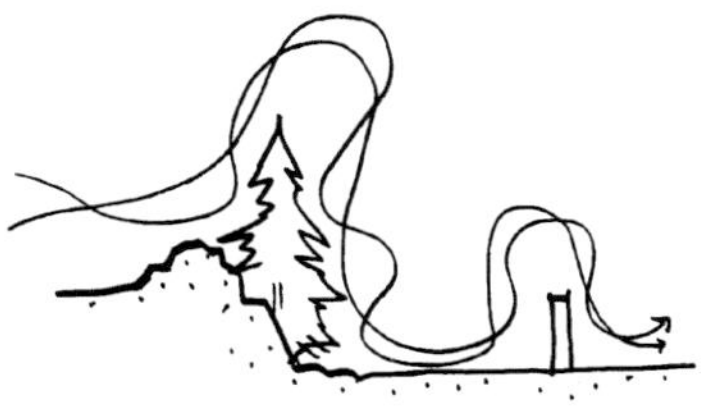

돌출 지형지물은 불쾌한 와류(渦流)를 형성한다.

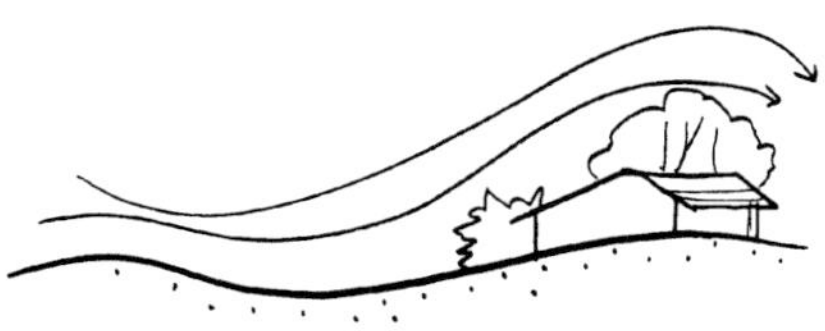

완만한 기복(起伏)은 공기 흐름을 매끄럽게 한다.

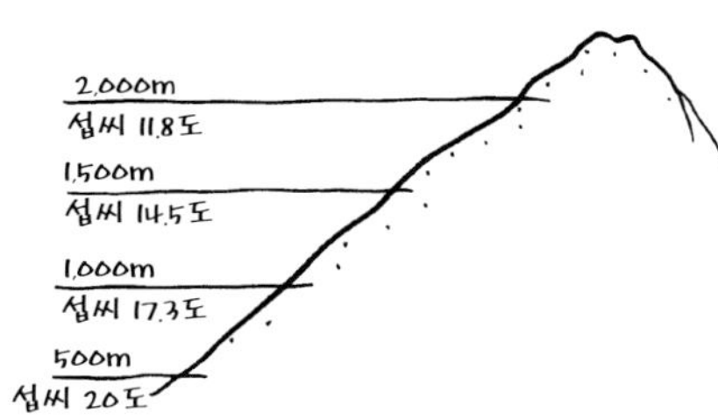


주간에는 고도 100미터당 섭씨 약 0.55도씩(1000피트당 화씨 3도씩) 기온이 낮아진다. 야간에는 온도차가 더 심하다.

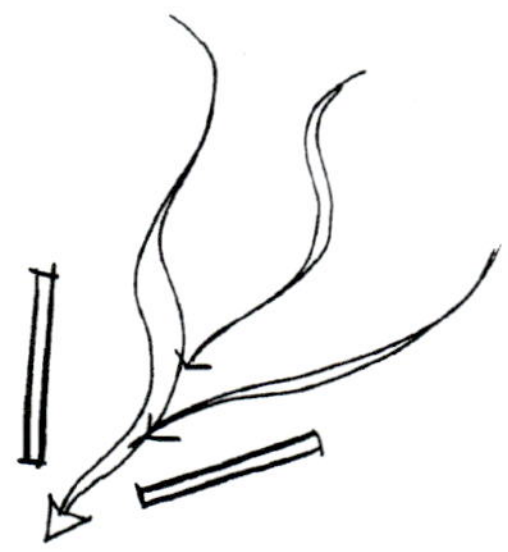

건물, 벽, 산울타리, 수목 군식(群植) 등을 잘 배치하면 벤추리 효과에 따라 여름철 약한 미풍을 강화해 시원한 바람으로 만들 수 있다.

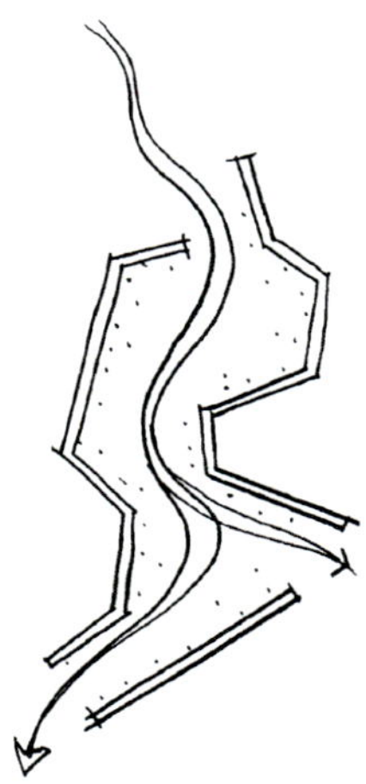

바람을 몰아 공간에서 공간으로 유도할 수 있다.

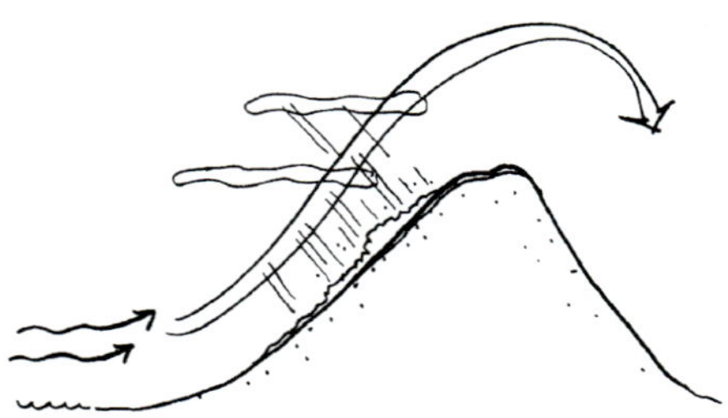

바람이 산을 넘어갈 때는 온도가 하강하고, 산을 넘기 전에 습기는 응결해 비가 되기도 한다. 따라서 바람이 불어오는 쪽 사면은 대개 습윤해 숲이 우거지는 반면, 바람이 불어 내려오는 반대쪽 사면은 습기가 부족해 건조해지고, 고도가 낮아지면서 따뜻한 바람이 불어 덥다. 정도는 덜하지만 언덕, 섬, 숲 같은 지형에서도 똑같은 효과가 나타난다.

Tom Fox, SWA Group

방풍림

OLIN

햇볕 받기

Tom Fox, SWA Group

그늘

Robinson Fisher Associates

천장 차양

Bill Wenk, FASLA, Wenk Associates

흐르는 물

*냉방 부하 저감 방안*

- 바람이 잘 통하는 땅을 이용하고, 건물도 자연풍을 면하게 배치한다.
- 나무 그늘로 덮는다.
- 차양시설을 이용한다. 더운 기후 지역에는 주랑(柱廊, colonnade), 정자(arbor), 깊은 처마(overhang), 벽으로 쑥 들어간 공간 등이 적합하다.
- 건물, 지형, 벽, 담장, 식재를 이용해 실내외 공간으로 여름 미풍을 모아들

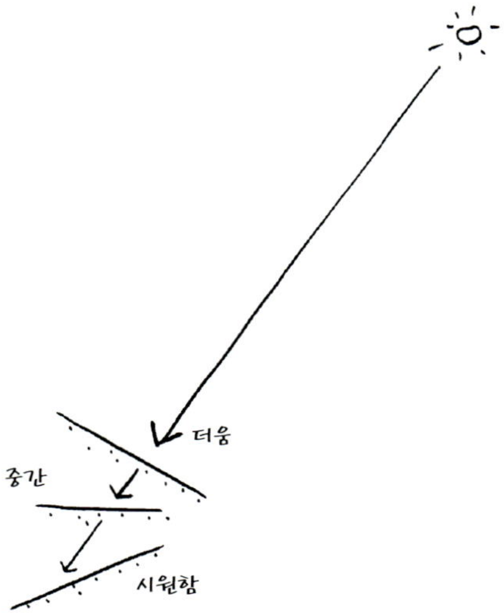


햇빛 투사 방향과 직각에 가까운 면일수록 표면 온도가 높아진다.

인다. 넓게 분산하는 배치계획이 바람직하다.

- 기초 부위를 땅속에 묻는다. 배수가 잘되는 경사지를 파고 건물을 지으면 겨울에는 따뜻하고 여름에는 시원하다.
- 미풍을 들인다. 열린 공간계획, 누마루(flying deck), 노대(露臺, balcony) 등을 활용한다.
- 바람길을 터주고, 안뜰(patio)에는 발을 치고, 벽에는 미늘창을 달고, 선풍기를 돌려 환기를 촉진한다.
- 수경(水景)을 도입해 냉방 효과를 얻는다. 다공성(多孔性) 토양, 뿌리 덮개(mulch), 지피식물, 살수기를 이용해 증발산량을 늘린다.
- 열을 잘 반사하는 재료, 거친 질감, 시원한 색상을 이용한다.

### *자연 에너지 활용*

- 풍력, 수력, 태양열 집열판 이용을 고려한다.
- 태양의 난방 효과, 그늘, 대류와 습기의 냉방 효과를 최대한 이용한다.

PWP Landscape Architecture

봄: 분수대 어린이 물놀이

PWP Landscape Architecture

가을: 저녁 공연 관람

PWP Landscape Architecture

여름: 미국 독립기념일(7월 4일) 축제

PWP Landscape Architecture

겨울: 스케이팅

*참고 사항*

기후나 날씨가 어떠한 곳이건, 토지 이용이나 건물 배치에 관련해 배우고 적용할 사항은 무수히 많다. 건물이나 조경을 아주 조심스럽게 배치해 얻을 수 있는 온도 효과는 2~3도에 불과할지 모른다. 그러나 쾌적성 증진에 더하여, 냉난방 에너지 절감 효과야말로 사업계획에서 진정 중요한 요소가 될 것이다.

## 기후변화/지구온난화(Climate Change/Global Warming)

기후변화, 지구온난화가 지난 10여 년 이래 과학계 중요 관심사가 되고 있다. 지질학적 연대 차원에서는 지구 기후가 아주 추운 빙하시대부터 빙하가 녹고 퇴조하는 시기에 이르기까지 큰 변화 폭을 보였다. 현재 지구 기후는 따뜻한 시기이고 아직 온도가 계속 상승하고 있으며, 여러 증거가 보여주는 것은 지금의 지구 기온 상승에 인류가 한몫 거들고 있다는 것이다.

Sean Carpenter

대기오염은 지구온난화를 부추긴다.

주목할 점은, 지구 역사상 처음으로 지구상 생물 즉 인간이 지구 기후를 변화시키고 있다는 것이다. 산업혁명이 도래하고 탄소, 각종 온실가스를 대기권에 다량 방출하면서 지구온난화를 초래하고 지구 기후를 변화시키고 있는 것이다. 그 결과는 지구 어느 곳에나 큰 영향을 미치면서 인간 정주환경 계획에도 큰 영향을 미친다. 그 결과는 극심한 날씨 불안정(태풍, 회오리바람, 홍수, 가뭄 등), 해수면 상승, 동식물 생존 위협과 그에 따른 이주 등이다.

온난화를 줄이기 위해, 되돌리기 위해 무엇을 할 수 있는지 논란이 많다. 이미 되돌리기는 늦었고, 이제 적응해 사는 것밖에는 달리 방법이 없다고 믿는 사람이 많은 것 같다. 계획가와 설계가는 업무 수행에서 보전을 중시함으로써, 또 지속가능, 저영향계획과 설계를 통해 지구온난화 줄이기에 기여할 수 있다. 그러나 이미 진행되고 있는 변화, 불가피한 변화에 적응하는 계획과 설계도 필요하다. 예를 들어 해수면 상승은 해안 습지 침수, 해안 도시 홍수 피해 등 심각한 영향을 초래하므로, 그에 대비하는 계획과 설계가 필요하다. 일부 도시에서는 저지대 토지 이용을 다른 곳으로 옮길 수밖에 없고, 그 자리는 수면이 차지할 것이다. 또 어떤 도시는 더 심하고 빈번해지는 홍수에 대비해 재설계해야 할 것이다.

불안정한 날씨에 대비하는 계획과 설계도 달라져야 한다. 과거보다 더욱 유의하여 홍수, 태풍, 회오리바람 통로를 피해 개발사업 위치를 계획해야 한다. 토지이용계획, 단지개발계획에서 기후변화가 동식물에게 어떤 장단기 영향을 미칠지 고려해야 한다.

기후변화 대비 계획, 설계 대책은 들쭉날쭉하다. 뉴욕 시 맨해튼이나 일부 유럽 도시는 기후변화에 대해 집중적으로 연구하고 모델도 개발하고, 해수면 상승 대비 계획도 수립했다. 하지만 비슷한 위험이 예상되는 도시 대부분은 문제를 외면하고 있다.

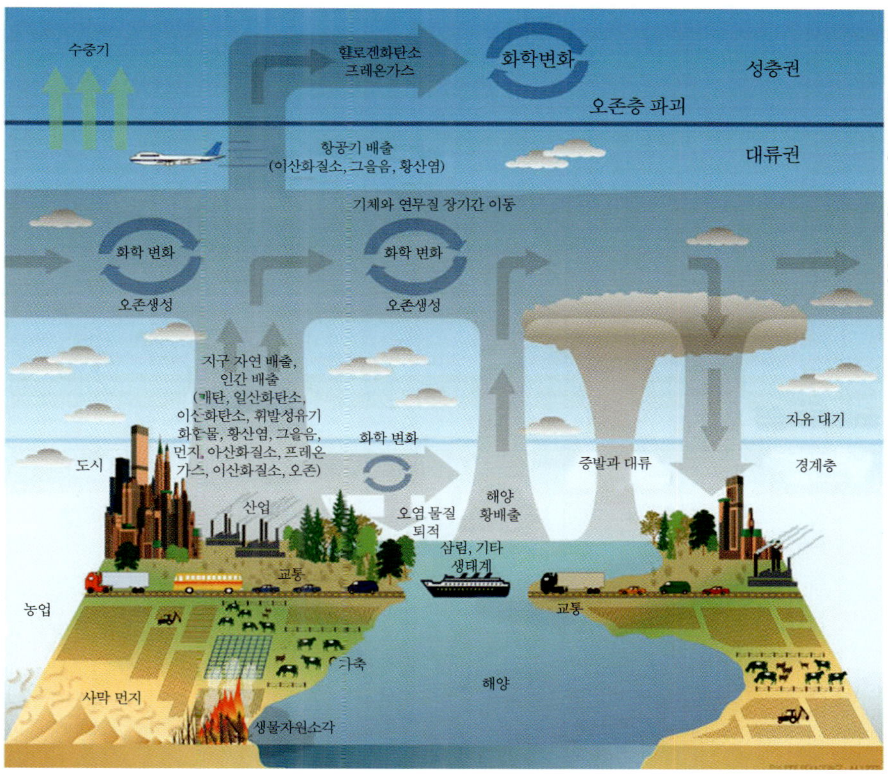

US Climate Change Science Program Office

대기권(大氣圈)

Tom Lamb, Lamb Studio

# 3
# 물
# WATER

흐르는 물은 눈부시도록 장대(壯大)한 자연경관이다. 땅속에서 솟는 옹달샘으로부터 산속 연못, 물보라 치는 시내, 급류와 폭포, 호수, 민물과 바닷물이 만나는 강어귀를 거치고 마침내 소금기 어린 바다에 이르기까지, 물은 모든 생명체에게 늘 매혹적인 모습을 간직해왔다. 강가로 물을 찾아올 수밖에 없던 먼 옛날, 인류 조상의 절박하고 본능적인 정서를 오늘을 사는 우리도 어느 정도 공유하고 있을 것이다.

그들이 처음 물가를 찾은 이유는 물을 마시거나 더위와 먼지에 찌든 몸을 씻기 위해, 또는 어패류를 잡기 위해서였을 것이다. 시간이 흐름에 따라 음식을 만드는 데 필요한 물을 조롱박이나 가죽 주머니, 대나무 통이나 구운 점토 항아리로 긷고 담아 나르는 법도 배우게 되었을 것이다. 정원에 뿌릴 물과 농업 관개용수로서 물의 가치를 발견하고, 물이 있어야만 식물이 무성하게 자라고 동물도 번성할 수 있다는 사실을 알게 되면서 물을 더욱 소중히 여기게 되었을 것이다. 잘 자란 풀, 무성한 잎사귀, 크고 달콤한 열매는 주로 흙이 깊고 촉촉한 계곡 강변에서나 볼 수 있었기 때문이다. 이런 곳에서는 바람도 더 시원하게 느껴지고 새들의 지저귐도 음악처럼 들린다.

## 물이라는 자원(Water as a Resource)

담수(淡水)를 사용하지 않는 인간 활동은 거의 없다. 그런데 지구상에 존재하는 물 중에서 담수는 약 3%에 불과하고, 그중 대부분은 극지방이나 빙하의 얼음으로 존재하며, 따라서 지구 담수량 1% 미만만 인간이 이용할 수 있다.

수로(waterways)나 수계(waterbodies)와 관련된 토지이용계획을 수립할 때는 근접 효과(benefits of proximity) 극대화를 목표로 삼는 것이 좋다. 근접 효과는 다음과 같이 범주화할 수 있다.

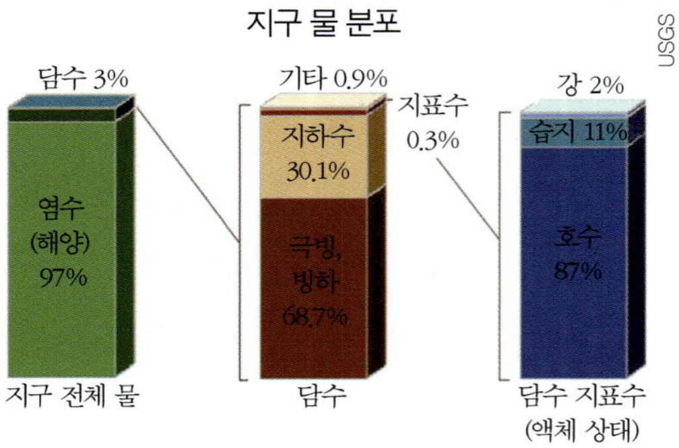


지구 표면 3분의 2 이상은 바닷물에 잠겨 있다. 지면 밑에도 담수 지하수가 흐르고 있는데, 느리기는 하지만 수위 변동이 있고 다공성 대수층(帶水層, aquifer)을 통해 보이지 않게 흘러 바다로 간다.

플로리다 주 전 해양 생물 중 새우, 바닷가재, 굴, 어업자원, 낚시 고기 등을 포함해 65% 이상이 생애주기 일부를 강 하구나 해안 습지 기수역(汽水域)에서 지낸다.
지난 한 세기 동안 플로리다 주 습지 반 이상을 준설(浚渫)하거나, 매립(埋立)하거나, 배수했다.
어자원과 야생동물을 보호하는 유일한 방책은 서식처를 보호하는 것이다.

### 급수, 관개 및 배수(排水) (Water Supply, Irrigation and Drainage)

급수, 관개, 배수 측면에서 볼 때, 가장 집약적으로 이용할 곳은 물에 가까운 곳이다. 토양과 대기 중에 많은 수분이 필요한 토지 이용은 물 가까이에 우선 배치한다. 시설 배치계획은 중력을 이용하는 자연유하(自然流下)와 긴밀한 관련이 있다.

관개(灌漑)가 필요한 땅은 물을 끌어들이는 유입구보다 낮은 곳에 배치하고, 관개수로(灌漑水路)는 경사면을 완만하게 따라가게 해 물이 땅속으로 잘 스며들도록 하는 것이 좋다.

배수는 가능한 한 기존 배수로를 유지 · 활용하고, 배수로의 자연 식생은 보전해야 한다. 자연이 제공한 것보다 효과적이고 경제적인 배수 체계는 없다. 비료를 살포한 들판이나 잔디밭에서 유출되는 물은 지역 내 저류수로(detention swales)나 연못으로 모이게 하고, 여과와 정화 과정을 거친 다음 땅속으로 스며들어 지하수가 되게 하거나 강으로 흘려보낸다.

### 산업용수(Use in Processing)

냉각수, 세척수, 기타 공정에 이용하기 위해 지표수나 강물을 끌어다 썼을 때는 같은 양과 같은 수질의 물을 다시 되돌려야 한다. 부족분은 우물물이나 상수도에서 보충할 수 있다.

### 수운(水運, Transportation)

강, 호수, 바다를 수운에 이용할 때는 선착장(docking) 설비, 선박 따위를 잘 설계하고 운용해서 강과 호수나 바다가 기능상 · 경관상 훼손되는 일이 없어야 한다.

### 미기후 조절(Microclimate Moderation)

수분과 수분이 있으면 자라기 마련인 식물이 폭서(暴暑)나 혹한(酷寒)을 완화해준다. 수면, 관개하는 땅, 습한 곳을 지나 미풍이 불어오는 곳 등을 고려해 토지 이용계획을 세우고 건축물을 잘 배치하면 더욱 큰 기후 조절 효과를 볼 수 있다.

### 야생동물 서식처(Wildlife Habitat)

호숫가, 시냇가, 습지는 새와 짐승이 둥지를 틀고 먹이를 구하기 좋은 곳이다. 식물상과 동물상을 보호하려면 기존 식생을 현재 상태로 최대한 보존하고, 동물이 이곳저곳 마음대로 이동할 수 있게 숲길이 끊어지지 않고 이어지도록 해야 한다. 수변과 물도랑이 합쳐지는 곳 주변에 숲이 무성해지는 것이 보통이다.

### 위락적 이용(Recreational Use)

강이나 호수는 뱃놀이, 낚시, 수영 같은 위락 공간으로 인기 있다. 제방과 물가를 따라 늘어나고 있는 오두막, 이동식 주택단지, 야영장 등을 보면 사람들이 물을 얼마나 좋아하는지 알 수 있다. 거의 모든 수역(水域)과 50년 주기 홍수위 경계까지 수변 지역을 매입해 공공에게 귀속되도록 장기계획을 세워야 한다는 주장도 있다.

Burton Landscape Architecture Studio

경관 가치

Barry W. Starke, EDA

오락 가치

*만약 지구상에 마법이 존재한다면 물속에 그 비밀이 있다 … 물의 손길이 닿지 않는 곳은 없다. 물은 과거를 연장하는 동시에 미래를 준비하며, 남북극 심해를 흐르는가 하면, 높은 산봉우리를 맴돌거나 하늘을 떠돌아다니기도 한다. 또 정교한 모습의 눈꽃으로 피어날 수도 있으며, 생명의 껍질을 벗겨 새하얀 뼈 한 조각만 바닷가에 던져놓기도 한다.*

**Loren Eiseley**

### 경관 가치(Scenic Values)

사람들은 물결 위에 햇빛이 반짝이는 광경을 보면서 새로운 발견과 기쁨의 탄성을 지르곤 한다. 그 느낌은 환희의 외침으로 혹은 영혼의 조용한 승화로 표현되기도 한다. 물을 바라보거나 물소리를 들으면 즐거움에 젖어든다. 우리 귀는 물의 언어 — 얼음이 녹아 똑똑 혹은 콸콸 흐르는 소리, 시냇물이 소용돌이 치는 소리, 호숫가 물이 철썩거리는 소리, 파도가 부서지는 소리, 물새 울음소리 — 에 민감하게 조율되어 있어서 어쩌면 귀로 본다고 할 수 있을 정도다.

잠깐 스쳐보아도, 조용히 바라보아도, 둘러보아도, 수경은 한결같이 아름답다. 강이나 호수는 경관 읽기의 쉼표다. 지형을 해석해주고 지질학적 내력을 이야기해준다. 또 물은 산수형국(山水形局)의 주제다. 땅에 운기(雲氣)를 심고, 산자수명(山紫水明)하게 하고, 형국(形局)을 분명하게 드러낸다. 땅은 물이 있어 의미를 품는다. 늪이 없는 대평원이라면 어떻겠는가? 굽이도는 시냇물이 없는 초원과 폭포가 없는 산골짜기, 강이 없는 계곡은 무슨 의미가 있겠는가?

지하수(地下水)는 고갈되지 않는 범위 내에서는 자유롭게 취수하고 이용할 수 있다. 지하수 고갈을 일으키는 것은 과도한 취수뿐만 아니라 강우를 붙잡아 지하수 층으로 침투하게 해주는 지피식물과 수림을 파괴하는 것이 더 큰 원인이다.

### 장소의 쾌적성(Site Amenity)

자기 소유 토지 내에 혹은 그 곁에 아름다운 작은 물줄기가 있거나 멀리 보

© William Ratti of the William Ratti Institute

해양 생태계

Kongjian Yu/Turenscape

수문(水文) 환경

이기라도 한다면 얼마나 좋겠는가? 그러면 조경계획이나 건축계획은 물의 시각적 혹은 실용적 가치를 극대화하는 것이 가장 중대한 과제가 될 것이다.

#### 수경(水景)의 속성

인간은 자연의 매력 — 언덕, 숲, 별이 반짝이는 하늘 — 대부분을 당연한 것으로 여겨 소홀히 하지만, 물에 대해서만은 그렇지 않다. 연못, 시내, 호수, 바다, 무엇이건 물 가까운 땅을 사람들은 갈구한다. 이런 곳은 공원이나 경관도로, 주거, 공공시설, 관광호텔, 그 밖의 온갖 상업용지로 각광받는다. '땅은 수경에 근접할수록 부동산 가치가 높다'는 것은 토지경제 철칙이라 할 수 있다.

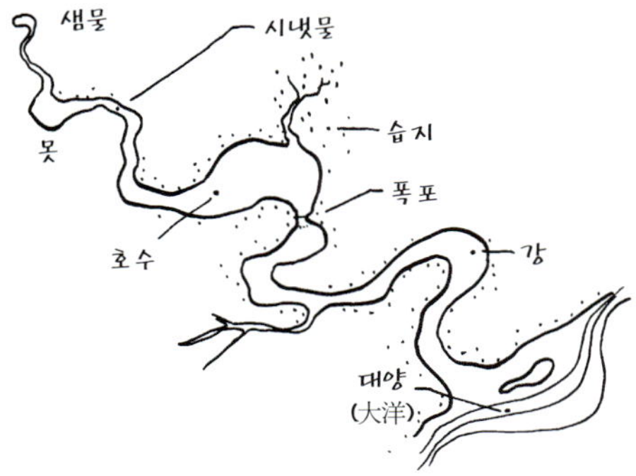


고지대 발원지에서부터 바다에 이르기까지 강 유역, 강, 모든 지류(支流)가 모여 하나의 통합(統合) 수계(水系)를 이룬다.

### 자연 수계(Natural Systems)

과거 우리는 마치 신에게 특권이라도 부여받은 것처럼 물을 낭비하고 잘못 사용하며 살았다. 물에 대한 권리와 공급을 철저히 보호하던 관개 농경지를 제외하면 물 흐름이 아예 끊어지거나 홍수위까지 불어나기 전에는 상류나 하류에 어떤 일이 일어나는지 관심조차 없었다.

물은 흐른다. 수원지(水源地)에서 대양(大洋)에 이르기까지. 물은 언제나 개울에서 시내로 또 강으로 이어져 흘러가는 모습을 쉽게 볼 수 있다. 강물처럼 분명하지는 않지만 연못과 호수와 습지 또한 흐름이라는 고리로 연결되어 있어, 주변에서 벌어지는 일뿐만 아니라 물을 공급해주는 상류 지역이나 지하수 층에서 일어나는 모든 일에도 영향을 받는다. 지하수 층은 지하에 물을 고이게 하고, 운반하고, 저장해두었다가 필요한 곳에 보내어 농경지와 초지, 산림에 꼭 필요한 지하수를 공급하며, 우리가 물을 길어 쓰는 우물 수위도 유지해준다.

물과 수역(水域, water area)을 적절하게 이용하면 그 영향권 내에 사는 생물에

*담수는 재생 가능한 자원이지만 세계적으로 청정 담수자원은 계속 감소 추세다. 세계 각지에서 물 수요량이 이미 공급량을 초과했고, 세계 인구가 계속 증가하면서 물 수요량도 늘어나고 있다. 20세기 중에 세계 습지 반 이상이 없어지고 그와 함께 습지가 환경에 주는 혜택을 교육하는 물 교육장이 그만큼 사라진 것이며, 그에 따라 최근 들어서야 수자원을 보전해 생태계 기능을 유지하는 것이 얼마나 중요한지 인식하게 되었다. 물 권리(water rights) 개념을 정립하고 수자원 수요자에게 물을 분배하는 체계를 갖춘 곳도 생겨났다.*

**www.wikipedia.com**

Barry W. Starke, EDA

조수습지(潮水濕地, Tidal wetlands)

게 이익을 준다. 그러나 현명하게 이용하지 못하고 오염시키거나 남용한다면 여기에 의존하는 생명체는 불편을 겪고, 피해를 입고, 때로는 극심한 가뭄이나 위험한 홍수 같은 큰 재앙에 시달릴 것이다.

강 유역 전체를 상호 연관된 하나의 체계로 연구하기 시작한 것은 최근 일이다. 우리는 이와 같은 합리적인 접근 방법을 통해 물과 수역의 이용 잠재력을 충분히 발휘되도록 할 수 있고, 유역 내 소구역을 더 잘 계획하는 실무 틀을 확립할 수 있다.

지표수는 물론 지하수 흐름을 고려할 때, 강 유역은 종합적 계획과 관리만이 의미가 있다는 당연한 결론에 이른다. 강 유역을 쪼개어 부분별로 토지 이용을 계획하는 접근 방식은 수계 연속성을 파괴하고 자연계를 교란할 뿐이다.

### 문제점

물 낭비, 급속한 강우 유출, 토양 침식, 퇴적, 홍수, 가뭄, 오염 등은 계획에서 우선 해결해야 할 문제들이다. 한 가지 문제점이라도 심각하게 일으키는 토지 이용 행위는 부당한 것이고 묵과해서는 안 된다. 문제의 심각성을 판단할 때는 주로 생물학자와 법률 전문가에게 맡길 수 있다. 그러나 어떤 행동이 이웃—바로 옆집 사는 사람이건 1000마일의 하류 강어귀에 사는 사람이건—에게 어떤 해를 끼치는지 안 끼치는지 결정하는 일은 더 이상 개인이나 당사자 집단에 맡겨 둘 수는 없다.

북다코타 주(North Dakota) 밀밭에서 일어나는 일이 멀리 남부 미주리(Missouri) 주나 미시시피(Mississippi) 주 강 생태계에 심각한 영향을 미칠 수도 있다. 제임스(James) 강 상류 산림 경사지에서 어떤 일이 발생하느냐에 따라 멀리 떨어진 해안 습지 야생 조류가 격감하거나 체사피크(Chesapeake) 만 굴 양식장이 오염될 수도 있다. 만약 애팔래치콜라(Apalachicola) 강 상류에서 석유 누출 사고가 발생하면, 두 주(州)나 떨어져 있다 하더라도 플로리다(Florida) 주 강 하구에서 새끼 새우들이 떼죽음을 당할 수도 있다.

*체사피크 만(Chesapeake Bay) 같은 환경자원에 영향을 미치는 인간 활동은 어떤 형태건 비용을 유발하기 마련이고, 그 비용은 누군가가 지불할 수밖에 없다. 환경과 자연 자원에 관한 한 우리는 다년간 마치 자연법칙과 경제법칙 밖에서 일하는 것처럼 가정하고 기분 좋게 일해왔다. 도시 하수는 '공짜'로 그냥 인근 강으로 흘려보내면 되었다. 공장 폐수 역시 공장 주인에게 부담 없이 강이나 바다에 쏟아버리면 되었다. 이런 행위가 치러야 할 비용은 그 어느 회계장부에도 나타나지 않았지만, 불행하게도 그 비용은 매우 비싼 이자까지 붙여서 다른 사람이 물게 된다. 하류 지방 지자체는 상수도원을 어딘가 다른 곳으로 옮겨야 했고, 굴 양식업자가 망했고, 수산물 가공업체는 점점 더 먼 곳에서 원료를 찾아야 하는 등 모두 그 '공짜' 행위 계산서를 받아 든 것이다.*

**W. Tayloe Murphy**

건조지대가 아니라면 어디나 담수 수자원 공급은 무한하다고 여기는 경향이 있다. 오해다. 최근 들어 여기저기 저수지와 우물 수량이 너무 적은 수준에 이르러 경계경보를 발령하고 급수 제한 조치하는 사례가 많다. 미국 해안 여러 곳에서 바다로 스며들던 지하수를 너무 많이 취수, 사용한 결과 바다 염수가 육지 쪽 지하수 층으로 몇 마일씩이나 침투해 문제가 되고 있다.

이런 물 부족 문제의 대처 방안은 통상 아주 먼 곳까지라도 도수로를 건설해 새로운 수원(水源)을 개발해 이용하는 것이었다. 심지어 극지방 얼음을 다량 녹여 수자원으로 이용한다는 방안도 심각하게 검토했다. 그러나 이 방안은 지구온난화가 어떤 끔찍한 결과를 초래할지 우리가 이제 깨닫기 시작했기에 가망없다. 오늘날 물 공급량은 물 사용(또는 남용)량 즉 수요량을 따라가지 못한다. 그래서

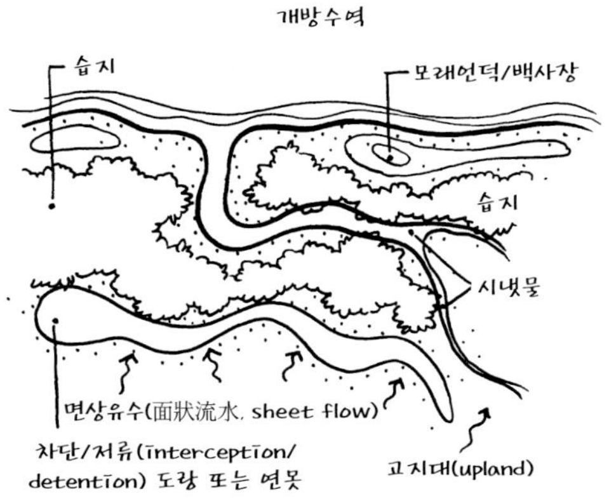


물 문제는 땅을 다루는 조경계획에서 중요한 고려 사항이다.

관개사업이 광범위하게 보편화되고 그에 따른 담수 수자원 고갈이 고대 마야 문명 소멸 원인이었다고 추정된다. 현대 미국 사회 물 문제는 이제까지 누리던 생활방식에 심대한 위협이 되는 수준에 가깝다.

물이 풍부할 때는 사막같이 메마른 넓디넓은 광야도 물을 끌어다 대어 옥토로 바꾸는 일이 좋은 일이었다. 그러나 물을 남용한 결과 콜로라도 강 같은 큰 강도 바닥이 드러나고, 미국 전역에서 지하수위가 낮아지는 결과를 초래했다. 최근에는 토지를 병합해 대규모화한 농장에서는 이동식 자동 관수설비가 수돗물을 하늘로 뿜어내는 한편 이웃 주택 수도는 겨우 졸졸거린다.

말없이 그러나 이러한 대규모 농업관수보다 더 수자원을 고갈시키는 주범은 잔디밭이다. 미국 전역에서 이렇게 관수에 의존하는 잔디밭 면적이 뉴잉글랜드 주 농지 총면적보다 많다고 한다. 이는 그저 우리의 막대한 물 낭비 일부 사례에 불과하다. 우리는 목욕물 30갤런(약 110리터)을 아무렇지도 않게 사용한다. 수많은 나라에서는 온 가족이 하루 쓸 물을 우물이나 강에서 아침마다 딸이 물동이로 머리에 이어 날라야 한다. 이제 계획가들이 수자원 이용, 오용, 재사용, 보전, 지하수 충전 등에 대해 새로운 접근 방법을 취해야 할 때다.

강, 호수, 우물 등에서 우리가 취수하는 양을 줄이는 한편 보충되는 수량과 균형을 맞추어야 한다는 것은 자명한 일이다. 인공 관수에 의존하는 농지 면적은 현재와 같이 늘려나가는 것이 아니라 반대로 줄여나가고, 담수자원이 풍부하고 주변이나 지역 수자원을 고갈시킬 염려가 없는 곳에서만 허용해야 한다. 물론 수자원 고갈 우려는 어떤 형태의 개발 사업에서나 그 위치 선정에서 고려할 일이다.

깎고 물 주어야 하는 방대한 면적에 달하는 주택 정원 잔디부터 주목하고 줄여야 한다. 미국 주택 소유자들의 꿈은 터를 널찍하게 잡고, 물을 주고 잘 다듬은 녹색 잔디밭으로 둘러싸거나 앞마당을 장식하는 것 같다. 이제 땅과 물 모두 귀하고 값비싼 자원이 되었으니 작은 집터, 연립주택, 다세대 공동주택에서 살고, 잔디밭은 보행로 연변, 운동장, 기타 특별히 필요한 곳에만 조성하는 방향으로 바꿔야 한다.

토지이용계획을 현명하게 세우고 수자원을 잘 관리하면 미국은 앞으로 몇 세기는 별문제 없이 공급할 만한 담수자원을 보유하고 있다.

**수자원 관리 원칙 10가지**

먼저 합리적인 수자원 관리 구역을 설정하고 각 구역에서:

- 유역과 습지는 물론 하천 등 모든 수계 둑과 둔치를 보존한다.
- 일체 오염 행위를 극소화하고, 오염 정화 사업을 시작한다.
- 토지개발 용량과 토지이용 배분을 급수량(給水量)에 맞춘다. 반대로 하면 안 된다.
- 취수한 만큼 수량과 양질 물이 지하수에 보충되게 한다.
- 지속 가능한 범위 내로 지역 내 수자원 사용량을 한정한다.
- 유출수는 가급적 하수관망보다 자연 배수로를 통과하도록 유도한다.
- 생태적으로 설계한 습지를 이용해 폐수를 정화하고, 독성을 제거하고 지하수를 보충한다.
- 음용수와 기타 관개, 공업용수를 구분 공급하는 중수도 도입을 추진하고, 수도요금을 차등화한다.
- 훼손된 땅과 수역을 건강한 자연 상태로 복구, 복원, 재생한다.
- 급수, 물 이용, 정수, 물 재활용, 지하수 재충전 기술 개선을 위해 노력한다.

## 가능성

문제가 있지만 해결할 가능성도 높다. 문제를 해결하기 위해서는 먼저 아직 훼손되지 않은 야생 지역이나 강을 보존해야 한다. 물과 관련 있는 곳 중에서 토양·식생·경관이 우수하며 현재 자연 상태 그대로 우리 인간의 생태적 복지에 중요하게 기여하는 지역을 우선 보전하면서 조화롭게 이용해야 한다. 또 척박해 생태적으로 관리하는 습지가 전통적인 폐수 처리 방법 대안으로 급부상하고 있다.

진 농토와 도시 불모지를 다시 정지(整地)하고, 토양을 안정화하고, 침식되거나 벌채한 경사지를 재조림함으로써 생산성 있는 용도로 복구해야 한다. 그리하여 농촌 지역, 오락 지역, 마을과 도시가 초록 들판과 숲, 푸른 물에 둘러싸이고 공원 도로로 서로 연결되게 계획해야 한다. 이미 땅과 물을 관리할 때 이와 같은 개념과 윤리를 일반인 생각보다 훨씬 많이 적용하고 있다.

토지와 단지 계획에서 능숙한 솜씨를 발휘하면 물 관련 문제를 거의 모두 해결할 수 있으며, 가능성을 현실로 바꿀 수 있다. 대중의 지속적인 관심 증대와 기술 발전을 생각하면 수준 개선 효과 역시 꾸준히 나타나야 한다. 그렇게만 된다면 우리 발길과 손길이 닿는 산천 대부분이 소로(Thoreau), 뮤어(Muir), 레오폴드(Aldo Leopold) 같은 자연주의 선각자들이 발견하고 즐거워했던 그 당시의 깨끗하고 아름다운 상태로 우리 세대 내에 복원될 가능성은 충분하다.

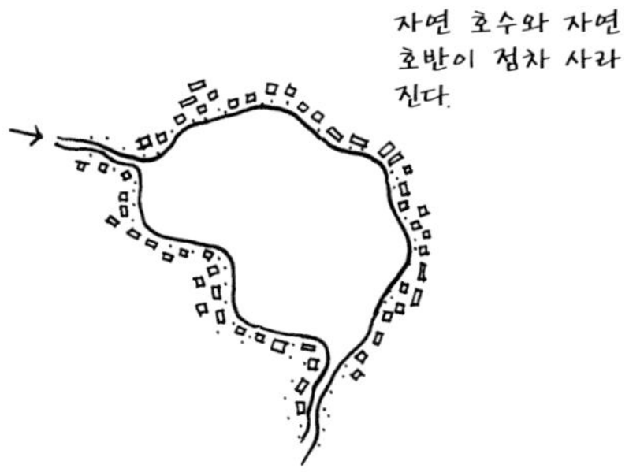


수경을 차단하고 이용을 제약하는 수변 순환도로 건설과 건축을 피한다.

## 관리(Management)

어떤 경관에서나 단지를 조성하고자 한다면 우선 고려할 사항은 지표수와 지하수 수량, 수질을 보호하는 것이다. 수질을 보호하기 위해서는 오염 물질 유입이나 침투 방지, 화학물질 혹은 영양물질이 많이 함유된 유출수 배제, 토사 침전이나 쓰레기 유입을 막는 등 일체 오염 방지에 유의해야 한다. 수량 확보를 위해 중요한 일은 유출수를 잔디 도랑이나 연못, 습지에 저류해 강이나 수계 범람을 막으면서 지하수위를 유지하고 땅속을 흐르는 대수층에 물을 보충하는 것이다.

### 이용(Utilize)

물과 가까운 것이 그렇게 가치 있는 것이라면, 또한 물이라는 자원이 모든 사람에게 골고루 분배하기에는 넉넉지 못한 자원이라면, 그래서 환경계획에서 물과 수변 공간을 보전하는 것이 그렇게 중요하다면, 물과 관련된 토지이용 계획은 수경관(水景觀)의 고귀성을 적극 보호하면서 효용 가치를 극대화하는 계획이 되어야 할 것이다. 이러한 목적을 달성하는 간단한 방법은 땅과 물이 접하는 실제 또는 시각 접촉량을 가능한 한 확충하는 것이다. 이것은 생각같이 그리 어려운 일은 아니다.

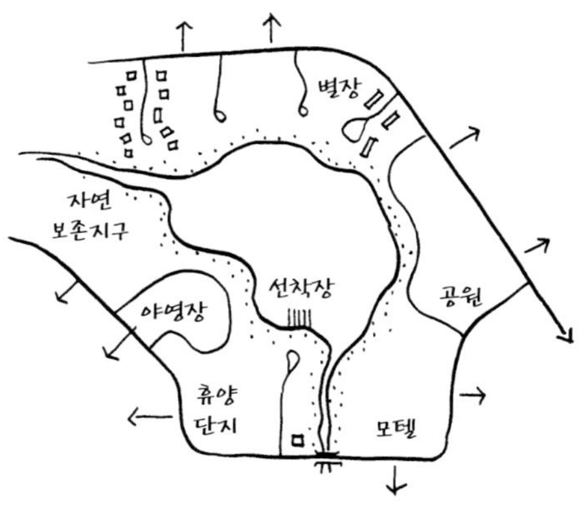


호숫가에 도로를 설치하지 않고 공원, 야생동물 보호구역, 공공 공간은 물론 민간 별장과 휴양단지 등을 수용하면 호수 이용 가치가(동시에 주변 부동산 가치도 함께) 상승한다.

실무계획에서는 수변 경계부를 내륙 쪽으로 넉넉히 확장해 보호대를 두르면 된다. 흘러드는, 흘러나가는 자유스러운 물길 따라 미묘하게 변하는 지형에도 맞추어 띠 숲[식생대(植生帶, vegetated band)]을 만들어두면, 수변에 어울리는 개발사업 물가로서 훌륭할 것이고, 물가를 따라 누구나 다닐 수 있는 접근로가 될 것이다. 형태는 얼마든지 다양할 수 있지만 원리는 변치 않는다. 어떤 개발 형태이든 다음 세 가지 조건을 충족해야 한다.

1. 수변 토지 이용은 모두 수자원, 수경관과 조화를 이루고 상충하지 않아야

한다.

2. 이용밀도는 토지와 수계(水系) 수용 능력, 생물학적 한계(biological tolerance)를 초과하지 않아야 한다.
3. 자연과 인공 연속성을 확보해 단절시키지 않아야 한다.

생태적 처리 기술을 적용하는 습지를 건설해 오염원은 분리 추출하고, 정화된 물은 저장하며 서식처까지 제공하는 기법을 개발해 폐수 처리, 독성 물질 제거에 혁신이 일어나고 있다.

이러한 세 가지 원리를 지킨다면 작게는 주택 건설에서 크게는 지역계획까지, 모든 산수(山水) 경관이 아름다우면서 생태계 기능도 함께 유지하도록 계획하고 개발할 수 있을 것이다.

미국에서 수경관이 급속히 사라지고 있다. 평원 늪지와 소택지(沼澤地)에는 배수로와 하수관이 깔리고 그 뒤를 따라 농지를 확장하고 도시를 개발한다. 최근 보전 법규가 제정되어 무자비한 준설이나 성토 작업은 상당히 감소되었지만, 습지와 삼목늪(cedar bog), 맹그로브 숲 등을 계속 파헤치거나 매립하고 있다. 강, 호수, 바다는 더 높아가는 아파트 벽, 사무실 건물 숲에 가려 보이지 않게 되고, 공공 접근성도 차단되고 있다.

너무 늦은 것이 아닌가?

너무 늦은 것은 아니다!

### 보호(保護, Protect)

수경관이 있는 곳이라면 어디나 보호하라. 물 자체뿐 아니라 수변에서 자라는 식생, 연못, 소택지, 범람원, 하천과 둑 식생, 해안 습지, 해안 사구, 암초와 모래톱 모두 보존하기 위해 노력해야 한다.

물 관련 사업부지 계획 과정에는 언제나 좋은 관리 원칙 적용 기회가 있기 마련이다. 설계를 잘하면 이용 고객에게 이익이 될 뿐 아니라 다른 사람들에게 교훈을 주는 본보기가 된다.

### 재발견(Rediscover)

건물을 지을 때나 도로를 건설하면서도 잠재 경관 가치가 큰 수경관을 모르고 지나치는 경우가 많았다. 이런 곳들은 자연 상태 그대로, 또는 그보다 더 흔히 퇴적물, 오염 물질, 무단 투기 쓰레기가 쌓이는 '미개발지(out back)'나 '관심 밖의 곳(yonder)'으로 남아 있는 경우가 많다. 지방자치단체가 잘 정비하면 지역사회 공원이나 보전지구로 변신할 수 있다. 이러한 공간들은 잘 보존된 상태이건 변형된 상태이건, 재발견함으로써 공공 조경 또는 민간 조경에서 그 가치가 발현되어 주요 경관 요소가 될지도 모른다.

### 복원(Restore)

심지어 옹달샘, 연못, 시냇물 중 일부 구간은 이미 암거(暗渠) 속에 가두거나 성토(盛土)하면서 묻어버렸을 수도 있다. 또는 쓰레기 매립장으로 이용해 잡목과 쓰레기로 뒤덮여 있을 수도 있다. 이런 수치스러운 일에 덧붙여 부끄럽게도 기름이나 화학물질로 오염되어 썩은 거품이 두껍게 덮은 곳도 있다. 도시, 도시 근교, 농촌 지역에도 숨은 보석 같은 수경 요소가 복원 손길을 기다리며 방치되어 있는 곳이 많다.

내건조경(耐乾造景, xeriscape)은 관수가 거의 필요 없는 조경, 정원 조성, 식재 기법이다.

Phillips Farevaag Smallenberg, Photo taken by Jim Breadon

인공습지(Constructed wetlands)

풍부한 건축 가용지와 수자원을 보유한 미국에서만 단독주택과 아파트 주변을 관수설비를 갖춘 잔디밭으로 둘러싸는 것이 유행한다. 토지와 수자원 공급이 부족해지는 현실에서는 더 이상 가능하지도 않고 받아들일 수도 없다.

**보전**(Conserve)

수자원 감소와 고갈이 극심해 물 사용과 수자원 관리에 대한 새로운 자세를 갖는 것이 절실해졌다. 그리 심하지 않은 가뭄에도 상수원이 바닥을 드러내는 도시가 많다. 이미 세계 각지에서는 물을 귀중한 자원으로 여기고 절약해 사용하고 있는 데 반해, 미국에서는 무제한 공급이 가능한 듯 낭비하고 있다.

계속 증가하는 수요에 대비해 감소 추세 수자원을 보전하려면 다음과 같은 조치가 필요하다.

- 소비를 억제한다.
- 기준 이상 물을 사용하는 가정은 누진(累進) 고액 수도료를 부과, 소비를 억제한다.
- 우물물 관개용수 사용을 금한다.

*미국 국토 중 13만 제곱킬로미터 이상이 잔디밭이다 – 이는 거의 펜실베이니아 주 면적에 해당하며, 어떤 단일 농작물 재배 면적보다 넓다.*

**Wade Graham**

폐수를 재활용한다. 도시에서는 중수도(中水道)를 도입한다. 두 가지 급수 체계를 갖추어 상수도(上水道)는 음료수 · 취사 · 목욕용으로, 중수도는 기타 용도로 사용한다. 사용한 폐수를 상수도보다 훨씬 저렴한 단가로 정수(淨水)해 관개(灌漑), 냉방, 도로 청소, 공업용수로 사용한다.

### 지하수 충전(充塡, Replenish)

자연 상태에서는 강수(降水)가 토양 속에 침투, 저수되어 지하수가 저절로 보충, 유지된다. 수목, 초본류 등 자연 식생을 제거하면, 특히 건물이나 포장(鋪裝)으로 대체하면 지하수가 감소한다. 현실성 있는 개선책 세 가지만 열거하면 다음과 같다.

- 유역(流域) 상류를 보존하고 산림을 복구한다.
- 배수로는 50년 주기 홍수위 이상까지 자연형 하천으로 복원해 공공용지로 확보하거나 민간 이용을 제한하고, 주변부는 식재해 감싼다.
- 신규 개발사업에서는 빗물 유출수를 저수해 지하로 침투, 지하수를 보충케 하기 위해 잔디 도랑, 연못, 저수지(貯水池) 등을 반드시 갖추도록 한다.

### 사전계획(事前計劃, Preplan)

광산 개발이나 노천광 굴착으로 인공 물웅덩이가 생기기도 한다. 이런 곳을 하

© D.A. Horchner/Design Workshop

향토 식물 사용으로 물 절약

늘에서 보면 채광 기계가 파놓은 볼품없는 직선 모양 물웅덩이가 곳곳에 흩어져 있다. 모두 훌륭한 잠재 가치가 있는 곳들이다. 앞을 내다보는 사전계획과 약간의 추가 비용만 있으면 이 웅덩이와 그 주변 지역은 자연스러운 곡선형 호수, 잔디 언덕, 수목이 울창한 구릉이 새롭고 매력적인 수경관으로 탈바꿈할 수 있었을 것이다. 지금도 늦지 않다. 굴착 허가 조건으로 이러한 합리적 사전계획 방법을 적용하고 토양 보전과 조림사업을 겸행하는 한편, 전원 경관 추가 훼손을 예방하면서 옛 경관을 바꾸어 새로운 경관을 창조할 수 있을 것이다. 기업체는 방치 채광지를 매입, 개발해 매력 있고 가치 있는 부동산으로 전환하는 사업을 시도해볼 수도 있다.

## 물과 관련된 단지설계(Water-Related Site Design)

부지(敷地) 내에 물이 있는 곳을 개발할 때는 토지이용구획, 차량과 보행 동선계획, 단지설계와 건물설계 등에 특히 주의를 기울여야 한다.

### 자연수계(Natural Streams and Water Bodies)

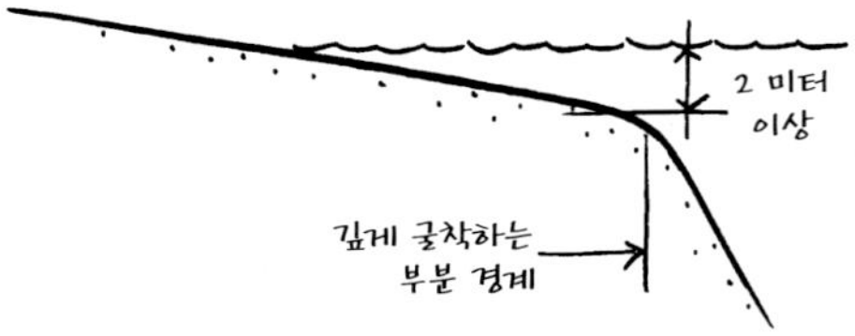


안전을 위해 깊게 굴착하는 부분 경계부에 이르기 전에 수영객 키(2미터 이상)보다 깊은 수심에 도달하는 완경사면 백사장을 조성한다.

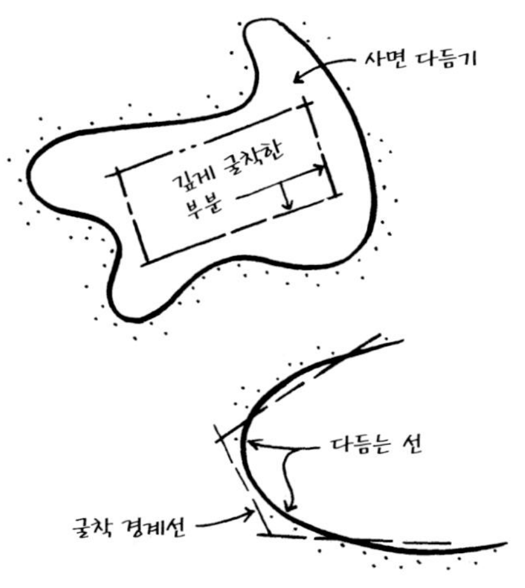


직선으로 굴착한 부분을 다듬어 자유 곡선 호수를 만든다.

자연수계는 강수량, 지표수 유출, 침전 작용, 정화 작용, 조류, 파도 등 많은 힘이 작용한 결과물이다. 자연 상태의 하천 · 연못 · 호수 등에 변형을 가하면, 새로운 평형 상태에 이를 때까지는 여러 가지 작용과 상호작용의 연쇄 반응이 일어나는 것을 볼 수 있다. 따라서 물과 관련된 단지계획에서 우선 고려할 사항은 자연 상태가 교란되지 않도록 유지하고, 자연 상태에 맞추어 개발계획을 세워야 함을 알 수 있다.

자연 상태 하천이나 강 제방을 보면 풀, 키 작은 나무, 키 큰 나무들이 띠를 이루고 있어서 토양을 안정시키고 유출수 흐름을 늦추는 역할을 한다. 제방 표면에서는 돌, 통나무, 식물뿌리, 덩굴식물이 물살에 저항하고 토양 침식을 저지해 제방 표면이 유지되게 보호해준다.

호숫가와 해변은 파도를 막아내는 바위가 둘러싸고 있거나 경사진 모래밭, 자갈밭이 가장자리를 보호하고 있어 바람 타고 밀려오는 물살과 파도를 잘 이겨내는 이상적인 모양새다. 잔잔해 보이는 연못이나 초호(礁湖, lagoon) 가장자리 역시 갈대나 사초, 수련 같은 것이 보호하고 있다.

옹달샘, 연못, 조수(潮水)가 밀려드는 습지, 호수 같은 수경관이 자연스럽게 형성되어 있다면 이는 인근 일대 경관 중에서도 정수(精髓)를 이루는 곳이며, 생태계 기능과 경관 구성에도 풍성한 기여자다. 이러한 장관(壯觀)은 모든 방법을 동원해 보호해야 한다. 그렇다고 물을 이용하거나 즐기지 말아야 한다는 뜻은 결코 아니며, 자연 상태를 유지하도록 보호하면서 가장 잘 이용할 수 있는 방법을 찾아 세심하게 계획해야 한다는 것이다.

## 운하와 저수지(Canals and Impoundments)

*해변 백사장 모습은 해류, 폭풍우, 조수(潮水) 힘에 의해 바뀐다. 해변 백사장 모습은 본래 일시적인 것일 수밖에 없다. 지금 모습을 만들어놓은 바로 그 힘이—비록 단 한 번의 폭풍우라 할지라도 —옛 모습을 찾아볼 수 없을 만큼 또 다른 모습으로 바꾸어놓을 수 있기 때문이다. 매우 많은 비용을 들인 안정화 사업도 백사장 변화 앞에서는 무기력해지는 것도 그 때문이다.*

**Albert R. Veri 등**

특히 큰 공원이나 자연보전지역 내에서는 백사장이나 호안선이 이동한다는 사실을 받아들이고 자연스럽게 변화하고 새로운 모습을 취하도록 방임하는 추세다. 이는 지극히 건전한 관리 접근 방법이라 생각되며, 다른 곳에도 폭넓게 적용할 가치가 있다.

도시 상수원(上水源) 물은 대개 일반인 시야로부터 가려져 있다. 상수원 물도 저수, 정수하는 과정에서 도시환경을 아름답고 신선하게 만드는 데 사용할 수 있다.

미국 일부 지역에는 운하가 그물같이 연결되어 있고, 식민지 시대부터 지금까지 사용하는 것도 있지만 방치한 것도 많다. 이러한 운하를 '재발견'하고 산책로와 자전거도로를 갖추어 정비하면, 도시는 물론 농촌에서도 지역사회의 훌륭한 보물이 될 수 있다. 모든 운하는 보존하고 보호할 필요가 있다.

작게는 졸졸 흐르는 실개울에 돌 몇 개 잘 쌓아 막으면 수심도 깊어지고 폭도 넓어진다. 알맞은 크기 댐을 건설하면 더 깊고 넓게 연못을 만들어 낚시, 수영, 뱃놀이를 할 수 있으며, 특색 있는 수경관을 형성할 수 있다.

크게는 거대한 저수지나 인공호를 만들어 저수, 홍수 조절 또는 수력발전용으로 이용할 수 있다. 다량, 빈번한 방류가 필요하지 않다면 이러한 대규모 저수지는 물 관련 각종 오락 기회를 제공하며, 광역 개발계획에서 핵심 매력 요소가 될 것이다. 수자원 가치와 매력이 최대한 발휘되도록 하려면, 저수지와 인접 토지 개발 허가 전에 사전계획을 수립해 도로와 공공용지를 확보하고 민간용지를 제공해야 한다.

큰 댐은 물론이고 작은 둑일지라도 무너져 급류가 방류되면 하류에 심각한 재난을 일으킬 수 있으므로 위치 선정에 유의해야 한다. 수위(水位)는 지형을 검토해 결정해야 하며, 수위에 따라 형성되는 수변 경계선 모양이 인접 도로, 토지이용 지역, 구조물과 잘 어울리도록 수위를 정해야 한다.

상류에서 흙탕물이 유입하거나 홍수가 잦은 곳에는 침전용 보와 수문 달린 우회 수로를 설치할 필요가 있다.

## 길, 다리, 데크(Paths, Bridges, and Decks)

물은 사람들을 끌어들인다. 강과 호숫가를 따라 걷거나, 말을 타거나, 물가에 머물면서 경치와 물소리를 즐기며 쉬거나, 시냇물이라면 건너서 반대편에 가보고 싶어 하는 것이 인지상정(人之常情)이다.

Kongjian Yu/Turenscape

강변 리본형 산책로

단지계획에는 이러한 욕구들을 수용해야 한다. 길은 경관 변화를 주도록 배치하고, 호수나 수로 관찰로 역할을 겸하도록 한다. 물가 산책로나 도로는 지형 따라 완만하게 수직, 수평, 굴곡지고, 자연경관과 어울리는 재료로 만드는 것이 알맞다. 이용 활동이 집중되는 수변, 물과 땅이 만나는 부분을 건축적으로 처리하는 것이 적합한 곳에서는 도로 및 공간 형태와 재료 역시 좀 더 인공적인 것이 어울린다.

전망 공간은 아주 평범해서 길이 굽고 폭이 넓어진 곳에 의자를 놓는 정도일 수도 있다. 그렇지 않으면 전망공간을 데크, 테라스, 옹벽 위에 설치해 조망, 휴게, 낚시, 다이빙, 보트 타기 등 어떤 목적이든 이용자들이 물과 친근한 관계를 맺도록 설계한다.

다리 역시 기능 이상의 측면을 고려해 설계해야 한다. 잘 설계했다면 건넌다는 것 자체가 유쾌한 경험이 되기 때문이다. 다리는 여러 방향과 각도에서 보이므로 조형미가 있어야 한다. 다리는 재료, 구조, 목적을 명확하게 표현하되 최대한 단순하게 설계하고, 지역 특성과 놓이는 위치 성격으로부터 설계 특징을 도출한다.

### 수변(Water Edges)

물과 땅이 만나는 곳은 계획에서 특별한 의미를 지니는 선(線)이다. 이용밀도가 낮은 편이고 둑이나 수변 경관이 좋은 곳은 손대지 말고 개발을 극소화하는 것이 좋다. 이용밀도가 점점 높아지고 공간 수요가 증가함에 따라 수변 처리 정도도 이에 상응해 증가시켜 완전히 건축적인 처리가 적합한 곳도 있다.

Tom Fox, SWA Group

도시 수변 환경

수변은 각진 모양보다 곡선형으로 만드는 것이 굽이치는 물의 속성을 반영할 수 있어 바람직하다.
연못이나 호수, 호안은 먼저 주변 토지 이용을 고려해 직선으로 굴착 후, 꺾이는 부분을 부드러운 곡선으로 다듬으면 좋다.
장비를 사용하면 반듯하고 깊게 굴착하는 것이 경제적이기 때문에, 호수 중앙부는 장비를 사용해 직사각형이나 다면체 형태로 굴착하고 주변으로 갈수록 넓고 얕은 경사면으로 만들면서 가장자리는 자연스러운 형태로 다듬는 것이 일반적이다.
수변 어느 지점에서도 수면 전체가 보이면 좋지 않다. 가능하면 몇 군데 수변이 보이지 않게 해야 흥미를 유발하고 보는 이의 상상력을 발휘하게 한다. 이러한 설계 기법은 수면을 훨씬 더 커 보이게 하고, 더 매력적인 수경을 만든다.

다음은 수변 상세 설계에서 기억할 기본 사항들이다.

- 변형이나 간섭 최소화. 둑이나 둔치가 안정된 곳은 손대지 않을수록 좋다.
- 자연스러운 물 흐름 유지. 물 흐름이나 파도를 거스르는 시설은 피한다.
- 물살이 빠르거나 파도 충격이 강한 곳은 그 힘을 흡수할 수 있도록 제방을 경사지게 만들고 보호시설을 설치한다.
- 부두, 선창, 자동 조절 경사로 부착 부주(浮舟, float) 등을 이용해 배마다 적합한 깊이의 물에 접근할 수 있게 한다.
- 강한 물살을 바꾸거나 분별없이 방파제, 둑 등을 조성하지 않는다. 그 영향을 예측할 수 없고, 재난을 부르는 경우가 많다.
- 최악의 상황에 대비해 설계. 수위 관측 자료와 파고를 고려한다.

물은 천태만상(千態萬象)이다.
깊이는 이슬 같은 흔적에서 심연(深淵)에 이른다.
움직임은 스미고, 물보라치고, 흘러넘치고, 내뿜고, 분출하고, 급류, 폭포수를 이룬다.
소리는 재잘거림으로부터 노도(怒濤) 울부짖음에 이른다.
어느 특성이나 모두 조경설계 목적에 맞춰 활용가능하다.

• 홍수 예방. 건물 바닥 높이를 최소 50년 주기 홍수위 이상으로 한다.
• 난간, 미끄럼 방지 포장(鋪裝), 구명대, 경고 표지, 조명시설을 설치해 안전성을 높인다.
• 풍화작용과 습기에 잘 견디는 재료와 연결철물과 시설물 사용. 수변에서는 항상 부식문제가 발생한다.
• 오염된 지표수 유입 방지. 오염된 유출수는 따로 모아 처리하거나 저류형 잔디 도랑으로 통과시켜 여과한다.

**연못, 분수, 단폭(段瀑)** (Pools, Fountains, and Cascades)

중정, 정원, 공공광장 등 어떤 조경 공간에나 자연 형태건 인공 형태건, 수경을 도입해 나쁜 곳은 상상하기 어렵다. 물 소리, 율동, 물이 주는 시원함은 어느 곳에서나 매력 요소다.

물은 곧 상징이다. 물은 신선함(refreshment)을 의미하고 푸르른 생명을 무성하게 키워낸다. 물 유무(有無)가 사막이냐 오아시스냐를 결정한다.

Barry W. Starke, EDA

벽천 속 풍경

Landscape Architect M. Paul Friedberg and Partners

Belt Collins

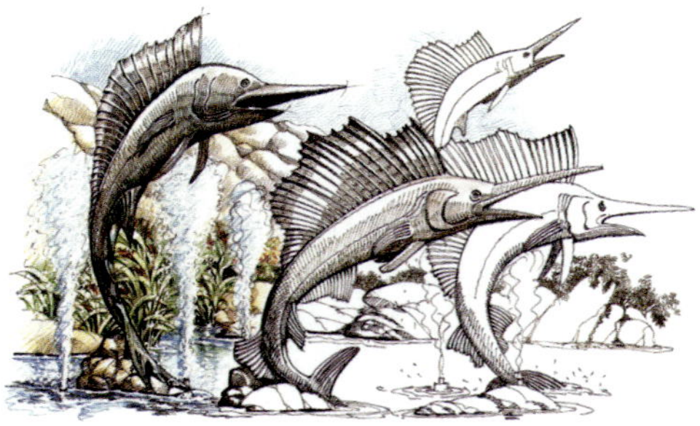

Belt Collins

Barry W. Starke, EDA

수경은 신선함과 흥미의 샘이다.

Kongjian Yu/Turenscape

도시 중정, 상가, 광장 같은 곳에서 물이 풍부하고 그 물을 이용해 특색 있는 수경을 꾸밀 수 있는 여건이 된다면, 상당한 규모로 정교한 구조의 수경을 도입할 수 있다. 화려하게 치솟는 분수와 힘차게 흘러내리는 인공폭포가 주는 즐거운 기억을 잊을 수 없는 도시들이 많다.

아주 작은 정원에서도 물은 역시 요긴하다. 예를 들면 식재 공간은 어디든 관수가 필요하므로 설계할 때 관수 방법을 생각해야 한다. 물방울을 떨구어주는 낙수기, 자리를 잘 잡은 살수기를 이용해 뿌리덮개 자갈밭이나 담쟁이 화단, 뜨거운 햇빛이 쏟아지는 포장 부위를 물로 적셔 시원하게 할 수 있다. 아주 간단한 그릇에 새가 마실 수 있도록 담아 내놓은 물조차 조용한 연못, 벽천, 치솟는 분수가 그러하듯 흥미와 신선함을 더한다. 이러한 수경은 설계와 시공이 크게 어려운 것은 아니면서도, 몇 시간이고 바라보고 물소리를 들어도 싫증 나지 않는 즐거움을 줄 수 있다.

Barry W. Starke, EDA

산골짜기에서 바다에 이르기까지 물의 흐름은 상징 가득한 세계다.

© D.A. Horchner/Design Workshop

# 4 땅 LAND

이 넓은 대지의 생김새를 알게 되기까지 인간은 얼마나 많은 산을 넘고 골짜기를 건너며 떠돌아다니고 때론 멈춰 서서 살폈을까?

지형마다 인간에게 전하는 메시지가 있었다. 산은 범접하기 어려웠고, 바위가 많은 협곡은 위태로웠고, 넓은 계곡은 매혹적이었다. 대평원, 평야, 사바나는 멀리 지평선까지 뻗어 있어 걸어서는 물론이고 말, 수레, 포장마차로도 가로지르기 힘겨운 곳들이었다.

경관 속을 여기저기 필연으로 혹은 우연으로 떠돌아다니면서도 결국 우리 선조들이 피하려 한 곳은 여건이 불리한 곳이었고, 얻고자 한 곳은 필요한 조건들을 잘 갖춘 땅이었다. 그들이 원한 것은 때로는 물이나 식량, 가축에게 먹일 풀 같은 일상적인 것을 얻을 곳이었고, 때로는 요새나 농장 같은 영구적인 시설을 앉힐 곳이었다. 조상들과 본능적으로 다를 바 없는 우리는 위험하거나 불편한 곳을 피하려고, 가장 편한 길을 따라가려고, 가장 살기 좋은 곳을 찾으려고 아직도 끊임없이 우리 주변 경관을 습관적으로 탐색한다. 대지에 대한 이러한 느낌은 선천성이다. 이런 느낌은 우리 피와 뼛속에 스며 있다.

## 인간의 손길(Human Impact)

수천 년 동안 우리 선조들은 초지, 물, 숲 같은 자연의 하사품들을 거의 손상시키지 않고 잘 이용해왔다. 낚시하고 덫을 놓고 사냥을 할지언정, 땅과 물은 발견 당시 그대로 남겨놓았다. 카누는 오손(汚損) 모르는 원시 계곡을 조용히 미끄

미국에서는 매일 약 31제곱킬로미터 농지를 개발용지로 잠식한다.

*지난 10년 동안 잠식한 농지 면적은 버몬트, 뉴햄프셔, 매사추세츠, 로드아일랜드, 코네티컷, 뉴저지, 델라웨어 주 면적을 합한 것과 같다.*

**Peter J. Ognibene**

러져 나갔으며, 말은 매어두고, 방목은 자연 초지가 되살아날 수준에만 머물렀다. 일찍이 그들이 머무른 곳은 흉터 남는 일 없고, 얼마 지나지 않아 곧 회복될 수 있었다. 언덕 아래나 물가에 세운 초기 정착촌, 개간지조차도 생태적인 영향은 거의 없었다.

그러나 인구가 증가함에 따라 사람 손길을 타는 모양새는 점점 더 눈에 띄었다. 오솔길은 도로가 되고, 흩어져 있던 농가들은 주변 습지와 산림을 밀어내거나 아예 흔적 없이 뭉개면서 촌락으로 뭉쳤다. 개울 둑 위에 자리 잡았던 초기 마을은 이제 하천을 삼켜버리고 근처 강 제방까지 침범해 들어갔다. 마을과 도시 경계는 사정없이 확장하고, 새 도로, 철도, 운하를 건설해 서로 연결했다. 시끌벅적했던 지난 몇 세기 동안 미국 고유 경관은 광활한 농장, 토지 개발, 곳곳에 솟아난 도시, 퍼져나가는 공업단지, 거미줄 교통망으로 탈바꿈했다. 사람 손 타지 않고 남아 있는 원시 지역이라고는 접근하기 너무 어려운 곳, 깊은 늪지, 극심하게 건조한 곳, 개발해도 이득 없는 바위땅 같은 곳에 불과했다.

기능(機能)과 땅의 궁합을 잘 맞추었던 때는 그것이 농장이든, 도로든, 마을이든, 결과적으로 모두 제자리를 찾은 듯 잘 어우러졌었다. 그런 마을들을 하늘에서 본다면 마치 전원에 자리한 새둥지 같다. 아름다운 풍경을 감돌며 어서 오라고 환영하는 듯한 도로를 따라가면 숲 속으로, 풀밭 사이로, 개울가로, 질서 정연한 들판과 과수원으로, 풍요로운 계곡으로 즐거운 여행길이었다. 꽃이 피어나듯 언덕 봉우리 위로 자연스럽게 자라난 마을, 강변이나 항구까지 멋들어지게 층 지어 내려간 도시를 바라보며 즐거움을 느낄 수 있었다.

현명하게 계획하고 땅에 잘 어울리게 개발한다면, 인간이 설계한 조형미와 바뀌는 경관미가 일체를 이루어 원래 경관보다 더 빼어난 경관을 창조한다. 그

Christopher Brown, FASLA, JJR 1Floor

소노란 보존구역(Sonoran Preserve)

곳의 타고난 최고 경관은 보존하되 새 경관 창조에 활용할 수도 있고, 보존을 우선하고 이용은 최소화해 원래 경관을 지키는 길도 있다. 자연의 매혹을 매일 즐기고 감사하면서 삶은 더욱 풍성해질 것이며, 나아가 안정감과 조화로움을 선물로 받을 것이다. 사람들은 경관 속에서 '노래'하고, 경관은 화음(和音)을 이룰 것이다.

지형(地形)에 순응(順應)하면
경관 훼손을 줄이고
토공 비용을 경감하고
표토 유실을 방지하며
침식 방지 조치, 다시 식재할 필요성을 배제하고
기존 자연 배수로를 이용할 수 있고
자연경관과 조화를 이룬다.

(일반인의 눈에 비치는) 미국 택지개발업협회, 주택건설업협회 업무 규정
원칙 1. 깨끗하게 벌채한다.
원칙 2. 표토를 제거한다(또는 공사를 쉽게 하는 데 도움이 된다면 묻어버리고 나중에 새 표토를 반입한다).
원칙 3. 공사하기 편한 지형 단면을 조성한다(즉 최대한 평탄하게).
원칙 4. 물은 모두 우수 배수관으로(또는 대지 경계선 밖으로) 배출한다.
원칙 5. 도로는 넓게—그래서 값싸게—건설한다.
원칙 6. 집은 가능한 한 뒤에 배치하고 앞마당을 넓게 만든다.
원칙 7. 건물 앞줄을 맞춘다(그래야 단정해 보인다).
원칙 8. 측면 마당은 최소화한다.
원칙 9. 잔디 씨를 조금 뿌린다.

현장답사 및 토양조사 결과를 토대로 가장 생산성이 높은 토지는 잔디밭, 정원 또는 농경지 등으로 지정하거나 자연 상태 그대로 보존한다. 토심이 얕은 곳, 배수가 너무 잘되거나 불량한 곳, 암반 지역 등이 개발 후보지 우선순위가 제일 높다.
주거, 도로, 도시는 생산성이 낮은 땅으로 가야 한다.

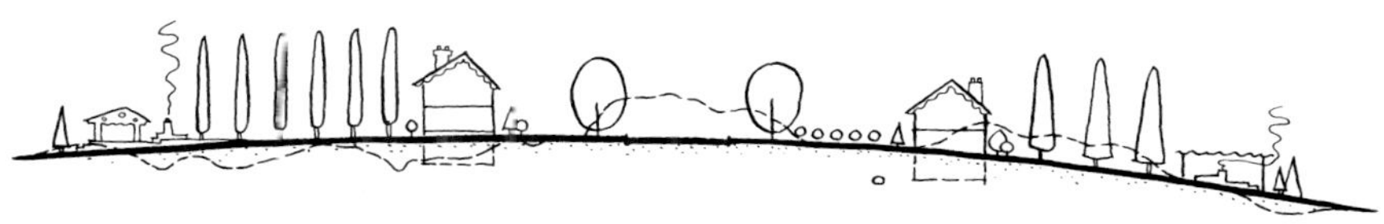

[교외(郊外) 주택건설업체 생각과 현행 건축 법규에 비추어본] 미국 교외 거주자 꿈
지형은 불도저 등 중장비로 다듬어 정비한다. 돌은 모두 묻고, 자연 식생은 제거하고, 개울은 하수관이나 암거로 바꾼다. 모래, 점토, 암반 위에도 10센티미터 두께 표토 옷만 입히면 된다. 그 위에 인공적으로 외래종 식물상(相)을 조성한다. 이것이 우리가 건설하고자 하는 낙원이다.

자연 지형은 주어진 그대로 받아들이는 것이 가장 좋다. 자연 지형은 오랜 세월 동안 무수한 힘이 복합 작용한 산물이다. 그에 순응하는 것은 자연 지형을 발전시켜온 모든 힘, 온갖 조건과 조화를 이루는 것이다.

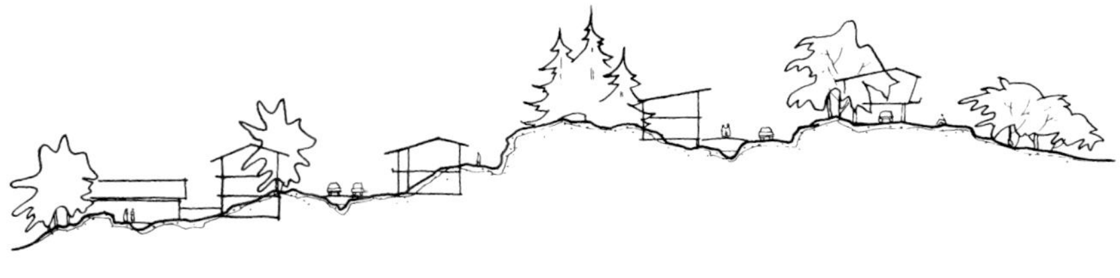

더 좋은 방법은 자연과 어우러지게(building with nature), 그리고 집약(集約) 건설하는 것이다. 그러면 재료와 공간 경제성 때문에 구조물과 경관 형태를 긴밀히 연관시켜 건설할 수밖에 없었던 옛 문명 속에서 보이는 매력적인 인간적 척도와 아름다움이 나타날 것이다.

그러나 토지 이용이 땅과 궁합이 맞지 않거나 토지이용계획을 잘못한 곳, 서투르게 사업 시행한 곳에서는 사람 눈과 머리가 모두 괴롭다. 더구나 이러한 파괴적 행위는 자연재해나 엄청난 경제 손실을 초래할 수도 있다. 자연은 땅을 교란(攪亂)하는 파괴적 침입을 거부하는 영원한 힘을 가지고 있기 때문이다.

인류가 번성하는 것은 고사하고 살아남으려면, 인간과 자연이 공생(共生)하는 균형의 원리를 이해하고 이것을 삶에 적용하는 것은 필연이다. 그칠 줄 모르고 땅을 잠식하는 문명, 엉망이 되어버린 토지, 땅을 지키는 청지기로서의 벅찬 사명, 이제 이 모든 것이 우리가 물려받은 유산이 되었다.

각 주(州), 시(市), 군(郡) 주요 업무 중 하나는 관할 구역 토지를 잘 보전하는 계획과 토지를 최선의 용도로 이용할 계획을 수립하는 것이다.

## 자원으로서의 토지(Land as a Resource)

땅, 땅에 찰랑이는 물, 땅 위를 흐르다 흙 속으로 스미고 지하수가 되어 흐르는 물, 이들이 우리의 최고 자원이다. 이들은 잘못 관리하면 영원히 잃게 되고, 그러면 국부(國富)와 국민 복지도 그만큼 손실된다.

아직 훼손되지 않고 남아 있는 토지 자원을 조각내서 개인 소유화하기 전에 농지와 산림과 녹지로서 땅 전체가 하나의 총체를 이루어 어떤 기능을 수행하고 있는지 살펴야 하며, 그런 후에 보존지역과 보전지역부터 정하고 사려 깊게 구상한 개발 지역을 그려낼 수 있다. 그것은 우선순위 문제이며, 전체 토지 이용이 합리적인 선택이어야 함과 동시에 부분적 토지 이용은 합쳐서 논리적 토지 이용 체계를 구축해야 함을 의미한다.

*토지를 가지고 있는 한 … 나는 부자다. 내게 필요한 것 — 먹을 것, 입을 것, 집, 땔감 — 이 모두 거기에 있기 때문이다.*

**Alaskan Inuit**
**(John McPhee 글에서 인용)**

아직 개발하지 않은 토지의 가장 중요한 기능은 표토(表土) 보전 역할일 것이다. 표토는 모든 농업 생산성의 근본이다. 표토는 모암이 풍화되어 생긴 흙에 유기물이 섞인 것이고, 암반층과 흙 위에 몇 센티미터 또는 몇 미터 깊이 정도의 얇은 층으로 분포한다. 암반과 그 위 심토층 상부를 덮고 있는 비옥하지만 얇은 표토층은 형성되는 데 수천 년 이상이 걸린 것이다. 표토는 한번 잃어버리면 되돌릴 수 없다. 미국에서는 지난 5세기 동안 표토 3분의 1이 유실되었는데, 파내거나

Tim McCabe, National Resources Conservation Service (NRCS)

극심한 토양 침식

옮겨 없애고 또는 빗물에 씻겨, 바람에 실려 강으로 흘러들고 바다로 떠내려 가 버렸다. 어떤 국가라 할지라도 이런 토양 유실은 감내할 수 없는 중대 손실이다. 전 세계 곳곳 건조 지역에서 보는 허다한 재앙은 대개 표토 오용이나 남용에서 비롯된다.

*보전(conservation)이란 모든 자연 자원이 … 인류 복지에 필수불가결(必須不可缺)이라는 사실을 깨닫고 모든 자연 자원을 지혜롭게 다루는 생활방식을 말한다.*

**Warner S. Goshorn**

### 생산성(Productivity)

지구상 생명체라면 모두 토지와 그 위를 덮고 있는 흙에서 생명이 움튼다. 이산화탄소와 물은 태양에너지에 의해 식물 엽록소에서 먹이사슬 필수 요소인 포도당과 녹말로 전환된다. 광합성은 조건이 맞을 때만 일어나는 화학적 기적이다. 이 기적의 산물로 탄생하는 식물과 동물 양상은 장소와 지역에 따라 천태만상(千態萬象)이다. 이러한 생물들이 어떻게 서로 긴밀한 연관 관계를 맺고 살아가는지 이해하기 시작한 것은 최근 들어서다.

어떤 땅에 교란이 발생하면 섬세한 균형이 깨지고, 교란 반향(反響)은 수마일 밖까지 미칠 수 있다. 그렇다고 해서 자연 상태 땅과 농경지가 모두 변경 없이 현 상태를 유지해야 한다는 뜻은 아니다. 때로는 관리 개선을 통해 영양물질 생산성을 증진할 수도 있고, 수많은 지형지세마다 제각각 다른 토지 이용 목적에 쓰는 것이 더 바람직할 수도 있다. 토지이용계획을 수립할 때는 생산성이 가장 높은 땅을 가려내어 보존해야 한다. 이러한 원칙은 집터 하나 잡을 때는 물론이고 훨씬 넓은 주(州) 단위 종합계획에도 적용해야 하는 원칙이다.

비유: 각 주(state) 토지 및 자원 계획을 농장 개발에 견주어 생각해보자. 농장주가 영민(英敏)한 사람이라면, 땅의 성질, 제약 요소, 잠재가치 등을 충분히 파악할 때까지 먼저 땅에 대하여 철저히 연구할 것이다. 그런 후 생활 공간, 헛간, 축사, 농경지, 과수원, 연결도로 등 배치를 구상하되 각 요소 간 상호관계, 보유 토지자원 및 수자원과 최선의 관계가 형성되도록 계속 조정해나갈 것이다. 농장 전체와 새로운 시설 모두 지형, 숲, 샘물, 배수로, 토양, 자연 식생 같은 토지 최상의 장점들을 보전하는 동시에 충분히 활용하는 방향으로 계획할 것이다.

그러한 농장(州, state)이 더 생산적이고,
더 효율적이고,
생활하고 일하는 터전으로서 더 바람직할 뿐만 아니라,
농장주와 가족과 후손을 위해 가장 좋은 투자가 될 것이다.

### 서식처(Habitat)

땅은 인류뿐만 아니라 모든 생명체의 집이며, 이렇게 땅에 사는 모든 식구가 지구 생물군(生物群, biomass) 가족이다.

생태학이 가르쳐주는 것은, 생명체는 모두 서로 영향을 주고받으면서 상호 의존해 살아가고 있으며, 생명체마다 생태계 내에서 기여하는 바가 있고 각기 필요한 기능을 담당하고 있다는 사실이다. 또 산, 산림, 습지, 강 등은 경계를 나눌 수 없는 하나의 공동체를 형성하고 있으며, 자연은 반드시 단일 통합체(integrity)로 보존해야 한다는 점도 가르쳐준다.

인간이 토지에 대해 독점적 권리를 주장할 수 있다고 보는 것은 최근 현상이다. 토지를 소유하고 배타적 권리를 주장하면서 영구 정착하려는 새로 생긴 강박증이 널리 퍼지게 된 것이다. 그 결과 오늘날 지구 경관은 경계표지와 담장으로 갈가리 나뉘게 되었으며, 시간이 지날수록 쪼개고 또 쪼개어 더 많은 조각으로 파편화되고 있다.

자연계(自然系, natural system)는 지형, 기후, 생태 요소 등이 자연법칙에 따라 상호 작용하면서 서로 연관을 맺고 모여 있는 집합체로서 강 유역, 습지, 산호초, 초원, 개미탑(anthill) 등이 자연계(自然系) 예에 속한다.

토지 소유권 분할은 지형 구조를 거의 고려하지 않고 대개 반듯반듯하게 닥치는 대로 나누는 식이었다.

토지를 분할하고 필지화하는 것이 불가피하다면(오늘날 우리 문화는 온통 이렇게 땅은 갈라서 가진다는 전제 아래 움직인다), 새로 긋는 토지 소유 경계선은 토지 기능에 따른 경계, 수계(水系) 경계선을 따라 긋는 것이 마땅하다.

아직 미개발 토지는 자연 질서 형태를 수용하고 표출하는 경계선으로 분할해야 하며, 나아가 이미 분할 소유, 파편화된 토지 대부분 또한 다시 합친 다음 더 논리적으로 재구획할 필요가 있다. 시(市), 군(郡) 경계선이 그런 예다. 앞으로 다년간에 걸쳐 측지(測地), 토지이용계획, 용도지역지구제, 재개발, 환경복구사업, 자원관리 분야에서 새로 발전하는 기법을 잘 적용한다면 파편화되었던 경관이 더 온당한 형태로, 더 건강한 총체(總體)로 되살아날 수도 있다.

*이럭저럭 북미 대륙은 모두 인디언이 점령했다. 인디언에게 땅은 바로 집이었고, 삶의 근원이었다. 인디언 토지소유권 개념은 백인과는 전혀 달랐다. 인디언은 토지를 이용하는 것, 즐기는 것, 필요하면 침입자로부터 방어해야 하는 것 정도로 생각하고, 한 사람이 독점적으로 소유할 수 없는 것, 더구나 상품같이 사고팔 수 없는 것으로 생각했다. 백인이 인디언에게 땅을 사고자 했을 때 인디언이 동의하고 땅값이나 보상품을 받았다 하더라도, 인디언은 백인과 거래의 진정한 의미를 이해하지 못했을 것이다. 단순히 백인이 터무니없는 거래를 강요하거나 인디언이 거래를 위반했다는 문제가 아니라, 물론 양방 모두 그런 경우가 없지 않았으나 한층 중요한 것은 진정으로 양쪽 마음이 만난 적은 결코 없었다는 것이다. …*

**Marion Clawson**

## 토지 양여(讓與, Land Grants)

미국에서 토지 소유권은 주로 정부에서(초기에는 식민지 통치권자에서 후에는 의회 제정 법률에 의거하여) 개인, 기업, 단체로 넘어갔다.

1803년 미국이 프랑스로부터 1500만 달러에 광활한 루이지애나 지역 땅을 사들인(Louisiana Purchase) 이래, 약 1세기 만에 거의 10억 에이커의 공유지를 양여했다. 초기에는 공립학교와 토지 원조를 받아 세우는 대학을 지원하기 위해 주정부에 많은 토지를 할애했다. 그 뒤를 이어 마차길, 운하, 철도 건설용으로 토지를 분배했다. 철도사업자는 언제나 철도 부지(railroad right-of-way)에 인접한 토지 구역(section) 중에서 한 칸 건너씩 매각했다. 1862년 제정한 홈스테드(Homestead) 법에 따라 이민 정착자에게도 토지를 매각했다. 군(軍) 보상금 지급이나 인디언 소유권 인정 그리고 임업, 광업, 관개, 개간 등 활동을 촉진하기 위해 오늘날까지 토지 양여를 계속하다 보니 50개 주 전체 토지 절반을 처분했다.

*미국 정부는 많은 토지를 보유하고 있었다. 공공, 민간 모두 자본 공급은 부족한 반면 공공사업 수요는 매우 컸다. 국유지를 매각해 공공사업 건설 재원을 마련하면 어떨까? 기본 생각은 맞고, 매우 큰 성과도 거두었다. …*

**Marion Clawson**

오늘날까지도 알래스카(Alaska)는 토지 무상 양여를 계속하고 있다. 1867년 알래스카 땅 매입(Alaska Purchase) 이후 1958년 알래스카 주정부 법 제정 때까지는 미국 연방정부가 알래스카 토지를 거의 모두 소유하고 있었다.

건국 초기부터 지금까지 미국에서 일어난 토지소유권 이전과 이용 방식 변화는 많은 정치적 · 사회적 · 경제적 의미를 내포한다. 서부 개척, 토지 소유 열기, 토지 거래, 토지 이용 규제, 토지 이용[아주 흔히 오용(誤用)]을 둘러싼 이야기는 미국 역사 그 자체다. 토지는 우리의 최상, 최후의 자원이다. 우리는 좀 더 과학적인 근거를 가지고 보전 · 규제 · 개발 계획을 세워야 하고, 더욱 현명하게 이용하는 방법을 배워야 한다.

표토층(表土層)은 생명체 보고(寶庫)다. 아무 데서나 한 줌 흙을 집어보자. 그 속에는 거대한 미생물 우주가 들어 있고, 무수한 생명의 씨앗이 담겨 있다.

## 토지소유권(Land Rights)

토지가 일단 개인 소유로 넘어가면 일종의 값나가는 상품이 되며, 쉽게 이용하거나 팔 수 있게 된다. 토지를 이용하거나 처분하려면 그 토지에 대한 법적 소유권을 명백하게 밝히고 확인할 수 있어야 한다. 법적 소유권을 증명할 수 있다는 것은 먼저 그 필지를 측량해 경계를 식별할 수 있도록 경계 말뚝, 비석, 기타 토지와 사회관계는 이제 상상할 수 없을 만큼 변해서, 공익(公益)을 개인 권리보다 더 우선하게 되었다.

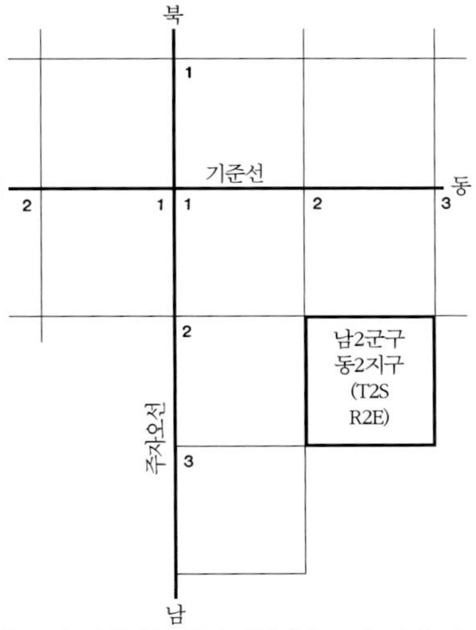


미국 모든 지역에는 동서 기준선(base line)과 남북 주자오선(principal meridian)이 설정되어 있고, 모두 이를 기준으로 토지를 분할하고 필지 번호를 매긴다.
군구(郡區, township)는 기준선 남북 방향으로 번호를 붙이고, 경선간(經線間) 지구(range)는 주자오선 동서 방향으로 번호를 매긴다.

군(郡, county) 내 토지 기본단위는 가로세로 각각 9.6킬로미터(6마일) 군구(郡區)이고, 한 군구(郡區)는 36개 구역(section)으로 나누고 한 구역은 약 2.59제곱킬로미터(1제곱마일)다.

| 6 | 5 | 4 | 3 | 2 | 1 |
|---|---|---|---|---|---|
| 7 | 8 | 9 | 10 | 11 | 12 |
| 18 | 17 | 16 | 15 | 14 | 13 |
| 19 | 20 | 21 | 22 | 23 | 24 |
| 30 | 29 | **28** | 27 | 26 | 25 |
| 31 | 32 | 33 | 34 | 35 | 36 |

남2군구(TOWNSHIP 2 SOUTH)
동2지구(RANGE 2 EAST)

구역(section)은 다음 그림과 같이 세분한다. 구획(lot) 즉 필지(parcel)는 측량격자망(survey grid) 내 특정 기준점으로부터 방위와 거리 또는 '토지경계(metes and bounds)'로 표시한다.

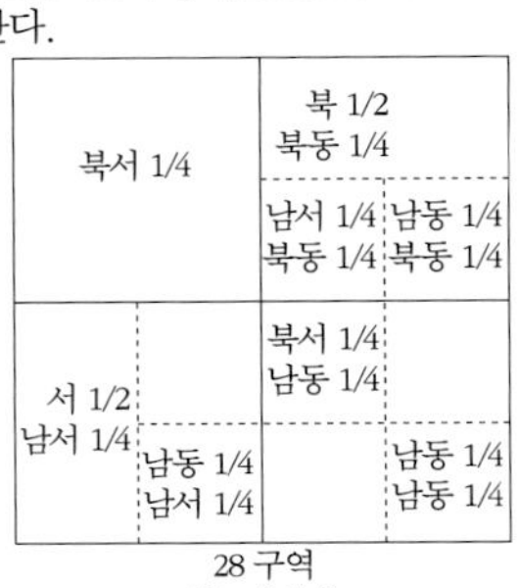

28 구역
(640에이커)

**토지측량 체계도**
(Diagramatic system of land surveying)

어떤 형태이든 표지가 필요하다는 것을 의미하며, 나아가 그 필지가 다른 필지와 구별되고 다른 필지와 관계를 설명할 수 있어야 함을 의미한다. 끝으로, 토지 명세와 소유권을 등록하는 체계적이고 일목요연한 제도 장치가 필요하다.

다행히 미국에는 비교적 우수한 체계가 수립되어 있다. 반면 라틴 아메리카 여러 국가는 이러한 체계를 거의 갖추지 못하고 있다. 정밀 측량이 드물고, 토지 소유권이 모호해 분쟁이 잦고, 체계적인 소유권 기록이 거의 없는 실정이다. 그래서 불법 거주자들이 많은 토지를 무단 점유하고 있다. 이들은 개척자를 편들고 토지 소유자나 실질적인 토지 소유권 행사자에게는 불리한 감정을 등에 업고 있다. 토지소유권을 둘러싼 이러한 불확실성과 혼란은 토지 매매, 투자, 개발 부진을 초래하고 대대적인 토지개혁운동을 부추기게 된다.

## 토지 측량(Surveying)

초기 토지 측량은 미국 곳곳 측량을 실시한 곳에서는 지울 수 없는 흔적을 남겼다. 측량 제도는 꽤 잘 만든 편이다. 클러슨(Marion Clawson)이 지적했듯이 미국은 마치 불규칙하게 생긴 서양 장기판인 양 남북과 동서로 온통 직선을 그어 만든 정방형이나 장방형으로 나뉜 직선의 나라다.

도로는 거의 바둑판같이 측량선을 따라 건설했고, 그 때문에 언덕을 만나도 우회하지 않고 직선으로 타고 넘어간다. 농부들도 등고선을 따르지 않고 토지 경계선과 평행하게 경사지를 오르내리면서 경작하는 경향이 있다. 그 결과 토양 침식이 발생하고, 발생한 침식은 더 심해졌다. 이러한 잘못된 토지 이용 방식에 주목한 몇몇 토지 전문가들이 직선적인 토지 측량을 강도 높게 비판하고 개선을 주장했다.

Grant Heilman

측량 기기 의존 토지분할 결과

임의 현장 지점 위치는 항공사진 격자망 좌표로부터 산출할 수 있다.

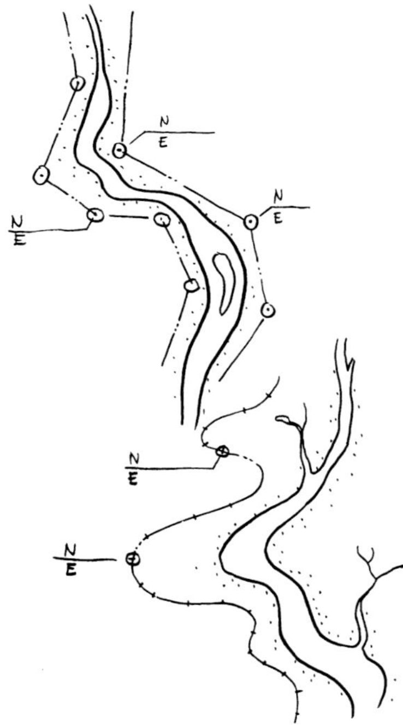


사진측량법을 이용하면 자유곡선 형태의 대지경계선도 정확하게 측정, 기재할 수 있다-항공사진 측량도면상에 대지경계선을 그리고 좌표를 기재하면 된다.
현장에 경계선을 표시하거나 경계 말뚝을 설치할 때에나 현장 요원이 필요하다.

---

자유곡선 형태의 대지경계선도 쉽게 표기할 수 있다.

*토지 오용 원인은 토지를 인간 소유물이라 보기 때문이다. 반대로 땅이라는 삶의 공동체(community)에 우리가 소속되어 있다는 시각을 가진다면, 사랑과 존경심을 가지고 이용할 텐데. …*
*토지를 삶의 공동체라고 보는 것은 생태학 기본 개념이고, 사랑과 존경 대상으로 보는 것은 당연한 윤리(倫理)에 속한다.*

**Aldo Leopold**

뭍과 물(land-water area) 수용 능력(carrying capacity)이란 자원을 고갈하거나 생물(자연)계를 파괴하지 않으면서 일정 기간 유지할 수 있는 인구 규모 혹은 활동 수준을 말한다.

이제 변화의 시기가 온 것 같다. 그 당시에는 구식인 자석식 측량 기기를 썼고, 산림이나 연못을 가로지르더라도 분명한 측량선이 필요했기에 기계적인 격자형 구획이 당연했다. 하지만 지금은 지리정보체계(GIS, Geographic Information System), 사진 측량, 레이저 탐사, 컴퓨터 기술, 좌표, 전자식 트래버스 계산법 등 다양한 기술을 활용할 수 있으므로 토지 측량과 기록 방식에 대해 전혀 새로운 시각이 필요한 시기다. 자연 지형을 따라가며 자연 지형에 맞추는 토지 재측량이 반드시 필요하다. 정부는 앞으로 토지 측량과 양여 모두 건전한 토지 이용 기준을 충족할 수 있게 하기 위해 더 논리적으로 합당한 경계선을 따르도록 규제할 필요가 있다.

## 토지 이용(Use)

미국은 그동안 토지자원을 극도로 남용해왔다. 겉으로 보기에 토지자원은 무한한 듯 보였다. 숲을 벌채하고 땅을 파헤쳐 황폐하게 만들어놓고는 다른 곳으로 옮겨가 그런 일을 되풀이했다. 토지자원 관리의 필요성을 느낀 것은 미개발 토지가 아주 희소한 자원이 되었다는 것을 인식하기 시작한 아주 최근 일이다.

토지를 잘 이용한 예도 많다. 지형에 맞춰 자리 잡은 뉴잉글랜드 마을, 펜실베이니아 주 아미시 농장, 플로리다 감귤 농장, 위스콘신 젖소 목장, 대초원지대 밀밭과 옥수수밭, 대평원 목장지대, 서부 해안 콩 재배지와 포도 농장과 과수원, 전국 각지의 잘 지은 집과 잘 가꾼 정원 등은 적절하게 토지를 잘 이용하는 사례다.

이러한 좋은 사례들을 통해 토지를 잘 관리하려면 어떻게 할 것인가 간단한 교훈을 얻을 수 있다.

경관 읽는 방법을 배워,
웅대한 지질 구조를 이해하고,
땅과 물의 중요한 역할과 상호 의존성을 이해하고,
자연의 창조력이 어떻게 서로 다른 경관 형태와 경관 특징을 만들어내는지 구별할 능력을 갖추어야 한다.
토지 용도는 토지 본성이 정하도록 하라. 마찬가지로 우리가 계획을 세우고, 토지를 이용하고, 개발할 때는 그 땅 위에 현존하는 경관이 우리를 통해 최상의 가치를 발현하도록 해야 한다.

토지소유권이 다른 사람에게 이전되면 여러 법적 권리도 함께 이전된다. 권리증이나 적용받는 규제에 별도로 명기되어 있지 않다면, 토지소유권에는 이용, 경작, 채광, 정지(整地)공사, 토석 채취, 벌채, 건축 권리도 포함한다.

땅에 맞춰 설계하자

토지 소유자는 토지의 자연 가치를 보호할 의무, 이웃에게 해를 끼치지 않으면서 자기 땅을 사용할 의무가 있다.

또 토지와 관련해 널리 인정하고 있는 관습법 같은 책임도 동시에 따르게 되는데, 예를 들어 타인 소유 이웃 토지로 유출수 흐름을 증가시켜 피해를 주는 것은 불법이다. 필지 경계선을 따라 심하게 지형을 변경시키는 일, 필지 밖으로 흙이 무너져 내리거나 침식이나 침전이 발생하게 하는 일, 물이나 공기를 오염하거나 소음이나 시각 공해를 유발하는 것도 불법이다. 몇 년 전부터 습지보호, 해변 접근성 확보, 토양침식 방지, 절성토 억제 등 각종 목적 규제가 공익을 위해 합당한 것인지 법원 심판을 기다리고 있다.

부지는 대부분 매력적이거나 어떤 좋은 특징을 갖고 있기 때문에 취득했을 것이고 그래서 '변형은 적을수록 좋다'라는 일반 원칙이 통용될 수 있다. 조경설계 기본 원리는 건물이나 경관 형태가 자연 지형, 자연 조건, 지피 상태에 어울리도록 '땅에 맞춰 설계'하는 것이다.

토지 이용을 위해 땅을 고르거나 굴착한 흙을 버리는 장소로 쓰는 등 불가피하게 지형을 변형해야 하는 경우에는 먼저 그곳 표토(表土)를 모아 저장해둔다. 바뀌는 지형은 계획하는 용도에 적합하고, 자연적 요소와 인공적 요소가 잘 어울리고, 건물과 대지의 조화미를 높이는 방향으로 다시 다듬는다.

## 토지 재사용(Reuse)

땅은 유한한 자원이다. 이용 가능한 땅이 점점 더 희소해짐에 따라 과거에 잘못 이용한 훼손지를 재사용할 당위성은 그만큼 커진다. 훼손지(毁損地, brownfields)는 대개 버려두거나 제대로 이용하지 않는 과거 공업용지로서, 화학물질이나 기타 오염물질로 조금이라도 오염된 곳을 지칭한다. 일단 오염원을 제거한 후에는 일부 토지 이용에는 무리가 없다. 이러한 땅은 대개 그 위치가 도시 기반시설과 근접하여 토지 이용 입지 조건이 우수하다. 따라서 지가가 비싸지기 때문에 오염원 제거 작업도 경제성 있는 경우가 많다. 미국 내 사례를 들어보면, 워싱턴 주 시애틀 시 가스공장공원(Gas Works Park), 조지아 주 애틀랜타 시 애틀랜타 역(Atlanta Station), 펜실베이니아 주 피츠버그 시 피츠버그 기술센터(Pittsburgh Technology Center) 등이 있다.

Tyrel Sturgeon, Wenk Associates, Inc.

훼손지(brownfield) 재사용

## 지형도(Topography)

지형도 작성은 입체 공간상 지형 특성을 지도 도면에 표현하는 기술이다.

지상, 물밑, 어느 곳도 평평한 곳은 별로 없다. 오르막과 내리막이 있고, 물결 치듯 기복(起伏)이 있고, 때로는 깎아지른 듯 솟고 떨어지며, 하상(河床)이나 골짜기나 지진단층으로 주름 잡혀 있기도 하다.

Simon Gurney, www.simongurney.co.uk

등고선 경작

### 등고선(Contours) 표기

지면 모양과 기복은 등고선으로 나타낼 수 있다. 등고선은 수준점(水準點, benchmark B.M.)이라고 하는 가상(假想) 또는 아는 높이 지점으로부터 일정한 높이에 위치한 지점들을 연결한 선이다. 특별히 중요하거나 정밀해야 하는 공사에는 평균해수면으로부터 높이를 황동판에 100분의 1피트 단위까지 표기한 수준점을 영구 시설물로 설치하기도 한다. 그렇게 정밀도가 필요하지 않은 경우는 바위 끝을 수준점으로 삼거나 말뚝을 박아 그 끝을 수준점으로 삼고, 임의로 예를 들어 해발 100피트(feet)라고 가정하기도 한다.

경사가 완만한 지형을 나타내고자 할 때는 높이 차가 작은 등고선을 사용하고, 산악지대같이 지형이 험준한 곳은 10피트 간격 등고선, 또는 100피트나 그 이상 등고선을 사용해도 된다(역주: 우리나라 국립지리원에서 발행하는 1/5,000 지형도는 평탄지는 2.5m 등고선, 경사지는 5m 등고선, 1/25,000 지형도는 10m 등고선, 1/50,000 지형도는 20m 등고선을 표기한다).

등고선만으로도 지표면 기복을 시각적으로 표현할 수 있다. 등고선 표기 지도를 건축이나 조경 배치계획 기본도(基本圖)로 사용하면 땅의 입체감을 훌륭히 전달할 수 있다.

그림 1은 1/1,200 축척, 비교적 작은 공간 평면도다. 점으로 표시한 것은 바위 또는 말뚝 상단부로, 가상 표고(標高) 100.0피트로 정했다. x 표시는 점고(点高, spot elevation)를 나타내며, 제일 높은 정점(頂点)이나 제일 낮은 지점, 기타 높이를 알릴 필요가 있는 지점 위치와 높이를 표기한다. 곡선은 수준점(BM) 기준 1피트 간격 등고선이다. A–A 단면같이 등고선 간격이 좁으면 B–B(골짜기)나 C–C(능선) 부분보다 경사가 가파르다.

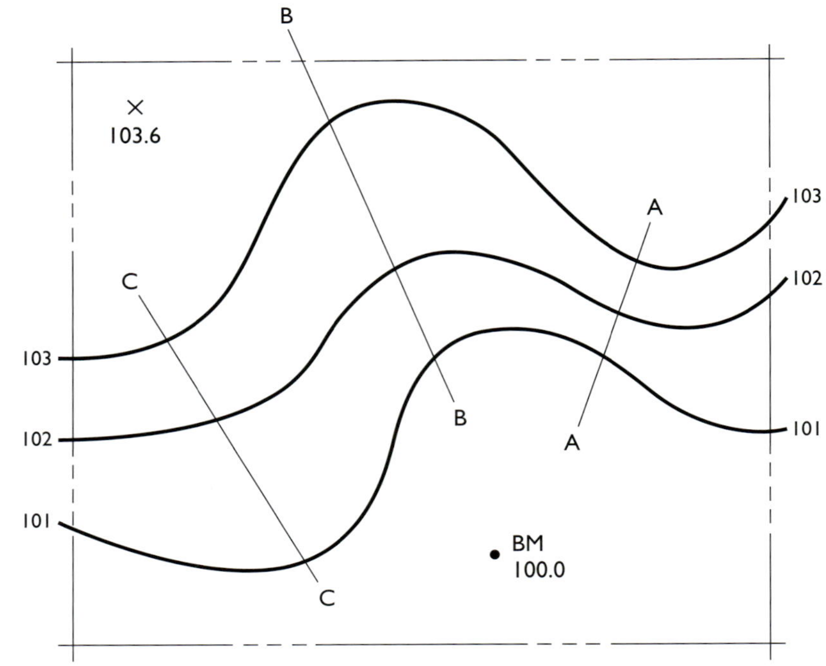


그림 1.

등고선 따라 만든 야외 관람석

Moore Planning Group, LLC

예시 단면

**단면도**(Sections)

등고선을 활용하면 지형을 더 상세히 파악하기 위해 지형 단면도를 그릴 수 있다. 예를 들어, 그림 2에서 A–A 선이나 B–B 선과 같이 직선을 긋고 등고선 높이에 따라 단면도를 작성해 원하는 축척으로 확대, 축소해 사용할 수 있다.

그림 2는 비교적 넓은 곳이어서 지형 기복이 더 다양하지만, 원리는 그림 1에서도 동일하다. 기준선에서 등고선 위치마다 등고선 높이를 표시하고 그 점들을 연결하면 마찬가지로 A–A 또는 B–B 지형 단면도를 얻을 수 있다.

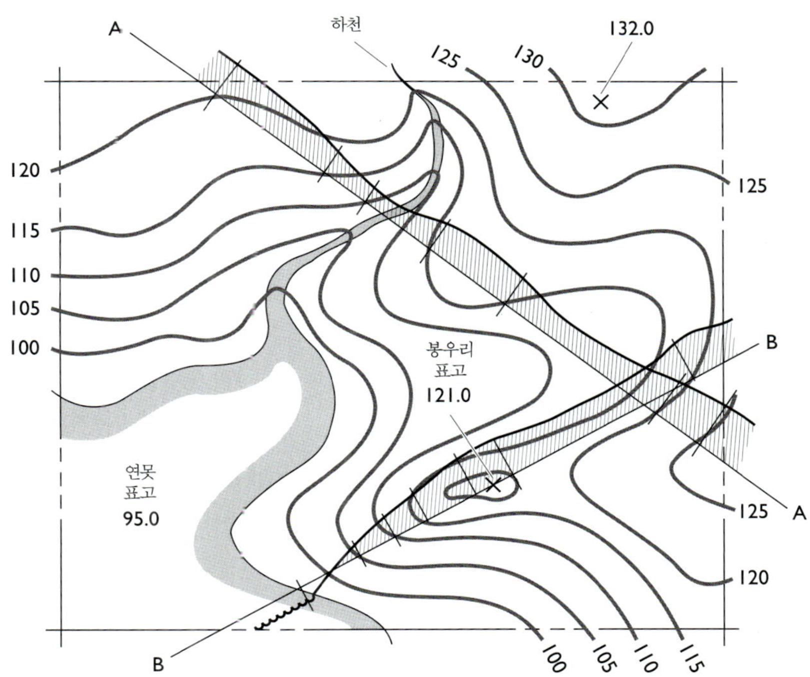


그림 2.

## 모형(Models)

평면도나 단면도보다 시각적 이해가 더 쉬운 것이 모형(模型)이다. 모형은 적당한 두께의 종이나 합판이나 플라스틱을 등고선을 따라 잘라내어 겹쳐서 만든다. 대상지 전체 지형을 한눈에 알아볼 수 있다. 위에서 또는 비스듬히 모형 사진을 찍어 참고 자료로 활용하면 좋다.

© Landscapes of Place

판지(板紙) 지형 모형

## 측량(Surveys)

측량 방법과 측량 도면 종류가 다양하다는 것과 용도에 적합한 것을 선택해야 한다는 것을 알 필요가 있다. 나침반과 자(尺)만 있으면 임도(林道) 설치를 위한 간이측량 정도는 가능하지만, 정밀한 측량은 어렵다. 정확한 경계측량이나 정밀한 지형측량이 필요하지 않은 소규모 대상지는 평판측량으로 충분할 것이다. 정밀한 지형측량에는 스타디아 측량(視距測量) 기법을 사용했지만, 최근에는 레이저 트랜싯 측량으로 대체하고 있다. 넓은 지역은 보통 항공측량을 하는데, 중첩되게 촬영한 항공사진을 입체 투시해 지표(地表) 상황을 판독한다. 군사 목적으로 많이 사용하며, 정밀도가 높다.

어떤 목적 토지 이용이건 대개 지형측량이 필요하다. 측량도는 등고선과 점고(點高, spot elevation)로 표시한 지형뿐만 아니라 대지경계선, 지상이나 지하 지형지물과 기타 필요하다고 지정한 사항을 조사, 기입해야 한다. 어떤 측량도는 대지경계선 길이와 경계선 방위각만 기입한다. 경계확인이 목적이면 이것으로 충분하다.

© Charles Mayer Photography/Stephen Stimson Associates

등고선 본뜬 노대(露臺) 경계

등고선과 주요 지점 점고(點高)가 필요하면 측량사에게 요청해야 한다. 상세한 단지계획 수립용 측량도라면 측량과업내용서에 지상/지하부 지형지물 중 필요한 사항 조사를 요청해야 한다. 원통시료채취(core boring)나 시굴(試掘, test pit) 자료를 요청할 수도 있다. 인근 도로 위치, 가까운 기반 시설 접속 가능 지점과 용량도 조사 요청할 수 있다. 지형측량이 필요하다면 측량사와 만나 측량 내용을 상세히 의논하는 것이 좋다. 그런 후 작업에 착수하기 위한 측량과업지시서와 측량계약서를 작성한다. 대규모 또는 복잡한 개발사업 측량과업지시서는 여러 쪽 분량이 될 수도 있다. 그러나 보통 주택설계용 측량과업지시서는 아래 예시한 정도면 충분할 것이다.

*지형 측량과업내용서(Topographic Survey Specification)*

**대상지**: 별첨 위치도에 측량할 대상지를 표시해 소유주나 조경가가 측량사에 제공

**일반 사항**: 측량사는 대상지 현황을 정확히 측량하도록 최선을 다한다.

**수준점**(水準點, datum, bench mark): 편리하고 영구 보존 가능한 지점에 해발 100피트로 가정한 수준점을 설정해 측량하고, 수준점 위치를 도면에

기입한다.

**측량 내용:**

1. 도면 이름, 대상지 위치, 축척, 방위, 보증 날인(捺印), 날짜
2. 대상지 경계선, 측선(測線, course), 거리, 좌표, 면적 산정 기록
3. 건축선 후퇴, 지역권(地役權, easement), 도로용지
4. 대상지 내 필지와 인접 필지 소유주
5. 대상지 내 또는 인접 기존 도로 명칭과 위치, 도로용지 경계선, 포장 유형과 위치와 폭, 배수로 중심선
6. 건물과 기타 구조물(기초, 교각, 교량, 배수 도랑, 우물, 수조水槽 등) 위치
7. 단지개발 시설물(담장, 울타리, 도로, 진출입로, 보차도 경계석, 배수로, 계단, 보도, 스로, 포장구간 등) 위치, 재료 또는 표면 마감 형태
8. 대상지와 주변 우수배수관 및 오수관망 위치, 형태, 규격, 흐름 방향과 맨홀 상단부와 바닥 높이, 기타 배수 시설물 유입구와 유출구 바닥 높이, 수도관, 가스관, 먼홀, 밸브 상자, 계량기 상자, 소화전, 기타 부속 시설 위치, 소유자, 형태, 규격. 전신주, 전화선, 화재경보기 위치 표기. 대상지를 통과하지 않는 기반시설물은 연결할 수 있는 가장 가까운 위치에서 그 형태, 규격, 높이, 소유권 등에 관한 자료를 조사하고, 필요하면 별도 위치도 작성
9. 강, 호수, 하천, 샘, 습지 및 늪, 배수로, 잔디도랑 등 위치
10. 숲 윤곽선. 별도 표시한 구역에서는 흉고직경 4인치 이상 수목은 위치, 수목 이름, 흉고직경을 조사, 기록
11. 도로 표고를 도로 중심선, 대지경계선 쪽 측구, 보차도 경계석 상단과 하단을 따라 50피트 간격마다 표시하고, 도로 최고점이나 최저점 높이도 표기한다. 인접 도로 및 교차로 높이도 조사, 기록
12. 가로세로 50피트마다 지반고를 표시하고, 벽면 같은 수직적 요소나 제방 같은 경사진 곳 등 지형 변화가 심한 곳은 최저점과 최고점 표고를 표시한다. 모든 건물 바닥 높이를 표시한다. 건물 모서리 바닥, 건물 입구 바닥, 보도 교차점 등 지반고를 표시한다. _____ 피트 간격 등고선을 기재한다. 높이는 모두 반올림해 1/10피트 단위로 기입한다. 허용오차는, 점고(點高, spot elevation)는 0.1피트, 등고선은 등고선 간격의 1/2 이내이어야 한다.

## 보충 자료(Supplementary Data)

거의 모든 설계, 시공일에 전문 측량기사가 작성한 지형측량도가 필요하지만, 그 외 비용 부담 별도 없이 이용할 수 있는 도면이나 보고서 자료들도 있다. 미국 지질조사소(USGS; U.S. Geological Survey)가 발간하는 지도에 대해서는 특

별히 언급이 필요하다.[1] 몇 가지 종류가 있으며 축척도 여러 가지로 발간한다. 계획 업무에 유용한 지도는 7.5분(역주: 각도 단위. 1분은 1도의 1/60)짜리 지도로, 한 장 도엽(圖葉)에 약 60제곱마일 구역을 축척 1인치= 2000피트(역주; 축척 1/24,000)로 그린 것이다. 이 지도는 지형 고저, 산림, 수계(水系), 교통망, 주요 건물 등 거의 모든 지형 요소를 수록하고 있다.

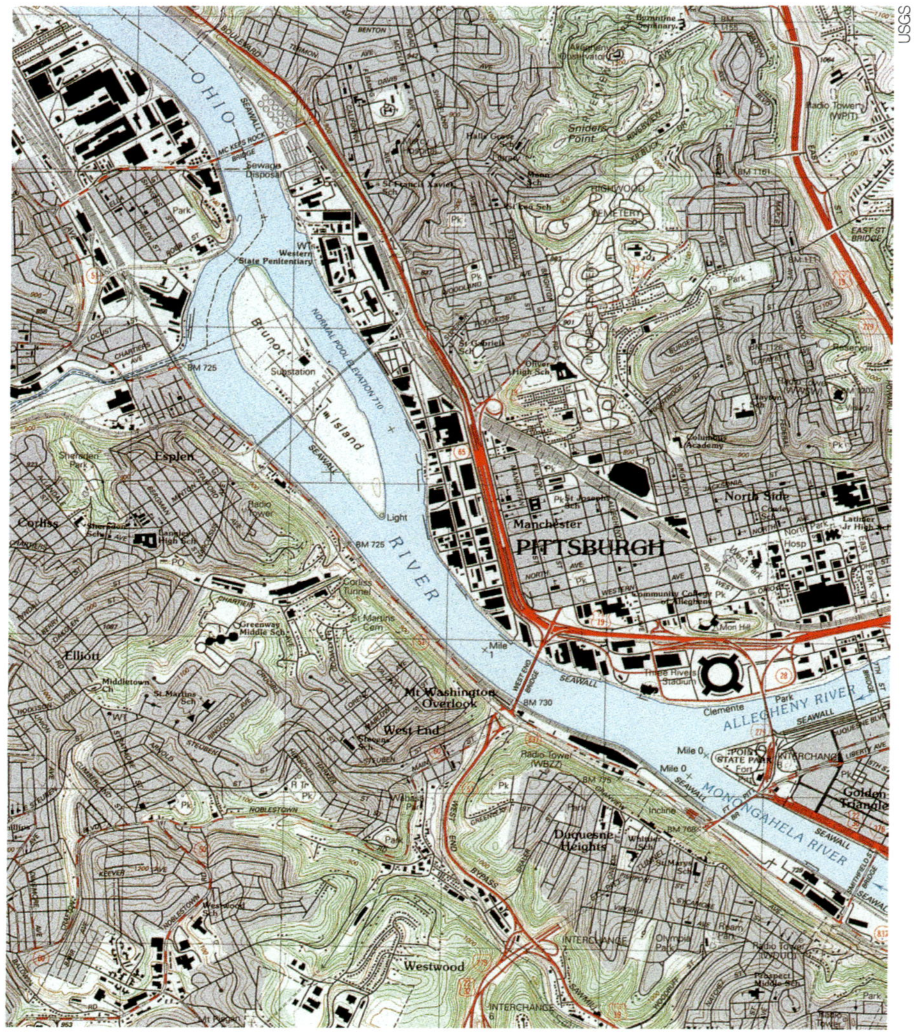

미국 지질조사소(US Geological Survey) 지도

자연자원보전청(Natural Resources Conservation Service, 구 미국 토양보전청 U.S. Soil Conservation Service)은 여러 지방의 토양조사 보고서를 발간, 판매한다. 보고서는 11인치×14인치 크기의 토양도를 포함하는데, 이 도면은 항공사진 위에 토양 유형을 구분해 표시한 것이다. 지방 사무소에서 구입할 수 있으며, 보

1 미국 지질조사소 제작 지도는 가까운 지도 판매소나 문방구에서 구입할 수 있고, 다음 주소 보급본부로 주문해 입수할 수 있다. U.S.G.S. Information Services, Box 25286, Denver, CO 80225(http://geography.usgs.gov/esic/to_order.html). 요청하면 각 주별로 주문할 위치 지도 번호를 찾아볼 수 있는 색인표도 배포한다.

고서가 작성된 지역에서는 가장 유용한 자료가 될 것이다. 기타 인공위성 사진이나 이를 이용해 제작한 지도 등이 있는데, 어떤 곳은 아주 자세하고 정확한 현황을 파악할 수 있다.

계획 관련 기관이나 도로공사 등에서도 광범위한 도시 지역 측량 자료나 보고서 등을 비치하고 제공하기도 한다. 이러한 자료는 특히 대학교, 신도시, 강 유역, 공원 녹지 체계 같은 대규모 종합계획에 유용하다.

대지 물색이나 토지이용계획 초안 작성에는 여타 공공기관에서 입수할 수 있는 개략도와 관련 자료를 이용해도 되지만, 상세한 단지계획과 보고서 작성 단계가 되면 공인 지형측량도가 필요하다.

지리정보체계(GIS) 형태 전자지도 역시 사업 계획/설계에 유용한 보충 자료가 된다. 거의 모든 지자체가 전산망을 통해 제공하고 있는 각종 GIS 지도는 지형, 식생, 수계, 교통망, 건물, 토양, 용도지구, 홍수 침수구역, 기반 시설, 지역권, 항공사진, 용도지구 규제 내용과 적용 공간, 각 필지 자료 등 기본 정보를 제공한다. 지방 정부, 주 정부, 연방정부, 민간 기구 등에서 인구, 지리, 생태계 등 방대한 자료집을 입수해 활용할 수 있다. GIS 분석 소프트웨어들이 있어 이들을 사용하면 여러 자료 도면을 중첩 분석해 설계 과정에 적용할 수 있다.

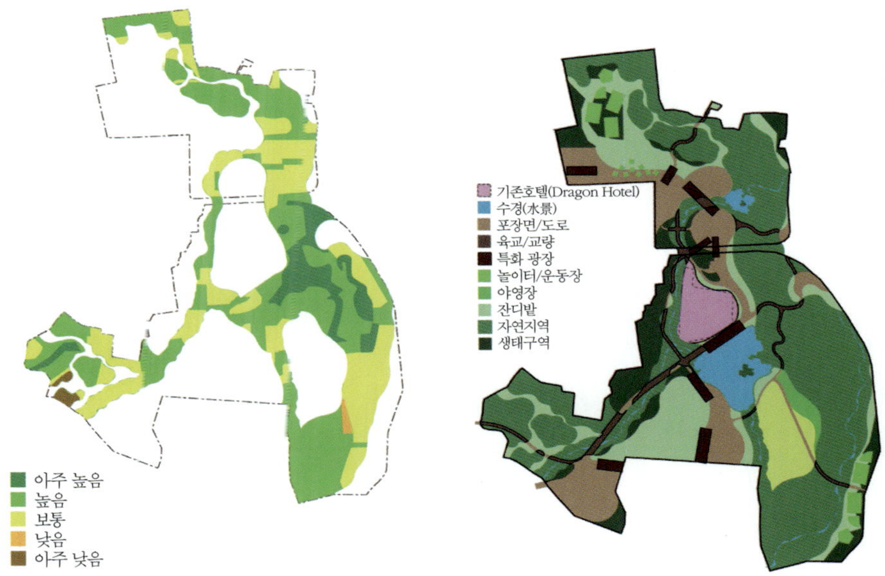


United LAB

설계에 사용하는 분석도와 계획구상도

© D.A. Horchner/Design Workshop

# 5
# 식생
# VEGETATION

불과 몇 세기 전까지 해수면보다 높은 지표면 중 수면과 바람이 휩쓰는 사막을 제외한 곳은 모두 식물이 덮고 있었다. 이끼, 지의류(地衣類), 물가 사초류부터 초원과 평원 위에 물결치는 풀에 이르기까지, 무성하고 푸른 늪과 습지에서 산기슭 수목한계선 근처 듬성듬성한 나무에 이르기까지, 그 중간 사구(砂丘)나 언덕, 산기슭은 거의 모두 무성한 활엽 관목과 나무, 아니면 침엽수림 옷을 입고 있었다.

## 표토층(Topsoil Mantle)

지금부터 약 1만 년 전까지도 베링 해를 건너 연결해주던 육지를 통해 인간이 미국 대륙에 이주했는데, 인간이 미국 대륙에 오기 전에는 북남미 대륙 어디에도 땅을 뒤덮고 있는 식생을 파괴하는 인간 손길은 없었다. 식생이 유지되는 한 그 밑에 오랜 세월 동안 형성되어온 비옥한 표토도 유지될 수 있었다. 이 비옥한 표토층이 지각(地殼) 암반과 그 위 풍화토층을 덮고 있다. 표토층은 나라의 소중한 자산이다. 비옥한 표토가 제자리에 남아 있는 곳에서만 곡식과 옷감과 목재 생산이 가능하기 때문이다. 과도한 방목, 잘못된 경작, 벌채나 화전 일구기 등으로 식생이 파괴되면 비옥한 표토가 침식이나 풍식(風蝕)으로 유실되고, 척박한 지반이나 암반이 드러난다. 중동 여러 나라가 이러한 경우여서 한때 울창한 숲으로 덮여 있던 곳이 깊게 패어 달 표면 같아보인다.

미국에서도 이처럼 두모하고 파괴적인 토지이용이 있었다. 지난 한 세기 동안

전기톱과 굴착기가 앞장서고, 잘못된 농경, 무분별한 개발을 방치하는 느슨한 규제 때문에 귀중한 유산(遺産) 비옥토를 3분의 1 이상 물에 쓸려 보내거나, 바람에 날려버리거나 건설공사장에 묻어버렸다.

토양 보전 기능뿐만 아니라 식생은 수원함양기능(水源涵養機能)을 가진다. 잎과 뿌리가 비와 눈과 안개와 이슬 등을 머금으면 그중 일부는 증발산(蒸發散)해 대기로 되돌아가지만, 수분 대부분은 토양 속으로 침투하고 깨끗하게 정화되어 지하수층에 저장된다.

## 자연에서 보는 식물(Plants in Nature)

정말 다양한 형태의 온갖 식물이 어느 곳에나 자라서 지구를 뒤덮고 있다. 태평양 연안 산림 속에는 삼나무가 하늘을 찌를 듯 자라고, 강이나 호수나 생명체 보물창고 바닷속에는 눈에 잘 보이지도 않는 미세한 말[조류(藻類), algae], 돌말[규조류(硅藻類), diatom]에 이르기까지 무수히 많이 살고 있다. 식물 세계는 이렇게 경이로우며, 모든 살아 있는 생명체의 서식처와 먹이가 된다.

자연에서 보는 식물

## 먹이사슬(Food Chain)

오로지 식물 엽록소만이 태양에너지를 생물계 먹이사슬의 기본이 되는 녹말로 바꿀 수 있다. 이 광합성(光合成) 과정을 통해 식물은 공기와 토양으로부터 탄산가스와 물을 흡수하고 태양광을 이용해 탄수화물을 생산하고 산소를 방출한다. 식물은 우리가 숨 쉬는 산소와 모든 생물의 생존이 달린 녹말을 생성하고 보충하는 기적의 화학공장이다.

인간은 채소나 과일 같은 식물을 직접 먹어 탄수화물을 섭취하기도 한다. 그러나 탄수화물 대부분은 육지나 바다에 사는 작은 초식동물을 거치고, 점점 더 큰 초식동물이나 육식동물을 거치는 등 일련의 아주 복잡한 영양 단계를 거쳐 우리 식탁에 오른다. 탄수화물은 최종적으로 물고기, 사냥감, 도축한 가축, 육가공 식품 형태로 우리 음식물이 된다. 따라서 식물이 감소하면 다른 모든 생물도 함께 감소한다는 걸 알 수 있다.

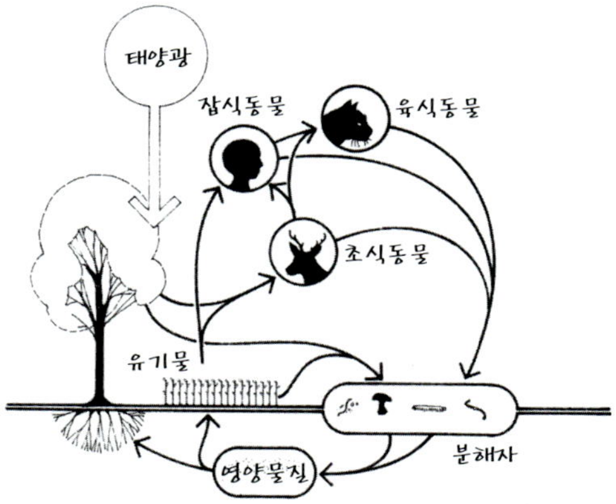

Barry W. Starke, EDA

먹이사슬

## 증산작용(蒸散作用, Transpiration)

식물이 만들어내는 산소만 공기를 맑게 하는 것은 아니다. 식물이 토양이나 지하수에서 흡수한 물은 증산작용을 통해 수증기 형태로 공기 중으로 방출된다. 이러한 냉각·가습 기능은 다른 식물 생장 조건을 향상시킬 뿐만 아니라 모든 생물이 살아갈 수 있는 쾌적한 환경을 만든다. 식물의 증산작용이 없는 곳은 건조한 사막이 된다.

## 기후조절(Climate Control)

식물의 기후 조절 기능은 또 있다. 식물은 폭풍을 막아주는 완충 기능을 한다. 나무에 달린 잎, 바닥을 덮은 낙엽층은 바람과 햇빛 때문에 토양이 건조해지는 것을 막아준다. 심지어 겨울철에도 크고 작은 가지와 줄기는 태양열을 받아 전달하는 망을 형성해 토양을 혹한으로부터 보호한다.

Derek Locke

나무뿌리는 토양침식을 줄인다.

## 수원함양(Water Retention)

숲에 이슬이 내리고 비가 내리면 나뭇잎 위에, 수피 틈 사이에, 식물 세포 속에, 땅을 덮은 부식층에, 땅속에 뻗어 있는 뿌리 속에 물을 저장한다. 이렇게 저장한 물은 공기를 정화하고 표토에 수분을 공급하고 지하수로 저장되기도 한다. 식물의 수원함양기능이 없다면 훨씬 많은 침식과 퇴적이 발생할 것이다.

## 토양생성(Soil Building)

식물은 삶과 죽음의 순환을 통해 부식된 섬유질과 세포를 흙에 되돌려줌으로써 부식층을 형성하고 표토층을 두껍게 만든다. 이들은 식물 생장에 필수인 반면 만들어지는 데 오랜 세월이 걸린다. 침식을 방지해야 양분과 수분을 증진하여 지구 생산성을 높여준다.

토양 부식층에 남지 않고 하천으로 씻겨 내려간 낙엽, 열매, 줄기, 썩은 나무 등은 하구(河口) 물을 비옥하게 한다. 이 유기물질이 다시 수생식물이나 굴, 산란하는 어패류의 먹이가 된다.

### 생산성(Productivity)

인류 선조들이 처음으로 산딸기를 한 움큼 따오거나 사냥감을 잡아와 모닥불을 피우기 전에도 아주 오랜 세월 동안 숲과 들과 강은 온갖 배고픈 곤충, 물고기, 파충류, 나는 새, 떠도는 짐승에게 먹을 것을 제공했다. 인류가 번성하지 않았다면 오늘날도 자연 조건은 100만 년 전과 별다를 것이 없었을 것이다. 처음에는 단순히 자연 산물을 채집해 저장하다가 그다음에는 풀과 곡식과 목재를 수확하는 것을 배우고, 그러다가 차츰 채원(菜園), 농경지, 주거지를 만들기 위해 자연 식생을 밀어내고 파괴하게 되었을 것이다. 인류 번성은 대부분 다른 생물의 희생으로 이루어진 것이고, 마침내 식물과 야생동물 훼손이 너무 심해 황폐 지경에 이르렀다. 이러한 사태가 어떤 결과를 초래할 것인가에 대해 인류가 생각하기 시작한 것은 극히 최근이다. 동물과 식물, 전체 생물 사이에는 서로 직접적인 관계가 있다는 사실을 알게 된 것은 더욱 최근이다.

## 식물 동정(同定, Plant Identification)

식물을 다루려면 식물을 구분할 줄 알아야 하고, 다른 사람도 알 수 있게 용어로 기술할 수 있어야 한다. 식물학은 초기에는 식물을 분류하고 체계적으로 탐

Otto Wilhelm Thome

Ferdinand Bauer

식물도감

구해보려 하면서부터 과학의 한 분야로 발전했다. 식물 사이 관계를 좀 더 깊이 이해할 필요가 있다고 느낀 린네(Linnaeus)[1]는 식물 분류 체계와 표준 명명법(命名法)을 창안했다. 지금까지 알게 된 식물은 25만 종 이상이며, 미기록 종은 수천 종이 넘지 않을 것으로 추정된다. 식물(다른 생물 역시) 학명(學名, scientific name)은 라틴어 이름 두 개, 즉 속명(屬名, group; genus)과 종명(種名, species)을 붙인다. 학명은 대개 식물 특징 또는 식물학적 특이성을 나타내는 이름이다. 라틴어를 쓰는 이유는 의미가 변하지 않으며 널리 쓰기 때문이다. 과학적 분류와 학명이 없다면 식물을 정확히 식별하고, 타인에게 설명하는 것이 어렵다. 식물 일반명(一般名)은 지역에 따라 다르고, 심지어 한 나라 안에서도 곳에 따라 다른 이름으로 부르기 때문이다. 식물 연구와 이용이 국제적 사업임을 감안할 때, 비록 라틴어를 쓰지만 학명이 있다는 것은 큰 은혜다.

## 식물 재배(Plant Culture)

초기 식물학자들 탐사가 드서없었던 데 비해 요즘은 조직적인 탐사 활동을 한다. 얼마 전에는 윌슨(E. H. Wilson)과 페어차일드(D. Fairchild) 같은 식물채집가들이 식물표본실과 식물원에 필요한 표본을 채집하고 정원과 농장에 도입할 식물을 모으기 위해 아프리카 정글에서 몽고 사막, 히말라야 산꼭대기에 이르기까지 세계 곳곳을 누비고 다녔다.

### 육종(Breeding)

식물학자들이 초기 단계에 시도하던 선발(selective plant breeding)과 타가수분(他家受粉, cross-pollination)을 바탕으로 더 정교한 교배(交配, hybridization) 기술을 개발할 수 있었다. 버뱅크(L. Burbank)라는 선구적인 식물번식가가 만들어낸 뛰어난 품질의 새로운 장미, 감자, 오렌지, 서양 오얏(plum)과 기타 개량된 품종들은 사람들에게 큰 관심을 끌었다. 오늘날에는 식물 선택, 식물 교배, 씨앗 방사선 처리를 이용해 더욱 튼튼하고 병충해에 강한 곡식, 더 달콤한 과일, 더 영양가 있는 채소, 더 매력적인 관상식물을 생산하는 등 진정한 풍요의 세상을 맞게 되었다.

### 생명공학(Bioengineering)

지난 10여 년 동안 생명공학이 급부상했다. 생명체 유전자를 조합해 새 생명체를 창조하는 것이다. 식물과 관련해 생명공학 목표는 가뭄이나 추위에 견디는 힘을 강화하거나 개화기를 연장하는 등 식물 특성을 개량하는 것이다. 그러나 많은 사람이 생명공학이 의도하지 않은 결과를 초래해 자연계를 위태롭게 할 수

1 스웨덴 식물학자 린네(Carolus Linnaeus, 1707~1778)가 최초로 식물을 체계적으로 분류하는 방법을 창안했다.

있다고 우려한다. 이 논쟁은 이 책을 쓰고 있는 현재까지 계속되고 있다.

### 원예(Horticulture)

원예학 전망은 아주 밝다. 그러나 새로 개량된 식물 품종에 대한 관심이 커지는 반면, 주위를 둘러싸고 있는 무수히 많은 훌륭한 자생식물을 무시하는 경향이 생겼다. 자생식물은 아주 오랜 세월 동안 자연의 선택 과정을 거쳐 진화해왔다. 자생식물은 하나하나 모두 진화 과정 속에서 적응하고 살아남은 기적 같은 존재, 모든 자연 힘의 총화(總和)다. 자생식물은 어느 곳에서 어떻게 자라고 있건, 그곳 여건이 만들어낼 수 있는 최고 형태의 식물상이고 일단 지속성을 지닌 식물이다. 생물권 내에서 그리고 인간이 일하고 살아가는 환경 속에서 식물이 얼마나 중요한 역할을 하는지 우리는 이제야 겨우 이해하기 시작하는 단계다.

Barry W. Starke, EDA

샌타바버라(Santa Barbara) 식물원

일요일 오후 한 번쯤 식물원을 방문하는 것만으로도 식물에 대한 관심을 일깨우기에 충분하다. 식물을 많이 잘 알게 되는 첫걸음은 살고 있는 집 창밖에 보이는 식물을 그 형태, 수피, 잔가지, 새싹, 잎, 꽃, 열매를 관찰해 구분할 줄 아는 것이다. 그다음은 정원으로, 이웃 지역으로 범위를 넓힌다. 마을이나 도시를 벗어나 들판과 숲에 가면 일 년 내내 철마다 온갖 식물을 배우고 완상(玩賞)할 수 있다. 식물에 더 관심이 많은 사람은 하천과 강을 탐색해보고, 야생 지역까지 찾아가보면 좋다. 원시 자연 속에서는 자연 그대로의 식물상을 볼 수 있다. 원시 자연 식물상을 보고 그것을 이해하는 사람은 깊은 감명을 받을 것이다.

식물의 세계로 탐사 여행을 처음 떠나는 초보자라면 간단한 식물도감만 봐도 충분할 것이다. 그러나 식물도감 한쪽 한쪽을 볼 때마다 조심해야 한다. 심오한 그 세계에 빠져 헤어나오지 못할 수도 있기 때문이다.

## 농장의 등장(Introduced Plantations)

인류가 이 세상에 등장한 아득한 옛날부터 끼니를 찾아 돌아다니다가 처음으로 감자 덩이줄기(tuber)를 옮겨 심어볼 생각을 한 사람은 누구였을까? 맨 처음으로 씨를 뿌려보고, 인내심을 가지고 지켜보다가 마침내 싹이 돋아나는 것을 보면서 기뻐한 사람은 누구였을까? 언제 누가 했건 이 작은 실험이 바로 농업의 시작이었고, 불과 도구 사용과 함께 문명의 시작을 알리는 신호였다. 그때부터 식물 재배는 거의 보편적인 생업이 되었다.

방랑 생활 뒤를 이어 식물을 번식시키고 재배해 먹거리와 옷감을 얻는 생활방식을 택하게 된 것은 당연한 일이었다. 목초, 곡식, 채소, 견과, 과일 등 자연산 먹거리는 여기저기 흩어져 있어 구하기가 쉽지 않았기 때문이다. 농장, 과수원, 포도밭을 만들자 생산량은 몇 배로 늘어났고 창고, 헛간, 저장고 덕분에 수확물 보관이 가능하게 되었다.

오두막집을 짓고, 통나무를 쪼개 울타리를 만들고, 말이 끄는 쟁기를 부려 농사짓던 초기 개척자 농장은 지형과 잘 어우러졌고, 하천, 습지, 주변 산림은 항상 잘 보존했다. 농장 개척이 늘고 포장마차가 서부로 몰려감에 따라 경관도 변했다—마차 길, 농장 울타리, 산림 벌채, 농지 개간, 마을 건설 등 그래도 바탕 지형은 큰 변함이 없었다. 공기도 깨끗하고 개울도 맑게 흘러 원시 자연

농경지

사라지는 농경지

을 간직한 호수로 흘러들었다.

농장을 지원하는 상업시설을 세우고, 공항과 항만을 건설하고, 구불구불한 시골길 대신 곧게 뻗은 고속도로와 대륙횡단 철도가 미국 대륙을 가로지르고, 그 교차점에 도시가 형성되면서 자연경관은 사라져갔다.

주변에서 벌어지고 있는 개발사업 대부분 — 거기서 일어나는 식생과 지형 파괴, 호수와 강 훼손, 공기와 전원 지역 오염을 바라보면 당혹스러울 뿐이다. 지금은 없어진 옛 경관을 떠올리면서, 계획을 잘 세웠더라면 만들어낼 수 있었을지도 모르는 훌륭한 개발사업을 상상하는 것은 슬픈 일이다.

기계화 장비와 '토지는 개간하라! 습지는 메워라!'는 개척시대 강박관념이 어우러져 미국 땅에서 자연경관 질서와 생태계에 심각한 피해를 준 것이 주로 19세기와 20세기 일이었다. 오늘날 독일, 영국, 스칸디나비아 반도 농촌 지역에서는 농장, 주거지, 자연이 공생 균형 관계를 이루는 모범 사례를 많이 볼 수 있다. 도시 성장은 억제하고 농지를 보전하며, 숲은 잘 가꾸고 자연을 잘 보존하고 있는 곳들이다.

### 침입종(Invasive Species)

19세기, 20세기에 걸쳐 범세계적으로 교역이 꾸준히 증가해 오늘날 경제 세계화가 실현되면서, 의도했건 의도하지 않았건 동·식물 종이 세계로 확산되는 결과를 초래했다. 지난 수세기 동안 탐험가, 기업인들이 의도적으로 어느 지역 식물이나 동물을 수집해 다른 지역으로 옮겼다. 목적은 대개 식료품이나 섬유 생산, 관상용으로 쓰는 등 상업적이었다. 그러한 의도적 동식물 이동은 농업 생산 증진, 각종 관상 목적 충족, 새로운 식물 종 공급 등등 거의 목적 달성에 성공했다.

씨앗, 유충, 아주 작은 식물이나 동물 등이 운송 화물에 묻거나 숨어서 의도하

칡넝쿨

지 않게 이동 확산하는 사례도 발생한다. 이렇게 의도하지 않게 확산한 동식물을 침입종이라 한다. 침입이라 부르는 이유는 경쟁하는 토착종을 해치면서 왕성하게 생장하고 확산하기 때문이다.

침입종은 새로 정착한 땅에 천연 포식자가 없거나 뜯어먹는 초식동물이 없어 생장과 확산을 막는 것이 없고, 따라서 생태계 균형을 깨뜨리고 생물 다양성을 위협한다. 잘 알려진 사례 칡넝쿨은 고속도로변 토양침식을 막고자 의도적으로 미국에 도입한 문제 식물이고, 썩덩나무노린재(brown marmorated stink bug)는 1990년대에 우연히 유입되어 농작물에 큰 피해를 입히는 해충이다.

토착종 역시 천적이 사라지거나 균형이 깨지면 침입종같이 될 수 있다. 좋은 예가 개체수가 폭발적으로 늘고 있는 토착종 흰꼬리사슴(whitetail deer)이다.

## 사라지는 녹지(Vanishing Green)

현재 미국에는 새로운 경관이 형성되고 있다. 긍정적인 징후도 보인다. 농촌, 교외, 도시 지역 중에 토지를 잘 이용하고 자연경관을 잘 보존한 사례가 많이 보인다. 지형과 조화를 이루게 농장, 주택, 공공시설을 계획했고, 아름다운 산, 강변, 해변을 브전하기 위해 넓은 면적의 오픈스페이스를 매입하기도 했다. 그러나 불행하게도 나쁜 사례가 좋은 사례보다 훨씬 많다.

그렇다고 전혀 가망이 없는 것은 아니다. 경관이 함부로 파괴되는 것을 막고, 훼손과 오염을 중단시키고, 침식된 토지를 복구하고, 도시를 재개발하고, 훼손된 자연 식생을 복원하는 방법을 우리는 알고 있다. 또 생태학이 발달하고 새로이 자원관리학이 발달하고 있으며, 지역계획이나 조경계획 지식도 꾸준히 늘고 있다. 최선을 다한다면 수십 년 안에 자연 생태계를 보존하고 훼손 지역을 복구하며, 잘못한 개발도 환경과 조화되게 고쳐나가는 것이 우리 능력으로 가능하게 될 것이다. 이때 식물을 보존하고 창의적으로 이용하는 일이 더욱 중요하게 될 것이다.

### 복구(Reestablishment)

서서히 식생이 파괴되고 경관이 훼손되어가는 것을 보고, 이것을 바로잡아 보려고 많은 사람이 애를 썼다.

점차 사라져가는 고산초원, 산과 골짜기 숲, 초원, 해안 습지 등을 보전할 목적으로 수백만 에이커를 연방정부나 주정부 보전지역으로 지정했다. 그뿐만 아니라 막대한 벌채 지역을 조림하고, 수원함양, 야생동물 보호, 방풍림 조성, 목재와 작물 생산을 위해 황폐화되고 침식된 토지를 재조림하고 있다. 이런 훌륭한 사업은 폭넓은 대중의 지지를 받고 있으며, 더욱 확대할 일이다.

습지 복구

마을 텃밭

공동체 형성에 도움 되는 정원 가꾸기

대학 구내 농경지

## 도시 농업(Urban Agriculture)

식료품, 기타 농산물을 도시 내, 도시 인근에서 재배하고 유통하는 것이다. 어떤 형태였건 문명 시작과 함께, 농업 시작과 함께 존재해왔다고 할 수 있다. 도시 농업이 전통 농업을 대체하지는 않겠지만, 그래도 도시민에게 더 다양하고 풍성한 신선 농산물을 제공할 수 있다.

도시 농업은 여러 형태로 나타난다. 땅이 없는 곳에서는 단순한 식재 용기, 연립주택단지 같은 곳은 정원 한구석 텃밭, 도시 동네 공동농장은 2000제곱미터 이상 되기도 한다. 혁신적 발상을 하는 계획가, 설계가들이 대학교나 기업 구내 노는 땅 같은 곳을 새로이 도시 농업 용지로 전환하는 사례가 늘고 있다. 몇 년 사이 경제 침체기, 부동산 거품 붕괴 시기에 대도시 몇 곳은 폐건물이나 노후 건물을 철거하고 지역사회 농원으로 전환했다.

제2차 세계대전 기간 중 '미국 승리 농원(American Victory Garden)' 운동을 통해 미국 내 농산물 생산량의 거의 절반 가까이 공급한 사실은 주목할 만하다. 도시 농업 잠재 가능성은 현재 시행하고 있는 것보다 훨씬 크고 도시민 사이 인기도 급증하고 있다.

## 도시 임업(Urban Forestry)

서늘한 나무 그늘 아래를 찾아드는 것은 아마 인간의 기후에 대한 가장 원초적 대응 중 하나에 속할 것이다. 도시 환경에서 나무가 제공하는 환경적 · 사회적 혜택은 헤아리기 어려운 게 많다. 건축밀도가 극히 높아지고, 포장면적이 대폭 증가하면서 초래된 혹심한 도시 미기후를 완화해준다. 나무는 탄산가스를 산소로 바꾸고, 늘어난 도시 빗물 유출량을 줄이고, 여타 무수한 혜택을 준다. 도시 속 사회 교류 장소와 공간 조성에도 크게 기여한다.

도시 속 나무 키우기는 큰 혜택을 주는 반면, 어려운 문제도 많다. 차량 매연으로 인한 공기오염 영향, 뿌리 생장 공간 부족과 불리한 토양 조건, 건물 그림자 때문에 부족한 햇빛, 수분 부족, 높은 기온, 각종 배선 · 배관과 마찰 등이 문제다.

이러한 고려와 도시 공간이기 때문에 필요한 특별한 식재 작업과 보호와 관리 사항이 다년간 진화해 이제 도시 임업이 되었다. 도시 임업 시행 주체는 주로 지자체지만, 몇 년 전에는 '도시림 친구'(Friends of Urban Forests 역주: 1981년부터 미국 샌프란시스코 시 나무심기운동 시작), '케이시 나무'(Casey Trees 역주: Betty Brown Casey 기부금으로 2001년부터 미국 워싱턴 D.C. 나무 보호와 심기 운동) 같은 비영리 민간단체 참여가 활발하다.

전 세계 인구 도시화율이 급증하면서 도시 임업은 녹색기반(green infrastructure) 조성 가장 중요 요소 중 하나가 될 것이다.

도시 환경 속 미래 숲

© D.A. Horchner/Design Workshop

# 6

# 경관(景觀)

# THE VISUAL LANDSCAPE

## 전망(展望, The View)

전망이란 어떤 시점(視點)에서 바라다보이는 경치다. 빼어난 전망을 누릴 수 있다면 그것만으로도 그 장소를 개발 대상지로 선정할 충분한 이유가 될 수 있다. 그런데 일단 개발 대상지로 선정한 후, 그곳에서 보이는 좋은 전망을 충분히 잘 활용하는 경우는 많지 않다. 사실 좋은 전망을 적절히 활용하는 것은 여러 가지 계획 기술 중에서 가장 이해도가 낮은 편이다. 좋은 전망을 극적으로 연출할 수 있는 잠재 가능성을 조금이라도 잘 활용하려면, 예민한 예술적 감각을 가지고 전망을 분석한 후 새로이 전망을 재구성해야 한다. 다른 경관 특성을 다룰 때처럼 전망 역시 우리가 다루기에 따라 보존할 수도 있고, 약화(弱化)시킬 수도 있고, 변경할 수도 있고, 강화시킬 수도 있다. 그래서 전망을 다루기 전에 먼저 전망의 본질에 대해 더 많이 알아야 한다.

전망은 여러 장면이 섞여 전개되는 전경(全景, panorama)이다.

전망은 하나의 주제(主題)다. 전망을 적절히 구현하는 것은 음악 작곡에서 주제와 변주(變奏)가 잘 어우러지게 작곡하는 것과 같다.

전망은 끊임없이 변화하는 분위기를 만든다.

전망은 눈에 보이는 공간의 끝이다. 전망은 내 땅 경계를 넘어 펼쳐진다. 전망은 시선을 끌어당기는 힘이 있다. 전망은 퍼져나가는 자유 느낌을 일으킨다.

전망은 배경이기도하다. 정원의 담이 되고 혹은 방에 걸린 벽화가 된다. 전망은 건축에는 무대가 된다.

**적합한 전망**(Suitability as a Factor)

사람들이나, 사람들이 이용하는 장소, 사람들이 머무는 공간과 어떤 형태든 연관성이 있을 때, 전망은 감상 대상이 된다. 그러나 공간 용도와 그 공간에서 보이는 전망은 서로 어우러져 조화를 이루어야 한다. 예를 들어, 조용해야 할 휴식 장소에서 보이는 전망이 격한 활동 혹은 흥분 상태의 전망이라면 적합하지 않다. 마찬가지로 호각 소리, 종소리, 선수들의 고함 소리가 들리는 운동장이나 배를 예인하는 긴장된 모습이 보이는 갑문(閘門)에 교실이 면해 있다면 학생들이 공부에 집중하기 어렵지 않겠는가? 그런 전망이 보이는 곳에서는 미술가가 그림을 그리거나 도서관 사서가 도서목록 작업에 집중하기도 어려울 것이다. 반면, 전투원에게 대담한 전투 능력을 훈련시키거나 사람들에게 높이 날아오르는 생각을 불러일으킬 목적으로 조성한 공간에서 목가적인 고요한 전망이 바라보인다면 설계 목적이 무산될 것이다. 이러한 목적에 적합한 전망은 고준(高峻)하고 경외심을 일으키며 광대하고 웅장해야 한다. 그렇지 않으면 전망이 전혀 없어야 한다. 고요한 내성(內省)의 공간으로 만들고자 한 곳에서 바위가 험준하고 전나무가 삐쭉삐쭉 서 있고 거세게 소용돌이치면서 천둥처럼 포효하는 계류가 보인다면, 의도했던 평온함과 고요한 분위기가 깨질 것이다. 내뿜는 연기, 타오르는 화염, 교차하는 화물차 등이 보여주는 역동적인 산업현장 전망도 나름 적합한 경우와 그렇지 못한 경우가 있을 것이다. 강가에 펼쳐지는 도시 야경, 그 보석 같은 불빛의 은하수, 빛과 그림자의 만화경, 밝게 빛나는 안개와 연기, 반딧불이 기어다니는 듯한 차량 불빛, 강물 위 항적(航跡), 물결 따라 춤추는 불빛과 구름 그림자, 이렇게 경이로운 전망도 어떤 용도 공간에는 이상적인 반면, 어떤 공간에는 전혀 적합하지 않을 것이다.

Nelson Byrd Woltz landscape Architects

전망은 설계의 한 부분이다.

### 경관 설계(Design Treatment of a View)

전망마다 경관적 특징이 있다. 그 경관 특징에 따라 어떤 용도, 어떤 기능의 공간과 연결할 것인가를 결정해야 한다. 전망 특징이 압도적인 경관이라면, 그 경관은 그대로 두거나 혹은 할 수 있는 범위 내에서 변경하되, 그 경관과 조화를 이루게 용도 지역이나 공간을 조성해야 한다.

전망은 꼭 정면에서만 바라보거나 고정된 한 방향에서만 접근하며 보아야 하는 것은 아니다. 전망은 전경 전체 또는 전경의 일부분을 한 각도에서 또는 여러 각도에서 보는 것이다. 전망은 올려다보거나 내려다볼 수도 있고, 한눈에 볼 수도 있고, 비스듬히 볼 수도 있다.

전망은 사람을 끌어당기는 힘이 있다. 호기심 생기는 새로운 위치에서 바라보게 하거나, 멀리까지 잘 보이는 곳을 찾아서 이리저리 옮겨가게 하거나, 먼 곳까지 찾아오게 만드는 것은 마치 강력한 자석과 같다. 산을 오를 때 점점 더 많이 경관을 보면서 정상에 다다라 마침내 전체 경관을 보게 되듯이 전망을 감상하는 사람이 경관 속을 움직임에 따라 점진적으로 전망이 전개되도록 계획하는 것이 능숙한 계획이다.

전망은 더 쪼갤 수 있다. 그래서 한 장면 한 장면을 별개의 그림처럼, 각각의 특성을 감상할 수 있게 전개할 수 있다. 능숙하게 솜씨를 발휘해 설계한다면, 한 곳에서 다른 곳으로 움직임에 따라 전망이 바뀌게 연출할 수 있다. 바라보는 방향을 조정하거나, 전경(前景)을 이용하거나, 혹은 그림틀 속에 넣거나, 공간의 기능 설정에 의해서 바라보는 사람이 경치의 새로운 측면을 발견하게 하고, 마침내 끝에 이르러 전망 전체를 나타내 보여주도록 연출할 수 있다.

계획 대상지 일부에 전망과 대비되는 혹은 전망을 돋보이게 하는 공간을

전망을 배경으로 사용하고자 한다면, 그 앞에 놓는 물체 성격은 전망과 어울리는 것이어야 한다.

너무 가벼운 것, 성격이 맞지 않는 것을 전망 앞에 놓으면, 전망의 흥미를 깨뜨리고 따라서 성가신 존재가 된다.

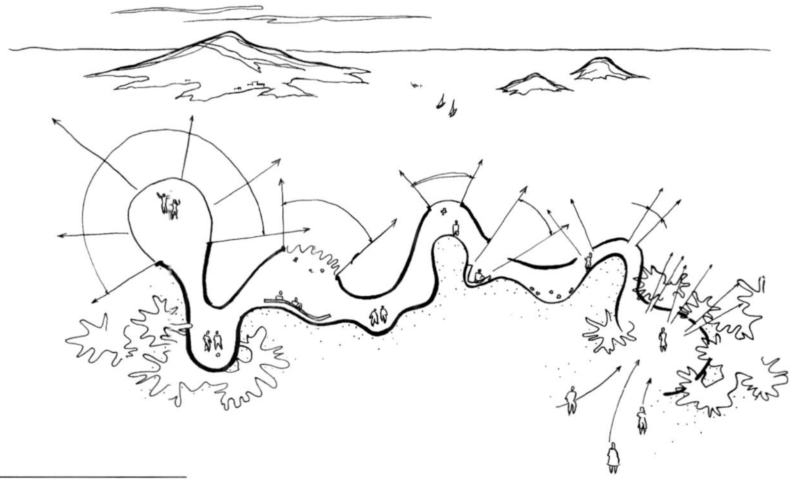

경관 연출. 먼저 나뭇잎 사이로 언뜻 보이게 하고, 그림틀 같은 틈 사이로 내다보게 하고, 점점 더 넓은 개구부를 통해 내다보게 하고, 관심을 돌리기 위해 조망(vista)을 보여주고, 전망을 배경으로 점경물(點景物)을 보여준다. 다시 또 관심을 돌리기 위해 얇은 천을 통해 보이는 전망을 배경으로 조형물을 전시한 다음 동굴처럼 좁은 곳을 통과해 완전히 트인 곳, 아름다운 전경을 바라볼 수 있는 곳으로 이끈다.

조성하면, 전망 효과는 더 커진다. 한 장소에서 오랫동안 전망 전체를 감상하면 처음 바라보던 신선한 매력을 잃고, 감흥도 떨어진다. 트인 전망은 그와 균형을 이루는 대비 경관이 있어야 흥미로움도 지속되고 더욱 트인 감을 주는 경관 효과를 얻는다. 대비 경관 연출은, 좁게 위요(圍繞)된 공간에 좁은 개구부나 작은 창문이 있어 거기서 경관의 멋진 부분을 바라보는 형태거나, 간결하고 수수한 형태와 중간 색조의 고상한 공간을 조성하고 거기서 화려한 색조의 경관을 바라보게 해 더욱 생생한 느낌을 주는 형태가 될 수도 있다. 동굴 같은 좁은 공간이 대비 경관이 될 수도 있다. 바라보는 사람을 경관에서 분리해 좁은 실내 공간을 통과한 후 넓은 경관을 접하게 하면, 훨씬 큰 해방감과 자유스러운 느낌을 받을 것이다. 공간을 설계할 때 전망 경관과 미묘하게 혹은 강력하게 연결되는 소품들을 도입할 수도 있다. 바다 경관과 연결되는 배 잔해, 불타는 용광로 모습과 연결되는 담금질한 검은 쇳조각, 과수원 전망과 연결한 과일 바구니, 물방울 튀기며 흐르는 개울 풍경 앞 유리창에 새긴 송어 그림, 사냥터 언덕이 보이는 곳과 어울리는 여우 · 꿩 · 야생 칠면조 · 사냥 도구 등의 그림, 저 멀리 성당의 뾰족탑과 연결되는 촛불 등.

잠깐의 휴식을 주기 위해 주변과 명백한 관계가 없는 공간을 계획하는 것도 필요하다. 강렬한 전망은 독한 술을 마실 때처럼 천천히 절도 있게 받아들이는 것이 좋기 때문이다.

관심을 흩뜨리는 것은 전망을 처리하는 데 바람직하지 않다. 경관 앞에 놓은 가벼운 상세 요소는 대개 관심을 끌지 못하거나 산만하게 느껴지고 성가신 요소가 될 뿐이다. 광활한 경관을 배경으로 사용한다면, 그 앞에는 한 개의 물체를 배치하든 여러 개의 물체를 집단으로 배치하든, 배경 경관을 압도하든가 그렇지 못하면 양보하는 자세 둘 중 하나가 되어야 한다.

전망을 잘 설정하면 그것이 하나의 주제가 되어 공간의 의미를 더해준다.

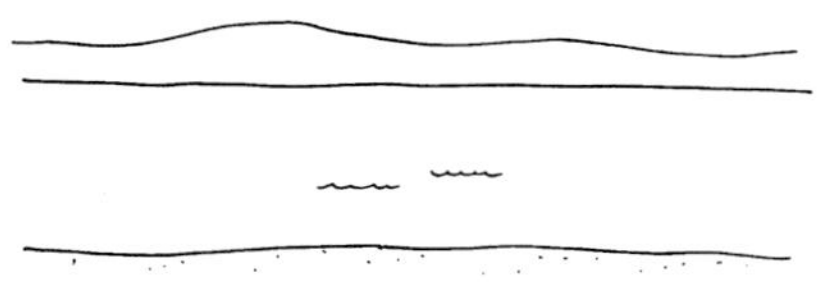

가림 없이 보이는 전체 전망이 가장 좋은 전망인 경우는 드물다.

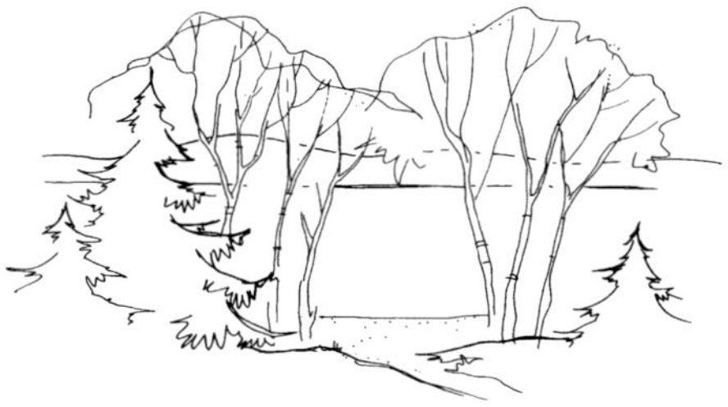

틀 속에 놓이거나 적당히 가려진 전망이 더 좋은 경우가 많다.

### 암시 효과(The Power of Suggestion)

경관 속 물체나 전망을 암시해 보여주는 설계를 하면 사람 마음은 상상의 날개를 펼치게 되고, 그래서 암시된 것을 경험하는 게 실상을 경험하는 것보다 더 폭넓고 풍부할 수 있다. 창호지에 비치는 소나무 가지 그림자가 실제 나뭇가지 자체를 보는 것보다 더 아름다울 수 있다. 먼 거리에서 혹은 반조명 아래 희미한 윤곽의 추상적인 형태를 바라보는 것이 자세하고 분명하게 보는 것보다 더 흥미로울 수 있다. 전망도 마찬가지다.

가쿠조 오카쿠라는 〈차(茶)의 책〉에서 이렇게 쓰고 있다. 선종(禪宗) 불자들은 예부터 '불완전한 것을 영적으로 완전하게 하는 사람만이 진정한 아름다움을 발견할 수 있다'고 믿었다. '전통 불교계에서는 정교하게 채색된 그림을 그렸지만 선종에서는 무채색 수묵화를 더 즐겨 그린 이유가 바로 이렇게 추상적인 것을 사랑했기 때문이다.'

### 숨김과 드러냄(Concealment and Revealment)

전망을 완전히 드러내 보이는 것은 가장 적합한 위치를 잘 찾아서 신중히 해야 한다. 전망을 한 번에 드러내 보이는 것은 낭비다. 스트립쇼보다 더 정교하게 숨김과 드러냄을 연출해 더 큰 긴장감과 기대감을 불러일으켜야 한다.

일본 도모 마을 근처에 다정(茶亭)을 지으려는 저명한 차(茶)의 대가가 심사숙고 끝에 토지를 구입했다. 빼어난 경치를 지닌 목가적인 내해(內海)를 굽어보는 땅이었다. 친구들은 이 위대한 예술가가 그 경치 좋은 곳을 어떻게 꾸밀지 궁금했다. 공사 도중 찾아가는 것은 실례 같아 그가 초대할 날만 기다렸다.

© D.A. Horchner/Design Workshop

정확히 가장 적합한 위치에 도달해야 멀리 전망이 나타난다.

첫 손님들이 출입문에 도착하던 날, 아름다운 바다가 얼마나 멋있게 펼쳐지도록 건물을 지었는지 궁금해 손님들은 어서 바다를 보고 싶은 마음뿐이었다. 다정으로 이어지는 돌을 놓아 만든 길을 따라 걸어가면서 손님들은 좁은 오솔길이 엷은 대나무 숲을 지나고 있어 바다가 보일 듯 말 듯하게 감추어져 있다는 것을 알았다. 다정 문 앞에서 손님들이 '이곳에서는 한 폭의 그림같이 멋진 바다 풍경을 볼 수 있겠지' 하고 기대했다. 그러나 이끼 덮인 바위 너머로, 짚을 엮어 만든 울타리 너머로 바다가 감추어져 있어 볼 수 없다는 것을 발견하고는 적잖이 놀랐다. 다정에 들기 전에 행하는 관습에 따라 손님들은 잠시 멈추어 서서 물이 가득 차 찰랑거리는 돌 수반(水盤) 앞에서 손을 씻기 위해 허리를 굽혔다. 손을 씻고 허리를 펼 때, 얼핏 거대한 바위와 낮게 드리운 검은 노송 가지 사이로 그저 얼핏 반짝이는 바다를 볼 수 있었다. 잠시 바다를 쳐다보는 동안 손끝에 닿는 차가운 물과 어머니 같은 바다의 관계를 생각하면서 마음이 설레었다.

사방이 창호지 문으로 닫혀 있는 다정 돗자리 방에서 손님들은 간결한 다도(茶道)를 거행했다. 마음은 아직도 바다가 주는 교훈 같은 것으로 가득 차 있었다. 다도가 끝나고 마음과 몸이 평안해졌을 때 주인이 조용히 일어나 방 한쪽 창호지 문을 열자 손님들은 탄성을 질렀다. 바다가 다정 돗자리 끝에서부터 시작해 하늘을 만나는 수평선 너머까지 이어지는 완벽한 장관을 펼쳐 보였기 때문이다.

## 조망(眺望, The Vista)

조망은 에워싸인 전망이다. 대개 조망점(眺望點, terminal)이나 압도적 경관 요소를 바라본다. 일본단풍 숲 사이로 열린 가로수길을 통해 바라보는 후지산은 자연 조망이고, 베르사유궁전에서 풍성하게 물을 뿜어내는 넵튠(Neptune) 분수를 바라보는 장엄한 조망은 건축적 조망이다.

전망이란 바라다보는 경치(scene)다.

조망이란 전망의 일부를 틀 속에 넣은(enframed) 것이다.

전망과 전망을 감싸는 틀은 서로 어울려야 한다.

조망은 시점(視點, viewing station)과 중경(中景), 조망점(眺望點, terminus)으로 구성된다. 이 세 가지가 모두 잘 어우러져 시각적 삼위일체를 만들어야 한다. 세 가지 요소 중에서 한두 가지가 이미 존재하고 있고 그것을 보전할 생각이라면 나머지 요소는 당연히 여기에 맞추어 설계해야 한다.

또 조망과 그 연결 장소, 공간은 알맞게 어우러져야 한다. 어느 장소 또는 공간의 연장선에 조망 형성을 계획한다면, 양쪽 공간 특성, 스케일 등 관계가 중요할 것이다. 예를 들어, 큰 은행의 이사실에서 바라보는 조망으로 놀이공원 청룡열차나 교도소 출입문은 좋지 않을 것이다. 대리석, 금박, 장미목 등으로 세련되게 꾸민 이사실에서 내다보는 조망, 조망점은 그에 어울리게 멋지고 점잖아야 할 것이다. 반대로 문화재급 조망 대상물이라면 주유소, 약국 혹은 공장 같은 곳에서 조망을 시작하게 계획하지 않을 것이다. 대신 다른 문화재, 공공건물 혹은 많은 사람이 모이는 광장에서 조망하게 할 것이다. 좋은 조망이 되려면 시작에 어울리는 끝이 있어야 하고 끝에 어울리는 시작이어야 한다.

조망점 경관이 그를 바라보는 공간 성격을 규정한다.

### 조망점(眺望点, The Terminus)

조망점 즉 조망의 초점을 형성하는 조망 대상물이 경관 설계의 주제가 되어야 한다. 다른 요소들은 모두 조망점 경관과 운율을 맞춰야 하며, 조화를 이루고 대위법적으로 주제를 받쳐주어 조망점에 이르러 음악의 최고조에 달하는 것과 같은 효과를 얻도록 해야 한다. 부조화를 이루거나, 남거나, 부적절한 것이 섞일 여지가 없다. 적합한 조망점 경관을 아주 적합하게 에워싸서 적절한 장소에서 보여주어야 한다.

### 점진적 전개(Progressive Realization)

조망점의 모습은 점진적 단계에 따라 보여줄 수 있다. 접근로 중간 몇몇 지점에서 조망한다면, 각 조망 경관은 별개로 다루어야 한다. 접근로 전 구간에서 조망점이 보이는 경우도 있다. 그러한 경우에는 조망을 둘러싸는 공간 요소를 활용해 보는 사람이 진행함에 따라 변화하는 경관미를 최대한 감상할 수 있도록 한다. 접근로가 길면 조망 경관은 지루해지기 때문에 구간을 나누어야 한다. 구간을 나누는 방법은 접근로 높이에 변화를 주거나, 주변을 넓히거나 좁히거나, 보는 사람이 지나가는 중간 즉 시선이 조망에 이르는 중간에 있는 공간 성격에 변화를 주는 것 등이다. 먼 곳에서 조망점을 향해 움직일 때는 대개 처음에는 조망점 모습의 윤곽을 구분할 수 있을 뿐이다. 계속 접근함에 따라 점차 그 모습이 드러난다. 먼저 몸체, 다음 큰 부분, 이어서 세부적인 것 순서로.

어떤 조망이건 그것을 훌륭히 연출하는 방법은 무수히 많다. 어떤 시점(視點)에서도, 어떤 접근선상에서도 바라보기에 아름다운 조망을 만들면 되는 것이다. 조망은 움직임을 유발하거나 휴지(休止)로 이끌기도 한다. 어떤 조망은 정적(靜的)이어서 고정된 시점에서 그 전체를 감상하기에 적합하다. 어떤 조망은 감춰진 흥밋거리를 차례로 펼쳐 보이거나 조망점 자체가 매력적이어서 사람들을 이곳저곳으로 이끈다.

조망은 보는 사람으로 하여금 강력한 시선(視線)에 사로잡히게 만든다. 조망은 강렬해서 시선을 그 방향으로 빨아들인다. 그 때문에 조망은 축과 떼어서 생각할 수 없다.

### 축(軸, The Axis)

축은 둘 이상의 점을 연결하는 선형(線形) 평면 요소다. 축을 형성하는 공간은 안마당, 광장, 훈련장 같은 것일 수도 있고, 보도 · 차도 · 도시 가로 혹은 기념비적인 미관 도로일 수도 있다. 축은 항상 무엇인가를 연결하는 요소로 볼 수 있다.

토지계획에서 축은 중요하게 쓰이는 한편 결점도 있다. 일단 축을 도입하면 축이 경관을 압도하기 때문이다. 평면계획에 축을 도입하면 다른 요소들은 모두 직간접적으로 영향을 받지 않을 수 없을 정도로 축은 강력한 요소가 된다. 축상에 놓이거나, 축에 근접해 있거나, 혹은 축을 향해 연결되어 있는 공간, 구조물은 모두 그 용도, 형태, 성격을 축과의 관계에서 도출해내야 한다. 축은 강력한 경관 요소이기 때문에 다른 경관 요소를 복종시키는 경향이 있으며, 이는 여러 가지 양상으로 나타날 수 있다. 베르사유궁을 건설할 때 평면도상에 계획한 세 개 방사선 도로 간격이 일정하지 않은 것을 보고 루이 14세 왕이 이유를 물었다고 한다. 그렇게 하지 않으면 길이 마을을 관통하게 된다는 답변을 들은 루이 14세는 그런 이유는 이해할 수 없다고 말했다고 한다. 이 때문에 완벽한 대칭을 이루도록 계획을 수정했고, 축을 이루는 길 하나가 운 나쁜 마을을 지나가는 수밖에 없었다. 철거원이 작업에 착수하고, 마을 하나가 사라졌다.

기존 어떠한 경관 속에 새로 축을 도입하더라도 그 효과는 비슷할 것이다. 축이 설정됨에 따라 기존 질서가 무너지고 새로운 질서가 생겨나게 될 것이기 때문이며, 축의 성격은 공손하고 점잖은 것과는 거리가 멀어 새로 생겨나는 질서의 성격을 좌지우지하기 때문이다. 축은 힘이 강하고 주장이 강하며, 그 때문에 주변 모든 것이 축을 따르게 된다.

축은 방향성이 있다.
축은 질서 정연하다.
축은 경관을 압도한다.
축은 단조로워지는 경향이 있다.

그러나 축을 피하는 것이 상책이란 말은 아니다. 위에 열거한 속성은 그 어느 것도 인간이 흔히 찾는 편안함, 유쾌한 소란, 자연의 음미, 선택의 자유 같은 특질과는 맞지 않는다는 점을 말하고자 할 뿐이다.

Barry W. Starke, EDA

Photo courtesy of Colonial Williamsburg

Photo courtesy of Colonial Williamsburg

Charles Mayer/Hollander Design

축(軸)

**축(軸) 특성(Axial Characteristics)**

어느 용도 공간 속에 자리 잡은 축은 그 공간을 외부로 지향하게 하는 힘을 발휘하는 역동적인 선(線)이다. 축이 놓인 공간은 시점(視點)이 되며 축을 따라 움직이는 이동의 출발점이 된다. 따라서 축을 설정하는 공간은 외부를 지향하는 흐름을 표현해 설계하는 것도 좋다. 어떻게 표현할까? 외부로 향하는 움직임을 유도하는 공간을 만들면 될 것이다. 초점을 어딘가에 잘 맞춘 창을 붙여 마치 한 개의 조망 상자(viewing box) 같은 효과를 내는 구조물을 만들 수도 있을 것이다. 포장문양(鋪裝紋樣)을 부채꼴로 퍼져나가게 하거나 축 중앙선에 정확히 조준하는 것도 방법이다. 무대 전면 가장자리에 관심을 집중시켜 사람들을 거기로 유도하고, 그곳을 지나가게 하는 것도 방법이다. 방향감을 주는 형태를 이용할 수도 있다. 연못에 돌을 던지면 퍼져나가는 동심원 물결 같은 무늬를 써도 좋다.

축에서는 시점이 조망점이 되고 조망점이 시점이 되기도 한다. 한 위치에서 다른 위치로 이동을 유도하는 형태, 선, 상세(詳細) 등은 반대 방향에서 접근하면서 본다면 손짓하며 맞아들이는 것처럼 보일 것이다. 다행스러운 일이다. 축은 대개 이쪽에서 보아도 좋고 저쪽에서 보아도 좋게 양방향으로 조성하며, 이쪽 끝에서 저쪽 끝으로 다시 반대 방향으로 저쪽 끝에서 이쪽 끝으로 이동할 수 있기 때문이다. 출발점이 도착점이 되고 도착점이 출발점이 되는 것이다. 시점과 조망점이 상호 교체될 수 있기 때문에, 경관축이나 이동축을 형성하는 데 시점은 조망점의 특성도 갖추어야 하고, 조망점은 시점의 특성도 갖추어야 한다는 결론에 도달하는 것은 당연하다.

Courtesy French Embassy and Information Division, New York City

개선문과 샹젤리제 거리(街)
(Arc de Triomphe and the Champs-Élysées)

축은 눈으로 보는 시각적(vision) 선이면서 이동(移動, movement) 선, 용도(用途, use) 선이기 때문에 축은 이 세 가지 기능을 모두 충족시켜야 한다. 축이 형성하는 조망이 그러하듯이 축은 가까이 있는 공간, 중간 공간, 먼 공간을 하나의 입체 공간으로 묶어준다. 따라서 세 가지 공간 모두를 전체 공간을 구성하는 부분으로 여기고 계획해야 하는 것이 지극히 당연하다. 광로축(廣路軸)을 계획하고자 한다면, 시작하는 곳부터 끝나는 곳까지 전 구간이 광로답게 보이고, 광로로서의 기능을 발휘해야 한다. 주변 건물은 모두 그 광로의 '일부'가 되어야 한다. 축의 중앙 공간으로 열려 있는 공간, 연결되는 공간은 모두 축을 형성하는 그 광로의 성격을 공유해야 한다.

*온갖 편리한 도구를 갖추고 사는 것, 신체적으로 편안하게 사는 것이 좋은 삶은 아니다. 인간의 영적 세계를 고양(高揚)시키는 삶이 좋은 삶이다. 평균값 상승이 좋은 삶을 의미하는 것도 아니다. 가난한 파리 사람들에게도 불량한 주거 환경 0.1% 개선해주는 것보다 개선문과 개선문을 향해 뻗어 있는 가로수길이 더 중요하다. 좋은 삶을 구성한다고 볼 수 있는 모든 요소—시적(詩的)인 삶, 정치적인 삶, 시각적인 삶, 정신적인 삶 등—에 대해 평균값을 높이려고 하는 것은 거부해야 한다고 나는 주장한다. 자주는 아니지만 가끔씩 환희를 맛보며 살아야 하는 것이 삶이다. 환희를 자주 맛보며 살 수 없는 이유는, 단테의 〈실낙원〉을 읽은 사람은 알고 있듯이, 계속 이어질 수 없는 것이 환희의 속성이기 때문이다. 그러나 가끔씩이라도 이러한 환희의 절정을 맛볼 수 없는 삶이라면 좋은 삶이 아니다.*

**John Ely Burchard**

파리의 샹젤리제 거리 [Avenue de Champs Elysees, 역주: 에투알(드골) 광장과 콩코드 광장을 잇는 3km 직선 대로]는 거대한 광로(廣路)의 전형(典型)이라고 수많은 서정시적 찬사를 받았다. 건설 당시에는 비평도 많았다. 살아 있는 도시 일부를 도려내어야 했기 때문에 사회적 · 경제적 충격이 크다는 것이었다. 그러나 잠시 그러한 심각한 논의는 접어두고, 이 웅대한 축 전체를 한눈에 내려다볼 수 있는 높은 곳까지 솟아올라 간다고 상상해보자.

눈 아래 거대한 에투알 광장(Etoile, 역주: 12개 대로가 방사상으로 뻗어나가는 원형광장)이 보이고, 차들이 돌아가는 이 광장에서 방사상 도로가 힘차게 뻗어나가 멀리 보이지 않는 곳까지 이어진다. 당당하게 서 있는 나무들과 그 뒤로 수수한 회색 건물들이 광장을 감싸 원형 공간을 형성하고 있다. 반짝반짝 빛나는 화강암 블록 포장은 그 문양이 정교하다. 전쟁사 광장답게 근엄한 자부심과 경건한 분위기를 지니고 있는 것도 당연하다. 광장 중앙에는 개선문(Arc de Triomphe)이 우뚝 솟아 있고, 개선문 아래에는 화환에 둘러싸인 무명 용사 묘가 자리하고, 영원히 꺼지지 않는 추모의 불꽃이 타고 있기 때문이다. 에투알 광장 공간은 그 기능과 꼭 맞는다. 개선문의 아치는 모든 방향에서 초점이 되며, 몇 킬로미터 떨어진 곳에서도 볼 수 있게 경관 틀이 짜여 있다. 원형광장은 움직임과 시선의 집중점이 될 뿐만 아니라 출발점이 된다. 에투알 광장은 여러 축이 공유하는 강력한 조망점(眺望點, terminus)인 동시에 샹젤리제 거리의 머리에 해당하며, 아치 밑에서부터 각 축을 형성하는 광로 반대편 끝까지 우리 관심과 시선을 이끌어가기 때문이다.

가로축은 계속해서 동쪽으로 뻗어간다. 아직 정연(整然)한 군사적 분위기다. 건물, 가로수 모두 군대 행군과 같은 운율로 이어진다. 가다 보면 어느 사이엔가 차가운 군사적 분위기는 화려하고 기념비적인 왕실 분위기로 바뀌어 있다. 궁전이 모여 있는 곳에 접근하기 때문이다. 그랑 팔레[역주: 과학박물관, 전시회장], 프티 팔레[역주: 파리 시립 미술관]가 알렉산더 3세 대로(大路) 가장자리에 늘어서 있고, 알렉산더 3세 대로는 센 강을 건너 앙발리드[Invalides, 역주: 루이 14세가 건설한 전상병(戰傷兵) 수용소 1671~1676. 지금은 수용자가 별로 없고 전상자 원호국과 군사박물관이 설치되어 있음] 광장에 이어진다. 샹젤리제를 따라 더 나아가면, 큰 국가 기관이나 국제 사무국이 들어선 콩코드 광장[Place de la Concorde, 역주: 면적 8만4000제곱미터 세계 최대 광장. 중앙에는 1833년 이집트에서 운반해온 오벨리스크가 서 있음. 대혁명 때 루이 16세를 여기서 참수함]에 다다르고, 호화롭고 웅장한 분위기에서 시민적인 분위기로 바뀐다.

에투알 광장에서 동쪽으로 여행하는 동안 은색 처마를 맞대고 줄지어 선 눈부신 아파트, 높은 으단 커튼을 드리운 고급 상점, 휘황한 샹들리에가 걸려 있는 근사한 레스토랑을 거치고, 쟁반을 손끝에 가뿐히 받쳐 들고 하얀 앞치마를 두른 웨이터들이 식탁 사이로 분주히 돌아다니는, 깔끔한 녹색 차양을 친 카페에 다다랐다. 여기 분위기는 생동감이 넘친다. 쾌활한 색상, 산뜻한 기분, 신선한 미소, 즐거운 마음으로 가득 찬 것이 파리 거리다.

콩코드 광장의 정돈된 공간을 벗어나면 훌륭한 공공 정원이자 공원인 튈르리[역주: 루브르궁 서쪽에 인접한 조각 작품이 많은 사각형 공원. 17세기 르노트르가 설계한 좌우대칭 프랑스식 정원. 팔각형 연못, 인형극 소극장도 있음]와 만난다. 튈르리 정원이 끝나는 곳에서 따뜻한 석벽, 화려한 장식의 루브르궁[Louvre, 역주: 1200년 국왕 필리프 오귀스트가 성채 건설, 프랑수아 1세(재위 1515~1547) 샤를 5세 등이 장려한 왕궁으로 증축, 현재는 세계 최대 미술 박물관]을 한 폭의 그림을 마주하듯 만나게 된다. 장엄한 루브르궁 앞에는 잘 다듬은 시카모어나무 가로수길, 오색 물결치는 정원, 차 소리, 단정한 아이 보는 여자,

*오늘날 우리는 더 순수하고, 더 실질적이고, 매우 기능적으로 변했다. 그러나 그 대가로 우아함과 세련미를 잃었다. …*

**Pietro Belluschi**

*그렇다. 우리는 사람들에게 유쾌함을 주는 간단한 호의를 베푸는 것을 잊고 있다. 건축 분야가 그렇고, 도시계획 분야는 더욱 심해서 어느 곳이나 자가용을 몰고 다닐 수 있게 하는 것이 도시계획의 주요 목표가 된 듯하다.*

**Henry H. Reed, Jr.**

*기념비적인 것(the monumental)이란 무엇일까? 건축적 의미에서 쓰이기 시작한 것은 극히 최근이다. 100년 전, 러스킨은 권력에 대해 이 용어를 사용했다. 사실은 프랑스어에서 최근 빌려온 용어다. 프랑스어에서 '기념비적'이라 함은 건축물이 '웅대하고 장엄한 것'을 말하는데, '그 크기와 넓이, 화려함에 있어서 중요한 건축 작품'을 기념비(a monument)라 일컫기 때문이다. 웅대(grandeur), 장엄(majesty), 화려(magnificence)!*

**Henry H. Reed, Jr.**

유모차, 개 짖는 소리, 뛰노는 아이들, 흰 수염에 붉은 뺨으로 햇빛 아래 벤치에서 졸고 있는 베레모 쓴 노인들, 말쑥해 보이는 선원들, 아름답고 재치 있는 소녀들이 보인다. 이 활기찬 공간 속에 있는 모든 것이 이 공간의 일부분이며 이 공간의 가장 중요한 본질인 것이다.

이 거대한 축 어느 곳에서 배치계획상의 모순, 부조화의 요소를 찾을 수 있을까? 틀림없이 무엇인가가, 아마도 많은 잘못된 것들이 있을 것이다. 그러나 그런 것들은 에투알 광장 아치의 엄숙하고 기념비적인 장엄함에서부터 화려한 궁궐, 당당한 공공기관, 호화로운 아파트, 멋있는 상점, 생기 넘치는 카페 지역, 공공정원의 여유로운 공간을 지나 거대한 미술관에 이르기까지, '낙원의 신(Elysium)의 거리'라는 샹젤리제[Champs Elysees, 역주: Elysian Fields] 거리를 따라 걷는 매혹적이고 가슴 벅찬 감동 속에 녹아버리고 만다. 가벼운 아침 산책길에서도 우리는 군인이 된 듯, 조신(朝臣), 부유한 귀족, 즐거운 문예 비평가, 시인, 연인, 자유롭고 편안하고 행복한 행인, 호기심 어린 구경꾼, 마지막에는 뛰어난 미술품 감정가가 된 듯한 느낌을 받는다.

오늘날 계획했다면 샹젤리제 거리는 다른 모습이 되었을 것이다. 시대가 변하고 상황이 변했기 때문에, 또한 시대와 상황이 변함에 따라 설계 개념과 형태도 함께 변했을 것이기 때문에 그것은 당연하다. 오늘날 새로 계획한다면 예전 같은 전제주의적(專制主義的) 딱딱함도 거의 없고 직선적 대칭 배치도 거의 없어질 것이다. 그 찬란한 유적들을 모두 간직하면서도 그다지 기념비적이지 않은 모습일 것이다. 개방적인 분위기를 조성하고, 양쪽에 있는 주거 지역은 자유롭게 풀어줄 것이다. 구분하기보다는 종합하는 쪽이 되었을 것이다. 융통성 있고, 융통성을 더욱 허용하는 계획일 것이다. 파리인들 정서를 이해하고 파리인들 새로운 문화를 이해하는 바탕 위에서 형태를 도출할 것이다. 파리인의 새로운 자유사상, 새로운 이념, 새로운 야망을 구현해야 할 것이다. 그러나 누군가 샹젤리제 거리에 손을 대려는 사람이 있다면 먼저 오랫동안 심사숙고해 샹젤리제 거리를 공부해야 한다. 샹젤리제 거리가 세워진 시대, 사회에 비추어볼 때, 그렇게 형태와 공간을 완벽하게 처리하는 솜씨를 볼 때, 둘도 없는 작품이기 때문이다.

축은 그 영향 범위 내에 있는 경관 요소에 부정적 영향을 줄 수도 있고, 긍정적 영향을 줄 수도 있다. 축 주변에 있는 공간이나 물체는 필연적으로 축과 밀접한 관련을 가질 수밖에 없다는 것을 앞에서도 이야기했다. 때론 이 필연적 관계 때문에 손해를 본다. 사물 자체보다 사물과 축의 관계에 더 관심이 쏠리기 때문이다. 예를 들어, 아름다운 보리수나무가 홀로 서 있다면 그 나무의 줄기, 가지 친 모양, 가느다란 여린 가지 모습, 싹트는 잎, 햇빛과 그림자 패턴, 수형(樹形)과 상세한 부분의 아름다움을 감상할 것이다. 그러나 강력한 축의 영향 아래 있다면 나무 자체보다는 축과의 관계에서 그 나무를 파악하게 된다. 나무의 미묘한, 자연스러운, 독특한 아름다움은 축선(軸線) 속에 잃어버리는 것이다.

반대로 축과의 관계 때문에, 관심의 대상이 되고 가치가 높아질 수도 있다. 낱개로서는 흥미를 끌지 못하는 것일지라도 축상(軸上) 패턴을 형성해 주목을 끌 수 있다. 눈에 잘 띄지 않는 위치에 있던 것이라도 축의 초점 경관이 되면 시각적 중요성은 매우 커진다.

**통합 요소로서의 축**(The Axis as a Unifying Element)

축의 조망점 혹은 중간 지점이 다른 축의 조망점이나 중간 지점이 되기도 한다. 그리하여 여러 개 공간이 한 개 초점을 향해 집중할 수도 있다. 미국 수도 워싱턴 시가 이러한 평면계획의 대표적 예로서 대도시 도시설계 중에서 가장 응집력을 보여주는 사례다. 가로수가 줄지어 서 있는 긴 방사상(放射狀) 대로(大路)가 공원, 광장, 건물, 기념비 등을 향해 뻗어나가 멋있는 조망을 형성해, 복잡하고, 광대하고, 이질적인 도시의 부분들을 통일성 있는 하나로 묶어준다. 도시 평면계획의 기념비적인 배치 측면간 주목한다면 수도 워싱턴 시는 빼어나게 잘 된 것 같다.

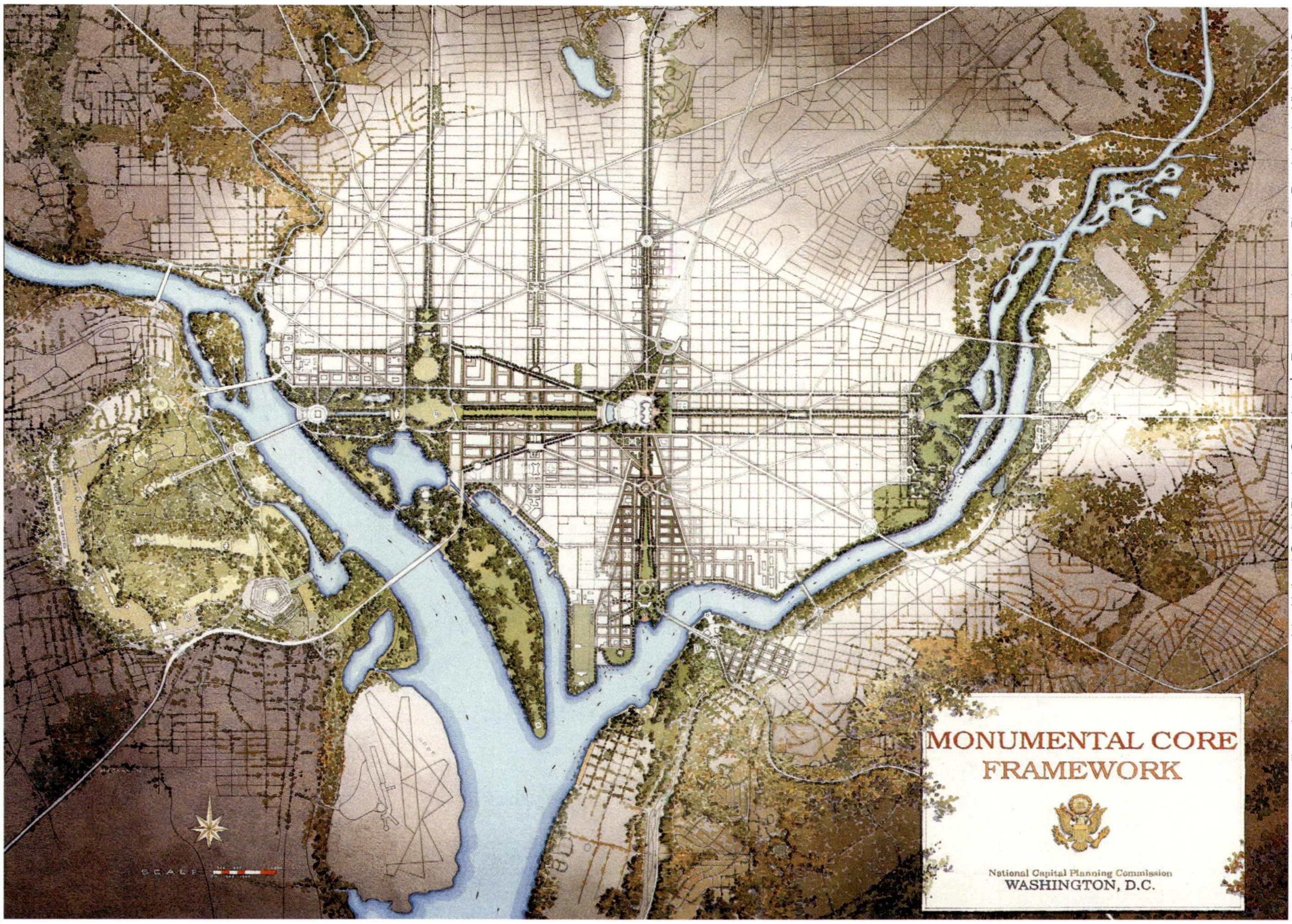


Illustration courtesy of the National Capital Planning Commission's Extending the Legacy Plan. Rendering by Michael McCann.

미국 수도 워싱턴 시 축 설계

### 기타 특징(Additional Characteristics)

강력한 축(軸)에는 그에 걸맞은 조망점이 필요하다. 역으로 강력한 힘을 발산하는 설계물은 대개 그 설계 형태나 설계 특징이 축을 통해 접근하는 것이 적합하다. 정면으로 맞닥뜨려 보이게 배치하는 것이 적합한 것이다.

또는 평면계획상 여러 개 선이 집중하는 중심점에 배치하는 것이 좋다.
또는 접근 동선을 따라 이동하면서 볼 때 단계적으로 모습을 드러내게 배치한다.
또는 경관틀(enframement)을 형성하고 특정 시점에서 보게 배치한다.
또는 다른 선형 요소와 긴밀한 관계가 있게 배치한다.

축을 따라 구조물이나 기타 계획 요소에 접근하면서 보는 모습이 가장 인상적이다. 이러한 원리의 핵심은 '영향력 부여(附與, imposing)'다. 축이 공간이나 구조물 형태뿐 아니라 보는 사람에게도 영향력을 부여해 보는 사람의 움직임, 관심, 흥미를 축이 구성하는 양극을 향하는 강력한 힘과 방향을 맞추도록 유도하기 때문이다. 축은 강한 인상을 주는 단호한 설계 형태이며 자연에 대한 인간의 지고(至高)한 의지를 나타낸다. 축은 권위, 군율(軍律), 시민 정신, 종교적 분위기, 왕권(王權), 고전적, 기념비적 관념 등을 표현한다.

축을 적절히 구사했을 때 축이 얼마나 의미심장해지는지는 칸[한(汗), Khans 역주: 중세 몽골, 중국 주권자 칭호) 제국 북부 수도였던 고대(古代) 북경(Peking, 현 Beijing)을 살펴보면 알 수 있다. 건국자 쿠빌라이 칸(Kublai Khan 역주: 1215~ 1294, 칭기즈칸 손자, 원나라 시조)과 함께 북경시를 건설한 사람들보다 축이 지니는 힘을 더 잘 알았던 사람들은 전무후무(前無後無)할 것이다. 그 당시에 벌써 도시를 건설하는 데, 축이라는 강한 선적인 요소가 적합하지 않은 곳에서는 축 사용을 신중하게 피할 줄 알았다. 상쾌함을 주는 공원, 상가, 구불구불 배치한 주택가 거리들은 그 분위기에 맞게 편안하고 자유로운 형태와 공간으로 만들었다.

호화로운 여흥을 위해 계획한 이화원[頤和園(이허위안), Summer Palace] 황실 정원은 더없이 즐거운 분위기인데, 여기에는 의식적으로 조성한 축은 없다. 그러나 황제의 존재를 드러내 보여야 하는 곳, 혹은 백성들에게 지고의 신성함, 전지전능한 존재, 막강한 군사력 등에 복종심을 불러일으켜야 하는 곳에는 축을 설정했고, 그렇게 축의 성질을 잘 알고 있었다. 도시 입구가 되는 성문(城門)에서부터 한때는 금박을 입힌 지붕으로 덮여 있던 황제가 기거하는 자금성(紫禁城, 쯔진청) 앞에 이르는 광대한 군사도로 축은 도시 전체를 전능한 권력자 황제에게 복종시키는 역동적(力動的)인 힘의 선(線)이다.

북경황성[北京皇城, 베이징 황청(Imperial City)] 남쪽 평원에 서 있는 천단(天壇, Temple of Heaven) 계획 특징 역시 축 설정이다. 매년 춘분(春分)이 되면 봄

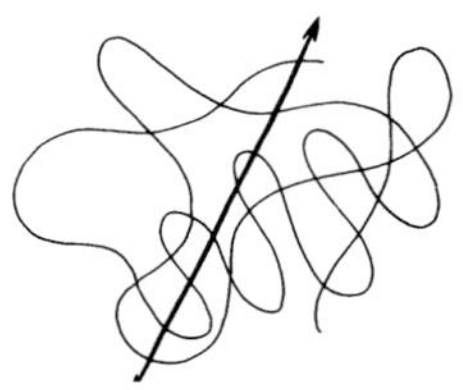

축을 자유로운 형태 평면에 도입하면 새로운 질서, 축과 연결되는 새 질서가 필요해진다.

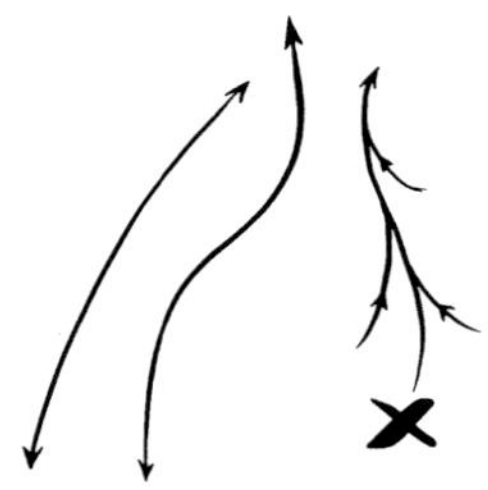

축은 휘거나 굽어져도 좋지만, 결코 갈라지는 일은 없다.

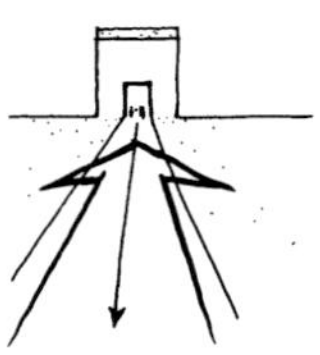

강력한 축은 강력한 종점(terminus)이 필요하다.

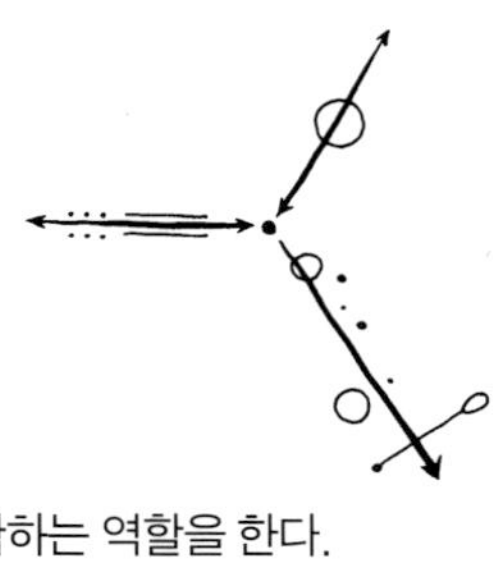

축은 통합하는 역할을 한다.

축(The axis)

을 맞이하기 위해 칸은 말을 타고 여기서 열리는 성대한 행렬과 의식에 참가했다. 이 숭고하게 아름다운 사원으로 접근하는 길은 흰 대리석이 깔린 넓은 대로다. 이 길은 널찍한 원형 대(臺)에서 시작해 층층이 난간 달린 단(壇) 위로 이어진다. 평지보다 높여 만든 넓은 대로는 금박과 진적색 칠을 입힌 사원 문에까지 뻗어 있다. 길 양옆에는 일정한 간격으로 수많은 깃발을 꽂아 나부끼게 하는 깃대 꽂이가 설치되어 있고, 또 그 사이에는 야간 행렬을 비출 관솔불 화덕을 조각해 놓았다.

큰 연례행사 전 어둠이 깔린 시간에 왕의 신민(臣民)들은 베이징 시가지로 몰려나와 사원으로 향하는 문을 통과해 행진한다. 나무가 늘어선 들판 길가에 늘어서서 동그랗게 뜬 눈에 경탄과 존경심을 담아 바라보고 서 있었을 것이다. 이윽고 투구, 갑옷, 군화를 차려입은 잘 훈련된 칸의 정예 보병들이 대오를 지어 행진해 문을 빠져나오고 길가를 따라 사열 행대로 집합한다. 수천 명의 조신들과 귀족들은 비단, 금, 값비싼 모피 의상으로 치장한 채 말을 타고 화려한 행렬을 이루어 흰 대리석 도로를 행진하다가 신분에 따라 지정된 장소에 자리 잡는다. 그 뒤로 고승(高僧)들이 털모자와 더없이 화려한 비단 예복을 갖춰 입고 연기가 피어나는 향로를 들고 성가를 부르면서 입장해 서서히, 지극한 위엄을 갖추어 길 전체가 내려다보이는 단상(壇上) 성직자석에 자리 잡는다.

마침내 새벽 먼동이 동녘 하늘을 붉게 물들일 때쯤 되면, 칸과 말 탄 수행원들이 자금성 금문(金門)을 말을 타고 달려 나와 길 초입부에 도착한다. 북소리와 나팔소리가 울리고 은으로 만든 징이 울리는 속으로, 휘황한 관솔불 화덕 사이로, 수많은 깃발 물결이 넘실대는 넓은 거리를 메우고 운집한 군대와 머리를 조아려 군주에 대한 예를 올리는 귀족들 앞을 지나 행진한다. 열린 문 뒤로 보이는 눈부시게 빛나는 사원과 번쩍이는 제단을 향해 말을 타고 당당하게 지나간다. 왕이 제단 꼭대기에 도착해 극진한 예를 갖추어 머리를 조아리는, 모두가 숨죽이는 그 순간에 불타는 수레바퀴처럼 떠오르는 태양이 보라색 새벽 그림자 드리운 동쪽 언덕 위를 굴러 오르기 시작하고 모든 북경 시민들 얼굴, 눈, 마음은 황제가 봄을 맞이하려 무릎 꿇고 있는 성스러운 장소로 이어지는 거대한 축(軸) 전체에 집중된다.

## 대칭(對稱) 배치 (The Symmetrical Plan)

축을 이용한다고 해서 반드시 대칭 배치여야 하는 것은 아니다.

대칭 배치는 점대칭(點對稱)이거나 선대칭(線對稱)이거나 원리는 모두 같아서, 대칭을 이루는 요소가 중심점(中心點) 이쪽저쪽 또는 중앙 축선(軸線) 좌우측이 동일하거나 평형을 이루는 상태를 이른다. 대칭 중심점은 분수대 같은 구조물이거나 그 분수대를 품고 있는 광장 전체 공간이 될 수도 있다.

보도, 광로, 보행 상점가(mall)같이 여러 가지 용도의 선적(線的) 요소 또는 면

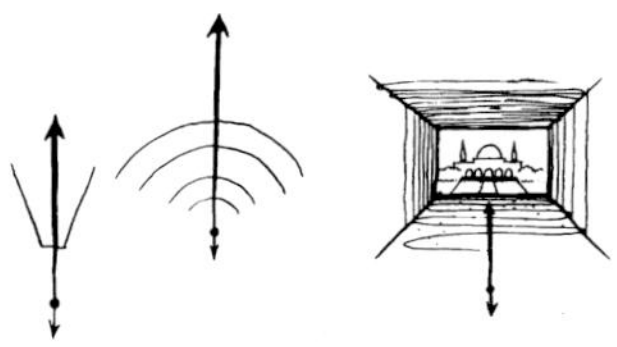

종점(terminus)은 축을 따라 이동하는 움직임을 일으킨다.

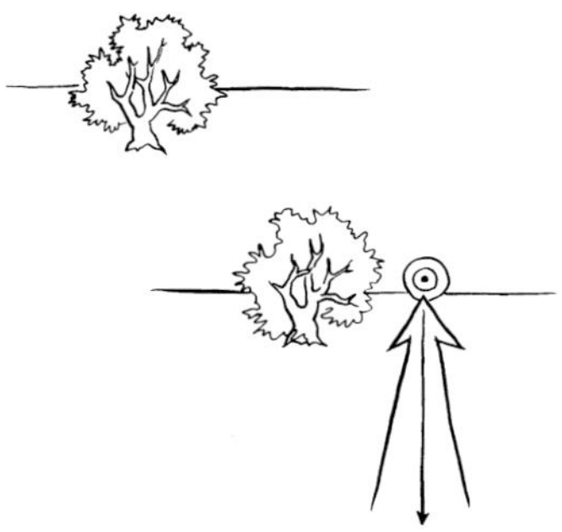

강력한 축 옆에 인접한 물체는 축과의 관계 때문에 손해 보는 경우가 종종 있다.

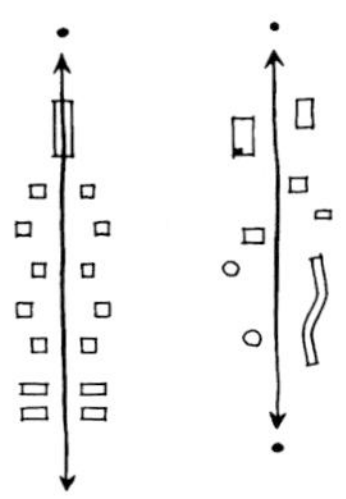

축은 대칭인 경우도 있지만 대개는 그렇지 않다.

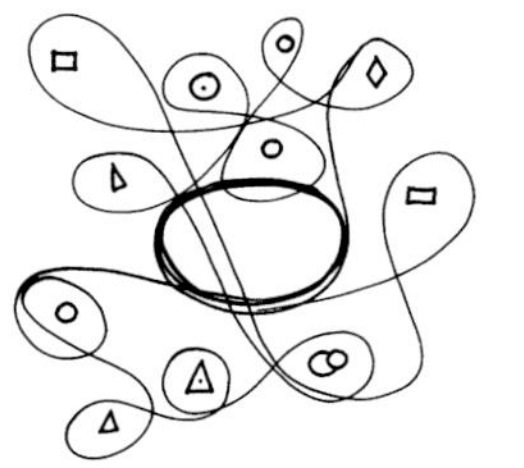

작은 전시 공간이라면 주요 조망이나 주요 축이 없어도 기능에 지장이 없을 것이다. 관람객들이 전시 공간 전체를 자유롭게 오갈 수 있을 것이다. 다만, 강력한 중심 공간은 꼭 필요하다.

적(面的) 요소가 대칭축이 될 수 있다. 시선(視線)이나 동선(動線)도 일련의 인상적인 아치나 문을 지나도록 유도하거나, 나무나 열주를 율동감 있게 배치한 사이로 유도하거나 큰 흥미를 끌 수 있는 물체나 공간으로 유도하면 역시 대칭축이 될 수 있다. 넓은 잔디밭을 가로지르는 조용한 조망선 역시 좌우 균형 잡힌 배치를 가지고 있다면 대칭축이 될 수 있다.

알함브라(Alhambra)궁전 사자정(獅子庭, Court of the Lions)에서 보는 기둥과 완벽하게 다듬어진 조각의 대칭은 절대적인 대칭이다. 그에 비해 느슨하고 격식 없는 대칭도 많다.

인체를 비롯해 성장하는 생물체 모습은 대개 대칭을 이룬다. 씨앗 혹은 세포 본연의 모습은 대개 대칭이며, 씨앗과 세포가 생장, 발달하는 모습 역시 대개 대칭이 된다. 그러나 자연경관에서 대칭 배치는 찾아보기 어렵다. 그러므로 자연경관 속에 대칭 배치가 보인다면 거의 인위적으로 설정한 공간 질서일 것이다.

서양에서는 '대칭적'이란 말과 '아름답다'는 말이 동의어이며, 유쾌하고 멋진 형태라는 의미를 갖고 있음에 주목할 필요가 있다. 아마 '대칭'이 세상만사를 구성하는 원리 중에서 인간이 쉽게 이해하고 즐길 수 있는 질서를 부여하기 때문일 것이다. 아마 '대칭'이 명료성, 균형, 율동, 안정성, 통일성 등 배치계획의 바

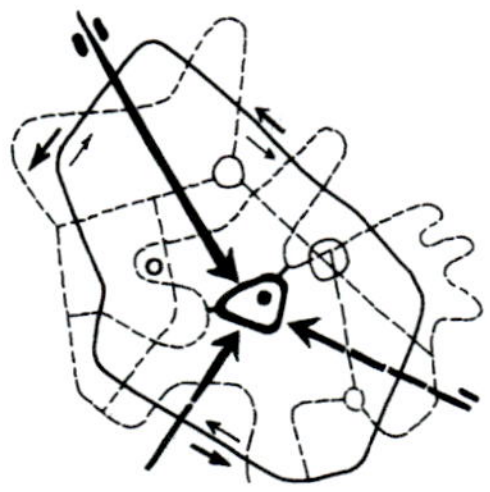

대규모 전시 공간에 적합한 동선계획을 도식적으로 나타내면 갖추어야 할 요소는 다음과 같다. 주출입구, 부출입구 몇 개, 주(主)조망, 부(副)조망 몇 개, 강력한 초점 요소, 주요 순환 동선, 보조 동선, 방향 인지에 도움 주는 부초점 공간 몇 개와 지표가 되는 지점 몇 개소 등.

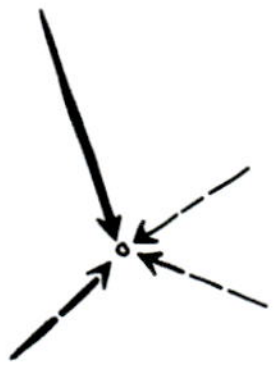

주(主)조망과 부(副)조망들이 반드시 직교(直交)할 필요는 없다.

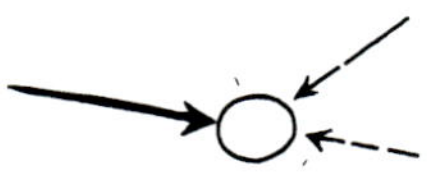

조망의 종점은 공간이 될 수도 있고 물체가 될 수도 있다.

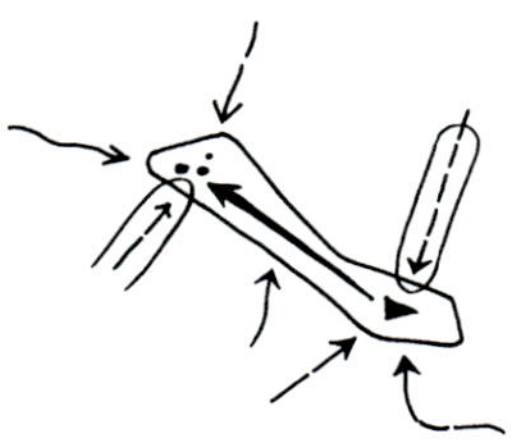

주조망, 부조망을 형성하는 것은 접근로의 선적(line) 요소뿐만 아니라 면적(area) 요소나 입체(volume)가 될 수도 있다.

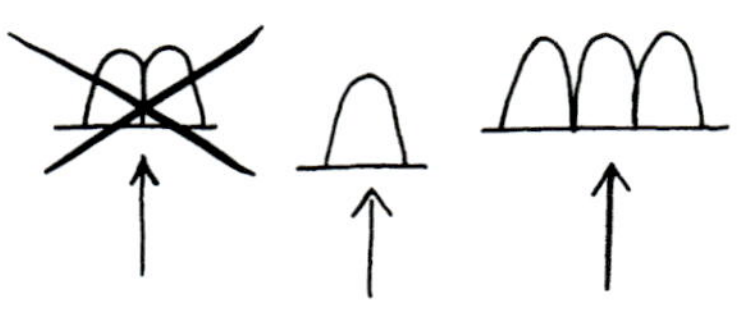

축이 끝나는 종점이 사람이 드나드는 구조물일 경우, 하나 혹은 세 개 출입구를 설치하는 것이 두 개를 설치하는 것보다 좋다. 두 개를 설치하면 맞아들이는 분위기를 조성하기보다 장애물같이 보일 가능성이 높기 때문이다.

Barry W. Starke, EDA

스페인 알함브라궁전 사자정

람직한 양상과 관련 있기 때문이기도 할 것이다. 아마 우리 인간 자신 모습이 대칭 구조이고 그래서 대칭 질서를 즐기기 때문인지도 모른다.

### 동적 대칭(Dynamic Symmetry)

대칭 관계로 두 대칭 요소 혹은 대칭 구조물이 마주하고 있으면, 그 사이에는 분명히 인력(引力)과 긴장(緊張) 관계가 형성된다. 두 대칭 요소 사이에는 밀접한 관계가 형성되기 때문에, 둘 사이 공간은 물론이고 그 공간 속에 있는 모든 것까지 포함해 두 요소를 하나로 묶어 읽게 된다.

대칭 배치는 안정감을 주는 특징이 있다. 대칭을 이루는 양극 모두 힘을 뻗치는 영역을 만들고 이 두 영역 사이에는 동적 긴장이 형성된다. 이 영역 안에 있는 모든 것은 긴장 상태에 있으면서 동시에 안정 상태에 놓인다. 모든 대칭 구조는 말 뜻 그대로 균형 상태에 있어야 하고, 그래서 안정 상태에 있어야 한다. 그러나 대칭이 안정 상태를 이루어야 한다는 것은 무수히 많은 서로 겨루는 힘들이 모두 다 평형을 이루어야 한다는 것이 더 중요하다.

### 대칭의 독재성(The Despotism of Symmetry)

대칭 배치는 거의 모든 설계 요소를 딱딱하고 정형화된 배치 틀 속에 가둔다. 따라서 모든 요소를 항상 전체 구도(構圖)의 한 부분으로 생각하고 다루어야 한다.

대칭 배치함으로써 어떤 물체를 강조하는 효과를 거두기도 한다. 예를 들어, 어떤 물체를 주축(主軸)이나 부축(副軸) 조망점으로 설정하면 강조하는 효과를 얻는다. 점진적으로 변화하는 연속적 접근, 보완 요소나 조연(助演)적 요소 설정에 의해 중요성을 더욱 부각시킬 수도 있다. 그러나 대개의 경우 전체 배치 구도가 강할수록 개별 요소는 점점 그 위세를 잃는다고 말할 수 있다.

대칭 배치는 경관을 인간의 제어(制御) 아래 두는 것이며, 경관을 체계화하는 것이고 경관을 경직되게 정형화하는 것이다. 자연환경은 평면계획 구성상 하나의 무대 혹은 배경이 된다.

대칭 배치는 사람들까지 계획에 맞추려 한다. 경관과 모든 계획 요소는 물론이고 우리까지 모든 것을 조직화하는 배치계획에 예속된다. 패턴 다이어그램 속에 우리들도 못 박힌다. 사람 동선은 배치계획에 나타나는 선(線)으로 정해진다. 배치 형태가 우리 시선을 결정한다. 고조되는 운율, 균형 잡힌 반복, 하나의 개념 속에 모든 것을 묶어 담는 방법 등을 통해 사람들을 의도적으로 열광시키거나 고요한 상태로 유도할 수 있다. 우리는 무의식적으로 마치 최면에 걸린 것처럼, 모든 것이 율동적이고 대칭적인 공간 질서에 동조되며, 대칭 질서 속에 혼연일체(渾然一體)가 되어 있음을 깨닫게 된다. 이때 조화됨을 느낄 수도 있지만, 지나치면 단조롭고 지루해질 수도 있다.

그러나 대칭 배치 형태를 잘 구사(驅使)하면 설계개념을 극적으로 표현할 수

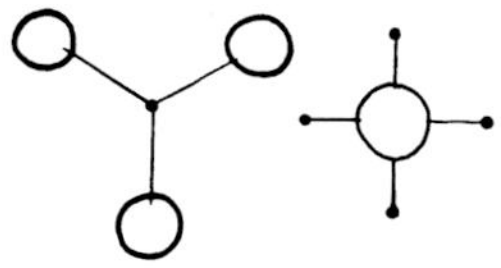
점 또는 면 대칭

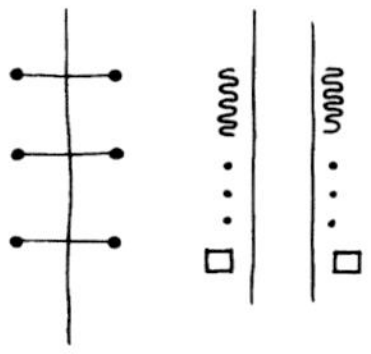
축 혹은 평면 대칭

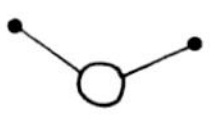
좌우 상칭(相稱) - 예를 들면 단풍씨앗 두 날개

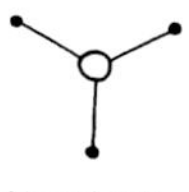
삼변형(三邊形) - 삼발이

다변형 - 눈송이

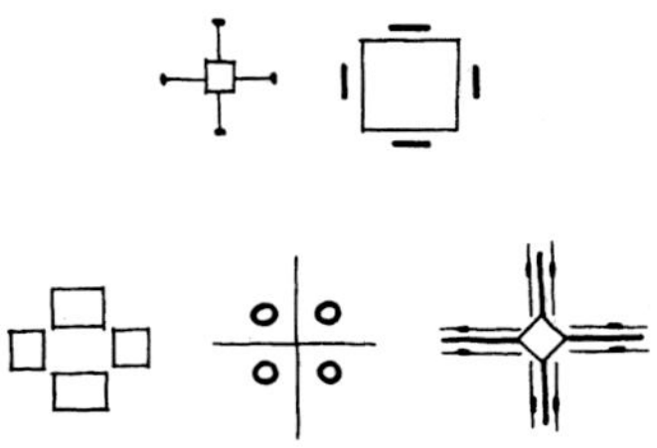
사변형 - 기하학 형태

대칭: 평형 상태 배치계획

있고, 규율 잡힌 분위기, 높은 질서감, 종교적 완전성까지도 표현할 수 있다.

### 대칭의 특성(The Nature of Symmetry)

대칭 배치는 공간 구조 골격이 되어 단지 내 구조물이나 기능을 나누어 구획한다. 이렇게 구획된 구조물군이나 기능군 상호관계에는 논리성이 있어야 좋은 대칭 배치계획이 성립한다. 리듬과 같이 반복적으로 대칭 요소를 배치하면 계획 공간을 여러 개 작은 단위로 분할한다. 이렇게 구획된 각 작은 단위는 그 자체로서 완전성을 가지지만 전체 계획 일부분이 되는 연결 관계를 가져야 한다.

대칭 배치는 그 주변에 위치하는 구조물과 강력한 관계를 형성하는 것이 보통이다. 때로는 주변 구조물을 더욱 확장하는 형태 대칭 배치계획이 되거나 두세 개 이상 구조물을 서로 연관 짓는 형태의 대칭 배치계획이 되기도 한다. 사각형 정원을 중심으로 배치하는 대학 캠퍼스 계획이 대표적 예다. 보도가 교차하는 넓은 잔디밭 외곽에 기숙사와 강의실을 배치하고, 긴 축 한쪽 끝에는 도서관이나 예배실, 축이 다른 끝에는 행정본부가 자리 잡는 것이 전형적인 모습이다. 사각형 부지에 대칭 배치한 대학 건물은 짜임새 있고 균형 잡힌 상아탑을 형상화해 보여준다. 이런 배치는 고전적 분위기의 건물이나 질서 의식을 풍기는 것이 필요한 장소에 더욱 적합하다.

비대칭적 기능을 억지로 대칭적 평면에 담으려 하면 성공적인 대칭 배치가 될 수 없다. 흔히 보는 잘못된 배치계획이다. 중요한 기능과 사소한 기능을 대칭 배치해 균형을 이루려는 것을 보는 것은 괴로운 일이다. 기능상 유사성도 없는 공간을 오직 시각적 균형을 위해 무리하면서까지 왜곡시킨 배치계획을 발견하면 서글퍼지기까지 한다. 대칭 구도에 맞추기 위해 기능을 가장하거나 형태를 위장하면 정직성이 결여되는 것이다. 키츠[역주; John Keats(1795~1821), 영국 시인]가 노래했듯이 진실과 아름다움은 하나이며, 같은 것이라면 그러한 대칭은 결코 아름답다고 할 수 없다. 아름다운 계획이 되려면 진실해야 하고, 계획 진실성이 명백하게 드러나야 하기 때문이다.

대칭은 조정 역할을 한다. 계획 전체 파악, 부분 간 상호관계 파악에 도움이 된다면 어디에나 적용할 수 있다.

대칭 배치는 결정체 형태를 취할 수도 있다. 계획 속에 담는 기능의 성장과 확장 패턴 특징이 결정체를 닮았다면 평면 형태도 그러한 것이 바람직할 것이다.

대칭 배치는 기하학 형태를 취할 수도 있다. 기하학 배치 형태는 좋은 계획이 될 수 있지만 어디까지나 그러한 기하학 선이나 형태로 기능을 표현하는 것이 논리적인 경우에 한한다.

기하학 형태가 모든 미(美)의 근원이며 형태나 패턴의 미는 계획 과정에 수학 공식을 적용하면 언제나 얻을 수 있다고 믿는 사람들이 있다. 사람들은 질서에서 즐거움을 얻는다는 사실에 비추어 이러한 생각은 타당하다는 것이다. 그러나

*'대칭의 아름다움' 같은 것은 없다. 문제의 본질상 그 논리적 해결책 즉 디자인의 '균형'을 잡아주는 선이 우연히 대칭축 중앙선과 일치하는 경우는 예외이며, 그러한 경우에만 대칭은 논리성이 있고, 그래서 아름다울 수 있다.*

**Eliel Saarinen**

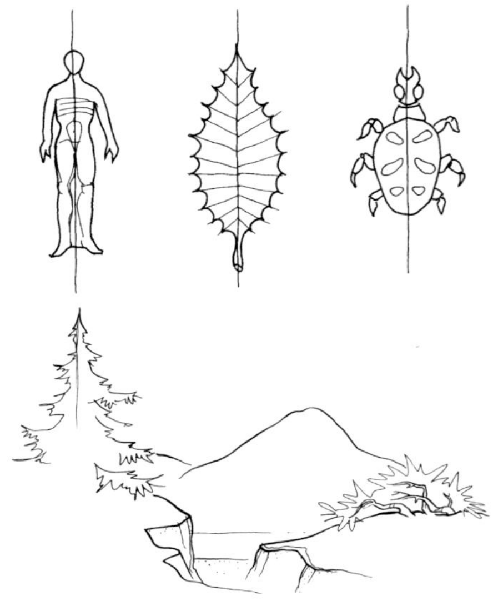

자연 속의 대칭—자연계 생물은 대칭이 많은데, 이는 배(胚)세포 혹은 종자가 좌우대칭인 것이 많기 때문이다. 무수히 많은 힘이 작용해 형성되는 자연경관은 대칭을 이루는 경우가 거의 없다.

*고대[(古代)유럽] 어디에서도 축 좌우에 동일한 모양을 배치하는 대칭을 기본으로 삼는 이론은 찾아볼 수 없다.*

**Camillo Sitte**

*그리스인은 적절한 곳에만 대칭을 사용하고, 적절하지 않은 곳에는 대칭을 사용하지 않았다. 또 (단지) 배치계획에는 결코 대칭을 사용하지 않았다.*

**Eliel Saarinen**

저자는 사람들이 무질서보다 질서를 선호하는 것이지 비대칭보다 대칭을 좋아하는 것은 아니라고 주장하고 싶다.

합당한 논리 없이 기하학적 형태로 계획하면 좋은 경관을 파괴할 수 있고, 영향권 안에 있는 물체나 공간 고유 특성을 무색하게 할 수 있다.

노골적이고 명백한 기하학적 계획은 쉽게 인지된다. 그래서 명료하다는 장점이 있는 반면, 자주 접하거나 오랫동안 보면 단조로워지는 단점이 있다.

자연스러워야 하는 곳 혹은 사람의 눈과 마음과 영혼이 자유로워야 하는 곳에는 기하학적 계획이 적합하지 않다.

편법 설계, 일종의 기하학적 낙서같이 기하학적 배치를 계획하는 경우가 너무 많다. 그러한 계획은 영감이 부족한 사람 작품이며 지루하고 따분할 뿐이다. 뚜렷한 논리와 의도하는 바가 있어서 모든 평면 형태를 대칭 배치함으로써 최상, 최선의 기능 표현이 이루어졌을 때 기하학적 배치는 진정 합당한 계획이 된다. 꼭 필요한 곳에, 적절하고 현명하게 적용했을 때만 힘을 발휘하는 것이 대칭 배치다.

## 비대칭 배치(Asymmetry)

자연 속에서는 시선 양측에 대칭 균형을 이루는 경관 요소를 찾아보기 어렵다. 그러나 모든 미술 작품, 짜임새 있는 구성이라면 시각적 균형은 기본 요소다. 어떠한 디자인, 그림, 전망, 조망일지라도 시각적 균형을 갖추지 못하면 불

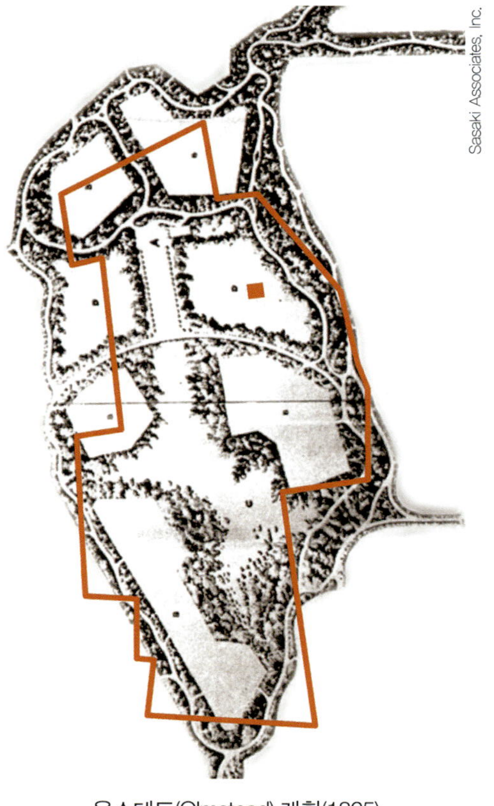

옴스테드(Olmstead) 계획(1865)

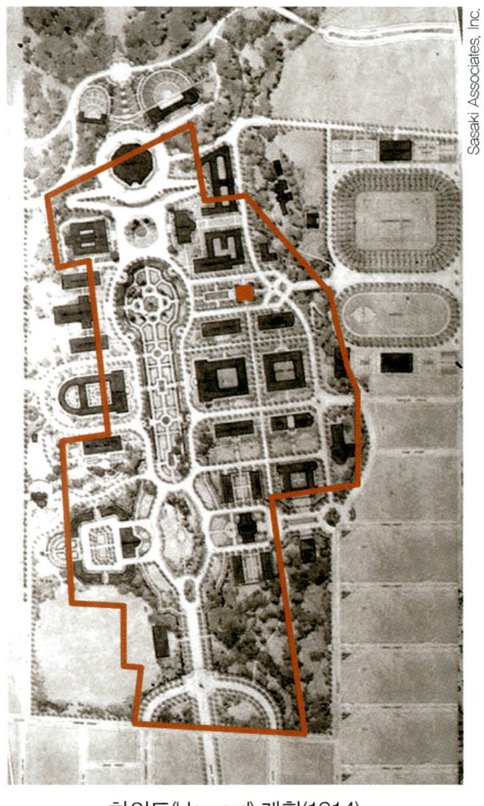

하워드(Howard) 계획(1914)

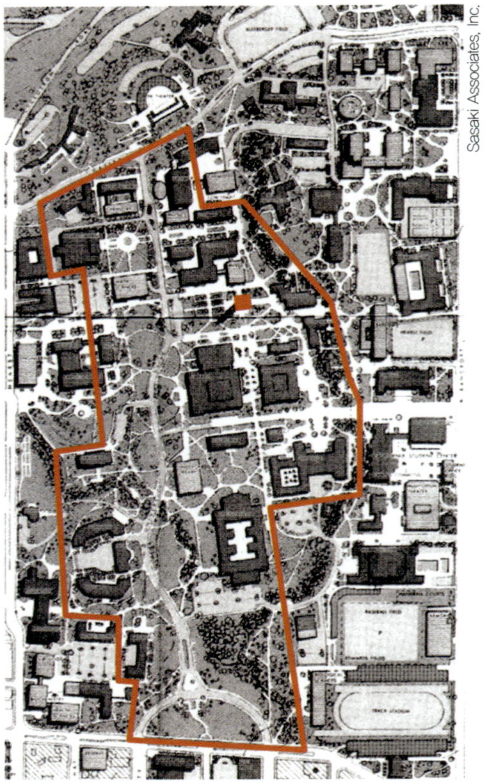


처치(Church) 계획(1962)

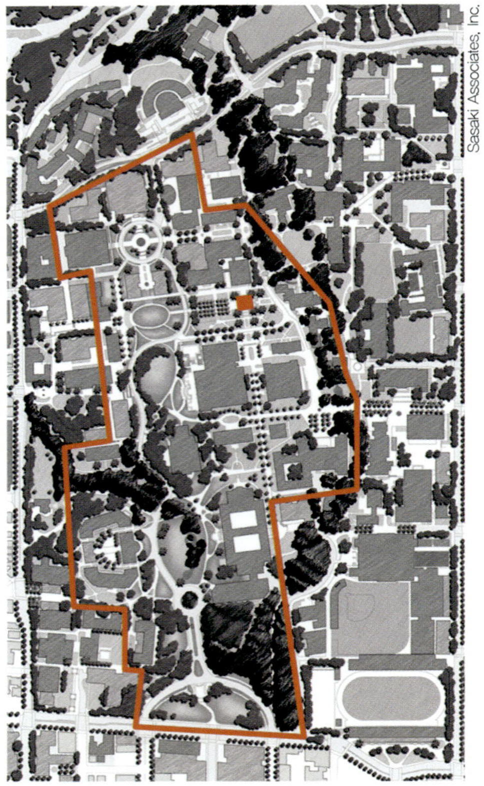


신세기(New Century) 계획(2002)

버클리 캘리포니아대학교 계획은 대칭 배치와 비대칭 요소가 고루 보인다.

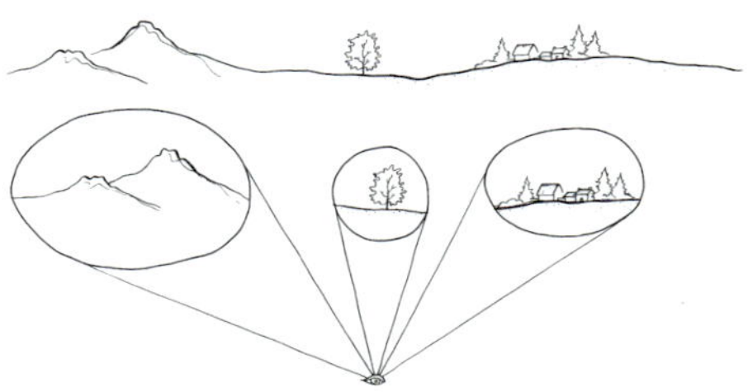

마음의 눈이 선택하는 시각적 이미지

*자연경관은 변화무쌍하다. 무궁무진하게 다양한 자연경관 요소 속에서 인간의 눈은 언제나 마음대로 무엇인가를 선택하고, 강조하고, 원하는 대로 무리 지을 수 있다. 그리고 자연경관은 무한히 많은 것을 암시하고, 무수히 많은 미묘한 감성적 자극을 품고 있다. 경관을 보려면 경관을 구성해야 한다. …*

**George Santayana**

*특히 눈은 완벽함을 추구한다.*

**Johann Wolfgang von Goethe**

안하고, 유쾌하지 못하다는 것이 일반론이다. 자연경관을 바라보면서 대개 아름답다고 생각하기 때문에, 자연경관 속에는 어떠한 형태이든 시각적 균형이 내재하리라는 결론에 도달한다. 여기서 두 가지 흥미로운 의문이 마음에 떠오른다.

첫째, 관찰자가 계속 이동하면서 바라볼진대, 어떻게 시각적 균형이 있을 수 있을까? 둘째, 특정 전망 위치에서 보았을 때 우연히도 시선 양측 경관이 시각적으로 균형을 이루고 있는 경우를 만난다는 것은 좀처럼 있을 수 없는 일이 아닐까? 잘 생각해보면 사람 눈이 경관 속에서 시각적 균형을 잘 형성하는 조망, 전망, 시선 등을 찾아내거나 설정하는 것이라 여겨진다. 숙달된 눈일수록 균형감 없는 것을 불쾌해하고 균형 잡힌 쪽으로 끌리며, 힘의 균형을 이루어 시각적으로 쾌적해 보이는 자연경관을 끊임없이 찾아내고 눈에 새기려 한다.

### 시각적 균형(Visual Balance)

인간의 눈은 빛을 발하는 영상의 명암을 쫓아서 부단히 움직이고 탐색한다. 영상을 감지하는 것은 무의식적이다. 간간이 의식이 작동해 무의식적 응시 상태에서 눈을 일깨워 의식적으로 특정 영상에 초점을 맞추도록 한다. 이것은 창조적 작업이다. 마음이 눈에게 완전하고 균형을 이루는 시각적 이미지를 '구성'하도록 요구하기 때문이다. 이것은 마음과 눈의 합동 작업이다. 여기서 말하는 균형은 형태의 균형이나 색채의 균형, 가치의 균형 중 하나가 아니라 이런 것들을 복합한 균형이기 때문이다. 마음과 눈이 연대(連帶)하면 비록 거대한 물체일지라도 가치가 없다고 판단되면 그다지 의미를 두지 않고, 큰 가치가 있거나 당장 이해관계가 있는 것에 더 큰 의미를 둘 수도 있다. 가지에 달린 잘 익은 사과 한 개가 사과나무 자체보다 더 중요할 수 있으며, 자수정 한 덩어리가 그걸 캐낸 산보다 더 중요할 수 있고, 홀로 해변을 걷는 사람이 광대한 바다경관보다 더 시선을 끌 수 있다.

그래서 마음과 눈이 결합해 경관을 둘러보고 녹화한 것 중에는 동일한 영상 이미지가 있을 수 없다. 경관은 무한히 이어지고, 그 속에서 골라내고 구성하는 방법도 끝이 없기 때문이다. 그러나 아주 복잡하고 즉흥적이고 무의식적인 조정 과정을 통해, 눈을 통해 받아들인 영상 중에서 관찰자 자신만이 완전하고 균형을 이룬다고 생각하는 시각적 이미지를 '창조'해낸다. 타고났건 훈련을 받았건, 마음과 눈이 뛰어난 예민성과 감수성을 지닐수록 그만큼 더욱 풍부하고, 더욱 즐겁고, 더욱 놀라운 시각의 세계가 펼쳐진다.

어린이나 미개인은 공간 속 물체들을 각각 별개로 인지한다. 좀 더 진보한 정신력과 좀 더 선별력을 지닌 눈의 소유자는 물체 사이의 관계를 인지한다.

자연계에서는 시각축 양측의 대칭을 이루는 균형은 좀처럼 찾아보기 어려운 반면, 모든 시각적 이미지는 평형을 추구하기 때문에 좌우대칭 없이 균형을 이루는 방법이 있어야 할 것이다. 그러한 방법이 있다. 비대칭 혹은 숨은(occult) 균형이 자연계의 법칙이다. 특별한 이유가 있어 대칭 배치한 경우가 아니면, 우리가 우리 주변 세상을 파악하고 구성하는 원리는 숨은 균형이다.

### 비대칭 계획(Asymmetric Planning)

비대칭 계획이 자연과 가장 조화를 이룬다. 대칭 계획의 경직성에서 해방되어 자연경관 특징을 충분히 고려한 개발이 가능하다. 동선도 더 자유로워지고 전망도 무한히 다양해진다. 경관 요소는 미리 정해진 계획의 틀에 대한 관계보다는 다른 경관 요소와의 관계나 그 자체를 보고 즐기는 대상이 된다. 그러한 비대칭 계획은 더 미묘하고, 임의롭고, 생기를 불어넣고, 흥미롭고 그래서 인간적이다. 비대칭 계획에서는 딱딱한 구도 속으로 한 걸음 한 걸음 이끌려 다니는 일은 없다. 오히려 우리 스스로 아름답고 즐겁고 유익하다고 생각하는 것을 경관 속에서 탐색하는 자유를 누린다.

자연경관에나 인공경관에나 큰 훼손을 일으키지 않고도 비대칭 계획은 수용 가능하다. 비대칭 계획은 브지 자연 조건을 수용, 반영할 수 있기 때문에 절성토, 차폐, 구조물 공사가 많이 필요하지 않다. 그러므로 더 경제적이기도 하다.

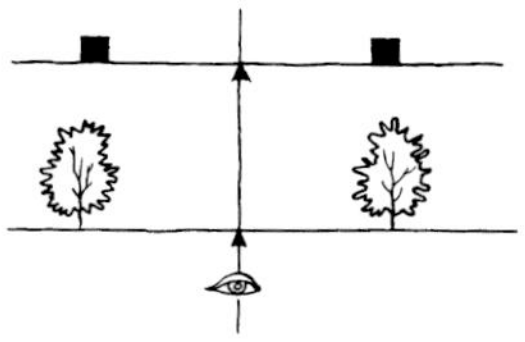

대칭적 균형: 같은 모양, 같은 크기 물체가 시각축(視覺軸) 혹은 지레받침 양쪽에서 균형을 이루고 있다.

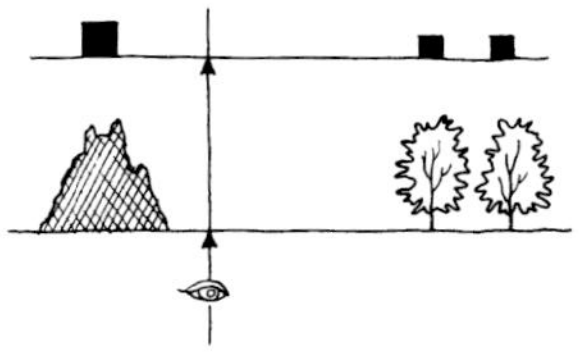

비대칭적 숨은 균형: 모양과 크기가 서로 다른 물체가 시각축 양쪽에서 균형을 이루고 있다.

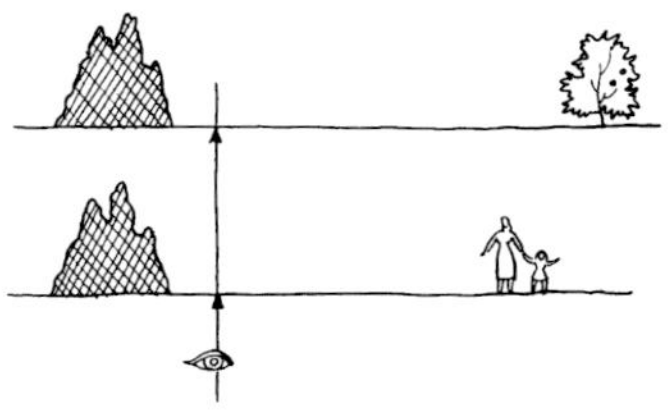

비대칭적 숨은 균형: 형태, 크기, 가치, 색, 연관 관계(association) 등을 마음의 눈이 평가해 평형을 이룬다.

---

숨은 균형(Occult balance)

*우리는 온갖 빛의 소용돌이 한가운데에서 산다. 이 혼란의 소용돌이로부터 우리는 시각적 이미지라 부르는, 경험 속에서 얻어지는 형상 즉 통일된 실체(unified entities)를 형성한다. 이미지를 지각한다 함은 형상화 과정(forming process)에 참여하는 것이다. 그것은 일종의 창조 활동이다.*

**Gyorgy Kepes**

*좌우에 유사한 물체를 배치하거나 유사한 위치에 물체를 배치하지 않아도 균형을 이룰 수 있다. 다만, 축 한쪽에 배치하는 관심 요소의 합이 다른 쪽에 놓이는 관심 요소의 합과 같아지도록 대상을 선정하고 배치해야 한다. 이렇게 만드는 균형을 비대칭 균형(unsymmetrical balance) 또는 숨은 균형(occult balance)이라 한다.*

**Henry V. Hubbard**

*무슨 이유에서건, 한 지점을 향해 습관적으로 눈을 고정해야 하는 경우—예를 들면 제단(祭壇), 왕좌(王座), 무대 같은 곳에서는—시선의 균형이 필요하며, 그래서 시선의 무게중심이 시선을 집중해야 하는 곳에 놓이게 배치해야 한다. 그렇지 않으면 계속 앞을 향해 시선을 집중하고 있어야 함에도 자꾸 옆을 보게 되어 불경스럽고 산만해지게 된다.*

**George Santayana**

*유기적이라는 단어의 참뜻을 확실히 이해하려면, 먼저 유기체(organism), 구조(structure), 기능(function), 성장(growth), 발달(development), 형태(form) 같은 관련 단어의 참뜻을 마음속에 분명히 새겨야 한다. 이 단어들은 살아 있는 힘이 작용하여 무엇인가를 이루어내려는 압력으로 작용하는 것을 의미하며, 그러한 보이지 않는 힘이 명백히 드러나 보이고 작동하는 형체의 결과물로 나타나는 구조체나 기구(mechanism)를 의미하는 단어들이다. 그러한 압력을 기능이라 하고, 그 결과물을 형태라 한다. 그래서 자연 곳곳에서 형태의 법칙(law of form)을 발견할 수 있다.*

**Louis H. Sullivan**

*'유기적 설계(organic design)'라는 표현이 공허하고 진부한 것만은 아니다. 설계가가 생물학에서 배울 만한 것은 많이 있다. … 사실 생물학 중에서도 폭넓은 분야에 속하는 생태학(ecology)이 지구상 어떤 특정 지역의 모든 유기체—동물과 식물 모두—가 자연에서 상호 관계를 맺고 사는 모습은 물론, 자연 전체의 온갖 힘과 동적 관계(dynamic relations)를 맺고 사는 모습을 탐구하는 것과 같은 의미에서, 설계 전 과정에 대해 생물학적 접근을 시도하는 것이 좋다는 주장도 있을 수 있다.*

**Norman T. Newton**

*건축은 예술이 아니라 자연 작용이다. 건축도 동물이나 식물처럼 땅에 뿌리박고 자란다. 또 건축은 사회질서의 작용이다. 그 점을 잊지 말자.*

**Fernand Léger**

### 유기적 성장(Organic Growth)

산기슭에서 자라는 소나무는 흙과 수분을 찾아 뿌리를 뻗는다. 줄기와 가지는 불어오는 바람에 견디고 버티며, 바늘잎 다발은 시원하게 피어오르는 아침 안개를 잘 흡수하게, 태양 빛과 온기에서 생명력을 흡수하기에 알맞게, 살아 있는 그물인 양 솟아 있다. 소나무는 서 있는 땅 모습에 맞추어 자란다—고랑과 이랑, 시내, 나무 그루터기, 쓰러진 고목, 큰 자갈 등 이웃 식물이 침범해오거나 가로막고 서 있는 것에도 맞추어나간다. 가지 끝이 부러지거나 구부러지면 새 가지를 키운다. 가지가 꺾이거나 찢겨나가면 상처를 치료하고 파인 공간은 새살이 돋아 메우거나 새 가지나 잎으로 채운다. 좋은 환경은 잘 이용한다. 나쁜 환경 인자는 모두 최대한 극복한다. 소나무 형태는 환경과 조화를 이루면서 진화해온 과정을 보여주는 것이다. 이 오랜 세월에 걸친 과정이 유기적 성장 과정이다.

### 유기적 계획(Organic Planning)

필요성은 많이 논했지만 실행한 경우는 별로 없는 것이 유기적 계획이다. 유기적 계획은 평면, 입체 공간, 시설물 형태를 제반 환경 제약 요인과 기회 요인에 맞추어 마치 생명체가 성장하듯이 발전시키는 것일 뿐, 그 이상도 이하도 아니다.

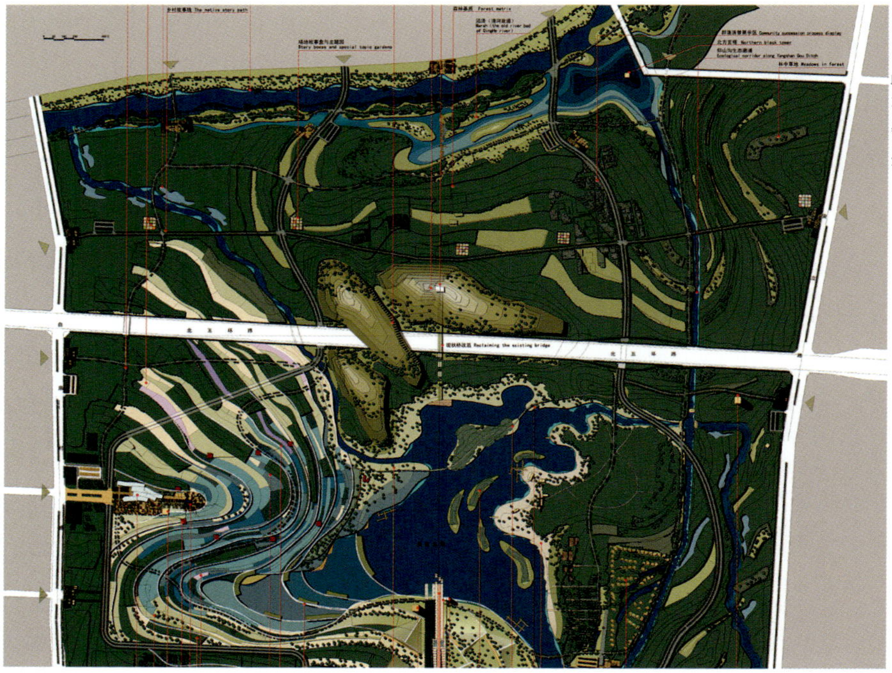

Kongjian Yu/Turenscape

유기적 배치계획

그런 의미에서 대칭적 계획 형태는 결코 유기적 계획이 될 수 없다. 발달 조건에 아무 제약이 없고 자유로운 상태일지라도 기능을 담아내는 가장 논리적인 계획 표출물이 대칭적일 수밖에 없는 아주 희귀한 경우는 예외에 속한다. 심지어

*기본 법칙 – 오늘날 어느 분야를 막론하고 창조적인 일에 종사하는 사람은 누구나 기술적–생물학적(technological–biological) 측면에서 전적으로 기능적 해결책을 찾으려 애쓴다. 즉 기능상 필요한 요소만으로 작품을 만드는 것이다. 그러나 여기서 '기능'은 순전히 기계적인 역할만 의미하는 것은 아니다. 한 시대의 심리적 · 사회적 · 경제적 상황까지 포함하는 기능인 것이다. 그래서 '유기적(organic) 기능적(functional) 설계'라는 용어를 사용하는 것이 더 나을 것이다.*

**Laszlo Moholy-Nagy**

*콜러리지(Samuel Taylor Coleridge)가 유기적 형태(organic form)를 정의한 유명한 문구 하나를 소개하고자 한다. 1818년 세익스피어에 관한 강의에서 그는 기계적 형태(mechanic form)와 유기적 형태를 구분해 설명했다. "미리 정해놓은 어떤 형태, 즉 재료 자체에서 발현되는 형태가 아닌 어떤 형태를 재료에 부여하면 그것은 기계적 형태다." 반면에 유기적 형태는 재료에 내재해 있는 형태다. 내에서부터 발전, 형성되는 형태로서 "완성된 형태가 재료에서 발현, 완결되는 형태와 하나가 되는, 그 자체가 되는 형태가 유기적 형태다."*

**Jacob Bronowski**

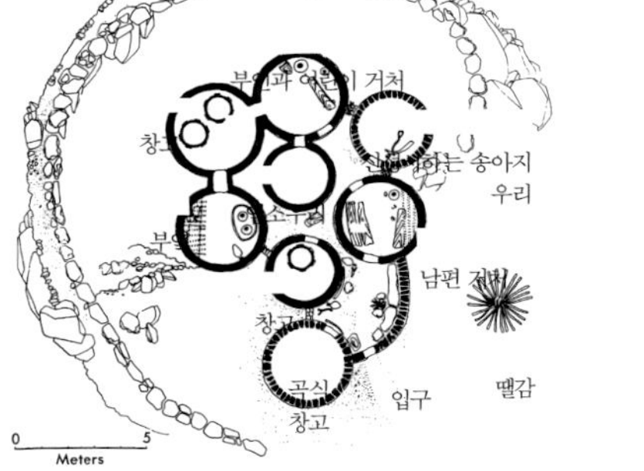


유기적 계획: 기능적 가정 주거 배치.
카메룬(Cameroon)

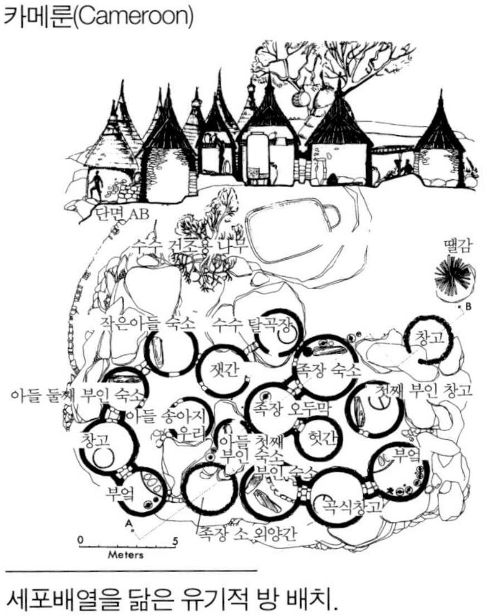


세포배열을 닮은 유기적 방 배치.
카메룬(Cameroon) 족장 주거

그렇게 예외적인 경우에도 자연경관이 대칭을 무너뜨리는 쪽으로 작동할 것이다.

논리적으로 부지와 시설물 관계를 계획한다면 그 결과는 비대칭 계획이 압도적으로 많을 것이 분명하다. 기능과 대지 조건을 잘 맞추고, 구체적 배치계획에서 기능과 기능의 상호 관계는 물론 기능과 그 기능이 배치되는 부지의 긍정적 · 부정적 요소가 최상의 관계를 맺게 한다면, 그것이 진정한 유기적 계획이다.

대부분 인공 구조물은 물론이고 자연 만물을 충분히 감상하려면 이리저리 둘러보아야 한다. 그러기에는 비대칭 계획이 최적이다. 관찰자 접근 방향이 고정되지 않고 구불구불하기 때문에 보는 것에 대한 삼차원 입체감을 준다. 관찰 대상물의 본질, 형태, 세부적인 모습 등 조각적 특성은 그 주변을 둘러보거나 지나가면서 보고난 후에야 파악할 수 있다. 그림 같은 경치도 계속 변하는 시선으로 감상할 때 더 큰 흥미를 불러일으킨다.

비대칭 축을 형성할 수도 있다. 비대칭 축은 축이 지니는 긍정적 측면을 유지하면서도 좀 더 융통성 있는 계획을 가능하게 한다. 비대칭 축에서는 대칭 축에서 보는 통제되고 계산된 율동이 없고, 최면에 걸린 듯 이끌려가는 일도 없다. 물론 이러한 대칭 축의 특성은 드물기는 하지만 특별한 상황에서는 상당히 적절할 수 있다는 것도 앞에서 살펴보았다. 그러나 비대칭 축이 훨씬 더 범용성이 있다.

### 비대칭의 사용(The Use of Asymmetry)

비대칭은 대규모 도시계획에 아주 적합하다. 유럽에서 가장 즐거운 광장들은 모두 비대칭 평면이다. 베니스의 산 마르코 광장을 딱딱한 대칭 평면으로 바꾼다면 얼마나 서글픈 일이겠는가. 시에나, 베로나, 피렌체 같은 도시의 경탄을 금할 수 없는 매력도 거리나 건물이나 공간들을 대칭적으로 처리한다면 사라져버리고 말 것이다.

오늘날 북경 서부에 유적으로 남아 있는 원명원(元明園)은 역사상 가장 웅장한 정원이라고 칭송받는다. 이 중국 정원은 오래전 프랑스 사제(司祭, Jean-Denis Attiret)가 건륭황제의 궁으로 가는 길에 발견한 것인데, 치밀한 계산 아래 비대칭 평면으로 계획한 것이었다. 1743년 프랑스에 있는 친구에게 보낸 글에서 이렇게 정원을 찬탄했다.

> 골짜기를 지나는 길은 유럽에서처럼 세련된 직선 통로가 아니라 구불구불한 순환로이고, 한 골짜기를 벗어나 다른 골짜기에 들어서면 지형이나 건물 모양이 전혀 다른 골짜기가 맞이합니다. 산과 언덕은 모두 이 지방 어느 곳에서나 흔히 보는 나무, 특히 꽃나무로 덮여 있습니다. 진정한 지상낙원이라 생각합니다.
> … 골짜기마다 궁원(宮苑)이 있는데, 정원 전체 규모에 비하면 작은 편이지만 유럽 그 어느 나라 제왕과 신하들이라도 모두 수용할 수 있을 정도로 큽니다. 이러

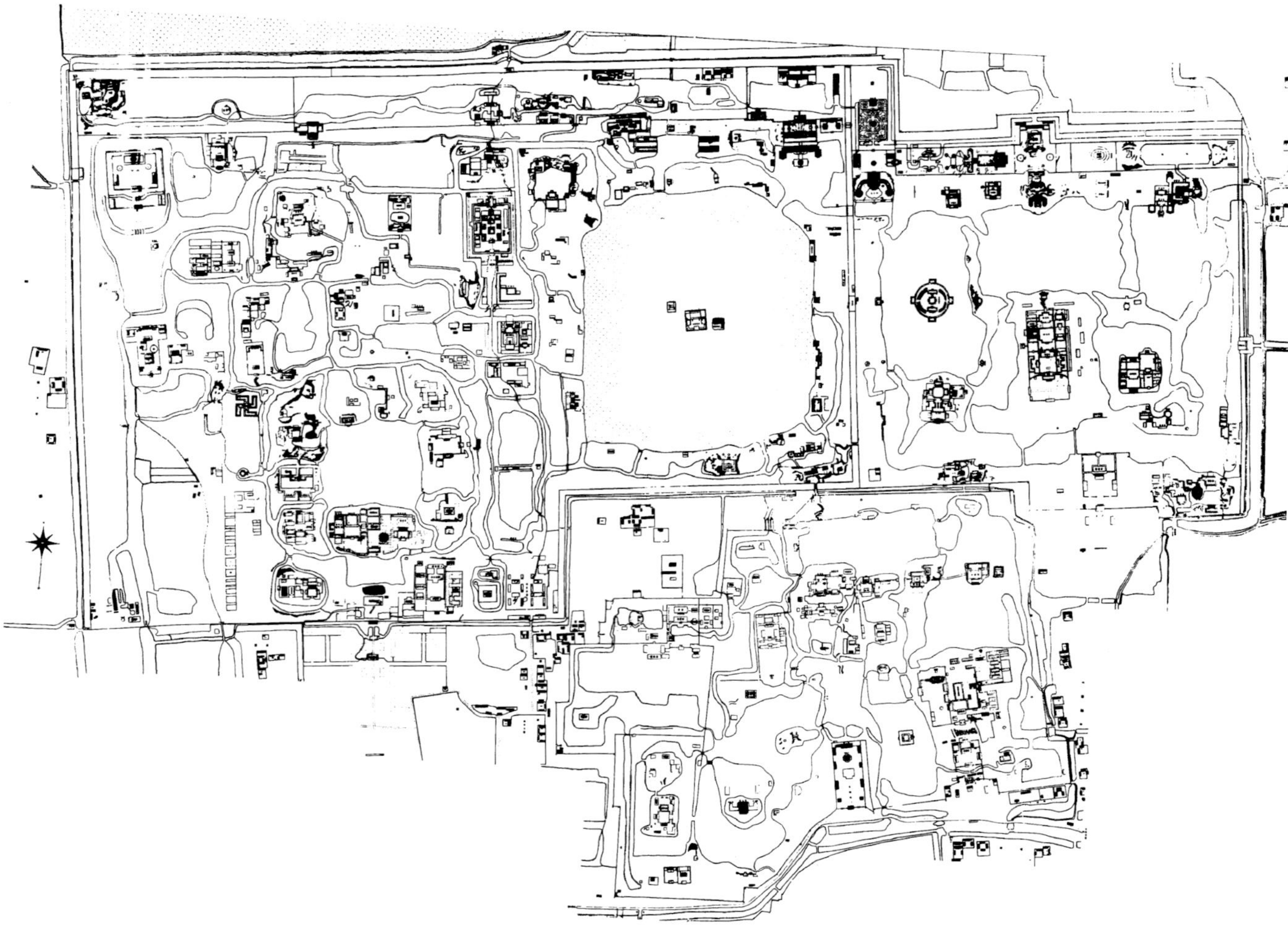

원명원(元明園)

*나는 냉정하고 이론적인 것은 모두 혐오한다. 오직 살아 생동하는 목적이 존재하는 곳에서만 새로운 것이 형성될 것이다.*

**Eric Mendelsohn**

지각(知覺)의 85%는 시지각(視知覺)이다.

한 궁원이 광활한 원명원 내 골짜기마다 몇 군데나 있을지 상상할 수 있으십니까? 200곳이 넘습니다.

유럽에서는 어느 곳에서나 통일성과 대칭을 추구합니다. 모양이 이상하거나 위치가 바르지 않은 것이 하나도 없기를 바랄뿐더러 마주하는 두 부분은 똑같기를 바랍니다. 중국에서도 질서의 상징인 대칭을 좋아합니다. 베이징의 궁궐은 대칭 양식입니다. … 그러나 궁원은 기품 있는 무질서가 지배하며 어느 곳이나 반(反)-대칭(對稱)(anti-symmetry)이 어울립니다. 모든 것에 이 원리를 적용합니다. 이 말을 듣는 사람은 틀림없이 눈에 거슬려 보일 것이라 여기고 이상하다고 생각할 것입니다. 그러나 실제로 바라보면 생각이 절로 바뀌며 불규칙성의 예술에 경탄할 수밖에 없습니다.

여기에 비하면 우리(18세기 프랑스)는 빈약하고 황막하다고 할 수밖에 없습니다 [Hope Danby 지음 '원명원(The Garden of Perfect Brightness)'에서 재인용].

유럽 르네상스 특징에 속하는, 무모하다 할 정도의 대칭 배치 추구는 합리적 근거가 빈약하다. 번번이 대칭을 위한 대칭으로 끝나고, 자연경관이건 인공경관이건 무모하게 기하학 형태 속에 강제로 집어넣은 것이었다. 프랑스 사제가 원명원 비대칭 계획의 자유로움과 풍부한 다양성에 비추어 유럽 정원은 '빈약하고 황막할' 따름이라는 것을 깨달은 것은 당연하고, 그 후에도 많은 사람이 같은 결론에 도달한다.

Bill Dickinson, Courtesy of Scenic Virginia

경관 관리 홍보물

## 경관 관리(Visual Resource Management)

'경관 관리'는 비교적 새로운 용어이며 포괄적 용어로서 흔히 가시권(viewshed)이라 부르는 일정 구역 경관을 보전하거나 개선하기 위한 계획과 관리를 의미한다. 몇몇 공공기관이 국토 경관을 보전하고 개선하는 실무에 이 개념을 채용하고 있다. 수많은 지침서가 나와 있고, 혁신적 접근 방법을 여러 가지 소개하는 것을 보면 새로 각광받는 분야다.

기본 접근 방법은 우선 보전하거나 개발 또는 복원하려는 대상지나 곡경(谷景, corridor)에 대해서 좋은 경관이나 나쁜 경관을 모두 조사한 후, 다양한 그래픽 수단을 동원해 기록하고, 경관 중요도에 따라 등급을 매긴다. 다음은 현장 조건에 비추어 계획하는 여러 사업(예를 들면 벌목, 고속도로 건설, 골재 채취장, 저수지, 군사시설 건설 등) 각각에 대해 사업 대안(代案)별로 경관에 미칠 긍정적 · 부정적 영향을 분석하고 평가한다. 대안을 선택하는 데 경관에 대한 고려가 중요하거나 결정적인 경우가 많다는 것이 밝혀지고 있다.

미국 산림청이 개발한 기법이 특히 이해하기 쉬우면서 효과적이고 건실한 방법이다. 이 기법은 국유림 방문객이 국유림에 대해 기대하는 바가 있으며, 가능한 한 그 기대를 충족해야 한다는 전제에서 출발한다. 그래서 방문객 수와 유형, 총 관람시간, 상대적 관람 만족도, 관람 집중도 등을 파악해 반영한다. 또 걷거나 자동차, 기타 교통수단에서는 물론이고 하늘에서도 전망한다고 가정한다. 경관은 모두 분명한 특징이 있고, 극적 효과가 클수록, 경관이 다양할수록 경관 가치도 커진다는 점을 기초 원리로 삼고 있다. 경관을 전경(前景), 중경(中景), 원경(遠景)으로 구분해 평가한다. 경관 우세 요소인 선(線), 형태(形態), 색채(色彩), 심상(心象, imagery) 항목에 비중을 두어 평가한다. 각 경관이 경관 가치를 잃지 않으면서 변화를 흡수할 수 있는 시각적 수용력도 고려한다. 끝으로, 한 단계 한 단계 따르면 되는 체계적인 평가 절차를 수립해 제시해 있다. 일부 경관 관리 관련 기관들이 권장하는 기법은 여러 가지 경관 요소에 대하여 지나치게 수치화한 가중치를 부여하고, 그 결과를 숫자 합산표로 작성하려는 경향을 띠는 문제점이 있다(예를 들어 역사 유적 교회, 월계수 숲, 쏟아져 내리는 폭포 같은 경관에 어떻게 점수를 줄 수 있을까).

경관, 기타 가치 평가에서 상대적인 중요성을 비교적 정밀하게 계량화할 수

요세미티 폭포(Yosemite Falls)

있는 비용과 편익은 수치화해 계산하고 합산표로 만드는 것이 바람직할 것이다. 그러나 계량화할 수 없는 가치 즉 미적 · 역사적 · 교육적 가치 등은 폭넓은 상대 평가 척도에서 등급을 매기거나 여러 대안의 장단점을 비교할 수 있는 전문가 집단 평가에 맡겨야 할 것이다.

근래 선보이는 여러 경관 관리 지침서가 비숙련 기술자나 비전문 의사결정자에게는 큰 도움을 줄 것이다. 전문가에게도 시각 경관 설계의 새로운 시각과 수준 높은 접근 방법을 제시하고 있어 쓰임새가 많은 것들도 있다.

## 경관 특성(景觀特性, Landscape Character)

지구 표면 곳곳을 살펴보면 지형, 암석 모양, 식생, 동물상까지 모두 조화와 통일을 이루고 있는 곳을 발견하게 된다. 이러한 곳은 자연스레 형성된 경관 특성을 지닌 곳이라 할 수 있다. 그 통일성이 완벽하고 분명할수록 경관 특성도 강력하다.

### 자연경관(The Natural Landscape)

유타 주 고지대의 거대한 가문비나무 숲에 떨어졌다고 가상해보자. 주변은 온통 하늘 높이 치솟은 원추형 상록수가 가득하고 울퉁불퉁한 바위 비탈이다. 햇빛조차 들지 않는 깊은 계곡은 거대한 바위와 쓰러진 나무가 채우고 있다. 눈 녹은 물이 바위틈 사이와 나무 그루터기가 엉긴 사이로 힘차게 흐른다. 흰 물살이 거품을 일으키며 바위 꼭대기에서 쏟아져 내려 골짜기를 지나 산속 고요한 호수로 흘러든다. 호수 가운데는 검푸르고, 자갈 깔린 가장자리는 밝은 녹색이다. 모두 조화를 이루고 모두 완벽하다. 호숫가를 어슬렁거리는 갈색 곰조차 어울리는 풍경이다. 송어가 뛰어오르고, 제비갈매기가 물을 차고, 날개를 퍼덕거리는 까마귀 울음소리까지 이곳 풍경의 일부이고 경관특성(景觀特性)의 일부다.

John O. Simonds

절벽 해안

John O. Simonds

백사장

John O. Simonds

사구(砂丘)

불타는 듯한 애리조나 사막, 물에 흠뻑 젖어 악취를 풍기는 조지아 늪, 황량하고 쓸쓸한 북극 툰드라, 바네겟 만(灣) 앞 풀밭 섬 … 모두 독특한 경관 특성을 자랑하며 보는 사람 마음에 강하고 뚜렷한 정취를 불러일으킨다. 자연경관 특성이 무엇이든 그것이 불러일으키는 감흥이 유쾌함, 슬픔, 두려움, 경외(敬畏), … 무엇이든 전체 경관이 통일과 조화를 이룰 때 우리는 진정한 기쁨을 경험한다.

이 '하나 됨'과 '어울림'이 완벽에 가까울수록 감상의 기쁨도 커진다. 통일과 조화는 기쁜 정도가 아니라 우리가 느끼는 아름다운 정도를 결정한다. '지각(知覺)하는 모든 요소가 분명한 조화 관계를 이루는 것'이 아름다움이기 때문이다. 자연경관미(自然景觀美, natural landscape beauty)의 속성은 다양하다.

| | | |
|---|---|---|
| 그림 같다 | 기묘하다 | 섬세하다 |
| 강하다 | 장엄하다 | 영묘(靈妙)하다 |
| 목가적(牧歌的)이다 | 우아하다 | 청명하다 |

자연경관특성(natural landscape character) 유형도 다양하다.

| | | | |
|---|---|---|---|
| 산 | 호수 | 협곡 | 연못 |
| 사구(砂丘) | 바다 | 숲 | 사막 |
| 초원 | 시냇물 | 강 | 평원 |
| 늪 | 언덕 | 계곡 | |

각각을 더 세분할 수 있다. 예를 들어 '숲'이라는 경관 세 분류는 다음과 같다.

| | | |
|---|---|---|
| 백참나무(White oak) | 낙엽송(Larch) | 사이프러스(Cypress) |
| 적참나무(Scarlet oak) | 가문비나무(Spruce) | 사발팜(Sabal palm) |
| 너도밤나무(Beech) | 솔송나무(Hemlock) | 홍수림(紅樹林, Mangrove) |
| 서양물푸레나무(Ash) | 스트로브잣나무(White pine) | 뉴저지 해안 |
| 단풍나무(Maple) | 소나무(Red pine) | 뉴저지 강변 |
| 백양나무(Aspen) | 방크스소나무(Jack pine) | 뉴저지 황무지 |
| 미루나무(Cottonwood) | 테다소나무(Loblolly pine) | 로키 산맥 |
| 레드우드(Redwood) | 피논소나무(Pinon pine) | 미송(Douglas fir) |
| 유칼립투스(Eucalyptus) | 라이브오크(Live oak) | 낙엽수림 |

다른 곳과 시각적으로 구분되는 독특한 산수(山水), 기암(奇巖), 수림(樹林)이 있는 곳을 하나의 경관 유형(landscape type)이라고 한다. 경관 유형이 크고 그 속에 다양한 구성 요소를 포함하고 있을 때는 세부 경관 유형(landscape subtypes)으로 나눌 수 있다.

이러한 예는 무수히 많으며, 제각기 독특한 경관유형(landscape type)이다. 어떤 장소나 어떤 경관 요소가 특정 경관유형의 이상형에 근접할수록(그 경관 유형의 완벽에 가까운 특성을 지닐 때) 우리가 느끼는 즐거움도 그만큼 커진다.

아름다움의 반대는 추함이다. 통일성 결여 또는 부조화 요소 존재가 추함의 원인이다. 미(美)는 즐거움을 주고 추(醜)는 마음을 흐트러뜨리므로, 한 경관 속에서는 당연히 모든 부분이 조화를 이루는 것이 바람직하다.

## 경관 변경(Modification)

자연 지역을 개발할 때 대상지의 시각적 특성만 생각한다면, 그곳 고유 경관 특성을 보존 강화하도록 최선을 다해야 할 것이다. 그러려면 조화를 이루지 않는 요소는 제거하는 한편, 고유 경관특성을 강조하는 요소는 일부러 도입할 수도 있을 것이다.

Barry W. Starke, EDA

부조화 경관 요소

부조화 요소를 제거하면 대개 경관 개선 효과가 있다.

### 부조화(不調和) 요소 제거(Elimination of Incongruous Elements)

일상생활에서처럼 계획에서도 부조화 요소를 제거하면 개선 효과가 있다. 거대한 세쿼이아 숲 속을 거닐며 기나긴 세월 속 하늘을 찌를 듯 장엄하게 서 있는 미국 삼나무 침묵 속에 섰다고 상상해보자. 그 밑에 깔끔하게 가꾼 페튜니아 화단이 있다면 어떨까? 교외 주택가 정원에 그런 페튜니아 화단이 있다면 매우 보기 좋은 장식이 될 것이다. 그러나 미국 삼나무 숲 속에서는 우선 뜻밖의 놀라운 존재이고, 다음에는 눈에 거슬릴 것이다. 그 이유는 우리 경험상 페튜니아 화단이 이런 천연의 미국 삼나무 숲 속에는 어울리지 않기 때문이다. 시각적 · 정신적으로 유쾌하지 않은 긴장감을 유발해 그곳에 자주 가면 발길로 뿌리째 뽑아버릴지도 모른다. 자연경관과 상충하는 요소는 제거하고 싶어질 것이기 때문이다.

공저자도 그러한 경험이 있다. 어린 시절, 미시간 주 오지 숲 속 조지 호반 캠프에서 종종 여름을 지냈다. 호숫가 한쪽 끝에서 혼자만 아는 식용 개구리 연못을 찾아냈다. 부들이 무성한 이끼 낀 나무와 그루터기가 엉켜 있고 수련이 빽빽한 곳이었다. 부들 사이로 조용히 들어가면 커다란 암녹색 식용 개구리가 수련 사이에 떠 있거나 통나무 위에 앉아 있는 것을 볼 수 있었다. 그놈들을 잡아가면 가족 식탁의 훌륭한 요리가 되었다. 나는 매일 그 연못에 가서 다듬은 자작나무 막대를 들고 몇 시간이고 꼼짝 않고 통나무 위에 엎드려 개구리가 나오기를 기다렸다. 삼나무 향기가 퍼지고, 햇빛이 내리쬐고, 잠자리가 떠다니고, 찰랑거리는 물이 있고, 그래서 더없이 행복한 전원 풍경이 펼쳐지는 곳이었다.

폭풍우가 지나간 어느 날 아침, 그 연못에 찌그러진 노란색 기름통이 떠 내려왔다. 부들숲 밖으로 그것을 치웠다. 다음 날 아침 다시 떠 있었다. 이번에는 연못에서 좀 더 멀리 치웠지만 충분하지 못했던 것 같다. 또다시 연못에 의기양양하게 떠 있는 것을 떠밀어내고, 이번에는 보트를 한 척 가져왔다. 기름통을 닻줄로 묶어 호수 한가운데로 끌고 가서 도끼로 구멍을 내어 수장시켰다. 천천히 가라앉는 것을 바라보며 내가 왜 이렇게 녹슨 낡은 통 하나 때문에 화가 나는지 알 수 없었다. 여러 해가 지나고, 경관특성이라는 측면에서 그 연못을 회상하고 나서야 그 이유를 알 것 같았다. 비록 그 자그마한 경관에서일지라도 그것이 눈에 거슬리고 조화를 깨뜨리는 요소이므로 제거해야 마땅했다(주: 그 후 공저자는 연못 바닥이 녹슨 통을 버리는 곳이 아니라는 것도 깨달았다).

*중력은 인간의 가장 큰 적에 속한다. 인간의 모습 형성에 직접 영향을 미치고, 신체뿐 아니라 생각에까지 영향을 미치면서 인간이 건설하는 도시에서 가장 뚜렷한 흔적을 남긴다. 그래서 좁고 구불구불한 세상 골짜기 안에서 끊임없이 중력과 싸우는 것이 삶이다. 인간은 계곡 바닥에서 살거나 그것이 싫으면 죽는 날까지 '굴러떨어지지지 않도록 비탈과 싸워야(fight the slope) 한다.'*

**Grady Clay**

### 자연 형태 강조(自然形態 强調, Accentuation of Natural Form)

부조화 요소 제거로 경관을 개선할 수 있는 한편, 새로운 요소 도입으로 경관을 개선할 수도 있다. 예를 들면, 선인장이 서 있는 사막이나 그 주변 경관에서 거기에 버려진 헌 타이어를 치우고, 근처 사막에서 자생하는 선인장을 옮겨 심으면 그곳 경관 특성이 강화될 것이다. 또는 아름다운 여호수아나무(Joshua tree) 한 그루를 심어도 사막 지역 분위기와 경관 특성을 살릴 수 있어 좋을 것이다. 요약하면, 부정적인 요소 제거와 긍정적 특성 강조를 통해 경관 특성을 발전, 강화할 수 있다.

어떤 경관이나 장소를 잘 개선하려면 그곳의 중요한 자연적 특성을 알아야 할 뿐더러 그 특성을 적절히 발전시킬 수 있는 능력을 지니고 있어야 한다.

중국 명나라 시대에는 이런 기술이 고도로 발달되어 몇 에이커 안 되는 정원에서도 우뚝 솟은 산 경치, 안개에 싸인 호수, 조용한 연못가 대나무숲, 소나무 그늘 아래 정자, 부서져 내리는 폭포까지도 감상할 수 있었다. 주요 조망을 연결하는 전이공간(轉移空間)에서도 설계가 솜씨를 여지없이 발휘해 주요 조망

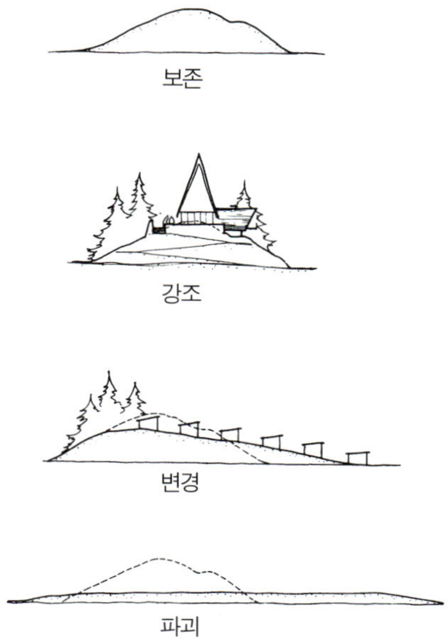


구릉지 개발 네 가지 대안

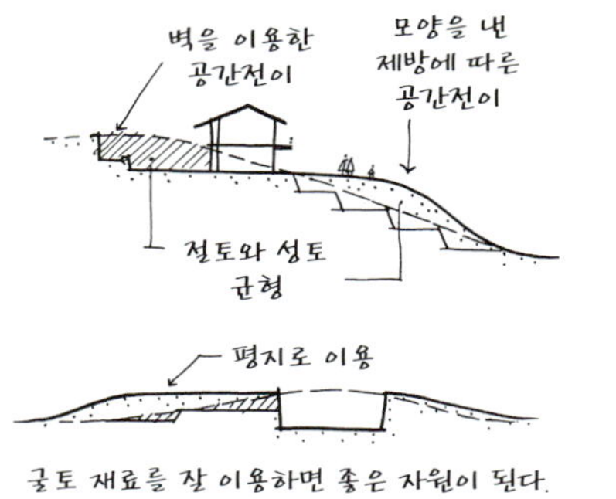


굴토와 정지(整地)

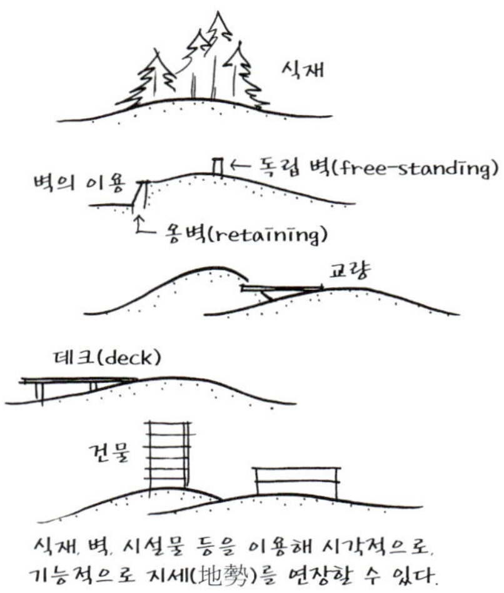


형태의 강조(FORM ACCENTUATION)

Ron Ruhoff/Denver Metro Convention and Visitors Bureau

콜로라도 주 덴버 시 러드록스 야외 공연장(The Red Rocks Amphitheater, Denver, Colorado)

못지않게 아름답고 극적으로 꾸며놓았다.

### 주 경관 요소(Major Features)

자연경관 중에는 인간 힘으로 어쩔 수 없는 압도적인 형상(形象)이나 힘이 있다. 이러한 것은 그대로 받아들이고 우리가 적응해야 하며, 그러한 여건에 맞게 계획해야 한다. 산객 · 계곡 · 하안 평야 같은 지형 조건, 강수량 · 서리 · 안개 · 지하수위 · 기온 같은 자연현상, 바람 · 조력 · 해류와 대류(對流) · 생물의 생장 · 태양 복사열 · 지구 중력 같은 자연계 힘은 바꿀 수 없다.

이런 요소들을 분석해 그 영향이나 효과를 정확히 평가하고, 제약조건이나 가능성을 충분히 인식하고 거기에 맞춰 계획하는 것이 현명하다. 도시 배치, 지역 지구계획, 고속도로 노선 선정, 공업단지 조성뿐 아니라 주택이나 정원 배치에도 적용할 기본 원리다.

어느 시대나 그 시대를 대표하는 훌륭한 계획 작품은 대개 경관 속에 담는 구조물이나 기능 공간을 그 경관에 분명하게 순응시킴으로써 양자가 서로 최상의 특성을 상호 보완하도록 하고 있다. 그런 작품에서는 구조물뿐만 아니라 자연경관 요소까지도 설계가의 전체 계획 개념에 따라 설계된 것처럼 보이고, 어떤 의미에서는 실제로 설계한 것이나 다름없다.

### 부(副) 경관 요소(Minor Features)

구릉을 예를 들어보면, 구릉은 그 경관 특성이 변화보다는 잘 보전하는 것이

부지 자연 형태

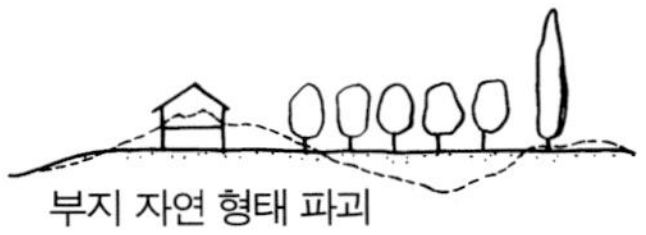

부지 자연 형태 파괴

부지 자연 형태 강조

토지계획 공통 핵심 사항
1. 가장 적합한 부지를 찾는다.
2. 부지에서 계획 형태를 도출한다.
3. 부지 잠재력을 최대한 활용한다.

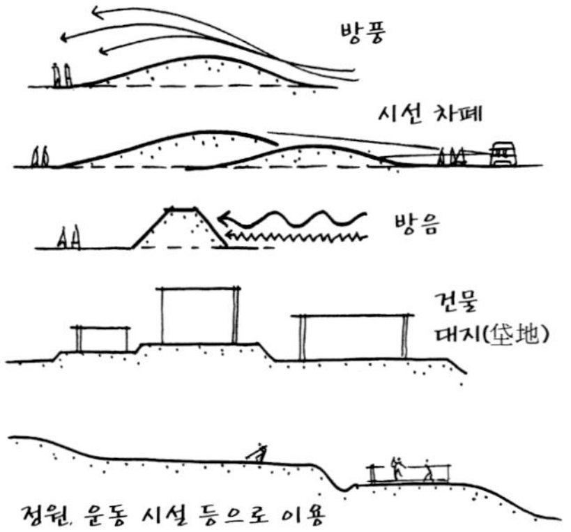


'조경 곡선(landscape curve)'은 공학적으로 건설한 제방 윗부분과 아랫부분이 주변과 어우러지게 하는 데 사용한다. 그렇게 자연스럽게 처리(naturalize)한 사면은 더 안정되고 보기에도 좋다.

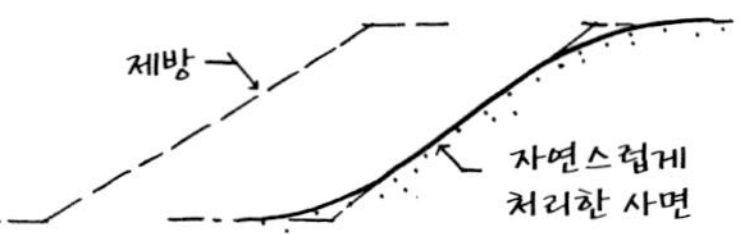


지형 변경(EARTH SHAPING)

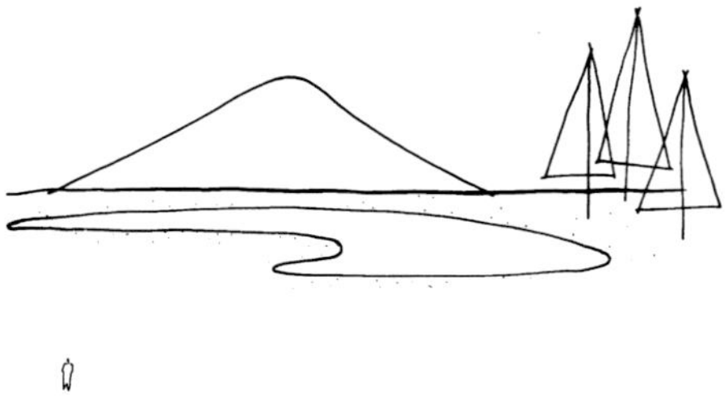

자연경관에서 인간은 침입자에 불과할지도 모른다.

생산성이나 용도를 최적화하는 것일 가능성이 높다. 개발하지 않고 보전해 목재를 수확하거나 단풍 수액이나 견과류, 과일 등을 생산하는 것이 더 좋을 수 있다. 미국 전역에는 수렵장, 공원, 산림, 녹지로 이용하려고 광대한 면적의 땅을 자연 상태로 보존하고 있다. 일본 여러 마을과 소도시들은 수세기 동안 잘 보존한 구릉지대나 섬에 자리하고 있는데, 사회 공익을 위해 규약으로 정해 보존해 온 곳들이다.

### 자연 형태 파괴

산이나 언덕은 완전히 절토(切土)해 없애버릴 수도 있고, 고속도로가 두 동강 내어 자르고 지나갈 수도 있고, 저수지를 막아 수몰(水沒)시킬 수도 있고, 건설 공사를 하면서 묻어버릴 수도 있다. 자연 지형을 완전히 파괴하는 경우다. 이러한 접근 방법을 적용할 때는 공학적 문제점만 없다면 당초 자연경관은 염두에 둘 필요가 없다.

### 자연 형태 변경

정지 공사, 건설 공사, 개발 사업 등을 시행하면서 구릉(丘陵)의 원래 모습은 완전히 바뀔 수 있다. 잘못하면 헐벗고, 침식되고, 난도질한 언덕을 만들어놓을 것이고, 잘하면 시카고 시 식물원같이 침식된 농경지와 오염된 웅덩이를 보기 좋은 언덕, 조각품같이 꾸며진 경사면, 맑은 호수와 계곡과 늪으로 변모시켜 전혀 새로운 모습을 지닌 가보고 싶은 정원으로 변경할 수도 있다.

### 자연 형태 강조

구릉이 지닌 핵심 경관 특성을 강조할 수도 있다. 예를 들어, 작은 언덕이라도 높이와 기복을 강조하면 마치 큰 산처럼 보일 수도 있다.

여름철이면 맑은 공기를 마시며 조용히 쉬고자 많은 손님이 찾아오는 관광호텔을 뉴햄프셔 주에 가지고 있다고 상정해보자. 손님들이 현관에 놓인 흔들의자에 앉아 있기가 싫증 나면 근처에 있는 언덕에 올라 전원 풍경을 바라보곤 한다. 그래서 그 언덕이 중요 관광 요소라고 생각해 비수기 동안 그 언덕을 좀 더 흥미롭게, 단순히 언덕을 오른다는 것 이상의 관광 요소로 개선한다고 생각해보자.

먼저 솔송나무를 좀 옮겨 심어 곧장 언덕에 오르는 지름길을 차단하고 언덕 아래 바위틈에서 솟는 옹달샘으로 새 산책로를 만든다. 옹달샘에서는 언덕 꼭대기를 뒤에 가리고 서 있는 노송과 언덕 가파른 면이 바라보이는 경관을 열어 보인다. 이끼 낀 바위 사이로, 앉아 쉴 수 있는 쓰러진 고목나무 옆으로 거친 산길을 만든다. 솔송나무, 옹달샘, 바위를 훌륭한 경관 요소로 도입한 것이다. 다음은 자작나무 사이로 언덕 저편에 이르는 구불구불 내려가는 오솔길을 만든다. 거기서부터 언덕에 오르는 길은 가장 가파르고 험한 길을 만든다. 고사리 덮인 절벽을 지나 쓰러진 고목으로, 멀리 경치를 바라볼 수 있는 곳을 거쳐 오르고 내려가고 돌아서 마침내 탁 트인 정상에 이른다. 그곳 바위 그늘 아래에 평석 의자를 둔다.

내년 여름 이곳을 찾는 손님들은 전에 못 본 아름다운 자연 탐방로를 좇아 언덕을 오를 것이다. 뒤엉킨 야생 포도넝쿨도 헤치고, 좁은 화강암 틈바구니를 지나 바위에서 바위르 건너뛰며, 정상에 이르는 길을 조심스럽게 더듬어갈 것이다. 다 왔다! 경치를 감상하고 쉬면서 산을 오르는 것보다 즐거운 일은 없다고 생각할 것이다. 60미터 아래, 250미터쯤 떨어진 호텔 베란다에서는 노인들이 흔들의자에 앉아 조용히 언덕을 바라본다. 계획 목적에 따라 언덕의 단점을 해소하고 장점은 부각시켰다.

산골짜기, 섬, 언덕, 해변, 자연경관은 어느 곳이나 같은 원리에 따라 개발할 수 있다.

공저자는 일찍이 미시간 주 공원청 캠프장 몇 곳을 계획하는 일에 참여한 적이 있다. 첫 번째 작업은 미시간 주 북쪽 끝에 있는 부지에 주립 공원을 개발하는 것이었다. 원시 자연 생활의 기쁨을 맛보기 위해 관광객이 찾는 곳이었다. 공원 입구에 도착해보니 흰색으로 커다랗게 '공원'이라고 쓴 간판이 걸려 있고, 농로 같은 길을 따라 넓은 평지 야생 당근밭을 지나니 진흙탕 연못 옆에 자동차 야영장이 설치되어 있었다. 원시 자연 체험 야영장이라 볼 수는 없었다.

우선 할 일은 한 달 넘게 머물면서 자연 조건의 장점, 단점을 잘 파악하기 위해 탐사하는 것이었다. 그 목적은 장단점을 계획에 최대한 활용하는 것이었다. 결론부터 간단히 말하면 그는 대상지가 지닌 고유 자연경관을 더욱 강하게 부각시키는 계획안을 제시했다.

첫째 개선 방안은 들판에 있던 진입로를 울창한 발삼(balsam)나무 숲으로 옮기는 것이었다. 바위 사이로 거친 길을 내고 나무 사이로 굽은 길을 만들어 언덕 위로 이어지되, 자동차가 겨우 빠져나갈 정도로 만들었다. 창틀은 울긋불긋, 기울어가는 판잣집 관리인 숙소는 헐어버리고 우람한 소나무 밑에 거칠게 켠 목재 오두막을 새로 지었다. 우러러 보이는 큰 나무와 그 밑 오두막집이 야영장을 찾는 사람들 첫인상이 될 것이다. 첫인상은 가장 오래 남는 법이다.

옹달샘에서 흘러드는 물이 고여 연못이 되고, 이 연못이 그곳의 가장 매력적인 요소였다. 연못 물을 빼고, 파내고, 다시 모래와 자갈을 깔아 천연 수영장을 만들었다. 상류에는 큰 저수지를 만들어 침전지로 사용하고 나무로 만든 무지개다리를 놓아 다리를 건너면서 물새나 들짐승을 볼 수 있게 했다. 수영장 아래쪽에도 다리를 하나 더 놓았고, 그 아래 연못에서는 커다란 송어가 반짝이는 물결 속에서 헤엄치고 있었다.

오솔길은 우거진 숲 사이로, 울퉁불퉁한 바위 사이로 이어지게 만들었다. 흥미 있는 지점은 모두 구슬을 꿰듯 오솔길로 엮었다.

좀 멀리 떨어진 개울에는 비버 떼가 댐을 쌓고 살고 있었다. 공원 자랑거리가 되겠지만, 수줍음 타는 짐승이라서 어떻게 관람시킬까 방법을 많이 궁리했다. 결국 탐방객은 들짐승이 다닐 법한 좁은 길을 더듬어 삼나무가 자라는 늪지대를 통과해, 비버 댐 위에 걸쳐 있는 쓰러진 고목나무 뒤에 다다르고, 거기서 내려다보면서 찾아내게 하는 방법을 쓰기로 했다.

조경가 설계 작품은 땅이건, 물이건, 그곳에 내재한 잠재 가치를 가장 잘 발현시켜 전달하는 데 초점을 맞추어야 한다. 강조하고, 명확히 하고, 조금씩 조금씩 연속적으로 경관의 핵심에 접근시킴으로써 관찰자는 아름다운 경관을 스스로 발견하고 그 미적 감동을 맛볼 수 있게 된다.

## 인공 환경(The Built Environment)

이상에서 살펴본 것은 큰 공원이나 경관도로 또는 휴양지 좋은 호텔 등에서와 같이 자연경관을 주로 관찰 대상으로 삼는 경우였다. 그런 곳에서는 사람은 작은 방문객에 지나지 않아 조용히 내방해 경외심을 가지고 관찰하고 흔적 없이 떠나야 하는 입장이다. 그러나 이렇게 자연경관을 보여주기 위한 목적으로만 개발하거나 원시 상태로 보전할 수 있는 곳은 극히 드물다.

Underwood and Underwood

프랑스 몽생미셸(Mont Saint-Michel). 밀려오는 조수에 둘러싸인 채 단 하나 방축길로 연결되어 있다. 자연의 힘과 자연 형태에 독창적이고도 강력한 적응을 보여주고 있다.

### 용도(用途, Use)

토지는 우선 그 용도를 생각하게 된다. 이런 관점에서 사람들은 다음과 같은 의문을 갖는다. '경관미와 경관 특성은 따져서 무엇 하는가? 내가 알고자 하는 것은 이 토지를 어떻게 이용할 수 있는가뿐이다.'

그러나 엄연한 사실은, 폭넓고 완전하게 경관 특성을 파악하는 것이 토지 용도를 정하는 데 가장 중요한 요소라는 것이다. 계획가는 대상지와 그 주변 환경의 물리적 속성을 파악한 연후에야,

- 대상지에 적합한 용도는 어떤 것들이 있으며, 어떤 용도가 대상지 잠재력을 최대한 활용할 수 있을지 알 수 있다.
- 대상지에 적합한 용도만을 도입할 수 있다.
- 경관 특성과의 연관성을 파악한 바탕 위에서 적합한 용도를 도입하고 개발할 수 있다.
- 이렇게 도입된 여러 가지 토지이용이 하나로 통합되어 기능면에서 효율적이고, 시각적으로 아름다운 경관을 창출할 수 있다.
- 개발계획이 대상지는 물론 주변 환경에 적합하지 않고 부조화를 이루는 것은 아닌지, 그래서 잘못 배치한 것은 아닌지, 대상지에 어울리지 않는 것은 아닌지, 따라서 (정의한 바와 같이) 추한 것은 아닌가를 판단할 수 있다. 적절치 못한 용도는 미관뿐 아니라 실용 측면에서도 혼란을 초래한다. 적절

치 못한 토지 이용을 억지로 도입하면 마찰을 유발하고 대상지의 가장 바람직한 경관을 파괴할뿐더러 기능 발휘를 원활하게 할 수 없기 때문이다.

### 적합성(Suitability)

인간은 무질서한 것, 조화롭지 않은 것 즉 추한 것을 싫어하며, 본능적으로 조화로운 것과 균형 잡힌 형태에 끌린다. 모든 인공 구조물과 개발은 우리에게 즐거움을 줄 수 있게 설계하는 것이므로, 그 결과물은 당연히 아름다움이라는 제일 바람직한 속성을 지녀야 한다.

어울린다; 그 장소에 딱 알맞아 보인다. 기능적이다; 어느 부분이나 모두 효율적으로 배치했다. 보기 좋다; 아름답다; 마음에 든다.

경관 속에 계획한 것은 무엇이나 그 경관에 영향을 미친다. 새 계획은 모두 그 대상지 자체뿐 아니라 주변 환경에도 일련의 작용과 반작용을 일으킨다. 이렇게 영향을 받는 주변 환경은 매우 먼 곳에까지 이를 수 있어 몇십 제곱킬로미터가 넘는 넓은 면적이 영향권에 들 수도 있다.

지구상 어느 곳을 개발하든지, 지구 표면은 연속된 하나임을 잊지 말아야 한다. 지구 어느 곳 개발이든 그 대상지에만 영향을 미치는 것이 아니고 그곳을 흘러가는 모든 것에 영향을 미친다. 아무리 작은 변화를 가하거나 아무리 작은 첨가물을 더할지라도 대상지에는 새로운 물리적 특성이나 새로운 경관이 형성되기 마련이다. 이로 인해 계획가는 끊임없이 경관을 변화시키는 역할을 하고 있음을 알게 된다.

### 조화(調和, Harmony)

손대지 않은 자연경관은 안정 상태, 평형의 안정 상태를 이루고 있다. 나름대로 응집되고 조화로운 질서가 있으며 그 속에 보이는 모든 형상은 지질 구조, 기후, 생물의 성장, 기타 자연의 힘이 표출된 형상이다. 원시림 속이나 평원 위의 인간은 하나의 침입자다. 원시 자연 속에 인간이 탐방로나 차도를 개설한다면 지형에 맞춰 조화를 이룰 수도 있지만, 지형을 거스르고 그 결과 파괴적 마찰을 초래할 수도 있다. 어떤 지역에서 인간 활동이 증가할수록 경관은 더욱더 인간 목적에 맞춰 구성된다. 조화로운 관계라면 바람직한 경관을 구성할 것이고, 무질서하고 비논리적 관계라면 바람직하지 못한 경관을 구성할 것이다. 대상지 개발 정도에 따라 자연경관 특성이 주가 되거나, 자연과 시설이 융화되거나, 공간과 시설 모두 인공적 형상이 된다. 그 어느 경우든 모든 요소와 영향력을 용해해 동적 균형을 이루는 통일된 경관을 창조하는 것이 바람직한 계획이다.

우리 인간이 가꾸어놓은 경관 중에도 모든 것이 서로 어우러져 기능을 잘 발휘하면서 인간미를 풍기는 곳들이 있다. 정겹게 펼쳐진 뉴잉글랜드 지방 농경지, 서부 목장 지역, 버지니아 시골 농원이 떠오른다. 그러한 곳에서는 기쁨과

*미적 자극(esthetic impact)이 항상 우리에게 영향을 미친다. 의식적으로 또는 대부분의 경우 무의식적으로, 친근감이나 혐오감을 불러일으킨다. … 매우 현실적인 문제의 결정에까지 영향을 미치기 때문에 매일 이용하는 것—자동차나 교량 등—나아가서는 인간환경의 형성에까지 영향을 미친다.*

**Siegfried Giedion**

Barry W. Starke, EDA

미시시피 주 크로스비 식물원(The Crosby Arboretum, Picayune, Mississippi).
주변과 조화 이루는 시설

행복감을 맛볼 수 있다. 어떤 도시, 어떤 지역은 정감 있다거나, 유쾌하다거나 그림 같다고 표현한다. 이런 표현은 우리 마음에 드는 어떤 조화로움을 무의식적으로 느끼고 있다는 의미일지 모른다. 우리는 그런 것들을 좋아한다. 잘못 계획한 곳, 무질서, 혼란, 오염, 천박한 취향이 횡행하는 곳은 추해 보이고 불편하다. 여행 중에도 이런 곳은 피할 것이다. 그런 곳은 물론 그 근처에도 살고 싶지 않을 것이다.

계획을 다시 한다면 그런 부정적 요소는 제거하려 할 것이고, 긍정적 특성은 유지, 강화하려 노력할 것이다. 길잡이 원리는 이것이다. 유쾌한 단지를 보전, 창조하려면 모든 요소나 부분이 서로 조화되도록 해야 한다는 것이다.

조화라는 표현을 많이 쓴다. 조화란 무엇이건 보호색이나 위장술을 써서 경관 속에 섞어 넣거나 숨기는 것이 아니다. 크고 작은 산수를 계획하는 데 그곳 시설물과 지형이 서로 가장 잘 어우러지게 하는 것이다. 개발 후 모습이 경관과 잘 융화된다면 잘된 설계가 빚어내는 행복한 결과물인 것이다.

> *농촌 경관을 해치지 않고 오히려 개선할 수 있게 건물, 교량, 도로를 잘 설계하고 잘 배치하는 일이 아직도 꿈에 불과한가?*
>
> **Christopher Tunnard**

### 대비(對比, Contrast)

아름다운 작품은 그 형태, 색상, 질감 대비를 통해 강조하여 표출할 수 있다. 이 원리는 경관계획에도 적용할 수 있으며, 스위스의 뛰어난 공학기술자 로버트 마일라르트(Robert Maillart)가 설계한 교량이 좋은 예다. 스위스와 바바리아 지방 사이 험준한 협곡에 걸쳐 있는 새하얀 철근 콘크리트 아치 구조물의 경쾌하면서도 우아한 모습은 보는 사람마다 감탄하게 한다. 험준한 바위산 배경에 교량의 선과 색상은 이색적이다. 주변 환경에 맞는 설계일까? 그 지방에서 생산되는 목재로 만든 다리가 더 어울릴까?

미국 국립공원 교량은 대개 그곳에서 생산되는 토속적 재료로 만들었다. 싫어하는 사람도 있지만 대체로 수준 높은 설계작이고, 미국 강 어디에서나 볼 수 있는 흔한 모양의 철제 교량이나 인조석 마감 다리에 식상(食傷)한 공원 내방객에게 새로운 모습을 선사한다.

> *조화를 추구하는 것은 인간 열망 중에서 가장 고귀한 것이리라. 조화란 모든 것을 포괄할 수 있기 때문에 끝이 안 보이는 목표이기는 하지만, 추구해야 할 목표임에는 틀림없다.*
>
> **Le Corbusier**

반면 마일라르트 작품의 특징은 자연경관 속이지만 고속도로 교량이라는 기능을 단순하고도 직설적으로 표현한 설계라는 것이다. 교량의 역학적 구조를 논리적 재료, 참신한 명료성으로 표현한 것이다. 이에 더해 우아하고 역동적인 다리 형태와 험준한 산림을 강하게 대비시켜 각각의 특징을 극적으로 승화하고 있다. 계곡은 더욱 거칠어 보이고 다리는 한층 정교하고도 두드러져 보인다.

http://www.en.wikipedia.org/wiki/Salginatobel_Bridge

로버트 마일라르트가 설계한 다리

낙수장(Fallingwater), 미국 펜실베이니아 주 베어 런(Bear Run, Pennsylvania). 콘크리트 구조물의 정밀성과 경쾌함이 자연 형태, 색상, 질감과 대담한 대비를 이룬다. 그럼에도 편안해 보이는 것은 왜일까? 아마 육중한 캔틸레버 데크가 묵직하게 돌출한 바위를 연상케 하기 때문일 것이다. 아마 바위 위에 솟아오른 벽이 그 바위와 같은 석재를 다듬어 쌓은 것이기 때문일 것이다. 또 역동적 건물 분위기가 거칠고 바위 많은 숲 분위기와 일치하기 때문일 것이다. 그리고 대비 요소와 대비 정도를 정밀하게 계획해 의도적으로 자연경관 최고 특성을 부각했기 때문일 것이다.

색상대비 이론에 따르면, 녹색은 약간의 주홍색이 나란히 있으면 더욱 푸르게 보인다. 불타오르는 듯 보이는 주홍색 반점을 만들려면 배경을 녹색으로 한다.

대비의 경관을 연출하려면 먼저 강조할 자연경관 요소를 잘 이해해야 한다. 그리고 강조할 자연경관을 더욱 강하게, 풍부하게 할 대비 요소를 설계하는 것이다. 반대로 구조물이나 시설물을 대비 효과를 써서 강조하고자 하면, 의도하는 대로 대비 효과를 줄 수 있는 배경 경관을 찾아 시설을 배치한다.

마일라르트 작품에서 보듯이, 대비 효과의 원리는 두 가지 대비 요소 중 한 가지는 압도적으로 우세해야 한다는 것이다. 핵심 경관 요소와 배경의 관계가 형성되어야 한다. 두 가지 요소가 동등한 비중으로 대비되면 시각적 긴장 관계가 생겨 즐거운 시각 경험을 약화하거나 망쳐버린다.

아름다운 경관은 모든 요소가 조화를 이루어 만들어내는 합작품이다. 그러나 유명한 작품 중에도 이 법칙에 어긋나는 것이 있는 듯하다—마일라르트(Maillart)의 교량 설계, 건축가 라이트(Frank Lloyd Wright) 작품 중 베어 런(Bear Run, 역주: 미국 펜실베이니아 주 지명)에 있는 낙수장(落水莊, Falling Water) 등. 이 작품들은 처음 보면 주변 환경과 동떨어져 보인다. 그러나 좀 더 연구해보면 두 작품 모두 목적, 재료, 형태와 작품 정신이 주변 환경과 합치하는 것을 알 수 있다.

Gary Knight & Associates, Inc.

Marcio Luzuriaga/Hargreaves Associates

움직임을 나타내는 동선이 환경에 형태를 부여한다.

### 인공 요소(Construction)

각종 자연경관 요소를 알아보고, 계획 과정에서 자연경관 요소가 중요하다는 점을 살펴보았다. 그러나 자연경관 요소뿐만 아니라 인공 시설물 형상과 인공의 힘이 작용하는 공간 역시 중요한 계획 요소다.

도로망 지도를 들여다보면 모양과 색깔이 다른 여러 가지 선들이 거미줄같이 얽혀 있다. 고속도로, 국도, 지방도, 철도, 항로, 지하철 노선 등등이다. 그저 종이 위의 선인 듯 보이지만 차들이 줄지어 달리는 고속도로나 열차가 굉음을 울리며 지나는 철길 옆에 서 있어 보거나, 여객선이 일으키는 파도 사이로 보트를 저어가본 적이 있는 사람은 지도 속 선들이 대단한 힘의 움직임을 나타내는 선이라는 것을 안다. 사람과 화물 운송에 중요한 선이지만 치명적인 위험선이기도 하다. 미국 어디에선가 3~4분마다 한 명이 교통사고로 숨지며, 부상자 수는 훨씬 많다. 이러한 사실에 비추어볼 때, 계획가들이 교통 노선 계획의 중요성을 잘 인식하지 못하거나 미래지향적이고 상상력 있는 설계를 할 줄 모르는 것이라는 생각이 든다.

중요성은 덜하지만, 계획에 큰 영향을 미치는 인공 환경 요소는 여러 가지가 있다. 계획에서 신중히 고려해야 하는 몇 가지를 열거해보면 그 중요성을 이해할 수 있다. 목록은 다음과 같이 시작한다.

단지 주위 도로
보도 연결성
주변에 위치한 존치할 구조물
철거할 구조물
지하 시설물
에너지원과 공급망
기반 시설 배치와 용량
용도지구(zoning) 지정 현황
건축 법규
지역권(地役權, Easements)
행위 제한

이 목록만도 만만치 않다. 여기에 지역사회 특징, 대상지 특성, 광업권, 쾌적성, 공공 서비스 등도 추가해야 한다. 이 중 어느 것 한 가지라도 사업 성공과 실패를 가르는 데 중요하지 않은 것이 없다. 고려할 요소 목록은 물론 주택단지, 학교, 상가, 마리나 등 사업 내용에 따라 크게 달라진다.

*조경의 근본 원리는 오로지 한 체계를 다른 체계에 접합하고 순응시키되, 서로 대립되는 것도 조화로운 관계를 이루게 하여, '질서'라 부르는, 더 높은 통일을 이루는 것이다.*

**Stanley White**

Alan Ward/ Reed Hiderbrand

대상지 특성 보존, 증강(增强)

© D.A. Horchner/Design Workshop

경관 특성과 어우러지는 개발

주어진 인공 또는 자연 조건을 잘 반영하려면 어떤 계획 과정을 밟아야 할까? 먼저 전술한 목록을 따라 각 항목별로 문제점은 무엇이며 가능성은 무엇인지 분석한다. 장점은 개발해 그 효과를 극대화하고, 단점은 가능한 한 저감하거나 제거한다. 뛰어난 계획은 단점을 장점으로 전환하는 것이다.

**합일**(合一, Compatibility)

경관의 특징은 항상 변한다는 것이다. 생명체가 계속 자라고 계절이 끊임없이 바뀐다는 점 외에도, 인간이 땅을 파헤치고 또 메우기를 되풀이한다. 때론 아름다운 경치를 무모하게 파괴하고, 때론 현명하게 기능과 대지의 합일(合一)을 이루어내어 대지를 더욱 빛내기도 한다. 건설 사업이 있다면 그 대상지에는 어떤 형태든 경관 변화가 오기 마련이다.

Hardee Johnstan, EDA

농촌 경관 설계 요소

경관은 계속되는 진화 과정이다. 어떤 땅에 담길 용도와 그 땅이 지닌 자연 또는 인공환경 모두가 합일을 이루도록 계속 발전시키는 것이 최선이다.

© D.A. Horchner/Design Workshop

# 7 환경계획 THE PLANNED ENVIRONMENT

미국은 아직도 개척 단계를 거치고 있거나 이제 겨우 개척 단계를 마무리하고 있는 것 같다. 최근까지도 우리 땅은 우리가 희망하는 어떤 형태로든 마음대로 사용할 자유가 있다는 위험한 생각을 했다. 이 확신 없는 권리를 행사하면서 자연자원을 착취하고 토지를 수탈해왔다.

몇천 제곱킬로미터씩 산림을 벌채해 울창했던 강 유역에 황무지와 침식으로 생긴 골짜기만 남겼다. 노천광을 개발하면서 광활한 비옥 토지를 불모지로 만들었다. 몇백억 톤의 비옥한 표토가 침식되어 바다로 흘러 들어가 다시는 되돌려 놓을 수 없게 되는 것을 보아왔다. 하천과 강은 하수와 공장 폐수 오염이 심각하다. 다른 문명에서는 전례가 없는 자연환경 훼손을 저질러온 것이다. 통한(痛恨)의 잘못을 저질렀다. 비록 늦었지만 이제 우리 잘못을 깨닫게 되었다.

오늘날까지 낭비와 파괴를 막기 위한 계획철학은 통제와 금지에 역점을 두어왔다. 대세는 규제(規制, negative) 위주 계획철학이었던 것이다. 규제적 접근이 유용하다는 것은 의심할 여지가 없지만 충분하지는 못하다. 이제는 건설 계획 과정 전체를 재검토해야 할 때다. 그래서 토지이용에 대한 새로운 시각에 부응하는 적극적(positive) 접근 방법을 창안해야 한다.

이러한 신사고(新思考)는 동적 보전(dynamic conservation) 개념에 속한다고 볼 수 있다. 그 개념의 뿌리는 우리가 보호의 주체가 되어야 한다는 자각과 지구를 보호하는 보호자가 되어야 하며, 그래서 지속가능한 생활환경을 만들어나가야 한다는 자각이다. 이 모든 것이 종합토지이용계획(comprehensive land use

이제까지 검증된 계획 기법과 법제만 가지고도 지금과 같이 흩어져 있는 도시 요소를 모아서 다시 여러 가지 도시 활동 중심지 속에 재분류 배치하되, 각 활동 중심지는 지형과 조화이루고, 좀 더 자족적이고 완전하며, 공원도로(parkway)와 고가선로(高架線路)를 통해 고밀도 도시-지역 중심부와 연결되는, 그러한 도시를 만들 수 있다.

planning) 필요성으로 귀결된다. 현황 유지 자세로는 그런 목표를 이룰 수 없다. 타협을 모르는 반대, 방해와 지연, 끝없는 법정 투쟁 등을 유발하는 규제적 접근은 탈피해야 한다. 관련 공공기관과 민간업계 모두가 협동하면서 참여해 진화 발전하는 원대한 토지이용계획을 수립함으로써 질서 있는 지역 성장과 발전을 이루어내야 한다.

## 보전(保全) 금과옥조(金科玉條) (A Conservation Credo)

그러한 보전 운동이 믿고 실천할 것은 무엇인가?

- 자연자원을 현명하고 지속 가능하게 사용하고, 복원하고, 재충전하기 위한 장기 전략
- 귀중한 생태계, 역사 유산, 아름다운 경관 보전
- 누구나 해변, 백사장, 오픈스페이스를 합당하게 이용하고 즐길 수 있도록 접근성 제공
- 아름다운 경관도로(parkway), 등산로와 자전거도로, 전국을 연결하는 초록길(greenway) 조성
- 동식물 서식처와 인간 정주 공간을 관통하지 않고 우회하도록 고속화도로 설치
- 피상적 지역지구제 대신 '수용 능력(carrying capacity)' 논리에 의거한 토지 이용 관리
- 우수한 경관은 보전하고 그 주변에 주거 공간을 배치
- 도시 확산과 난개발 병폐 종식(終熄)
- 고효율 고밀도 도시를 우량농지, 산림, 자연보전지구를 연결하는 오픈스페이스 틀 속에 배치
- 교육으로 지구(地球) 환경 보전 의식 고취

## 환경문제(Environmental Issues)

몇 년 사이 환경문제 우려 목소리가 많아졌다. 세계 어디서나 들린다. 환경문제에 좀 더 식견 있는 사람들 사이에서는 인류 생존까지 우려한다. 그러나 일반 대중에게는 환경이라는 용어가 너무 모호하고 광범위해 별 의미 없을 정도가 되어버렸다. 환경이라는 용어가 허다한 문제점과 가능성을 품은 채 아주 복잡해진 한편, 해결해야 할 문제는 명료하다. 환경문제는 모두 토지이용계획에 영향을 미치고 또 영향을 받기 때문에, 아래와 같이 열거해 각기 검증된 해결책 위주로 간략히 설명한다.

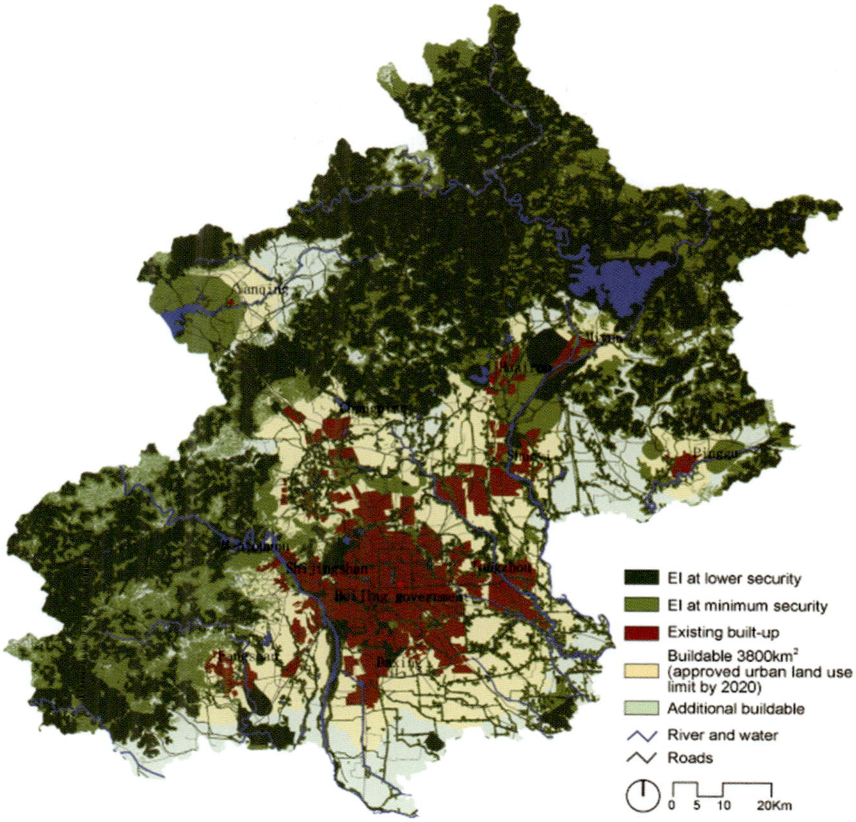


Kongjian Yu/Turenscape

광역 환경계획

*약 5,000년 전 문명이 싹틀 무렵, 세계 인구는 2,000만 내외였을 것이다. 그러나 오늘날 세계 인구가 해마다 증가하는 숫자가 이것의 두 배에 이른다. 복리로 불어나는 돈과 같이, 세계 인구는 1850년대 10억대에 이르렀고, 1920년대 벌써 20억을 넘었다. 인류를 더욱 불안하게 하는 것은 인구증가율 역시 꾸준히 증가하는 것이다. 현 추세라면 세계 인구는 50년 이내 다시 두 배가 될 것이다.*

**Julian Huxley**

### 성장관리(Growth Management)

성장관리는 장기적 계획을 의미하고, 장기적 계획이 필요하기 때문에 지역계획 전담기구 또는 도시 행정기구가 담당해야 한다. 어떤 종류 개발 사업이건 이미 수립해놓은 지역계획과 부합하는 개발 사업만 허가를 내준다. 입주, 사용 허가는 필요한 공급시설이 모두 설치되고 정상 작동하고 있을 때 내준다.

### 지역계획(Regional Planning)

많은 경우 어느 지역 인구 숫자보다는 지역 중심지가 어떻게 조성되었는가가 더 중요하다. 흔히 어느 행정구역에 거주자나 근로자가 많이 유입하면 소득이 증가하고 세수(稅收)도 증가할 것이라는 그릇된 통념이 있다. 과거와 같이 토지 이용을 관리하지 않고 여기저기 흩어놓으면 오히려 반대 현상이 나타난다. 도로 개설, 전기 상하수도 같은 공공시설 연장, 학교, 복지시설, 소방서, 경찰서 등등 값비싼 투자가 곧 세수 증대를 능가한다. 더구나 교통량과 혼란이 증가하면서 거주자들은 떠나기도 한다.

각 행정구역 관료와 직원들은 자기 구역 이익을 위해 일하는 경향이어서 지역 전체 장기적 이익은 관심 밖인 경우가 많다. 그러나 지역 전체 이익을 위해 공식 위원회를 지정해 아주 좋은 성과를 거둔 성공 사례가 많다. 왜 이런 사례가 더 많아지지 않을까? 이유는 간단하다. 지자체는 권한을, 관료는 직책을 떼어주기 꺼리고, 기득권을 사회 구성원이나 동료들에게 양보하기 싫기 때문이다. 이러한 문제를 해결하는 검증된 방법 한 가지는 군(郡, county)이나 도(道, state) 행정 당국에 청원해 계획수립 권한과 그를 집행할 전권을 갖는 지역계획기구를 설립하는 것이다. 이 기구는 각 행정 단위 범위를 넘어 토지이용계획, 교통망, 공급시설, 수자원 관리와 재활용 같은 여러 부문 장기(長期)계획 권한을 가져야 한다.

토지이용계획은 장기적으로 점진 진화하는 계획이어야 하며 주거, 업무, 상업, 휴양 지역같이 포괄적인 지역 지정만 하되 각 용도 지역은 그 용도에 대한 수요가 있는 곳, 용수(用水)와 기타 소요(所要) 자원 공급이 용이한 곳에 입지(立地)하며, 주변 기존 자연환경, 인문환경이 조화를 이루는 곳이어야 한다. 이렇게 포괄적으로 지정한 용도 지역 내에서 지방정부와 지자체 공무원은 용도지구를 더 세분하고 세밀한 규제 내용을 계속 정해나갈 권한을 가지며, 그 외에도 법규가 허용하는 범위, 공식 채택한 지역계획에 부합하는 범위 내에서 여타 계획 관련 업무도 수행한다.

### 광역시(Metro Government)

한 걸음 더 나아가서, 광역시 형태 행정에서 빛나는 성공 사례를 볼 수 있다. 주(州, state) 정부가 몇 개 인접 군(郡, county) 연합체에 특별 권한을 부여하는 것이다. 비록 광범위한 권한을 부여하지만, 지역 전체에 걸친 특정 업무 수행 의무를 부여하는 것이다. 물론 그 외에는 각 지자체가 고유 통치권을 보유하고 지방 행정 업무를 계속할 권한을 보장받는다. 이렇게 여러 지자체를 통괄하는 계획 업무의 효과와 효율성은 머지않아 확실하게 나타난다.

Mia Lehrer + Associates

시민운동

### 시민운동(Civic Action)

정치 권력 특혜나 유착(癒着)이 환경 훼손 위협을 초래하는 상황이라면 시민운동 단체가 필요할 것이다. 서부 펜실베이니아 주 알레게니 협의회(Allegheny Conference)가 대표적 사례다. 50년 넘는 세월에 걸친 활동을 통해 한때 황폐했던 경관을 미국에서 가장 살기 좋은 도시 수준으로 바꾸었다.

시작은 이랬다. 제2차 세계대전 참전 후 고향에 돌아온 기업인 몇 사람이 마주한 것은 생활환경, 근로환경이 참을 수 없을 정도로 열악하고 부패가 횡행하는 모습이었다. 이를 바로잡고자 협의회를 발족한 것이었다. 시민 지도자 중심으로 비정치 평의회를 결성했다. 매년 한 차례 회의를 개최해 개선을 위하여 해야 할 일 우선순위를 제안하고, 성과를 청취한다. 소규모지만 집행위원회와 전속 직원도 두고 개인이나 민간 재단 등에서 기금을 모금해, 사업을 하나하나 추진해 지역을 변모시키고 있다.

시민운동 단체 규모나 형태는 각양각색이다. 헌신하고 노력하는 회원 한두 명 이상만 있어도 충분하다. 회원이 수천 명 이상인 단체도 있다. 시에라 클럽(Sierra Club)이나 미국보전재단(American Conservation Foundation)같이 우리 생활환경에 지대하게 공헌하는 단체도 있다.

### 보전지역권(保全地役權), 토지 기부(寄附) (Conservation Easements or Gifts of Land)

경관 보전 수단이 되는 보전지역권(保全地役權, conservation easement 역주: 토지를 현재 이용 상태로 보전하도록 하는 권한. 국가나 지자체가 토지소유자에게 보상금을 지급하고 이 권한을 임차 또는 매입할 수 있음)

앞으로 경관을 온전하게 보전하는 기법으로 크게 기대되는 것은 보전지역권을 임차하거나 매입하는 것이다. 이 기법은 토지이용을 현재 상태로 제한하는 것이다. 농경지 소유자라면 현재와 같이 토지를 농업 활동에 온전히 사용할 수 있으면서 한 몫에 받는 지역권 임대나 매각 대금 수입을 얻고, 계속 토지세 감세 혜택도 받는다.

보유 토지 중 상당 부분을 사용하지 않는 사람은 그 부분을 보전을 전제 조건으로 보전 단체에 매각해 수익을 얻거나 기부해 세금 혜택을 누릴 수 있다. 이런 방식으로 지역계획 속에 항구적인 녹지 공간을 구축할 수 있다.

### 수자원 관리(Water Resource Management)

계획가들은 물 부족 문제를 잘 깨닫지 못했다. 물 부족 문제가 위기 수준에 이른 지역도 여러 곳이다. 미국 동해안, 서해안 모두 지하수 취수 지역이나 도시개발 지역 여러 곳에서 지하수위가 너무 낮아져 해수가 침투하고 있다. 강 상류는 이미 산림벌채, 관개용수 취수 등으로 수자원이 부족해졌는데, 늘어나는 대규모 낭비 물 수요에 맞추느라 더욱 고갈 상태다. 내륙 지방 일부 강은 곳곳을 저수지로 막아 강물이 겨우 실개울같이 흐르거나 철 따라 펄 밭으로 변한다.

전국적으로 담수 소비량을 줄이고 통제해야 함이 분명하다. 더는 수천 제곱킬로미터에 달하는 잔디밭에 관수를 계속할 수도 없고, 계속 도로를 물로 청소할 수도 없다. 또 관수하지 않으면 안 되는 수천 제곱킬로미터 농경지에 상수도

Kongjian Yu/Turenscape

자연형 하천 복원

물을 쏟아부을 수도 없다. 머지않아 관수용수는 모두 재활용수로 대체해야 할 것이다. 급수망은 상수도망과 재활용수망을 별도로 설치해야 한다. 수자원을 복원하고, 재충전하고, 담수 보유고를 지속 가능하게 유지하는 선진 수자원 관리를 지향해야 한다. 지역 수요량만큼만 취수하도록 규제해야 한다. 광역계획, 녹지계획, 산림복구, 습지보호 등을 추진해야 한다. 주요 강과 하천은 자연 상태로 흐르게 복원하고 유지해야 한다. 강 유역은 발원지부터 하구(河口)까지 온전한 일체(一體)로 조사 연구하고 계획해야 한다.

### 토양 유실(Soil Loss)

국부(國富) 원천은 그 나라의 비옥한 표토층이다. 먹이사슬 전체가 오로지 그것에 의존한다. 표토가 없으면 인간과 모든 생명체가 의존해 살아가는 식물도 없을 것이고, 강수(降水)를 붙잡아두고 맑은 공기 속으로 배출해주는 식물의 증산작용도 없을 것이다. 빗물을 모아 서서히 지하수층으로 스며들게 하는 기능도 없을 것이다. 사막 국가, 광대한 사막지역은 토양침식 폐해의 극단적 본보기다. 그곳들도 한때는 우거진 숲이거나 초지였고, 강이 흐르고 수자원이 풍부했다. 선박 건조, 목재 생산, 포도밭이나 과수원이나 농장 개간을 위한 벌채 때문에 토양침식이 깊은 골짜기를 이루고 바다로 쓸려가 되돌릴 수 없게 되었던 것이다. 그리스, 이스라엘, 시리아, 스페인의 황폐한 곳들도 예전에는 푸른 녹지대였다.

Natural Resources Conservation Service (NRCS)

Jeff Vanuga, Natural Resources Conservation Service (NRCS)

Ian Lind

NOAA George E. Marsh Album

미국 표토 3분의 1이 침식으로 유실되었다.

짧은 미국 역사 속에서 특히 지난 한 세기 동안에 낭비적 농경 방식, 산림 훼손, 건설 사업 등으로 귀중한 표토 전체 3분의 1 정도를 침식으로 잃고 말았다. 따라서 소중한 표토 가치에 대한 인식 개선과 교육이 필요하고, 절성토(切盛土) 시 표토는 모두 모아 비축하고 재사용하도록 엄격한 규제책을 마련하고 철저히 시행하는 것이 중요하다.

침식으로 인한 토양 유실만큼 심각한 문제가 농지 소멸이다. 가장 중요한 원인은 이웃 농경지 용도지역 변경이 발생하거나 농업 용도 외 타 용도 전용 목적 농지 매매가 발생하면 그에 따라 농경지로 계속 사용하는 땅도 과세표준액이 상승하고, 부과 세액이 증가하면서 농지 소유자는 땅을 매각하고 싶은 유혹에 빠지거나 늘어난 세금을 마련하기 위해 땅을 팔아야 하는 처지가 되기 때문이다. 농지를 보전하고 필수 농업을 지속시키려면 농업생산성과 지역계획에서 지정한 용도지역과 용도지구에만 근거해 과세표준액을 정해야 한다.

### 오염(Pollution)

청정(淸淨)했던 우리 생활환경이 이제는 부끄러울 정도로 심하게 오염되었다. 대기오염이 너무 심해 건강을 해칠 정도인 곳이 많다. 유독가스, 산성비 때문에 야생동물과 식물, 가축이 죽고 사람도 죽는다. 지구를 덮은 대기 중 이산화탄소 농도가 증가하면서 지구 기후에까지 나쁜 영향을 미치고 있다. 이러한 문제를 줄이려면 시간이 걸리고 대중이 목소리를 내야 하며, 새로운 법을 제정해야 하고 막대한 투자가 필요할 것이다.

수질오염도 문제다. 지표면 유출수, 주변 땅에서 스며나오는 물이 하천, 지하수, 호수 등을 심하게 오염시켜 이제는 오대호 가장 먼 곳에서 잡은 물고기일지라도 다량 섭취하는 것은 안전하지 않다. 오염된 지표면 유출수를 차단, 정화해 방류하도록 농업과 건설 활동을 규제해야 한다.

언뜻 보면 움직임도 없고 문제없어 보이는 토양 역시 오염에 시달린다. 대기 중 유독가스 흡수, 비료 살포, 농약과 제초제 사용, 이름과는 판이(判異)한 위생 매립(역주: sanitary landfill, 쓰레기 매립), 방사성 폐기물 때문이다.

대중이 바라보는 환경문제 심각성은 정도 차이가 있지만, 정부가 적극 나서서 오염저감대책을 실천하기를 바라고 있다. 이제야 우리는 오염을 저감하고 통제하는 요체는 바로 환경계획의 핵심이라는 사실을 깨닫기 시작했다.

### 안전(Safety)

집 안전, 직장 안전, 여행 안전 등등 모두 신중한 설계가 좌우한다. 자동차, 기차, 선박, 유람선 등 모든 교통수단은 계속 변하고 발전한다. 마찬가지로 우리 토지이용계획과 교통계획 역시 변화 발전해야 한다. 자동차 없는 보행자와 자전거 전용 지정도로가 도시뿐만 아니라 전국을 그물같이 엮어야 한다. 도시와 도시는 진출입을 제한하는 고속도로망과 경관도로망으로 연결한다. 고속도로는 물론 일반도로 역시 평면 교차는 모두 없앤다. 지역 간 고속교통망은, 교차로는 위아래로 입체 교차시키고 도시 내부를 관통하지 않고 외곽을 돌아가며, 진출입은 도로 측면에 설치하는 경사로를 이용한다.

어느 곳이나 신체 불편한 사람들을 위한 설계를 의무화해야 한다. 어떤 계획에서나 위험 요소 제거를 기본으로 삼아야 한다. 증가하는 범죄와 새로 두드러지는 위협이 되고 있는 폭력(테러)이 미국 전역에 어둡고 위험한 그림자를 드리우고 있다. 계획을 통해 혼란스러운 도시 구역, 노후한 곳, 폐허, 은신처 등을 제거하면 퇴락 현상을 많이 개선할 수 있을 것이다. 할 일은 더 많다. 도시 재생 사업을 통해 필요한 사람들을 위해 고용 기회도 창출하고 오락 기회도 제공해야 한다. 훈련받은 전문가가 참여하면 지역을 정화하고 개선하는 데 할 일이 많다. 누구에게나 득이 된다. 옛 국민보전대[國民保全隊, Civilian Conservation Corps; CCC 역주: 1930년대 미국 대공황 시절 루스벨트 대통령 시책. 가장(家長)이 실직한 전국 가정에서 청년 지원자를 모아 단체 막사 수용, 기술을 가르쳐 황폐한 곳에 나무심기 등 각종 국토정비 사업을 실시하고, 보수 대부분은 고향집으로 송금케 함], 그 후 변형 발전한 각종 청년이나 장년 자원봉사 단체가 훌륭한 본보기다.

Adam Jones, Courtesy of Jones & Jones Architects & Landscape Architects, Ltd.

차 없는 자전거도로

### 기후(Climate)

어떤 사람은 더운 기후를 선호하고, 어떤 사람은 서늘하거나 추운 기후를 좋아한다. 계획 단계 우선 고려 사항은 건설 주체가 일찍 선택, 결정을 내리는 것이다. 기후는 온도만 결정하는 것이 아니고 배치 위치, 방향, 재료, 형태 등에도 영향을 미치기 때문이다.

기후는 고지대 기후, 저지대 기후, 습한 기후, 건조한 기후, 기온의 높고 낮음만 가리는 것은 아니다. 눈부신 사막에서부터 희미한 산림 속까지 상이한 빛 특성도 기후 요소고, 크게 차이 나는 습도 역시 기후 요소다. 계절이 있고 계절 특징이 사뭇 다르다면 독특한 기후가 특질이 된다.

날씨, 미풍, 풍속과 풍향, 안개, 강수량, 홍수, 가뭄, 모두 기후 탓이다.

### 자연재해(Natural Disasters)

폭풍우(cyclone), 태풍, 지진, 홍수 같은 것들은 인간 삶의 일부라 할 수 있다. 피할 수 있는 한 피하려 노력할 뿐이다. 현대에는 탐지 기술이나 예측 기술이 발전해 피할 수 있는 가능성이 훨씬 높아졌다. 수천, 수십만, 알 수 없이 많은 생명을 조기경보, 대피조치 덕택에 보호할 수 있었다.

그러나 당면 위험성은 매우 심대하다. 예를 들어 계속 성장하고 있는 로스앤젤레스, 샌프란시스코 같은 대도시는 산안드레아스 단층 위에 입지했기 때문에 언제라도 격렬한 지진이나 화산분출이 내습할 가능성이 높다. 이런 위험을 알면서 정착한 사람도 있고, 모르고 사는 사람도 있다. 이런 종류 생명 위협은 이제 각 개인 선택 문제가 되었다. 과학자들이 단층선, 홍수나 산불 취약 지역과 태풍 경로 등을 확인 기록할 수 있게 되었기 때문이다.

Marvin Nauman, FEMA

2005년 뉴올리언스(New Orleans) 홍수. 토지이용계획 잘못으로 인한 인재(人災)

### 전쟁(War)

전쟁이야말로 최대 환경 재앙이다. 마을과 도시를 포격해 피 냄새와 화약 냄새로 범벅된 무덤으로 만들어버린다. 지역을 송두리째 결딴 내고, 뿌리 뽑아 폐허화한다. 수많은 인명이 허무하게 사라지고, 비열하고 인간 도덕을 외면하는 전쟁 광풍이 휩쓴다. 전쟁은 곧 지옥이다.

승리한 전쟁이건 패배한 전쟁이건 전쟁이라는 수단을 통해서는 결코 전쟁을 종식시키지 못했고, 앞으로도 그럴 것이다. 전쟁은 인간 모순이 빚어내는 것이다—과밀(過密), 기아, 빈곤, 불평등, 욕심, 국민 자유 억압, 영토 확장, 권력 쟁취. 인간이 엮어내는 이런 모순에 맞서고 고치지 않는 한 전쟁은 피할 수 없을 것이다.

한 개인이나 한 나라 노력으로 그 해결책을 찾을 수는 없을 것이다. 그렇다면 저명한 비정치 지도자들이 주도하는 범세계 민간단체가 발족해 큰 세력으로 진화 발전할 필요가 있음을 의미한다. '인류세계의회'라고 이름 붙여보자. 나라마다 회원 가입을 최고 영예로 여긴다면 얼마나 좋겠는가. 의회 구성은 영향력 있고 존경받는 세계적 지도자로서 나라마다 한 명씩만 초청해 회원으로 모시면 좋겠다. 별도로 연중 업무를 계속할 소규모 운영위원회와 직원이 필요할 것이다. 그 주 업무는 의회 회원에게 필요한 자료, 연차 회의에 보고할 자료를 수집하는 것이 되리라. 국가 관료도 연차 회의에 부를 수 있겠으나 의결권은 부여하지 않는다. 연차 회의에서는 세계 문제와 해결책을 집중 논의한다. 회의 결과 보고서는 각 국가가, 기존 또는 신설 공사가, 민간단체가, 기타 무언가 세상을 바꾸기에 일조할 단체가 우선 할 일 제안을 수록한다.

인류세계의회가 사업을 집행할 권한과 수단을 보유하지는 않지만, 연차보고서 내용은 세계 지도자와 그 지지자가 모두 중지를 모은 것이기에 영구히 지대한 영향력을 발휘할 것이다.

### 보전(Conservation)

이 책 다른 곳에서 다루었지만, 환경문제 중에서도 보전은 다시 더 언급할 필요가 있다. 인간 욕구 충족에 부응하는 것도 필요하지만, 모든 생명체 삶의 터전을 소홀히 다루거나 앗아버리는 일이 있어선 안 된다.

경험이 풍부한 토지소유자나 개발업자는 토지 평가가 얼마나 값어치 있는 일인지 안다. 땅은 우선 그 땅 안에 있는 가치 있는 요소는 물론 땅 밖에 있는 가치 있는 요소를 조사한다.

이런 가치 있는 요소는 보전하고, 보호하기 위해 계획에 반영한다. 가능하다면 인접 대지와 그 가치를 공유하도록 한다. 어떤 사업이든지 완성된 후에 그 땅이나 그 주변이 지니고 있는 바람직한 가치를 저감하는 사업이 아니고, 증대하는 사업이 되어야 한다.

예외 없이 항상 대상지 조사에서는 그 대상지가 지닌 두드러진 특성을 상세하게 기술해야 한다. 예를 들면 단 한 그루 나무, 작은 숲, 옹달샘, 연못, 아름다운 강줄기나 호수, 산림이나 산봉우리 같은 자연 요소도 그에 속한다. 흘러온 희귀식물, 멸종 위기 새 둥지 같은 것일 수도 있다. 역사 유적지나 유물일 수도 있다. 모두 잘 보전하도록 계획에 반영함으로써 이용자에게 즐거움과 자양분이 되게 해야 한다.

Tom Lamb, Lamb Studio

# 8

# 공동체계획과 성장관리

# COMMUNITY PLANNING AND GROWTH MANAGEMENT

공동체(共同體)라는 단어는 여러 의미를 지내며 대개 좋은 의미로 쓰인다. 식물이나 짐승들과 마찬가지로 인간 역시 무리 지어 살면서 서로 나누고 도우면서 번성한다. 인간을 무리 짓는 공동체계획 본질은 무엇이며, 가장 좋은 공동체 형태는 어떤 것일까?

## 집단 책임(The Group Imperative)

역사적으로, 인간은 필연적인 이유가 있어서 공동체를 형성하며 살아왔다. 공동방어를 위해 고대 성책(城柵) 안에 또는 중세 시대 성곽 안에 모여 산 것도 그러한 이유 때문이었다. 농업, 상업, 공업, 종교적 목적을 위해 공동체를 형성하기도 했다. 미국 대륙을 개척할 당시에는 또 다른 목적의 정착지가 항구, 강나루, 교통 요지, 자연 자원이 풍부한 곳 등에 산발적으로 형성되었다.

공동체 내 친분 관계는 주로 지연(地緣) 관계였다. 가장 유리하고 조건이 좋은 곳에 집을 짓고 살기 위해 모여든 가족들끼리 친구가 되고, 때로는 이웃 간 충돌을 빚으며 살았을 것이다. 사회적 친분 관계나 협업 관계는 대개 우연히 형성되었다. 주거가 고정되고 마을도 안정되어갔다. 크고 작은 도시가 번성하고, 대개의 도시가 격자형 가로망을 취하게 된다. 주거지역이 밀집되면서 학교, 편익 시설, 공원 녹지도 없는 곳이 많아진다. 밀도가 더 높아지고 교통량이 증가하면서 거리가 멀어지고, 오염이 극심해지고, 도시 주변 농토와 삼림이 무참히 잠식당한다.

*도심지와 도심지 사이에 존재하는 오픈스페이스 같은 공간 미래를 생각할 때, 가장 토지를 많이 점용하는 도시 기능인 주거 형태에 대한 신중한 재평가가 필요하다. 사람들이 선호하는 주거 형태 특히 도시 교외 지역에서 선호하는 주거 형태는 단독주택이어서, 광활한 농촌 지역으로 단독주택단지가 끝없이 펼쳐지는 도시 확산을 초래했다.*

*도시를 피해 벌판에 한없이 상자를 늘어놓는 것 같은 이러한 주거 형태를 추구하게 된 근본 원인은 무엇일까? 세금을 줄이기 위해서일까? 공평하게 부여받은 권리의 행사일까? 휴식 공간을 갈망하기 때문일까? 땅과 가까이 살기를 원해서일까? '즐거운 나의 집(Home Sweet Home)'에 대한 향수 때문일까? 이유가 무엇이건, 이러한 주거 형태 선호를 인정하면서 더 나은 설계를 유도하는 것이 해결책인가? 그렇지 않으면 수평 확산한 형태를 집적(集積) 고밀화(高密化)하는 것이 해결책인가? 집과 집 사이 공간을 줄이면, 도심지와 도심지 사이 오픈스페이스를 보존하거나 더 증가시킬 수 있을 것이다.*

**Walter D. Harris**

20세기에 접어들고 자동차가 보급되면서 농촌을 떠나 도시로 향하는 흐름이 갑자기 반전된다. 처음에는 소수 부유한 사람들이 허드슨 강변에 나타났던 것과 같은 낭만적인 농장이나 전원풍 별장을 지어 공업도시 탈출을 시도했다. 생활 수준 향상과 교통수단 발달 혜택을 누리는 중산층 다수가 그 뒤를 이었다. 이들이 꿈꾸었던 것은 도시 외곽, 숲과 농장과 정원 속에서 자연과 더불어 더 나은 생활을 누리는 것이었다. 그 수는 계속 늘어나서 미국 특유 교외 확산 현상이 새로 대두되었다. 신형 주택이 속속 개발되고 혁신적 공동체 형태도 창안되었다. 택지개발, 단지조성, 신도시 개발 기법 등이 발전하게 되었고, 지금도 발전하고 있다. 기대에 못 미치는 점도 있다. 가까이하고 싶던 자연을 너무 많이 파괴했다. 도시의 나쁜 습관을 너무 많이 되풀이했다 — 쾌적한 중정이나 오픈스페이스 보전지구보다 교통이 혼잡한 도로에 면하게 집을 배치하고, 시끄러운 고속도로변에 학교나 교회, 공장들을 어깨를 나란히 줄지어 배치했다. 차량이 폭주하는 관통도로가 주택가를 가로지르고, 그 연변에는 혼잡스러운 노변 상가가 끝없이 이어지게 방치했다. 공동생활 기본과 복잡성에 대해, 토지이용에 대해, 교통계획에 대해 아직도 깨우쳐야 할 것이 많다.

## 문제점(Problems)

규제를 가하지 않으면 부적합한 용도가 주택가에 침입한다. 넓은 도로와 고속화도로 주변에는 노변 상가와 부속 시설들이 밀집해 도로 용량을 감소시키고 교통 흐름을 방해한다. 퇴락하고 황폐화된 곳이 늘어나고, 빈집은 파괴 행동의 대상이 된다. 부동산 가치가 하락하고, 선의의 최초 입주자들은 여건만 허락한다면 더욱 외곽으로 이사를 간다. 어디에 가서 새로이 자리를 잡든, 좋은 계획과 규제가 없다면 똑같은 일이 되풀이되는 것이 슬픈 현실이다. 무언가 달라져야 한다.

### 단조로움(Monotony)

도시 근교 개발 사업은 흔히 울창한 숲을 깎아 평지로 만든다. 나무를 베고, 지피식물을 파괴하고, 하천과 배수로는 메워 대규모 하수로나 하수관을 만들기가 다반사다. 그런 후 바둑판 같은 도로망 사이에 똑같은 집을 늘어놓는다. 다진 땅 위에 외래 수종을 심는다. 그곳 숲과 초원에 살던 야생동물은 살 곳을 찾아 떠나야 한다.

필지분할(subdivision)은 아시아나 유럽에 없는 미국 특유의 택지 조성 방식이다.

그러나 좀 더 자연을 생각하는 토지이용계획, 주택단지계획은 단조로움 대신 다양성을 보이는 경관을 보전, 창출할 수 있다. 그 결과는 주민에게 훨씬 매력적인 주거환경을 제공하는 동시에 초기 투자비는 물론 유지 관리비도 절감한다.

### 비효율(Inefficiency)

도시, 교외, 농촌, 어느 곳이거나 효율성을 갖춘 주거단지와 공동체를 건설하는 것이 훌륭한 계획이다. 효율성은 에너지와 재료를 절약하고 마찰을 줄이는 것을 의미한다. 에너지를 절약하려면 학교, 상가, 레크리에이션 장소 등의 이용이 편리해야 하며, 이는 가까이 있어서 접근이 용이해야 함을 의미한다. 그러나 우유나 빵을 사려 해도 차도를 몇 번씩 건너고, 주택단지를 몇 개씩 지나는 먼 거리를 오가야 하는 경우가 많다. 차량이 질주하는 횡단보도를 여러 차례 건너는 모험을 해야 어린이 놀이터, 초등학교에 갈 수 있는 곳도 많다. 이 모험에서 실패해 영원히 목적지에 도착하지 못하는 어린이와 어른들 기사를 신문에서 자주 접하지 않는가?

최신식 종합상가는 대개 걸어서는 갈 수 없는 곳이다.

이에 비해 계획된 공동체에서는 여러 가지 형태 주거가 활동 중심지 주변에 모여 있다. 차량통행 없는 오솔길로 걷거나, 자전거를 타거나, 소형 전기자동차를 타고 다니면 된다. 안전하고 쾌적하고 훨씬 효율적이다.

도로변에 주택이나 아파트를 줄지어 배치하는 것이 해묵은 관례지만, 이제는 바람직하지 않다고 생각한다. 도로에서 떨어진 중정을 갖춘 집보다 차량이 붐비는 도로에 면한 집을 더 좋아할 가족은 별로 없을 것이다. 도로변을 피해 모아놓은 주택이 분양도 임대도 더 잘되는 동시에 경제성도 좋다. 집집마다 차량 출입구를 도로와 연결하지 않아도 되므로 진출입 차량에 따른 교통 흐름 방해가 줄고 도로 소통 효율이 높아진다.

집합 주거 형태를 취하면 도로, 고속도로, 하수관망, 공공설비 등의 건설 비용을 훨씬 더 많은 세대가 분담하게 된다. 도로 한편, 또는 양편에 주택을 배치하는 기존 방식은 비경제적일 뿐더러 온갖 문제가 많다.

하수관망, 공공설비, 에너지 배송망 등을 도로 부지에 건설하는 관행도 지속적으로 문제를 일으키는 원인이 된다. 전주와 전선이 가로수와 같이 자리하기 때문에, 전선을 보호하기 위해 가로수를 정기적으로 강전정을 할 수밖에 없다. 도로 밑에 매설하는 지선(支線)을 새로 묻을 때마다, 항상 고장 나는 곳이 있기 마련인 수도, 전기, 하수관 등을 수리할 때마다 도로포장 일부를 뜯어내고, 일부 차선의 통행을 금지시키는 것도 큰 문제다. 도로경관을 손상시키지 않으려면, 각 대지(垈地) 후면 쪽에 공공설비지역권(地役權, utility easement)을 확보하는 것이 훨씬 좋은 방법이다.

계획성 없이 개발한 공동체 최대 낭비 요소는 쓸데없이 파괴를 일삼는 정지공사와 불필요한 배수관망(排水管網) 건설이다. 지형을 무시하는 단지계획 때문에 이런 비용이 발생한다. 자연 식생을 보존하면 사면과 토양을 안정시키고 보호한다. 하천과 자연 배수로는 빗물을 처리해준다. 그러나 식생을 파괴하고 자연 배수로를 차단하면 막대한 배수 시설 비용과 토양 안정 비용이 주택 건설 비용에 전가될뿐더러 식재 비용도 추가된다.

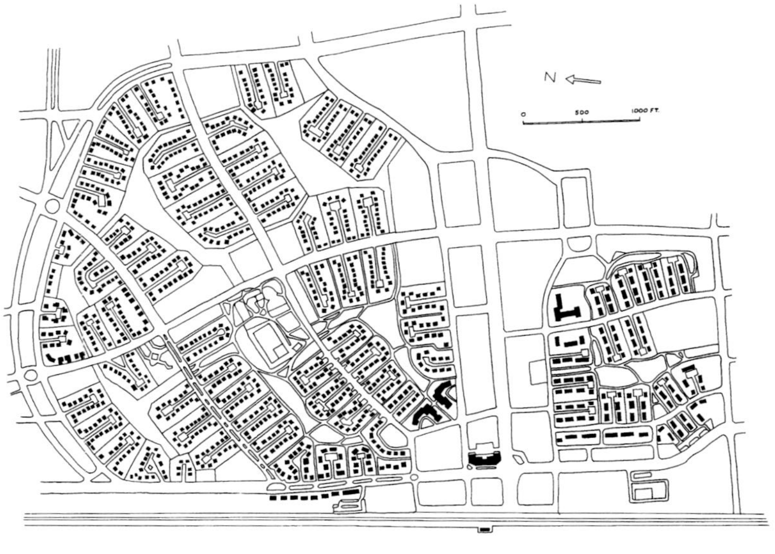

1928년, 미국 뉴저지 주 래드번. 래드번 개발계획을 맡았던 라이트(Henry Wright)와 슈타인(Clarence Stein)이 자동차 시대를 고려해 창안한 혁신적 개념 주거단지계획이다. 택지는 슈퍼블록(superblock)화하고 차량 접근은 고속 통과 교통을 배제하는 막은길(cul-de-sac)을 적용했다. 차량이 통행하지 않는 보행로를 중앙에 위치한 큰 공원으로 연결하고, 공원 속과 공원 주변에는 지역사회 공공 시설, 여가 시설, 종합상가를 배치했다.
이 계획 개념을 시원(始原)으로 그 후 수많은 우수한 주거단지계획, 지역사회 개발계획이 싹텄다.

수익성이 있어야 하고 경쟁이 매우 치열한 주택건설 산업과 도시개발 산업 분야에서 좋은 계획, 잘된 사업은 효율적이고 환경친화적일 뿐만 아니라 사람에게도 친화력 있어 분양이나 임대가 더 잘되고 수익성이 더욱 높아지는 사업이라는 것을 깨달은 사업자들이 가장 성공적인 사업자들이라는 것은 정말 뜻밖이다.

### 건강하지 못한 환경(Unhealthful Conditions)

건전한 신체에 건전한 정신(Mens sana in corpore sano). 공동체계획과 인간 건강 상태는 어떤 관계가 있을까?

흔히 말하듯이, 인간은 주로 유전(遺傳)과 환경의 산물이라면, 부디 강한 유전 인자를 가지고 태어났기를 빌 뿐이다. 퇴락하고, 오염되고, 위험한 교통 여건으로 가득 찬 동네는 결코 건강한 주거환경은 아닐 것이기 때문이다.

합리적인 질서와 형동을 누릴 수 있을 때 정신적 행복을 누린다. 생활 여건이 비합리적이고 매일 좌절과 근심과 혐오감 속에 살아야 한다면 건전한 정신 상태를 유지하기 어려울 것이다.

인간 행태 측면에서 오늘날 삶은 우리 부모 세대는 상상도 못 했을 정도로 빠르게 움직이는 사회생활이다. 복잡한 생활 속에서 매사가 강도 높게, 두 배 이상 빠르게 진행된다. 정신없이 돌아다니는 수레바퀴 생활, 그 중간에는 오랜 시간 동안 앉아서 사무를 본다. 근무시간 대부분을 책상이나 계산대, 기계 앞에서 구부리고 일하거나 컴퓨터를 들여다보며 지낸다. 우리 선조들이 삶을 함께한 논밭, 숲, 과수원, 목장의 가축, 뜰에서 뛰노는 동물 등 모든 건강한 삶의 요소와 우리는 완전히 동떨어진 삶을 산다. 지금 같은 기계적인 삶과는 다른 생활, 반대되는 생활이 장래 우리가 계획하는 공동체에서는 가능할까? 앞으로 건설할 새 동네에서는 건강한 옥외 활동과 야외 레크리에이션, 단체 활동, 만족스러운 공동생활을 즐길 기회가 있을까? 그럴 것이라고 믿는다.

### 위험(Danger)

오늘날 우리가 살고 있는 공동체가 우리 생명과 신체에 위험하지 않다고 그 누가 주장할 수 있을까?

횡단보도와 교차로
차량과 보행자 혼합
머리 위 전선
토양오염, 수질오염
숨 쉬는 오염된 공기 …

일주일이 멀다 하고 발생하는 강도, 절도, 질주 차량 총기난사 등 우리 주변 도로와 골목길에서 빈발하는 범죄도 늘어가는 위협이다. 이러한 범죄는 퇴락하는 주택가, 빈집, 조명 없는 으슥한 장소 등 좋지 않은 환경이 그 온상이지만, 마땅히 갈 장소, 할 일이 없음에도 기인한다.

당면한 위험 요소, 잠재 위험 요소 모두 계획을 통해 개선해나가야 한다.

## 가능성(Possibilities)

장차 건강한 주거환경을 계획하려면 어떻게 해야 할까? 다음과 같은 조건을 제안한다.

땅에 알맞은 개발
집과 도로 관계 개선
집과 집, 집과 중심가 관계 개선
다양한 볼거리와 할 일 마련
자아 표현과 혁신의 자유
진정한 공동체, 더불어 사는 곳 공감대 형성

### 건물 배치(Building Arrangements)

집은 왜 도로에 면해야 하는가? '항상 그래왔으니까'라고 사람들은 대답할지 모르겠다. 옳은 답일 수도 있다. 좋은 변화라 할지라도 변화는 쉽게 받아들이지 않는 것이 인간이기 때문이다.

최근까지 미국에서는 모든 택지가 공공 도로에 면해야 한다는 것이 법으로 정해져 있었다. 그 결과 전국 어디서나 집은 모두 도로 연변에 줄지어 늘어서게 되었다. 도로를 이용하는 교통수단이 말이나 마차, 인력거나 손수레였을 때는 별 문제가 없었다.

그 후 자동차가 등장했다. 자동차는 끝없이 늘어나서 도로를 뒤덮고, 계속 도로를 넓히고 연장하다 보니 이제는 전 국토가 도로의 그물로 뒤덮이고 말았다. 한편 자동차가 물결치는 도로변에는 건물이 계속 들어서서 밀집 상태를 이루었다. 그래서 생활 공동체는 질주하는 차량을 위한 도로망으로 갈가리 쪼개지고 만 것이다. 이것은 거주자는 물론 운전자에게도 바람직한 것이 아니다.

이 어려운 문제를 해결하기 위해 토지이용 계획가들은 해당 법률 폐지를 추진했고, 법이 폐지된 곳에서는 주택과 도로 관계가 개선될 가능성이 훨씬 높다는 것을 보여주고 있다.

비교적 최신 발전된 개발 수법은 흔히 계획단위개발(PUD, Planned Unit Development)이라 부르는 기법이다. 이 기법을 허용하는 관련법에 따르면, 큰 규모 주택단지를 개발할 때 독창성 있는 단지계획을 유도하는 유인책을 마련하고 있다. 토지용도, 건폐율, 총 밀도는 제한하지만, 그 외 여러 낡은 규제 사항은 적용하지 않는다. 다양한 주택 형태 혼합 개발과 자동차 없는 주택가 건설을 권장한다. 주택은 모아서 건설하고, 녹지를 보존해 공동 오픈스페이스로 활용하며, 단지 내에 편익 시설, 오락 시설을 갖추는 것이 특징이다. 이러한 기법에 따라 건설한 공동체, 신도시는 도로와 격리 배치한 주택단지가 갖는 여러 장점을 지니며, 진정한 공동체 생활 개념을 제시했다.

차량과 보행자를 분리한 택지 조성

### 교통과 접근성(Access and Circulation)

자동차 없는 주택가를 조성한다면, 자동차는 어떻게 해야 할까? 어떤 형태든 자가운전 교통수단이 앞으로도 오랜 세월 사람들이 가장 선호하는 운송수단이리라 예상할 수 있다. 도로에서 수많은 횡단보도와 위험한 교차로를 없애면, 도로를 모두 평면교차 없고 진출입로 간격을 멀리 설치한 고속화 공원도로로 만든다면 운전자들은 차량 이용을 더욱 선호할 것이다.

더 이상 도로가 거미줄같이 엉킨 공동체를 만들지 말고, 지형에 맞추어 다양한 형태와 크기로 보행자 중심 주거 공간을 계획하자. 주택이 줄지어 늘어서지 않은 도로가 각 단지 외곽을 둘러싸고, 단지와 단지를 연결하도록 하자. 외부에서 각 주거단지나 공동체로 접근하는 도로는 주택가 주차장이나 공공 시설 단지까지만 연결해야 할 것이다. 그리하여 보행자와 차량을 분리하고 각각에 적합하게 특별히 설계한 통로를 마련하자. 그러면 주거 공간은 더욱 안전하고 쾌적하게 될 것이고, 교통 흐름도 원활해질 것이다.

### 중심가(Activity Centers)

주민이 자주 들러야 하는 곳이 학교, 상가, 오락 시설 등이다. 전에 계획한 공동체에서는 주거 단지는 주거 유형별로 구분 배치하고, 공용 시설은 주택지와 분리 배치하는 것이 상례였다. 한쪽은 단독주택, 다른 쪽은 연립주택, 또 다른 곳은 아파트, 이렇게 닮은꼴 주거 형태끼리 모아서 배치했다. 그렇게 철저히 분리한 주거 공간에서는 멀리 떨어진 학교나 놀이터나 상가에 가지 않으면 재미있는 볼거리와 할 일이 없다. 주택가는 너무 조용해 지루할 정도다.

그 후 등장한 복합용도계획에서는 공용 시설 주변 가까이에 여러 주거 형태를 혼합 배치한다. 접근성이 좋고, 좀 더 민주적이고 생동감 있는 주거 공간이 형성되어 다양성, 이웃 간 교류, 친분 관계 증대 효과가 있다.

이와 같이 구성이 자유롭고, 더 집적되고, 중심가에 근접한 주거단지에서는 중심 시설과 활동 공간을 더욱 활발하게 이용하고, 연결 보행 동선 역시 이용이 늘어난다. 특히 식재 · 조명을 잘하고, 분수 · 조각 · 깃발 등을 설치해 매력적인 장소를 만들면 이용은 더욱 증가할 것이다. 또 보행로를 쾌적하게 배치하고, 마운드, 녹음수, 벤치 등을 설치하고 곳곳에 자전거 주차대, 어린이 놀이 시설 등을 배치하면 더욱 좋을 것이다.

계획단위개발(Planned Unit Development)은 더욱 발전된 기법이어서, 주택과 아파트를 모아서 밀집 배치하고 건물 주변의 낭비 공간을 한 곳에 모은다. 토지 이용과 비용 효율성을 높이고, 총 밀도는 동일하면서도 공용 오픈스페이스가 훨씬 커진다.

중심시설지구 역시 밀집 배치가 좋다. 주택단지는 물론 더 큰 공동체 차원에서도 혼합 가능한 용도는 묶어서 배치하는 것이 좋다. 예를 들면 초등학교와 공원, 중고등학교와 운동 시설 및 종합운동장, 상가와 업무 시설 · 전문 사무소 건물, 공공 청사 · 종교 시설 · 도서관 · 공연장, 박물관과 공예품 전시장 등을 한데 묶을 수 있을 것이다. 함께 모아서 밀집 배치하면 모두에게 이익이다. 더욱이 예전같이 분산 배치하지 않고 밀집 배치함으로써 생동감 넘치는 중심가가 되고, 공동체 전체적으로 오픈스페이스가 늘어나는 효과도 얻는다.

### 오픈스페이스(Open Space)

왜 공공 오픈스페이스가 필요한가? 공공 오픈스페이스가 없으면 공동체 의식이 형성되기 어렵기 때문이다. 공동 생활은 주로 옥외 공간과 통행 공간에서 일어난다.

오픈스페이스는 각종 레크리에이션 활동의 장이다. 라크로스(lacrosse)나 하키 경기 등은 넓은 운동장이 필요하지만 그 외 대부분은 좁은 공간만 있어도 된다. 예를 들어 농구 연습대나 어린이용 미끄럼틀은 어느 곳에나 설치할 수 있다. 야구 · 농구 경기 등은 향(向)을 고려해 정확히 배치하고 정밀 시공한 운동장이 필요하지만, 피크닉 · 연날리기 · 공던지기 등 비교적 정적 오락 활동은 빈터만 약간 마련하면 즐길 수 있다. 자전거도로, 달리기 길, 체력단련 코스 등 선형공간(線形空間)은 종합계획에 반영해 연속성을 확보하는 것이 관건이다.

지역사회 공원과 오픈스페이스

오픈스페이스는 또 다른 중요한 기능을 발휘한다. 하천과 배수로를 감싸고 따라가는 오픈스페이스를 조성하면, 양호한 자연 식생을 보호 · 육성하며, 개발구역 주위를 녹지가 둘러싸게 된다. 오픈스페이스는 조류와 소동물(小動物)의 은신처가 되어 보는 이의 큰 즐거움이 된다. 교외는 물론이고 도심지도 마찬가지다.

그러한 오픈스페이스는 어떻게 마련하는가? 앞에서 언급한 바와 같이, 계획단위개발(PUD)에서는 당연한 결과물이다. 개발밀도는 동일하더라도, 건물을 모아서 배치하는 것이다. 도로용지 중 포장하지 않은 부분과 공공설비지역권(utiltity easement) 부분이 공원이나 레크리에이션 공간 일부로서 오픈스페이스에 포함된다. 범람원(汎濫原), 늪지, 급경사지, 폭이 좁은 산능선과 같은 개발이 불가능한 곳 역시 업무지구 공원, 대학 교정(校庭), 공공 시설 정원 등과 마찬가지로 오픈스페이스 역할을 한다. 골재 채취장, 매립지, 노천광, 벌목장, 폐농지 등을 복구하면 훌륭한 오픈스페이스가 된다. 교통부, 수자원공사, 군부대 등이 보유하고 있던 불용지를 활용할 수도 있다. 공익재단이나 개인이 좋은 땅을 기증하는 경우도 많은데 이때 세금 감면 혜택을 준다. 또 경관지역권(scenic easement), 보전지역권(conservation easement)이 오픈스페이스 확충을 위한 좋은 접근 방법이 된다.

계획과 프로그럼을 가지고 실천해나가면 조금씩, 한 필지(筆地)씩, 오픈스페이스를 확보하고 가꾸어 주민 전체를 위한 좋은 오픈스페이스 체계를 갖출 것이다.

### 공동체계획 신윤리 P-C-D

(The New Ethic in Community Planning, P-C-D)

P; 좋은 자연경관과 역사경관을 보존(保存, Preserve)한다.

C; 오픈스페이스망(網)을 보전(保全, Conserve)하고 적절히 이용한다.

D; 침수 피해 없는 개발적지 선정, 건물은 집중 배치하고 부지환경에 맞춰 개발(開發, Develop)한다.

땅과 물의 보전과 최선의 이용을 위해 노력하려는 자연보호주의자(conservationists)는 통상적인 '저지(沮止)와 지연(遲延)' 전략을 통한 성장 억제보다 상호 협조를 토대로 삼는 광역계획, 장기계획이 더 효과적이라는 것을 깨달아야 한다.

이 접근 방법에서는 분야별 과학자들과 계획 전문가가 참여해 사업 대상지를 철저하게 분석해야 한다. 지형도에 경관, 역사, 생태적 가치가 높은 구역을 표시하고, 이러한 곳은 훼손하지 않고 보존(P)한다. 가치가 조금 낮은 그 주변 지역은 완충 지역으로 보전(C)한다. 보전 지역(C)은 경관을 해치지 않는 범위에서 오픈스페이스 또는 레크리에이션 공간으로 이용할 수 있다. 나머지 부분에서 개발지역(D)을 정한다. 시설물은 모아서 집중 배치해 효율성을 높이고, 숲이나 물 오픈스페이스가 둘러싸게 배치한다. 그러면 사람들은 개발 부작용 없는 자연환경 속에서 평화롭게 일하고 생활할 수 있을 것이다.

이렇게 계획한 공동체는 경제적 개발과 보전 목적을 동시에 달성한 모범 사례다. 이러한 좋은 사례가 만들어진 것은, 여러 해 동안 낡은 법제 개정을 위해 싸우고, 이러한 새로운 계획 주창자 역할을 못 한 자칭 환경보호자들과 싸워온 결

Ed Chappell, Inc. EPD

P-C-D 방식으로 개발한 곳(Pelican Bay, Collier County, Florida). 백사장, 사구, 하구 뿐 아니라 습지, 수로, 기존 식생을 보전했다. 침수 피해가 없는 높은 곳에 개발을 집중하고, 오픈스페이스 망을 연결했다.

골프장을 오픈스페이스로 삼은 개발

과다. 이미 종합계획을 통해 지역사회가 자발적으로 해안선, 우량 삼림, 늪지 등은 보존지구로 지정했기 때문이다.

지역 주민, 보전 단체, 공공 기관이 함께 협력해 이러한 접근 방법을 추진하면 큰 변화를 일으킬 수 있다. P-C-D 계획 기법은 주거단지 개발뿐 아니라 지역, 주(州) 차원 모든 토지이용과 크고 작은 모든 규모 사업에 적용 가능하다.

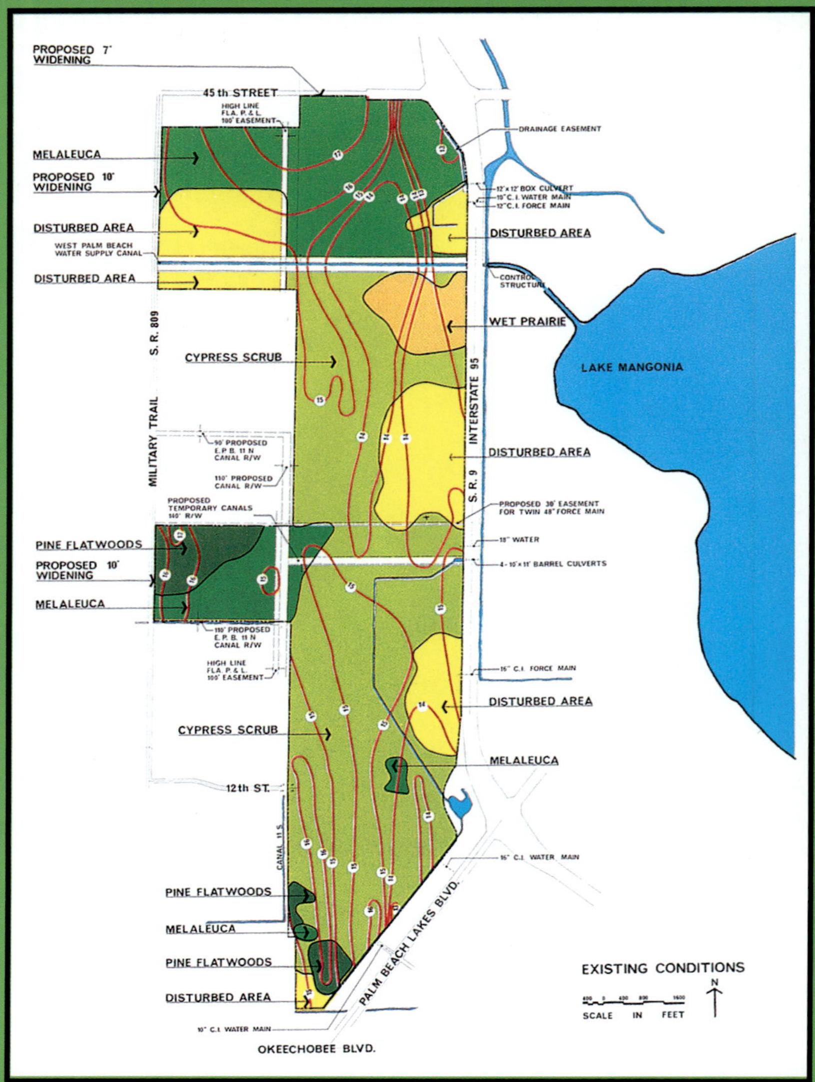


대상지 현황

## 계획 개발한 공동체(The Planned Community)

여타 플로리다 지방과 마찬가지로 웨스트 팜 비치도 급속한 성장을 겪었다. 그에 따라 경제기반 확대, 공공시설 확충 등 좋은 점도 있었지만, 단기간 임기응변식 개발에 따르는 갖가지 문제점도 있었다.

시 당국은 통일성 있는 주거단지를 건설하기 위한 종합계획을 수립할 필요성을 인식하고 일찍이 '공동체계획 개발(PCD, Planned Community Development)'을 위한 혁신적 조례를 채택했다. 아래 계획안(計劃案)에서 보듯이 이 제도는 좋은 효과를 거두었다.

플로리다 웨스트 팜 비치 마을(Villages of West Palm Beach, Florida) 기본계획

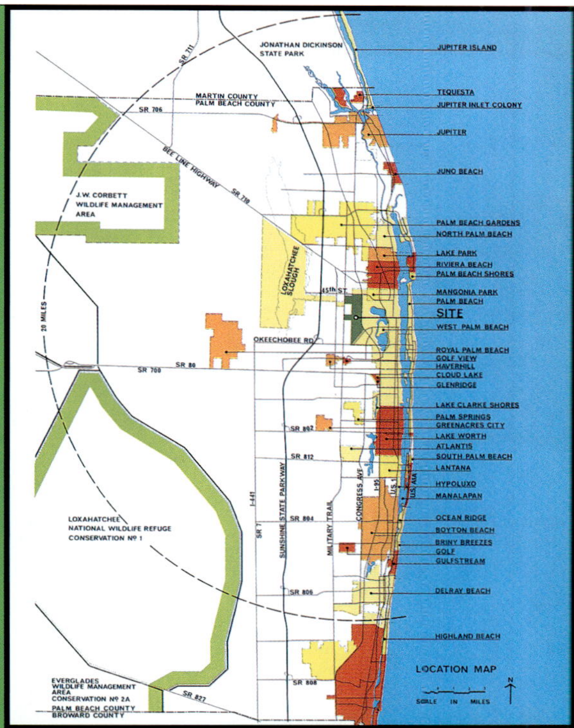
EPD
JONATHAN DICKINSON STATE PARK
JUPITER ISLAND
TEQUESTA
JUPITER INLET COLONY
MARTIN COUNTY
PALM BEACH COUNTY
SR 706
SR 711
JUPITER
BEE LINE HIGHWAY
SR 710
JUNO BEACH
J.W. CORBETT WILDLIFE MANAGEMENT AREA
PALM BEACH GARDENS
NORTH PALM BEACH
LAKE PARK
RIVIERA BEACH
PALM BEACH SHORES
LOXAHATCHEE SLOUGH
45th ST.
MANGONIA PARK
PALM BEACH
SITE
WEST PALM BEACH
20 MILES
OKEECHOBEE RD
ROYAL PALM BEACH
GOLF VIEW
HAVERHILL
CLOUD LAKE
GLENRIDGE
SR 80
SR 700
LAKE CLARKE SHORES
PALM SPRINGS
GREENACRES CITY
SR 802
LAKE WORTH
ATLANTIS
SR 812
SOUTH PALM BEACH
LANTANA
HYPOLUXO
MANALAPAN
I-441
SR 7
SUNSHINE STATE PARKWAY
MILITARY TRAIL
CONGRESS AVE
I-95
U.S. 1
U.S. A1A
SR 804
OCEAN RIDGE
BOYTON BEACH
BRINY BREEZES
GOLF
GULFSTREAM
LOXAHATCHEE NATIONAL WILDLIFE REFUGE CONSERVATION Nº 1
SR 806
DELRAY BEACH
HIGHLAND BEACH
LOCATION MAP
SR 808
SCALE IN MILES
N
EVERGLADES WILDLIFE MANAGEMENT AREA CONSERVATION Nº 2A
SR 827
PALM BEACH COUNTY
BROWARD COUNTY

지역 현황

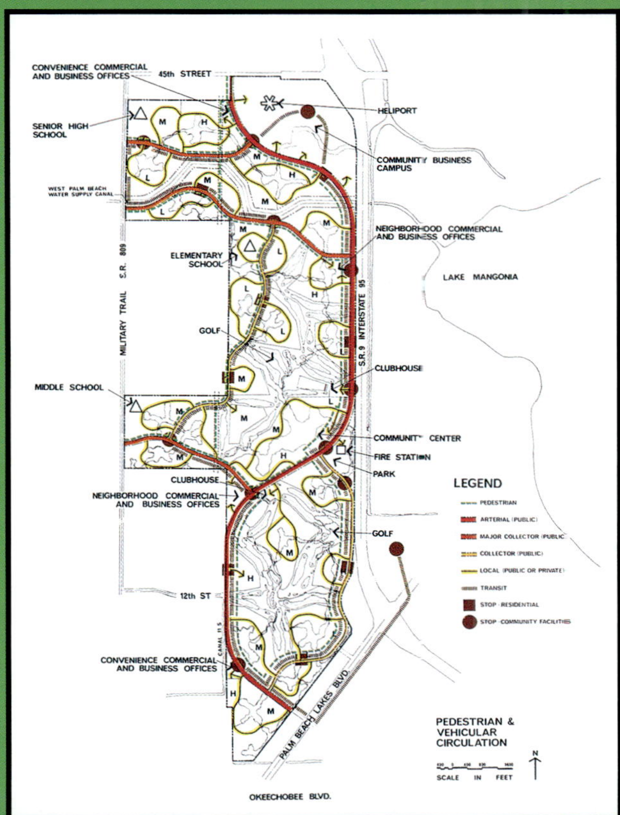
EPD
CONVENIENCE COMMERCIAL AND BUSINESS OFFICES
45th STREET
HELIPORT
SENIOR HIGH SCHOOL
COMMUNITY BUSINESS CAMPUS
WEST PALM BEACH WATER SUPPLY CANAL
NEIGHBORHOOD COMMERCIAL AND BUSINESS OFFICES
ELEMENTARY SCHOOL
LAKE MANGONIA
MILITARY TRAIL S.R. 809
S.R. 9 INTERSTATE 95
GOLF
CLUBHOUSE
MIDDLE SCHOOL
COMMUNITY CENTER
FIRE STATION
PARK
CLUBHOUSE
NEIGHBORHOOD COMMERCIAL AND BUSINESS OFFICES
LEGEND
PEDESTRIAN
ARTERIAL (PUBLIC)
MAJOR COLLECTOR (PUBLIC
COLLECTOR (PUBLIC)
LOCAL (PUBLIC OR PRIVATE)
TRANSIT
STOP RESIDENTIAL
STOP COMMUNITY FACILITIES
GOLF
12th ST
CANAL 11.5
CONVENIENCE COMMERCIAL AND BUSINESS OFFICES
PALM BEACH LAKES BLVD.
PEDESTRIAN & VEHICULAR CIRCULATION
SCALE IN FEET
N
OKEECHOBEE BLVD.

교통계획

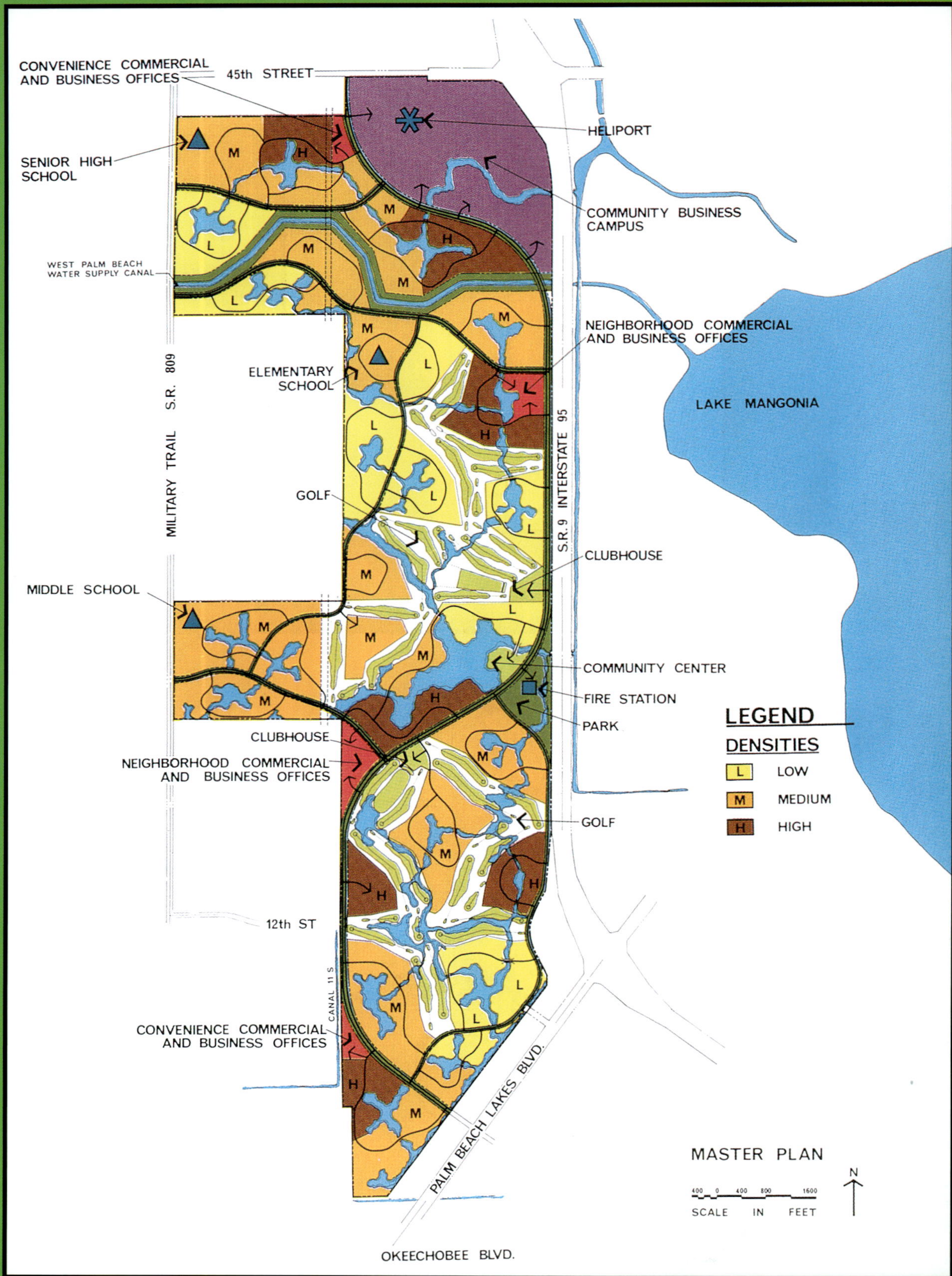
CONVENIENCE COMMERCIAL AND BUSINESS OFFICES
45th STREET
HELIPORT
SENIOR HIGH SCHOOL
COMMUNITY BUSINESS CAMPUS
WEST PALM BEACH WATER SUPPLY CANAL
NEIGHBORHOOD COMMERCIAL AND BUSINESS OFFICES
ELEMENTARY SCHOOL
LAKE MANGONIA
MILITARY TRAIL S.R. 809
S.R. 9 INTERSTATE 95
GOLF
CLUBHOUSE
MIDDLE SCHOOL
COMMUNITY CENTER
FIRE STATION
PARK
LEGEND
DENSITIES
LOW
MEDIUM
HIGH
CLUBHOUSE
NEIGHBORHOOD COMMERCIAL AND BUSINESS OFFICES
GOLF
12th ST
CANAL 11 S
CONVENIENCE COMMERCIAL AND BUSINESS OFFICES
PALM BEACH LAKES BLVD.
MASTER PLAN
SCALE IN FEET
N
OKEECHOBEE BLVD.

기본계획

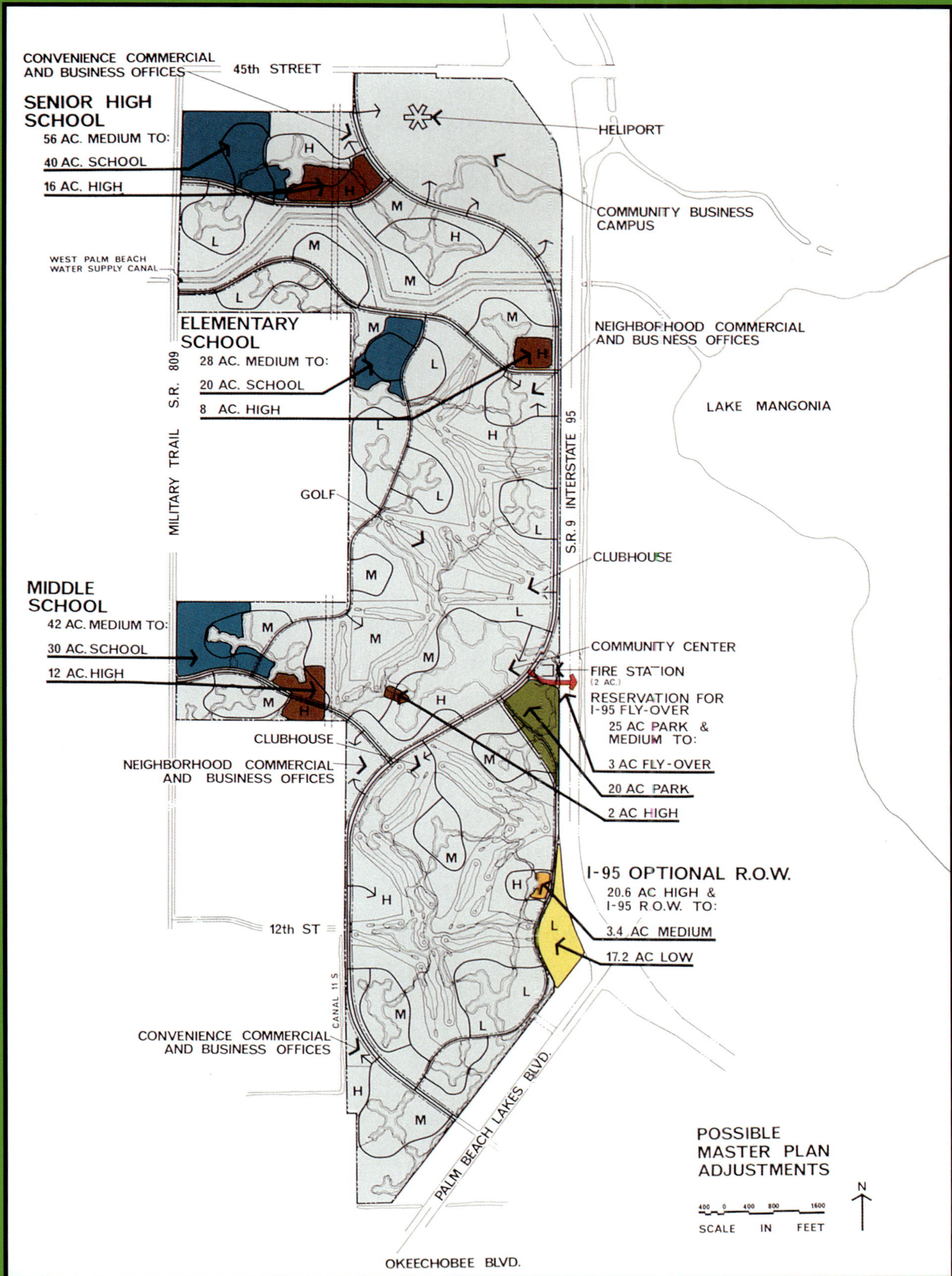
CONVENIENCE COMMERCIAL AND BUSINESS OFFICES
45th STREET
SENIOR HIGH SCHOOL
56 AC. MEDIUM TO:
40 AC. SCHOOL
16 AC. HIGH
HELIPORT
COMMUNITY BUSINESS CAMPUS
WEST PALM BEACH WATER SUPPLY CANAL
ELEMENTARY SCHOOL
28 AC. MEDIUM TO:
20 AC. SCHOOL
8 AC. HIGH
NEIGHBORHOOD COMMERCIAL AND BUSINESS OFFICES
LAKE MANGONIA
MILITARY TRAIL S.R. 809
S.R.9 INTERSTATE 95
GOLF
CLUBHOUSE
MIDDLE SCHOOL
42 AC. MEDIUM TO:
30 AC. SCHOOL
12 AC. HIGH
COMMUNITY CENTER
FIRE STATION
(2 AC.)
RESERVATION FOR I-95 FLY-OVER
25 AC PARK & MEDIUM TO:
3 AC FLY-OVER
20 AC PARK
2 AC HIGH
CLUBHOUSE
NEIGHBORHOOD COMMERCIAL AND BUSINESS OFFICES
I-95 OPTIONAL R.O.W.
20.6 AC HIGH & I-95 R.O.W. TO:
3.4 AC MEDIUM
17.2 AC LOW
12th ST
CANAL 11 S
CONVENIENCE COMMERCIAL AND BUSINESS OFFICES
PALM BEACH LAKES BLVD.
POSSIBLE MASTER PLAN ADJUSTMENTS
400 0 400 800 1600
SCALE IN FEET
N
OKEECHOBEE BLVD.

융통성: 계획 조정 가능성

*좋은 계획을 하려면 먼저 대상지 경관, 주민, 일상생활 활동 등 자원조사를 철저히 해야 한다. 추상적이고 작위적인 도식을 대상지에 먼저 적용하려 하면 좋은 계획이 될 수 없다. 현황 조건과 잠재 가치 등을 먼저 파악하고 출발해야 좋은 계획을 수립할 수 있다.*

*경제의 궁극 평가 기준은 철강 · 원유 · 직물 생산량이 아니라 경제가 궁극적으로 이루어내는 성과 즉 인간 발전, 공동체 질서와 아름다움, 건강성 등이다.*

**Lewis Mumford**

## 신경향(New Directions)

근래 계획한 잘된 공동체 사례를 평가하다 보면, 여러 새로운 가능성을 발견한다. 개발권양도제(開發權讓渡制, Transfer of Development Rights), 변동지구제(變動地區制, Flexibility Zoning) 같은 것은 수년 전까지 잘 듣지 못한 계획 기법이다. 어떤 것은 쉽게 받아들여진 반면 어떤 것은 그렇지 못하고, 아직 검증되지 않은 것도 있다. 적용 초기에 실패한 것도 있지만, 그 속에는 장래 계획에서 꽃피울 싹을 품은 것도 있다.

개발권양도제는 생태적으로 중요한 곳이나 우량 농지를 소유한 사람이 그곳을 개발하는 권리를 포기하는 교환 조건으로, 계획 담당 공무원과 협의해 다른 곳에서 유사한 또는 전혀 다른 형태 개발을 허용하는 제도다. 중요한 공공 자원을 보전하면서 쓸모 적었던 곳, 황폐했던 곳을 훌륭하게 개발할 수 있고, 그러면서 모두가 이익을 얻는 제도다.

좋은 공동체가 저절로 형성되는 것은 아니다. 심사숙고하고 힘들여 노력해야 이룩된다. 개선된 접근 방법이 계속 등장하고 그에 따라 주거, 건강, 교육, 오락, 공동체 같은 단어가 새로운 의미를 띠게 된다. 더욱 발전된 주거 공간 계획을 위해 사용할 수 있는 효과적인 원칙들을 열거하면 다음과 같다.

**계획단위개발(PUD) 적용.** 공동체 개발 사업을 단계적으로 수행하게 해주는 합리적 틀이다. 시작 단계에는 사업에 포함할 용도, 총 주택 세대수, 계획 기본 구상 등을 결정한다. 과거에 통상 적용하던 규제 사항은 적용하지 않고, 구체적인 다음 단계 계획 내용을 마련할 때마다 기본 구상안과 비교해 예상되는 결과물의 효과 중심으로 검토한다.

**변동지구제 도입 요청.** 대규모 단지 개발에서 계획안을 발전시키면서 계획구역 내에서는 자유롭게 융통성을 발휘해 토지이용과 교통 동선 배치를 조정할 수 있는 장점이 있다. 개발 상한선을 초과하지 않고 계획 목표에 부합하는 범위 안에서 배치 융통성을 부여하는 것이다.

**개발권양도제(開發權讓渡制, TDR) 적용 고려.** 생태, 경관, 기타 가치가 커서 육지나 수계(水系)를 자연 상태로 보존해야 한다면, 개발권양도제를 적용함으로써 보존하고자 하는 곳에서 하려던 개발을 다른 곳으로 옮기도록 유도할 수 있다. 토지이용 또는 주택건설 등을 먼 곳, 타인 토지로 옮겨가게 할 수도 있지만 동일 소유자 인접 대지로 개발권을 옮기는 것이 가장 효과적이다.

**항상 수자원 관리 고려.** 그 목적은 홍수 예방, 수질 보전, 수자원 확보, 하수 처리 네 가지다.

**완충 녹지대 확보.** 규모 큰 개발단지 주변에는 자연 상태 녹지를 대상(帶狀)으로 남겨 오픈스페이스 역할을 맡기는 것이 좋다. 도로나 인근 토지이용을 차폐하면 건물 배경으로서 훌륭하다.

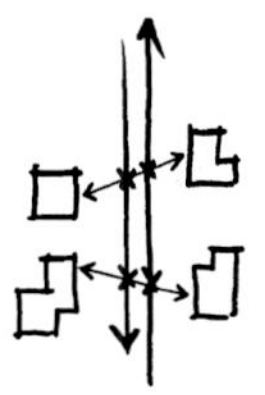

혼잡한 가로나 고속도로를 사이에 둔 주택 배치는 …

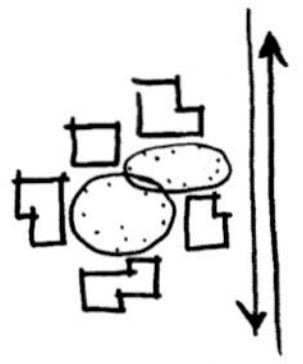

한쪽 도로 인근 중정 공유 주거군 배치로 바뀌야 한다.

**마을 입구 조성**. 한 마을, 공동체 분위기를 조성하려면 마을 내부 순환도로를 만들고 마을 입구에 매력적인 문을 설치하는 것이 좋은 방법 중 하나다.

**지역 교통망 확보**. 번창하는 공동체는 주변 지역 상업, 문화, 오락 시설, 오픈스페이스 등과 긴밀히 연결되어야 한다. 간선, 지선도로는 물론이고 자전거도로, 수운(水運), 다양한 형태 고속전철망 등으로 연결해야 한다.

**트럭 통과교통 배제**. 주택가 도로에도 때때로 허가를 얻어 큰 트럭이 운행할 수 있고 배달 트럭이 매일 드나들어야 하지만, 화물트럭 운행 도로는 물류 배송센터로 직접 연결하는 것이 여러 면에서 좋다. 그곳에서 작은 화물로 쪼개어 가정과 상가로 배달하거나 다른 화물 창고 또는 개인 차고, 보트 저장소, 기타 계절용품을 보관하는 공간으로 분산 수용할 수 있기 때문이다.

**오픈스페이스망 계획**. 도로에 직접 면하게 집이나 건물을 짓는 대신 최근에는 여러 형태 사유 또는 공공 유보지에 면하게 짓는 좋은 사례가 늘고 있다. 건물, 주차장, 서비스 공간 차량 접근은 후면에서 이루어진다. 오픈스페이스망은 대개 하천이나 배수로를 따라 조성하고, 그 속에 산책로, 자전거도로, 달리기 코스, 곳에 따라 넓은 레크리에이션 공간도 조성한다.

**도로망 위계 구성**. 작은 공동체라 할지라도 간선도로, 순환도로, 골목길 등 도로 위계를 명확히 구분해 설치하는 것이 교통 소통 효율을 높이고, 안전하고 쾌적한 주거환경을 조성하는 길이다.

**도로에 면하는 개발 억제**. 가능한 한 간선도로와 순환도로에 면해 건물을 짓지 말고, 도로에서 골목길로 갈라지는 교차로 설치 간격은 220미터 이상으로 한다.

**삼거리 교차로(T) 활용**. 통과교통 억제 효과가 있고 가시거리가 늘어나며, 도로 횡단 보행자 안전성이 증대된다.

**고속 대중교통수단 제공**. 버스, 경전철, 고속철도 등 정류장도 지붕이 있고 매력적이게 설계해 설치하면 대중교통 이용을 촉진해 자가용 이용을 많이 줄인다.

**각종 교통수단 연계, 종합화**. 차도, 보도, 자전거도로, 기타 통행수단을 종합적으로 계획해야 상호 보완 효과를 얻고, 소통 효과를 극대화한다.

**주택 형태 다양화**. 단독주택부터 공동주택까지 다양한 주택 형태를 갖출 뿐만 아니라 여러 가지 생활양식과 폭넓은 소득계층을 포용해야 균형 잡힌 공동체가 된다.

**각종 시설물 체계화**. 건물, 도로, 보도, 기반 시설, 안내 표지판, 조명 기기 등 모든 시설물은 서로 조화되는 하나의 체계를 형성해야 한다.

**건물 집중 배치**. 건물을 더 밀집 배치하고, 중정식 주택, 이웃 간 합벽 주택을 포함하면 단지 사이 완충녹지, 오락 장소로 쓸 수 있는 오픈스페이스가 증가되는 환영할 만한 효과를 얻는다.

주거 형태를 다양화한다.

근린상가를 포함한다.

공동체 행사를 활성화한다.

*영국은 '조경을 통한 학습 재단(Learning through Landscapes Trust)'이라 부르는 자선단체가 있어, 1만 개 가까운 학교 마당을 창의(創意) 학습원으로 개조했다.*

**Landscape Architecture 잡지, 1994년 10월 호**

**학교와 공원 복합 배치.** 학교와 주택단지 공원 또는 도시 공원을 묶어서 배치해 경제적으로 양자 이용을 활성화한다.

**근린 상업 시설 설치.** 가계 구매 활동은 대개 지역 종합상가를 이용하지만 자가용을 타고 가야 하는 단점이 따른다. 작은 규모 근린 상업 시설과 서비스 시설이 도보와 자전거로 내왕할 수 있는 근린주구 중심지와 공동체 중심지에 입지하는 것이 필요하다.

**고용 기회 창출.** 주택만 들어차서 잠만 자는 공동체는 직장 출퇴근에 소비하는 시간, 경비, 에너지 부담을 감수해야 한다. 공동체 내에 고용 기회를 마련하면 편리함에 더해 생동감을 불어넣는다.

**지역 중심지와 연계 고려.** 대규모 업무지구, 공업단지, 상업시설지구 등은 주거지구 외부에 입지할 수밖에 없지만, 주거지구와 편리하게 연결되어야 하며 고속도로 나들목 가까이 입지해 연결 순환도로를 쉽게 접근하고 이용할 수 있어야 좋다.

**여행자 숙소 계획.** 고속도로변 모텔, 호텔, 보텔(boatel) 등이 여행자 수요를 충족하지 못한다면 다음 내에 보충 숙박 시설을 추가하면 좋다.

**회의장 건설 고려.** 학교-공원 단지 내에 있는 기존 강당, 집회실에 추가해 상업지구, 업무지구, 문화시설단지, 마리나, 골프장, 테니스장, 숙박 시설 등과 연계한 회의장 시설을 건설하면 다중 이용 편익 시설이면서 공동체 자산이 된다.

**레크리에이션 생활화.** 각 가정, 근린주구, 학교-공원단지에서 갖추고 있는 레크리에이션 시설에 추가해 수영장, 골프장, 라켓볼 경기장, 청소년 센터 등과 수변에 위치한다면 마리나와 해수욕장 시설을 구비하고, 등산로, 달리기 길, 자전거도로 접근로도 확보한다. 다양한 여가 활동 기회를 제공할수록 그만큼 공동체 생활 만족도는 증가한다.

**주민 지원 업무, 주민 활동, 공동체 행사 활성화.** 여러 사회 활동은 공동체 생활에 기여하는 바가 커서 그러한 활동의 장을 마련하지 않는다면 온전한 공동체 계획이라 할 수 없을 정도로 필수 불가결이지만, 특별한 공간이나 시설을 요하지 않는 것도 많다. 사회 활동과 시설을 예로 들면 종교, 평생교육, 보건, 보육, 직업교육 시설, 소극장, 오락교실, 집회장, 지역신문, 봉사단체, 어린이 야구단, 사교댄스, 각종 경연대회, 시가행진 등이다. 이 중에는 자생적으로 운영되는 것도 있고 지도 육성이 필요한 것드 있다.

**단계적 개발.** 분산 개발, 미완성 개발은 비경제적이고 경관을 해친다. 단계적으로 도로망, 기반 시설, 개발 용지를 연장 확충하면 경제적이고 안정되게 개발 사업을 진행할 수 있다. 완성한 개발 사업은 후속 사업 본보기가 된다. 건설 재료와 건설 장비는 후방에서 가져오고, 개발이 진행됨에 따라 앞 단계 개발 준비장과 먼저 건설한 접근 도로는 후방으로 물러나게 된다.

**유지 관리 철저.** 유지 관리소의 작업장을 상황에 따라 정수장 및 배수장과 함께 단지 외곽 눈에 잘 띄지 않는 곳에 배치하되, 접근이 용이하고 작업 차량 출입이 편리한 곳을 선택한다. 장비와 인력을 잘 갖추고, 미리 계획해 개발이 완료되면서 곧 유지 관리 업무가 시작되게 한다.

**역사경관 존중.** 고고학적 · 역사적 가치를 지닌 경관 요소가 존재한다면 소중히 보존해야 한다. 역사경관의 존재는 그 자체가 지역의 유래, 전통, 지역에 대한 지식의 지평을 넓혀주고, 주민 삶의 의미에 깊이를 더한다.

**자연보존지구 설정.** 어느 지역, 어느 단지나 모두 조금은 색다른 자연경관을 지니기 마련이다. 정겨운 경관이건, 웅장한 경관이건, 모두 경관을 풍부하게 하고 흥미를 더해주는 것이기에 보호하고, 홍보하고, 찬사를 보내야 한다.

Barry W. Starke, EDA

역사경관을 존중한다.

Christopher Brown, FASLA, JJR 1Floor

자연보존지구를 지정한다.

**과학자들로 구성한 자문위원회 설치**. 계획 초기 단계부터 많은 도움을 얻는다. 계획을 진행하고 안이 마련 되는 대로 정기 자문회의를 소집해 전문 지식을 활용한다. 대규모 단지, 복잡한 단지, 생태적으로 중요한 곳을 계획할 때 특히 도움이 된다.

**환경 담당관 배치**. 단계별로 여러 필지를 개발하는 경우, 환경 전문가 한 사람에게 환경보전 업무 책임을 총괄하게 해 계획, 설계, 시공 단계마다 참관 · 감독하게 하는 것이 바람직하다.

**설계 심의회 구성**. 주요한 단지 개발, 모든 건물설계 등은 설계 초기 단계부터 설계 전문가들로 구성한 심의회에 상정해 검토하고, 통과 · 수정 · 탈락을 결정한다. 심의회에는 건축가, 조경가, 환경 담당관 등이 꼭 참여해야 한다.

**개발 지침서 마련**. 공동체계획, 설계, 운영에 관한 사항 등을 기록한 지침서를 차후 변경, 가감하기 용이한 형태로 제작, 비치하는 것이 필수다. 포함할 주요 내용은 다음과 같다.

- 공동체 목적과 목표
- 기본계획도
- 단계별 사업 경우, 구체화한 사업계획 내용
- 계획안 검토 심의 과정 흐름도와 설명문
- 개발 신청에 필요한 서류 목록과 양식
- 건축설계 지침
- 단지설계 지침
- 단지 전체 식재 정책과 식재 기본계획도, 추천 수종 목록
- 환경보전 지침
- 에너지보전 지침

• 폐기물 처리와 재활용 지침
• 입주자 협의회 규약

필요에 따라 지침서는 개정, 추가해 최신 상태로 비치한다. 적용과 시행에 형평성, 공정성을 확보해야 유효한 지침서가 된다.

**관리 체계 확립**. 계획 초기부터 개발하려는 공동체가 어떠한 관리 체계를 갖출 것인지 또는 기존 어떤 관리 체계 일부로 편입될 것인지 염두에 두어야 한다. 이것은 제공해야 할 공공 서비스 유형과 수준 결정, 계획안 심의와 개발 허용 여부 결정을 누가 책임지는가, 누가 기반 시설과 도로, 기타 공공 시설을 공급할 것인가, 누가 세금을 징수하고 의사 결정을 할 것인가를 결정하는 핵심 요소다.

**입주자 협의회 결성**. 영구히 존속할 입주자 협의회를 일찍 결성하는 것이 입주자는 물론 개발사업자, 건축 시공 회사에도 이익이다. 토지나 주택을 소유하는 사람들이 회원이 되고, 소유에 비례하는 책임과 투표권을 가지며 회비를 납부한다. 협의회 목적은 지속적으로 공동체 유지 관리와 개선 정책을 수립하고 집행하는 역할을 수행하는 것이다.

Barry W. Starke, EDA

관리 안 한 성장은 암적 존재다.

**융통성 부여**. 가장 성공적인 사례를 살펴보면 모두 다음과 같은 개발정책 특징이 있다.

- 전체 토지이용과 교통 체계가 부지와 잘 어우러지게 계획했다.
- 융통성을 부여하고, 설계 질을 높이고, 환경을 보전하는 개발 지침을 마련했다.
- 개성과 창의성을 존중했다.

## 성장관리(Growth Management)

앞으로 몇십 년 동안 토지계획에서 가장 중요 특성 중 하나가 성장관리일 것이다. 언뜻 보면 인구 증가와 분포 통제는 불가능해 보인다. 예를 들어, 엄청나 보이는 인구 폭증을 어떻게 통제할 수 있겠는가? 그러나 이것은 필연이다. 향후 100년 안에 인구는 배증(倍增)하고 다시 배증할 것이라는 것이 현재 예측이다. 건축가용지, 농업용지, 식료품 생산, 식수 공급, 도로교통량 등에 얼마나 큰 압박을 미칠지 상상할 수 있을 것이다.

우리 국경선 내 끊임없는 인구 이동, 조류같이 흐르는 인구 이동은 또 어떻게 관리할 것인가? 이러한 어렵고 중요한 문제점들을 마침내 우리 정부와 연구소들이 다루고 있다. 범국가적으로 효과적 해결 방안이 마련될 때까지는, 우리 계획 전문가들이 지방 차원에서 상황과 전망을 개선해나갈 여러 방법이 있을 것이다.

### 지침계획(The Guideline Plan)

성장을 관리하고 건전한 개발을 실현하기 위해서는 지역 공동체이건, 도시이건, 지역이건, 그 현재 상황과 장래 어떤 상태가 되기를 희망하는지를 명확하게 이해해야 한다.

그러려면 대상지 규모에 따라 계획 운영위, 심의위, 위원회 등이 필요하다. 그런 위원회의 이상적 구성은 지역에서 가장 유능한 지도자들이 참여하고, 계획 전문가와 직원이 지원하는 것이다. 각 위원회 임무는 지침계획과 실천계획을 마련하는 것이다. 그 내용은 가장 바람직한 생활환경과 업무 여건을 조성하기 위해 개발사업 유형과 위치를 정하고, 개발을 제한하는 내용도 정하는 것이다. 숲과 농경지 등 최상의 자연환경을 보존하고 보호하는 내용도 담아야 한다. 공공공지 보전 체계도 제시하고 그 주변에 개발을 배치한다. 시간이 지나면서 균형 잡히고 안정을 이루는 지역 공동체가 형성될 수 있도록 온갖 필요한 개발 용지를 배정한다. 각종 활동 중심지가 막힘없이 흐르는 교통망으로 연결되도록 보도, 도로, 경관도로, 고속도로망을 제시한다. 전반 계획 개요를 제시하되, 여건 변화에 따라 융통성을 부여해야 한다.

성장 관리는 땅, 물, 기타 자원, 교통 동선 등과 사람 사이에 최적 관계를 추구하는 것이다.

지침계획과 실천계획은 계속 갱신하고 개정해 장래 개발사업 신청을 심의할 때 이용할 수 있도록 해야 한다.

### 사업계획 심의(Project Review)

통제 없이 난개발을 방치하는 곳은 어디나 반드시 환경을 침해하는, 그래서 누구나 피하고 싶은 상태를 초래하게 된다. 도로와 기반 시설 용량을 초과하게 되고, 자연환경을 훼손하고, 농경지가 사라지고, 과밀 학교가 나타난다. 쾌적했던 지역공동체가 회복 불가능할 정도로 분열 · 와해되기도 한다. 너무 열악하게 변화해 원래 거주 주민이 나은 환경을 찾아 떠나버리기도 한다.

이런 와해를 어떻게 피할 수 있을까? 생각보다 쉬울 수도 있다. 계획 심의위원회를 구성하고, 개발계획과 사업 지침을 마련한 후 새 개발사업 신청을 그에 비추어 단계적으로 심의해 허가하거나 불허하면 된다.

첫 단계 심의는 개발사업계획이 지침 정신과 조건에 맞는지, 혹은 맞게 수정할 수 있는지 검토하고 결정하는 것이다. 만약 조건부로라도 사업을 승인하면 일련의 다음 단계를 진행할 수 있다. 구체적인 영향평가, 비용(cost)/수익(yield) 분석, 필요하다면 계약이행 보증금 기탁 등등. 그러한 엄격한 심의 과정을 거치고 공청회 같은 기회를 마련해 발표하고 알려야 시민과 지도자들이 질서 정연한 개발과 변화를 확신할 수 있을 것이다.

### 공공 시설(Required Services)

적합성과 계획 심의 단계를 통과했다면 성장 관리 마지막 단계 요건은 첫 입주 허가 전에 모든 공공 시설이 제자리를 잡고 작동하고 있어야 한다는 것이다. 진입로 정비, 모든 공공 시설 배선과 배관, 소방과 경찰 시설, 교육 시설(주택지 경우), 공원 녹지 등등. 그 비용은 누가 부담하나? 물론 기존 주민이 아니고 투자자와 개발업자가 부담하는 것이 당연하다.

잘 계획한 개발도 항상 좋은 것은 아니다. 검증된 것이라고 많이 뿌려놓아 나쁜 상태를 초래하면 특히 그렇다. 통제 없는 개발은 기존 공동체에 혼란을 주고 희생을 초래하기 때문에 바람직한 경우는 거의 없다. 성장관리가 안 되면 교외 확산(sprawl)이라고 하는 미국 특유 암적인 토지이용 형태를 만들고 만다.

환경계획을 지향할 때 해야 할 많은 일이 성장관리 영역으로 귀착된다. 성장관리는 배증하고 또 배증해 어마어마하게 커지고 유동하는 인구를 안정시키는 일은 당연하고, 그 이상의 일을 해야 한다. 사람과 땅과 여타 모든 자원이 균형을 이루도록 하는 것이 중요하다. 그러기에 성장관리는 어느 지역에서나 그 미래에 직접적 영향을 미친다.

일부, 아니 상당히 여러 지방에서 이미 바람직한 균형 상태를 달성하고 있고, 땅을 그 최선의 용도에 맞춰 보전하거나 개발하고 있다. 교통망, 공공 기반 시설, 학교와 여타 편익 시설이 모두 수요에 맞게 기능하고 있어 이런 곳들은 성장이 방해가 된다. 또 경승지, 생태지역, 우량농지 등은 역시 대체로 손대지 않고 현상을 유지하는 것이 최선이다. 그러나 어느 지방에서나 주거, 산업 모두 적지(適地)를 찾아 잘 계획한다면 알맞은 부지를 찾을 수 있기 마련이다.

폭발적 인구 증가를 멈추지 못한다면, 또는 멈출 때까지는 계속 건설사업을 늘려나가지 않을 수 없다. 또 한편으로는 우리의 얼마 남지 않은 좋은 자연 지역이나 우량농지가 제약 없이 계속 개발되는 것을 방치할 수도 없다. 우선 재사용·재개발 가능성을 최대한 탐색하고 실천해야 한다. 도시, 근교, 농촌 할 것 없이 먼저 안 쓰는 곳, 퇴락한 곳을 재단장하고, 재사용하고, 용도를 재정의하고, 재생시켜야 한다. 산기슭, 강 유역, 해안, 사막, 숲, 농경지 등등 큰 지형 틀 속에서 완전 새로운 경관을 구축할 필요가 있고, 우리는 그렇게 할 수 있다.

장기계획(長期計劃)에는 지속가능(持續可能, sustainable)한 개발 개념이 바탕에 깔려 있다. 영속성(永續性, continuity)이 그 속에 담기지 않으면 '장기(長期)'라는 말의 의미가 없어지기 때문이다. 계획의 이상(理想)은 토지, 수자원, 기타 모든 자원 공급이 고갈되지 않는 것이다. 그러나 인간 삶의 현실은 그럴 수가 없는 것이기에, 우리가 하는 계획은 절제(節制), 현명한 이용, 재충전, 복원 등을 구현할 전략을 창안해내는 것이어야 한다.

그러려면 에너지를 어떻게 효율적으로 사용할 것인가와 같이 아주 광범위하고 여러 가지 문제도 다루어야 하고, 소비억제책이나 토지이용 규제나 자원 재활용 문제 등 구체적인 문제도 다루어야 한다. 땅이나 조경계획과 관련해서는, 도시 교외 확산(sprawl)이나 도시 분산을 억제하고, 그 추세를 반전시켜 인간 활동 중심지는 집중되고 서로 연결되도록 하며, 주변을 생산성 높은 보호녹지로 둘러싸는 것이 필요함을 깨닫게 된다. 즉 종합지역계획(comprehensive regional planning)이 필요하다.

계획할 때는 물론 재정비를 계획할 때 수자원과 지하수위 보전을 위해 보호할 곳, 숲과 천연자원 보전을 위해 필요한 곳, 침식 방지, 기후 안정과 혹서 혹한 완화, 휴식·위락 공간과 야생동물 서식 공간 확보, 그 외 경관 수려한 곳, 생태적으로 중요한 곳, 역사 가치 있는 곳 등을 보전하기 위해 필요한 중요한 자연 지역은 훼손하지 않고 보존해야 한다. 그런 보존지역은 중앙정부나 지방정부의 관련 기구, 또는 보전단체 등이 매입해 관리하면 가장 좋을 것이다.

우리는 항상 현재 경관에 어울리며 논리적으로 합당한 개발이 이루어지도록 해야 한다. 이러한 사고(思考)는 국가자원계획을 담당하는 기관에 꼭 필요한 생각이다. 그런 역할을 담당하는 국가 기관은 국가 모든 주요 토지자원, 수자원, 천연자원으로 생각할 수 있는 최선의 용도가 무엇인지 폭넓게 탐색하고 결정할 권한을 가져야 하며, 보전할 곳은 매입을 제안할 수 있어야 한다. 용도지역지구제(zoning), 관련법, 정부 지원 수단 등을 통해 장기적 국가 이익을 위해 이런 곳, 여타 남은 모든 곳이 최선으로 가장 적합하게 개발되도록 해야 한다. 이러

Tom Fox, SWA Group

국가지정 휴양지구(Golden Gate National Recreation Area)

한 역할을 맡는 국가 기관은 중단 없이 기본계획과 사업계획을 재평가하고 조정하는 역할을 계속해야 한다. 그러기 위해서 최고 수준으로 교육 · 훈련받은 계획가, 지리학자, 지질학자, 생물학자, 사회학자, 기타 관련 분야 전문가를 업무에 참여시켜야 한다. 저명한 과학자, 식견 있는 사람들로 중앙 부처, 도(道), 시(市) 환경 자문위원회를 구성하고, 각종 관련 전문가 단체에서도 이 명예로운 위원회에 참여할 사람을 추천, 참여하도록 해야 한다.

나아가 우리는 새로운 환경질서를 향해 의식적이고 기민하게 진화해 나가야 한다. 새 환경질서는 새 관계 구축일 것이다. 인간과 인간 관계, 사람과 인간 공동체 관계, 이 모두와 살아 있는 경관과의 관계를 개선하는 것이다. 이제 정말 우리는 세계 시민이 되었다. 새 질서는 과거와 현재 문화에서 가장 긍정적 추동력(推動力)을 빌려오고 통합하는 철학적 지향(指向)에서 싹이 틀 것이다.

우리가 알듯이, 아테네인들은 집을 내향적으로 가족 사생활 중심으로 지었고, 이집트인들은 직선적 전진 의지를 표방했으며, 중국은 집, 가로, 사찰들을 자연에 속한 듯하게 설계한 한편, 서양에서는 공간의 연속적 흐름에 애착을 보여왔으니 아마 새 범세계적 철학 구축의 길은 이런 것들을 잘 융합하는 것이리라.

안정감 있고 조용히 생각에 잠길 수 있는 사적(私的) 공간의 가치가 중요하게 여겨지는 시대가 오는 것 같다. 선형 전진에 가치를 부여하는 성향은 보도, 경관 도로, 대중교통 통행로를 쾌적하고 좋게 설계하기에 응용할 수 있을 것이다. 도시나 지역 전체가 자연경관과 잘 융화되어, 그 사이를 연결하는 공원 녹지가 새 건물이나 기반 시설의 훌륭한 배경이 되게 할 수도 있다.

긴 인류 역사상 처음으로 환경보호가 마침내 세계 관심사가 되고 있다. 땅과 수자원과 지구경관(earthscape)을 현명하게 관리하는 것이 인류 공동 대의(大義)가 되고 있다. 다행인 것은, 문제가 위기 수준에 달할 즈음에 문제 해결의 필수 기술도 우리 손안에 있다는 것이다. 늦기 전에, 아마 사람들이 생각하는 것보다 일찍, 창조적이고 깨어난 계획을 통해 그런 기술을 모두 모아 적용할 수 있기를 기대한다.

W Architecture and Landscape Architecture. www.w-architecture.com

Barry W. Starke, EDA

David Vadlowski/City of Vancouver

소규모 도시 개선 사업

훌륭한 환경 개선이 꼭 거창한 사업을 통해서만 이루어지는 것은 아니다. 환경 개선이 때로는 대규모 홍수 예방 사업, 대기오염 정화 법규 제정, 과학 기법을 적용해 광역적으로 농장이나 습지, 산림을 관리하는 사업 등을 통해 실현되기도 한다. 그러나 환경 개선 대부분은 훨씬 작은 일을 통해 달성된다. 경관을 보살피고 개선하는 수많은 작은 일의 총합이 그것이다. 즉

- 잘 설계한 크고 작은 공원의 출현
- 새 개발 사업지구 전기통신선 지하 매설
- 하천을 정비하고 물가를 따라 산책로를 조성하는 일, 방치한 하천변에 나무 심기
- 주민 스스로 마을길 청소하기
- 도심 가게 입구 옆에 심은 보리수나무 한 그루
- 공장 건물 벽에 올린 덩굴

• 학교 운동장에서 바람에 실려 구르는 휴지 주운 어린이 손

이 모든 일이 또 다른 환경 거선 활약을 불러일으킨다. 모두가 합쳐서 변화를 창조하는 것이다.

## 도시 분산과 교외 확산(Scatteration and Sprawl)

미국 도시와 그 주변 농촌에 대한 최대 위협은 도시 교외 확산이리라. 이 책에서 이 주제를 다루는 이유는 관심 있는 독자층이 훈련받고 경험을 쌓으면 이 문제를 다루고 해결할 능력을 갖출 가장 적합한 사람들이기 때문이다.

Tom Lamb, Lamb Studio

제2차 세계대전 이후 난개발 도시 확산

초기 미국 도시는 소규모 압축도시(compact city)였고, 자급도시였다. 소도시이기에 편리했고 길은 흙길이었다. 유일한 운송 동력은 말이 끄는 수레나 마차였다. 거친 숲이 도시 주위를 둘러싸고 있었다. 자급도시였던 까닭은 생활용품, 식료품 모두 숲이나 정원에서 거두거나 동네 가게에서 구입해야 했기 때문이다.

도읍과 도시가 인구 증가로 성장하자, 도심부 역시 그를 둘러싼 도시가 밀도 높게 성장하는 것에 맞추어 도심 기능이 강화되어 나갔다. 새 도로와 고속도로

를 건설하면서 중간에 도시에 비견할 결절점(結節点, node) 주거지가 발달하고 이어서 그 주변에는 농장이 들어섰다. 철도가 건설되기 시작하자 철도 건널목 부근에 새 주거지가 형성되고, 강 건너는 곳이나 천연 포구에도 마을이 자리 잡았다. 시간이 지나면서 오지에 위치한 농경 중심지, 광산촌, 목재산업 기지, 빼어난 경승지에도 교통노선이 연결되었다.

이런 자연스러운 토지이용 유형이 제2차 세계대전 직후까지 풍미했다. 그 후로 맹렬한 공업 발달과 급속한 도로와 고속도로망 확충이 따르면서 도심부는 마찰과 매연이 만연해 매력 없는 곳이 된 대신, 전원 지역이 사람들을 손짓해 불렀다. 도시 거주자, 개발업자들이 도시를 떠나 외곽 주거지 즉 새로 등장하는 교외 주거지로 옮겨갔다. 이러한 교외 확산은 미국 발명품이라 할 수 있다. 가게, 공장도 뒤따랐다. 도시는 계속 빈집이 늘고 황폐화하고, 세금도 더 걷어야 하는 출혈 상태로 남게 되었다. 저소득층, 복지 혜택 의존자가 흘러들면서 문제는 더욱 악화되었다.

성장관리는 일부가 생각하듯 또는 일부가 희망하듯 도시 개발을 봉쇄하는 것이 아니고, 흐름과 용량을 최적 균형에 이르게 하는 조절판(調節瓣, regulating valve) 역할 같은 것이다.

도시만 궁지에 빠진 것이 아니었다. 농촌경관 속에 새 개발이 일어나는 곳마다 인근 농경지나 숲은 그 용도 가치에 근거해 세금을 내는 것이 아니고 개발 잠재 가치에 따라 세금을 부과했기 때문이다. 점점 더 많은 농장주들이 농장을 팔아넘기는 유혹에 빠지거나 팔지 않을 수 없는 처지에 놓이고, 도시 분산 촉진에 가담하게 된 것이다.

이것이 오늘 우리의 현실이다. 도시는 예외 없이 빚더미, 비어서 퇴락한 시설물, 지독한 오염, 범죄에 시달리게 되었다. 번성하던 가족 농장은 이제 아주 희귀해졌다. 한때 티 없던 '아름다운 미국(America the Beautiful)'이 유지 관리도 잘 안 되는 도로망의 미로와 계획성 없이 흩어진 도시로 어지럽다. 시간이 흐르면 외곽 거주자들은 포장도로, 전기통신과 상하수도 같은 기반 시설, 학교와 통학버스 같은 공공 서비스를 요구한다. 더 비효율적이고 더 파괴적 개발은 상상할 수 없을 정도다. 이러한 폐해를 일컬어 교외 확산(urban sprawl)이라 한다.

Historical Society of Pennsylvania Archives

1990년 무렵 피츠버그 포인트(Pittsburgh Point)

## 복원(Restoration)

다행히 오늘날 더 나은 길을 찾아갈 혜안을 가진 사람들, 어려움에 빠진 지역사회와 도시를 건강하고 합리적인 도시나 광역도시 지역으로 계획하고 복원해 나갈 전문 지식을 갖춘 사람들이 있다. 아래 기술하는 문제 해결책들은 편안하고, 편리하고, 효율적이고, 만족스러운 생활환경을 이루는 토지이용 계획을 실현하는 접근 방법으로서 적용해보고 검증된 것들이다.

개별 적용하거나 종합 적용하거나, 여하튼 교외 확산을 종식하고 훨씬 바람직한 생활 공간, 근로 공간을 창출하는 종합계획을 지향한다.

Kongjian Yu/Turenscape

도시재생사업은 도시 확산에 대항하는 좋은 무기다.

### 도시(The City)

교외 확산은 대체로 도시 탈출 현상이다. 도시는 오염이 심하고, 유지 관리가 잘 안 되며, 범죄가 빈발하고, 빚에 시달리는 반면, 도시민을 유혹하는 전원 지역은 아직 용도 지역 계획이 없고, 도로망은 제약 없이 뻗어 나간다면, 도시 탈출은 당연한 귀결일 것이다.

어떻게 하면 도시 탈출을 멈추고 그 추세를 반전시켜 사업가와 주택건설업자들이 도시로 돌아오게 할 수 있을까? 물론 한 가지 해답은 도시를 재정비해 안전하고 매력 있게 만드는 것이다. 여러 도시에서 벌써 이 방법은 타당성 있고 실현 가능하다는 것을 증명하고 있다.

### 중심가(Activity Centers)

주거, 상업, 업무, 연구, 의료, 교육, 오락 중심지 같은 도시 기능 요지는 도시의 살아 작동하는 실체다. 계획성 없이 어색하게 형성될 수도 있고, 잘 설계하고 또 재설계하면 최적 조율 상태 기계같이 잘 작동할 수도 있다. 어떤 유형 중심가이거나 더 좋게 만드는 방법은, 그곳 고용자 주택건설까지 포함해 완벽한 중심가를 만드는 요건 목록을 작성하고, 그에 필요한 토지이용을 지정해 단계별로 건설함으로써 중심가로서 원활하게 기능하도록 하는 것이다.

도시 기능 중심가는 도시 기능 중심가끼리 서로 연결하고, 또 도시 기능 중심가와 도심과도 연결하며, 이런 연결은 경관도로(parkway)나 고속 대중교통수단(transit)이 되어야 한다. 이렇게 완벽하게 기능을 갖춘 도시 기능 중심가를 도시 내에 계획적으로 건설하거나 필요에 따라 고속화도로에 인접하게 건설하면 교외확산(sprawl)을 대체하는 바람직한 대안이 될 것이다. 추가로 이곳저곳 이동하는 교통량과 교통시간을 크게 줄이는 이점이 있을 것이다. 이러한 도시 기능 중심가는 더 편리하고 쾌적할 것이고, 관계자 누구에게나 수익성이 더 높고 성공 가능성이 더 높은 곳이 될 것이다.

### 시가화구역 경계 설정(Fixed Boundaries)

도시 분산, 교외 확산은 더 성공적인 기업, 더 좋은 주택개발이 도시 주변 농촌을 잠식해 들어가는 것이다. 각종 지원 기반 시설이 따라 들어간다. 이런 현상은 도심부 활력을 떨어뜨리고, 주변 농경지, 산림, 습지 등을 어울리지 않는 개발과 부적합한 도로망으로 침식하는 결과를 초래한다.

도시에 상처를 주고 주변 지역에도 혼란을 야기하는 이런 현상을 예방할 수 없을까? 유일한 길은 시가화구역 경계를 획정(劃定)하고 개발을 규제해 확산 압력을 통제하는 것이다.

대도시 또는 지역 차원의 강력한 계획위원회가 구성되어 있는 곳은 용도지역 지정과 엄격한 집행을 통해 개발을 시가화구역 내부에 한정하는 것이 가능할 것이다. 부동산 투기업자들의 반발이 있겠지만, 확산을 막고 시가화구역 내로 개발을 한정하는 이점이 압도적으로 클 것이다. 도시 땅의 자원가치가 높아지면서 나대지나 방치한 땅이 줄어들 것이고, 유지 관리와 지가, 세금징수가 증가해 경제가 활성화할 것이다. 또 도심 기능이 완벽해지고 편리하고, 균형을 이룰 것이다.

### 오픈스페이스(Open Space)

어떤 곳이 오픈스페이스인가? 비포장(非鋪裝) 비건설(非建設) 땅과 수면(水面)이다. 대도시에서 바람직한 오픈스페이스 체계는 큰 오락 · 휴식 공원, 자연 배수로나 개울가에 조성한 작은 공원 등을 함께 엮은 것이다. 수변 오픈스페이스는 50년 주기 홍수위까지 개발하지 않고 보전하는 공간으로 흙이 가장 비옥하고 나무와 풀이 아주 무성해 일련의 연결된 녹색 공간을 형성할 수 있는 곳이다. 이 녹색 공간 속에 또는 그 옆을 따라 경관도로, 자전거도로, 달리기와 산책길 따위를 만들면 얼마나 좋은가. 모두 공공의 영역에 속한다. 현재는 콘크리트 배수관 속을 흐르거나 그 위에 시설물이 지어져 있을지라도, 개울은 언제인가 복원하여 자연 흐름으로 돌아갈 수 있다. 도시 오픈스페이스는 나무 심은 경관도로 둔덕이나 중앙분리대일 수도 있고, 공공 시설 마당, 도시 숲 등도 훌륭한 오픈스페이스 역할을 한다. 도시 가로수 역시 도로변 방풍림 역할을 해 그늘과 서늘함을 제공함으로써 도시 오픈스페이스 기능을 보충한다.

© D.A. Horchner/Design Workshop

Tom Fox, SWA Group

OLIN

© D.A. Horchner/Design Workshop

Cole, USDA

EPD

오픈스페이스 형태는 다양하다.

미래 도시 형태는 확산 억제, 소규모 압축도시가 되고, 둘레는 공원과 오락용지, 정원, 농경지, 자연보호구역, 산림이 둘러쌀 것이다. 교외 확산은 배제하고, 도시 내외부 고두에서 자연이 항상 가까이 있을 것이다.

### 도로(Roadways)

고속도로는 아마 승객을 목적지까지 안전하고 효율적이며 쾌적하게 이동시키도록 설계했을 것이다. 그러나 국유 경관도로, 유료 고속도로, 주간(州間) 고속도로 등을 제외하면 건물이나 진입도로를 접하지 않는 고속도로가 거의 없고, 어떤 고속도로는 1마일(약 1,609미터) 구간에 100개소 이상 면하고 있다. 드나드는 차량 때문에 속도를 줄여야 하고, 이는 도로교통 용량을 감소시키고 교통 흐름을 방해해 정체를 빚기도 한다. 무슨 권리로 이렇게 고속도로에 접하는 대지 주인들은 공금으로 건설한 도로를 값비싼 자기 집 진출입로로 사용하는가? 도로설계가들은 이러한 도로변 상황과 그 교통 장애와 위험성을 잘 알기 때문에 간선도로변은 개발하지 않는 것을 선호할 것이다. 어떤 경우에도 고속화도로와 간선도로는 모두 진출입로를 제한하고, 도로 양측 모두 최소 400미터 이상 간격으로 나들목을 설치해야 한다. 일부 땅 주인이 많은 사람의 희생으로 이득을 취해서는 안 된다. 많은 사람은 그들이 지불해 건설한 도로에서 막힘없이 흐르는 교통 혜택을 누리는 것이 당연하다. 그러면 몇 킬로미터씩 너저분하게 이어지는 노변 상가 개발과 교외 확산을 막는 효과도 있을 것이다.

### 부동산 가치 평가(Land Value Appreciation)

개발업자는 종종 우리를 비애에 빠뜨리는 악덕이라고 비난받는다. 맞는 말이기도 하다. 그러나 사실 좋은 개발업체는 구세주 같기도 하다. 정부가 현명하고 창조적인 개발을 조장하는 훌륭한 계획 체계를 갖추고 있다면, 자기 소유 토지를 확보하고 대규모로 장기적으로 개발하는 업체는 미국 경관의 희망이기도 하다.

독자적이건 여러 업체 연합이건, 중량급 개발업체만이 다음과 같은 업무를 수행할 재정 능력과 업무 지속 능력이 있다.

성장관리 정책 두 가지 핵심 전제 조건은 입주 전까지 모든 필요한 기반 시설 설치를 완료하는 것과, 기업은 공용 시설 개발 비용에서 자기 몫을 제대로 분담하는 것이다.

- 충분히 큰 건축가용지 확보
- 주거지, 도시 기능 중심지 등을 종합계획에 맞게 필요 요소를 모두 갖추고 각종 고려 사항을 반영해 건설
- 장기(長期) 완성 목표에 맞춰 단계적으로 개발
- 가장 아름다운 경승(景勝), 생태지역, 우량농지 등을 보전하고 공원 녹지로 제공
- 경험 풍부한 계획가 참여, 최고 수준 과학자 자문
- 교통 당국, 교육청, 수자원국, 공원녹지위원회, 지역계획공사 같은 공공 기관과 업무 조율

대규모, 장기 개발을 지향하는 업체는 명성을 얻고 그것을 지키려 한다. 고품질 개발 성과로 신용을 얻으면 모든 일이 수월해진다. 상당히 많이 투자하는 입장에서, 좋지 않은 토지이용이나 건설사업은 명성에 해가 되고, 대인관계를 나쁘게 하고, 결국 투자에도 손해가 된다는 것을 잘 안다. 경험 많은 지주(地主)나

개발업체 목표는 부동산 가치 평가 증진이다. 간단히 말하면, 건설, 개발 사업, 어느 것이나 남은 땅 가치를 상승시키도록 하는 것이다.

### 도심 재이주(再移住, Recentering)

거의 예외 없이, 교외 확산 대문에 계획성 없이 흩어진 요소들은 혼란과 문제를 일으킨다. 침범한 공간에 일으키는 혼란만이 문제가 아니다. 더 큰 문제는 이런 개발 요소를 모두 공공 비용을 투입해 상가, 학교, 기타 목적지와 연결해야 한다는 것이다.

시간이 지나면서 결국 기후나 지형 문제, 편의성이나 친구나 고용 기회 부족 같은 이유로 그 위치가 적합하지 않다고 판단되는 곳은 등급이 낮은 용도로 팔리거나 방치되어 아예 재산 가치를 잃는다. 외로이 고립된 단지 주민이나 사업체 소유자는 대개 곧 계획개발 도시나 재개발 도시 장점을 아쉬워하면서 되돌아올 생각이나 다른 곳으로 옮길 생각을 품게 된다.

도시 분산 폐허를 치유하고 농촌 경관 진정성을 회복하려면 어떻게 할까? 여러 가능성이 있지만 우선

- 분산 개발 필지 과세 표준액을 재산정해 기반 시설과 공공 시설 제공 비용을 환수한다. 그러면 대부분 먼 곳에 사는 것을 억제할 것이다.
- 부적합한 개발은 매입하는 직접적 접근 방식을 적용한다. 도로를 건설해 제공하고, 유지 보수하고, 학교를 다닐 수 있게 하는 것보다 집이나 개발사업 자체를 매입하는 것이 지자체에 부담이 적은 경우도 흔하다. 현 소유자가 원하면 평생 임차를 허용하는 조건으로 매입할 수도 있다.

교외 확산 주거 장점보다 새로 조성하거나 재계획한 도심부 장점이 크면 사람들은 더 매력적인 곳으로 흡인(吸引)될 것이다. 분산되어 있던 도시 요소들을, 지원 시설과 근로자 주거 등을 갖추고 명료하게 구획하고 균형을 이룬 도심지로 점진(漸進) 재배치한다면, 훨씬 더 좋은 생활환경을 창출할 것이다.

### 용도지구 지정(Zoning)

전통 방식 용도지역지구제는 낡은 만큼 부작용이 많다. 전통 용도지역지구제는 넓은 땅을 단독주택, 연립주택, 아파트, 상업, 업무, 경공업, 중공업, 연구, 오락, 오픈스페이스 등 한 가지 용도지구로 구분하고 그 용도 개발만 허용한다.

지역지구제(zoning)가 계획을 대신할 수는 없다. 계획(planning)이 설계(design)를 대신할 수는 없다. 셋이 뭉쳐야 한다.

종종 지형, 교통망, 인접 토지이용에 대한 고려 없이 용도지구 경계를 획정하기도 한다. 대개 용지를 '충분히' 확보한다는 이유로 너무 크게 지정하는 경향이고, 보유 토지를 최상가로 매각하기 위해 기를 쓰는 지주들의 정치적 압력에 굴해 지정하기 다반사다. 그런 과다 용도지구 지정은 결국 도시 내에 미개발 부지

를 양산하고 도로와 기반 시설 연결 비용을 늘리고, 도시 분산을 억제하기는커녕 도시 내에도 분산을 조장한다.

훨씬 발전한 성공적 용도지역지구제 형태는 계획단위개발(PUD; Planned Unit Development)이다. 완벽하고 균형을 이루는 공통체와 도시 기능 중심지 계획을 위해 고안한 제도다. 필지마다 기존 지구 지정을 완화하고 창의적 토지이용을 유도한다. 주택, 기타 건물 배치에 자율성을 부여하며, 반드시 공공 도로에 면하지 않아도 된다. 대신 도로에서 들어와 있는 중정이나 광장 또는 보행자 전용 통로에 면하고, 주차장은 인근이나 지하에 설치해도 된다. 저층 건물과 고층 건물, 동네와 도심 기능 중심가를 완벽하게 만들기 위해 필요한 각종 공공 기능과 시설을 모두 섞어 설계해도 된다.

이렇게 설계한 계획단위개발(PUD)이 모든 면에서 기존 개발보다 우수하다. 기존 개발은 도로변이나 고속도로를 따라 줄 세우는 개발이어서 위험하고, 매연과 소음이 심하며, 오락 · 휴식 공간이나 학교, 시장 접근성도 부족하기 일쑤다. 계획단위개발(PUD) 방식으로 도시 내에 주거, 교육, 상업, 기타 중심가를 편리하고 쾌적하게 건설하면, 도시를 탈출해 고속도로를 따라 어딘가 더 멀리 나갈 이유가 별로 없을 것이다.

### 건설규제*(Construction Regulations)*

도시 교외 확산을 유발하는 원인 중에는 도시 변두리 건물 배치와 건설 규제가 부족한 점도 있다. 곳에 따라 용도지역지구제, 건설규제 법규를 갖춘 곳도 있지만, 그렇더라도 시행은 대개 느슨하다. 따라서 숲 속, 물가, 농로 연접 땅을 구하는 사람들을 유인하게 된다. 그런 사람들은 나무를 베고, 땅을 정지한 후 오두막이나 통나무집, 주택을 짓거나 이동주택을 끌어다 놓고 산다. 전국 곳곳에는 훌륭한 이동주택 단지가 있음을 주목할 필요가 있다. 이렇게 단지가 잘 조성된 곳은 여러 장점이 있고 사회 공동체 역할도 훌륭히 감당한다. 그러나 소규모일지라도 농촌에 침입하는 개발은 혼란을 초래하고, 만약 대규모 벌채와 정지 작업이 따른다면 그 결과는 기존 마을의 평안을 깨는 재앙이 될 것이다. 열혈 굴착기 기사, 벌목톱 기사는 하루도 안 걸려 언덕 하나쯤은 벗기고 뭉개버려 끝없는 토양침식, 하류 강물 오염과 토사침전을 일으킬 수 있다.

폐기물 처리 기술은 더 발달해야 한다. 폐기물 매립장이나 해양 암초 폐기장을 대체할 새 가능성은 폐기물로 표토를 만드는 기법이다. 목재 섬유, 분쇄 플라스틱, 분쇄 유리를 하수정화 부산물과 섞어 방대한 토양침식 지역을 비옥한 땅으로 바꾸는 데 쓰는 날이 올 수 있다.

필요한 것은 전체 주에 적용할 토지이용과 건설규제 법규를 제정하고 엄격히 시행하는 것이다. 법규 내용은 해안, 평원, 산악지역, 강 유역, 습지 등 지리적 여건에 따라 달라야 할 것이다. 그러나 어느 곳이든 다음 내용을 포함해야 한다.

좋은 계획 사례. 백사장과 습지를 보존하고, 단독주택부터 고층까지 다양한 주거 형태를 침수 우려 없는 고지대에 배치했고, 지면보다 높은 해변 접근로를 곳곳에 설치했다.

- 토지이용
- 영향평가
- 사면보호
- 자연식생 보호
- 토공(굴착, 매립, 정지)
- 표토보전
- 습지보전
- 자연수로 보호
- 수자원 보호
- 도로변 개발 금지

이러한 규제가 없으면 도시 교외 확산 폐해는 멈출 줄 모를 것이다. 법적 규제 시행을 통해서만 도시 교외 확산을 방지하고 난개발 상처를 치유할 수 있다.

© D.A. Horchner/Design Workshop

# 9
# 광역 조경
# THE REGIONAL LANDSCAPE

합리적인 토지이용계획이라면 대지(垈地) 경계선이나 행정구역 경계선을 뛰어넘어야 한다. 강물은 이런 경계선을 모르며, 도로망은 서로 연결되어야 하고, 대기오염은 바람 부는 대로 떠다니기 때문이다.

땅이건 물이건 모두 인접 대지가 있기 마련이고, 인접 대지와의 관계는 중요하게 다루어야 한다. 수계(水系) 상류 유역에서 일어나는 모든 인간 활동이 하류 유역 토지이용에 영향을 미친다. 마을, 지역사회, 지방 자치단체 따위가 모두 그 지역의 정치, 경제, 사회, 물리적 환경에 영향을 미치고 또 영향을 받는다. 이렇게 경계선 설정 공통분모가 없다면 무엇으로 지역 경계선을 삼아야 할까? 관심과 연구 초점이 무엇이냐에 따라 달라질 수밖에 없을 것이다.

## 상호 연계성(Interrelationships)

아주 오랫동안 도시를 한 개의 완전히 독립된 총체(entity)로 인식하는 폐단이 있었다. 전통적으로 농촌에 대비되는 도시, 교외와 분리된 도시라 생각했고, 도시가 위치하는 군(郡)이나 면(面)과도 분리해 도시를 인식했다. 그 결과 도시와 그 주변을 포함하는 종합적인 계획이 없고, 불필요한 마찰이 심하게 빚어지곤 했다. 행정 업무, 시설 투자의 중복, 낭비가 발생한다. 마찰과 적대감 탓에 협력하면 쉽게 해결할 수 있는 지역 간 문제도 몇 년씩 풀지 못하고 지연된다. 그러나 점차 도시와 그 주변을 묶어 한 개의 통합된 지역으로 계획하려는 바람직한 움직임이 늘고 있다.

계획 범위를 도시에서 지역으로 확대하는 움직임과 함께 나타난 또 다른 추세는 주거 지역을 좀 더 자급자족적인 근린주구 구조로 건설 또는 재편(再編)하려는 운동이다. 녹지대로 둘러싸고, 고속도로로 공업단지, 도심지, 외곽 지역과 연결해 더욱 인간화된 새로운 개념의 주거 공간을 창출할 가능성을 보여주고 있다.

집, 근린주구, 도시는 우리의 사고와 생활양식이 그대로 물리적 형태로 나타난 것이다. 삶에 대한 우리 생각은 항상 자연환경 및 인공환경에 더 적합한 삶을 추구하며 변화, 발전해왔다. 그에 따라 집과 근린주구, 도시의 배치와 형태도 끊임없이 변모해왔다. 이러한 점을 감안한다면, 사회현상과 토지 이용 형태 관계의 개요를 연구해야 할 것이다. 이에 대한 이해가 깊어지면 사회현상과 토지이용의 관계를 개선하고, 우리 생활양식도 개선할 수 있을 것이다.

*내 동료 농부들과 내 동료 보호주의자들에게, 더 이상 농촌을 단편적으로 생각해서는 안 된다는 점을 깨닫자고 호소하는 바다. 농촌을 담배, 목재, 가축, 채소, 곡물, 휴양 공간 등등 개별 생산품이나 개별 산업 차원에서 생각해서는 안 된다는 것이다. 이제는 각 지방이나 지역을 인간이 이용하는 하나의 경제 체계 즉 농촌과 도시를 모두 포괄하고 지역에서 생산하는 모든 산물을 포괄하는 하나의 경제 체계로 인식해야 한다는 것이다.*

**Wendell Berry**

## 가족(The Family)

고대 문명에서부터 현대 민주사회에 이르기까지 가족은 가장 작지만 가장 중요한 사회 단위다.

오늘날 가족 생활양식은 옛날 통나무집, 농가, 노예를 부리던 농장 가족 생활양식과는 판이하게 다르다. 자유로우면서도 엄격했던 개척자 생활양식이 질서정연하고 규칙적인 농부 생활양식을 거쳐, 도시 속에 갇힌 획일적 시민 생활양식으로 변모했다. 부모 역할도 변해 부계 또는 모계 중심 생활양식이 약화되고 격식이 없어지고 있다. 상류사회 모임, 화려한 무도회, 저녁 만찬 등은 이제 옛날이야기가 되었으며, 하녀, 요리사, 하인들을 거느리는 생활도 마찬가지다.

*조경가가 해결할 당면 과제는 도시와 농촌 격차, 도시 생활과 농촌 생활 양극화 해소 방법을 찾는 것이다. 이 과제는 비단 조경가뿐 아니라 건축, 토목, 도시계획 전문가는 물론이고 모든 사람의 공동 과제이며, 앞으로 더욱 심각한 문제가 될 것이다. 구체적으로 말하면 벽돌, 아스팔트로 도배한 도시와 초원이나 숲, 해변의 조용한 녹음으로 둘러싸인 농촌을 어떻게 융화시킬 것인가가 과제다. 어떻게 농촌에 도시성을 불어넣을 것인가, 어떻게 도시 문화를 농촌에 스며들게 할 것인가—이것이 우리의 가장 중요한 문제다. …*

**Garrett Eckbo**

현대 생활은 지나치게 자동차를 의존하는 경향이라 가정마다 자동차를 대문 앞에 주차하거나 집 안에까지 끌어들이는 것이 보통이다. 주택과 정원의 위세, 화려한 장식은 줄고 기계화, 단순화, 개방화 경향을 보인다. 정문과 후문의 현관, 뒷골목길, 마구간들이 사라지고 스페인식 주택 또는 연립주택이 많이 보급되면서 집 앞의 넓은 잔디밭 대신 담으로 둘러싸인 중정(中庭)이 많이 나타났다. 주택 외벽은 개방해 공기와 햇빛을 더 많이 받아들이고, 정원과 하늘과 경관을 끌어들이고, 자연과의 교감, 돌과 물과 초목과의 교감을 늘리고 있다. 가족 생활양식의 개념이 변화함에 따라 주거 양식도 이를 반영하여 변화해 있는 것이다.

## 이웃(The Cluster)

세 가구에서 열두 가구 정도가 최적 이웃 관계를 형성하는 규모라고 알려져 있다. 이웃을 잘 모아서 편리하게 배치하면 자연히 서로 말을 트고 지내는 사이가 되고 다과 모임, 잔치, 자녀들의 어울림, 이웃 간 교류가 저절로 이루어지기 마련이다. 어린이들은 잔디밭에서 서로 장난감을 바꾸어 놀고, 이웃끼리 필요한 물건을 빌리고 이야기도 나누면서 우정을 쌓는다. 이웃을 형성하는 가족들은 생활 수준과 생활 목표가 대개 비슷하되 신분과 관심이 다양하다면 이상적일 것이다.

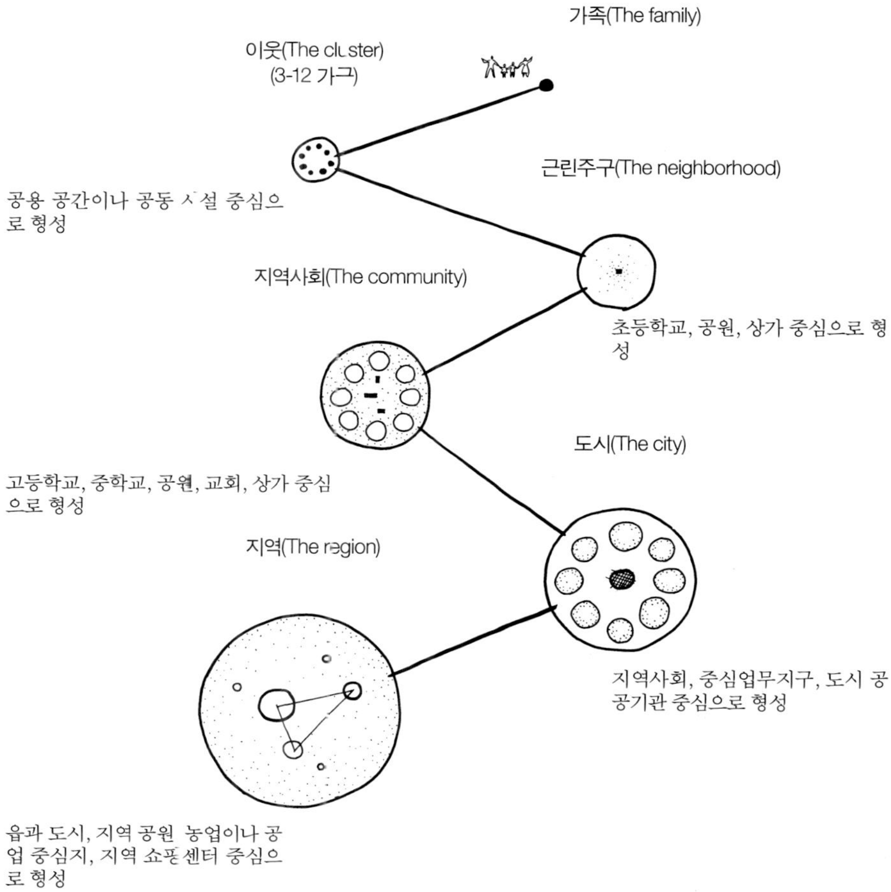


*우리는 도시와 농촌의 상호 의존성, 도시와 농촌 사이에는 조화와 평형을 이루는 균형이 존재한다는 것을 인식하는 능력이 결여되어 있다. 크건 작건 올바르게 개발하고자 한다면 먼저 우리는 도시와 농촌을 연계하는 기술, 그러한 지역계획 기법을 개발하는 것이 필요하다고 생각한다.*

**Lewis Mumford**

*인간 활동이 자연에 순응하기만 한다면, 또는 자연의 재생작용을 침해하지 않을 정도로 그 규모가 작기만 하다면, 경관은 인간이 자연과 협력해 창조한 산물로서 또는 자연경관 그 자체로서 살아남을 수 있을 것이다. 그러나 인구가 증가하고 도시 활동이 자연의 균형을 깨뜨릴 정도가 되면, 자연은 곧바로 상처를 받으며, 그 유일한 치료 수단은 인간이 경관의 변화 발전 과정 속에 의도적으로 관여하는 것뿐이다.*

**Sylvia Crowe**

*건축가라면 누구나 방을 모아놓는 것이 건축설계는 아니라는 것을 안다. 각 부분을 묶어서 하나의 전체가 되게 하는 설계 개념이 바탕에 깔려 있어야 좋은 건물이 되는 것이다. 그렇지 않으면 그것은 건축이 아니다. 마찬가지로 여러 개 '개발사업'을 모아놓는 것이 근린주구 설계는 아니다. 각 부분을 묶어서 하나의 온전한 근린주구를 만들어내는 설계 개념이 바탕에 깔려 있어야 한다.*

**Edmund N. Bacon**

*그저 피상적인 의미의 근린주구라면 몰라도, 물리적 계획(physical plan)만으로는 진정한 의미의 '근린주구'를 창조하는 것이 불가능하다. 물리적 계획은 다만 진정한 근린주구 분위기를 조성하는 데 다른 작용 요소들을 도와주는 역할을 할 뿐이다.*

**Henry S. Churchill**

이웃 규모가 12~16가구를 초과하면 너무 커서 결속력을 상실하고 저절로 더 작은 사회집단으로 분화하는 경향이 있다.

바람직한 이웃 배치계획이 되려면 길에서 분리된 주차장이 있고, 소음과 교통사고 위험이 없고, 보행자 전용 도로로 연결되고, 중앙 잔디 광장이나 어린이 놀이터 같은 중심 공간이 있어야 한다. 부지와 건축이 조화를 이루어야 하고, 주변에 위치한 이웃 단지나 건물과 구별 짓는 적절한 경계 시설을 갖추는 것이 좋다. 밀집된 배치, 합벽 개발, 쓸모없는 공간이 되기 쉬운 옆 뜰을 없애고 대신 함께 이용하고 즐길 수 있는 공간을 만드는 것 등이 성공한 배치계획의 특징이다.

## 근린주구(The Neighborhood)

근린주구는 공용 오픈스페이스 주변에 이웃 단지를 모아놓은 것이다. 근린주구는 모든 가정이 공동 활동에 참여할 수 있을 만큼 작아야 하고, 근린상가, 운동장과 완충 녹지를 포함할 만큼 커야 한다. 변화하는 사회 행태와 교육 개념을 수용하면서 오래가는 근린주구를 계획하는 한 가지 방법은 초등학교를 중심으로 배치하고, 학교까지 걸어서 안전하게 통학할 수 있는 보행로를 만드는 것이다. 근린주구 크기와 인구는 적정 학교 시설을 확보하고 유지하는 데 필요한 학

Fort Detrich

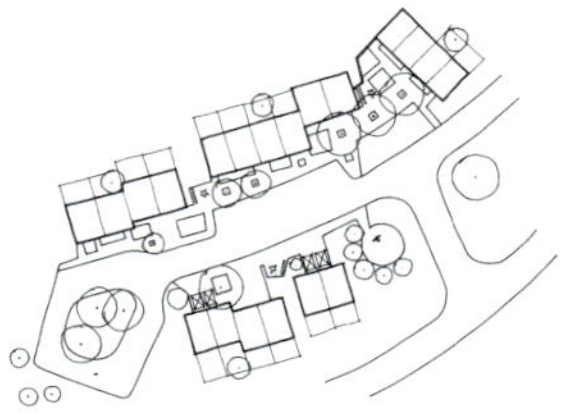

Vallely Springs

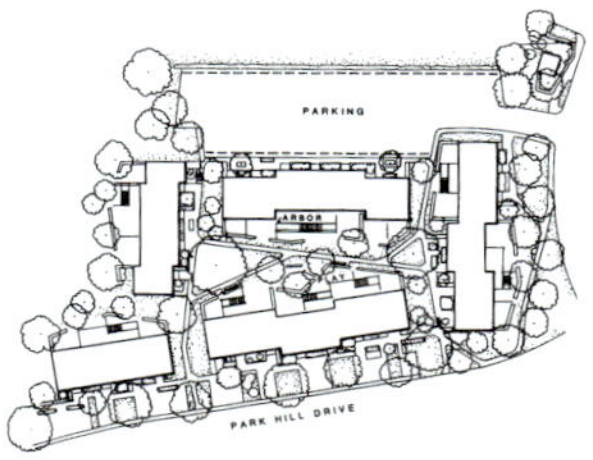


East Hills

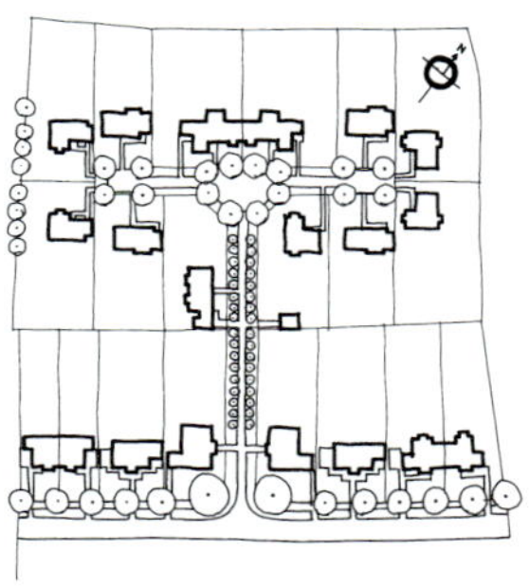

Welwyn Garden City

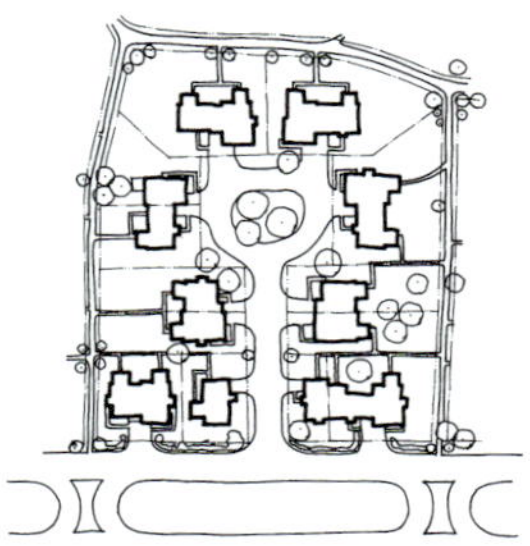

Radburn

막은길(cul-de-sac) 중심으로 이웃을 배치한 사례 다섯 가지

생 수에 따라 산출할 수 있다. 그러나 학교, 종합상가, 기타 공공 시설이 반드시 한 개 근린주구 범위 내에 모여 있을 필요는 없다. 성격과 규모가 다양한 몇 개 근린주구 중간에 그런 시설을 배치하고, 초록길(greenway), 보도, 자전거도로 등으로 모두 연결하는 것이 더 바람직한 경우가 많다.

근린주구 외곽 도로가 지역 간 원활한 소통을 담당하는 경관도로와 연결되게 하고, 근린주구 내 통과교통은 배제하는 것이 좋다. 근린주구 내 반공공(半公共, semiprivate) 성격의 공원 둘레나 사이에 주거단지를 계획해 배치하고, 이 공원을 지역사회 차원의 큰 규모 공원-학교단지와 연결하는 것이 바람직하다. 각 주택단지 개발에 대해서는 일체 규제를 가하지 않는 것이 좋고, 그 대신 개발계획서를 허가 담당 기관이 오로지 생활환경 조성 측면에서만 검토해 승인하면 될 것이다. 승인받은 토지이용과 개발밀도는 토지소유자와 지방 자치단체 사이에 계약을 체결해 확정한다.

### 지역사회(The Community)

근린주구와 구별하자면, 두 개 이상 근린주구를 모아 녹지대(greenbelt)로 둘러싼 것을 지역사회라 할 수 있다. 고속화 경관도로(parkway)가 지역사회를 상

© D.A. Horchner/Design Workshop

© D.A. Horchner/Design Workshop

Robinson Fisher Associates

© D.A. Horchner/Design Workshop

지역 특색을 풍기는 지역사회계획 사례

호 연결하며, 좀 더 중요한 지역 공공 시설이나 중심지와 면해 있는 것이 지역사회다. 지역사회는 도시 내에만 위치하는 것이 아니다. 오히려 넓은 교외 지역에 간격을 두고 입지하고, 고속도로나 고속전철로 연결되는 위성지역사회(satellite community)나 ㅇ`보다는 규모가 큰 편에 속하는 신도시가 더 많은 장점을 가질 수도 있다.

도시 밖에 위치하는 지역사회는 좀 더 자족적 기능을 갖고 그래서 외부로 왕래하는 교통량이 줄어 에너지를 절약한다. 기존 주거지역 안이나 근처에 개발했을 때보다 인근 교통망, 토지이용, 사회 전반에 초래할 수 있는 혼란도 적어진다. 부득이하게 주변에 영향을 주었건 독립된 위성단지에 자유스럽게 건설되었건 간에, 계획에 따라 건설한 지역사회는 모두 개발 대상지 전체의 조화를 고려하는 개념도에 따라 단계적으로 한 단지 한 단지 차례로 건설된다는 장점이 있다. 예를 들면 도로, 학교, 공원, 상수도 공급 시설 등의 용량을 미리 알 수 있고, 수요에 맞춰 단계적으로 건설함으로써 수시로 확장, 재공사하는 낭비를 예방할 수 있다.

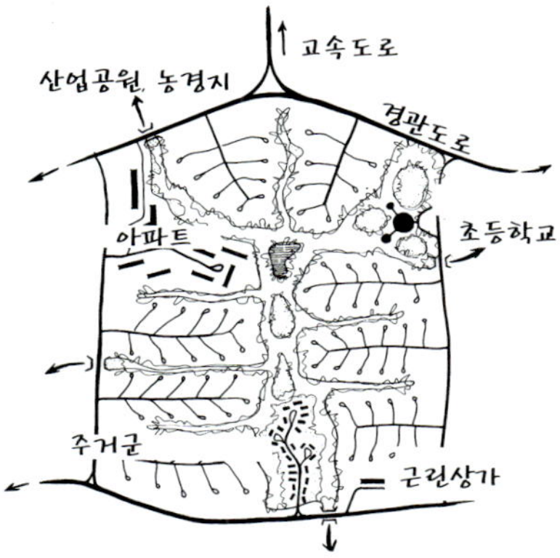


근린주구 배치 개념 1: 약 1200세대
(3분의 1은 공동주택)

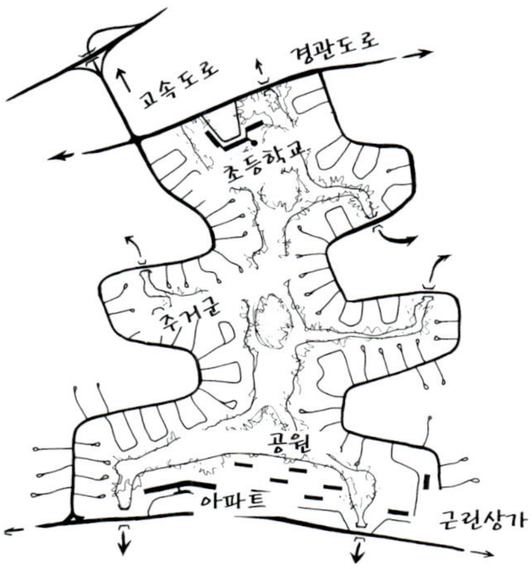


근린주구 배치 개념 2: 약 1200세대
(3분의 1은 공동주택)

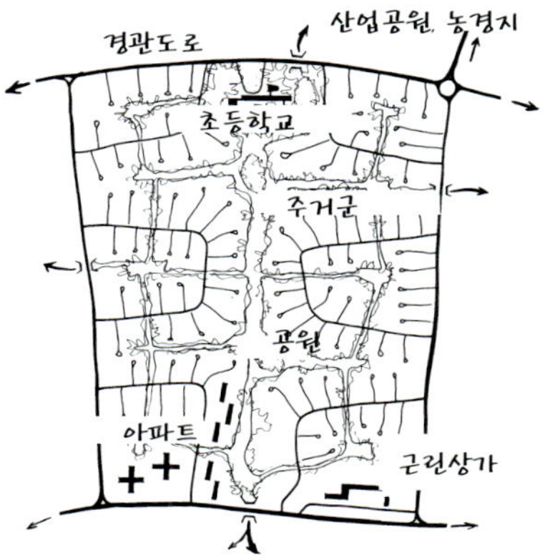


근린주구 배치 개념 3: 약 1200세대
(3분의 1은 공동주택)

요크 강 보전구역

버지니아주, 뉴켄트 군, 보전 공동체개발

Barry W. Starke, EDA

보전을 주제로 삼은 지역사회계획

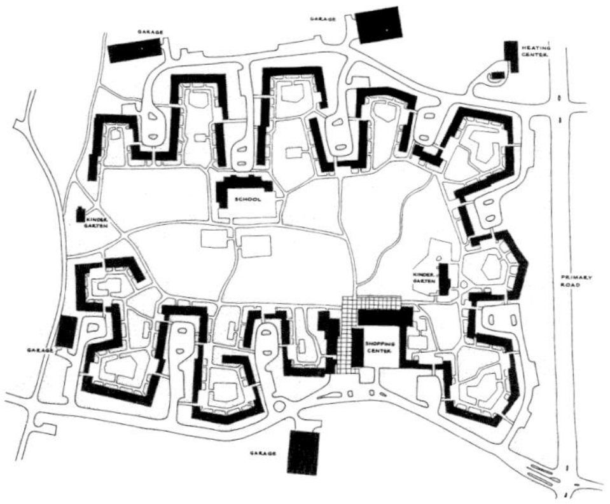


아파트 근린주구로서 각 아파트는 외부 접근도로가 있고, 안쪽에는 주민 교류를 위한 중정과 큰 중앙 공원이 있다. 고밀도 아파트 주거이기 때문에 주민에게 꼭 필요한 오픈스페이스를 넓게 마련할 수 있었다.

토지이용 형태, 교통망, 인구 상한선은 먼저 결정해놓고 가변 용도지구(flexibility zone)를 두어(많을수록 좋다) 차후 세밀한 연구와 장기 수요 변화에 따라, 승인받은 범위 내에서는 가변 용도지구 내 토지이용과 세대수를 자유롭게 조정 배치할 수 있도록 한다. 환경보호협약, 개발기준, 설계지침을 작성해 개발 초기부터 적용한다. 이렇게 계획 개발한 지역사회는 많은 장점을 지닌다는 것이 이미 입증되고 있어서 장래성이 밝다. 지역 개발과 자원 관리에 더 좋은 해법은 없는 것 같다.

이론상 이상적 지역사회는 대여섯 개 이상 여러 근린주구가 서로 연결되어 있고, 그 속에 다양한 사회적 · 건축적 · 경관적 특성이 어우러지는 것이다. 각 근린주구는 분리 독립되고 고유 특성을 지니지만, 보행교통망, 공공 시설, 오픈스페이스를 모두 함께 공유한다. 50~60년 이상 소요되기도 하는 지역사회 개발이 완료되면 그 속에는 고등학교 하나와 중학교 두세 개가 들어서고, 학교는 모두 공원, 지역사회 중심 시설과 복합 시설로 배치되어 운동 시설, 경기장, 회의실, 공연장, 도서관과 함께 세워진다. 각 근린주구에는 생활 편익 시설이, 지역사회 중심지에는 업무 상가가 들어선다. 고속 대중교통 정류장, 경공업 및 업무단지는 물론 여러 가지 문화, 오락, 고용 기회가 마련된다.

인간은 환경의 산물이기 때문에 새롭고 더 나은 사회생활, 토지소유, 토지이용 개념이 발전함에 따라 더 나은 지역사회가 건설될 것이다. 오늘날 우리가 꿈꾸는 지역사회는 다음과 같은 특징을 지닌다.

*어느 공동체나 그 존재를 나타내는 상징물이 필요하다. 현대사회 공동체의 좌절은 많은 부분 그 생활의 의미를 시각적으로 표현해주는 상징물이 없기 때문에 생긴 것이다. 상징물이 없기 때문에 생활 구심점이 없다.*

**Ralph Walker**

- 고속도로, 그린벨트, 강, 능선, 절벽, 협곡, 기타 지형지물이 자연스럽게 경계를 구획
- 지역사회 정체성; 고등학교, 교회, 종합상가, 공원 같은 상징물을 향해 배치해 초점을 삼고 의미를 부여함
- 교통 위험 없는 깨끗하고 양지바른 곳에 차양 시설을 갖춘 옥외 공동 생활 공간 제공
- 장애와 위험을 최소화하고 편의성을 극대화한 교통 시설. 횡단보도와 평면교차 없이 자유스러운 차량 소통 가능한 도로망
- 지역사회 중심 오픈스페이스 체계를 구비하고 그 주변에 건물군 배치

### 도시(The City)

도시란 고정된 대규모 인구 밀집 지역으로서 경제, 사회, 정치 활동 중심지이며 주정부(州政府)가 자치권을 인정해준 행정 조직이고 도시 문화 중심이다.

시민의식이 얼마나 깨어 있고 얼마나 좋은 도시를 만들고자 하는가에 따라 도시 수준이 결정된다. 현대 도시계획에서 소홀히 하는 것 중 하나가 시민이 직접 참여해 도시 발전에 기여하도록 설득하고 교육하는 일이다.

Camera Hawaii, Bell Collins

지역 맥락 속에서 본 도시: 와이키키(Waikiki)

*진정한 의미의 도시는 하나의 지리적 망상 조직(plexus)이며, 하나의 경제 조직이고 제도적 과정이며, 각종 사회 활동 무대인 동시에 모든 집합체의 미적 상징물이다. 도시는 한편으로 일반 가사 활동이나 경제 활동의 물리적 틀이면서, 다른 한편으로 훨씬 의미 있는 인간 활동과 인간의 승화된 문화 욕구가 펼쳐지는 장(場)으로서 사람들 의식에 자리 잡고 있다.*

**Lewis Mumford**

도시에서 …
사람 모이는 곳에 사람 가고,
앉을 곳 있으면 앉고,
볼 것 있으면 보고,
얼굴 마주하는 만남을 즐긴다.

다양한 도시 기능이 서로 잘 어우러져 작동하는 모습을 삼차원적으로 표현하면 그것이 바로 도시 형태가 될 것이다. 좋은 도시는 우리 시대정신과 우리 기술, 우리 이상을 잘 표출하는 도시다. 좋은 도시는 과거에 뿌리를 두고 미래를 향해 진화, 발전하는 유기적 존재다.

도시는 살아 숨 쉬고 성장하는 유기체와 같이 빛, 공기, 물, 음식, 신진대사, 노폐물 제거, 재생하는 능력이 있어야 번성할 수 있으며, 그렇지 못하면 도시는 시들고 죽게 될 것이다. 바람직한 도시 특징은 다음과 같다.

- 인류 문명 역사상 도시가 보여준 최상의 가치를 구현하고, 단점은 극소화
- 자연경관 및 주변 환경과 조화
- 응집력 있고 이해하기 쉬운 도시 구조
- 잘 설계하고 꽉 짜인 고밀도 중심업무지구(CBD), 외곽에 배치한 위성 부도심. 이들을 연결하는 고속 대중교통수단
- 도심, 시내, 변두리, 교외로 지역을 구분하고 각기 다른 개발법규 적용
- 중심업무지구(CBD) 순환도로를 설치하고, 방사상 도로를 도시 외곽 고속도로나 종관도로에 연결

*우리 시대를 제외하고 과거 어느 시대에나 교양 있고 영향력 있는 사람, 개화한 사람, 예의 바르고 세련된 사람들은 결국 도시에 사는 사람들이었다. 고대부터 도시를 일컫던 단어들에서도 이러한 사실을 확인할 수 있다. 즉 'civis'는 '도시(city)' '개화한(civilized)' '문명(civilization)' 같은 단어와 관련 있고, 'urbs'는 '세련되다(urbane)' 'polis'는 '예의 바르다(polite)' '우아하다(elegant)'는 뜻이다.*

**Ian L. McHarg**

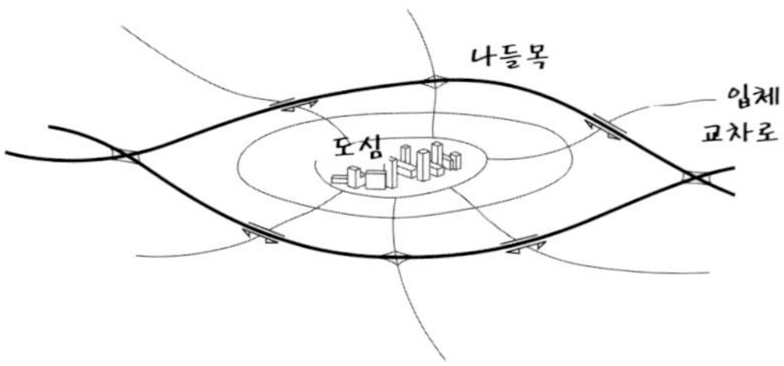


고속도로는 도시 중심을 통과하지 않고 주위를 둘러가고, 도시 내 이동은 집산도로(集散道路, collector-distributor highways)가 담당해야 한다. 이미 포화 상태인 도심을 경유하는 고속도로를 건설하면 더 큰 혼란만 초래한다.

*지역계획(regional planning)은 지상에서 이루어지는 모든 활동, 즉 대지를 개발부지로, 자원으로, 구조물로 사용하는 것 등 모든 활동을 종합적으로 통합하는(collective integration) 것이며, 의식적으로 유도하는(conscious direction) 것이다. …*

**Lewis Munford**

*앞으로 지역 형태(regional pattern)는 그 지역의 지리적 · 지형적 특성, 자연자원, 토지이용, 농업과 공업 생산 방식, 산업 집중과 분산 등 경관 성격(character of the landscape)에 따라 결정될 것이며, 또한 온갖 개인적 · 사회적 인간 활동에 따라 결정될 것이다.*

**Ludwig K. Hilberseimer**

*자치단체마다 제각각인 계획을 모아 합쳐놓고, 그 전체에 또 하나의 규제 시책을 추가로 덮어씌우는 지역계획은 득보다 실이 많다.*
*인간 욕구와 경관에 대한 이해에서 출발하는 지역계획만이 가치 있는 지역계획이 될 수 있다.*

- 교통동선 분리 배치와 입체 교차
- 차도와 주차장을 수용하되 차원 높은 시민 생활을 우선시하는 교통정책
- 도시민 모둠살이 본성을 수용; 상품, 용역(services), 생각을 교류하는 만남의 장 제공, 시장, 종합상가, 공원, 광장 설치
- 인간적 척도; 시민, 근로자, 방문객 모두 도시 속에서 보고 듣는 것이 자신들과 어울리는 규모라 느끼고 그래서 도시와의 관계 나아가서 주변 세상과의 관계가 편안하게 느껴지도록 함
- 조각, 벽화, 분수 등으로 우아함을 더한 아름다운 건축과 조경
- 인간 능력 개발에 최대한 기여하는 환경, 질서, 효율, 아름다움을 갖춘 도시
- 깨끗하고 건강한 생활환경
- 도시, 교외, 농촌 사이 원활하고 자유스러운 유동

### 지역(The Region)

지역이란 한 개 또는 그 이상 인구 밀집 중심지를 지원하는 동질성을 지니는 공간, 그러나 명확한 경계선은 없는 하나의 넓은 지리적 공간이다. 복잡하기 짝이 없는 지역계획이지만 극히 단순하게 표현한다면, 각 지역 토지와 자원의 최상, 최선의 이용이 가능하도록 대상 지역을 분석하고 계획하는 것이다.

지역 차원의 계획은 그것이 지리적 · 정치적 · 사회적 · 경제적 지역 중 어떤 것이건 간에 지역사회, 읍, 도시 또는 농촌계획 그 어느 개별계획보다 종합적이고 효과적인 계획 틀을 제공한다.

지역계획 담당 기구는 아무래도 비정치적이며 서비스 제공 역할 위주 기관이면 좋다. 관할 구역 내 각 행정 단위 계획 통합 조정, 기술 지원, 정보 제공 역할을 맡는다. 주요 기능은 다음과 같다.

- 자료 수집, 분석, 보관, 제공
- 지역 종합계획 작성과 갱신
- 주거, 교통, 공원녹지 등 다양한 분야별 계획을 위한 연구 수행
- 지방정부, 주정부, 중앙정부 사이 업무 연락, 조정
- 중앙정부, 주정부가 지방정부에 주는 보조금 관리
- 주요 토지와 주요 수계 보호, 형질 변경, 개발 관련 사업계획 기록, 조정
- 지역 환경에 미칠 중요 영향 검토와 대책 제안

(가상) 격자 일변도(一邊倒) 도시(아직도 미국 도시개발 대세)
단점

- 건물이 도로와 면한다.
- 도로가 중심업무지구(CBD)를 관통한다.
- 교통 장애와 정체가 많다.
- 노변 상가 발달
- 교외 확산과 분산 개발
- 도심 폐가 발생과 퇴락
- 다중 이용 용도 지역 간 원활한 연결 부족
- 혼란과 비효율
- 상치하는 토지 이용 혼재
- 오픈스페이스 체계, 자연보전지역 부족
- 해안 지역과 수계 보전 미흡
- 지형 무시하는 개발

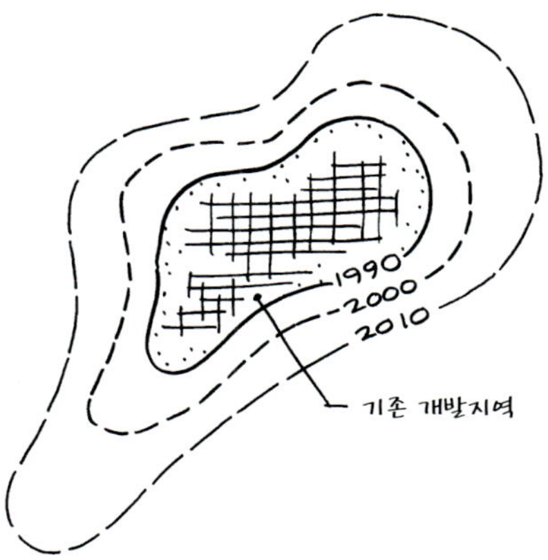


도시 기반 시설 공급계획도
도시 확산 전에 시가지 내 공지부터 개발하도록 유도하고, 오픈스페이스로 보전할 토지를 보호하는 수단으로, 연차별 도시 기반 시설 확대 공급 계획도면을 종합개발계획 일부로 포함해 제시하는 도시가 있다. 도면에 표시한 기간 이전에는 그 구역 밖에서는 개발을 허용하지 않는다.

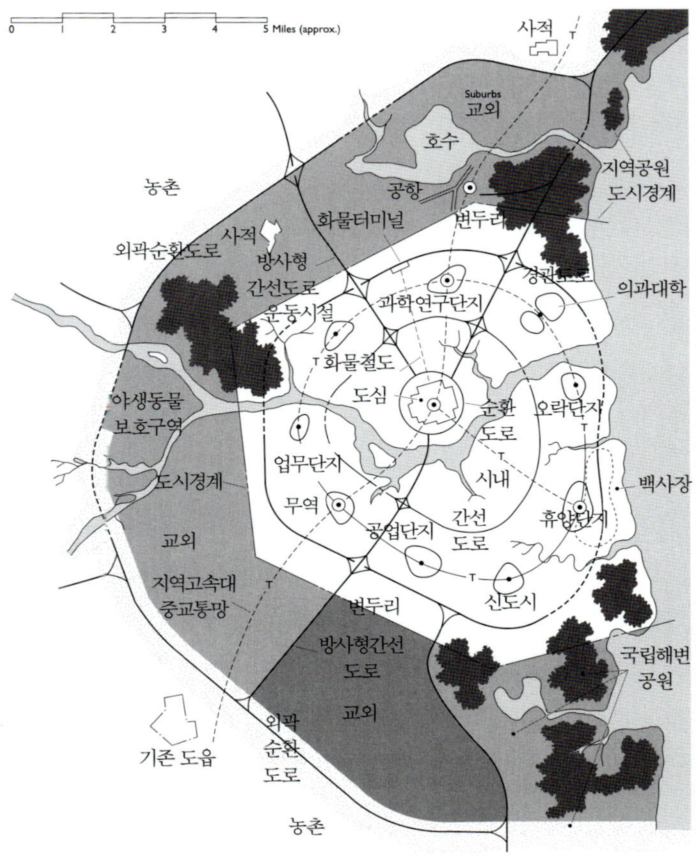


21세기형 가상 도시
단계별 장기 개발, 재개발에 의해 건설하는 도시 모형 개념도. 전형적 도시화 과정 지역 계획 개념도를 예시한 것이다. 우세한 지형 요소 중에서 중요한 것은 보존(preserve) 또는 보전(conserve)하고 있다. 개발 지역과 이곳을 연결하는 교통망은 자연경관 속에 조화되게 배치한다.

## 지역 공간 구조(Regional Form)

지역계획의 목적은 중앙정부와 지방정부 간 상호 협력을 통해 최선의 토지이용과 교통망을 구현하는 구상개요(diagrammatic framework)를 작성하고, 환경과 조화, 통일을 이루기 위한 시행기준(performance standards)을 만들어 제공하는 것이며, 민간사업을 자유롭고 창의적으로 영위할 수 있는 여건을 조성하는 것이다.

땅에 어울리는 용도와 교통망을 설정하는 것이 올바른 지역계획이다. 수려한 경관을 보존하고, 생태적으로 주요한 지역은 물론이고 모든 자연 생태계를 온전히 보호해야 한다. 자연 지형과 수계를 받아들이고 이에 순응해야 한다. 도로 평면교차를 피해 교통정체와 사고 위험을 줄이고, 운송시간과 거리, 건설, 운영, 유지 관리 모든 비용 측면에서 경제성 있는 교통계획을 수립해야 한다. 인간 욕구를 직접 발현하는 것이 개발이라면, 자유스럽고 창조적으로 개발이 이루어질 수 있는 여건을 조성하는 것이 올바른 지역계획이라 할 수 있다. 바람직한 지역 모습은 다음과 같다.

- 고속도로에서 격리되고 공원 녹지로 둘러싸인 밀집된 형태의 근린주구, 지역사회, 도시로 구성
- 계획성 없는 도시 확산과 난개발을 방지하고, 단계적으로 개발
- 개발에 부적합하거나 개발이 예상되지 않는 모든 토지는 공공 소유 또는 세금감면 혜택을 조건으로 하는 사유지 형태로 '토지은행(土地銀行, land-banking)'에 비축
- 단절되지 않고 개발에 따른 교란이 없는 넓은 보존지대를 설정해 농장, 삼림, 휴양 공간, 야생동물 관리 보전구역으로 제공
- 토지자원, 수자원, 지형 조건, 여타 용도계획과 관계를 고려해 새로운 활동 중심지 입지 선정

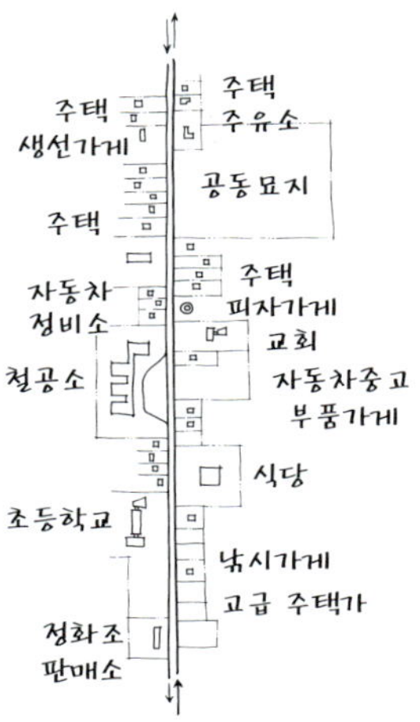


간선도로변 개발 사례. 어느 주(州), 어느 곳에서나 흔히 보는 상황이다. 도로 1킬로미터당 차량 진출입구 30개소 이상이 보통이다. 무계획적이고, 용도지역 구분 없고, 무지한 개발로 인해 마찰, 혼란, 비효율, 무질서를 초래하고 있다.

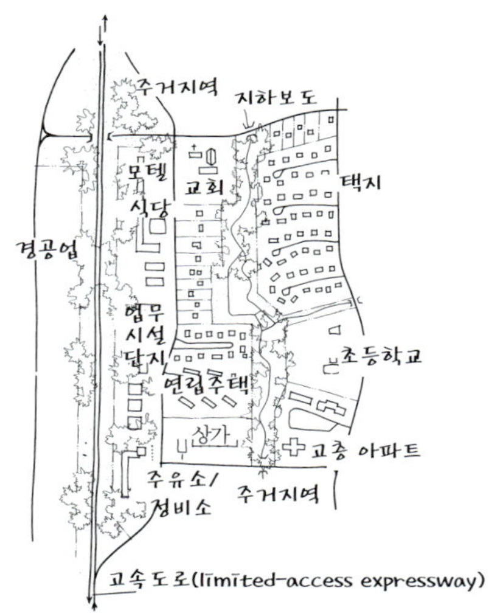


계획에 따른 용도지역을 구분한 현명한 개발 사례. 교통 소통이 원활하고 토지이용은 기능 유형별로 모아 배치하고, 주택은 공원을 바라보고, 학교 · 교회 · 상가 접근이 용이하다.

지역개발은 '자연이고자 하는(want-to-be)' 땅에 순응해야 한다.

지역계획 공사(公社) 실효성 조건:
- 주 정부가 각 지역 경계를 공식 지정
- 지역 경계는 각종 자료 구축 단위인 군(county) 경계 따라 획정
- 군이 지역 구성원으로 참여하고 공조할 의무를 주정부가 제도화

- 경관도로와 같이 꾸민 고속도로, 외곽순환도로, 방사상 도로 등을 개설해 도심, 위성도시, 지역 간 막힘없는 접근성 확보
- 지역 중심지들은 고속전철망으로 연결하고, 역 광장에는 지하 또는 공중 접근로 설치
- 주요 생산, 가공, 배송 중심지를 연결하는 별도 물류-화물차 도로망 확보
- 만족스럽고 충족한 생활을 영위하기 위해 필요한 기본 서비스 시설과 편익시설을 세밀히 계획해 제공하고 전략적으로 배분
- 통합된 공원, 오락 시설, 오픈스페이스 체계 구축
- 경승지, 사적지 탐방 경관도로(scenic-historic byways)를 모두 엮어 간선 경관도로(parkway) 설치
- 다년간 계속하는 지역 자원조사와 생태계 연구를 토대로 장기 토지 및 수자원 관리
- 맹목적 용도지역지구제 대신 토지를 최상, 최선으로 활용하는 개발과 목표 달성을 기준으로 삼는 개발

대부분 도시와 지역에서 예상 필요량보다 훨씬 많이 개발지역을 지정해놓았다. 그 결과 건설사업이 필지 단위로 여기저기 흩어져 일어나고, 또 실질 가치보다 높은 과세평가 때문에 소유자가 집이나 농장을 처분해야 하는 경우가 발생한다.

도시개발이 완료될 때까지 시가지 내 공지를 우선 개발하도록 유도하는 것이 좋다. 추가 개발이 필요해지면 종합계획에 따라 새로운 지역공동체 단위로 개발해나가는 것이 바람직하다.

Randolph T. Hester Jr. and Marcia J. McNally, Community Development by Design

야생동 · 식물 서식처 보호(Santa Monica Mountains Conservancy)

## 오픈스페이스 체계(Open-Space Frame)

광역 오픈스페이스 체계는 다양한 용도지역과 상이한 활동 중심지를 서로 격리하는 역할과 동시에 감싸주는 역할을 한다. 배경이 되고, 기반이 되고, 숨 쉴 여유 공간이 될 뿐만 아니라 그 속에 좋은 경관을 포함해 보존한다면 지역의 독특한 경관을 형성할 것이다.

널찍하고, 서로 연결되고, 영구히 보존할 오픈스페이스가 마련되도록 그 경계

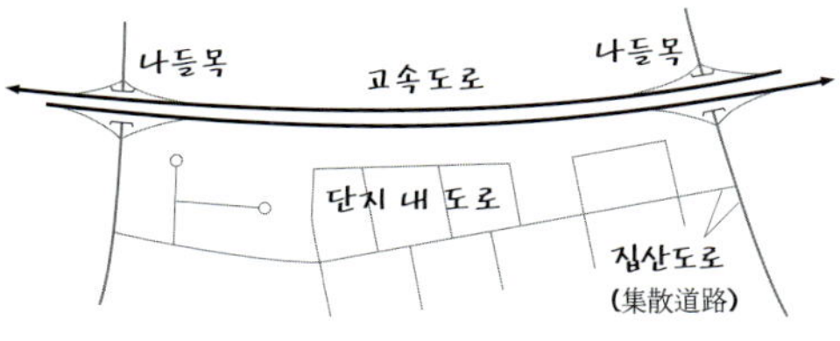


원활한 교통 흐름을 위해 고속도로 진출입로 설치를 제한하는 것과 같은 원리를 가능하면 도시 내 전 간선도로와 집산도로에도 적용하는 것이 바람직하다. 건물이 큰 도로에 직접 면하는 것은 억제하고 단지 내 도로를 통해 큰 도로와 연결되게 하는 것이다.

선을 잘 설정하고 실제로 조성되게 도와 향후 계속될 개발사업 틀이 되게 하는 일이 지역계획가의 가장 중요한 임무일 것이다.

## 초록길과 푸른길(Greenways and Blueways)

초록길은 차량, 보행자, 야생동물 이동 통로다. 통로이기에 길이며 녹음에 둘러싸이기 때문에 초록이다. 규모가 작은 것은 숲 속 오솔길로부터 규모 큰 것은 산악지형을 통과하는 국가지정 경관도로에 이른다.

지역 내 오픈스페이스로 보전할 곳은 보전지구로 지정하고 토지은행(landbank)에 비축해야 한다. 이렇게 비축한 토지에서는 보전 목적을 저해하지 않는 농업적 이용이나 레크리에이션 이용만 허용하고, 토지세는 용도에 부합하는 만큼만 부과해야 한다.

푸른길은 실개천으로부터 하천, 크게는 넘실대는 강물 등 땅 위를 흐르는 물길이다. 인체 동맥, 정맥과 같이 모든 것을 연결하는 순환 체계다. 상류에서 영양소를 실어와 하류에 공급하고 바다에 이른다. 물이 흐르는 곳은 어디나 그 지역에서 가장 녹음이 풍성하고 조류 등 야생동물 개체수가 제일 많은 곳이다. 사계절 기후를 온화하게 조절하고, 흥미로운 경관을 만들어준다. 모두 자연 상태로 보전하는 것이 최선이다.

기존 도로나 도시 기반 시설을 확장 연결해 적정한 공공 서비스를 공급하는 것이 경제적으로 타당성이 있을 때(신도시 경우는 자체 공공 서비스 시설을 갖출 수 있을 때)만 '보전' 토지를 개발지역으로 용도 변경하고 개발사업을 허가해야 한다.

도시 확산과 그에 따른 야생동식물 서식처 파괴에 대한 반작용으로, 토지소유자들이 자기 토지에 서식처나 보호구역을 조성하는 사례가 많아지고 있다.

기존 상업지역 위축을 초래할 수 있는 새로운 교외 위성 쇼핑몰 건설을 허용하는 것은 어리석은 일이다. 지역 차원의 새로운 상업 중심지를 건설하는 것은 필요성이 입증될 때만 허용해야 한다.

초록길(greenway), 푸른길(blueway)

어느 지역에서나 비용을 들이지 않고 단 하나 규제 조항만으로 최상의 오픈스페이스 체계를 구축할 수 있다. 즉

오늘 이후 모든 수계 50년 주기 홍수 침수지역 내에서는 승인받지 아니한 일체 건설 행위나 자연식생 파괴 행위를 금한다.

완벽한 지역 레크리에이션 체계란 주택가 어린이 놀이터에서부터 도립공원, 국립공원에 이르기까지 최대한 다양한 레크리에이션 기회를 제공하는 것이다. 크기 순서대로 가정, 이웃, 근린주구, 지역사회 등에 이르기까지, 각각에 적합한 특정 레크리에이션 수요를 충족시켜야 한다. 개별 단위에서 설치하기 어려운 시설 즉 수영장, 테니스장, 골프장 등은 둘 이상 행정 단위가 합동으로 설치할 수 있을 것이다. 동물원, 식물원, 항구, 큰 규모 지역공원, 휴양림 등 대규모 시설을 설치하는 것은 지역 차원 주도와 지원이 필요하다. 이보다 더 상위 레크리에이션 수요는 명승이나 사적 등을 포함하는 도립공원이나 국립공원에서 충족시켜야 한다.

이렇게 하면 수로 내 공유 · 사유 토지를 보전해 강우 유출량을 줄이고, 토양 침식과 침전을 저감하고, 수자원을 보전하고, 기후 조절에 기여하고, 경관을 개선할 수 있다. 경작지나 개발지 경계부에 방풍림, 홍수 방지 띠 제공 역할도 기대할 수 있다.

공유지 확보, 지역권(地役權, easement) 설정 등을 통해 푸른길과 나란히 초록길을 배치하거나, 푸른길이 연장되어 초록길로 이어지게 한다면 효과는 몇 배나 상승할 것이다.

## 필수 요소(The Essentials)

지역개발 성과를 간단히 평가하는 기준은 다음과 같은 네 가지다.

1. *상위 계획과 부합하는가?* 토지이용계획이 국토계획, 도(道)종합개발계획 등과 부합하는가, 지역사회 목적과 부합하는가?
2. *지속가능(sustainable)한가?* 개발이 토지 수용 능력을 초과하지 않는가? 자연 생태계에 장기적으로 심각한 악영향을 미치는 토지이용은 허용할 수 없다. 악영향 우려가 있으면 환경영향평가 실시를 요구할 필요가 있다.
3. *주변 환경과 조화를 이룰 것인가?* 계획하는 토지이용이 주변 기존 토지이용 및 주변에 계획되어 있는 다른 토지이용과 조화, 보완 관계를 형성할 것인가, 아니면 해로운 물리적 시각적 영향을 미칠 것인가? 부동산 가치를 하락시킬 우려는 없는가? 명승고적을 보존하는가, 훼손하는가? 주변 환경을 해치지 않고 개선하는 것이 좋은 계획, 좋은 설계다.
4. *공공 서비스는 적기에 충분히 공급되는가?* 단계별 개발사업 전 과정에서 필요한 모든 공공 서비스를 제공해야 한다. 교통, 전력, 상수도, 배수(排水), 하수 처리, 소방, 경찰, 학교, 공원 녹지 시설 등 각 용량을 초과해 과부하 걸리는 일이 없어야 한다. 지방자치단체는 이러한 서비스를 필요한 시기에 맞추어 공급해야 하고, 개발사업자와 입주자가 합당한 몫의 비용을 분담하도록 해야 한다.

통상 실시하고 있는 형태의 지역지구제는 실효성이 없다.

개발사업계획이 이상 네 가지 조건을 충족한다면 반대할 이유가 없다. 환영받는 모범 개발 사례가 될 것이기 때문이다.

*건강한 환경을 창조하려면 자연의 협력이 중요하고도 불가결하다.*

**Eliel Saarinen**

## 지역계획(Regional Planning)

지역계획 접근 방법은 세 가지가 있다—사실은 네 가지다. 네 번째 접근 방법은 '아무것도 하지 않는 것(do-nothing)', 즉 흘러가는 대로 두어서 경관이 한곳 한곳 균열, 붕괴되는 과정을 지켜보는 것이다. 결과는 무계획적 도시 확산, 교통 문제 악화, 소수 이익을 위한 다수 희생으로 귀결된다.

더 합리적인 첫째 방법은 지방 공무원들이 각 행정 단위 대표자로 참여하는 자발적인 지역계획 협의회를 결성하는 것이다. 기여금을 염출해 상근(常勤) 직원을 두어 연구하게 하고, 관련 부처에 건의 사항을 제시한다. 정치적 영향력이 있다는 장점과 함께 정치 대결로 치달을 소지가 있는 단점이 있다.

좀 더 효과적인 둘째 방법은 시민이 주도하는 자문단이다. 공공을 위한 봉사 정신이 투철한 몇몇 인사가 주축이 되어, 각 분야에서 존경받는 비정치 성향 지도자들을 초청해 시민위원회나 시민회 형태로 구성한다. 기업, 교육, 금융, 과학, 사회, 노동, 농업계 대표자 등이 구성원이 될 수 있을 것이다. 역시 소수 그러나 유능한 상근 직원을 두어 지역 발전 목적과 목표를 정립하고, 단계적 연구를 추진한다. 이 기구 공식 회의는 연 1회 정도만 가지더라도 여기서 합의해 건의하는 사항은 관련 부처와 공무원에게 상당한 무게가 있을 것이다.

셋째 방법은 대도시와 그 주변을 포함하는 광역계획을 책임지는 공식 지역계획위원회를 설치하는 것이다. 주정부가 분명한 목적을 가지고 설립하는 것이며, 권한과 기능을 명확히 설정하게 된다. 위원들은 지역 유권자가 선출하고, 국장과 직원은 전문가 중에서 임명한다. 여러 업무를 수행하겠지만 그 핵심은 지역 전체와 주민 전체 이익을 위해 상충하는 이해관계를 조정한 종합계획을 수립하고, 그에 맞추어 건설하고 운영하는 것이다.

어떤 장소나 자연생태계 수용 능력(carrying capacity)은 거기 사는 인구를 부양하면서 심각한 훼손을 입거나 붕괴하지 않고 지탱할 수 있는 한계를 말한다.

## 관리조직(Governance)

각 지방, 각 행정 단위 주민들은 자신들 일은 자신들이 다루기를 원한다. 마땅히 그래야 할 것이다. 자기들의 교육위, 자기들의 각종 위원회, 자기들의 의회를 가지려는 것이 당연하고, 주민 요구와 희망을 반영하는 행정을 수행할 사람, 행정을 감시할 사람을 스스로 선출하려는 것도 당연하다.

그러나 같은 배를 타고 있는 하나의 광역 지역이 교통, 전철, 전력, 토지이용계획, 자원 관리, 법 집행, 자원 재활용 문제 등 공동 문제를 흔히 해오던 방식대로 각기 따로, 비효율적일 수밖에 없는 방식으로 처리하는 것은 합리적이지 않다. 오늘날 대부분 도시와 읍면에서는 행정구역 바로 밖에서는 무슨 일이 일어나든 개의치 않거나 무시하고 자신들 갈 길만 간다. 그래서 꼭 지역 차원에서 제공해야 할 서비스를 맡고 있는 담당자들도 제멋대로인 개별 지방 사업을 꿰어 맞추기에 당혹스러울 뿐이다. 빈발하는 마찰 해결은 차치하고 직원, 행정 업무, 장비의 무수한 중복은 비경제적이고 낭비일 뿐이다.

여러 가지 면에서, 전부는 아닐지라도 대부분의 지역계획과 건설사업, 집행 절차는 체계화하고 중앙 집중화할 필요가 있다. 그래서 광역(廣域) 행정조직이 필요한 것이다. 성공적이었던 광역행정조직 요건은 다음과 같다.

- 교육 홍보운동과 공개 토론회 등을 거친 후 시민 투표로 광역행정조직 개

념 도입을 결정했다.

- 근거법, 설치 강령을 마련해 광범위한 권한을 위임하되, 초기 업무 범위는 명확히 지역 전반에 관련된 몇 개 업무로 한정했다. 성과에 따라 업무 범위를 점차 확대했다.
- 일정 권한과 업무는 지방 행정기구 몫으로 남겨두어 독립성과 자치권을 보장한다.
- 광역행정조직 의회는 지역 내 여러 분야를 대표하는 선출직 인원으로 구성한다.

*도시와 농촌은 반드시 결합해야 하며, 도시와 농촌 융합에서 새로운 삶, 새로운 희망, 새로운 문명이 탄생할 것이다.*

**Ebenezer Howard**

살펴보면 알 수 있는 것은, 지역 전체에 좋은 것이란 결국 지역 전체 주민에게 좋은 것을 의미한다.

INTERCONTINENTAL
US SHUTTLE 2045

Illustration courtesy of the National Capital Planning Commission's Extending the Legacy Plan, Rendering by Michael McCann.

# 10 도시설계

# URBAN DESIGN

한 지점에 더 많은 구조물, 더 많은 도시를 쌓아 올리려는 악업(惡業)이 현대 계획이 아닌가 생각 들 때가 있다. 우리가 자랑거리로 지목하는 도시는 어떠한가? 벽돌, 돌, 모르타르를 가장 높게, 가장 넓게, 가장 촘촘하게 쌓아놓은 것에 불과한 것은 아닌가? 우리에게 잊힌 이웃, 숨 막힌 채 살아가는 사람들이 이 벽돌과 돌무더기 속 그 어딘가에 있지 않은가? 도시환경이 그들에게 활기와 의욕과 희망을 불어넣고 있는가? 전혀 그렇지 못한 것 같다. 오늘날 도시는 사막과 다름없기 때문이다.

## 도시경관(Cityscape)

단도직입적으로 말하면, 신흥 미국 도시는 과거나 현재 그 어떤 다른 문화권에서는 찾아볼 수 없는 사막 같은 도시다. 단조롭기 짝이 없고 맞닿은 곳 없이 뻗어나가는 도로가 바둑판 같은 기하학적 구획으로 땅을 갈라놓은 것이 미국 도시다. 1748년도 로마 시 지도와 현대 뉴욕 시 항공사진을 비교해보면, 영원한 도시(the Eternal City 역주: 로마 별칭) 곳곳에 자리 잡은 무한히 다양한 쾌적한 공간들을 보고 찬탄하지 않을 수 없다. 물론 라스무센(Rasmussen)이 '도시와 건물(Towns and Buildings)'에서 지적했듯이 '위대한 예술가들이 도시를 만들었고, 주민들 역시 그 도시 안에서 어떻게 살아야 하는지를 잘 아는 예술가였다.' 왜 현대 도시에서는 그런 공간을 찾아보기 어려운지 의아스러울 뿐이다.

전통적으로 미국 도시 속 공간은 대개 통로(corridors)였다. 대로, 도로, 보도

*우리가 접하는 현대 경관 특징은 대도시의 거대한 공항, 거미줄같이 뻗은 고압선, 멸실되어가는 사적지 같은 것들이다. 이제 우리에게 친숙한 경관은 아담한 농장이나 시골길이 아니고 지루하게 이어지는 도시뿐이다.*

**Patricia C. Phillips**

여론조사에 따르면 미국인 대부분은(56%) 선택 기회가 있다면 전원생활을 선택할 것이며, 25%는 도시 근교에 살기를 원하고, 19%만 도시 주거환경을 선호한다고 했다.

*몇백 미터 높이 하늘에서 내려다보는 대도시 모습은 대체로 질서 있는 모습은 아니다. 하늘에서 보는 도시는 광대하다는 것이 가장 큰 특징일 뿐, 도시가 지닌 다른 모든 특징은 그 광대함 속에 묻혀버리고 만다. 계획에 따라 조성된 도시 공간으로 보이는 곳은 극히 일부에 불과하다. 대부분이 무질서함으로 채워져 있다. 도심부에는 고층 건물이 모여 있고 변두리에는 건물이 여기저기 흩어져 있다. 몇 안 되는 녹지와 관광객에게 알려진 여타 아름다운 장소들은 삐죽삐죽 모양새도 없이 농촌지역으로 뻗어나간 회색 건물 덩어리 미로 속에 숨어 있는 것처럼 보인다. 도시의 경계선 자체가 모호하여, 쓰레기와 폐기물 지대가 농촌과 만나는 곳이 경계선이다. 이러한 모습을 보면서 잠시 멈추어 현대도시란 무엇이며, 잘 계획했다면 어떠한 도시 모습이 되었을까 생각해본다면, 비록 오늘날 도시가 생동감을 보여주고 있음에도 인류 가장 큰 실패작 중 하나가 도시 아닌가 생각하게 된다.*

**José Luis Sert**

모두 저 너머 어딘가로, 무엇에게로 가기 위해 통과하는 공간에 불과했다. 도시, 교외 지역, 주택단지, 어디나 이러한 통로만이 엉켜 있을 뿐 찾아가고 싶고, 머무르고 싶은 멋진 장소와 공간은 찾아보기 어렵다. 길에서 살고 싶은 사람은 없을 것이다. 삶의 장(場)은 방(房)이다. 옛 도시들은 이러한 방과 같은 장소로 가득 차 있으며, 이 방들은 주변 건물만큼이나 주의를 기울여 설계하고 치장했던 것이다. 우리도 그렇게 매혹적인 옥외 공간을 갖고자 한다면, 도로를 사람들이 머무르고 이용하는 장소와 통로 역할까지 겸하게 만들려 하지 말고, 도로는 그저 원활한 교통로로 계획하고 사람들이 이용하고 즐길 수 있는 장소를 별도로 계획해야 할 것이다.

### 도시 체험(The City Experienced)

유럽, 중남미, 아시아 옛 도시들은 예나 지금이나 아름다운 광장(plaza), 시장(piazza), 중정(中庭, court), 가로광장(square), 분수를 자랑하고 있다. 거기에는 말로 표현하기 어렵지만 분명히 삶의 기쁨으로 충만한 기운이 있어 잊을 수 없는 매혹의 장소가 되고, 도시 영예를 드높이고 있다. 이러한 도시들은 삼차원 공공 예술 작품을 창작하는 마음으로 건설한 것이고, 건물과 오픈스페이스 모두 의미 있는 형태를 구성했던 것이다. 그러나 예외 없이, 우리 도시 공간은 넘쳐나는 자동차를 위한 도로 공간 위주일 뿐이다.

누구를 탓해야 하나? 《수사학(Rhetoric)》이라는 책에서 아리스토텔레스는 '진실과 정의는 본질적으로 그 반대보다는 좋은 것이어서, 만약 잘못된 결정을 내렸다면 패배에 대해 책임져야 할 사람은 분명(효과적인 설득력이 부족했던) 화자(話者, speaker)들이다'라고 썼다. 조경에 이 논리를 적용한다면 '편의(便宜), 흥미, 아름다움은 본질적으로 혼돈, 지루함, 추함보다 좋은 것이어서, 만약 잘못된 결정을 내렸다면 책임져야 할 사람은 분명 효과적인 설득력(또는 도시생활에 대한 확고한 개념)이 부족했던 우리 계획가들이다.'

좀 더 현명한 도시계획 접근 방법을 찾으려면 온고지신(溫故知新)이 필요하다. 좁은 의미의 '도시 미화(都市 美化)'는 잘못된 것임을 인식하는 동시에, 영감과 만족을 주면서 훌륭히 기능을 발휘하는 도시를 세우는 지혜를 옛 도시에서 재발견해야 할 것이다. 그동안 우리가 잘못 계획한 도시, 아니면 계획성 없이 산발적으로 무분별 성장하게 방치한 도시들이 얼마나 따분하고 재미없는 도시인지 그 문제점에 충분히 시달려보았기에 옛 도시에서 배울 바가 많을 것이다.

### 참바람(Evident Needs)

오늘날 우리는 도시 전체를 종합적으로 구성하는 감각도 잃고, 기술도 잃고 말았다. 우리 도시는 응집력 있는 연관성과 공간의 연속성이 부족하다. 자동차가 우리 시대 상징으로 자리 잡고, 도시계획에서 가장 중요한 요소가 되면서 옛 도시 특징인 구불구불한 거리, 공공장소, 평면배치 형태 등은 오늘날 도시에는 적합하지 않게 되었다. 도시 공간을 통합해주던 그러나 냉혹하기만 했던 '웅장

*방이나 광장이나 가장 중요한 것은 내부 공간(內部空間, enclosed space) 품격이다.*

**Camillo Sitte**

Map of Rome by Nolli, 1784, from Towns and Buildings by Steen Rasmussen

놀리(Giovanni Battista Noilli)의 로마 지도(부분)

도시설계가 추구하는 바는 단순하다면 한없이 단순하다. 지고(至高)한 삶의 경험을 제공하는 도시가 최고 도시다.

대체로 시대와 장소와 문화를 잘 반영하고 표현하는 도시, 기능적인 도시, 편리한 도시, 합리적이고 갖출 것 갖춘 도시가 좋은 도시라는 데 이견이 없다.

Fairchild National, Inc.

뉴욕 시에는 협곡이라고 볼 수밖에 없는 도로가 끝없이 뻗어 있다. 거기에는 숨 돌릴 곳, 초점경관(focal point), 반갑게 맞아주는 유용하고 의미 있는 공간이 없다.

*도시 사회 공간 측정 단위는 구성원 개인이다. …*

**Arthur B. Gallion**

*도시계획은 시민 공통 목표의 표현이어야 하며, 그렇지 않다면 아무 의미 없다.*

**Henry S. Churchill**

*좋은 계획 수립의 첫걸음은 인간의 이상과 인간의 목적으로 짠 새 화포(畵布, canvas)를 준비하는 것이다.*

**Lewis Mumford**

*요람에서 무덤까지 혼란 속에서 질서를, 공간 속에서 방향을, 자유 속에서 규율을, 다양함 속에서 통일성을 추구하는 문제는 종교철학, 과학, 예술, 정치, 경제 등 제 분야가 추구하는 것이 그것이기에 항상 교육의 책무였으며, 앞으로도 변함없는 교육의 책무로 남아 있어야 한다.*

**Henry Adams**

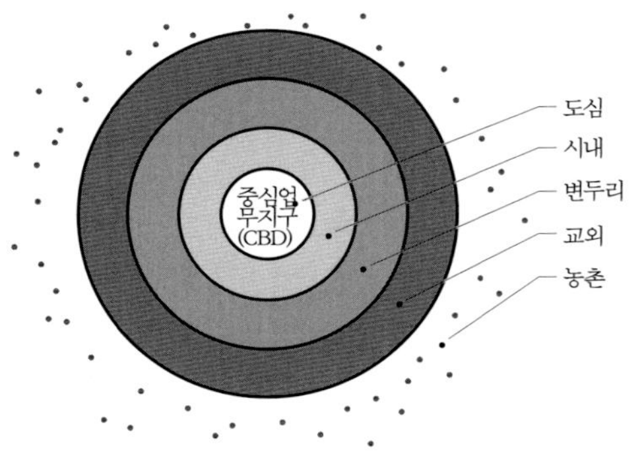


번영하는 도시는 대개 그림과 같이 도시 공간이 뚜렷하게 분화, 고유 기능을 발휘하는 편이다.

*도시가 다시 살기 좋은 장소로 탈바꿈할 수 있을까? 도시를 바꾸어나가는 사람들 생각에 결정적 변화가 없다면 요원한 일이다. 지금으로서는 도시에 대한 이미지는 대단히 부정적이다—도시 이미지는 퇴락, 범죄, 지저분한 거리, 가난한 사람, 낯선 사람, 이상한 사람들이 사는 장소다. 그러면 미래 도시 이미지는 어떨까? 앞으로 다가올 대규모 재개발 사업이 우리에게 보이는 새로운 도시 이미지, 그것은 불모지, 생명이 없는 곳이다. 지저분함과 소음은 없다—그러나 다양성과 흥미로움과 인간의 혼 역시 찾아볼 수 없는 곳이다. 우리가 이상적(理想的)이라고 여기는 도시상(都市像)이 도시를 더욱 나쁘게 만드는 것이다. 이러한 황량한 이상향(理想鄕)이 많이 출현할 것이다. 그것을 이상향이라고 여기기 때문에 그러한 도시는 도시 기능에 대한 심각하고도 오만한 몰이해(沒理解)의 확실한 표현(concrete manifestation)인 동시에 문자 그대로 콘크리트 숲을 만든다.*

**William H. Whyte, Jr.**

한 계획(grand plan)' 기법을 버린 것은 충분한 이유가 있겠지만, 기계적 격자망과 따분한 기하학 패턴 이외에 신통한 대안을 찾지 못한 것이 문제다. 측량기, 각도기, 나침반을 가지고 오로지 인공적인 형태의 주거지역, 인공적인 형태의 생활 공간만 그려왔을 뿐이다. 장차 우리 생활방식을 잘 반영하는 새로운 계획 유형을 개발해야 한다. 미래 도시계획에서는 의미 있는 장소들을 되살려야 하고, 건물들만큼이나 길과 장소도 중요하게 다루어야 한다.

불모지 같은 도시 모습은 도심부에 집중되어 있다. 도심부 경관은 으레 기름 자국, 얼룩진 음울한 콘크리트와 아스팔트 바탕 위에 금속, 유리, 벽돌 따위를 뒤범벅으로 쌓아놓은 것이다. 겨울에는 춥고 쌀쌀하며 바람이 심하다. 여름에는 잠열(潛熱), 복사열 아지랑이가 춤추는 찜통이다. 벌거벗은 고층 건물에서 멀리 보이는 교외 지역은 도심보다 겨울이 따뜻하고 여름은 시원하다.

답답하고 척박한 수준 이하 도시경관이다. 이제 도시 숨통을 틔우고 활기를 불어넣어 되살아나게 해야 한다. 혼잡한 자동차 간선도로는 노선을 조정해 도심부를 우회시키고, 보행자 전용 공간을 조성하고 도로는 그 외곽에 내고, 상가 · 식당 · 사무실 등은 모아서 배치하고 사람들이 도로를 건너지 않고 오갈 수 있는 보행 층(層)을 만들고 도로는 밑으로 지나게 해야 한다. 딱딱한 건물 계곡, 포효하는 자동차 물결 대신 정원 같은 보행자 천국 속에 고층 건물, 계단식 건물, 다양한 형태의 중정, 보행자 도로 등이 자연스레 어울려 있는 도시 공간, 나뭇잎, 나무 그늘, 물보라, 꽃, 명랑한 색조가 우리를 반기는 도시 공간을 창조하자. 그러한 고밀도 다목적 광장은 도시 속 오아시스가 되어 신선함과 생기가 가득 넘치게 만들어줄 것이다. 국내외에서 좋은 사례가 많이 나타나고 있다.

## 도시 공간 구조(The City Diagram)

도시가 어떻게 기능하는지 또는 왜 기능을 제대로 발휘하지 못하는지 알고, 개선 계획을 세우기 위해 도시 공간 구조를 파악하고 각 부분을 자세히 살펴보아야 한다. 놀라운 사실은, 도시 공간 구조를 계획한 도시, 심지어 공간별 기능을 고려한 도시가 많지 않다는 것이다. 여기서는 먼저 도시 공간 구조를 도심, 시내, 변두리, 교외로 나누어 각각 살펴본 다음 모두 함께 종합적으로 살펴보기로 한다.

### 도심(중심업무지구) (The Center City, or Central Business District; CBD)

도심은 두 가지 역할을 담당한다. 도시 중심 역할과 도시를 둘러싸고 있는 주변 지역 전체 중심지 역할이다. 도심에는 정부 기구, 상업, 무역 중심 기능, 주요 금융기관, 기업, 공장, 통신업체 본사 등이 자리 잡는다. 동시에 종교, 공연예술, 도서관, 박물관, 화랑, 극장, 종합운동장, 체육 시설 등 최상급 문화 시설도 입지한다.

*도심지를 재생해야 하는 이유는 여러 가지다—판매고 하락, 세수(稅收) 기반 몰락, 부동산 시장 침체, 교통 및 주차 문제 해결 불가능, 대중교통수단 실패, 빈민가 확산 등. 심각한 문제점들이 중요하지 않은 것은 아니지만, 더욱 중요한 것은 무엇이 도심에 흡인력을 주는지, 무엇이 사람들로 하여금 도심을 찾아오게 하고 머무르게 하는 즐거움, 경이로움, 흥겨운 부산스러움을 도심 속에 불어넣어주는가 하는 것이다. 문제의 핵심은 사람들을 끌어들이는 힘에 있기 때문이다. 도심지의 여타 가치는 모두 그 부산물에 불과하다. 도심지에 우아하고 풍부한 분위기를 조성하는 것은 매우 중요한 일이다.*

**Jane Jacobs**

도심을 일정 구역으로 한정하면 중심업무지구(CBD)는 밖으로 성장하는 대신 위로 성장할 것이다. 그러면 도심부 퇴락 현상이 예방되고, 밀도는 증가하고, 그래서 도시 심장부가 역동성을 회복할 것이다.

오늘날 도심지는 퇴락 현상이 만연하고 극도로 비능률적인 한편, 도심구역 밖으로 확산해나가서 시골까지 엉망으로 만든다. 이러한 무분별한 확산은 생동감과 중심지로서 우위를 잃어가는 도시를 위해서뿐만 아니라 급속히 파멸의 길을 걷는 농업 기반, 삼림, 미국 농촌경관 보전을 위해 중단해야 하며, 중단시킬 수 있다고 생각한다.

상가 식당, 상점들이 문을 닫지 않고 밤새 영업하면 거리 안전 확보와 도심지 생동감 유지에 도움이 된다. 사무실 건물이나 상가 건물 상층부에 아파트가 있다면 아파트 거주자들이 내왕하면서 도심지 가로가 야간에도 살아 있고 범죄를 예방하는 감시자 역할도 한다.

도심지 안전을 증대시키는 최선의 방법은 도시를 아끼는 주민들이 저녁 시간에도 거리에 나와서 밤거리 풍경을 즐기고 도시 활동을 즐김으로써 도심지 밤거리가 살아 있게 하는 것이다. 그러한 분위기가 조성되면 식당이나 극장도 번창하고, 가게도 문을 열고, 사람들도 비교적 안전한 밤거리를 거닐 수 있게 된다.

Gerry Campbell, SWA Group

뉴욕 시 중앙공원(Central Park)은 미국 최초 공공 공원이다. 1858년 중앙공원 설계 경기가 열렸고, 당선작 설계자 옴스테드(Frederick Law Olmsted)와 보(Calvert Vaux)는 미국 최초 조경가들이었다. 341헥타르에 이르는 훌륭한 도시 오픈스페이스가 조성되었고, 주변에는 뉴욕 시 최고급 주거 · 상업 · 문화 공간이 들어섰다. 공원 주변 부동산 가치 상승에 미친 영향, 뉴욕 시에 미친 평가할 수도 없이 큰 긍정적 영향, 이 공원을 보고 느끼고 이용하는 사람들에게 주는 이루 형언할 수 없는 의미 등은 도시계획가라면 결코 잊지 말아야 할 교훈이다.

각 시설단지는 하나의 소제국(小帝國)이며, 따라서 도심부 한 구역씩을 할당할 만하다. 이러한 시설단지는 공통적으로 상가, 호텔, 식당 등이 필요하므로 중앙부에 대형 광장을 조성하고 그 주변에 각종 건물군을 배치하는 것이 바람직할 것이다. 주차장, 창고, 물류 시설, 기계 시설 등은 특별한 경우가 아니면 지하 광장층에 둔다.

중심업무지구는 통과도로가 없게 계획하고, 기존 통과도로는 단계적으로 철폐하는 대신 보행자 전용 광장 주변으로 지나가는 순환도로, 차량 없는 광장과 광장 사이로 지나는 순환도로를 설치한다. 순환도로가 광장과 광장 사이를 지나는 부분에는 육교를 설치하고, 택시 · 버스 · 비상 차량들은 자유로이 순환도로를 통행하게 하고 자가용 차량은 특별 허가를 얻어 통행하도록 제한하는 것이 좋다.

이렇게 도심 보행자 광장을 부활시키고 서로 연결한 후 새로운 도시 건축을 세우자. 제각각인 거대 독립 건물 대신 높고 낮은 건물들이 공중 테라스, 옥상정원, 안뜰, 중정, 둥근 지붕 온실, 회랑 등과 서로 연결되게 하자. 창턱 화단, 발코니, 계단식 지붕 위는 도심부 정원으로 만들자. 옥상에 식당, 야간 조명을 구비한 운동 시설, 수영장 등을 설치하면 도시 스카이라인에 빛과 생동감을 불어넣

런던, 암스테르담, 파리, 코펜하겐, 마드리드, 아테네, 로마, 몬트리올, 뉴욕, 뉴올리언스, 샌프란시스코 같은 세계적 유명 도시를 보면, 도시 근로자들이 일하는 곳이 바로 그 사람들이 사는 곳이다. 도시 공공지구, 업무지구에 연립주택, 아파트, 카페, 제과점, 옷가게가 함께 들어서 있는가 하면, 포도주 가게, 치즈 가게, 과일 가게, 꽃 가게는 물론 예술가 스튜디오 등도 섞여 있다.

을 것이다. 보행자 통행 층에서는 각 건물이 거미줄같이 연결한 조경이 잘된 중정과 보행자도로를 향해 열려 있게 하자. 장소와 장소, 층과 층을 연결하는 보행로는 전천후 시설로 만들자. 그 주변은 계절감을 주는 전시회 · 진열품 · 식재로 둘러싸고, 꽃 가게와 책방 · 사탕 · 견과 · 피자 가게 · 프레즐 과자 · 과일 · 팝콘 판매대 등이 들어서게 하고, 그림 · 목각 · 공예품 · 골동품 장신구 · 장난감 · 오락 기기 노점상 등 온갖 쇼핑의 즐거움과 흥분을 더해주는 막간 출연진들을 유치하자.

City of Vancouver

건물 옥상 활용

OLIN

기존 오픈스페이스 활성화

J. Brough Schamp

수변 재개발

도심부 차량 통행과 주차를 억제하면 고속 대중교통수단이 발달할 것이다. 스톡홀름, 토론토, 파리 시가 좋은 예다. 다층(多層) 고속 대중교통 중앙역은 중요한 지역 교통 목적지가 되고 환승역이 될 것이다. 컴퓨터로 통제하는 열차가 지하 또는 공중 궤도를 통해 바람같이 들고 나게 하자.

미래 중심업무지구(CBD) 개발은 확고부동하게 순환도로 내부로 제한해 개발이 외부로 '새어나가는' 것을 방지하고 고밀도를 유지할 것을 제안한다. 도심부를 향한 방사상 광로(廣路)를 이용하는 차량은 널찍하게 확보한 도로 부지 위에 건설한 도심 고가 순환도로로 유도해 도심 진입을 차단하자. 순환도로에 다다른 차량은 도심부를 완전히 우회해 비껴가거나 곳곳에 설치한 진출입 경사로를 이

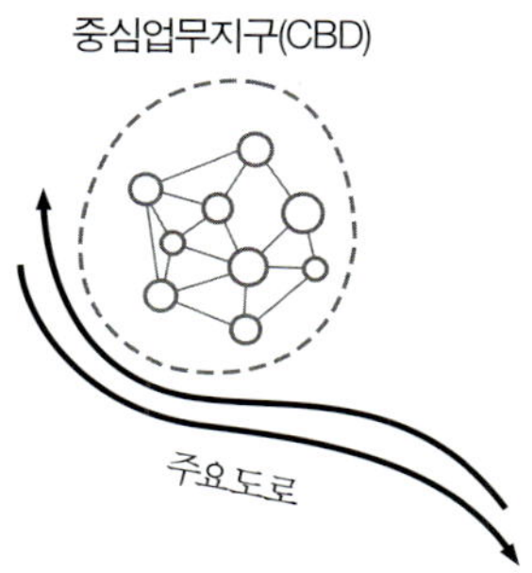


집약화한 활기찬 중심업무지구

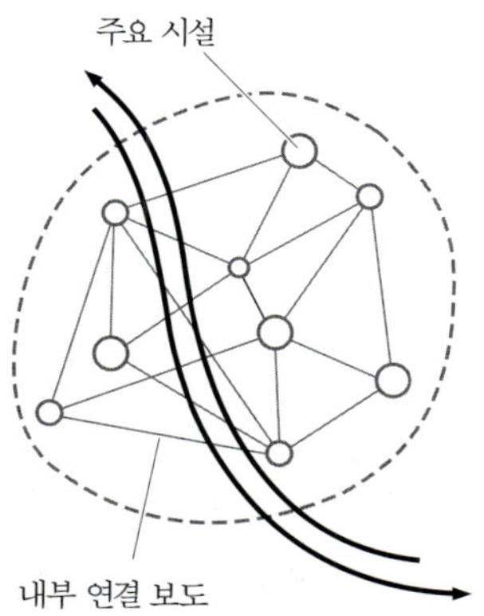


분리, 분산되어 생동감 떨어지는 중심업무지구

---

중심업무지구 개념도에서 동그라미는 은행, 백화점, 공공기관, 운동 시설, 유흥가 등 이용자가 많은 주요 시설을 나타낸다. 연결선은 보행자 동선이다. 중심업무지구 주요 시설을 밀집 배치하면 서로 고객을 유치해주는 상승 효과가 있다. 집약형 중심업무지구는 시간, 거리, 마찰, 모든 측면에서 상호 연결이 용이해진다. 분산된 중심업무지구는 '도심(downtown)' 이점을 살리지 못한다.

혼합 형태가 중요하다. 활기 넘치는 도심지는 신(新)과 구(舊), 저급과 고급, 단순(單純)과 정교(精巧)가 혼재하는 곳이다.

상가와 주택가 중간을 황량한 고층 사무실 건물 또는 무미건조한 건물벽이 차단하면 도심지 밤거리는 생동감이 줄어든다. 거리 매력과 야간 활동을 유지하려면 고층 주상 업무 복합 건물을 큰길에서 분리한 광장이나 중정 주변에 모아 배치하는 것이 좋다. 그렇게 함으로써 업무, 주거, 상업 상호 관계를 더욱 긴밀히 할 수 있다.

상업, 업무, 주거 기능을 한 건물에 중첩 수용(layering)하는 복합 건물이 도심 밤거리를 즐기는 사람들을 가까이 살게 하기 때문에 밤거리를 살리는 좋은 방법임이 입증되고 있다.

Sasaki Associates, Inc.

중심업무지구 계획: 상하이 황푸 강

용해 도심 광장 지하 주차장으로 진입하게 하자. 순환도로는 차량 소통에만 기여하는 것이 아니다. 넓은 도로 부지에는 충분한 지상 주차장이나 수자원 관리용 연못, 레크리에이션 공간도 수용할 수 있다. 도심부 방문객이 쉽게 접근할 수 있어서 동물원, 식물원, 조류 사육장 같은 시설을 설치하거나 연례 예술제전이나 민속경연대회를 유치해도 좋을 것이다.

주택은? 성공적인 도시 개발 사례를 보면, 도심부 건물 고층부는 관리직과 고소득자용 아파트로 개발할 만한 가치가 있다. 입주자들은 저녁 시간에 도심 보행자 공간과 광장 등을 이용하게 되어 도심부가 살아 번성하게 해주는 효과도 있다.

### 시내(市內, The Inner City)

도심부 외곽을 둘러싸고 있는 지역은 '시내(市內)'라고 부르자. 이곳에는 주택 대부분이 입지하고, 도심부(CBD)와 도시 위성(衛星) 지역사회를 지원하는 서비스 시설이 입지한다. 시내 현재 상황은 이곳에 살던 주민들이 확장되는 도로를 따라 도시 외곽으로 이주하고 남겨놓은 퇴락지가 대부분이다. 그래서 버려진 건물, 공터가 여기저기 널려 있고, 한때 번창했던 주택가 흔적이 곳곳에 남아 있수용권(收用權, eminent domain)은 정부나 공공기관이 정당한 보상 후 사유재산을 취득해 공공이용을 위해 제공하거나 공익을 위해 사용할 수 있는 권한이다. 공정한 수용권 발동은 다음과 같은 조건을 충족해야 한다.

1. 매매 협상을 시도하고 협상이 실패한 경우만 수용권을 발동한다.
2. 매각 거부 소유자들 지분이 필요한 토지 최후 10% 미만일 때만 발동한다.
3. 장기간 후에나 공공용도로 사용할 사유재산은 수용 후 소유주에게 일정 기간 점용권을 준다.
4. 구입 후 사용 조건을 부과해 다시 임대해준다.

다. 동시에 이곳에서는 낡은 건물을 개수해 새로 입주하는 기업과 낡은 집을 수선하고 복구해 이사 오는 신흥 입주자도 눈에 띈다.

### 기회 요소(Available Opportunities)

시내에는 대문에 빗장을 걸고 못질한 폐가, 잡석이 뒹구는 공터가 널렸지만 그래서 집합 주거단지나 완전 새 공동체를 건설할 땅을 저렴하게 마련할 수 있는 기회도 생긴다. 최근까지도 부재 지주가 많고 '버티기'로 일관하는 지주가 많아서 재개발이 어려웠다. 그러나 이제 재개발 사업 주체에게 토지수용권을 부여하는 혁신적인 재개발 기법이 창안되어 사업 타당성이 있는 크기의 토지를 병합할 수 있다.

뉴욕 시 세계무역센터 추모관

여러 도시에서 그렇게 방치되어 있던 시내 토지를 확보해 잘 계획한 복합용도 주택지를 개발한 사례가 속속 등장하고 있다. 주거 형태는 단독주택에서부터 고층 아파트까지 다양하고, 입주자도 대개 근처에 직장을 둔 사람들로 저소득층 근로자부터 중산층, 고소득 관리자층까지 다양하다.

또 전반적인 도시계획과 주민 자조사업 지원제도 등을 갖추고 있어 시내는 재개발 사업을 하기에 아주 적합하다. 재개발을 통해 주택뿐 아니라 도심부와 변두리 지역에 필요한 여러 가지 서비스 시설, 공공 시설을 제공할 수 있다. 따라서 도시의 두 가지 주요한 문제점 즉 실업과 주택 부족 문제를 동시에 해결할 수 있는 가능성이 충분히 높다.

도심 주거 사례

문제가 있는 곳, 재난이 있는 곳에 기회도 있다는 것이 사실이다. 현대 도시는 여러 가지 측면에서 재난을 맞고 있는 것과 다름없다. 그렇다면 기회는 어디에 있을까?
가장 희망 없어 보이는 도심부가 '약속의 땅'이 될지도 모른다. 퇴락한 도심부에서 새로운 주택 건설 기회, 도시 갱생 토대를 마련할 신규 창업 기회를 발견할 수 있을 것이다. 낡은 건물 철거, 부지 정리, 도로 및 기반 시설 재정비, 민간기업에 의한 재개발과 신도시 건설 등 고용 기회도 무궁무진하다.

### 주거(Housing)

시내에서는 저소득층 내지 중산층 주택 수요가 가장 클 것으로 예상된다. 도심부 비싼 땅에 승강기를 갖춘 고층 아파트는 주로 고소득층을 위한 것인 반면, 그 외곽에 위치한 시내 주택가에는 이주민, 무주택자를 포함하는 여러 소득계층 주택이 들어설 것이다.

한편으로는 다세대주택, 연립주택, 전원 아파트, 저층 아파트 같은 주택 유형이 있고, 다른 한편 시내 도로나 막은길(cul-de-sac)에 면해 전정(前庭)은 장식 공간으로 할애하고 주택 곁 마당은 쓸모없이 방치하는 단독주택도 오랫동안 유행하겠지만, 옆집과 합벽 개발하고 담이나 울타리를 두른 옥외 생활 공간을 구비한 새로운 주거 형태가 대종을 이룰 것으로 보인다.

연립주택(town house)은 보스턴, 필라델피아부터 샌프란시스코에 이르기까지 미국 전역에서 많이 건립한 주거 형태다. 수도 워싱턴 시 조지타운 주택가는 미국에서도 대표적으로 쾌적한 주택가인데, 가로수 우거진 좁은 도로변에 벽을 맞대어 지은 폭이 좁은 벽돌집이 줄지어 늘어서 있다. 집 앞 보도는 벽돌로 포장했는데 차도에서 건물까지 이어진 곳도 있고, 무화과나무 가로수의 미끈한 밑동 부근은 남겨두었고, 여기저기 구멍을 뚫어 호랑가시나무, 회양목, 기타 꽃나무나 도금양(桃金孃)을 심었다. 고밀도 주거이기 때문에 공간이 희귀해 옥외 공간은 담, 울타리, 건물 들출부 등으로 잘 둘러싸서 집과 연결된 시원하고 쾌적한 정원 공간을 만들어 사생활 공간으로 활용하고 있다.

중소규모 주택도 고밀도로 건설해 오픈스페이스로 둘러싸고 학교, 탁아소, 생활 편의점 등을 가까이 두는 것이 좋을 것이다. 수평으로 배치한 '공동주거(habitat)' 형태를 취해 세탁장, 창고, 정원, 심지어 부엌까지 공유하는 주택도 가능할 것이다. 규격화한(modular) 조립식(prefab) 주택도 새로운 개념이다.

기본 골조와 판재 규격은 일정하나 방 모양과 배치, 판재 재료와 마감 등은 무한히 다양할 수 있다. 가구, 설비, 비품 등도 규격품을 사용하되 자유롭게 배치할 수 있다(이러한 방식은 일본에서 오래전부터 사용해온 경제적이면서 재미있게 변형 가능한 규격화 주택건축 기법을 현대화한 것이라고 할 수 있다). 집 앞마당과 옆마당 공터를 모아 활용하면 건물들을 더 다양한 모양으로 밀집 배치할 수 있고, 집 가까이에 볼거리와 할 일이 많아질 것이다. 이는 집 주인이나 세입자 모두에게 바람직하다.

저자(著者)가 도시재개발, 시범도시조성 사업 등에 참여하면서 발견한 것은, 비좁고 참담한 빈민가나 낡은 주택가에서 이주해오는 입주자가 초기에 제일 반기는 것이 새 주거단지의 개방감이다. 그러나 곧 삭막한 건물, 너무 넓은 잔디밭, 평탄하게 포장한 땅 위에 늘어놓은 놀이 시설 등에 실망했다. 관계자들이 흔히 자문한다. "입주자들이 문제가 있는 것 아닌가? 무엇이 불만인가? 무얼 기대했던 것일까? 원하는 것이 무엇인가?"

주민이 원하는 것, 아쉬워하는 것, 무의식적으로 그리워하는 것은 가게 앞에 놓인 칼 흠집투성이 의자, 집 뒷문 앞 계단, 굳은 흙더미, 양지바른 중정, 포도넝쿨 올린 등시렁이나 울창한 가중나무 그늘 아래에 놓아둔 나무 상자 등등 이웃이 모여 담소할 수 있는 장소다. 어슴푸레한 골목, 밝은 골목, 굽이진 골목길, 물새는 소화전, 습기 차고 어두운 곳과 대비되던 따뜻하고 밝은 곳, 지하실 출입구, 기우는 판자 울타리, 휘어진 대문, 흔들흔들하는 옥외 계단, 모든 것을 그리워한다. 찢긴 곡마단 광고, 녹슨 담배 가게 간판, 유난스러운 광고판, 풍화되어 떨어져 나간 페인트 자국 등도 그립고, 건포도를 넣어 따뜻하게 구워낸 빵과 설탕 얹은 두루마리 점심 빵 냄새, 어시장 비린내, 휘발유 냄새, 고무 가황 처리 냄새도 그리워한다. 이웃에서 들리는 누군가를 부르는 소리, 이야기 소리, 아기 울음소리, 식사 시간의 소란, 휘파람 소리, 망치 소리, 쇠 두드리는 소리, 배달 트럭 달리는 소리, 행상 외치는 소리, 물방울 떨어뜨리며 삐걱거리고 가는 얼음 배달차 등 동네에서 들리던 온갖 소리를 그리워한다. 삶의 맥박, 삶의 모습, 생활양식, 냄새, 소리, 모두를 그리워한다.

그립고 필요한 것은 먼저 살던 곳 이웃들 간에 나누던 긴밀함, 재미, 다양함, 놀라움 등과 동네가 지니고 있던 스스럼없고 무어라 정의할 수 없는 매력이었다. 파리 레프트 뱅크[Left Bank 역주: 예술가 학생이 많은 파리 센 강 남안(南岸)], 샌프란시스코 차이나타운, 보스턴 비콘 힐(Beacon Hill)의 매력도 바로 여

도시내 단독주택

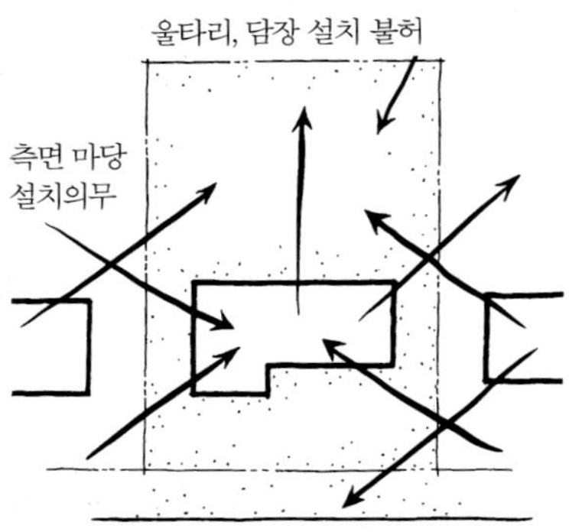

현재

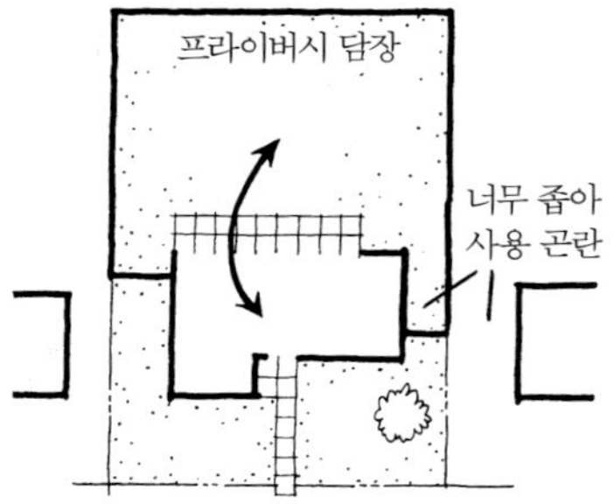

개선된 배치

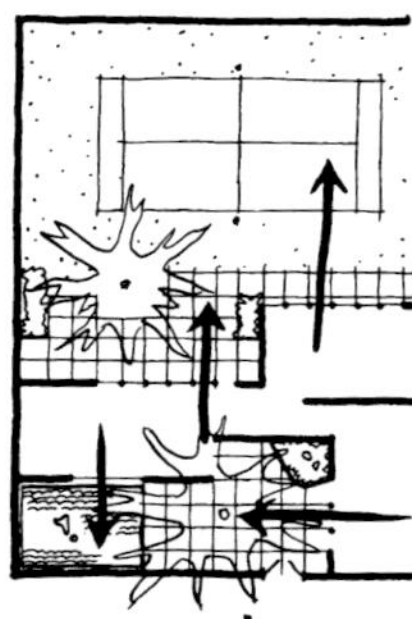
이상적 배치

측면 마당 설치, 건축선 후퇴, 담장 설치 금지 등과 같은 규제를 완화하면 대지를 최대한 이용하고, 프라이버시를 확보하고, 실내와 옥외 연결 이용이 가능하다.

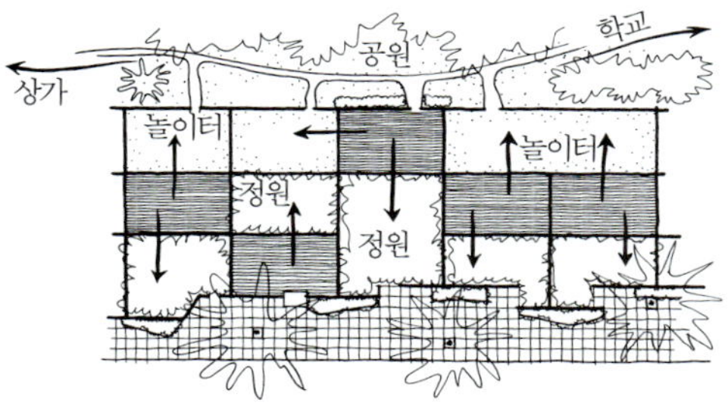

생활 공간을 극대화한 소규모 주거

복합용도 개발은 역사가 오래되었다.

기에 있다. 이와 같이 밀집되어 있으면서도 여유로운 공간, 다양성이 주는 즐거움, 유쾌한 대비, 즐거운 일상사들이 주는 매력 등은 우리가 끊임없이 추구해야 할 계획의 본질이다. 또 한 가지 주요한 매력 요소는, 우리가 그것을 음미할 줄만 안다면 좁다는 느낌, 친밀함에서 느끼는 즐거움이다. 개인 공간, 공공 공간 모두 인간이 체험하면서 즐길 수 있는 작은 규모로 유지될 때 진정한 삶의 공간이 된다.

도시는 일률적인 크기, 동일한 용도의 구획과 대지(垈地)로 나누어야 한다는 일종의 강박관념이 또 다른 유형의 잘못된 계획을 불러일으킨다. 이처럼 단순하고 획일적으로 만든 이른바 '이상' 도시는 활력이 없다. 최근 도시계획을 살펴보면 단독주택단지, 연립주택단지, 고층 아파트단지를 따로따로 지정하고, 상업지구 따로, 공원녹지도 따로다. 이곳 주거지역에 예술가 작업실을 세울 수 있을까? 허용되지 않는다! 건축가 사무실은? 꽃가게는? 서점은? 제과점은? 모두 불가능하다! 주거지역 내에 다른 용도는 허용하지 않는다. 허용한다면 그것은 잘못된 계획 중에서도 가장 나쁜 유형인 관료주의적 특혜에 속하는 '점적 지구제(spot zoning)'가 되기 때문이다. 이렇게 철저한 용도지구 구분이 일반화되어 있어 세계에서 가장 쾌적한 도시들이 공통적으로 지닌 본질 즉 풍부한 다양성을 우리 도시에서는 찾아볼 수 없고, 그래서 활력 없는 암울한 도시가 되는 것이다. 런던 시는 전후(戰後) 런던대공습(역주: 1940~1941년)으로 파괴된 도시를 재건하는 계획을 세우면서 이처럼 철저한 용도분리 원칙을 채택했다. 새로 건설된 런던은 처음에는 넓고 깨끗하고 질서 정연하고, 그래서 완벽해 보였다. 한 가지 특징만 제외하고 — 지독하게 따분한 도시여서 좋아하는 사람이 없었다는 점.

도시 형태의 큰 골격을 결정하는 용도지구제는 아직도 우리에게는 새로운 계획 기법에 속한다. 용도지구제는 활기 넘치고 효율적이며 매력적인 도시를 만드는 효과적인 도구가 될 잠재 가능성을 지니고 있다. 그러한 좋은 점을 말살하는 것이 아니라 살리는 도구로 활용하는 방법을 배우기만 한다면.

### 변두리(The Outer City)

좀 더 효율적인 도시 공간 구조를 재계획한다면, 도심부는 재생해 활성화하고 그 둘레에는 순환도로를 둘러 외부에서 도심부로 향하는 접근로 역할과 동시에 변두리 부도심으로 향하는 접근로 역할도 겸하게 하자.

도시가 성장 확산하는 변두리, 도심에서 가장 먼 곳에는 대개 새로 조성된 지구가 들어서는 한편, 아직 기존의 건강한 마을들이 남아 있다. 그러나 토지개발 규제가 없다면 자동차 정비소, 중고차 시장, 화물 트럭 정류장 같은 주거지역과 어울릴 수 없는 토지이용이 주거지역에 섞여든다. 이러한 이질적인 토지이용은 단계적으로 이전해 주거 환경이나 경관을 해치지 않고도 효율적으로 가동할 수 있게 단지화하는 것이 바람직하다.

변두리 도시에는 각각 의료, 교육, 업무, 제조업, 오락 기능 등을 담당하는 부도심이 자리 잡을 수 있고, 그 주변에는 종업원이 거주하는 동네가 입지하면 좋을 것이다. 부도심끼리는 고속 대중교통수단으로 연결하고 부도심 외곽은 지역간 고속도로망이나 경관도로로 연결하면 좋은 여건의 입지에 모여 있기 원하는 기업들을 부도심으로 유치할 수 있을 것이다. 그리하여 주거지와 근접하고 지역간 접근성도 양호한 장점을 살린 훨씬 효율적인 활동 중심지를 조성할 수 있을

Barry W. Starke, EDA

교외 확산

것이다. 그렇게 '중심지화(centering)'하는 것이 전 미국적 두통거리인 도시 확산 문제를 해결하는 유일한 해결책이라고 생각한다.

### 교외와 그 밖(The Suburbs and Beyond)

교외에서 사는 것이 미국인 꿈이 된 것 같다. 공업화된 도시를 버리고 푸른 초원을 찾아 교외로 이주하기 시작한 것이 결국은 도시 대탈출이 되었고, 자동차 시대 도래와 고속도로망 확충이 교외 이주를 더욱 부채질했다. 주민이 떠나자 줄어드는 세수입을 보충하고자 시세는 올라가는 한편, 부동산 가치는 하락했다. 교외 확산이 계속되어 이제는 교외에 살면서 도심부에 직장을 가진 사람은 하루에도 몇 시간씩 장거리 출퇴근에 시달리게 되었다. 최근 들어서야 반대 현상이 나타나기 시작했다. 교외 지역이 상업화되고 매력을 잃는 한편 도심부는 재개발되어 환경이 좋아지면서 도시 귀환이 증가하고 있는 것이다. 그에 따라 농경지와 산림 파괴 위협도 줄어들었다. 인구와 산업 지방 분산이 시작되고 지역계획, 재개발계획이 보편화되면서 머지않아 세상에서 제일 좋은 국토, 즉 번성하는 도시, 매력적인 교외와 함께 좋은 농경지와 산림과 원시 자연이 보전되는 국토를 가질 수 있을 것으로 보인다.

*건강한 도시환경을 보호하고 조성하는 기반시설 투자가 무질서한 도시 확산 병폐를 예방하는 효과적 방법이다.*

**Dylan Todd Simonds**

Barry W. Starke, EDA

Barry W. Starke, EDA

고속도로 조각 작품

## 자동차 물결(The Ubiquitous Automobile)

산업혁명보다, 심각한 인구폭발보다, 전자기술보다 더더욱 미국 토지이용계획에서 결정적인 역할을 오랜 세월 동안 해온 것은 자동차다. 앞으로도 그럴 것이다. 우리 생각에 큰 변화가 오지 않으면 자동차가 계속 우리 도시와 사회와 생활까지 지배할 것이다. 도로를 분리하고 개선하는 한편 통과교통 없는 응집력 있는 생활 공간과 작업 공간을 마련할 방도를 찾는 것이 당면한 과제다.

쾌적하고 변화가 있는 통행로를 흐르듯 운행할 수 있어야 운전자도 승객도 안전하고 행복하다. 횡단보도와 교차로는 고속 교통수단과는 상극이다. 반드시 피해야 한다. 고속도로와 간선도로가 주거지역이나 도심부를 통과하지 않고 우회하도록 재배치해 마찰과 사고를 예방해야 한다.

## 사람을 위한 장소(People Places)

도시인들은 어떤 곳에 머물기를 원하는가? 달리는 차량과 거대한 사무실 건물 벽에 싸여 숨 막히는 곳은 아니다. 오래 걷고, 기다리고, 힘들게 오르내려야 오갈 수 있는 곳은 아니다. 찌는 듯 더운가 하면 얼어붙을 듯 춥고, 휘몰아치는 바람을 막아주는 것도 없는 넓은 포장 공간은 아니다. 재미있는 볼거리도 할 일도 없는 곳은 아니다. 대신 사람들은 편안하고 재미있고 유쾌한 길을 걷고 그런 장소에 머무르고 싶어 한다. 좁은 공간, 넓은 공간을 연결하는 구불구불한 길을 좋아하고, 쉬고 이야기하고 지나가는 사람들을 바라볼 수 있는 작은 공터와 골목길을 좋아한다. 그런 공간이 우연히 만들어지는 것은 아니다. 주의를 기울여 계획해야 한다.

'장애 미국민을 위한 법(Americans with Disabilities Act; ADA)' 의회 통과 계기로 전국적으로 장애자를 고려하는 생활환경 조성과 재정비 작업이 의무화되었다. 장애자에게도 불편 없는 생활환경을 조성함으로써 국민 복지 향상에 크게 기여할 것이다.

특히 공용 보도와 장소는 일반인은 물론 노약자나 장애인 등 누구나 편리하게 이용할 수 있어야 잘 설계한 것이다. 사람은 누구나 유모차를 타던 아기 시절부터 목발, 지팡이, 보행 보조기, 장애자용 의자를 이용하는 말년까지 일생 동안 어떤 형태로든 기동성이나 인지 능력 등에서 '장애자'라고 할 수 있다.

최근 들어서야 공공기관과 계획가들이 그 필요성과 해결 가능성을 인식하고 대책을 강구하기 시작했다. 요즈음 건축법규는 대개 더욱 안전하고 편안하고 편리한 생활 공간을 만들기 위한 조항을 갖추고 있다.

건축계획, 조경계획을 검토할 때는 모든 잠재 이용자 입장이 되어 장단점을 비교 평가하는 것이 꼭 필요하다고 말할 수 있다.

횡단보도 표지와 조명도 많이 혁신되었고, 보차도 경계석도 경사지게 만든다. 버스 정류장에는 버스 바닥 높이에서 타고 내릴 수 있게 경사로를 만들기도 하고, 주차장에는 건물 입구 가까이에 장애자 전용 주차구역을 설치하는 것이 보편화되었다. 공공건물이나 공공장소 계단은 없애거나 별도로 손잡이를 부착한 경사로를 설치한다. 출입문도 많이 자동화했다. 국제적으로 표준화한 도형을 사용하는 표지판을 설치함으로써 문맹자나 외국인에게도 큰 도움이 된다.

가고 싶지 않을 정도로 삭막하던 도심부도 녹음수를 식재하고 소공원, 앉을 곳, 분수, 꽃밭 등을 설치해 훨씬 나아졌다. 대도시 모습도 점차 바뀌어 자동차 없는 업무지구, 상가, 주거지역이 서로 연결된 형태를 조금씩 취해가고 있다. 이렇게 잘 꾸며진 공간들이 생겨나서 안전하고 쾌적하며 신선한 환경 속을 오가고 머무르는 체험을 하게 됨에 따라 도시 의미가 새로워지고 있다.

## 도시 숲, 도시 물(Urban Green, Urban Blue)

도시가 황량함이 줄고 정원같이 바뀐다면 더 쾌적해질 것이라는 생각에 반대할 사람은 없을 것이다. 도시에 대한 지나친 기대일까? 놀라운 변모를 보여준 도심부 사례가 많은 것을 보면 꼭 그런 것도 아니다. 전국 곳곳에서 한때 황량했던 거리가 녹음이 우거지고 꽃이 피어나는 거리로 바뀌었다. 상가 창가에는 화려하게 장식한 꽃상자, 화분이 놓이고, 꽃바구니가 걸려 있다. 건물 앞마당과 건축선 후퇴로 생긴 공터는 화단을 조성하고 앉을 곳을 설치한 소공원으로 바뀌고 있다. 콘크리트 중앙분리대는 계절 변화를 즐길 수 있는 녹지대로 대체하고 있다. 도심부 공터는 주민 단체가 나서서 쓰레기를 떨어내고 공공단체 지원을 받아 마을 정원과 모임 장소로 탈바꿈하고 있다.

동네마다 일고 있는 이러한 변화는 고무적인 태도 변화의 징표다. 도시 차원에서는 범시민 식수운동이 성과를 거두어 수많은 도로가 녹색 물결로 덮이고 있다. 오염되었던 하천과 강변 역시 쓰레기를 거두어내고 복원해 녹색 수계를 자랑한다. 호반(湖畔)과 강변 개발사업도 공공 부문 핵심사업으로 주목받으면서 여러 도시에서 명소가 되고 자랑거리로 등장했다.

이러한 성공 사례에 힘입어 크고 작은 국공유지를 도시 오픈스페이스 체계로 편입 조성하려는 분위기가 고조되고 있다. 공원 녹지 여가 업무를 총괄하는 행

도시 숲, 도시 물

하야트 시티 센터(Hyatt City Center)

정부서 주도 아래 장차 미국 도시들은 '건물, 도로, 집회 장소 등이 모두 정원-공원 속에 아름답게 펼쳐진'[주; 쿠빌라이 칸(Kublai Khan)이 새 수도를 현재 북경에 해당하는 타투(Tatu)로 정하면서 밝힌 도시 조성계획] 이상향에 접근하리라 기대한다.

그러나 도시 부동산이 1만 평, 1000평도 아니고 몇 평 단위로 매매되는 현실 속에서 어떻게 그런 오픈스페이스를 사서 모을 수 있을지 걱정스럽기도 하다.

도심 통과 도로와 시내 도로 일부를 폐쇄하면 순환도로 용지와 그 주변 차폐 녹지 겸 공원 용지를 충분히 확보할 수 있을 것이다. 도시 공간을 갈라놓는 주차장과 주차 건물을 철거하면 중심업무지구 면적 10% 정도를 회수할 수 있고, 거의 사용하지 않는 낡은 건물을 철거해도 비슷한 효과를 거둘 것이다. 공터와 세금을 납부하지 않는 토지를 환수해 공원과 레크리에이션 용지로 편입할 수도 있을 것이다. 도시 내에 절벽, 급경사지, 협곡 등은 있을수록 좋다. 도시 내에 하천, 수변 공간이 있다면 오픈스페이스 잠재 가치도 그만큼 커진다.

도시 전체적으로 계속 진행되는 재개발, 복구, 매립 사업에서도 새로운 오픈스페이스가 많이 추가될 것이다. 자선가가 기증하는 토지, 공채를 발행해 조성한 재원이나 재정 지원을 받는 기반시설기금 등으로 공원 녹지 연결과 확대를 위해 매입하는 토지도 오픈스페이스 확충에 기여한다. 조건은 다양하지만 취득 가능한 토지는 찾아보면 있다. 꾸준히 발굴, 추가해나가면 오픈스페이스 체계는 계속 발전할 것이다.

### 새로운 도시상(都市像, The New Urbanity)

도로와 기반 시설 배치, 대로와 광장과 공원과 기타 공공시설 개발에 제일 중요한 기준은 철저한 경제성이라고 사람들은 생각한다. 골칫거리인 교통 분야 수요, 환경을 저해하더라도 수용해야 할 공업 분야 수요 등도 시급한 현안이다. 그러나 이러한 모든 문제보다 제일 먼저 고려할 사항은 바로 도시에서 일하고 생활할 시민들의 인간적 요구 조건이다.

여기서 말하는 인간적 요구 조건이란 무엇일까? 도시계획과 도시 성장 과정에서 항상 등한시하고 잊고 있어서 이상하고 낡은 느낌을 주는 것도 있을 것이다. 그러나 인간의 기본적 수요다. 우리 인간에게는 정말 다양한 도시 공간이 필요하며, 도시 속에 그러한 공간들—우리가 안전하고 즐겁게 거닐고 모이는 공간 등—을 마련하되, 모두 나름대로 기능을 충분히 발휘하고 표출하도록 섬세하게 계획해야 한다. 이제까지 꿈꾸어온 것보다 높은 수준의 건강, 편리, 기동성도 갖추어야 한다. 질서도 필요하다. 무미건조한 기하학적 계획이나 광막한 계획에서 오는 인간미가 없는 질서, 뽐내는 듯한 질서, 웅장한 질서가 아니라 도시를 결속하고 도시가 도시 역할을 수행하게 하는 기능적 질서—살아 있는 세포, 나뭇잎, 나무가 보여주는 유기적 질서—가 필요한 것이다. 응집력 있고 만족감을 주면서도 파격(破格)을 허용하는 질서이려면, 융통성 있는 질서이어야 하며 옛것의 좋은 점과 새것의 좋은 점을 취합하는 질서여야 한다. 흥미와 다양성과 경이로움과 대비를 갖춘, 그래서 우리 '가슴을 사로잡는' 건물들과 시설물과 활동들을 엮어내는 질서여야 한다. 우리 인간은 도시 속에서 새로운 영감과 신선한 자극과 원기 회복 기회와 아름다움과 즐거움을 추구한다. 요약하면, 우리가 온전하고 충만한 삶을 영위할 수 있는 공해 없고 건강한 도시환경이 필요한 것이다.

그러한 도시는 자연을 경시하지 않고, 자연과 일체된다. 맑은 공기, 밝은 햇빛, 깨끗한 물, 녹음, 산들바람, 숲으로 덮인 동산, 수변 휴식공간, 서로 연결된 공원 녹지 체계 등 도시 내에 다시 자연을 불러들인 도시다.

미국 도시가 서서히 그러나 가속적으로 모습을 바꾸어가고 있다. 청소하고 정돈하고 수선하고, 낡은 것을 헐어내고 새로이 건설해 건강한 모습으로 바뀌고 있다. 겉치레와 형식적인 것을 버리고 솔직하고자 하며, 시급히 대책을 마련하고자 하는 정신이 퍼지고 있다. 합심하려 노력하는 정신, 협력해 무언가 성취하는 기쁨을 누리는 정신, 쾌적한 도시환경을 공유하려는 정신 등 새로운 단체정신이 보이고 있다. 가장 미국적인 음식 사과파이만큼 미국적인 신선함과 생기와 자연스러움이 있는 도시 모습으로 변하고 있는 것이다.

이러한 움직임이 나타난 배경에는 부동산 소유자들이 '도시를 구해' 하락하는 부동산 가치를 보호하고자 하는 절실한 요망이 있었고, 도시의 과도한 확산을 막고 에너지를 절약하려는 의도도 있었다. 오염, 불결함, 노후화, 퇴락하는 건물 등에 대한 혐오감도 작용하고 있다. 이는 민간기업에는 집을 청소하고 수리하고 개축하고자 하는 강한 동기를 유발하게 되었다. 도시에는 새로운 활기가 솟는다. 경쟁 분위기도 조성되어 창의력 발휘를 촉진하고 있다. 미국 도시에 새로운 바람이 일고 있다.

© D.A. Horchner/Design Workshop

새로운 도시

Sasaki Associates, Inc.

# 11

# 단지계획

# SITE PLANNING

부지마다 이상적인 용도가 있다. 용도마다 이상적인 부지가 있다.

## 프로그램 개발(Program Development)

건축, 조경, 토목 등 사업설계 첫 단계는 무엇을 설계하는가를 명확히 이해하는 것이다.

완공한 시설이 제 기능을 발휘하지 못하거나 계획한 용도대로 쓰지 못하는 경우가 많다. 그것은 부지를 잘못 선정했거나 설계를 잘못해 설계 의도를 명확히 표현하지 못했기 때문일 것이다. 또는 마찰이 발생해 운영에 지장이 생겼기 때문일 것이다. 그러나 대개 경우, 실패 근원은 프로그램을 잘 작성하지 않은 데 있다. 즉 사업 전체 상호 연관성이나 파급 효과 등을 잘 예측하고 면밀히 검토하지 않았기 때문이다.

맡은 과업을 성공으로 이끄는 것이 계획가의 당연한 책무다. 목표를 달성하려면, 즉 현명한 계획을 하려면 먼저 과업 성격을 잘 이해해야 한다. 그리고 종합적인 프로그램을 개발하는 것이 필수다. 연구하고 탐구해 설계 기초가 될 정확하고 세부적인 필요 사항 목록을 작성해야 한다. 그러기 위해서는 관계되는 모든 사람—사업주, 잠재 이용자, 유지 관리 업무 종사자, 유사한 일을 하는 계획가, 계획에 참여하는 동료 등등 건설적인 의견을 낼 수 있는 사람이라면 누구와 아직 사업계획을 수립하는 단계에는 '무엇을 만들 것인가'에 관심을 쏟고, '어떻게 보일 것인가'에는 큰 관심을 두지 않는다.

원대한 꿈을 꾸는 것만으로는 충분치 않다. 꿈과 아이디어가 실현 가능한 계획이라는 확고한 현실로 전환되어야 가치가 있다.

설계라는 형태 창출 과정은 미리 정해진 목적을 충족하기 위해 장소, 공간, 인공 구조물 등을 창조하는 것이다.

어느 분야에서나 가장 성공한 인류 업적은 계획과 설계를 가장 잘한 것들이었다.

계획가 책무는 최선의 해결책을 찾아내도록 관계자들을 이끄는 것이며, 사업이 성공하도록 최선을 다해 돕는 것이다.

*어느 계획이나 그 본질은 특정 목적을 달성하기 위한 수단을 강구하는 것이다. …*
*어느 계획이나 모두 목적 의식이 있다. …*
**Catherine Bauer**

도 — 상의해야 하며, 그들의 지식과 의견을 자유스럽게 도출해야 한다. "과거를 기억하지 못하는 자는 그것을 반복할 수밖에 없다"라고 산타야나(Santayana)가 말했듯이, 역사를 되돌아보고 응용 가능한 원리를 찾아야 한다. 새로 개발되는 기술, 새로운 재료, 새로운 계획 개념이 펼쳐줄 미래의 달라진 모습도 그려봐야 한다. 옛것의 제일 좋은 점과 새로운 것의 제일 좋은 점을 결합하려고 노력해야 한다. 계획 결과물은 이론적인 프로그램이 물리적으로 구현되는 것이므로, 프로그램 자체를 철저하고, 풍부한 상상력이 담겨 있고, 완벽하게 작성해야 한다.

## 부지 선정(Site Selection)

어떤 기능과 그에 적합한 부지를 찾아 짝을 잘 맞추는 것이 계획가 역할이라면, 계획가는 먼저 양쪽 궁합이 맞는지 확인해야 한다. 시설물이 그것이 입지한 장소에 잘 어울리지 못하고 낯설어 보이는 것이 흔하다. 그러한 경우, 구조물 자체는 아무리 훌륭하고 잘 계획한 것일지라도 그 결과는 혼란스럽고 불유쾌한 것이 된다.

예를 들면 아래와 같은 배치는 확실히 잘못된 것이다.

간선도로를 마주 보는 학교
접근로에서 전혀 보이지 않는 곳에 위치한 도로변 식당
주차 공간이 부족한 종합상가
수원(水源) 없는 농장
교회 가까이 위치한 술집
야적장, 증축 여지 없는 제조 공장
비행기 활주로 끝 주택
교외 주택지로 바람 부는 곳에 위치한 포장육(包裝肉) 공장
10미터 지하 폐광 갱도 위에 선 아파트

위 예로는 모두 누가 보아도 있을 것 같지 않은 잘못된 계획이다. 하지만 필자가 알기는 모두 실제로 있었던 사례다. 머지않아 결국은 용도에 부적합한 부지를 선택한 결과로 인해 이러한 사업은 혼란과 긴장, 거센 반발, 경제적인 파탄, 건물 붕괴 등으로 귀결된다는 사실을 합리적인 사고를 가진 사람들은 깨닫고 또 재확인하게 된다.

적합하지 못한 부지를 선정했어도 그대로 사업을 진행한 경우가 너무 많았다. 계획의 근본적인 오류다. 가장 중요하다고 할 수는 없을지 모르지만, 계획가가 감당할 중요한 역할은 사업주가 가장 적합한 입지를 선택하도록 자상하게, 때로는 강력하게 이끄는 일이다.

## 부지 대안 검토(Alternative Sites)

계획가는 추진하는 사업이 갖추어야 할 필수 요구 조건을 파악하고, 여러 후보지의 장단점을 비교 평가하는 능력을 갖춰야 한다. 먼저 우리가 찾는 것이 무엇인지 분명히 알아야 한다. 예를 들면 발전 댐, 신도시, 작게는 냉동 커스터드 과자 판매점일지라도 갖추어야 할 입지 조건을 신중하게, 심지어는 지루할 정도로 열거해보아야 한다. 그다음은 적합한 후보지를 찾아다니고 답사하는 일이다. 후보지 탐색 작업에는 항공사진이나 위성사진, 지형도, 교통도, 계획 관련 기관 자료, 용도지역지구도면, 경제단체 간행물, 지적도, 도시계획도 등이 유용한 자료가 된다.

*환경을 변화시키는 무엇인가를 하고자 할 때는 반드시 환경을 개선시키는 방향으로 하는 것이 조경이라는 경기(game)의 목표다.*

**Garrett Eckbo**

입지 평가 점검표

택지 대안 비교

보기

■ 극히 불량

□ 불량

○ 양호

● 매우 양호

평가 절차:

대상지와 주변 답사는 필수다. 현장 사진이 유용하고, 평가표에 부호로 표시한 사항을 더 상세하게 설명하는 기록도 도움이 된다.

주

양호/불량 부호 대신 숫자(양호한 것은 1부터 10까지, 불량한 것은 −1부터 −10까지)를 기입하고 합산해 비교하면 대상지의 수학적 상대평가가 가능하다. 그러나 대상지에 따라, 단 한 가지 양호한 요소나 불량한 요소가 모든 점수를 압도할 만큼 중요해 입지 선정 결정 요소가 될 수 있음을 유의해야 한다.

(1) 사회계층 혼합과 문제점
건축 품질
유지 관리 수준
각종 오염 수준
공원, 오락 공간, 오픈스페이스
랜드마크(Landmarks)
일반적 색조

| 기준 | 대상지 1 | 2 | 3 | 4 | 5 |
|---|---|---|---|---|---|
| 지역(REGIONAL) | | | | | |
| 기후(기온, 강우량, 폭풍우 등) | ■ | ○ | ○ | □ | ○ |
| 토양(안정성, 비옥도, 토심) | ○ | ● | □ | ■ | ○ |
| 상수원 수량과 수질 | □ | ● | □ | ■ | ○ |
| 경제(상승, 안정, 하강) | ○ | ○ | □ | □ | ○ |
| 교통시설(고속도로, 전철 등) | ■ | ○ | ○ | ■ | ● |
| 에너지(공급상태, 단가) | □ | ○ | ○ | □ | ○ |
| 경관 특성 | ● | ● | ○ | □ | ○ |
| 문화생활 기회 | ○ | ○ | ○ | □ | □ |
| 오락 기회 | ● | ● | ○ | ○ | ● |
| 고용 기회 | □ | □ | ■ | □ | ○ |
| 의료시설 | ○ | □ | □ | ○ | □ |
| 주요 결점(열거하고 기술) | □ | ○ | ○ | ■ | ○ |
| 특이사항(열거하고 기술) | □ | ● | ● | □ | ● |
| 지역사회(COMMUNITY) | | | | | |
| 교통(출퇴근, 장보기 등 소요시간) | ■ | □ | ○ | ○ | ■ |
| 교통 환경(쾌적 또는 불쾌) | ○ | ○ | ○ | □ | ○ |
| 지역사회 여건(1) | ○ | ● | □ | ■ | ○ |
| 학교 | ○ | ○ | □ | □ | ○ |
| 상가 | ○ | ● | ○ | □ | ○ |
| 종교시설 | ○ | ○ | ○ | □ | □ |
| 문화생활 기회(도서관, 강당 등) | ○ | ○ | ○ | □ | ○ |
| 공공시설(소방, 경찰 등) | ○ | ○ | ○ | ■ | ○ |
| 안전, 보안 | ■ | ○ | ○ | ■ | ○ |
| 의료시설 | ○ | □ | ■ | □ | ○ |
| 행정 | ○ | ○ | ○ | ■ | □ |
| 세금 | ○ | □ | ○ | ○ | ○ |
| 주요 결점(열거하고 기술) | ○ | ○ | □ | □ | ○ |
| 특이사항(열거하고 기술) | ○ | ● | ○ | □ | ○ |
| 근린주구(NEIGHBORHOOD) | | | | | |
| 경관 특성 | ○ | ● | ● | □ | ○ |
| 생활양식 | □ | ● | ○ | ■ | ○ |
| 계획 용도와의 상충성 | ○ | ● | ○ | ■ | ● |
| 도로망(진출입로, 위험요소, 매력도) | ○ | ○ | ○ | □ | ○ |
| 학교 | □ | ○ | ○ | □ | □ |
| 편리성(학교, 서비스 시설 등) | □ | ○ | □ | □ | ● |

| 기준 | 대상지 1 | 2 | 3 | 4 | 5 |
|---|---|---|---|---|---|
| 공원, 오락공간, 오픈스페이스 | ○ | ● | ○ | □ | ○ |
| 자연조건(일조, 바람, 폭풍우, 홍수) | ○ | ○ | □ | ■ | ○ |
| 소음, 매연 등 공해 수준 | ○ | ● | ○ | □ | ○ |
| 공공 기반시설(공급여부와 요금) | ■ | ○ | ■ | ■ | ● |
| 주요 결점(열거하고 기술) | ○ | ○ | ○ | □ | □ |
| 특이사항(열거하고 기술) | ○ | ● | ○ | □ | ○ |
| 택지(PROPERTY) | | | | | |
| 크기, 모양(적합성) | ○ | ● | ○ | ■ | ○ |
| 접근로에서 보는 경관 | □ | ● | ○ | ○ | ○ |
| 진출입 안전성 | □ | ○ | ○ | □ | ● |
| 택지 느낌(On-site "feel") | ○ | ● | ● | □ | ● |
| 영구적 수림과 지피(地被) | ○ | ● | ○ | ■ | ○ |
| 벌채, 잡초제거 필요성 | ○ | ■ | ○ | ● | ○ |
| 지세와 경사(傾斜) | ○ | ○ | ○ | ● | ○ |
| 토양(특징과 토심) | ○ | ○ | □ | ○ | ○ |
| 정지, 기초공사 비용 | □ | □ | ■ | □ | ○ |
| 배수(排水) | □ | ● | ○ | ● | ○ |
| 인접 구조물 유무 | ○ | ● | ○ | ○ | □ |
| 이웃 | ○ | ○ | □ | ■ | ○ |
| 순환도로와 관계 | □ | ● | ■ | □ | ○ |
| 지가와 개발비용 | ● | □ | ○ | ○ | ○ |
| 주요 결점(열거하고 기술) | ○ | ○ | ○ | ■ | ○ |
| 특이사항(열거하고 기술) | ○ | ● | ○ | ■ | ○ |
| 건축부지(BUILDING SITE) | | | | | |
| 계획 용도와 지형 적합성 | ○ | ○ | ○ | □ | ○ |
| 접근로 경사 | ○ | ○ | □ | □ | □ |
| 단지입구 운전자 시거(視距, sight distance) | ■ | ○ | □ | ■ | ○ |
| 일조, 바람, 미풍 방향 | ○ | ● | ○ | □ | ○ |
| 전망 | ○ | ● | ○ | □ | ● |
| 사생활(Privacy) 침해 가능성 | ○ | ● | ○ | ○ | ○ |
| 소음, 눈부심(glare) 유무 | ● | ● | □ | ○ | □ |
| 인접 토지이용의 시각적 영향 | ○ | ○ | □ | □ | ○ |
| 인접 토지이용에의 시각적 영향 | ● | ● | ○ | ○ | ○ |
| 공공기반시설 접속 거리 | ○ | ○ | □ | ■ | ● |
| | | | | | |
| | | | | | |

지도나 참고 자료를 가지고 자동차, 비행기, 헬리콥터 등을 이용해 가장 적합하다고 생각하는 후보지들을 답사하고 조사한다. 헬기를 이용하면 철조망이나 울타리, 가시덤불, 출입금지구역 따위에 의한 조사 제약이 없고 조사 지역을 공중에서 조감할 수 있어 좋다. 자동차를 이용하면 후보 대상지와 인접한 곳 개발 형태와의 관계, 접근성 등 많은 자료를 얻을 수 있다. 그러나 편안히 의자에 앉아서만 조사하면 안 되고, 도보 답사가 뒤따라야 한다.

고객이 부지 선정 등에 관해 잘못된 결정을 내리고 오히려 계획가를 설득하려 한다면, 고객 잘못보다 계획가 잘못이 크다. 계획가가 실상을 설득력 있게 전달하지 못한 결과이기 때문이다.

이렇게 해서 부지 대안을 몇 곳으로 압축한 후 압축 후보지들을 상세히 분석한다. 각 대안 장점과 단점을 면밀하게 분석, 평가한다. 때때로 사업주와 여러

정확한 사실을 알고 대안(代案)을 완전히 이해했다면, 이성(理性)이 승리한다.

부지 대안 비교 분석 내용을 비공식적으로 논의한다. 한편으로는 이사회, 감독 관청, 시의회 등에 제출할 일목요연한 보고서를 작성한다. 구두 또는 인쇄물 형태 보고 자료에 부지 대안을 적합도에 따라 나열한다. 그러나 때로는 대안의 상대적인 장점만을 간결하고 명확하게 표현하고, 대안에 대한 찬반 논의와 선택을 의사결정자에게 맡겨두는 것이 바람직할 수도 있다.

### 이상적인 부지(The Ideal Site)

계획과 개발을 잘하면 시설물들이 마치 그곳 땅에서 솟아나 자연스럽게 성장한 것처럼 보인다. 언덕에 계단식으로 자리 잡아 해변으로 연결되는 주택, 쾌적한 골짜기 속에 지형 기복, 수목, 기타 지형지물과 기술적으로 조화시켜 배치한 주택지, 지역사회 중심부에 위치한 공원 같은 환경에 운동장을 갖춘 학교, 안전한 보행자도로와 걸어보고 싶도록 쾌적한 보행자도로를 따라 등교할 수 있는 학교, 생산 시설, 유류 저장탱크, 야적장, 녹음이 있는 주차장 등이 질서 있게 자리 잡고, 모든 시설이 접근도로나 철도 또는 하역 부두와 잘 연결되도록 배치된 공장 등이 좋은 예다.

계획가의 가장 중요 임무는 인간 활동이 자연이고자 하는 땅('want to be' of the land)과 조화를 이루게 돕는 것이다.

대상지가 갖추어야 할 최적의 자연 또는 인공 경관 특성을 먼저 결정한 후 이러한 조건을 갖춘 부지를 찾아야 한다. 이상적인 부지는 최소한의 변경으로 사업 요구 조건을 최대한 만족시키는 부지다.

Barry W. Starke, EDA

대지 인접 상황이 대지 개발 방향에 영향을 미치거나 개발 방향을 결정해버릴 수도 있다.

## 대상지 분석(Site Analysis)

입지 선정이 끝나면 다음 할 일은? 프로그램 개발 및 다듬기 작업과 함께 선정한 대상지와 그 주변에 대해 완벽히 파악해야 한다. 부지 경계선 내부뿐만 아니라 지평선에 이르는 주변 환경은 물론 지평선 너머까지 포함하는 총체적인 대상지 분석을 실시해야 한다.

도면화한 조사 자료와 참고문헌 자료가 필수지만 적어도 한 번, 가능하면 여러 번 현지 답사해 자료를 보충해야 한다. 실제로 부지에 가서 현장을 관찰해야 부지에 대한 '느낌'을 알 수 있고, 인접 지역과의 연관성을 파악할 수 있으며, 부지 지세를 충분히 인식할 수 있기 때문이다. 현장에 가봐야 부지 특성 즉 주변 도로의 동적인 힘, 무수한 보행인이 만들어놓은 진입 보도, 태양의 궤적, 주풍향, 좋은 경관과 나쁜 경관, 조각 작품 같은 지형, 샘이 솟는 곳, 나무들, 솟아 있는 바위, 개발 가능한 공간, 최대한 보존할 것, 제거할 것 등을 감지할 수 있다. 낮은 곳에서 언덕으로 올라가 보기도 하고, 잔디밭에 발을 디뎌보기도 하고, 흙을 파헤쳐보기도 해야 한다. 대상지 경관의 독특한 특성이 무엇인지 보고, 듣고, 충분히 느껴야 한다.

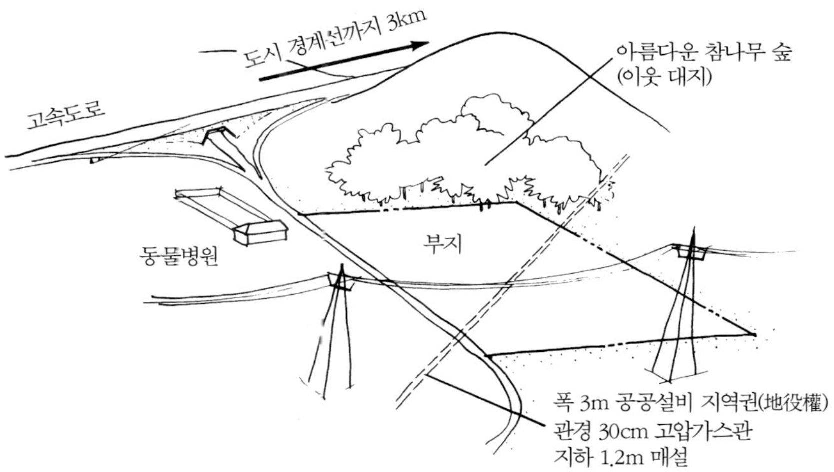


부지와 그 주변 현황

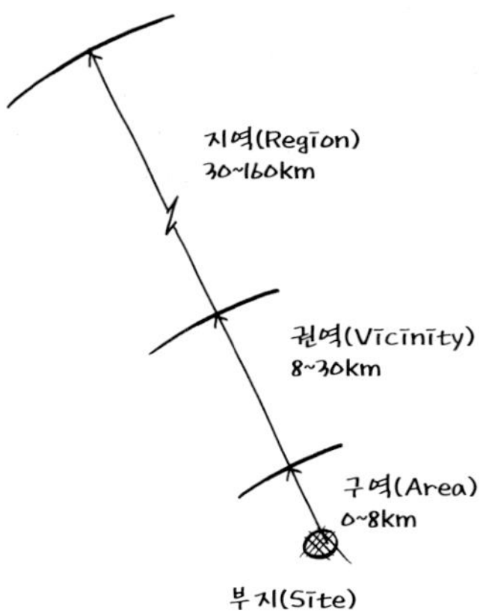


부지와 그 주변 광역 환경

접근로를 따라 대상지로 가면서 보는 것도 모두 대상지의 연장(延長)이며, 대상지에서 밖으로 보이는(또는 미래에 보게 될) 것도 모두 대상지 일부다. 보고, 듣고, 냄새 맡고, 느낄 수 있는 것은 무엇이든 부지 일부분이다. 자연 요소, 인공 요소, 그 무엇이든 대상지에 또는 그 이용에 영향을 미치는 지형지물은 계획 요소로 고려해야 한다.

자연을 정복하는 힘이 있다고 행복해하고, 무엇이든 빨리해야 하는 현대사회이기에 대지(大地)와 일체감을 느끼는 것, 땅을 알고 이해하는 법을 배우는 것—

대상지를 총체적으로 분석하는 법을 배우는 것—은 매우 중요함에도 너무 소홀히 하고 있다. 그래서 성급함과 소홀함이 빚은 비극적 졸작(拙作)이 너무 많다.

예부터 일본에서는 조경계획을 할 때 대상지를 주도면밀하게 파악하는 것에 특별한 의미를 두었다. 가장 좋은 경관 요소를 보존하고, 강조하고, 확대하기 때문에 구조물은 모두 대지에서 솟아나와 자연스럽게 그곳에서 성장한 것처럼 보인다. 저자가 일본에서 공부할 때 이러한 일관된 작품성에 큰 감명을 받아 어떤 건축가에게 어떻게 그런 작품을 만드는지 물어보았다.

건축가는 "아주 간단하지요"라고 대답했다. "예를 들어 주택을 설계한다면, 수시로 건물이 들어설 대지에 가봅니다. 돗자리와 차(茶)를 가지고 가서 여러 시간 동안 머물기도 하고, 땅거미가 찾아드는 조용한 저녁에 가기도 합니다. 때로는 거리가 북적거리고 맑은 하늘에서 햇빛이 내려쪼이는 바쁜 대낮에 가보기도 하고, 눈 내리는 날이나 심지어는 비가 오는 날 가서 빗물이 대지를 가로질러 물길을 따라 배수구로 흘러가는 것을 보고 있으면 그 땅에 대해 많은 것을 배우기 때문입니다."

Andrew Buchanan, Subtle Light Photography/Charles Anderson

부지 경관이 사업 동기일 수도 있다.

*생명을 주고 삶을 고양시켜 주는 자연 요소를 인간에게 되찾아주는 집을 짓자. 이는 대지(垈地)가 품고 있는 자연이 건축의 출발점이 되어야 함을 의미한다. 이는 또한 가치 있는 건축물 창조를 향한 위대한 첫걸음을 내딛는 것을 의미한다. 땅에 알맞은 올바른 건물을 지었을 때 정합(整合 fitness)을 느끼고, 이를 아름다움이라 부르기 때문이다.*

**Frank Lloyd Wright**

"건축할 땅에 대해 완전히 알 때까지 그곳에 가고, 그곳에 머무르곤 합니다. 좋지 않은 점 — 도로 혼잡과 무질서, 바람에 쓸려 기울어진 참나무가 어색하게 보이는 지점, 산의 조망이 좋지 않은 지점, 수분이 부족한 토양, 이웃집과 너무 근접한 지점 등 — 을 알게 됩니다."

"좋은 점 — 멋진 단풍나무 숲, 깊은 계곡 아래로 떨어지는 폭포 위 허공에 넓게 자리한 바위 등 — 도 알게 됩니다. 폭포에서 불어 올라와 마른 땅을 스쳐가는 시원하고 쾌적한 여름바람이 있는 것도 알게 됩니다. 삼나무 숲에 따스한 아침

해가 비치면 겹겹이 쌓인 낙엽에서 풍기는 진한 향기를 맡을 수 있습니다. 모두 훼손해서는 안 되는 것들입니다."

"따스한 햇살, 고마운 아침 해가 어디쯤에서 떠오를지 압니다. 어느 지점이 늦은 오후 불타는 듯 작열하는 석양에 휩싸이는 곳인지, 어느 곳에서 어스름이 내리는 고요한 저녁 무렵에 붉게 물든 황혼을 바라볼 수 있는지를 알게 됩니다. 대나무 숲이 반사하는 변화무쌍한 빛과 부드럽고 싱싱한 색조에 감탄하면서, 레몬빛 볏을 달고 지저귀는 새들이 그 속에 둥지 틀고 새끼 치는 모습을 몇 시간씩이나 바라보곤 합니다."

"길 건너 화강암 산기슭과 거기에 기대어 솟아 있는 둥근 돌 사이의 절묘한 관계에서도 커다란 즐거움을 느끼곤 합니다. 사소하게 생각되는 것들이지만, 분명 무엇인가를 말해주고 있지요. '거기에 대지의 진수가 있고 혼이 있으며, 이러한 대지의 혼을 보존하면 당신의 정원과 가정과 일상생활 속에 그 혼이 스며들 것입니다'라고 말하고 있습니다."

"이렇게 한 조각의 땅, 그 땅의 분위기, 제약 조건과 잠재 가치를 이해하고 나면 이제는 붓을 들어 계획에 착수합니다. 그러나 내 마음속에는 벌써 상세한 것까지 완전히 설계되어 있습니다. 대상지는 물론이고 옆으로 지나가는 도로, 바위, 산들바람, 뜨고 지는 해, 폭포 소리, 멀리 보이는 경치에서 구조물 형태와 성격까지 끌어내는 것입니다."

*우리는 어느 경관에서나 두 가지 가치를 추구한다. 하나는 경관 본연 특성 발현(發顯)이고, 또 하나는 인간 거주성 극대화 개발이다. …*
*단지계획은 땅과 그 위 대기 공간까지 잘 구성해 그곳을 점유하고 살아갈 사람들이 최선의 이용을 할 수 있게 하는 것이라고 생각해야 한다. 이것은 건축물, 토목공사, 오픈스페이스, 자연 재료까지 모두 함께 계획하는 통합 개념이다. …*
**Garrett Eckbo**

"집주인과 가족, 그들이 좋아하는 것을 파악한 후 주변 경관과 최상의 관계를 맺는 생활환경을 만들어주는 것입니다. 이 구조물 즉 내가 계획한 이 주택은 돌, 나무, 창호지 따위를 사용해 쾌적하고 즐거운 생활을 담고 표현할 수 있도록 열린 공간이나 닫힌 공간을 배치한 것에 지나지 않습니다. 달리 더 좋은 방법이 있

PWP Landscape Architecture

성공 설계작을 도출하려면 먼저 대상자를 철저하게 이해해야 한다.

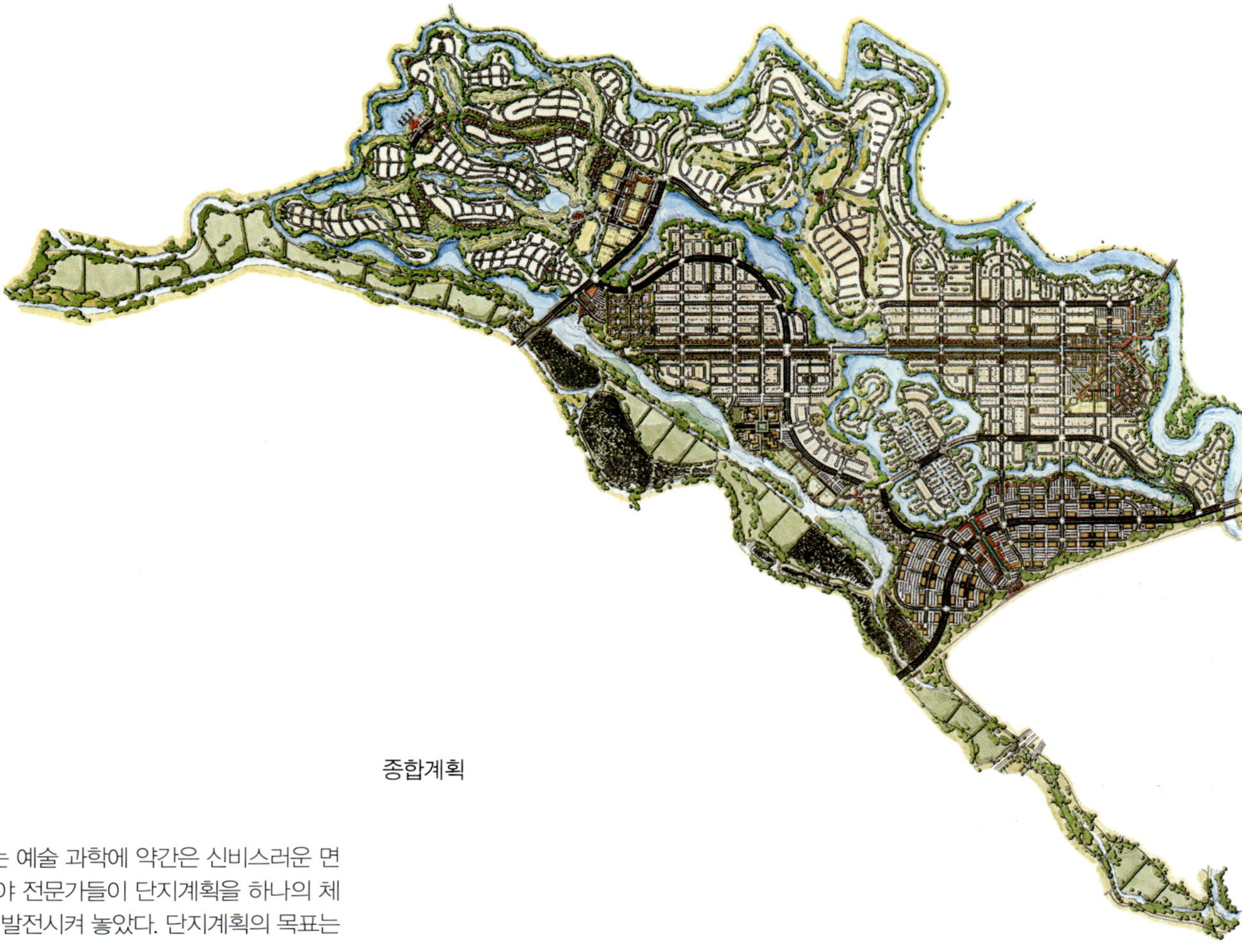

SWA Group

종합계획

단지계획이라는 예술 과학에 약간은 신비스러운 면이 있다. 그 분야 전문가들이 단지계획을 하나의 체계적 과정으로 발전시켜 놓았다. 단지계획의 목표는 개발계획 요소가 단지 내부와 주변에 존재하는 자연 또는 인공 요소와 가장 좋은 관계를 맺도록 배치하는 것이다. 주택 정원, 대학 교정, 군사 시설, 모두 접근 방법은 같다.

단지계획 과정은 대개 다음과 같은 10가지 단계를 거치며, 그중 몇 단계는 동시에 이루어지기도 한다.

1. 계획 구상(범위, 목적, 목표)
2. 지형 측량
3. 프로그램 개발
4. 자료 수집 및 분석
5. 현장 답사
6. 참고 도면 및 자료 철 작성
7. 여러 개 시안 작성
8. 시안을 비교 분석하고 개정해 한 개 기본 구상안을 승인받음
9. 기본 구상안을 발전시키고 비용 추정
10. 상세도, 시방서, 입찰서류 작성

겠습니까?"

다른 방법은 없다! 간단히 말해 일본에서는 이것이 주택, 지역사회, 도시, 고속도로, 국립공원 등에 적용하는 계획 과정이다.

미국 계획가들은 숙고하는 마음가짐이 부족한 채로 문제에 접근한다. 우리는 '감수성이 적고', (이 점을 자랑스럽게 생각한다) '좀 더 실질적' (안타깝게도 잘못된 표현이다)이다. 시간, 돈, 대중적 분위기라는 압력에 쫓긴다. 때로는 계획 과정이 가속화되어 정신을 못 차릴 지경에 이른다. 그러나 원리는 항상 같기 마련이다. 계획을 잘하려면 프로그램을 충분히 이해해야 하고, 대상지는 물론 주변을 둘러싸고 있는 총체적인 환경의 물리적 특성을 완벽히 인식해야 한다. 그런 연후에야 비로소 계획은 가장 적절하게 부지와 기능을 맺어주는 과학이요, 예술이 되는 것이다.

## 종합계획(Comprehensive Land Planning)

종합계획 과정(comprehensive planning process)은 체계적 방법을 통해, 현재 있는 곳은 어디인가, 가고 싶은 곳은 어디인가, 그곳에 가는 최선의 방법은 무엇인가를 결정하는 것이다.

과거 토지이용계획이나 조경계획은 대개 규모가 작고 목표 폭도 좁았다. 계획가가 하는 일은 주어진 사업 구상을 주어진 대상지에, 고객 이익을 최대한 반영하도록 수용하는 것이라고 생각했다. 때로는 인접 토지 또는 수계에 미칠 영향을 감안하기도 했다. 때로는 그렇지 못했다. 현시대 환경윤리나 토지윤리 하에서는 필수 불가결한 절차다.

Michael Calderwood/Grupo de Diseno Urbano, S.C.

지역적 요소

숲을 개간하고 나무를 베어 통나무집을 짓던 생존 방식이 개척 시대에는 적합했다. 그러나 토지자원이 고갈되어가고 가용지에 대한 개발 압력이 더욱 가중되고 있는 현대사회에서는 과거에는 생각하지 않던 새로운 요소까지 고려해 개발계획을 세우지 않을 수 없다. 개발 규모가 커질수록, 집약적일수록 그 영향 파장이 크고 따라서 그만큼 관심을 기울이고 조심해야 한다. 그래서 '종합계획'이 등장했다. 종합계획은 규모가 크고 내용이 복잡하거나 민감한 사업에 특히 적합하다.

최상 설계 기준은 현장 관찰(field observation)에서 도출된다.

단독주택 한 채를 세운다 하더라도 계획가는 도시계획도면, 건축법규, 기타 규제 사항 등 상당한 분량의 참고 자료를 수집해야 한다. 지도와 가로망도면 등을 보고 주거생활과 관련 있는 학교, 공원, 시장, 기타 편익 시설 위치를 파악해야 한다. 또 혹시 있을지 모르는 광산, 고압가스관, 전선 등 지하 구조물, 지상 또는 인접 대지 장애물 등을 완전히 파악해야 한다.

종합계획은 대상지를 둘러싸고 있는 지역 전체를 조사하는 일에서부터 시작한다. 대상지와 인접한 주변 지역이 대상지와 어떠한 관계가 있는지에 대해서는 더 깊이 연구해야 한다. 마지막으로 대상지 자체를 집중적으로 분석해 완벽하게 파악해야 하며, 이는 조경계획 필수 사항이다.

**대상지 분석 지침(Site Analysis Guidelines)**

체계적 과정을 거쳐 대상지를 분석하는 지침을 제시하면 아래와 같다.

**지역적 요소** 지역 전체 지도상에서 대상지 위치를 파악하고 지역, 대상지 주

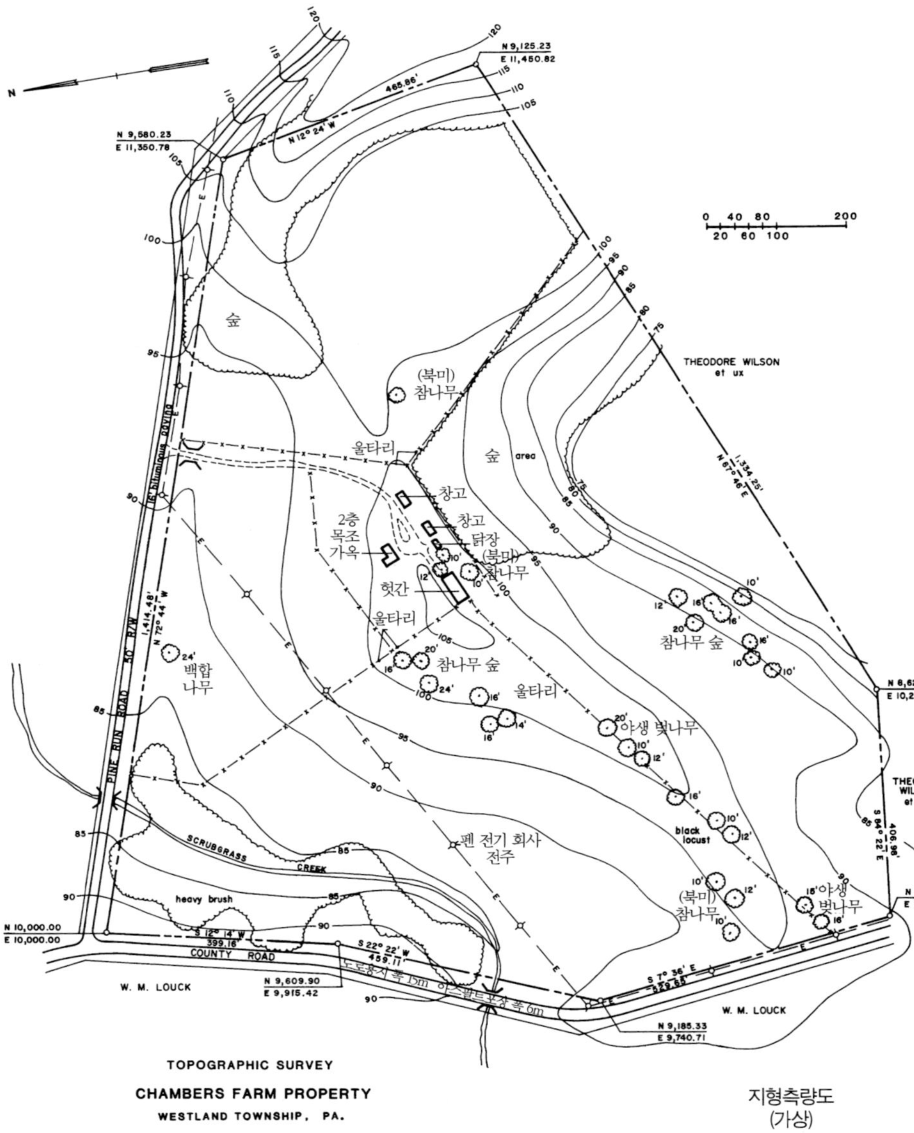


지형측량도
(가상)

변, 대상지 일대 계획 관련 요소를 간략히 조사한다. USGS(U.S. Geological Survey) 발간 지도, 도로망도, 기타 여러 가지 계획보고서, 인터넷 자료를 참고해 대상지와 그 주변 지형, 토지이용, 도로교통망, 관광자원, 고용, 상업 문화 중심지 등 유용한 자료를 얻을 수 있다. 이들을 모두 종합하면 계획하는 사업이 자리 잡는 지역 배경을 파악할 수 있다.

**대상지** 설계를 시작하기 전에 계획가는 주로 지형측량, 현장답사 등을 통해 대상지 특성, 기회 인자와 제한 요소 등을 충분히 파악, 정통해야 한다.

**지형측량** 기본 지형측량도는 면허 소지 측량기사가 축척별로(1인치=20피트, 50피트, 100피트 등. 역주: 이는 각각 1 : 240, 1 : 600, 1 : 1,200 축척) 제작하는 것이 관례다. 계획하기에 가장 적당한 축척을 미리 정해야 한다. 측량 내용과 도면제작 요구 사항을 명시한 측량과업내용서를 계획가가 작성해 측량 담당자에게 제시한다.

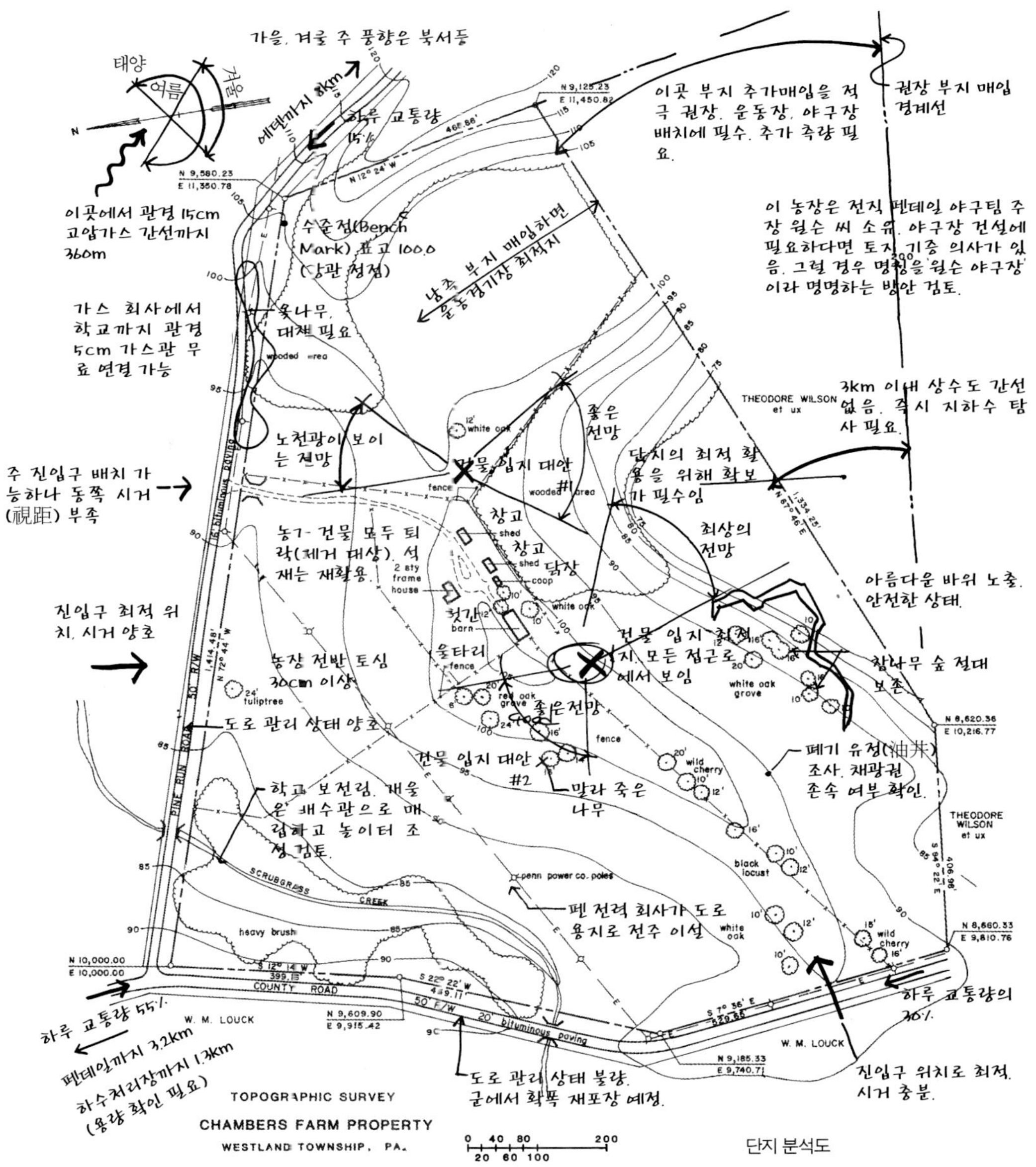


단지 분석도

**분석 도면** 대상지 종합분석도를 작성하면 대상지와 그 특성을 명확히 파악할 수 있다. 지형측량도를 현장에 가지고 가서 현장을 관찰한 내용을 계획가 나름의 기호로 표기한다. 측량도 내용을 보강하고 계획 참고 사항, 대상지나 주변 상황을 모두 기록한다. 다음과 같은 내용을 서술, 기입한다.

- 샘, 연못, 시냇물, 바위, 중요 수목, 이용 가치가 있는 관목 숲, 지피식물 등 가능한 보전할 수려한 자연 요소
- 보존(preservation)지구, 보전(conservation)지구, 개발(development)지구 배치 구상
- 불필요한 구조물, 제거할 유해 물질, 죽거나 병든 식물, 해로운 잡초 번성, 표토 부족, 사태(沙汰) · 침하 · 홍수 흔적 등 부정적인 요소나 위험 요소
- 접근도로 자동차 교통량과 통행 방향; 보행자도로, 자전거도로, 승마로 연결 지점
- 대상지 입구와 출구로 적합한 지점
- 건물, 이용 공간, 동선 배치 가능한 곳
- 전망 좋은 지점, 내려다보기 좋은 곳, 좋은 경치가 보이는 구역
- 보여주고 싶은 좋은 전망이나 차폐해야 할 나쁜 조망 표시와 간단한 설명
- 여름과 겨울 주 풍향
- 바람막이가 없는 곳과 언덕이나 숲이나 구조물 등이 바람을 막아주는 곳
- 대상지 밖 매력 요소나 공해 요소
- 대상지와 주변 생태적 분석, 미기후 분석
- 기타 계획에 중요한 요소

현장에서 관찰한 이러한 정보뿐만 아니라, 연구 수집한 자료를 종합 분석도에 표시하거나 별도 자료철에 추가한다. 예를 들면 다음과 같은 항목들이다.

- 인접 대지 소유권
- 설치되어 있는 기반 시설물 관할 회사명, 주소, 전화번호, 담당 기사
- 기반 시설물 계획 노선과 자료
- 기존 도로, 진입로, 보도 연결 상태
- 인접 도로 교통량
- 용도지역지구 규제, 건축법규, 건축선 후퇴
- 광업권, 광맥 깊이, 폐광 지역
- 수질 및 수량
- 천공(core–boring) 시험 기록과 자료
- 기본도(Base map)

**기본도(Base Map)** 계획 초기 단계에 후속 작업에 두루 쓸 기본도를 만드는 것이 좋다. 깨끗하게 복사할 수 있도록 프라스틱 용지나 제도 용지에 그린다. 도면 외곽선을 그리고 사업명, 위치, 사업주, 계획가, 방위표, 축척, 도면 작성 일자 등 표기 칸을 그려 넣는다. 도면에는 대지 경계선, 좌표 외에 앞으로 작성할 도면에 공통으로 들어가는 사항만 그려 넣는다. 단지계획 구상, 건축 배치 구상, 기본 구상도, 배치 설계도 등은 대개 이 기본도 복사본 위에 그린다.

**도면집과 참고 자료집** 측량도면, 기본도, 중첩도면, 종합분석도, 기타 참고 자료가 만들어지면 모두 상호 참조 가능하게 일련의 자료집을 관련 도면, 보고서, 질의응답 문건 등도 함께 모아 만들고, 계획 과정 동안 계속 새로운 자료를 보완해 완벽하게 작성 보관한다. 전산화 기술을 응용하면 참고 자료를 준비하고, 유지 관리하고, 필요할 때 찾는 작업이 수월하고 빠르다.

*계획 과정은 다음과 같은 마음속 대화라 설명하면 가장 이해하기 쉬울 것이다. … – 문제 제기, 관련 인자 비교 분석, 결론 도출과 기록. 생각이 명료할수록 의사소통 능력은 강하고 조리 있을 것이며 … 더 좋은 계획이 만들어질 것이다.*

**B. Kenneth Johnstone**

참고 자료 내용은 계획하는 사업 규모나 복잡성에 따라 다양하다. 병원, 운동경기장, 신도시 등 큰 규모 프로젝트는 보통 다음 같은 참고 자료가 필요하다.

- 지역, 지구 기본계획
- 용도지구(zoning) 규제, 필지분할(subdivision) 규제
- 고속도로망 계획
- 광역 수자원 관리 사업
- 공항 및 비행 구역
- 송전선, 변전소
- 기반 시설
- 소방서, 경찰서, 응급구조 시설
- 홍수, 태풍 기록
- 대기, 수질오염원과 오염방지 대책
- 인구통계, 잠재 이용자 자료
- 학교
- 레크리에이션 시설
- 문화 자원
- 경제통계와 동향
- 세율과 과세표준
- 행정조직

## 기본계획(The Conceptual Plan)

네 가지 주요 계획 분야뿐만 아니라 그 밖의 다른 분야에도 흔히 공통 적용되는 개념 구상 과정이 있다. 그것은 기본적인 계획 개념(plan concept)을 도출하는 단계로, 스케치나 다이어그램으로 단지 전체 자연 · 인공 형태, 힘, 특징 경관 등과 조화를 이루도록 용도지구를 설정하고 배치 형태를 잡는 것이다. 대개 모든 계획 참여자들이 경험과 생각을 자유롭게 제안하는 공동노력을 통해 최선의 계획 개념에 도달하기 마련이다.

하나의 용도라는 씨앗, 기능 세포를 적합한 밭(site)에 잘 뿌리면 자연적 · 인위적 환경과 조화를 이루면서 유기적으로 성장할 것이다.

앞에서 프로젝트 내용을 명확히 하는 종합 프로그램을 개발했다. 전체 환경을 세밀히 이해한 셈이다. 지금까지는 연구와 분석이 주였다. 고통스럽고 지루한 작업이었지만, 설계 기초가 되는 자료를 충분히 이해하는 유일한 방법이기 때문에 매우 중요하다. 이제부터는 구상하는 기능, 구조물, 대상지를 통합하는 계획 과정이다.

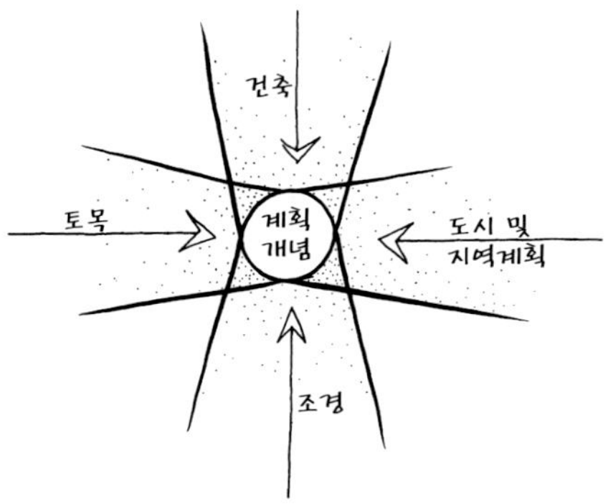


대규모 사업에서 조경가는 흔히 건축가, 토목가, 계획가, 자문 과학자 등이 긴밀히 협의하는 팀의 구성원으로 활동하게 된다. 종합 역할자(generalist)로서 조경가는 계획-설계 과정에서 지형학, 지질학, 수문학, 생물학, 생태학 등 자연과학 분야 중 전문 교육받은 지식들을 활용하고, 또한 현장 감각을 반영하고, 인간관계를 조정하며, 설계에 참여하는 것이 기여하는 역할이다.

### 계획 개념(Plan Concepts)

건물과 조경을 계획하고 있다면 둘은 따로일 수 없다. 부지는 건물에, 건물은 부지에, 그렇게 서로에게 의미 있는 관계이기 때문이다.

그래서 건축가, 조경가, 토목가 등 계획 참여자 중에서 누가 계획 개념을 구상하는가라는 문제가 불거진다. 이 문제에 대해 열띤 논쟁이 일어날 것 같지만, 사실은 그렇지도 않다. 각 분야 전문가들이 모여 자유로이 생각을 교환하면서 효과적으로 공동연구를 하면, 지식과 기술을 합치는 분위기가 조성되기 때문이다. 이러한 분위기에서 계획 개념은 보통 자연스럽게 드러난다. 공동작업은 대개 대표자(위원장) 한 사람이 주관하고 운영하면서, 이 사람이 계획의 모든 사항을 관장하고 통일성을 가지도록 이끌어가는 역할을 맡는다. 공동작업 참여자는 모두 각자 분담된 계획업무를 수행하면서 핵심 설계 개념이 명확해지도록 최선을 다해 서로 돕는다.

### 배치 구상도(Site-Structure Diagram)

시설 배치계획은 먼저 수용 배치할 각종 기능을 생각한다. 고등학교를 예를 들면, 먼저 시설물이 들어설 자리와 건물 형태 즉 교실 사무실 등 학교업무 공간, 주차장, 야외교실, 정원, 구기 운동장, 축구장, 육상경기장, 야외관람석, 장래 확장부지 등을 개략 구상한다. 지형도나 분석도면 위에 실제 크기로 각종 기능 공간을 손으로 그려 넣되, 기능 공간 상호 관계와 인공, 자연경관 요소와의 관계를 고려해 배치한다. 기능 공간 배치 후에는 건축물을 그려 넣는다. 그러면 배치 구상도가 된다.

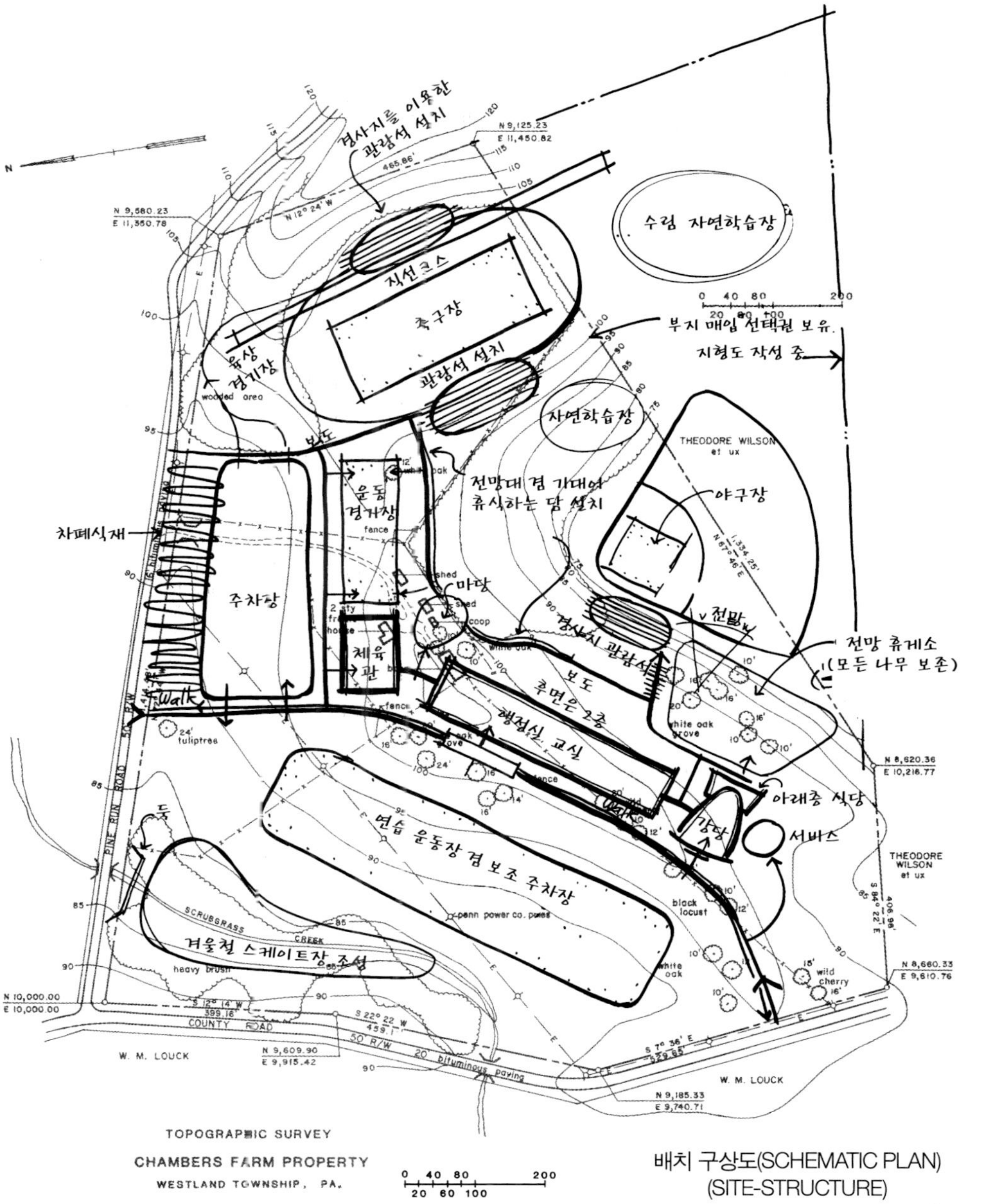

배치 구상도(SCHEMATIC PLAN)
(SITE-STRUCTURE)

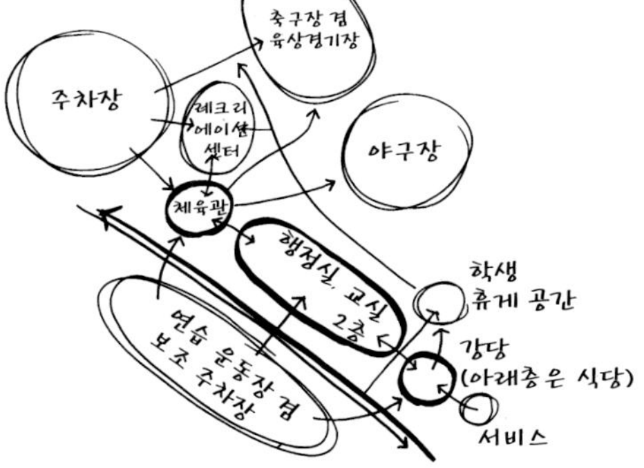

동선체계도(FLOW DIAGRAM)

동선체계도

## 기본계획(Conceptual Site Plan)

나머지 계획 과정은 상세한 부분을 비교 분석하고 다듬어나가는 과정 즉 창조적인 종합화 과정이다. 간단히 말하면, 좋은 계획이란 논리적 사고를 기록해놓은 것에 불과하다. 모호한 계획은 비효과적인 사고, 또는 짧은 생각을 기록한 데 기인한다. 더상지 환경 요소를 모두 계획에 반영하고, 이용 수요, 기능 간의 관계 등을 명료하게 파악하고 모든 계획 요소가 어우러져 원활히 기능을 발휘하도록 섬세하게 표현하면 뛰어난 계획이 되는 것이다.

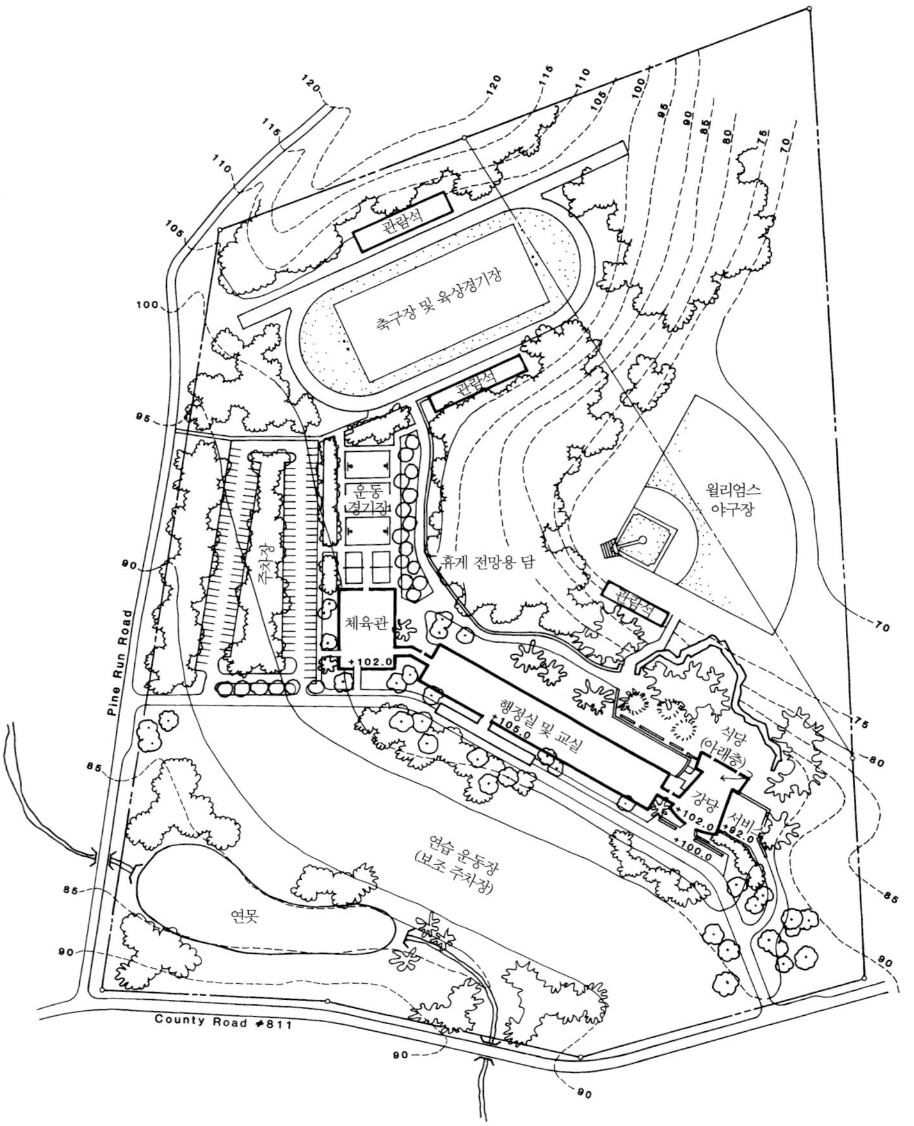


기본계획(SITE PLAN)
(CONCEPTUAL)

### 계획가 자세(The Planning Attitude)

보위(Henry P. Bowie)는 명저 《일본 회화의 기법》에서 이렇게 썼다.

> 일본 회화 기법의 가장 중요한 근본 특징 하나는 세이도(sei do)로서, 사물의 본질에 대해 화가가 느낀 것이 작품 속에 스며들어 생동한다는 점이다. 물, 나무, 바위, 산, 새, 물고기, 짐승, 어느 것이 회화 대상이 되든지 그림을 그리는 순간 화가는 대상의 본질을 느껴야 하고, 그가 그림을 그릴 때 느낀 감동과 똑같은 감동을 보는 사람마다 느끼도록, 예술의 마력에 의해 영원히 그 작품 속에 살아남도록 용해시키는 것이다.
>
> …
>
> 느끼지 못하는 것을 예술로 표현하는 것은 불가능하다는 가장 큰 근본 원리가 항상 화가를 사로잡고 있다.

*예술 공연이나 예술 작품 자체가 아름다운 것이 아니고, 창조 행위가 아름다운 것이다. 작품이 아름답다고 느낀다면 그것은 작품을 창조하는 명석한 자유로움을 연상하기 때문이다. 아름다움이란 행위의 선택에 내재하는 감흥과 쾌감의 부산물이다.*

**Jacob Bronowski**

계획도 마찬가지다. 우선 공감하고 이해하는 것만 창조할 수 있다. 종합상가를 계획한다면? 바쁘게 움직이는 상가의 템포, 흥미롭고 마음이 끌리는 곳, 부산함, 즐거운 분위기를 설계가가 스스로 느낄 수 있어야 한다. 의상점의 멋진 진열을 살펴보고, 제과점의 군침 도는 냄새도 맡아보고, 철물점 계산대에 늘어선 많은 손님과 치약, 향수, 매니큐어, 우유병, 과자 등이 꽉 들어찬 상점을 마음속에 그려볼 수 있어야 한다. 또 시장 안에 자몽, 오렌지, 대황(大黃, rhubarb), 양배추, 바나나 더미가 쌓여 있는 것도 보고, 노점 꽃가게에서 풍기는 꽃향기도 맡아보고, 산같이 쌓인 할인판매 서적, 옷감 상자, 박하사탕이나 초콜릿 크림을 담아 비스듬히 받쳐놓은 진열 상자도 머릿속에 그려보아야 한다. 보도 위에 비치는 밝은 햇살, 녹음이 드리운 현관과 아케이드의 시원함을 느껴보아야 한다. 인파와 교통, 벤치와 수목, 한두 개 분수대에서 반짝이며 튀기는 물방울도 느껴보아야 한다. 그런 연후에야 비로소 계획을 시작할 수 있다.

어린이 동물원을 계획한다면? 먼저 떠들고 손뼉 치고 소리 지르는 어린이와 같은 느낌을 가져보아야 한다. 어린이들의 기쁨, 웃음, 잡담, 혼돈, 짜릿한 스릴을 공감할 수 있어야 한다. 귀여운 작은 생쥐들이 재잘대며 모여 사는 생쥐도시도 보고, 거대한 몸통에서 물을 뿜어내는 고래 모형 속에 들어가서 희미한 조명 아래 텅 빈 동굴 속 같은 크기를 느껴보아야 한다. 날개 치장하고서 우아하게 걸어가는 공작새, 꽉꽉 울어대며 물을 건너는 오리, 털이 희고 부드러우며 귀가 큰 토끼, 삐걱거리는 마차, 조랑말을 타고 무서워하면서도 재미있어 하는 것이 어린이라는 것을 알아야 한다. 어린이 동물원을 계획할 때는 우리 마음이 어린이 동물원에 가 있으면서 어린이처럼 보고, 어린이처럼 듣고, 어린이처럼 느끼고, 어린이처럼 좋아해야 한다.

경관도로, 호텔 광장, 교통 종점, 해수욕장을 계획한다면? 역시 창조적인 설계를 하려면 먼저 설계 대상 본질에 대한 느낌이 있어야 한다. 이러한 자기유발감수성(自己誘發感受性, self-induced sensitivity)을 계획가 자세라고 부를 수 있을 것이다. 우리가 원숙한 계획가로 성장하기 전까지는 직관력에 의존한다고 볼 수 있다.

의미 있는 설계라는 것은 그림 표현과는 사뭇 다른 것이다. 그것은 하나의 감정이입(empathetic) 과정—지성의 창조적 행위다.
공간이나 대상물이 갖추어야 할 속성을 개념적으로 정의하는 것에서부터 설계는 시작된다. 이렇게 '무엇을 창조할 것인가'라는 문제를 직관적인 천재성, 체계적인 분석, 과거 사례들을 논리적으로 발전시키고 개선하는 방법 등을 통해 해결한다.
훌륭한 설계의 시각적 특징은 아이디어, 시간, 장소, 재료, 기술을 명료하고도 직접적으로 표현한 것에 더해 삼차원적 형태에 대한 섬세한 직관을 곁들인 것이다.

### 영향평가(Impact Assessment)

모든 측면을 고려할 때 득보다 실이 많은 개발사업은 허용하면 안 된다. 이것을 어떻게 판별할 수 있는가? 얼마 전까지도 논쟁거리였다. 그러나 미국 연방정부가 법으로 의무화한 환경영향평가(Environmental Impact Statement; EIS) 제도 덕에 상당히 합리적인 평가 방법이 마련되었다.

아래 표는 대규모 종합계획에 따르는 각종 개발 행위가 환경 인자에 미칠 영향을 검토하는 목록이다.

1. 계획 내용 중 환경에 중대한 영향을 줄 것으로 예상되는 용도 또는 행위를 찾아낸다.
2. 행렬표 해당 칸에 부정적인 영향을 주는 것은 사각형, 긍정적인 영향을 주는 것은 원을 기입한다.
3. 기입한 사각형이나 원 내부에 영향 크기 및 중요성(국지적인 것에서 광역적인 것까지)에 따라 1에서 10까지 수치를 기입한다. 10은 가장 큰 영향을 미치는 것을 의미하며 1은 그 반대다. 각 수치의 산술적인 합계가 절대적으로 계획의 적절성을 나타내는 것은 아니지만, 의사결정에 중요한 요인이 된다.
4. 표에 덧붙여 계획하는 사업이 환경에 미칠 수 있는 특이한 영향, 강력한 영향, 위험한 영향, 지속적인 영향 등을 논하는 보고서를 작성한다.
5. 보고서 속에서 계획과 설계상에서 환경에 미칠 악영향을 저감하는 방법, 좋은 영향을 증대시킬 방법을 별도로 기술한다.

**환경영향평가 체크리스트**
(Environmental impact assessment checklist)

계획하는 토지이용, 사업, 활동

| | | 1. 서식처 파괴 | 2. 서식처 변형 | 3. 표면배수로 변경 | 4. 시내, 강의 흐름 변경 | 5. 담수 저수량의 영향 | 6. 굴토, 매립, 정지 작업 | 7. 준설 | 8. 채광, 채취 | 9. 임업 | 10. 농업적 이용 | 11. 주택 및 정원 건설 | 12. 주거단지 조성 | 13. 휴양시설 | 14. 공공시설 | 15. 상업시설 | 16. 공업시설 | 17. 도시개발 | 18. 교통, 대중교통수단 | 19. 송전시설 | 20. 공공설비 | 21. 저수지 | 22. 항구, 부두, 선착장 | 23. 발파, 천공, 폭파 | 24. 발전시설 | 25. 기타(열거) |
|---|---|---|---|---|---|---|---|---|---|---|---|---|---|---|---|---|---|---|---|---|---|---|---|---|---|---|
| 대지 | 지형 | | | | | | | | | | | | | | | | | | | | | | | | | |
| | 토양 | | | | | | | | | | | | | | | | | | | | | | | | | |
| | 광물자원 | | | | | | | | | | | | | | | | | | | | | | | | | |
| | 지질학적 특성 | | | | | | | | | | | | | | | | | | | | | | | | | |
| 물 | 수면의 모양 | | | | | | | | | | | | | | | | | | | | | | | | | |
| | 경관미 | | | | | | | | | | | | | | | | | | | | | | | | | |
| | 수질 | | | | | | | | | | | | | | | | | | | | | | | | | |
| | 수량 | | | | | | | | | | | | | | | | | | | | | | | | | |
| 대기 | 대기질(유해가스, 부유분진) | | | | | | | | | | | | | | | | | | | | | | | | | |
| | 기후(광역적, 국지적) | | | | | | | | | | | | | | | | | | | | | | | | | |
| | 기온 | | | | | | | | | | | | | | | | | | | | | | | | | |
| 순환 현상 | 홍수 | | | | | | | | | | | | | | | | | | | | | | | | | |
| | 침식 | | | | | | | | | | | | | | | | | | | | | | | | | |
| | 퇴적 | | | | | | | | | | | | | | | | | | | | | | | | | |
| | 안정성(사태, 침하) | | | | | | | | | | | | | | | | | | | | | | | | | |
| | 공기의 흐름 | | | | | | | | | | | | | | | | | | | | | | | | | |
| | 일조(양지, 음지) | | | | | | | | | | | | | | | | | | | | | | | | | |
| 식물상 | 생태계 | | | | | | | | | | | | | | | | | | | | | | | | | |
| | 시각적 연속성 | | | | | | | | | | | | | | | | | | | | | | | | | |
| | 교목 | | | | | | | | | | | | | | | | | | | | | | | | | |
| | 관목 | | | | | | | | | | | | | | | | | | | | | | | | | |
| | 지피 | | | | | | | | | | | | | | | | | | | | | | | | | |
| | 농작물 | | | | | | | | | | | | | | | | | | | | | | | | | |
| | 서식처 | | | | | | | | | | | | | | | | | | | | | | | | | |
| | 희귀식물 | | | | | | | | | | | | | | | | | | | | | | | | | |
| 동물상 | 조류(鳥類) | | | | | | | | | | | | | | | | | | | | | | | | | |
| | 육상동물 및 파충류 | | | | | | | | | | | | | | | | | | | | | | | | | |
| | 어패류 | | | | | | | | | | | | | | | | | | | | | | | | | |
| | 희귀종, 멸종 위기종 | | | | | | | | | | | | | | | | | | | | | | | | | |
| | 먹이사슬 | | | | | | | | | | | | | | | | | | | | | | | | | |
| 토지이용 | 야생 지역 | | | | | | | | | | | | | | | | | | | | | | | | | |
| | 습지 | | | | | | | | | | | | | | | | | | | | | | | | | |
| | 삼림, 초지, 농지 | | | | | | | | | | | | | | | | | | | | | | | | | |
| | 휴양 목적 이용 | | | | | | | | | | | | | | | | | | | | | | | | | |
| | 주거 목적 이용 | | | | | | | | | | | | | | | | | | | | | | | | | |
| | 공공 목적 이용 | | | | | | | | | | | | | | | | | | | | | | | | | |
| | 상업적 이용 | | | | | | | | | | | | | | | | | | | | | | | | | |
| | 공업적 이용 | | | | | | | | | | | | | | | | | | | | | | | | | |
| | 도시화 | | | | | | | | | | | | | | | | | | | | | | | | | |
| | 오픈스페이스 보전 | | | | | | | | | | | | | | | | | | | | | | | | | |
| 경관, 인간의 관심사 | 경관미 | | | | | | | | | | | | | | | | | | | | | | | | | |
| | 경관 특성 | | | | | | | | | | | | | | | | | | | | | | | | | |
| | 전망 및 조망 | | | | | | | | | | | | | | | | | | | | | | | | | |
| | 공원 및 레크리에이션 | | | | | | | | | | | | | | | | | | | | | | | | | |
| | 보전 지역 | | | | | | | | | | | | | | | | | | | | | | | | | |
| | 고고학적 또는 역사적 관심거리 | | | | | | | | | | | | | | | | | | | | | | | | | |
| | 독특한 물리적 특성 | | | | | | | | | | | | | | | | | | | | | | | | | |
| | 부적절한 이용 | | | | | | | | | | | | | | | | | | | | | | | | | |
| | 오염 | | | | | | | | | | | | | | | | | | | | | | | | | |
| 사회적 요인 | 건강 | | | | | | | | | | | | | | | | | | | | | | | | | |
| | 안전 | | | | | | | | | | | | | | | | | | | | | | | | | |
| | 문화(생활양식) | | | | | | | | | | | | | | | | | | | | | | | | | |
| | 고용 | | | | | | | | | | | | | | | | | | | | | | | | | |
| | 인구밀도 및 분포 | | | | | | | | | | | | | | | | | | | | | | | | | |
| | 공공 서비스 | | | | | | | | | | | | | | | | | | | | | | | | | |
| | 문화적 시설 | | | | | | | | | | | | | | | | | | | | | | | | | |
| 인공환경 | 건물 | | | | | | | | | | | | | | | | | | | | | | | | | |
| | 토목 구조물 | | | | | | | | | | | | | | | | | | | | | | | | | |
| | 경관개발 | | | | | | | | | | | | | | | | | | | | | | | | | |
| | 지역사회 안정성 | | | | | | | | | | | | | | | | | | | | | | | | | |
| | 도시화 패턴 | | | | | | | | | | | | | | | | | | | | | | | | | |
| | 교통망 | | | | | | | | | | | | | | | | | | | | | | | | | |
| | 공공설비 체계 | | | | | | | | | | | | | | | | | | | | | | | | | |
| | 쓰레기 처리 시설 | | | | | | | | | | | | | | | | | | | | | | | | | |
| 기타 | 열거 | | | | | | | | | | | | | | | | | | | | | | | | | |

연방정부가 지원하는 사업은 대개 공식적인 환경영향평가 보고서를 작성해야 하는데, 작성 지침과 형식에 맞추어야 한다. 보고서에 담아야 할 기본 사항은 다음과 같다.

- 개발사업으로 야기될 모든 부정적 영향과 계획 주체가 이를 최대한 저감하는 방안.
- 예상되는 모든 긍정적 가치와 계획 과정에서 이를 극대화하는 방안.
- 건설사업 당위성. 장기적 손해가 이익보다 클 때는 특별한 경우를 제외하고 사업 허가를 하지 않음.

초기부터 환경에 미칠 영향을 예측하고 고려하면 계획 타당성 검토가 될 뿐만 아니라 계획하는 데 필요한 연구 기초가 되고, 좋은 계획안을 만드는 기초도 된다. 그래서 계획 과정을 통해 사업의 부정적인 영향을 감소시킬 수 있고 좋은 점은 더욱 부각시킬 수 있다. 이러한 체계적 접근 방법이 좋은 것은 더 말할 필요가 없다.

## 전산화(Computer Application)

전산화, 인터넷, 가상 공간(cyberspace) 등이 발전하면서 계획 · 설계 과정 역시 큰 변화를 겪었다. 그러나 근본이 바뀐 것은 아니다. 계획 목적이나 계획 과정은 변함없다. 다만 컴퓨터가 그 목적에 도달하는 방법에 새롭고 매혹적인 가능성을 열었다. 컴퓨터와 주변 기기가 찬란하고 강력한 새로운 도구로 등장한 것이다. 강력한 새 도구에 매혹되더라도 우리에게 주어진 본연 업무가 무엇인가 잊지 않는 것이 중요하다.

### 기능(Capability)

전산화 목적은 정보를 찾고, 저장하고, 관리(처리)하고, 표현하는 것이다. 계획 내용을 구상하고 필요한 참고 자료가 무엇인지 파악하고 나면 컴퓨터를 통해 인터넷이라는 광대한 창고를 뒤져 정보와 그림 자료 등을 찾아내고, 쉽게 참고할 수 있게 자료집으로 정리하는 것을 도와준다. 측량도면, 평면도, 사진 등도 입력(scan)하고 전산화해 필요할 때 불러내어 자유자재로 확대, 축소, 편집할 수 있다.

계획안(案)이 잡히면 역시 기록해놓고 비교 분석과 최적화(optimization) 작업을 할 수 있다. 계획안이나 그것을 발전시켜 만든 최종안을 여러 각도에서 바라보는 삼차원 영상도 만들어볼 수 있다. 원한다면 시각 효과를 위해 영상을 편집할 수도 있다. 또는 계획안 위에 현장과 그 주변 사진을 겹쳐 보여주는 작업도 가능하고, 보도 · 차도 · 조명 · 가로 시설물이나 식재까지 화면에 보여줄 수 있다.

컴퓨터 그림

*그림 솜씨, 그것은 손과 눈과 마음의 아름다운 공동 작업이며, 예부터 항상 설계에는 결정적으로 중요한 기술이었고, 컴퓨터그래픽을 잘 사용하기 위해서도 꼭 필요한 기술이다.*

**William J. Johnson**

컴퓨터는 시각적 비교를 가능하게 해줄 뿐만 아니라 대지면적과 건축면적, 포장 종류별 면적, 지피식물별 면적, 조적공사 물량, 절성토량 등도 집계해 공사비도 비교할 수 있게 해준다.

컴퓨터 응용 가치는 무한하다. 시간과 노력 절감은 물론이고 각종 연구 자료를 제공하고, 그 자료를 손쉽게 정리 저장 출력할 수 있다. 계획 지표의 예측, 계획안의 비교, 수정, 경제성 비교 등에 편리하다. 여러 가지 계획 내용을 화면에 출력할 수 있고, 원하는 각도에서 보여줄 수 있고, 공간의 연속적 경험을 동화상으로 보여줄 수도 있다.

측량 자료 기록이나 시공도면 작성에서도 대지 모서리와 경계선 위치 좌표를 사용해 막대한 양의 제도 작업과 계산 작업 시간을 절약해준다. 컴퓨터 영상이 환등기를 대체하고, 보고회장에 괘도걸이를 설치할 필요도 없다. 도면과 보고서 내용을 쉽게 수정할 수 있고 원하는 크기와 형태로 인쇄할 수 있는 것도 큰 장점이다. 이러한 여러 가지 편리함도 부족해 계속 새로운 응용 기술이 쏟아져 나오고 있다.

### 한계(Limitations)

컴퓨터 설계의 한계는 무엇일까? 엄연한 사실은 그렇게 다재다능한 컴퓨터도 '설계'는 못한다는 것이다. 컴퓨터는 지각능력(知覺能力)이나 추론능력(推論能

力)은 없다. 고객 개성(個性)을 파악할 수 없고, 대상지 특성을 인지하지 못하고, 돌과 나무와 물의 느낌을 모르며, 절경(絕景)을 알아보지 못한다. 경륜(經綸)을 갖추지도 못하며, 여행과 관찰에서 얻은 깨달음을 계획에 반영하지도 못한다.

계획가 중에는 컴퓨터 기술의 노예가 된 사람도 있다. 그런 사람은 컴퓨터 앞에 앉으면 황홀경에 빠진다. 시간이 지나면서 컴퓨터라는 존재가 할 수 있는 역할, 즉 컴퓨터는 능률적이고 귀중한 우리의 일꾼일 뿐이지, 결코 직관력을 갖춘 우리의 주인이 될 수는 없음을 깨닫기 바란다.

## 단지개발(Site Development)

단지계획 과정 결과물은 기본계획(基本計劃, conceptual plan)이다. 결국 기본계획은 공간과 구조물 관계, 공간과 공간 관계, 이 모든 것과 대지의 관계를 나타내 보여주는 다이어그램이다. 토지이용과 그 상호 관계는 프로그램과 대상지 분석 결과에서 얻어지는 것이다. 기본계획은 여러 개 기본 구상(schematics)을 빠르게 검토하면서 대지와 가장 잘 부합하는 상태를 만든 것이며, 부정적 영향을 최소화하고 바람직한 측면을 극대화하도록 검토와 조정을 거친 것이다.

기본계획은 아직 상세한 부분이나 규격을 의도적으로 확정하지 않은, 문자 그대로 '개념'을 나타내는 시안(試案)이다. 구체적 개발 시기에 이르러 또는 단계별 개발 시기에 이르러 변경, 조정, 개선이 가능하게 하고자 함이다.

고객이나 여타 결정권자가 좋다고 받아들이면 상세한 단지개발 도면과 시방서 작성 지침 역할을 하게 된다.

### 시설 배치 개념(Site-Structure Expression)

시설물이 전체 부지와 조화를 이루도록 설계하는 것이 목적이라면, 대상지마다 경관 특성이 다르기 때문에 그 설계 결과물도 대상지마다 다양하게 나타날 것이다.

여름 별장 통나무집을 생각해보자. 북부 메인(Maine) 주 바위 많은 호숫가 숲속에 세운다면 그 형태는 바람 부는 캘리포니아 몬트레이 해변이나 안개 낀 오작(Ozark) 산맥, 조개껍데기가 흩어져 있는 플로리다 주 캡티바 섬, 또는 유유히 흐르는 인디애나 주 중부 미시시뉴아(Mississinewa) 강가에 세우는 것과는 큰 차이가 있을 것이다. 각 대지 조건은 잠시 접어두더라도 위치에 따라 설계가 달라져야 함은 자명하다.

따라서 입지 유형을 분류하고 유형별 설계 방향을 정하는 것이 도움이 될 것이다. 네 가지 건축대지 유형을 구분해 설계 방향을 살펴보자.

### 도시(A City Lot)

**땅이 희소하다.** 건축평면은 필연적으로 압축형이 될 것이다. 공간이 부족하다. 평면 공간의 다목적 이용, 입체 공간의 상호 연결로 작은 공간을 넓게 쓰는 방법을 창안할 것이다. 작은 시설물일지라도 평면배치계획을 잘하면 넓은 공간감을 느끼게 할 수 있다.

**도시환경은 폐쇄감과 압박감을 준다.** 도시에서 아옹다옹 살아가야 하는 사람들이기에 은신처나 동굴을 파거나 자기만의 요새를 만들어서라도 안정감을 느끼고 싶은 심정일 것이다. 실제로 도시 압박감으로부터 탈출과 해방감을 원할 것이다. 그렇다면 집과 정원은 딱딱한 형태, 견고한 형태, 가두는 듯한 형태보다 경쾌한 형태, 성운(星雲, nebulous) 같은 형태, 투명한 형태, 개방된 형태가 되어야 할 것이다.

**면적과 공간 스케일이 작다.** 실제 크기이든 상대적 크기이든 간에 스케일은 중요한 설계 요소다. 트인 공간에 놓인 물체는 도시경관에서는 압도감을 줄 수 있다. 예를 들면 거대한 나무는 도시 구조물을 위축시키는 반면, 작은 나무는 크게 보이게 하여 바람직한 시각적 스케일을 만든다.

Alan Ward/ Reed Hilderbrand

도시 대지(垈地)

**도로와 보도는 주요한 접근, 관찰, 진입 통로이다.** 주택과 지역사회를 연결하는 가장 강한 요소다. 진입로 입구와 현관 앞은 맞이하는 분위기로 설계한다. 강한 선형 요소인 도로와 건물 관계를 어떻게 설정할 것인가는 중요한 사항이다.

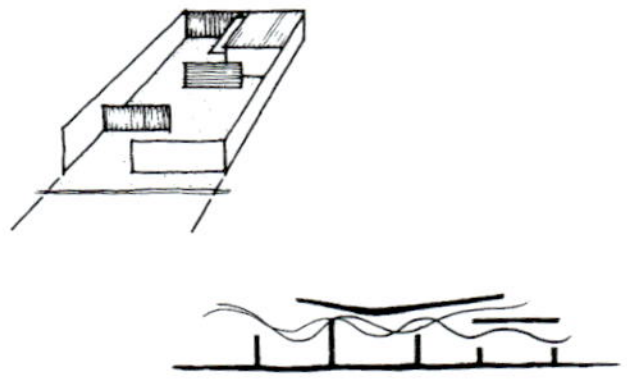

수평, 수직 공간의 상호작용

딱딱한 대지경계선의 답답한 위요감을 부드러운 설계로 완화한다.

설치할 시설물 규모(scale)를 세심히 검토해야 한다.

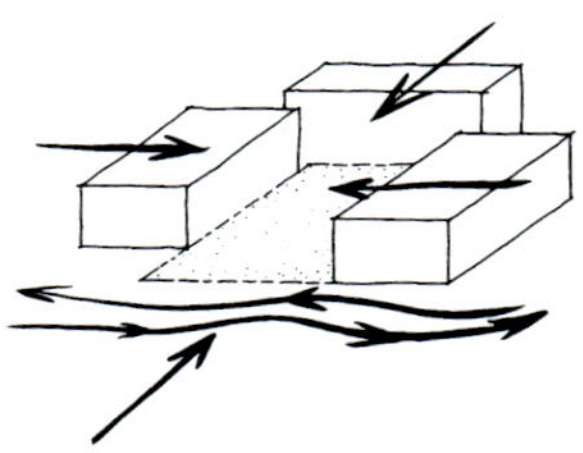

도심 대지(city lot)의 느낌(feel)

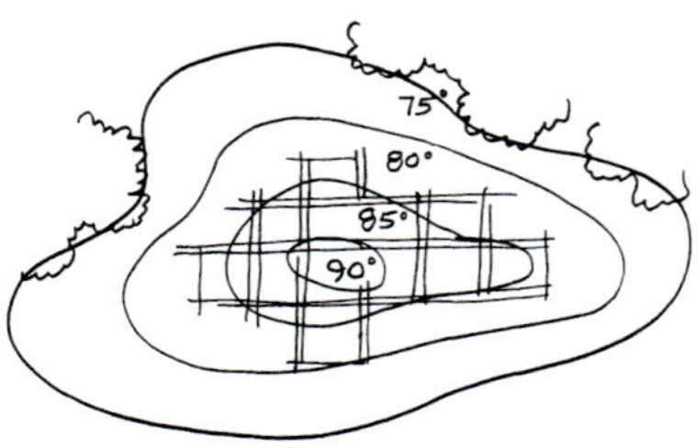


도시는 건물과 바닥 포장이 밀집해 도시 근교나 농어촌보다 여름은 더 덥고, 겨울은 더 춥다. 이러한 기후 '사막화'는 오픈스페이스를 보전하고, 공원을 조성하고, 가로수를 식재하고, 개인 정원을 조성하면 훨씬 개선할 수 있다.

바위 하나, 나무 한 그루, 화분 식물 한 뿌리가 자연 전체를 도심 속에 재현할 수 있다.

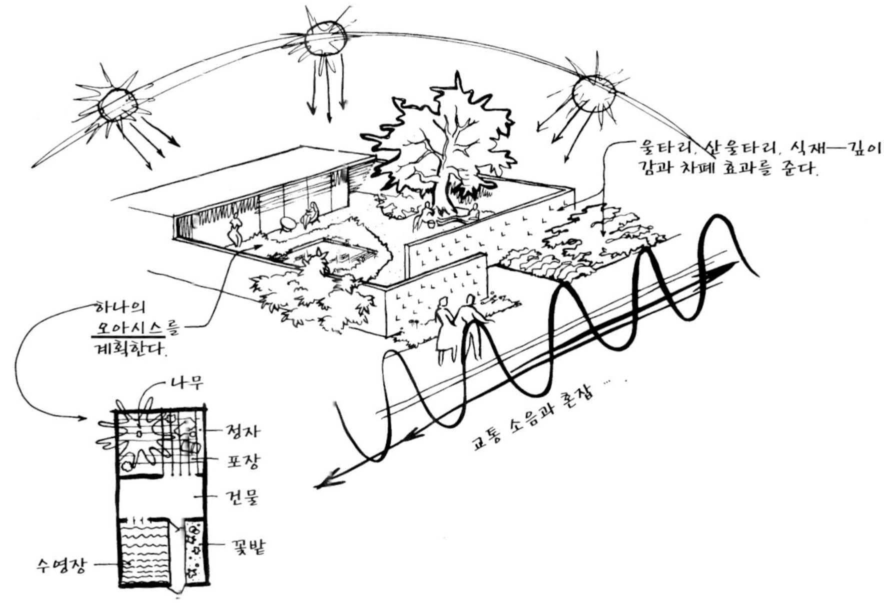


도로변 택지에 깊이감을 주는 설계

**도로는 소음, 매연, 위험의 근원이다.** 도로 주변 설계는 소음을 감소시키고 '깊이'와 호젓함과 안전성을 주도록 한다. 다공성 차폐 울타리나 장식 방음벽 등이 유용하다.

*누구나 안전하고 행복하게 살 수 있는 도시를 건설해야 한다.*

**Aristotle**

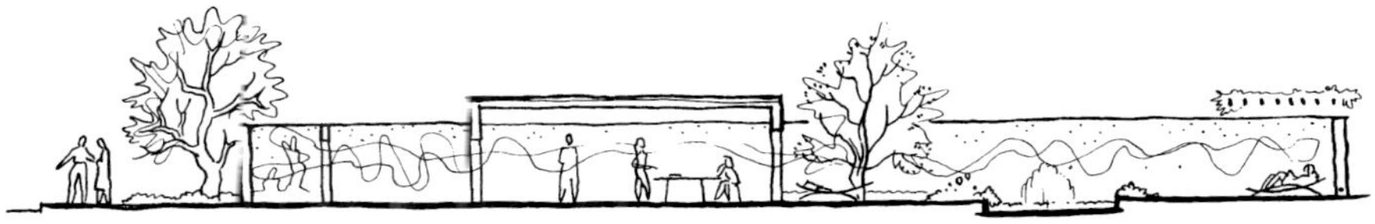

도시에서는 대지 경계선 끝에서 끝까지 전체가 생활 공간이 될 수 있다.

**기후학적 관점에서 보면 도시는 포장(鋪裝)과 벽돌 사막이다.** 여름철 도시 기온은 주변 농촌보다 몇 도 높다. 산들바람, 녹음, 그늘진 곳, 차양, 분수와 연못과 벽천 시원한 물 등을 이용해 오아시스를 설계하라. 바람을 한곳으로 모으거나 다공성 벽으로 바람이 통하게 하고, 물에 젖은 섬유재나 자갈, 기타 습기를 잘 발산하는 재료 표면으로 바람이 불게 하면 기온을 더 낮출 수 있다. 추운 곳에서는 폐열을 열전도성 재료를 통해 방열시키거나 온수를 분수나 연못에 순환시켜 따뜻하게 할 수 있다.

**수목, 재미있는 지형, 바위, 물 등 자연 요소가 희귀해 큰 가치와 의미를 지닌다.** 도시 내에서 이들은 더 이상 자연경관의 일부는 아니고, 보다 정형화된 방식으로 다루어야 할 고립된 자연 요소다. 자연 요소가 있으면 최대한 활용하라. 자연 요소를 향해 시설물을 배치하고, 자연 요소를 설계 요소로 끌어들여라. 도시에서는 흙과 식물과 물과 같은 자연 역시 조형적 · 건축적 요소로 취급해도 좋다. 도시에서는 모든 재료가 다 옮겨다 놓은 것같이 보이기 때문에 이국적 재료나 이국적 식물 소재를 쓰는 것도 무방하다.

**도시에서 사용하는 재료는 소박하기보다 세련된 편이다.** 크기나 수량 제한 때문에 재료의 풍부감과 상세 설계의 세련미가 중요하다.

© D.A. Horchner/Design Workshop

중정(中庭)

**도시 땅은 이웃에 둘러싸여 있기 때문에 지역사회의 일부분이고, 서로 연결된 집합체의 한 구성 요소이며, 전체의 중요한 한 부분이다.** 동네의 독특한 분위기를 경솔하게 바꾸면, 사회적으로 좋지 않은 영향을 미치지 않을 수 없다. 사람은 은연중에 주변 분위기에 따르도록 강요받는다. 개성 있고 독특하면서도 동네 분위기와 통일성을 가지는 주거를 설계하는 것은 매우 어려운 일이지만 일본인은 오래전에 그것을 터득했다. 돌, 목재, 기와, 다다미 등으로 짓되, 한 칸을 단위로 조합해 길가를 따라 오밀조밀 배치한 솜씨는 예술적이어서 무한한 다양성과 동시에 대단한 조화를 빚어낸다.

**시끄러운 도로로부터 조용한 가족생활 공간을 격리해주는 전이 공간이 거의 없다.** 전이 공간이 설계되어 있다면 성공적인 도시 주택이다. 일본인들이 와비(wabi)라고 칭송하는 개념을 적용할 수 있다. 예를 들어 호두 겉껍데기는 거칠고 얼룩점이 있는 회녹색이다. 겉껍데기를 벗기면 튼튼하고 멋진 구조를 가진 갈색 알맹이가 나온다. 그것을 쪼개면 섬세한 막으로 싸여 있고 알맹이 모양과 꼭 같은 호두가 나타난다. 최종적으로 속껍질을 벗긴 호두는 아름다운 상아빛 조각 작품이다. 수수한 것에서부터 안으로 갈수록 고도의 세련된 것으로 변화하는 이행 과정을 나타낸다.

**도시 주택은 이웃에 에워싸였기에 어항 같은 형국이다.** 도시 주택 설계에서 사생활 보호는 기본 조건이다. 그래서 건물 방향도 정원, 안뜰이나 중정을 면하도록 내부를 지향하는 것이 합리적이다.

### 농촌(Rural Site)

**토지가 풍부하다.** 건축평면은 훨씬 개방적이고 자유로우며 펼쳐진 형태가 된다. 대지는 필지 경계선으로 한정된다 할지라도 보이는 경치는 한없이 펼쳐질 수 있다. 계획 범위는 훨씬 넓어진다. 담장선 윤곽, 그 너머 과수원, 목장, 먼 산봉우리까지 설계 요소가 되기 때문이다. 지평선에 이르기까지 모든 것을 계획해야 한다.

Barry W. Starke, EDA

농촌 대지

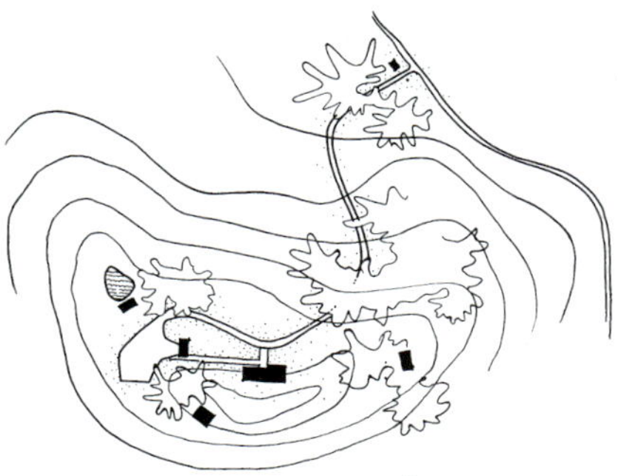

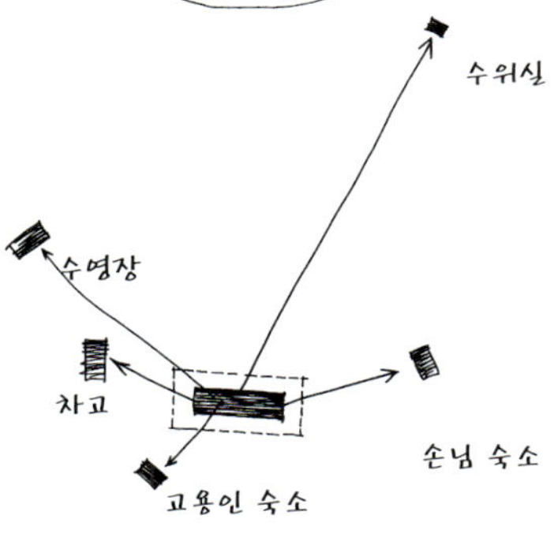


대지가 넓으면 여러 시설을 지형 조건이 알맞은 곳을 찾아 널리 분산 배치할 수 있다.

**탁 트인 들판, 숲, 하늘을 바라볼 수 있는 자유로움이 경관 특징이다.** 대상지의 좋은 특성을 포용하고, 가장 좋은 전망을 내다볼 수 있도록 외부 지향적으로 계획한다.

**농촌 택지를 선택함은 자연과 하나 되고자 하는 욕구의 표현이다.** 자연 감상을 설계 목표와 주제로 삼아라. 더 좋게 만드는 것이 아니라면 가능한 한 자연환경에 손대거나 변경하지 마라.

**중요한 경관은 이미 그곳에 다 있다.** 경관에 맞추어 건물을 세우고, 가장 좋은 경관을 활용하고, 좋지 않은 경관은 차폐하고, 구조물 형태가 자연 형상과 잘 연결되게 계획한다. 지형 조건에 맞게 배치한 용도지구에서 건축 배치도 자연스럽게 도출된다.

**대상지 성격이나 분위기 모두 경관에 좌우되며, 그곳을 선택한 것도 경관 때문일 것이다.** 기존 경관이 좋은 곳은 보존하고 강조한다. 변경이 필요하다면 대지 상황을 일부 변경하거나 완전히 바꿀 수도 있지만, 잠재 가치를 최대한 이용하는 방향이어야 한다.

**땅과 지형은 강한 시각 요소다.** 지세를 면밀히 연구해 설계한 구조물만이 건축적인 힘을 얻고 지형 경관과 조화를 이룬다.

**경관 전이(轉移)가 부드럽게 이루어져야 유쾌한 경관이 된다.** 구조물과 대지를 연결하는 전이 공간 계획에서는 구조물과 대지를 맺어주는 중간 영역이 계획의 중요 열쇠가 된다.

**구조물은 경관 속에 놓이고, 경관 요소가 된다.** 구조물과 부지 중 어느 하나가 우세 요소가 된다. 구조물이 우세한 경관 요소가 되고 부지가 배경이 되거나, 그렇지 않으면 구조물이 경관 종속 요소가 되면서 자연 지세나 지형을 보완하는 형국으로 설계하게 된다.

**농촌경관은 나무 녹음, 변화무쌍한 하늘빛, 구름 그림자 등 섬세함이 가득한 경관이다.** 그 특성을 잘 감지하고 그에 맞추어 계획하지 않으면 미묘한 농촌경관을 헛되이 하는 것이다.

**농촌에서는 비, 태풍, 햇빛, 바람, 눈, 서리, 겨울 추위, 여름 더위 등 기후 조건이 더욱 피부에 와 닿는다.** 시설 배치 구상이나 구조물 형태에는 기후에 대한 깊은 이해와 순응이 나타나야 한다.

**땅이 넓은 만큼 통행 유연성이 커진다.** 중요한 설계 요소인 자동차 및 보행자 접근로를 부지 경계 내에 배치함으로써 가장 좋은 경관과 건축미를 통행자에게 선물할 수 있다.

**바위, 호박돌, 판석, 자갈, 목재 같은 토속적 재료가 전원 풍경 조성에 기여한다.** 건물, 담장, 다리, 벽 등에 이러한 재료를 사용하면 주변 환경과 구조물이 일체감을 준다.

**농촌경관 핵심은 자연스러움과 수수함이다.** 구조물 재료도 이러한 자연스러움을 취하고 고도의 정제(精製) 미(美)는 피하는 것이 좋다.

#### 급경사면(막힘없는 斜面)
#### (Steeply Sloping Site; Unobstructed Inclined Plane)

**등고선이 중요 계획 요소다.** 시설물은 대개 등고선을 따라 평행하게 배치한다. 같은 높이 공간은 경사면에 직각인 좁은 띠 모양이다. 따라서 장방형 띠같이 좁고 긴 형태로 배치한다.

**넓은 평탄지가 없다.** 평지를 만들려면 경사면을 깎아내거나 경사면에서 뻗어 나오게 해야 한다. 흙으로 평지를 만들려면 옹벽이나 급사면을 설치해야 한다.

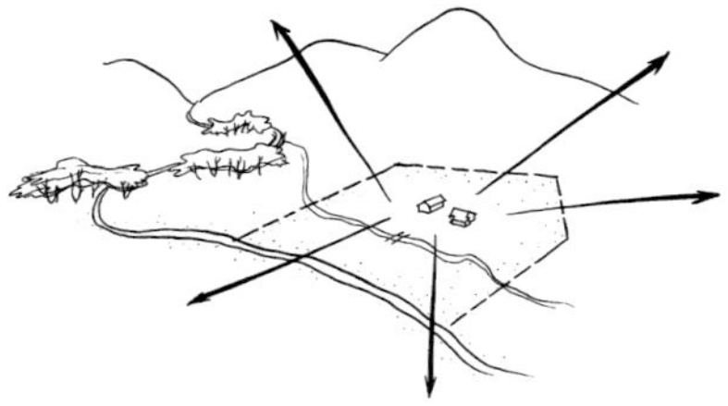

농촌 대지(垈地)는 개방감이 있다. 시냇물, 숲, 멀리 보이는 산까지 보고 느끼는 모든 경관 요소가 대지의 연장이다.

주요 경관 요소가 현존하는 대지. 건물은 경관 요소를 바라보게, 경관 요소 주변에, 경관 요소 사이에 건설한다.

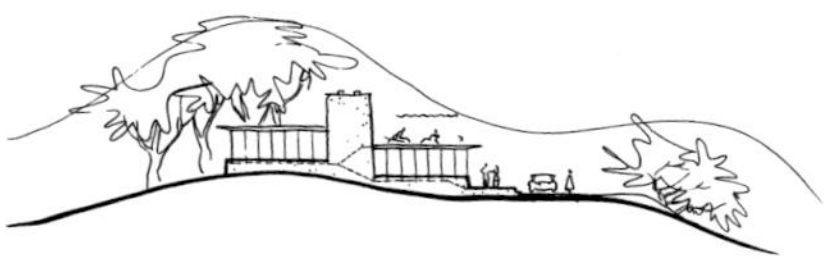

지형과 어우러지게 건설한 시설물은 경관에서 힘을 얻고 또한 경관에 힘을 더한다.

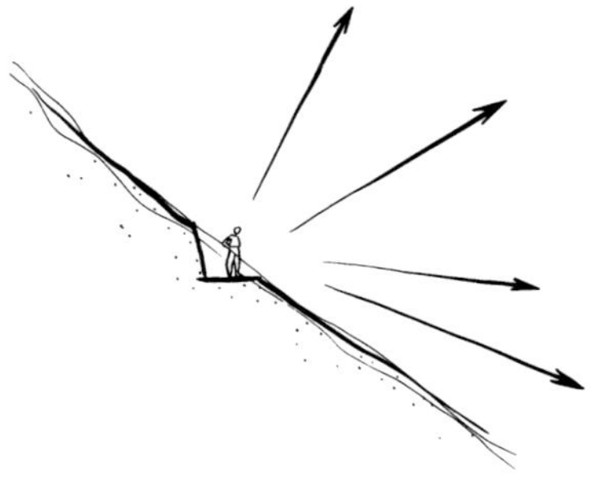

경사지는 밖을 지향한다.

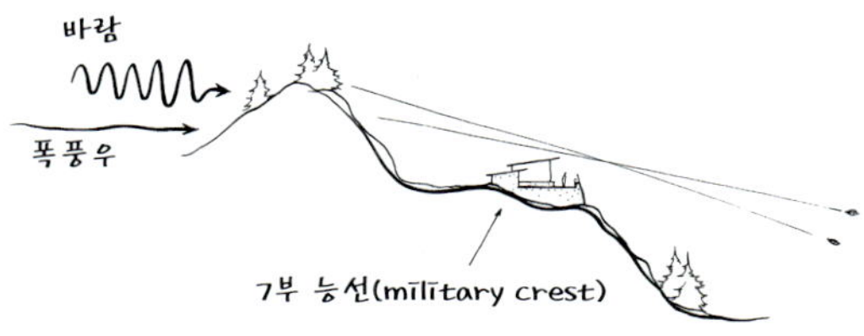


경사지를 보호 수단으로 이용

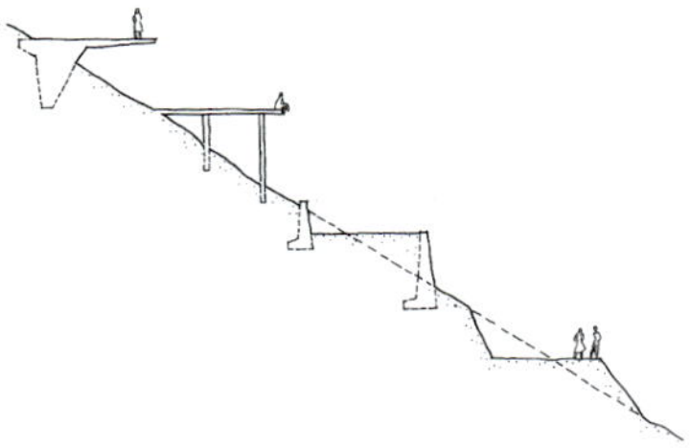

경사지에 수평면을 조성하는 방법은 계단식 대지(垈地), 옹벽, 기둥으로 받친 대지(臺地), 캔틸레버식 구조물 등이 있다.

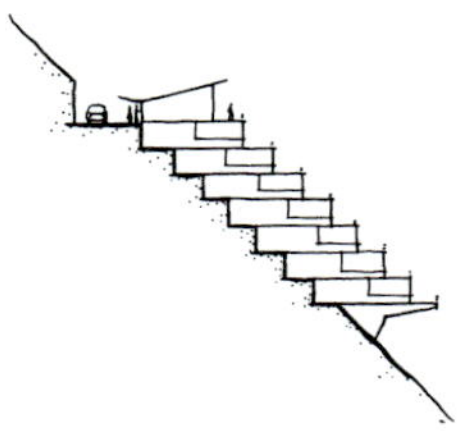

경사면에 세우는 구조물은 경사면을 껴안을 수도 있고,

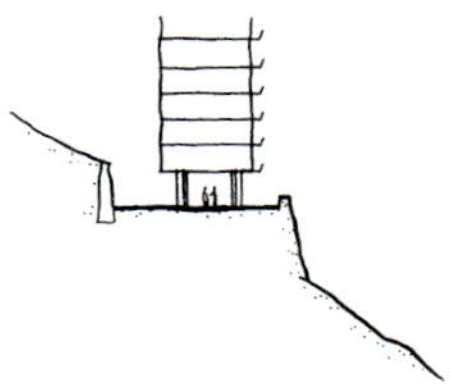

대지(臺地) 위에 안좌(安坐)할 수도 있으며,

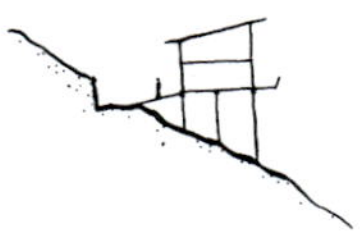

사면에서 완전히 분리될 수도 있다.

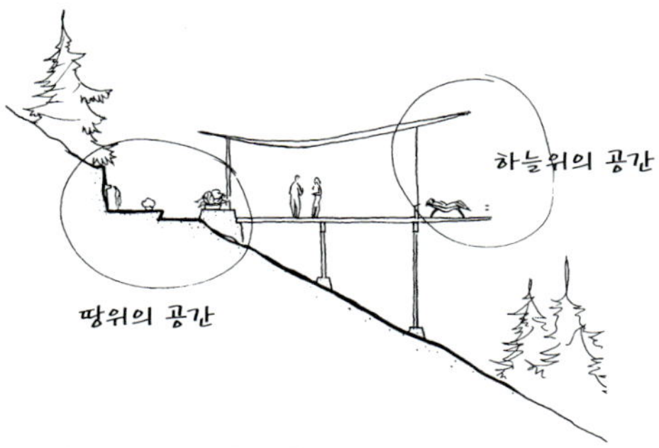


경사지에 세우는 구조물은 하늘에 속하기도 하고 땅에 속하기도 한다.

Tooru Miyakoda, Keikan Sekkei Tokyo Co., Ltd.

사면 안정

**경사면 본질은 높낮이다.** 계단식 배치가 어울린다. 반층삼단(split-level, 역주: 입구 층에서 반 층 아래층으로 내려가고, 반 층 위층으로 올라가는 집) 또는 다층 계단식 건물에 층마다 다른 기능을 배치하는 것도 좋다.

**경사면은 경사로(램프, ramp)다. 경사로나 계단이 필연적인 계획 요소다.** 경사가 심하면 바퀴 통행이 어렵다. 등고선을 따라 접근하는 것이 쉽기 때문에 측면 접근이 일반적이다.

**경사면 아래로 항상 중력이 작용한다.** 구조적으로 안정되게 설계하고, 시각적으로도 안정감이 표현되게 설계한다. 물론 대담함이나 호쾌함을 표현하려는 구조물은 예외다.

**경사지 경관은 동적(dynamic) 경관이다.** 계획 형태 역시 동적이어야 어울린다. 경사면은 그 기복 때문에 극적인 경관을 연출한다. 자연 경사면 기복은 테라스, 전망 데크, 공중 발코니 등을 설치해 더욱 강조하고 극적인 공간으로 만들 수 있다.

**경사지는 본래 땅과 공중(空中)의 만남이 중요한 곳이다.** 수평면이 경사면과 만나면 안으로는 땅이나 바위와 접하고, 밖으로는 공중에 자유롭게 펼쳐진다. 땅과 만나는 곳은 단단한 결속을 명확히 표현하고, 하늘과 만나는 곳은 자유롭게 나는 듯이 설계한다.

**경사면 정상부는 눈에 가장 잘 띈다.** 포병이 은폐지를 마련하는 것같이 7부 능선 부근을 이용하는 계획을 하면, 언덕 보호를 받아 폭풍우도 피하면서 경관도 보존하고 좋은 조망을 확보하는 방편이 된다.

**경사지는 전망이 좋다.** 전망이 좋다면 부지 내에 여러 가지 경관을 창출하려 애쓸 필요가 없다. 좋은 전망 외에 더 필요한 것은 별로 없다.

**경사지는 밖을 지향한다.** 배치 방향은 보통 밖이나 아래를 향한다. 조망 방향으로 많이 노출되기에 태양, 바람, 폭풍을 더욱 신중히 고려해 계획한다.

**배수(排水) 문제가 상존한다.** 상부에서 내려오는 지하수나 유출수는 차단해 우회시키거나, 구조물 아래를 통과해 막힘없이 흘러 내려가게 해야 한다.

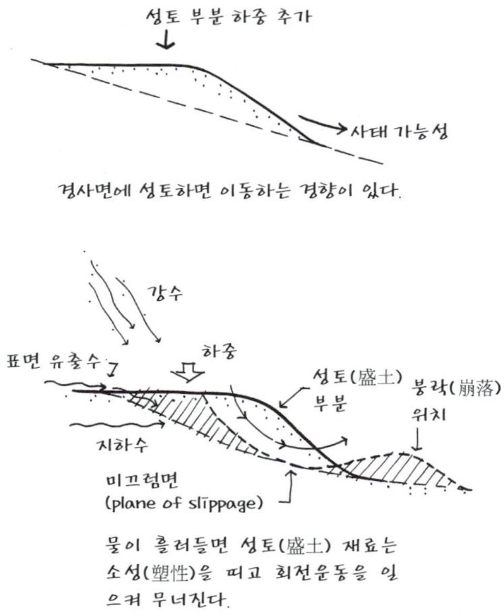


경사면 역학(SLOPE DYNAMICS)

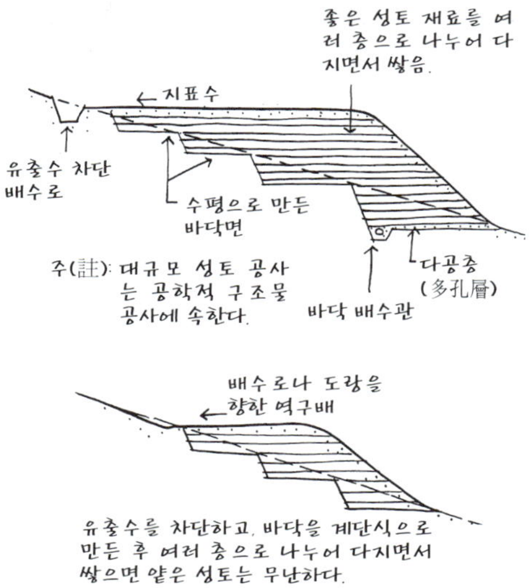


견실한 성토 공사
(THE CONSTRUCTION OF A STABLE FILL)

주(註): 사면 안정을 위해서는 위에서 흘러내리는 유출수를 배수로, 도랑 등을 통해 차단해야 한다. 경사면 속에 물이 고이는 것을 막으려면 경사면을 향해 흘러오는 물, 경사면 주변을 흘러가는 물, 경사면 속으로 흐르는 물 등을 처리하는 배수로가 필수다.

Robinson Fisher Associates

Robinson Fisher Associates

급경사면 개발

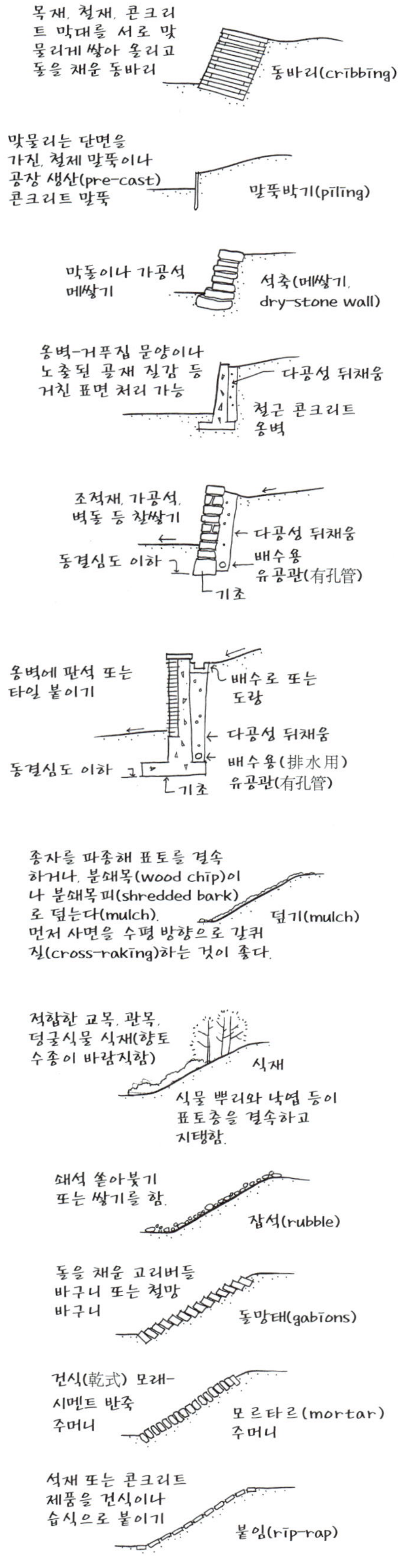

사면 안정(SLOPE STABILIZATION)

급경사지에 만든 헬기장

**경사지는 수경(水景) 연출 무대다.** 폭포, 단폭(段瀑, cascade), 분출하는 물, 졸졸 흐르는 개울, 비단 자락 같은 투명한 물 등 다양한 수경을 연출할 기회의 무대다.

### 평지(Level Site)

**계획 제약 요소가 가장 적다.** 세포분열 모양, 결정체 모양, 기하학 형태 등 어떤 형태 배치계획에나 가장 적합하다.

**상대적으로 경관이 흥미롭지 못하다.** 공간과 공간, 공간과 시설물, 시설물과 시설물 관계에서 계획을 흥미롭게 창출하는 방안을 강구해야 한다.

**평지는 넓은 평면이다.** 평면 위에 세우는 것은 모두 강한 시각적 중요성을 가지며, 서로의 관계 역시 중요하다. 수직면은 모두 자체 형태뿐만 아니라 다른 물체 배경 역할, 그 위에 드리우는 그림자 형태까지 감안해 설계한다.

**평지에는 초점이 없다.** 시각적으로 가장 두드러지게 설정한 요소가 경관을 지배한다. 접근로가 지형에 구애받지 않는다. 모든 방향 접근이 가능하기 때문에 건물 입면은 모두 중요하다. 내부와 외부 동선 모두 시각적 공간 전개와 경험을 좌우하기 때문에 중요한 설계 요소다.

Gabriel Figueroa/Grupo de Diseno Urbano, S.C

가장 평탄한 것은 수경이다.

© Charles Mayer Photography/ Stephen Stimson Associates

낮고 긴 벽은 평탄 부지를 강조하는 시각 효과가 있다.

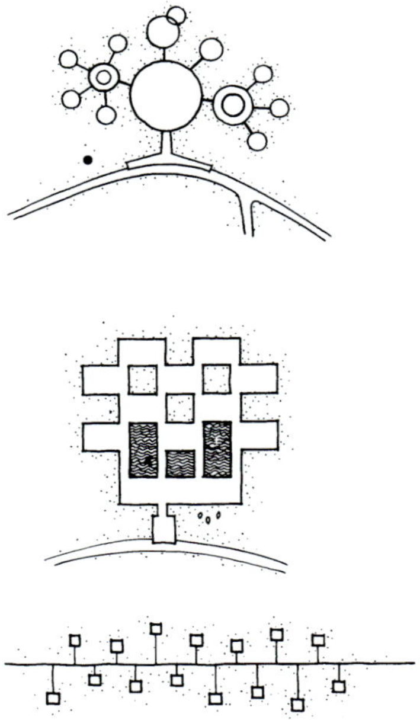

평지에는 세포분열 형태, 결정체 구조, 기하학 형상 평면 구성 등을 모두 적용할 수 있다.

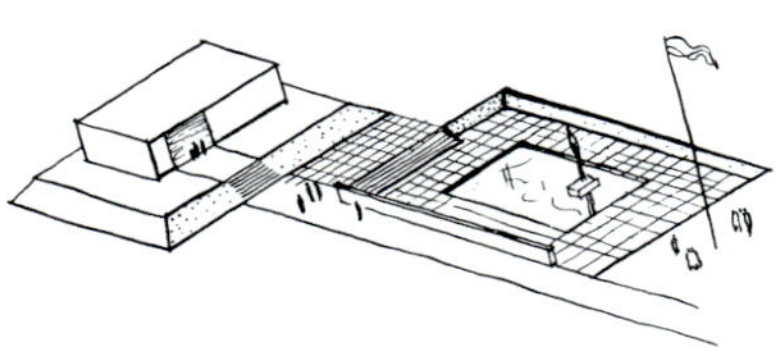

평탄한 부지에서는 우묵한 곳, 둔덕, 수직 요소 등이 중요한 의미를 갖는다.

**하늘은 무한한 변화와 아름다움을 선물하는 지배적 경관 요소다.** 거울 같은 수반(水盤), 연못, 중정, 안뜰, 쪽문 등을 설치해 하늘 감상 무대를 마련해야 한다.

**태양은 강력한 설계 요소다.** 한 줄기 빛으로, 또는 비 오듯 쏟아지는 빛으로 연출하거나 빛과 그림자 대비를 설계할 수도 있다. 무한한 빛의 신비를 탐색하고 그중에서 설계하는 구조물 형태, 색상, 질감, 재료 등에 가장 효과 좋은 빛을 활용한다. 극적인 그림자 효과를 연출하는 것도 좋다. 견실한 담장 그림자, 유동하는 물 그림자, 조각적인 물체 그림자, 아롱진 나뭇잎 그림자, 어두운 배경이 되어 밝게 빛나는 물체를 더 돋보이게 하는 그림자 등.

**평지 경관은 중용(中庸)이다.** 도입 요소가 부지 성격을 만든다. 대담한 형태, 강렬한 색채, 때로는 이국적 재료를 사용해도 기존 경관을 거스르지 않는다.

평지는 프라이버시 유지가 어렵다. 배치 방향에 따라 프라이버시 유무가 갈리므로 차폐물이 있는 쪽, 위요된 중정, 시야가 먼 쪽을 향하게 공간을 배치한다.

**3차원 요소가 부족하다.** 높은 지반, 건축 기단, 우묵한 곳을 만들면 평지에 3차원적 요소가 형성된다. 약간의 높낮이 변화나 계단도 평지에서는 상당한 입체감을 준다.

**평지에서는 어느 방향으로 배치해도 장애가 없다.** 수평 확산 배치하고 통로나 기타 연결 요소를 설치하면 문제없다.

**평지는 단조로운 경향이 있다.** 자연경관보다는 구조물이 흥미 대상이 되므로, 구조물은 가능한 한 모든 방법으로 극적이고 두드러져 보이도록 한다.

**지평선이 눈길을 끈다.** 낮고 수평적인 형태는 지평선과 조화 효과를 통해, 날카로운 수직적 형태는 지평선과 대비 효과를 통해 인상적인 경관을 창출한다.

**하늘 아래 광활한 평지 경관은 인간적 척도(human scale)를 벗어나는 경관, 인간을 압도하는 경관이다.** 그러므로 친숙한 척도에서부터 기념비적 척도에 이르기까지 다양한 척도 설정이 가능하다. 필요하다면 인간적 척도는 의도적으로 조성해야 한다.

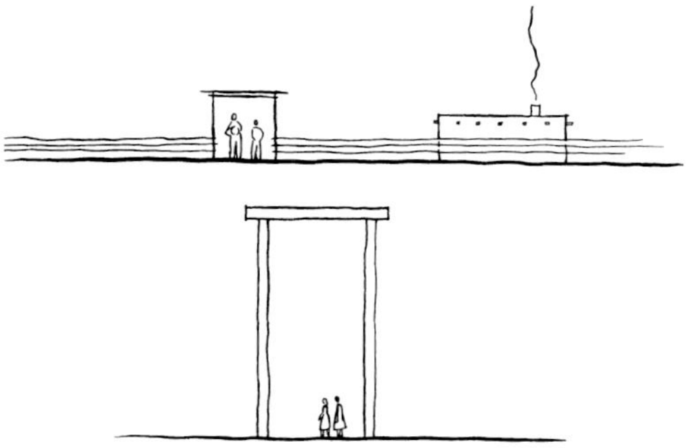

스케일감 없는 평지에서는 사람이 스케일을 만든다.

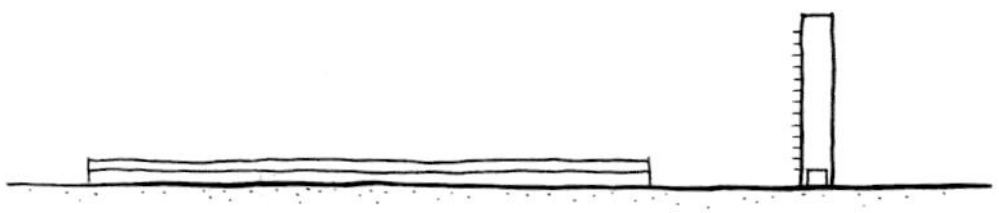

조화를 이루는 수평 요소, 극적 대비를 이루는 수직 요소.

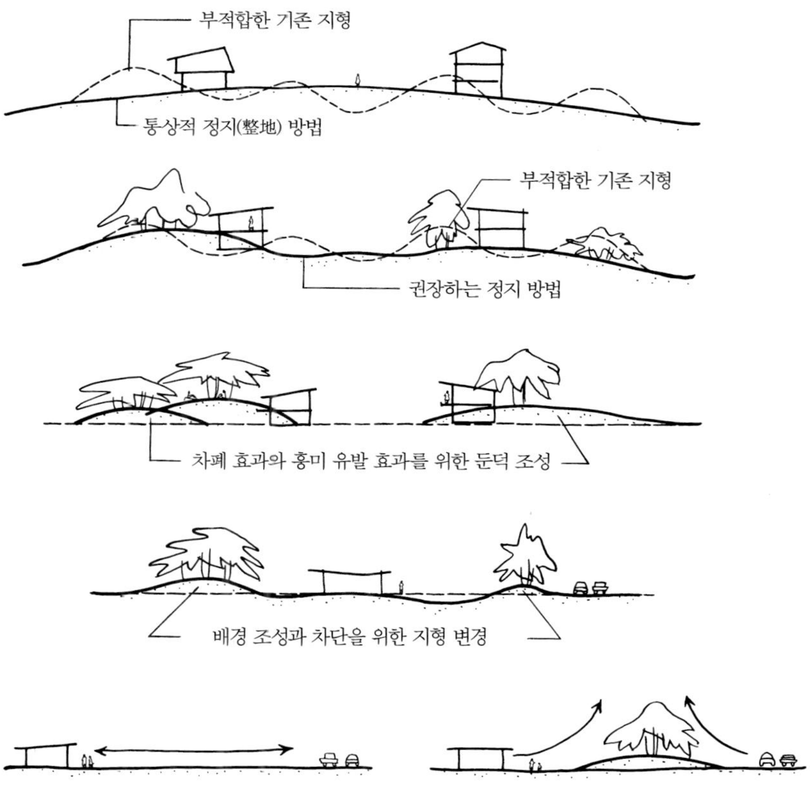


부득이하게 중장비를 사용해 새로운 경관을 조성해야 한다면(때로는 불가피한 경우도 있지만), 흥미로운 지형, 유용하면서 쾌적한 형태의 경관을 조성하도록 중장비를 사용하자.

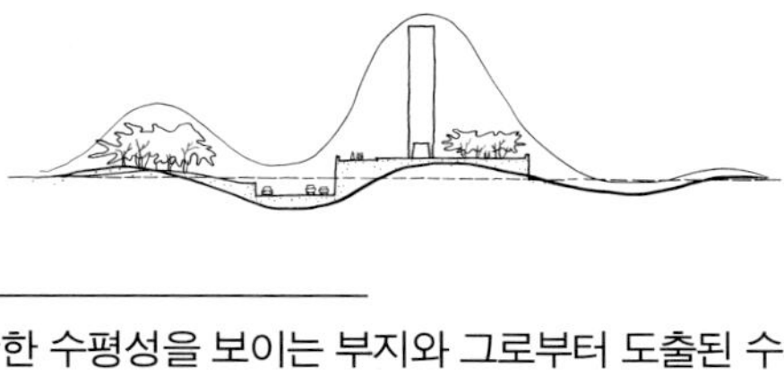

강한 수평성을 보이는 부지와 그로부터 도출된 수평성에 어울리는 형태.

### 기타(Other Sites)

이상 살펴본 경관 유형에 적합한 설계 개념을(지각과 연역 작용을 통해) 결정하는 과정은 다음과 같은 기타 부지에도 적용할 수 있다.

산지
바람 부는 땅
눈 덮인 곳
숲
시냇가
자갈밭
전원
연못
폭포
강변

호반
섬
강 어귀
해변
유원지
교외 지역
연구단지
상업 지역
산업공원
중공업 지역

대상지와 구조물 상호 관계를 고려하면서 개발계획을 수립하거나 설계하려면 이상과 같이 기존 경관을 철저히 분석하고 그 결과가 시사(示唆)하는 바에 따라 전체적인 설계 개념을 우선 도출하는 것이 도움이 된다.

OLIN

도시

© D.A. Horchner/Design Workshop

산악 휴양지

David Vadlowski/City of Vancouver

도시 해변

Gabriel Figueroa/Grupo de Diseno Urbano, S.C

호반

Robinson Fisher Associates

산림

## 시설 배치계획(Site-Structure Plan Development)

전체 부지가 가지고 있는 힘, 형태, 경관 특징이 배치계획 구상과 배치 형태에 강한 영향을, 때르는 섬세한 영향을 미친다. 환경의 모든 측면과 시설물 간 관계를 깊이 연구해 시설물 배치와 설계를 다듬어야 한다.

### 원심적(遠心的) · 구심적(球心的) 계획 (Outward and Inward Plan Progression)

인간 활동을 위한 계획은 기능이 시작되는 원점에서부터 단지 밖 기능의 종착역에 이르기까지 생각해야 한다. 예를 들어 주택을 설계한다면, 어린아이가 침대에서 일어나 욕실을 들러 식탁까지 움직이는 동선, 그뿐 아니라 식탁에서 가장 가까운 문으로, 놀이터로, 길로, 학교로 가는 모든 동선이 자연스럽고 경쾌해야 한다. 또는 좀 더 평범한 예로, 부엌에서 다용도실, 쓰레기차, 도로에 이르는 쓰레기 이동 경로처럼 눈에 띄지 않는 편익성까지 계획해야 한다. 식탁과 전망창 관계도 대지 경계선까지, 때로는 멀리 지평선까지 어떻게 시야 틀을 구성하고 전망을 확보할까 생각해야 한다.

거꾸로, 아주 멀리 있는 주변 환경 요소에서 시작한 기능이 단지에 이르러 논리적 결론에 이르도록 각 요소와 용도지구를 설계해야 한다. 당신 집에 무엇인가 배달하러 온 사람은 진입도로, 주차장, 보도, 건물 입구, 창고에 쉽게 접근할 수 있어야 한다. 저녁에 초대받아 오는 손님은 찾는 집을 잘 알아볼 수 있고, 반갑게 맞이하는 분위기 속에 앞마당에 이르러 주차장에 당도하고, 현관문으로 안내되어 극진하고 우애 넘치는 대접이 기다리는 집 안으로 들어가게 설계해야 한다. 이와 같은 원심적 · 구심적 계획은 제재소, 공원, 세계박람회장 … 어떤 계획에나 적용할 수 있다.

### 거시적 · 미시적 계획 개념(Expansion-Contraction of Plan Concept)

단지계획 문제를 완벽하게 해결하려면 생각이 미치는 범위 끝까지 거시적으로 살펴보는 동시에 인간의 미세한 경험, 더 이상 쪼갤 수 없이 작은 상세한 문제까지 미시적으로 살펴보아야 한다. 어떤 대상물이나 어떤 요소라도 그와 관련된 다른 모든 요소와의 관계를 생각해서 판단해야 하는 것이 사실이지만, 한 번에 한 가지씩 깊이 있고, 살아 있는 직접 경험을 통해서만 온전히 평가할 수 있다는 것 또한 사실이기 때문이다.

### 위성형 배치(Satellite Plan)

계획할 때 구조물 전체와 부지 전체의 조화를 추구하듯이, 구조물 일부 요소나 구조물 일부 배치 역시 부지와 조화를 이루도록 해야 한다. 예를 들어 초등학교를 계획할 때 부설 유치원, 유치원 놀이터, 유치원 정원, 유치원 출입문 등은 하나로 묶어 계획한다. 체육관은 구기(球技) 경기장, 운동기구 설치 지역, 운동장과 연결한다. 중앙 난방 시설은 지원 시설 공간이나 연료저장소와 함께 계획한다. 공연장은 접근로 및 주차장과 연계 배치하고, 교실은 유관 옥외 공간과 함께 배치하듯이 관련 있는 시설과 공간은 통합해 하나의 복합 시설로 계획한다. 그러면 전체적인 계획 도식(圖式)은 태양, 행성, 위성이 각기 자리 잡고 있는 태양계를 닮을 것이다.

**통합적 계획**(Integral Planning)

구조물이 들어서면 경관에 변화를 초래한다. 따라서 계획가가 경관 변화를 연출하는 것이 매우 중요하다. 앞에서 예를 든 초등학교는 도시 한 구역을 채우거나 교외 지역 복판에 던져놓듯이 세우는 것은 아니다. 부지와 잘 어우러지고 지역사회와 조화되게 계획해 변화된 경관이 원래 경관보다 나아지는 것이 기술적인 계획이고 이상적인 계획이다.

Kristina Floor, FALSA, JJR 1 Floor

통합적 계획

비용(cost)과 스트레스는 최소화하면서 장기적 편익(benefit)을 극대화하는 것이 가장 좋은 단지계획이다.

르네상스 시대 계획가에게서 건물 배치 기법을 배울 수 있다. 베니스에 있는 멋진 산마르코 광장의 성당, 종루, 총독관저, 수문(水門) 앞 기념비 등을 설계한 건축가들은 각각을 독립된 개별 설계 대상으로 보지 않았다. 본능적으로 각 시설물을 광장 일부로 생각했고, 큰 계획은 물론이고 아주 세세한 부분 설계까지도 광장에 어떤 영향을 줄 것인지, 반대로 광장이 각 부분에 주는 영향은 무엇일지 생각했다. 계획가마다 자신이 맡은 것뿐만 아니라 광장 전체, 따라서 자기가 사는 베니스 시를 다시 설계한 것이라고 볼 수 있다. 이렇게 했기 때문에 설계를 의뢰한 고객에 대한 책무, 자기 도시에 대한 책무를 다할 수 있었던 것이다. 많은 유럽 도시가 매혹적이고 아름다운 비결은 의식적으로 이러한 설계 원칙을 적용했다는 점이다. 미국에서 보는 뒤범벅, 졸속 경관은 주변 환경에 대한 무관심과 무지의 결과다.

### 계획의 검증(Proving the Plan)

시설계획이 부지와 잘 맞는지 여부를 어떻게 알 수 있을까? 확실한 방법이 있다. 장차 눈으로 보고 이용할 사람들을 대신해 그들 감각으로 경험해보는 것이다. 개략 스케치로부터 최종 도면이나 모델까지, 창조 과정 어느 단계에서나 우리 상상력을 통해 생생한 조감도를 그려볼 수 있다. 마음의 눈으로 살아 있는 모습을 그려볼 수 있다. 실제로 교회 계획도면을 보면서 다음과 같이 말할 수 있을 것이다.

"나는 목사다. 내가 교회를 향해 걸어가거나 차를 타고 가면서 볼 때 그 교회는 내가 생을 바쳐온 영혼의 세계를 표현하고 있는가? 서재에 들어설 때, 이 공간이 연구와 묵상을 위한 프라이버시가 있다고 느낄 만큼 속세와 떨어져 있으면서도 상담이나 협조가 필요하거나 업무가 있어 찾아오는 사람들이 쉽게 접근할 수 있겠는가? 교회 업무를 관장하고 지시하는 사무실 위치로 적합한가? 교회 관리 책임자 입장에서 볼 때 효율적인 평면 구성인가?"

"나는 관리인이다. 아침에 일하러 왔을 때, 내 차를 주차할 곳은 어디인가? 세제통을 하역장에서 보관 창고까지 어떻게 운반할 것인가? 사다리나 제설 장비는 어디에 보관할까? 누군가 계획을 하면서 나와 내 업무를 생각했을까?"

"나는 소년단 모임 참가 단원이다. 가려는 곳에 보도가 있을까? 아니면 잔디밭을 가로질러 가야 하는가? 친구 몇 명은 밖에서 기다리고 있다. 뛰어놀고, 기분을 전환하거나 농구 연습할 곳이라도 있는가? 자전거를 둘 곳은? 어디에서 텐트 치는 연습을 할까? 어디에서 … ?"

"나는 예배 보러 오는 고인이다. 교회가 나를 교회 안으로 영접하고 있는가? 비 오는 추운 날 입구 가까이까지 차가 갈 수 있는가? 주차장은 어디에 있는가? 주차 공간은 충분한가? 예배 후 친구들과 인사를 나눌 공간, 새 손님을 환영해줄 쾌적한 공간이 현관 부근에 있는가?"

*리큐(Rikiu)는 정원 산책로를 쓸고 물을 뿌리고 있는 아들 쇼안(Shoan)을 바라보고 있었다. 쇼안이 일을 마치자 리큐는 "깨끗하게 되질 않았어"라고 말하면서 다시 하도록 시켰다. 1시간쯤 더 열심히 일한 후 쇼안이 리큐에게 다시 말했다. "아버지, 할 만큼은 다했습니다. 계단은 세 번이나 닦았고, 석등과 나무에는 물을 충분히 뿌렸고, 이끼와 지의류도 싱싱한 푸르름으로 반짝이고 있고, 땅 위에는 나뭇잎 하나, 나뭇가지 하나 없는걸요." 다도 대가 리큐가 "어리석은 녀석, 정원 산책로는 그렇게 쓰는 것이 아니란다"라고 타이르면서 정원으로 내려가 나무 하나를 흔들어 황금빛, 주홍빛으로 물든 낙엽들을 흩날려 정원을 가을로 수놓았다.*

**Kakuzo Okakura**

이러한 것들은 모두 교회생활 일부이고 계획에 반영해야 한다. 계획하는 기능과 시설과 부지의 관계는 이렇게 보는 사람, 관리하는 사람, 이용하는 사람 입장에서 구석구석을 누비며 상상을 통해 검증할 수 있다.

시설 배치계획은 논리적 전개와 최선의 상호 관련성을 찾는 과정이다.

## 부지와 구조물의 조화(Site-Structure Unity)

지금까지 부지 조건에 순응하는 개발이 중요함을 논했다. 이제 부지와 구조물 조화 실현 방법을 논의해보자.

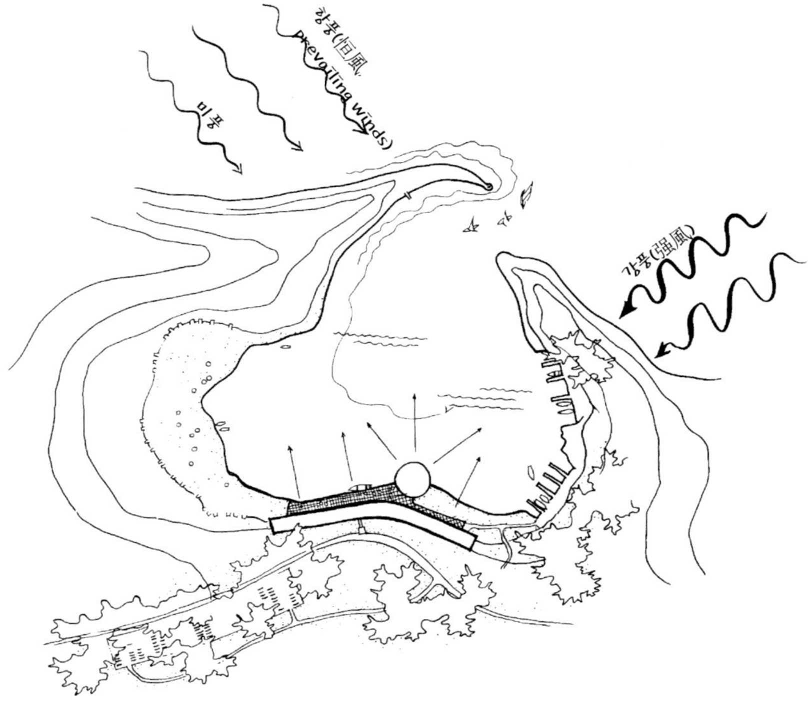


단지와 구조물 융합. 요트클럽, 광장, 식당을 바다가 내려다보이는 돌출부에 배치하는 등 전체적으로 자연 지형과 조화되는 배치계획이다. 배 띄우는 장소(boat slips)는 강풍을 막는 능선 아래 배치했다. 모래사장은 항구 중에서 파도가 약하게 밀려오는 곳에 펼쳐져 있다. 오두막집은 오목한 자연 지형을 따라 세웠다. 방파제와 등대는 기존 갑(岬) 바위 언덕을 연장하듯 만들었다. 주차장은 기존 수림 그늘 속에 감추었다. 이렇게 지형에 순응함으로써 미(美)와 기능(機能)이 합일(合一)을 이루면서 유쾌하게 조화하는 개발계획을 수립할 수 있다.

*부지와 구조물이 만나면 부지는 '조형'하고, 동시에 구조물 안팎은 경관으로 '물들인다.'*

**Hideo Sasaki**

지세를 이용하고 강조하는 설계 방식이 있다. 예를 들어 등대는 바다로 돌출한 땅을 확장한 형태다. 고대 성곽이나 요새는 바위 언덕이나 산 정상을 확장한 건축물이다. 현대 도시의 배수지(配水池), 송신소, 중계탑 등은 높은 지대에 더 높게 솟아 있다. 강조 원리를 극명하게 표현한 사례다. 그렇게 극명한 사례는 아니지만, 수영장을 계곡이나 낮은 지대 오목한 곳에 배치하는 것도 자연 지세를 이용하고 강조하는 것이다. 이보다 더 세심한 계획 사례는 돌출부 바깥 방파제 역할과 조용하게 감싸 안는 듯한 포구 형태를 의식적으로 이용하고 강조하는 요트클럽이다.

눈 쌓인 산기슭을 따라 계단식으로 내려오는 스키장 숙소, 물 위에 떠 있는 수상 구조물, 하늘을 배경으로 가볍게 날갯짓하듯 공중에 솟은 구조물, 바위에 뿌리내린 육중한 구조물— 모두 자연 지세가 발산하는 지기(地氣)를 받아 더 큰 힘으로 만들어 되돌려주는 예다. 이러한 기운으로 가득 찬 도시도 있다—짙은 강물과 유유히 흐르는 지류를 굽어보는 호찌민(HoChiMinh), 거기 병풍 같은 산기슭에 의젓하고 꿋꿋하게 매달려 있는 라싸(Lhasa), 나무 숲으로 덮인 산봉우리를 연장해 구름 속에 탑같이 우뚝 솟은 다르질링(Darjeeling)이 있다.

부지 자체나 부지 구성 요소를 건축적으로 처리해 구조물과 부지를 강하게 연결하는 설계 방식도 있다. 다듬은 가로수길이나 산울타리, 벽천, 정교하게 꾸민 제방이나 테라스 등 모두 설계의 영역을 확장하는 좋은 예다. 르네상스 시대에 프랑스와 이탈리아 빌라들은 처음부터 끝까지 건축적인 처리를 통해 궁전 같은 실내외 공간들이 하나의 장엄한 구성을 이룬다. 전정한 너도밤나무나 벽돌과 모자이크로 조성한 거대한 벽면 또는 아치, 주춧돌의 행렬, 공들여 장식한 벽 등으로 칸을 막아 수려한 정원의 방들을 만들었다. 큰 조각 분수, 화려한 문양 자수화단, 상자같이 다듬은 산울타리 미로도 설치했다. 그렇게 해서 건물과 대지가 완벽한 일체를 이루었다.

그러나 불행하게도 그 결과는 의미 없는 기하학 형태의 적용 즉 자연을 정복하기 위한 자연의 조작에 불과한 공허한 경우가 많았다. 반면에, 교향악적 아름다움으로 유명한 빌라들도 있었고 지금까지 남아 있기도 하다. 아름다운 빌라는 예외 없이 계획가가 식물, 지형, 물 등과 같은 훌륭한 자연 요소의 가치를 높이 사서 설계로 표현한 경우다. 일례로 티볼리의 빌라 데스테만큼 물이라는 경관 요소를 뛰어난 상상력을 가지고 연출한 사례가 드물다. 산골짜기 계류를 정원의 가파른 경사지로 끌어와 급류를 이루고, 떨어지고, 억수같이 쏟아지고, 거품을 일으키고, 분출하고, 솟구치고, 소용돌이치고, 졸졸 흐르고, 똑똑 떨어지고, 잔물결을 일으키면서 마침내는 잔잔하게 빛나는 석조(石漕)에 이른다. 빌라 데스테는 물, 경사지, 식물 재료를 건축적으로 잘 처리해 구조물과 부지의 절묘한 조

Barry W. Starke, EDA

천재적 수경 연출 - 빌라데스테(Villa D'Este at Tivoli, Italy)

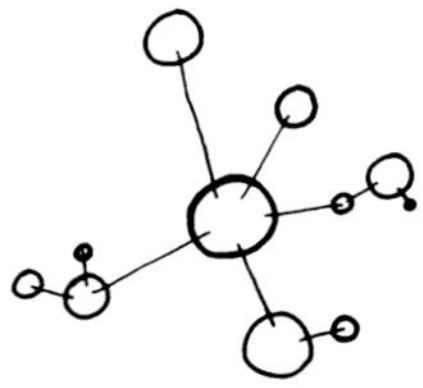
위성형(Satellite)

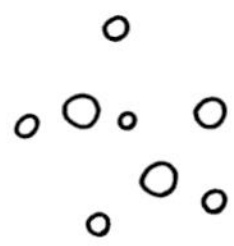
산탄형(Buckshot)

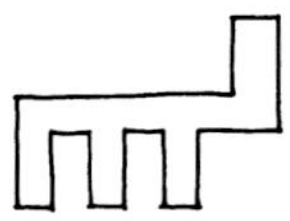
손가락형(Finger)

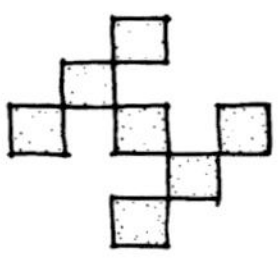
바둑판형(Checkerboard)

띠 모양(Ribbon)

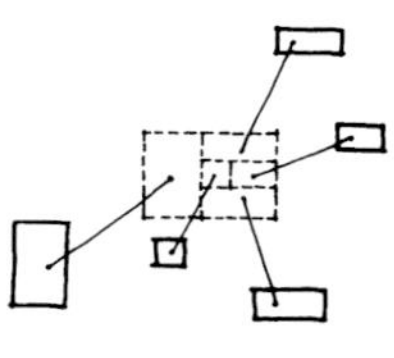
확산형(Exploded)

계획 요소 배치 유형

화를 이루어낸 곳이다.

구조물 또는 계획 요소를 경관 속에 분산 배치해 경관 특성을 포용하는 방법도 있다. 위성형, 산탄형, 손가락형, 바둑판형, 리본형, 확산형이 전형적인 그러한 배치다.

초기 프랑스와 영국에서 건너온 북미 대륙 개척자들이 몇 개 요새를 전략적 거점에 배치해 광대한 토지를 경영했던 것처럼 계획 요소들을 적재적소에 분산 배치해 경관을 연출하는 것이다. 등산로, 통나무집, 야영장 등을 탐방객들이 공원에서 가장 아름다운 경관을 감상할 수 있는 위치에 설치한 미국 국립공원도 그러한 예다. 전원 지역까지 아름답게 뻗은 경관도로나 고속도로 선형계획도 그러하다. 사격장, 장교 숙소, 탱크 시험장, 막사, 포병 사격장 같은 군사시설도 각각에 가장 적합해 보이는 지형을 찾아서 넓은 지역에 분산 배치하는 것이 통례다. 새로 짓는 학교도 대개 같은 목적, 같은 원리로 확산 배치한다. 3층짜리 거창한 건물을 '땅 위에' 세워놓던 과거 방식과는 달리, '경관 속에' 어우러져 아름다운 경관 요소를 잘 드러내 보이기에 부족함이 없기 때문에 새 학교 건물들은 경관과 일체가 된 것이다.

부지와 구조물은 마당, 테라스, 중정 같은 공용 공간으로 결속함으로써 더욱 밀접해질 수 있다. 중정 속에 또는 중정에서 보이는 곳에 전시한 경관은 색다르게 보인다. 이러한 경관은 선택된 경관이다. 다양한 조건의 위치, 날씨, 빛 아래서 가까이 자주 관찰하는 전시품이 되는 것이다. 바위 한 덩어리일지라도 이렇게 전시하면 자연에서 보았을 때는 느낄 수 없는 양감(量感)과 형태미, 세밀한 아름다움을 발하는 것이다. 바위—빗물이 적셔 흐르고, 새하얀 서리나 부드러운 눈에 싸여 반짝이고, 날카로운 빛살 속에서 빛나고, 그림자가 조각되고, 석양 노을에 붉게 물든 모습, 매일 그 모습을 바라보면서 바위를 더 이해하게 되고, 그 바위가 유래한 곳의 경관을 알게 된다.

경관과 우리가 설계하는 시설을 더욱 강하게 엮는 방법은 방이나 공간을 특정 경관을 향해 전망이나 조망을 형성하게 배치하는 것이다. 전망이나 정원 경치를 벽화로 삼아 끊임없이 변하고, 다양한 흥미를 주고, 실내 공간을 정원 끝까지(또는 더 멀리까지) 연장해주는 벽화를 만드는 것이다. 즐거운 공간을 설계하고 싶다면, 바라보이는 경관의 스케일, 분위기, 성격과 그 경관을 바라보는 공간의 기능이 알맞은 조합이어야 한다.

일본 전통 가옥을 방문하는 외국 방문객이 감탄하는 것 중 하나가 창호지 바른 미닫이문이다. 문을 살짝 밀면 한쪽 벽 전체가 열리면서 구름같이 피어 있는 벚꽃, 모래와 기암과 햇빛을 받고 서 있는 소나무의 힘찬 구성, 층층으로 가지를 펼친 단풍나무 사이로 멀리 보이는 층층이 이어지는 탑의 지붕, 느리게 헤엄치는 금붕어가 잔물결을 일으키고 가장자리는 이끼가 뒤덮은 조용한 연못을 실내 공간으로 불러들일 수 있는 것이다. 보이는 것 하나하나를 방의 한 부분으로서

나무랄 데 없이 예술 작품으로 승화시켜 방을 정원 또는 그 너머 경관까지 확대하고 하나가 되게 했다. 일본인들은 거기에 더 깊은 뜻이 있어서 그들이 진정 추구하는 것은 인간과 자연이 완전히 동화하는 것이며, 자연 음미(吟味)를 일상생활 일부로 삼는 것이라고 말한다.

이러한 목적을 위해 구할 수 있는 최선의 자연 소재를 주택에 도입한다. 예를 들면, 방 기둥과 상인방(上引枋)은 정사각형으로 다듬은 목재가 아니라 좋아하는 나무의 줄기나 큰 가지를 턱해 원래 모습과 나뭇결, 옹이를 살려서 모양을 짓고 다듬고 마감질해 만든다. 재료를 다루는 장인은 주춧돌 한 개, 대나무 한 마디, 다다미 한 장에도 거기에 사용하는 재료가 지닌 자연의 속성 중에서도 최선(最善)을 발견해내고, 그것이 작품에 나타나게 만든다. 일본 가정에서는 정원수와 그 가지와 이파리는 물론 그 아래 초화(草花)까지 놀라울 정도로 아름답게 꾸며놓은 것을 볼 수 있다. 일본인들은 미술품 속에까지 의식적으로, 경건하다 할 정도로 자연을 가정에 끌어들인다.

같은 방법으로 우리도 프로젝트와 시설물을 자연환경과 조화시킬 수 있다. 넓은 창을 두루 내는 방법도 있을 것이다. 접근로와 동선 역시 자연과 잘 조화를 이루도록 설계하는 방안을 모색해야 한다. 경관에서 색상, 모양, 소재 등을 원용(援用)할 수도 있다. 내부 공간 바닥을 경관 속으로 연장하거나 벽이나 천장을 경관 속으로 확장함으로써 더욱 긴밀한 연결 관계를 구현할 수 있다. 실내에서 실외로 가면서 고도(高度)의 세련(洗練)에서 소박(素朴)으로 점차 이행하도록 할 수 있다. 이것은 전술한 와비(wabi) 원리를 역으로 적용하는 것이다. 다듬어진 것에서 자연적인 것으로의 점진적인 전이는 설계에서 매우 중요하다. 이것은 흔치 않은 고도의 예술 기법이다.

미리 어떤 성격이 정해져 있는 건물이나 공간을 성격이 다른 경관 속에 배치하려면, 둘 사이의 전이 공간이 중요해진다. 예를 들어 시민광장과 미술관을 도시공원 입구에 건설한다면, 모든 계획 요소는 공원에서 광장으로 가면서 좀 더 도시적이고 세련되어야 할 것이다. 선은 더 정교해지고 형태도 더 다듬어지고 건축적이어야 하며 재료, 색상, 질감, 세부설계도 화려해져야 한다. 공원의 자연적 분위기는 점진적으로 줄이고 서서히 도시적 성격을 강화해 미술관이라는 형체로 표출된 설계 분위기에 맞춘다. 반대로 고도로 개발된 도시 지역에 언덕과 숲이 있는 공원을 건설한다면, 공원에 접근할수록 자유롭고 자연적이며 편안한 분위기가 되어야 할 것이다. 이렇게 분위기의 점진적인 고조, 완화, 전환을 잘 구사하는 것이 훌륭한 공간계획 기술이다.

## 부지 체계(Site Systems)

부지와 계획의 통합이라는 원리의 연장선에서 부지 체계라는 개념을 특별히 살펴볼 필요가 있다. 이 개념은, 단지개발은 모든 것이 체계를 구성하도록 건설하고, 체계로서 기능하도록 계획해야 한다는 것을 의미한다.

### 배수(排水, Drainage)

자연 상태에서는 강우로 인한 토양침식이 거의 일어나지 않는다. 식물 뿌리와 덩굴이 토양을 얽어매고 빗물을 흡수한다. 떨어진 가지와 나뭇잎 역시 흡수층을 형성해 흙의 습기를 유지하고 기온을 낮춘다. 자연 상태 도랑, 개울, 강이 가장 효과적인 배수로이고, 습지 · 연못 · 호수 등은 최종 저장소이며 지하수 충전 장소다. 이렇게 망을 형성하고 있는 배수 체계를 변경하는 것은 체계를 무너뜨리는 것이고 그 대가가 따른다. 자원이 동원되어야 하고, 새로운 배수로를 만들어야 하며, 대규모 인공 하수시설을 건설해야 한다. 지붕, 바닥 포장, 배수관 설치에 따라 강수 유출률과 유출량이 증가해 계획부지는 물론 하류 토지 소유자에게도 피해를 준다.

경험에 비추어볼 때, 인공 배수시설은 최소화하고 자연 배수 체계를 보전해 활용하는 것이 최선이다.

토지를 개발하는 데 자연 배수 체계 교란 최소화는 기본 사항이 되어야 하는 한편, 조금일지라도 교란을 일으킬 수밖에 없다는 것도 엄연한 사실이다. 그래서 개발 결과로 우수 유출량 변화나 유수 경로 변경이 발생한다면, 가능한 한 신속히 가장 가까운 하류 유역으로 편한 방법으로 되돌리는 조치를 취해 토양침식이나 홍수 발생을 최소화해야 한다. 이러한 조치, 즉 우수 관리(stormwater management) 기법은 이제 미국 대부분 지역 토지개발 활동에 적용하는 의무 사항이 되었다.

조경이라는 전문 분야가 하는 일, 이 책에서 다루는 내용은 토지를 계획하고, 설계하고, 이용함에 있어 땅에 미치는 영향을 최소화하는 접근 방법에 관한 것이다. 지난 수십 년 세월에 걸쳐 이러한 기법은 점차 더 많은 계획가나 설계가에게 인식이 확산되고 그에 따라 법규를 만드는 사람들도 중요성을 깨달아 토지이용 관계법이나 규정 속에 관련 내용을 담게 되었다. 이러한 기법이 더 널리 확산되면서 저영향설계(low-impact design; LID)라 부르게 되었다.

개발이 자연에 미치는 영향을 저감하는 어떤 기법이나 저영향설계(LID)에 속하지만 가장 많은 것이 우수 관리 기법이고, 주로 자연 유수 상태에 가깝게 모방을 시도하는 자연 생태계 접근 방법을 사용한다. 몇 가지만 열거하면, 생태수로(bioswale), 생태저류지(bioretention), 우수정원(rain garden), 옥상녹화(green roof), 투수성 포장 등이 있다, 이런 기법은 모두 유출 속도를 줄이고, 유출수를 일시 저류하고, 침전물이나 오염물질을 거르고, 전통적인 우수 관리 기법보다 더 효과적이고 효율적인 방법으로 지하수를 충전하는 기법이다.

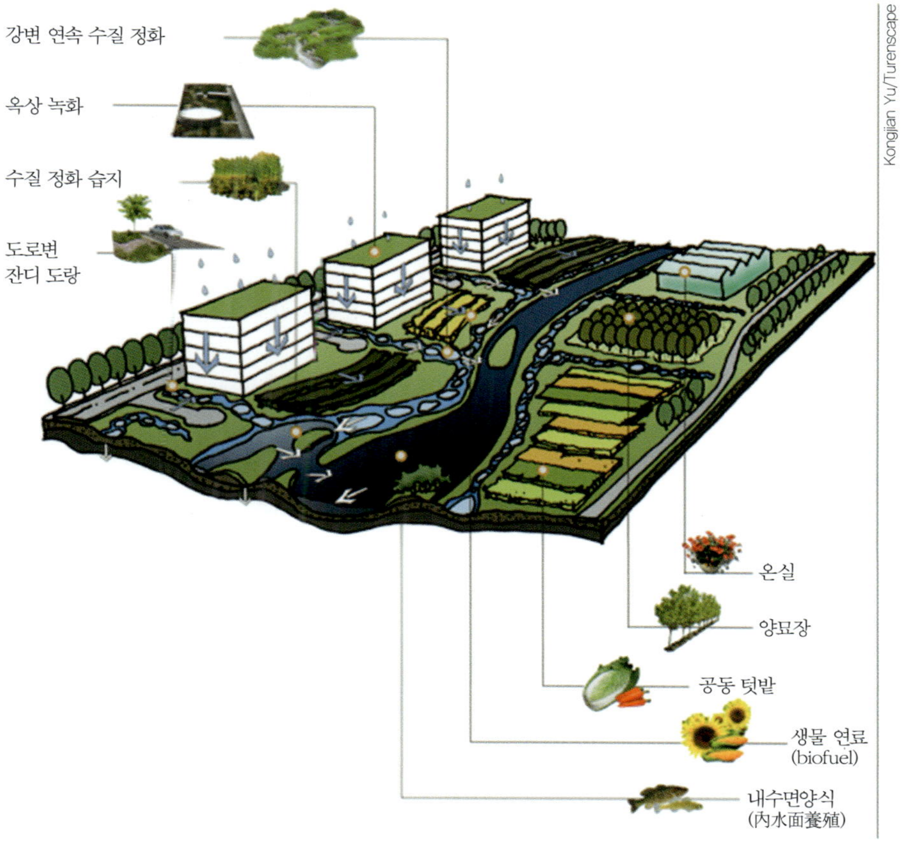

저영향설계(Low-Impact Design: LID) 요소

**교통동선(Movement)**

지형을 거슬러 보도나 차도를 계획하면 정지 작업, 사면 처리, 우수 차집(遮集), 배수관 연결, 새로 지피식생을 조성해야 하는 등 문제가 따르고 비용이 든다. 자연 지형을 따라 오르내리며, 능선이나 골짜기를 따라가고, 절성토 작업이 많이 필요하지 않은 경사면을 따라 동선을 배치하면 경제적이고 보기에도 좋으며 이용에도 편리하다.

보도, 자전거도로, 차도 등은 잘 설계하면 지역 간 연결성을 보장하며 여러 교통수단을 적절하게 수용하고, 안전, 효율성, 경관미 등 모든 요소를 만족시킨다. 재료, 단면, 입면, 조명, 표지판, 식재까지 맞춤으로, 통합된 일체로 설계해야 한다.

**조명(Lighting)**

조명은 여러 가지 효과가 있다. 차량 운행과 보행 안전, 위험 요소 경고, 보안 유지, 훼손 행위(vandalism)를 줄이는 효과가 있다. 중요 지점, 모이는 공간, 건물 입구 등을 조명해 강조하면 공간 인지가 용이해진다. 연결도로를 비춰 식별을 돕고 길잡이 역할도 한다. 좋은 건물, 중요한 공간, 아름다운 경치를 강조 조

설계 효과 높이는 알맞은 조명

명하면 뛰어난 시각 요소로 부각된다.

조명 계획을 잘 세우면 부지 전체 또는 각 부분에 명확성과 통일성을 준다. 그러나 잘못하면 설계 의도와 부조화하고, 빛 공해를 유발하고, 위험을 초래할 수도 있다.

과도한 조명은 빛 공해를 유발하고 위험을 초래할 수 있다.

**표지(標識, Signs)**

표지 체계와 조명은 상호 의존, 보완하는 밀접한 관계다. 차도와 보도 가로등은 가로 표지판 배치와 묶어 계획해야 한다. 조명 기준은 대개 표지판이나 안내 표지에 맞추어 정한다. 조명처럼 표지판도 위계가 있게 개발하고, 목적에 맞는

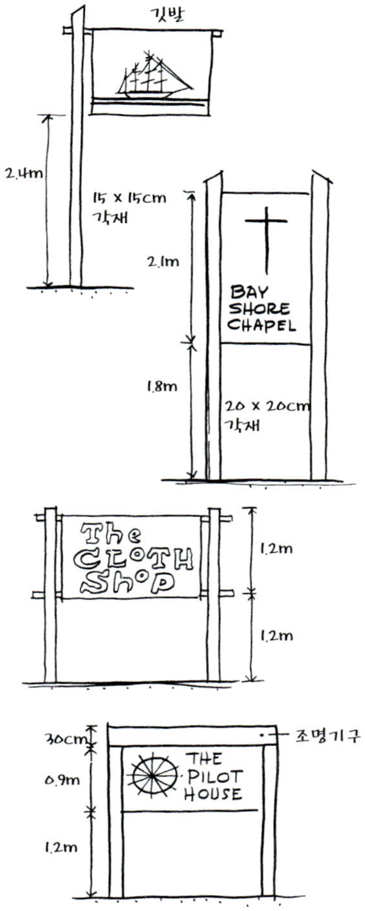


다양성 속 통일이 안내표지 요체(要諦)다. 형태, 크기, 글자체 등은 전달하려는 내용에 따라 다양화하되 재료, 구조(mounting), 색상은 표준화하는 것이 일반적이다.

크기 · 색상 · 위치를 선정하고, 모두 한 계통으로 어우러지게 설계한다. 표지판 체계를 단순, 표준화할수록 교통망과 조경계획에 질서감과 명확성을 준다.

### 식재(Planting)

식재계획 역시 체계를 이루어야 우수한 것이 된다. 잘된 식재는 단지 배치계획을 명확하고 강하게 한다. 필요한 기능에 맞추어 개방, 폐쇄, 반폐쇄 공간들을 형성하고, 상호 연결지어 준다. 식재는 지형을 연장하기도 하고 전망과 조망틀을 형성하고, 단독으로 서 있는 건물을 안정감 있게 땅에 결속해 주고, 물체와 물체 사이, 공간과 공간 사이 시각적 전이 역할을 한다. 배경, 바람막이, 햇빛가리개 역할도 한다. 겨울바람은 막아주고, 여름의 시원한 바람은 모아준다. 또 녹음을 제공하고, 강우를 흡수하고, 대기를 정화하고, 기후를 조절해준다.

PWP Landscape Architecture

Anidika Murandi/Charles Anderson

설계 공간을 강조 명료화하는 식재

이런 실용적 기능 외에 식물은 다양한 종류를 자랑하고 무한한 형태미를 뽐내면서 우리 눈을 즐겁게 한다. 사용 목적과 수종 선정 배경 이유가 명확할수록 그 아름다움은 더욱 빛날 것이다.

다른 설계와 마찬가지로, 훌륭한 식재설계는 고도의 단순성과 뚜렷한 질서가 특징이다. 경험 많은 조경가는 주제(主題) 교목, 관목, 지피식물 각 한 가지씩, 그에 더해 각각 세 가지 이내 보조 교목, 관목, 지피(잔디, 초본류, 덩굴류)와 아주 소수 보완 수종 및 강조 식재 수종만 사용한다.

도시는 다를 수 있지만, 다른 곳은 지역 고유 수종을 식재해야 잘 적응, 성장하고 관리 부담도 적다.

식재하는 식물은 목적이 있어야 하고, 모두 단지계획 기능과 설계 의도 구현에 기여하는 식재가 되어야 한다.

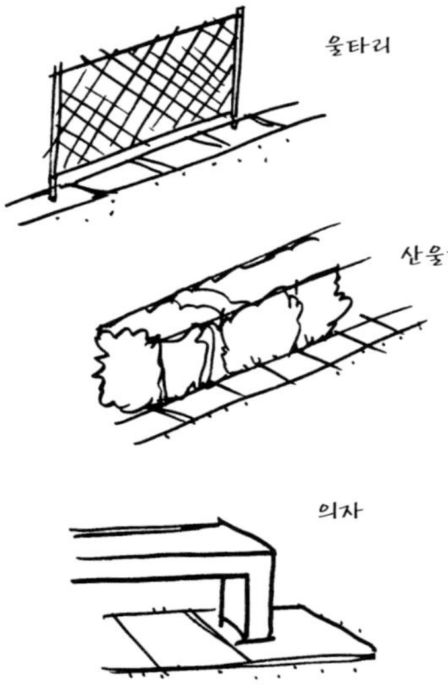


경계 띠(Edging strips)
잔디밭 경계부에 콘크리트, 벽돌, 석재 등 포장(鋪裝) 띠를 만들면 잔디밭 경계 다듬는 기계(edger) 바퀴가 지나갈 수 있어 인력 작업을 줄인다.

### 재료(Materials)

주요 식물 재료를 지역 고유 수종으로 한정하는 것이 좋듯이, 건설 재료도 마찬가지다. 벽 쌓기 재료는 인근 채석장에서 채취한 석재가 가장 적합하다. 쇄석과 자갈 골재를 노출시킨 것, 그 지역 진흙으로 구운 벽돌, 인근에서 자라는 나무 목재, 목재를 만들고 남은 부스러기나 껍질을 이용하는 뿌리 덮개(mulch) 등이 지역 경관에 잘 어울릴 것이다. 땅이 주는 느낌, 녹음, 하늘빛을 설계에 응용하는 것도 시설물이 그 지역 분위기와 잘 어우러지게 한다.

소수 엄선 재료만 사용하는 것이 개발사업 전모(全貌)에 단순성과 통일감을 준다.

### 운용(Operations)

모든 사업은 운용 효율성을 염두에 두고 계획해야 한다. 건물별, 용도지구별 개별 운용 효율성뿐 아니라 모두가 합쳐서 잘 조직화된 통일체로서 원활히 작동해야 한다. 이것은 모든 구성 요소를 하나의 통합된 체계로 계획할 때에만 가능해진다.

작은 주택 마당부터 교정, 공원, 거대 공업단지까지, 가능한 모든 구성 요소와 재료 및 설비를 표준화함으로써 설치비는 물론 유지 관리 비용을 절감하고 작업 효율을 개선할 수 있다. 예산 범위 안에서 최상품을 사용하는 것이 품질 향상과 경비 절약 길이다.

### 유지 관리(Maintenance)

유지 관리 효율성을 높이려면 계획 초기 단계부터 고려해야 한다. 모든 유지 관리 업무계획을 미리 작성해두어야 함을 의미한다. 유지 관리 재료와 장비 저장공간이 있어야 하고, 유지 관리 접근로와 진입구를 확보해야 하고, 수도와 전기를 쓰기 편한 곳에 설치해야 하고, 가능한 한 유지 관리 작업이 필요 없게 계획해야 한다.

건설에 사용하는 재료 종류와 부품 수를 줄여 비축 부품 물량을 최소화한다. 전구, 벤치 나무판, 앵커 볼트, 표지판 바탕, 연석, 도료 색상, 기타 모두 규격을 표준화하는 것이 좋다. 일반적으로 비축 물품 수량을 줄이면 유지 관리 품질은 개선되고 비용은 절감된다. 이것은 처음부터 유지 관리를 효율적인 체계로 미리 계획해야 가능하다.

PWP Landscape Architecture

# 12
# 공간설계
# SITE SPACES

2차원 평면 단지계획에서는 용도지구를 설정하고, 용도지구 상호 관계와 전체 부지와 관계를 살펴보았다. 이제 이러한 용도지구를 각 공간에 부여하는 기능을 가장 잘 표현하고 수용하는 형태, 크기, 재료, 색상, 질감과 기타 특성을 갖는 입체 공간으로 변환하는 것을 살펴보자. 2차원 계획에서 3차원적 사고를 거쳐 설계 영역에 도달한다.

## 공간(Spaces)

토지를 다루는 계획이 평면을 다루는 것이 아니고 공간을 다룬다는 것임을 알았을 때, 계획가는 계획의 예술성과 과학성을 접하게 된다. 예를 들어, 놀이기구를 평면상에 늘어놓은 놀이터는 어린이 흥미를 끌지 못하는 반면, 같은 놀이기구라도 상상력을 발휘해 놀이 '공간' 속에 배치한 놀이터는 몇 시간을 놀아도 싫증 나지 않을 것이다. 용도에 적합한 입체감 있는 공간을 설계하고, 이러한 공간들을 상호 연결해야 한다.

같은 원리로, 지표면을 더 모양으로 포장해놓은 것이 고속도로라고 생각하면 안 된다. 고속도로 역시 공간적 설계가 필요하다–경치가 좋고 안전한 곳은 개방하고, 차폐할 곳은 막고, 피로한 운전자에게 흥미와 휴식을 주는 다양한 공간을 구성하고, 통과 구간 경치를 잘 보여주도록 조율해야 하는 것이다. 최상의 고속도로는 과학적으로 설계하되, 공간의 확산과 축소가 있고 변화하는 공간감이 있어 운전자가 신속하고, 안전하고, 자유롭고, 즐겁게 달리되 편안하면서도 방심하지 않게 설계한 고속도로다.

딱딱한 형태로 늘어선 이질적인 건물 집합체가 도시는 아니다. 잘 계획한 도시는 구조물과 더불어 관련 공간 구성이 변화하고 진화하는 도시다. 건물보다 오히려 건물이 형성하는 오픈스페이스 형태와 성격이 도시 핵심 특성을 결정한다. 미국 도시를 혼란스럽게 하는 가장 당혹스러운 이유는 차량 통행이 없는 중정, 광장, 플라자를 중심으로 건물을 배치하기보다 좁은 도로를 따라 벽을 만들 듯 건물을 늘어세웠기 때문이다.

어떤 용도, 어떤 이용 목적이건 그에 알맞은 잘 짜인 내부 공간과 외부 공간을 창조하는 것이 환경설계가의 목표다.

Dixie Carillo, SWA Group

바닥면 천장면 수직 요소가 공간을 구성한다.

*인간은 지구 위에서, 땅 위에서 산다. 그러나 지면 바로 위 3차원 대기 속, 공기 입체 공간 속에서 산다. 계획도면과 토지이용도면에서 추상적 그림으로 표현한 면적은 제곱미터나 헥타르로 측정하지만, 생활 공간은 체적으로 즉 손으로 만질 수 있는 물리적 요소로 구성하거나 물리적 요소로 둘러싼 공간 체적(體積)으로 측정해야 한다. …*
*훌륭한 3차원 공간 생활을 경험한다면 일생일대 경험으로 남을 것이다.*

**Garrett Eckbo**

### 공간의 영향(Spatial Impact)

고문 목적 공간을 설계한 경우도 있었다. 스페인 내란 동안 어떤 건축가는 고문실을 만들라는 명령을 받고 반투명하고 여러 가지 색을 칠한, 날카로운 면들이 교차하는 다면체를 설계했는데, 거기 갇힌 사람에게는 그 고문실이 기울여도, 굴려도 그 속에서 누울 수도, 앉을 수도, 구부릴 수도, 무릎을 꿇을 수도 없는 끔찍한 공간이었다고 한다. 표면은 미끄럽고, 낮에는 타는 듯 덥고, 밤에는 몹시 추웠다. 어떤 빛에서도 한 가지 색만 보아도 괴롭고 여러 색을 동시에 보면 사람을 미치게 할 듯한 부조화의 극치였다고 한다.

괴로운 공간을 만드는 것이 가능하다면, 유쾌한 공간을 창조하는 것 또한 가능할 것이다. 마음에 드는 공간으로서 골프 코스 페어웨이를 생각할 수 있다. 넓고, 자유롭고, 약간 기복이 있고, 나무가 둘러싸고 잔디가 깔려 있다.

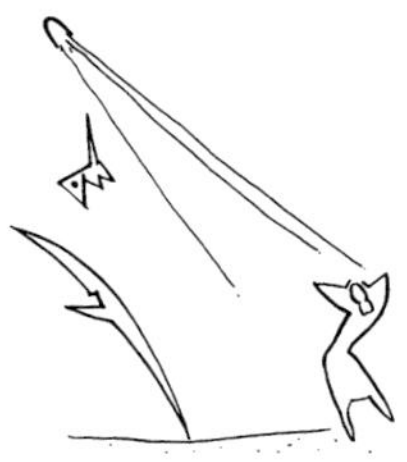

긴장감(tension)

휴식(relaxation)

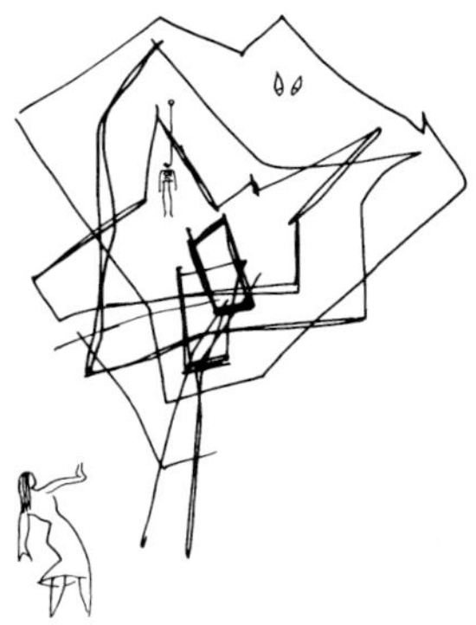

공포감(fright)

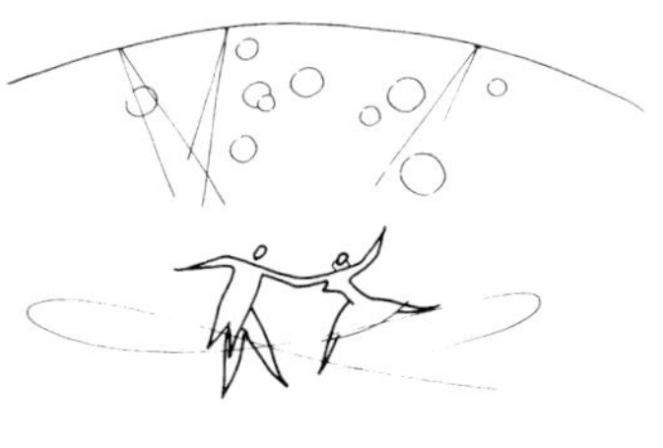

즐거움(gaiety)

사색(contemplation)

그와 전혀 다른 모습의 옥외 공간은 계단식으로 내려가는 뉴욕 록펠러센터 광장이다. 지면 아래에 금속, 벽돌, 유리로 협곡을 이루고 바닥은 가공 석재와 인조석갈기(terrazzo)로 마감했다. 위는 고층 빌딩으로 둘러싸인 하늘이 보이고, 수목과 물결치는 색색의 깃발이 단조로움을 덜어준다. 사람을 끌어들이고, 상쾌하게 하고, 감흥을 일으켜 옆에 있는 우아한 식당, 상점, 사무실로 안내하는 잘 설계된 공간이다. 멀지 않은 곳에 또 하나 세련된 옥외 공간 설계 사례가 있다. 현대미술관(Museum of Modern Art) 정원인데, 인접한 화랑의 배경을 이루면서 화랑을 시각적으로 연장한 공간으로서도 훌륭한 도시 공간이다. 햇빛과 녹음 사이를 산책하면서 연못과 조각도 감상할 수 있는 장소다. 생각해보면 이렇게 즐거움을 주는 공간이 많이 있을 것이다—호반 야유회장, 운동장, 광장, 주택 수영장과 정원 등 분석해보면 공간 크기, 모양, 특성 등이 그 공간 설치 목적과 명확히 들어맞을 때, 반드시 그럴 때만 즐거움을 주는 공간이 된다는 것을 알 수 있다.

어떻게 설계하면 어떤 감흥을 일으키는 공간이 될까?

원하는 어떤 느낌을 주는 공간, 크기가 다른 여러 가지 공간, 그런 공간들의 추상적 특질, 공간 특성을 열거해보면 공간설계에 도움이 될 것이다.

**긴장감**. 불안정한 형태. 분열된 구성. 불합리한 복잡성. 심한 명암 차이. 색상 부조화. 편안함을 주지 못하는 강렬한 색. 시각적 선 비대칭이나 점 비대칭. 시선 멈출 곳 없는 공간. 딱딱하거나, 윤이 과하거나, 들쭉날쭉한 표면, 낯선 요소. 눈부시거나, 진동하거나, 어지러운 빛. 불쾌한 온도. 날카롭거나, 시끄럽거나, 불안한 소리.

**휴식, 단순성**. 작은 것에서 큰 것까지 다양한 규모 공간. 적합성. 친숙한 물체와 재료. 흐르는 듯한 선. 곡선 형태와 곡면 공간. 명확한 구조적 안정성. 수평성. 기분 좋은 질감. 쾌적하고 안락한 형태. 부드러운 빛. 상쾌한 소리. 흰색, 회색, 푸른색, 녹색 등 조용한 색조 공간. '즐거운 생각'

**공포감**. 갇힌 느낌. 억압과 짓누름. 덫에 걸림. 방향감이 없는 장소. 위치나 스케일 판단 준거(準據) 없음. 숨겨진 지역이나 가려진 공간. 놀랄 가능성. 기울거나, 뒤틀리거나, 갈라진 평면. 비논리적이거나 불안정한 형태. 미끄럽거나 위험한 바닥면. 위험성. 보호각 없는 허공. 날카롭거나 삐죽한 요소. 찌그러진 공간. 낯선 것. 충격적인 것. 놀라운 것. 무시무시한 것. 기괴한 것. 공포, 고통, 고문, 폭력 상징물. 어슴푸레하거나, 깜깜하거나, 섬뜩하거나, 잔인한 것. 창백하고 떨리는 빛. 눈부시게 번쩍거리는 빛. 차가운 파란색, 차가운 녹색. 기이(奇異)한 단색(單色).

**즐거움**. 자유로운 공간. 부드럽고 흐르는 듯한 형태와 문양. 순환, 회전, 소용돌이 동작. 속박(束縛) 없음. 지성보다 감성에 호소하는 형태와 색상과 상징. 일시적. 비형식적. 무제한. 몽상(夢想). 환상(幻想). 따뜻하고 밝은색. 반짝반짝 빛나고, 아른거리거나, 쏟아붓는 듯하거나, 타는 듯한 빛. 우렁차거나 흥겨운 소리.

**사색(思索)**. 의식의 샘 속으로 침잠하기 때문에 스케일은 중요하지 않음. 구조물 형태가 강력하지 않은 한 전체 공간은 온화하고 수수하거나 광대하고 매우 장식적임. 암시적인 요소가 없다. 날카로운 대비에 의한 산만함이 없다. 상징물을 사용한다면 사색의 주체와 관련된 상징을 사용한다. 격리감, 프라이버시, 초연함, 안전성, 평화 등을 느끼게 하는 공간. 부드럽고 확산되는 빛. 잔잔하고 후퇴하는 색. 소리가 있다면, 잠재의식 중에 지각되는 낮고 약한 소리의 흐름.

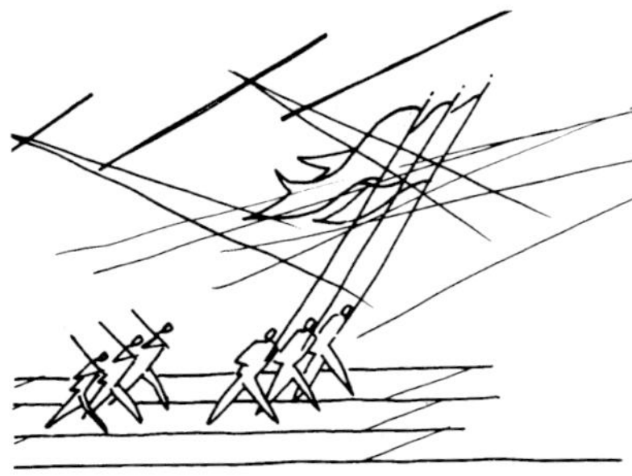

동적 움직임(dynamic action)

**동적 움직임**. 대담한 형태. 무겁고 구조적인 리듬. 모가 난 평면. 대각선. 돌, 콘크리트, 목재, 철재 같은 단단한 재료. 거칠고 자연적인 질감. 솟아오르는 수직적 요소. 방향성 있는 초점. 연단(演壇), 집합 장소, 비상구 같은 행동 중심점에 흥미 집중. 휘몰아치는 선, 쏟아지는 광선, 주조를 이루는 형태, 패턴, 소리의 연속으로 유발되는 움직임. 심홍색, 적황색, 황색 등 강하고 원시적인 색. 물결치는 깃발, 윤기 흐르는 휘장. 군악, 함성, 점점 커지는 소리, 관악대 굉음, 트럼펫 소리, 짧고 우렁찬 북소리.

육감적 사랑(sensuous love)

**육감적 사랑**. 완벽한 프라이버시. 내부지향성 실내 공간. 초점이 되는 주체. 친근한 척도. 낮은 천장. 수평적인 평면. 유동적인 선. 부드럽고 둥근 형태. 각(角)과 곡선의 병치(倂置). 섬세한 직물(織物). 관능적이고 유연한 표면. 이국적 요소와 향기. 연한 장밋빛 핑크 또는 황금빛 색상. 가슴 울렁거리게 하고 흥을 돋우는 음악.

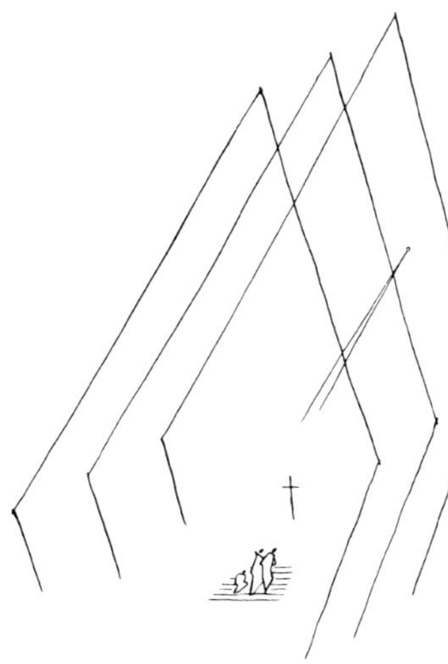

장엄(莊嚴), 영적 경외심(敬畏心) (sublime, spiritual awe)

**장엄한 영적(靈的) 경외심**. 일상 경험을 뛰어넘는 압도적 척도. 낮은 수평적 형태와 대비해 솟아오르는 형태. 넓은 바닥면 위에 잡아두고, 수직으로 마음과 눈을 끌어 올리는 공간. 높은 곳으로 무한(無限)의 상징을 향하거나 그 너머를 지향함. 대칭성 등 완벽한 구성적 질서. 고도의 순차적 전개. 값비싼 내구성 재료 사용. 영원성 암시. 순백색 사용. 색상을 사용한다면 청록색, 청색, 보라색 같은 차가운 색 사용. 한 줄기 빛과 확산하는 빛의 조합. 고상한 운율의 깊고 충만하고 점점 고조되는 음악.

**불쾌**. 좌절감을 주는 동선이나 공간 전개. 원하는 용도로 쓸 수 없는 공간. 장애물. 과도함, 심한 마찰, 불편. 신경 거스르는 질감. 부적절한 재료 사용. 불합리. 허위. 불안정. 지루함. 저속함. 무미건조함. 무질서. 어울리지 않는 색. 불협화음. 불쾌한 온도와 습도. 신경 거스르는 빛. 추한 것.

**쾌감**. 용도에 부합하는 공간, 형태, 질감, 색, 상징, 소리, 빛, 향기. 기대(企待)와 요구 사항이나 욕망 충족. 순차적 전개 구현. 다양성 속 통일성. 조화로운 관계. 아름다움.

*고요한 연못도 만들어야 하고, 매혹적인 공간도 만들어야 한다. 그 목적은 생활에서 도피하기 위함이 아니며—더구나 현대문명이 가져다준 새로운 힘의 원천이 창조하는 생기발랄한 삶을 외면하려 함이 아니고—가장 심원한 삶의 본질을 누리기 위함이다.*

**Sir Herbert Read**

*그릇의 실체는 그 비어 있음에 있고, 건물의 실체는 그 빈 공간에 있다.*

**노자(老子, Lao-tzu)**

만약 여러 가지 용도에 따라 각각 이상적인 공간 조건을 나열해본다면, 그 조건의 다양함에도 놀라겠지만, 그 많은 조건을 정밀하게 정의할 수 있다는 사실

*공간 창조는 공간 조각을 엮는 것이다…*

**László Moholy-Nagy**

*건축은 … 아름답고도 진지한 공간 작업이다.*

**Willem Dudok**

에도 놀랄 것이다. 예를 들어 놀이터는 어린이들 움직임, 웃음소리, 소란스러운 소리로 가득 찬 동화 속 소인국(小人國)으로 설계할 것이다. 어린이들은 촉각이 예민하게 발달되어 있고 여러 가지 모양과 원색을 좋아하기 때문에 재미있는 형태, 다양하고 풍부한 질감, 밝은색이 적합할 것이다. 터널, 장애물, 장벽(障壁), 움직이는 것, 오르내리고 통과하는 시설 등 다양한 형태를 갖추어야 할 것이다. 양지와 음지, 부드러움과 거칠음, 밝음과 흐림, 개방과 폐쇄, 높은 것과 낮은 것 등 강한 대비가 있는 장소여야 한다. 그 자체가 놀잇감이고, 호기심을 유발하고, 재미있어 어쩔 줄 모르게 만드는 놀이터가 잘 설계한 놀이터다.

사적인 야외 식사 공간 기준은 전혀 다를 것이다. 형태는 단순하고, 규모는 친밀하고, 질감과 상세는 세련된 공간일 것이다. 휴식을 취할 수 있는 분위기, 대화에 도움이 되는 조용하고 유쾌한 분위기를 창출해야 한다. 최상의 관심은 식탁과 둘러앉은 사람들 얼굴에 맞추어야 한다. 자유스럽고 가볍고 밝고 개방된 공간이 되어야 한다. 놀이터를 이렇게 만들면 어린이는 불안해할 것이다. 반대로 놀이터처럼 설계한 공간에서 식사한다면, 조만간 소화불량이나 신경이상 증세가 생길 것이다.

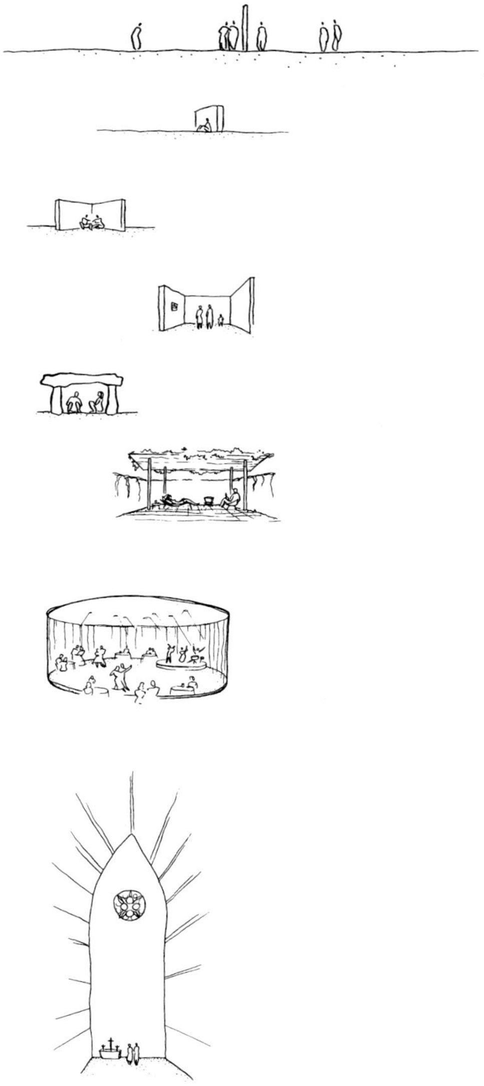

공간 속성

### 공간 특성(Spatial Qualities)

무엇인가 그 속에 담는다는 것이 공간의 본질이다.

닫힌 공간은 정적(靜的)이어서 휴식을 유발한다. 또 흥미와 시선을 내부로 유도하고 집중시킨다. 전체 공간은 압축이나 수축되는 느낌 또는 밀착하고 압박하는 느낌을 풍기게 된다.

반대로 열린 공간은 어떤가. 주변이나 밖으로 주의가 확산된다. 흩어지거나 확장되는 것처럼 보인다. 외부로 팽창하듯이 보인다. 경계부나 더 먼 곳으로 움직임을 촉발한다.

흐르듯 하는, 굽이치듯 하는 공간은 방향성을 가진 움직임을 암시한다.

공간은 그 자체로서 충분하고 만족스러운 특성을 지닐 수도 있다. 자체로 완벽한 공간같이 보이거나, 그렇지 않으면 불완전해 보이는 공간이어서 사람이나 사물의 배경이 되기에 적합한 공간일 수도 있다.

공간은 진공 상태와 같은 빈 장소가 될 수도 있다.

공간은 딛쳐내는 힘을 가질 수도 있다.

공간은 그 공간이 지닌 특성을 어떤 물체에 투사함으로써 그 물체를 압도할 수도 있고, 물체 특성의 영향을 받아 물체에 압도당할 수도 있다.

공간은 안으로, 바깥으로, 위로, 아래로, 방사상으로, 접선 방향 등으로 방향성을 지닐 수 있다.

공간은 개발하기 따라 어떤 물체에 어울리는 배경이 될 수도 있고, 어떤 용도를 담기에 적합한 환경이 될 수도 있다.

공간은 특별한 정서적 반응을 자극하거나 미리 설정한 일련의 연속적인 정서 반응을 유발하도록 설계할 수도 있다.

동적(動的) 공공(公共) 공간

정적(靜的) 사유(私有) 공간

공간은 어떤 물체나 다른 공간 등과 관련을 맺으면서 그 관계로부터 공간의 의미를 얻기도 한다. 조망(眺望, vista)이나 전망(展望, view), 일출이나 석양, 햇살 받고 누워 있는 산기슭, 별이 총총한 하늘, 시원한 저녁을 실어오는 미풍, 이런 것들과 공간을 연결 지을 수 있다.

복합적인 공간은 어느 정도 각 구성 공간의 특징을 취하게 되는데, 이러한 복합적 특성을 하나의 통일된 특성으로 결집해야 한다.

공간은 거대한 것부터 작은 것, 가벼운 것부터 무거운 것, 동적인 것에서 정적인 것, 거친 것에서 세련된 것, 간단한 것에서 정교한 것, 침울한 것에서 눈부신 것까지 다양하다. 공간의 규모, 형태, 특성 등도 무한히 다양할 것이다. 어떤 기능을 가진 공간을 설계하려면, 먼저 그 공간이 지녀야 할 본질적인 특성을 결정하고, 그러고 나서 그 특성을 구현하기 위해 설계가는 최선을 다해야 한다.

쭈그려 앉기
먹기
수다 떨기
로큰롤 춤추기
3인조 요들송 공연
비싼 음식값 불평하기

앉기
식사
폭스트로트(Fox-trot) 댄스
경가극(輕歌劇) 공연
새로 구입한 자동차 이야기

예약석에 안내받아 앉기
연회(Banquet)
왈츠
교향악단 연주회
세계 무역 관계 토론

### 공간 규모(Spatial Size)

공간계획은 통상 공간과 인간의 관계만 고려한다. 목장, 가축 우리, 개집, 카나리아 새장, 코끼리 우리 등은 그래도 공간과 각 동물의 관계를 감안하지만, 심지어 이런 공간도 단순히 동물 습성, 반응, 요구 조건 등을 고려하는 것보다 더 생각하고 설계해야 한다. 예를 들면 코끼리 우리를 보자. 야생 코끼리를 가두고 훈련시키기 위해 튼튼한 재목과 등나무로 우리를 만드는 원주민보다 더 예리하게 코끼리 습성을 인식하고 계획하는 건축가는 거의 없다. 가벼운 창살, 모이통, 흔들 횃대를 설치하고, 오징어 뼈도 매달아준 카나리아 새장은 카나리아의 편안함을 두루 생각한 것이다. 인간을 위한 공간 계획에서도 새나 코끼리를 위한 설계처럼 계획가의 최대 관심은 인간의 편의와 행복이어야 한다.

실내 공간 크기가 인간 감성과 행태에 강한 영향을 미친다는 것은 잘 알려져 있다. 옆 그림을 보면 이해하기 쉽다.

실외 공간도 유사한 심리적 속성을 갖고 있다. 겁 많은 사람은 허허벌판에 서 있으면 압도감이나 고독감이나 무방비감을 느낄 수 있고, 맘대로 가게 두면 대피소나 동료 무리를 만나리라 기대하는 방향으로 곧바로 이동할 것이다. 그러나 패기만만(覇氣滿滿)한 사람은 도전 의식을 느끼며 행동으로 표출해 자유와 활동 공간을 얻었다고 신나게 달리고 환호작약(歡呼雀躍)할지 모른다. 폴로 경기장, 미식축구장, 축구장, 경주장 같은 넓은 평탄지는 군중 활동을 수용할 뿐만 아니라 유발하기도 한다.

이러한 허허벌판에 수직 물체를 세우면 굉장히 흥미로운 요소가 되고, 방향을 알려주는 지표가 될 것이다. 거기에 이끌려가고, 주변에 모이고, 그 밑에서 휴식을 취한다. 이러한 자연스러운 현상에서 보는 아주 중요한 점은, 인간은 본능적으로 자기 주변에 보호막이 필요하다는 것이다. 수직면이나 벽은 이러한 보호막이 되고 안식처를 제공한다.

두 개 벽이 교차하면 보호 기능이 더 커지고 구석이 형성되므로 뒤로 물러서서 공격자나 사냥감이 있는지 들판을 감시할 수 있는 곳이 된다. 수직면을 추가하면 더 많은 모퉁이와 공간을 형성하고, 천장을 더하면 더욱 한정적 공간이 된다. 벽면 상호 보조 관계 또는 대척 관계에 따라 그러한 공간의 규모, 형태, 위요 정도가 결정된다.

공간 성격은 자극적일 수도 있고, 휴식적일 수도 있다. 무한히 커서 그에 적합한 용도가 있고, 또는 좁은 대로 그에 적합한 용도가 있다. 여하튼 걷기, 사격 연습, 포도 먹기, 사랑 등 무엇이건 그 목적에 적합한 공간을 찾기 마련이다. 염두에 두는 용도에 부적합한 공간은 피하게 되거나 적어도 우리 관심 밖에 있다.

일본인들이 조경 설계한 공간은 인간적 척도이고, 지극히 인간적 특성을 지녀 이용할 사람들이 그 공간을 점유하고 있을 때만 공간으로서의 의미를 가질 정도다. 닛코(日光)에 위치한 도쇼구(東照宮, 역주: 도쿠가와 이에야스 사당. 1617년

건립) 정원을 보면, 대수도원장과 수도승들이 낮고 넓은 테라스에 줄 맞춰 차분하게 앉아 있거나, 구불구불한 소나무 사이나 고요한 연못가를 명상에 잠겨 걷고 있을 때에야 완성된 공간이 된 느낌을 준다. 신주쿠(新宿) 고엔(御苑)은 장엄하게 아름답고 빈틈없이 손질되어 있으나, 천황이 거기에 없다면 어딘가 불완전해 보인다. 현대 미국 주택과 정원은 하나의 복합체로 계획되고 실내 공간과 외부 공간이 균형을 취하고 있으며, 이 공간들은 가족이나 친구들을 위해 설계한 것이기 때문에 그러한 사람들이 차지하고 있을 때 그 공간이 완성된다.

*자연에서 '아름답다'고 느끼는 것은 그 어느 것도 '실용(實用)'에 무언가 덧붙였기 때문에 아름다운 것은 아무것도 없고, 결코 그럴 수도 없다. 모든 유기체 형상이나 세밀한 모양까지 그 구조의 일부분일 뿐, 어느 것 하나 장식 덧붙임으로 볼 수 없다.*

**Richard J. Neutra**

© D.A. Horchner/Design Workshop

사람 분위기, 사람 활동도 공간을 만든다.

어떤 공간은 인간 중심 공간이며, 이런 공간은 사람 팔 길이나 자동차 회전 반경 등에 의해 크기가 결정된다. 의도적으로 인간을 압도하게 계획하는 공간도 있다. 그랜드 캐니언에서는 아찔하게 높고 벌어진 입을 다물지 못할 만큼 깊은 협곡을 보면서 최대의 스릴을 느끼도록 방문객들을 유도한다. 버지니아 주 블루리지 파크웨이(Blue Ridge Parkway)에서는 의도적으로 사람들이 절벽 끝에 가 볼 수 있게 한다. 또 거대하고 텅 빈 천공(天空)을 배경으로 사람이 개미처럼 보이는 좁은 바위 위에 오르게 할 수도 있다. 불가사의 중 하나인 영국 스톤헨지(Stonehenge)는 거대한 돌기둥과 상인방(上引枋) 돌을 황야의 땅에 커다란 원형으로 세워 만든 공간인데, 심지어 신석기 시대 사람들도 공간이 인간에게 영감을 주고 인간을 겸허하게 하는 힘을 가지고 있다는 사실을 알았다는 극적인 상징물이다. 경외심을 느끼면서 인간의 영혼이 풍부해지고, 극도로 겸손해질 수밖에 없음을 경험함으로써 가슴속에 새로운 활력을 얻을 수 있다고 신석기인들도 느꼈을 것이 틀림없는 것 같다.

*선(善, good) 이외 기준으로 아름다움을 저울질하는 사람은 바보다. 유용한 것은 고귀한 것이며 해로운 것은 천한 것이다.*

**Plato**

*나는 모든 부분이 조화를 이루는 것이 아름다움이라고 정의한다. 즉 아름다움의 주체가 무엇이든, 각 부분이 모여 더 이상 바랄 것 없는 조화로운 비례와 연결 관계를 갖추고 있어 무엇을 더하거나 빼거나 변경한다면 현재보다 나빠질 수밖에 없는 상태가 아름다움이라는 것이다.*

**Leon Battista Alberti**

*파란색과 초록색은 하늘, 바다, 풍요로운 들판, 남녘 한낮 그림자, 저녁 무렵, 먼 산 빛깔이다. 파란색과 초록색은 실제 색깔이라기보다 대기 빛깔이다. 차가운 색이고, 영혼을 불러내는 색이고, 광대함과 먼 거리감과 무한한 감을 불러일으키는 색이다. 파란색은 … 언제나 어둠, 불빛 없는 세계, 비현실성과 관계 있다. 파란색은 우리에게 다가오기보다 우리를 먼 곳으로 이끈다. 시인 괴테는 색채론에서 파란색을 '매혹적인 무(無)'라 했다.*

*파란색과 초록색은 초월적이고, 영적(靈的)이고, 무감각한 빛깔이며 … 노랑이나 빨강, 즉 고전적 빛깔은 물질적 빛깔이고, 가까운 빛깔이고, 순수한 빛깔이다. 빨강은 특히 성적(性的)인 빛깔이다—그래서 야성에 작용하는 유일한 빛깔이다. 빨강은 남성의 상징, 즉 조각품이나 도리아 양식 기둥과 가장 잘 어울린다. 반면 순수한 파란색은 마돈나의 외투에 영혼을 불어넣는 빛깔이다. 이러한 색채 관계는 어느 분야에나 필수인 것으로 확립되어 있다. 보라색은 빨간색이 파란색에 압도당한 것으로서, 더 이상 아이를 가질 수 없는 노부인이나 독신 생활을 하는 성직자 빛깔이다.*

*노랑과 빨강은 민중 빛깔이고, 군중 빛깔이고, 어린이 빛깔이고, 여성 빛깔이고, 야만인 빛깔이다. 베니스와 스페인의 지위 높은 사람들은 화려한 검은색이나 파란색을 즐겨 사용했는데, 무의식적으로 그 색깔의 초연함을 느꼈던 것 같다. …*

**Oswald Spengler**

아주 작은 공간과 거대한 공간 사이에 다양한 크기의 공간을 무한히 많이 계획할 수 있다. 그러나 절대로 공간의 크기를 우연에 맡기면 안 된다.

### 공간 형태(Spatial Form)

이상적 설계가 되려면 형태는 기능을 따라야 한다는 말이 있다. 이 말은 듣기보다 훨씬 깊은 의미가 있다. 미적인 측면과 지적인 측면 모두가 기능 속에 내재하는 고유한 속성이라고 가정하지 않으면, 그 말에 대해서는 약간의 논쟁이 있을 수 있다. 이것이 의미하는 바는 어떤 대상, 공간, 사물은 해야 할 일을 가장 효과적으로 수행할 수 있는 메커니즘으로 설계되어야 한다는 것이다. 그뿐만 아니라 보기에도 그러해야 한다는 것이다. 설계가가 형태, 재료, 마감, 용도 모든 면에서 실질적이고 확실한 조화를 이루는 설계를 성취하고자 한다면, 그 대상물은 훌륭히 작동할 뿐만 아니라 보기에도 좋아야 한다는 것이다. 간단한 예를 들어보자. 도끼 자루는 도끼질하는 사람이 내려치는 힘을 온전히 도끼날에 전달하는 것이 목적이다. 좋은 도끼 자루는 적당한 강인함과 유연성을 가진, 곧고 잘 마른 물푸레나무로 만드는 것이 좋다. 감아쥐는 손 모양에 맞게, 미끄러지지 않게 손잡이를 만든다. 손잡이 윗부분은 강한 힘을 전달하되 부서지지 않게 적당한 두께와 길이를 연구해 곡선 형태로 만든다. 점점 가늘어지는 자루를 도끼에 정확한 각도로 고정하면 도끼는 완벽한 균형을 이루고, 손에 꼭 맞아서 사용하기에 딱 좋다. 보기에도 좋다. 써본 사람에게 그것은 진정한 아름다움 그 자체다.

만약 플라스틱으로 만든 도끼 자루를 보여주면, 쓰고 싶은 마음이 내키지 않을 것이다. 나뭇결도 없고 유리처럼 보이는 도끼 자루는 믿음직스럽지 못하고 어울리지 않아 보기에도 좋지 않을 것이다. 그러나 만일 플라스틱 도끼 자루를 써보고 모든 면에서 우수하다고 판명되면 새 도끼 자루를 칭찬하게 되고, 나무 손잡이가 달린 도끼도 그렇게 아름답게 보이지 않을 것이다.

외돛배는 바람 힘으로 움직인다. 선체가 파도를 잘 헤치고 물 위를 유연하게 미끄러지면서 부드럽게 물살을 가르도록 까다롭게 만들어야 우수한 배가 된다. 용골(keel)은 선체 형태를 유선형으로 물밑까지 연장해 배를 안정시키는 역할을 하고, 돛대는 돛을 잘 펼칠 수 있는 모양으로 구부러지게 만들고, 밧줄은 최고급 스테인리스 철선으로 만들고, 마룻줄과 아딧줄과 돛은 나일론이고, 밧줄걸이는 잘 닿는 곳에 설치하고, 키 손잡이와 키는 정확하게 고정되고 균형이 잡혀 있다. 비스듬히 바람을 안고 달리는 외돛배는 형태, 재료, 자연의 힘이 함께 조화를 이루어 연출해내는 경이로움이다. 여기서도 형태는 기능을 따라 설계된 것이고, 그래서 그 형태는 아름답다. 시인 키츠(Keats)가 말했듯이 "미(美)는 진(眞)이고, 진(眞)은 미(美)다."

**공간 색채**(Spatial Color)

고대 중국의 공간 색채설계 이론은 흥미롭다. 인간은 자연 배색(配色)에 익숙해서 자연 배색 원리에 어긋나면 혐오감을 갖는다는 것이다. 그래서 내부 공간, 외부 공간을 막론하고 바닥면에는 진흙, 양토, 바위, 자갈, 모래, 숲 속 낙엽, 이끼 같은 색상과 명도를 채택한다. 밝은 청색과 청록색 물 빛깔은 불안정한 느낌을 주므로 바닥면이나 마루에는 거의 사용하지 않았고, 오히려 출입을 삼가는 곳에 사용했다. 벽이나 천장 구조재에는 흑색, 갈색, 짙은 회색, 붉은색, 황토색 같은 나뭇가지 색이나 나무줄기 색을 사용했다. 벽면은 후퇴색에 속하는 대나무 숲, 등나무 덩굴, 햇빛 쏟아지는 숲, 소나무 가지, 뒤엉킨 단풍나무 가지 색 등을 적용했다. 천장 색은 진한 하늘색부터 물빛 같은 녹색, 안개구름 같은 흰색, 부드러운 회색까지 사용해 창공의 경쾌함을 연상케 한다. 자연 순응 이론은 재료, 질감, 형태에도 똑같이 적용했다.

Barry W. Starke, EDA

Barry W. Starke, EDA

Tom Lamb, Lamb Studio

Barry W. Starke, EDA

회랑(回廊) 공간

물론 다른 이론과 다른 색채 사용 체계도 많이 있다. 그중 하나는 회색, 흰색, 검은색 등으로 드러나지 않게 공간 구성 요소를 채색하고, 공간 내 물체나 사람

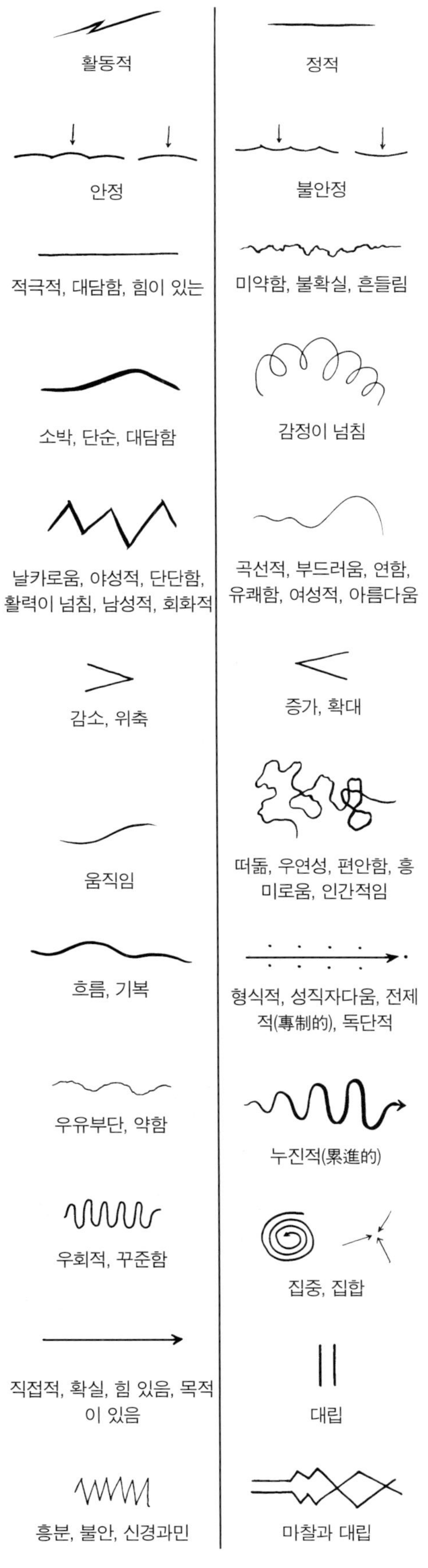


추상적 선(線)의 표현

은 정교하고 생성한 색상을 갖추어 빛을 발하게 하는 것이다. 또 다른 이론은 미리 정해놓은 지적 · 정서적 감흥을 일으키도록 공간과 물체 색상과 명도를 택한다는 것이다. 음악 선율과 같이 주조색을 선정하고, 안정된 분위기를 조성하기 위해서는 화음과 같은 조화색을, 흥미를 주고 강조하기 위해서는 대비되는 색상을 사용한다는 것이다. 또 다른 색채 사용 체계는 후퇴색과 두드러지는 색조를 조합함으로써 공간과 그 공간 속 물체를 연출하는 것이다.

실내 디자이너가 잘 쓰는 널리 알려진 기법은 압도적인 도안이나, 직물이나, 물체에 그 공간 주제 색을 사용하고 나머지는 선명하거나 옅거나 모두 주제 색을 연상케 하거나 강조하는 색을 사용하는 것이다.

또 다른 이론은 어떤 장소나 구조물에 전체를 통일하는 줄기가 되는 하나의 적합한 색채를 결정하고 다른 모든 색은 줄기에서 뻗어나온 가지, 잔가지, 잎, 꽃, 열매에 해당하는 색상을 사용하는 것이다. 이러한 색상 체계는 버드나무, 참나무, 녹나무 등 나무 하나의 전체 색상에 비견하거나 강이 흐르는 계곡이나 구름 덮인 산기슭 따위 자연경관 속에서 찾을 수 있는 색상 체계에 맞출 수 있다. 자연 속에서 보는 색상은 예외 없이 서로 잘 어우러지는 특유의 조화로운 체계를 이룬다. 의미 있는 공간을 창조하려면 세련된 색채 구사가 필수다.

### 공간의 추상적 표현(Abstract Spatial Expression)

설계 대상지 경관 특성에서 추상적 설계 특징을 도출할 수 있듯이 계획하는 용도에서 드출할 수도 있다는 것을 배웠다. 일례로, 공동묘지 공간 구성은 주제 공원과는 판이하게 다를 것이다. 웃고, 놀라고, 변화와 휴식, 일상의 단조로움 탈출을 위해 주제 공원에 간다. 속임수도 재미있고, 혼란과 왜곡되고 찌그러지고 우스꽝스러운 형태도 재미있다. 아찔한 놀이, 회전기구, 구르기, 공중돌기, 멋대로 움직이는 놀이기구 등을 찾는다. 롤러코스터의 질주와 점점 커지는 소리, 심벌즈 쇳소리, 탬버린 소리, 망치 두드리는 소리, 선술집 왁자지껄한 소리도 좋다. 배우 분장 같은 야한 색, 주홍색이나 오렌지색 반짝이 같은 화려한 색, 물들인 새털같이 알록달록한 색, 금장식, 무지갯빛 같은 색깔이 흥을 돋운다. 공포, 익살, 장난, 유혹, 희롱, 조롱도 재미있다. 이러한 모든 것이 즐거운 소란이고, 즉흥이고, 행복한 환상이다. 휘장이나 가설 재료같이 값싼 것과 임시시설도 좋다. 모든 것이 경이롭고, 매력적이고, 기분을 전환해주고, 굽이치고, 팽창하고, 수축하며, 흥미를 끌고, 즐겁게 만드는 축제 분위기다. 주제 공원으로서 성공작이라면 이러한 분위기가 있어야 한다. 상상할 수 있는 모든 소란스러운 분위기로 계획해야 한다. 이러한 분위기는 바람직할 뿐만 아니라 필수다. 주제 공원에 질서와 조직은 합당치 않으며, 으리으리한 대로나 단정한 길을 설치하는 것은 큰 잘못이다.

공동묘지 공간은 얼마나 다른가! 평온하되 기념비적이며, 널찍하고, 아름다운 공간이어야 한다. 보호받는 느낌을 주고 속세와 격리된 감을 주도록 감싸주는 위요감이 있어야 할 것이다. 입구는 천국으로 가는 지상의 문이기 때문에 마치 찬송가 전주곡같이 그 안에 있는 공간의 주제를 제시해야 한다. 예나 지금이나 장례를 치르기 위해 이곳을 들어설 때가 가장 슬픈 순간이다.

인간은 슬픔에 잠긴 채 위안과 평안을 찾기 위해 여기에 온다. 따라서 형태와 질감의 섬세한 조화를 통해 평화롭고 고요한 공간을 만들어야 한다. 번뇌하고 회의하면서 사람들은 이곳에서 안도(安堵)와 질서(秩序)를 찾는다. 공간의 질서는 논리적인 전개, 시각적 균형, 규칙적인 배치계획 또는 점진적인 전개에 의해 형성된다.

사람들은 죽음이라는 현실 앞에서 겸손해지고 마음이 산란해져 초월적인 힘에 의지하고자 한다. 신성한 힘의 존재는 평면 배치 형태나 상징물을 통해 표현할 수 있다. 인간에게 어떤 관념을 가장 강하게 심어주는 고전적인 방법에 속하는 직선 축 구성 기법을 잘 변형해 적용하는 것이 공동묘지에는 제일 적합하다. 신성하고 숭고해야 하는 분위기에 맞는 것이라면 장엄한 조망이나 광활한 전망이 있어도 좋다.

정신을 집중시키고 승화시키기 위해 특히 신중하게 계획하려는 공간에는 우뚝 솟는 수직적 요소를 사용하는 것이 효과가 있다. 하얀 대리석으로 만든 간단한 십자가일지라도 구름을 배경으로 우뚝 서 있으면 바라보는 사람에게 커다란 만족과 의미를 불러일으킬 것이다.

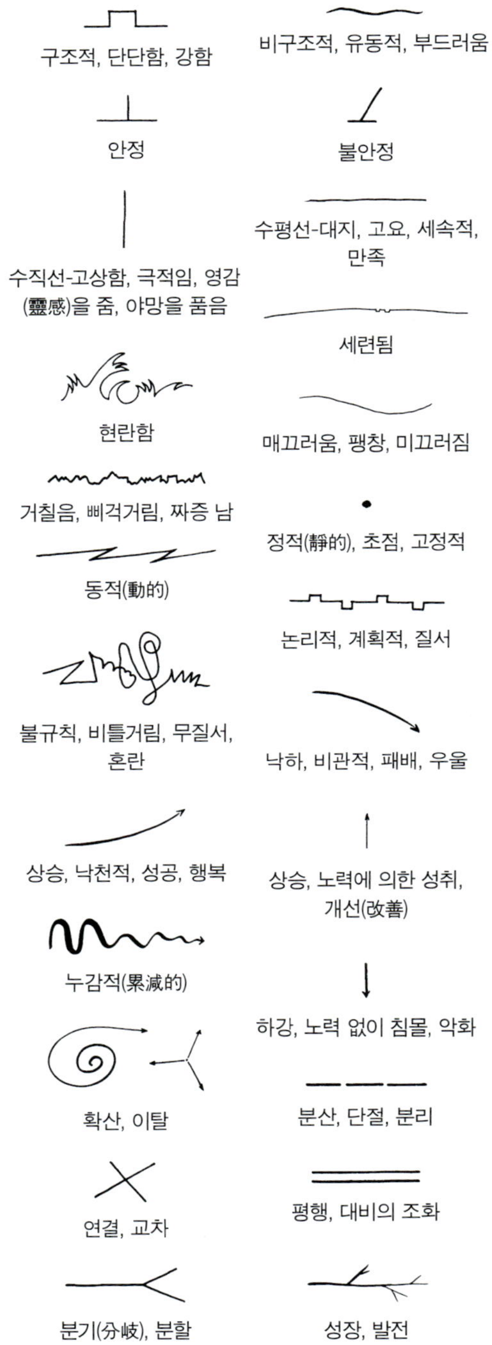

Barry W. Starke, EDA

알링턴 국립묘지
(Arlington National Cemetery)

Barry W. Starke, EDA

베트남 참전용사 추모관
(Vietnam Veterans Memorial)

사랑하던 사람의 편안한 최후 안식처가 되기를 희망한다. 이러한 개념은 영원(永遠), 이상(理想) 같은 개념으로 전환해 설계에 반영한다. 영원성은 이끼, 고사리, 이끼 낀 바위, 태양, 비틀리고 고색창연한 참나무 숲, 둥그스름한 언덕 꼭대기 등과 같이 장구한 세월을 상징하는 경관 요소로 표현할 수 있다. 재료 역시 대리석, 화강석, 청동 같은 오랜 세월을 견뎌낼 재료를 선정한다.

이상(理想)은 공간이나 고급 예술 형태를 통해 표현할 수 있다. 공간이나 예술 작품이 이 신성한 장소에 와 있는 죽은 자와 살아 있는 자 모두에게 신의 가호가 함께하고 있다는 굳은 믿음을 심어줄 수 있도록 하는 것이다.

마찬가지로 상가, 여름 휴양지, 극장 같은 장소나 공간에 대해서도 바람직한 공간 특성이 즉각 마음에 떠오를 수 있다. 공간 특성은 설계의 기본이다.

### 공간 형성 요소(Elements of Containment)

공간 형성과 공간 특징은 대체로 그 공간을 둘러싸는 공간 형성 요소가 결정한다. 공간 형성 요소 특성이 공간에 스며들기 때문에, 공간 형성 요소 선정은 다른 공간 형성 요소와 상호 관계뿐만 아니라 그 공간이 궁극적으로 어떤 특성을 가져야 하는가를 신중히 고려해 결정해야 한다.

어떤 선, 형태, 색채, 질감, 소리, 향기 등이 인간 지성과 감성에 어떤 영향을 미칠지 비교적 정확하게 예측할 수 있다. 예를 들어 어떤 형태나 색채가 관찰자에게 특별한 의미를 전달하거나 영향을 미친다면, 그러한 메시지를 담고자 하는 구조물이나 물체나 공간에는 그러한 형태나 색채를 사용해야 하는 것이다. 선의 추상적인 의미가 구조물, 물체, 공간이 갖추어야 할 특성과 맞지 않는다면 꼭 그러한 선을 사용할 이유가 있는지 신중히 판단한 후에만 사용해야 한다. 형체나 평면에 나타나는 모든 선은 설계상 특유 의미를 지닌다. 이러한 선의 의미는 공간에 표현하고자 하는 공간 특성과 맞아야 한다.

### 공간 형성(Def nition of Volumes)

오래전부터 동양인들은 중요한 공간을 형성하기 위해서는 공간 위요(圍繞)가 필요하고, 위요의 규모, 형태, 특성이 공간의 질을 결정한다는 것을 알고 있었다. 개방감(開放感), 빈 공간, 단순한 광활함으로는 충분하지 않다. 그것은 공허함일 뿐이다.

옥외 공간은 지평선까지 무한히 펼쳐지기도 하고, 두 개 나뭇잎 사이만큼 작을 수도 있다. 옥외 공간을 형성하는 설계는 재료, 형태, 규모에서 건축이나 토목만큼 제약을 받지 않는다. 인공적인 재료뿐만 아니라 자연적인 재료까지 모든 재료를 이용할 수 있다. 해변 공간은 조가비가 널린 모래사장, 밀려와 부서지는 흰 파도, 맑은 하늘, 바람에 불려온 바닷말 따위로 저절로 형성된다. 도시 공원의 정교한 공간은 판석 문양 포장, 전정해 다듬은 주목, 협죽도 화분, 놋쇠로 만든 분수대, 도자기 타일, 조명 비춘 물 등을 도입하면 더욱 도시 공원다운 공간을 형성하게 된다.

모래밭, 하늘, 흔들리는 백양나무 잎으로 둘러싸인 공간이라는 식으로 막연하

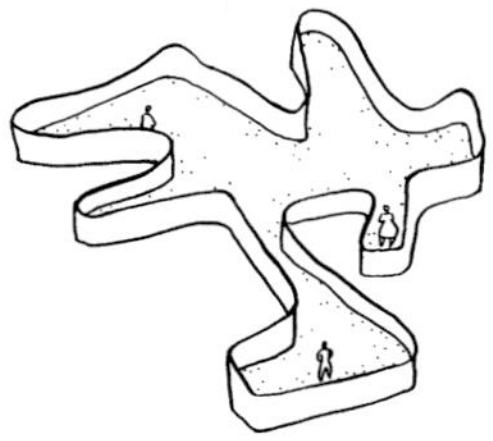

복잡한 위요 공간은 흥분, 기분 전환, 호기심, 놀람, 이동 유발 효과가 있다.

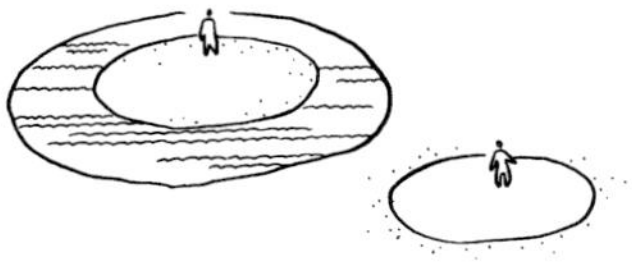

바닥면에 명확한 표시를 함으로써 위요감 암시 효과를 얻을 수도 있다.

단순한 위요 공간은 생각, 공간 형태, 공간 상세 부분에 집중하게 한다.

좁은 위요 공간은 긴장을 풀고 휴식을 취하기에 적합하다.

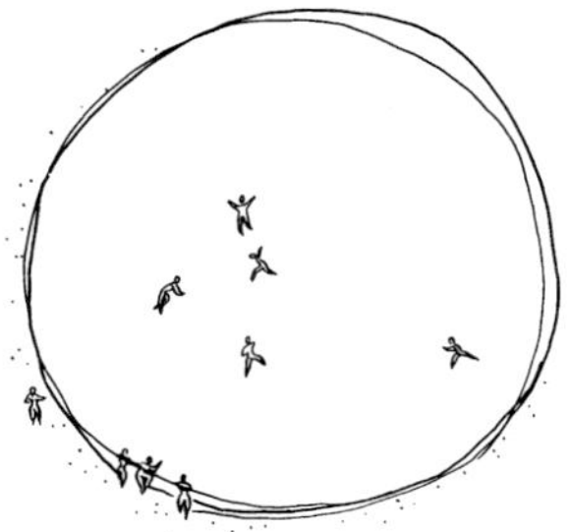

개방적이고 자유로운 위요 공간은 활동을 유발하고 열광적 분위기를 조성하는 데 적합하다.

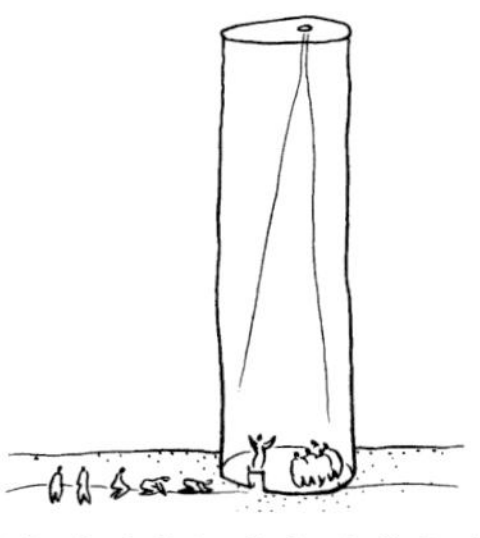

미리 정해진 특별한 감성적 효과나 지적 효과를 주도록 공간을 조성할 수도 있다.

---

수직적 위요의 기능. 위요 정도와 형태에 따라 인간 반응은 다양하게 변한다.

게 외부 공간을 정의할 수도 있다. 또는 인조석갈기 모자이크 포장, 윤 나는 대리석 벽, 조각한 마호가니 판넬, 천연색 유리창, 다양한 문양 도자기 벽화, 화려한 채색 천막 차양으로 확고한 공간을 형성할 수도 있다. 어느 쪽이든지, 모든 외부 공간은 바닥, 천장, 벽, 세 가지 요소로 형성한다.

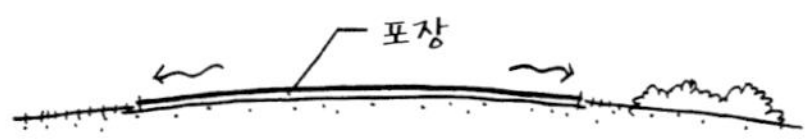


강수 유출량이 적은 곳은 잔디, 수목, 뿌리덮개(mulch) 등이 흡수해 별도 배수(排水)시설이 필요 없다.

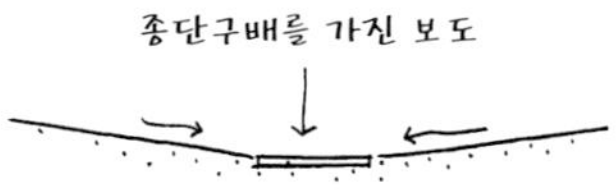


도로, 보도, 자전거도로 등이 배수로를 겸하는 경우도 흔하다.

강수 유출량이 많은 곳은 포장 단면을 오목하게 만든다.

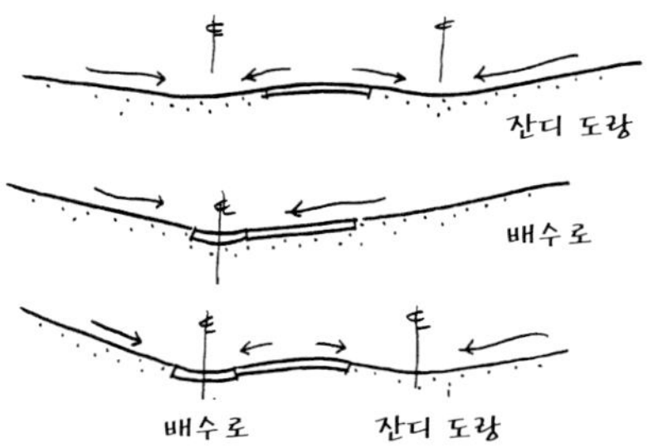


폭이 여유 있으면 포장 단면을 볼록하게 만들고 측면에 잔디 도랑(swale)이나 배수로(gutter)를 설치하는 것이 좋다.

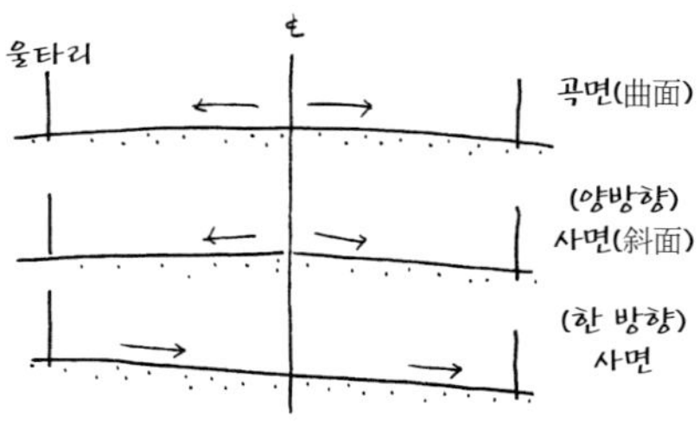


다른 곳과 마찬가지로, 운동장 역시 배수를 고려해 전체 경기장을 설계해야 한다.

**바닥면(The Base Plane)**

## 바닥면(The Base Plane)

바닥은 공간 이용과 가장 관련이 깊은 요소이기 때문에 용도지역 배치와 관련이 깊다. 개발계획 평면도에서 보는 것은 바닥면에 배치되는 것들이다. 평면도는 용도 종류뿐만 아니라 용도지역 상호 관계를 나타낸다.

바닥면은 대개 자연 상태 지표면이다. 얕고 깊은 표토층, 토양 습도와 비옥도(肥沃度), 거기에 식물이 서식하고 있어 지표면은 모든 생물의 생명 기반이다. 현명한 계획가라면 합당한 이유 없이 자연 지표면을 훼손하거나 변경하지 않는다. 환경을 보호하면서 계획한 용도를 배치하기 위한 변경에 한정한다.

지표면 구성 물질은 대체로 광물질이다. 광물질은 단단한 정도가 다양해 화강암, 석회암, 혈암, 모래, 점토, 양토에 이르기까지 여러 가지다. 토양층 지내력(地耐力)과 안정성은 구성 물질뿐만 아니라 경사, 수분 존재 여부, 다른 토양층이나 지표면과의 관계에 따라 다르다. 겉모양으로는 모르며, 겉모양만 보고 오판하면 큰 사고가 날 수 있다. 지지력과 안정성이 중요한 경우에는 구덩이를 파보거나 시추 작업을 통해 토성(土性)과 지내력을 조사해야 한다.

토양과 토양 속 수분, 서릿발 작용은 강력하게 침식이나 부식을 일으키는 요인이다. 구조물 중에서 땅에 접하는 부분의 재료 선정은 극히 주의해야 한다. 옥외 공간 바닥 재료는 자연석, 자갈, 모래 등 천연 재료나 벽돌, 콘크리트, 아스팔트, 도자기 타일 등 인공 재료를 생각할 수 있다. 이런 재료는 적합하다. 그러나 방부 처리하지 않은 목재, 피복하지 않은 금속 등 대부분 다른 재료는 쉽게 녹슬거나 썩는다.

교통 동선도 바닥면에 설치한다. 교통 동선은 최대한 자연 지형에 맞게 배치하는 것이 좋다. 그렇지 않으면 막대한 절성토 비용과 배수시설 비용이 든다. 더구나 훼손된 지표면은 경관 조성을 위해, 침식 피해를 막기 위해 철저히 피복해야 한다. 세계적으로 가장 안정되고 아름다운 도로는 능선이나 계곡 바닥을 따라 개설한 것이고, 경사가 완만한 곳을 찾아 비스듬히 사면을 오르내린다. 이러한 도로가 쾌적한 이유는 자연 지형은 물론 자연의 힘이 작용하는 선을 따라 도로를 만들었기 때문일 것이다. 플라톤에게 물어볼 수 있다면, 고개를 끄덕이며 동의할 것이다.

바닥면에 놓인 요소는 모두 계획에서 중요한 의미를 갖는다. 존치하려는 요소는 다른 요소와의 관계를 잘 감안해야 한다. 제거하려는 요소는 운반 용이성과 운반 수단을 신중히 검토해야 한다. 변형하려는 요소는 변경 형태와 변경 정도를 분석해야 한다.

중력의 법칙이 지배하는 세계이기 때문에, 바닥면은 집중적으로 이용하고 마모가 심하다. 그러서 유지 관리가 가장 많이 필요한 곳이다. 관리인 입장을 생각하면서 계획가는 내구성 있고 사용기간 동안 외관을 양호하게 유지할 수 있는 재료와 질감을 선정해야 한다.

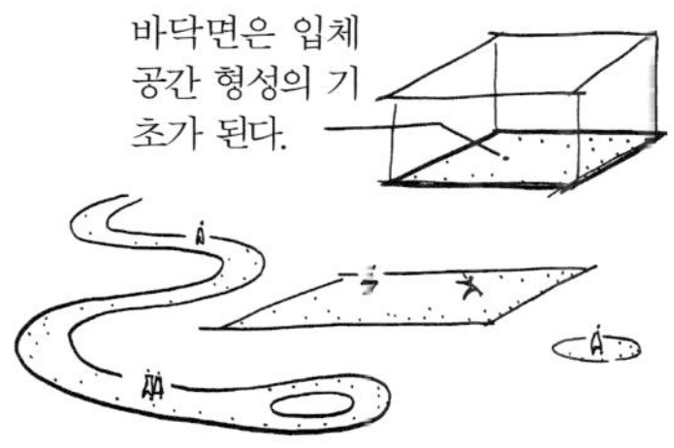


바닥면은 그 용도에 맞는 크기, 형태, 질감을 나타내도록 설계해야 한다.

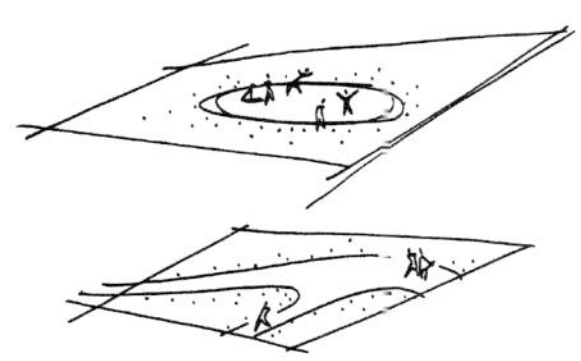

바닥면의 재료, 패턴 색상에 따라 그에 적합한 '용도'도 결정된다.

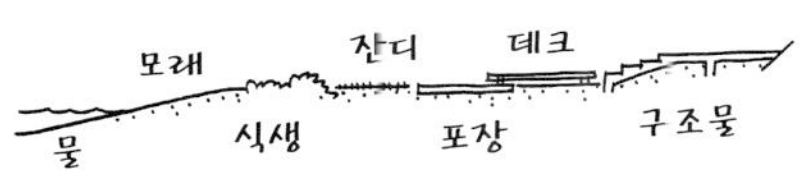


유동성 재료에서 고형 재료까지 바닥면 재료의 범위는 넓다.

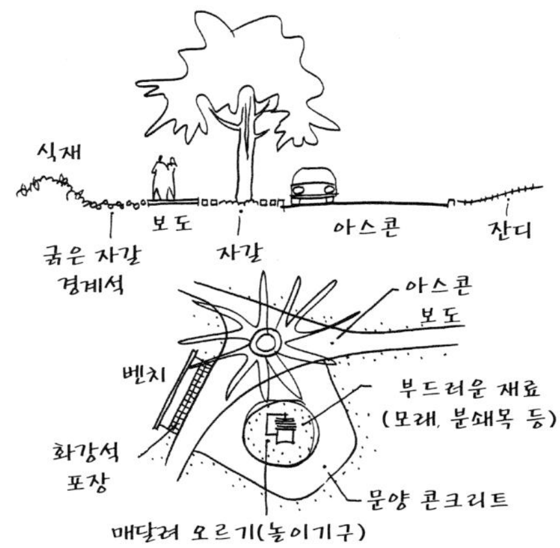


용도에 알맞은 바닥 재료 선정

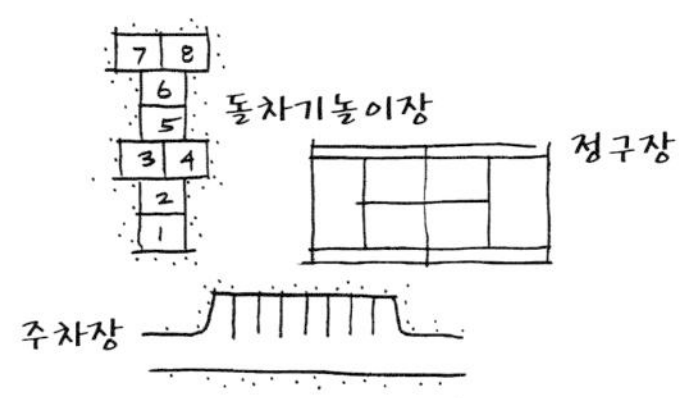


바닥면 구획이 설정하는 용도

**바닥면은 용도(USE)를 담는 평면이다.**

*지형 고저차(高低差)를 다루는 기술이 도시경관(townscape) 조성 기술의 큰 부분을 차지한다.*

**Gordon Cullen**

*사람들이 매일 오가는 보도와 포장면(鋪裝面)은 바닥화 또는 마을의 깔개 그림으로 바꿀 수 있다—마을 사람들이 참여하고 협동해 마치 자기 잔디밭 꾸미듯 그림을 그리면 된다.*

**Karen Bergmann**

평평하건, 휘어져 있건, 경사지건, 단이 있건, 지면(地面)이 모든 건설사업의 기반이다. 이 지면 위에, 지면 안에 또는 지면 주위에 모든 것을 배치하게 된다. 사업 핵심 형태는 거의 이 지면 위에 형성된다.

한 장소에서 다른 공간으로 옮겨가는 공간 전이(空間轉移)를 적절하게 조성하려면 바닥면 설계가 중요하다. 바닥 형태와 문양을 잘 설계하면, 구조물과 부지 또는 구조물과 다른 구조물들을 정교하고 강력하게 연결할 수 있다. 바닥면의 세심한 설계를 통해 바닥면에 배치하는 모든 요소를 조화시키고, 강조하고, 통합할 수 있다.

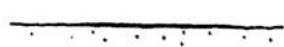

인간 활동은 대개 평지에서 일어난다. 투수성 표면이 아니면, 사면 또는 곡면으로 만들어 배수해야 한다.

곡면 단지는 대개 정적(靜的) 용도나 완충 공간으로 이용한다.

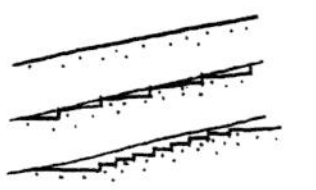

경사로, 단사로(段斜路), 계단은 평지와 평지를 연결하는 수단이다.

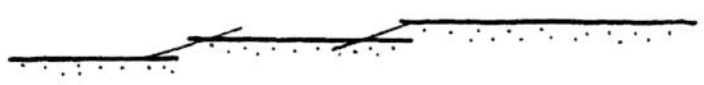

계단식 단지는 경사지에 평지를 조성하는 수단이면서 기능과 기능을 분리하는 수단이기도 하다.

---

바닥면 유형은 평지, 곡면, 사면, 계단형(stepped), 계단식 단지형(terraced) 등이 있다.

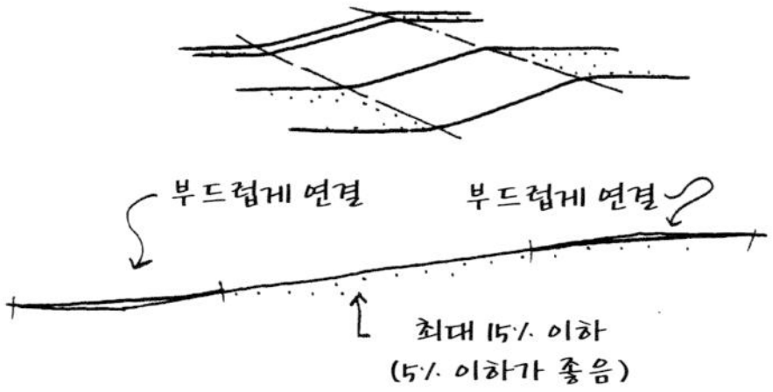


평지와 평지를 연결하는 수단으로서 계단보다 경사로가 좋은 이유:

- 오르내림 용이
- 바퀴 달린 기구 통행 용이
- 위아래 평지를 분리하기보다는 통합
- 건설비용 저렴

---

경사로(THE RAMP)

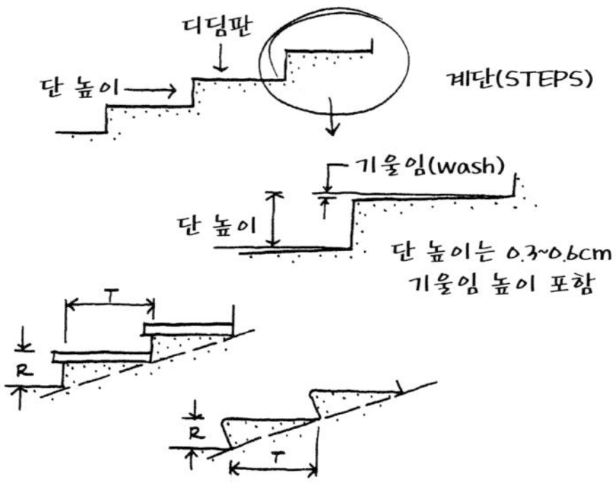


R+T+R=2R+T=66cm 내외(옥외 계단 표준)

---

단 높이와 디딤판 관계

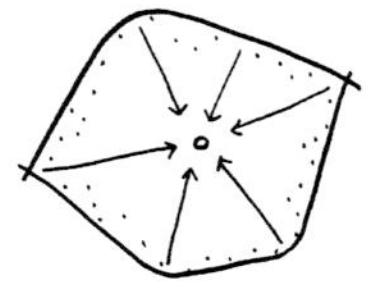

중앙 집수구로 배수하는 곳에서는 가장 먼 지점에서부터 고저차와 경사를 계산한다.

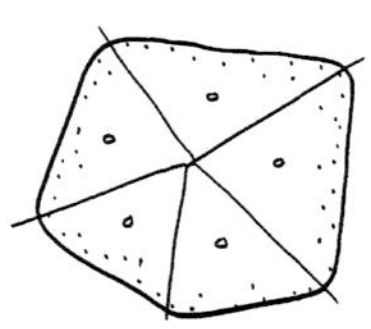

배수 구역을 세분해 집수구를 설치할 경우, 문양 효과를 고려해 집수구와 줄눈을 배치한다.

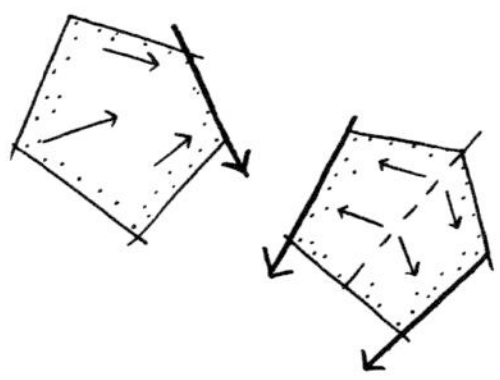

한쪽 또는 양측 배수로나 배수구로 물이 흘러가도록 포장면에 경사를 만든다.

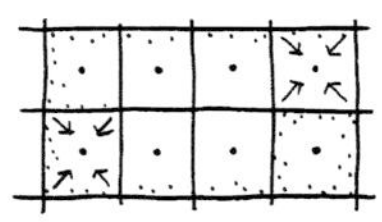

격자형 포장면은 격자마다 집수구와 경사를 두어 포장 문양으로 사용할 수 있다.

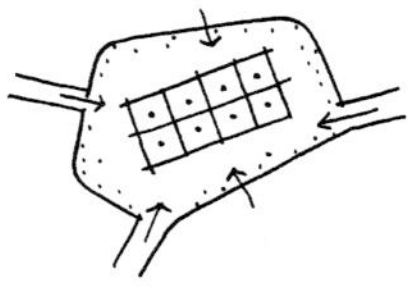

기하학적 배수망을 불규칙한 포장 형태 속에 도입할 수도 있다.

---

바닥면 배수(BASE-PLANE SURFACE DRAINAGE)

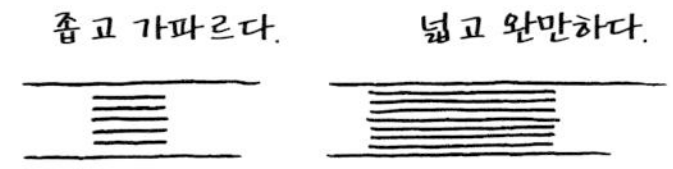


계단이 좁으면 위아래 면 사이가 더 높아 보이고 멀어 보인다. 계단이 넓으면 위아래 면을 시각적으로 통합해준다.

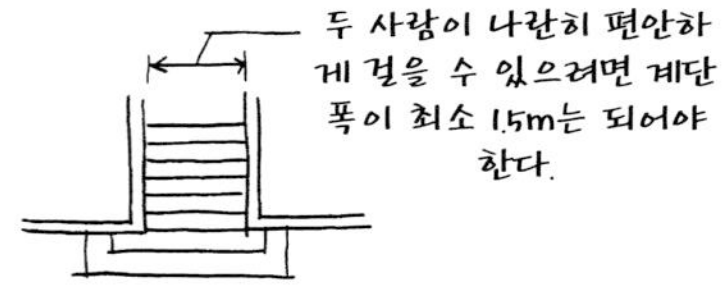


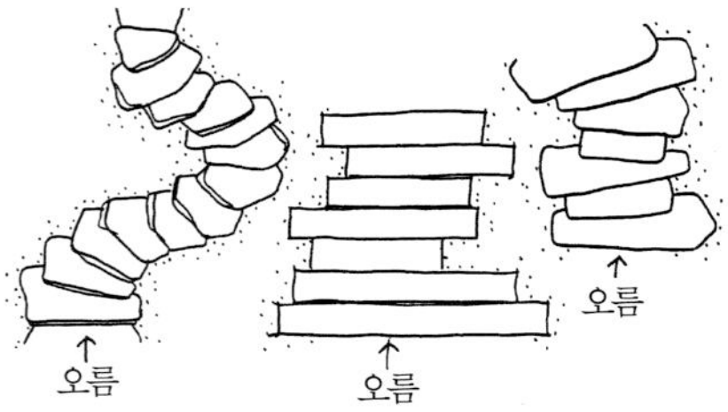


자연 지형, 자연 사면 계단은 크기, 모양, 단 높이, 디딤판 폭이 일정하지 않아도 된다.

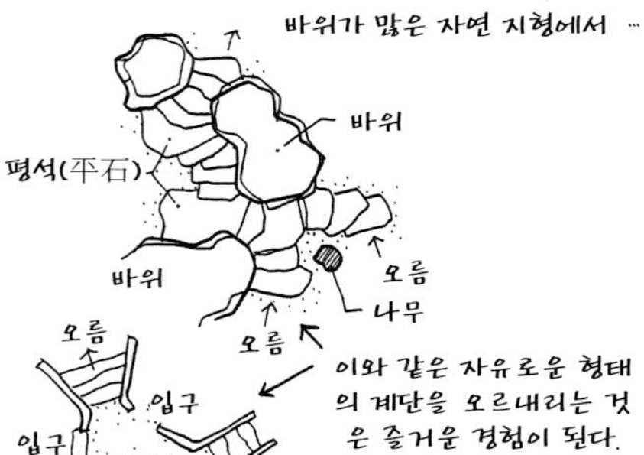


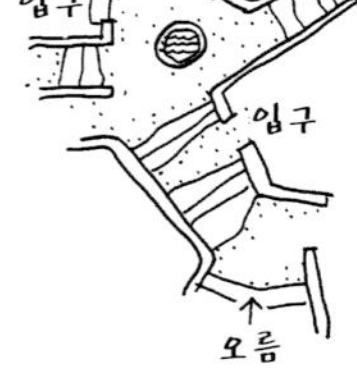


비정형 건축 공간 계단은 꼭 반듯한 모양으로 배치할 필요 없다. 지형에 맞추어 불규칙한 모양으로 배치해도 무방하다.

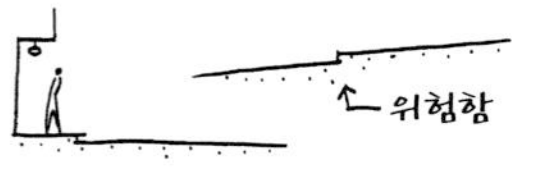


건물 기단을 제외하고, 단이 하나뿐인 계단 설치 금지.

단(段) 6개 이상 계단에는 손잡이를 설치하는 것이 좋다.

---

계단(階段)

Gustafson Guthrie Nichol Ltd.

EDSA/Len Kaufman

© D.A. Horchner/Design Workshop

Christopher Brown, FASLA, JJR 1Floor

바닥면 기능 다양성

## 천장면(The Overhead Plane)

옥외 공간 형성에서 천장은 하늘이나 수관(樹冠) 같은 것으로 저절로 만들어진다고 흔히 생각한다. 사실 유능한 설계가라도 이보다 더 아름다운 천장을 만들기는 어렵다. 그러나 하늘만으로 천장을 삼기에는 한계가 있다. 비바람을 막을 시설이 필요하고, 공간 높이를 조절해야 할 때도 있다. 한 손바닥은 위로, 다른 손바닥은 아래로 펼쳐 천천히 두 손바닥을 마주 당겨보면 알 수 있다. 곧 천장면의 중요성을 느낄 것이다. 어린 시절 현관 마루 밑에 기어들어 갔을 때, 어른이 되어 현관 나지막한 지붕 밑이나 정자에 앉았을 때의 포근함을 기억할 것이다. 넓고 개방된 공간에서도 머리 위에 드리우거나 기둥으로 받쳐 만들어놓은 천장면은 심리적 또는 생리적으로 똑같은 기능을 하는 것 같다.

무한하게 열린 푸른 하늘이 천장으로써 적합할 때는 그대로 하늘을 천장으로 삼아 낮에는 흘러가는 구름과 쪽빛 하늘을, 밤에는 반짝이는 별들의 잔치를 감상하게 하는 것도 좋다. 우리 일생에서 단 하루 낮밤만 하늘을 볼 수 있다면, 지상 삶에서 가장 기억에 남는 경험이 되리라는 말도 있다.

하늘을 천장으로 삼기가 적합하지 않을 때는 천장을 고안(考案)해내야 한다. 이때는 형태, 특성, 높이, 크기가 그 밑에 형성되는 공간 특성에 영향을 주는 중

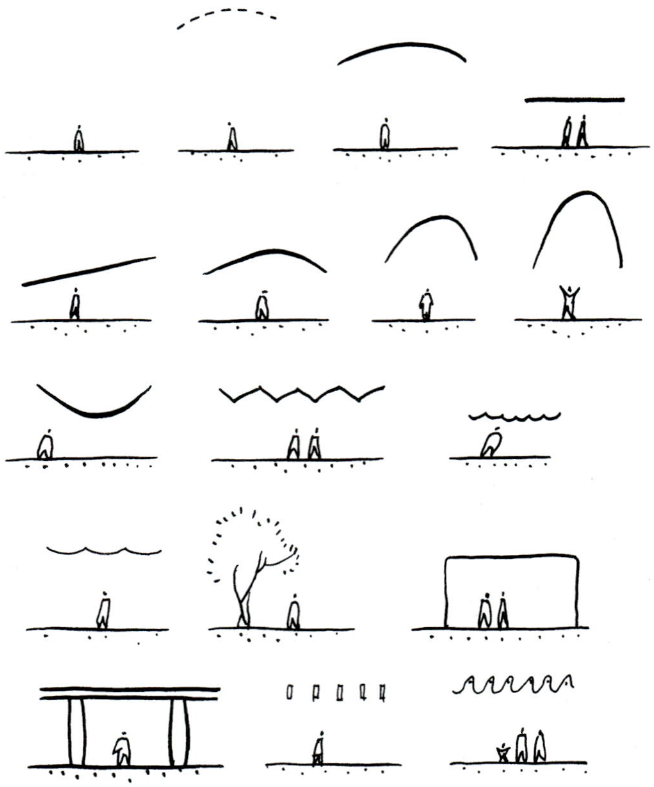

천장 공간 형성. 형태, 높이, 패턴, 밀도, 견고한 정도, 투명한 정도, 반사성, 흡음성, 질감, 색상, 상징성, 위요 정도 등이 모두 천장 공간 특성에 큰 영향을 주는 요소들이다.

Breanna Rau, EDA

보행 공간 형성 천장

요 인자가 된다.

하늘을 대신하는 천장면은 나일론 천이나 나뭇잎처럼 경쾌할 수도 있고, 들보(beam), 널마루, 철근 콘크리트 같은 둔중(鈍重)한 구조물일 수도 있다. 다공성 재료, 구멍을 많이 뚫은 재료, 하늘창(louver) 모양 투과성 재료를 붙일 수도 있다. 불투과성 재료는 햇빛이나 비를 가려줄 뿐만 아니라 투명도와 벽에서 돌출한 정도에 따라 빛 양과 질도 조절해준다. 공간 속 빛 효과를 알아보려면, 무한히 많은 빛의 특질 중에서 몇 가지만 생각해보면 된다. 진줏빛, 우윳빛, 호박색, 코발트색, 레몬색, 물빛, 잉크색, 유황빛, 은색 등 색상이 무한하다. 희미한 빛, 부드러운 빛, 투명한 빛에서부터 찬란한 빛, 타오르는 빛, 현란한 빛, 눈이 부신 빛까지 강도(强度) 역시 끝없다. 또한 쏟아붓는 빛, 꿰뚫는 빛, 떨리는 빛, 춤추는 빛, 번득이는 빛, 바닥에 깔리는 빛, 넘치는 빛, 흐르는 빛 등 양태(樣態)도 각양각색이다. 빛은 얼룩무늬, 반점이 있거나 알록달록한 특징을 갖기도 하고, 차분하거나 거칠거나 눈부신 특징을 가진 빛도 있고 스며드는, 반짝이는, 아련한, 어렴풋한, 작열하는 특징을 지닌 빛도 있다. 빛의 분위기도 다양해서 우울한, 뇌리를 떠나지 않는, 신비스러운 종류의 빛, 포근한 빛, 유혹적인 빛, 신나는 분위기 빛, 편안한 빛, 생기를 북돋아주는 빛, 흥을 돋우는 분위기의 빛도 있다. 설계에 적용할 수 있는 수많은 빛의 특징과 효과 중에서 몇 가지 예를 들어본 것에 불과하다.

*공간 의미 파악, 공간 보는 방법 터득이 건축 이해 열쇠다.*

**Bruno Zevi**

*건축설계, 산업 디자인, 그래픽 디자인, 조경설계, 도시설계 등 오늘날 모든 설계 분야 공통 기본 전제는 기능주의(functionalism)다. 즉 궁극 설계 형태는 객관적 기능 분석에서 도출해야 한다.*

**James Fitch**

Christopher Brown, FASLA, JJR 1Floor

옥외 공간에서는 하늘이 바로 천장이 되는 경우도 흔하다.

구조물로 만든 천장면은 자연광 차단이나 조절 역할을 할 수 있고, 직접조명이나 간접조명 역할도 한다. 천장이 다공성 재료로 만들었거나 부분 개방되어 있다면, 천장 그 자체보다 드리우는 그늘이나 그림자가 시각적으로 더 중요하다. 뜨고 지는 태양 궤적 아래에 원반, 필름, 막 같은 것들로 그러한 천장면을 만들면 질감 있는 바닥면에 그림자가 생기고 이동하는 것을 감상할 수 있다. 천장은 대개 보기보다는 느끼는 것이기 때문에 단순하게 처리하는 것이 좋다.

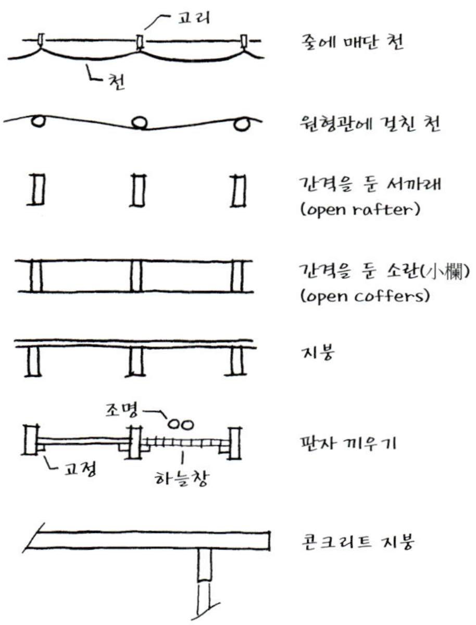


천장 차양시설

## 수직 요소(The Verticals)

공간 구획시설, 칸막이, 차폐시설, 배경면 등이 수직 요소다. 공간을 구성하는 세 가지 요소 중 수직면이 가장 눈에 띄면서도 다루기 가장 쉽고, 옥외 공간 형성에서 가장 중요한 역할을 담당한다. 수직 요소는 옥외 이용 공간을 명확히 구획하고, 벽돌벽같이 강하게 막아 둘러싸기도 하고, 수목같이 느슨하게 공간을 구획하기도 한다.

가까이 있거나 눈에 거슬리는 경관 요소는 차폐하고 원경, 지평선, 무한히 넓은 하늘 등 확산 후퇴하는 성향의 경관이 드러나 보이게 수직 요소를 설계하면 이용 공간이 무한히 연장, 확장되는 느낌을 줄 수 있다.

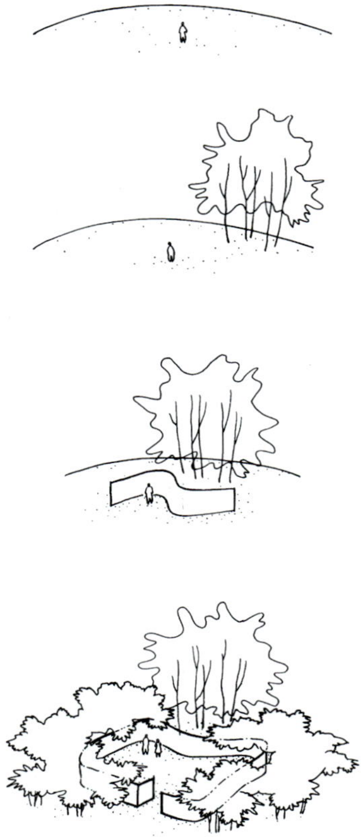

입체 공간: 수직 위요 정도

수직면

**프라이버시를 위한 위요**(Enclosure for Privacy)

위요나 개방 그 자체가 가치 있는 것은 아니다. 위요 정도와 특성은 공간 기능과 관련 지을 때만 의미를 갖는다. 프라이버시가 필요할 때 위요된 공간을 조성한다. 동양인은 마음을 산란하게 하거나 어지럽히는 것을 정신적으로 차단함으로써 자신만의 프라이버시를 창조하는 능력이 있다. 정신을 집중하면 만족할 만한 공간이나 필요한 공간을 정신세계에 만들 수 있는 것 같다. 이러한 능력 때문에 혼잡한 시장 속에서도 상당한 프라이버시를 가질 수 있다는 것이다. 서양인에게는 어려운 일이어서 우리가 원하는 프라이버시는 대개 설계를 통해 만들어야 한다.

현대 문명에서 프라이버시는 가장 가치 있고 희소한 상품 중 하나라 한다. 도시 거리를 걸어보면 프라이버시 부족을 쉽게 느낄 수 있다.

이제야 다시 생활 공간과 작업 공간이 대중의 시야로부터 가려지고, 위요된 중정이나 정원으로 향해 프라이버시를 갖는 것이 좋다는 것을 깨닫기 시작했다. 이집트, 뭄바이, 스페인, 일본, 기타 모든 성숙했던 문화유산으로 남아 있는 담장으로 둘러싸인 주택, 궁궐 중정, 사원 정원 등이 인간이 계획한 공간 중에서 가장 기능적이고 즐거움을 주는 공간이었으며, 지금도 그렇다.

프라이버시는 옛날부터 인간이 최고 가치를 부여하는 것을 계발(啓發)하고 감상하는 데 필수라고 생각해왔다. 프라이버시 조성을 위해 설치하는 위요 시설은 완벽한 구조물일 필요는 없다. 필요한 곳에만 스크린을 놓거나 수직 요소를 적

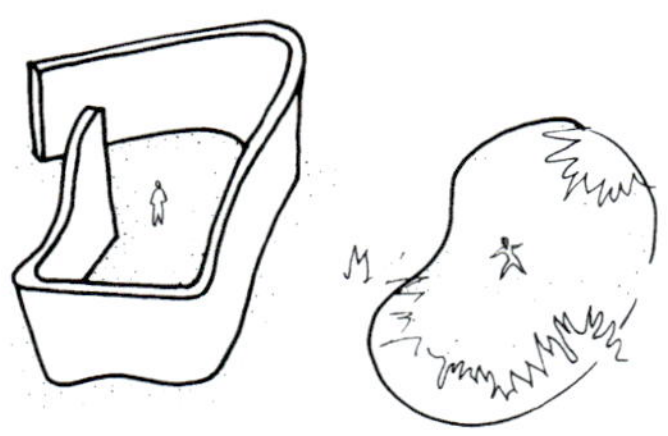

위요는 가벼운 것부터 육중한 것까지 다양하다.

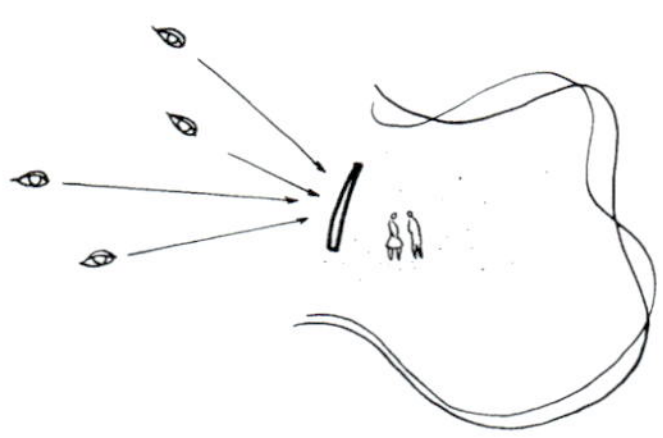

작은 칸막이만으로도 충분히 프라이버시를 제공할 수 있다.

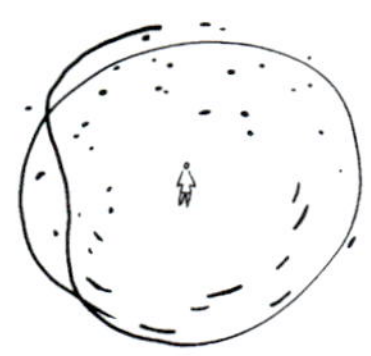

여러 요소를 평면에 흩어놓아 위요감을 조성할 수도 있다.

당히 분산 배치해도 충분할 수 있다.

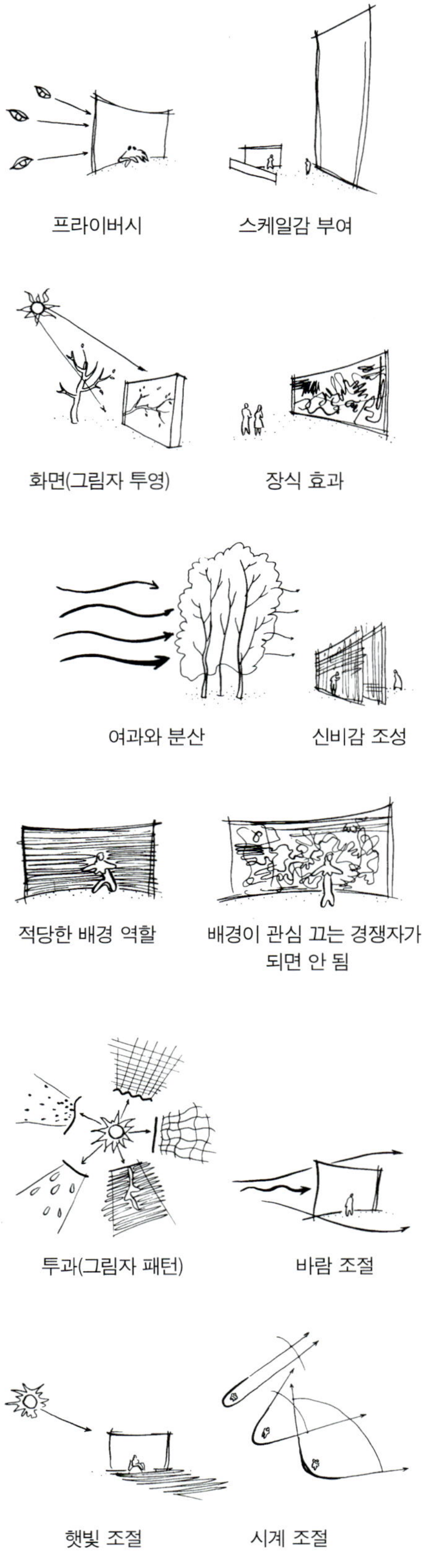

**스크린 기능**

### 위요의 특성(Qualities of Enclosure)

위요 공간을 만드는 수직 요소는 바위 절벽이나 돌담처럼 울퉁불퉁할 수도, 무늬 새긴 유리나 화려한 도자기 모자이크처럼 정교할 수도 있다. 형태와 재료는 무한하다. 그러나 거대하건 섬세하건, 거친 것이건 세련된 것이건 위요 성격을 공간 용도에 적합하게 맞추거나, 이미 위요 특성이 결정되어 있을 때는 용도를 거기에 맞추는 것이 중요한 일이다.

### 경관 연출(Visual Control)

공간으로부터 보이는 모든 것이 시각적 기능을 갖는다. 위요 정도나 특성뿐만 아니라 드러나 보이는 정도 역시 공간 용도와 조화를 이루어야 한다. 공간으로부터 보이는 모든 것은 시각적으로 공간 내에 존재하는 것이므로 신중하게 다루어야 한다. 멀리 있는 물체도 그것을 향해 공간을 열거나, 그림틀을 형성하거나, 시선 초점을 집중해 공간 속으로 끌어들일 수 있다. 이렇게 해서 멀리 떨어진 산봉우리나 근처 나무도 정원 안으로 차경(借景)할 수 있는 것이다. 도시나 항구 분주함이나 시끄러움도, 흥미나 치료 목적 가치가 있다면 군인병원 요양 공간에 차경할 수 있다. 멀리 있는 성당 종루(鐘樓)를 교회 마당으로, 고요한 연못을 정원 테라스로 옮겨올 수도 있는 것이다.

Barry W. Starke, EDA

수직면을 이용한 공간 위요, 시계(視界) 조절

내부 조형물을 특색으로 삼으려는 공간에는 위요가 바람직하다. 이런 경우 주의 산만하게 하는 것은 차단하고, 관람 대상에 관심을 집중시키는 것이 당연하다. 펄럭이는 빨래나 차량 홍수를 배경으로 조각 작품을 전시한다면, 작품 속에서 빛과 그림자 미묘한 뉘앙스 감상하기는 힘들 것이다. 또 장엄하고 웅대한 조망을 배경으로 한 송이 아름다운 장미꽃을 감상할 수는 없을 것이다. 섬세하게 감상할 대상 배경은 관심 끄는 경쟁자가 되면 안 된다. 공간 위요시설이 관람 대상물 배경 역할도 겸할 때는 관람 대상물 특성이 잘 드러나도록 위요시설을 설계해야 한다.

흥미 대상이 공간 내에 있을 때는 둘러싸는 요소들은 관심을 내부로 집중하도록 해야 한다. 반대로 외부 경관이나 외부 물체를 향해 밖으로 흥미를 유도하려면 위요시설에 개구부를 만들거나 개방해 흥미 대상을 부각하고 그림틀을 형성한다.

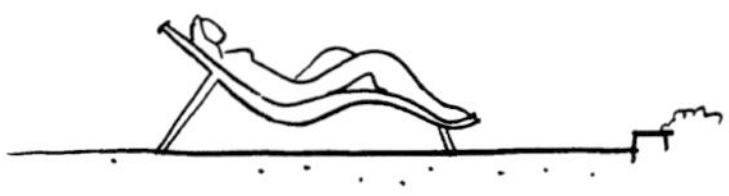
경계(edging)

받침대(stand)

의자(seat)

안전 난간

프라이버시 위요. 벽 높이는 기능 따라 결정

**수직면 설정**

### 공간 요소(Elements within a Space)

수직면은 공간을 둘러싸는 역할, 차폐 기능, 배경 역할뿐만 아니라 공간의 핵심적 경관 요소가 되기도 한다. 수직면 외에 바닥에 설치하는 가구류, 아름다운 목련 가지와 꽃, 시원한 분수 물기둥, 어린이 미끄럼틀이나 오르기 철제 놀이시설도 공간을 점하는 수직 요소가 된다. 이러한 요소들은 조각 작품 같기 때문에 공간의 공허함을 메워주고, 공간을 풍부하게 하고, 공간의 특징을 보강하는 형태와 크기를 가져야 한다. 공간 요소 모양과 색채는 공간 모양이나 색채와 반대로 나가거나 배경에 대비시켜 눈에 띄게 할 수 있다. 공간 요소가 경관을 주도하게 하려면 배경은 약하게 설계해 경관 요소를 돋보이게 하는 역할을 맡긴다. 벽화나 건물 입면 같은 면적(面的) 요소가 경관을 주도하게 하려면, 공간 속에 서 있는 물체는 면적 요소의 시각적 효과를 높이도록 설계하고 배치해야 한다.

물체가 공간 속에 놓여 있으면 물체와 공간을 둘러싸는 요소 모두 의미 있지만 둘 사이 공간의 확장, 수축, 변화하는 관계가 중요할 때가 더 많다. 예를 들면, 둥글거나 네모난 물체 형상을 강조하려면 공간 중심부는 피해서 불규칙하게 생긴 공간 속에 그 물체를 배치해 물체와 주변을 둘러싸는 면(面) 사이에 동적(動的) 공간 관계를 조성하는 것이 좋다.

복잡한 형태나 섬세한 선을 지닌 물체는 단순한 형태의 공간에 전시하는 것이 혼란스럽거나 산만하지 않고, 전시물이 돋보이는 공간 관계를 형성한다.

여러 물체를 함께 놓을 때는 물체와 주변을 둘러싸는 면(面) 사이 공간뿐만 아니라 물체 상호 간 공간도 설계에서 중요하다.

### 수직 요소 구조물(Structures as Vertical Elements)

흔히 건물이 공간 속 또는 공간을 에워싸는 핵심 요소가 된다. 공간 속에 서 있는 건물은 조각 작품 같아서 둘레를 돌면서 감상하는 대상이 된다. 건물이 공간 안에 위치하건 바깥에 위치하건, 건물 주변 공간은 주요 입면(立面)이나 건축 세부 요소에 주의가 집중되도록 설계하고, 건물 입구를 향해 사람들 움직임을 유도하도록 설계한다.

건물 외부 공간은 건물 전정이 되거나 건물 배경이 되게, 또는 전실(前室)이나 옥외 건축 공간이 되게 설계할 수 있다. 오히려 건물 기능은 옥외 공간에 집중되고, 건물은 부차적인 존재로 설계할 수도 있다. 이러한 건물의 주 기능은 공간을 둘러싸는 요소, 공간을 구획하는 요소, 배경 요소가 된다.

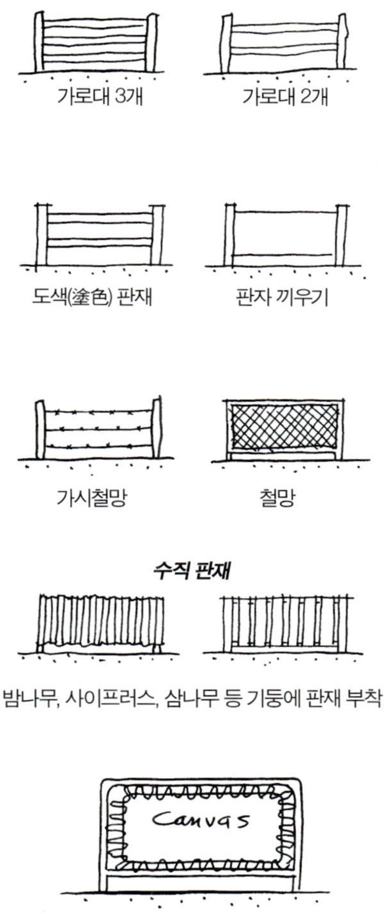


울타리

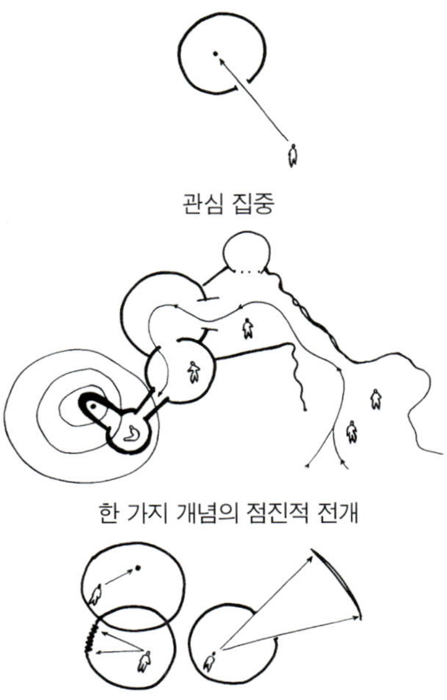


위요(圍繞) 기능

공간 속 수직 요소

구조물로 둘러싸인 광장, 중정 등은 설계상 복잡한 문제를 일으킨다. 구조물, 공간, 이용하는 사람 모두 서로 조화가 필요하기 때문이다. 그중 무엇이 우선순위가 높은가? 성베드로 사원은 분명히 그 앞 광장이나 광장에 모인 군중을 압도한다. 뉴욕 센트럴 파크는 주변 건물을 지배하는 녹색의 여왕이다. 반면 이탈리아 카프리(Capri)나 멕시코 택스코(Taxco)의 조그마한 마을 광장은 아침 일찍부터 시원한 저녁 늦게까지 마을 사람과 관광객이 몰려들어 시간을 보내고, 식사하고, 춤추고, 행진하기 알맞은 무대일 뿐이다. 그렇다면 사람, 공간, 구조물 중 어느 것이 주인이 되어야 할까? 세 가지 각각 그리고 모두를 함께 충분히 고려하고, 모든 관계가 적합해 쾌적해야 한다는 것 외에 다른 법칙은 없다.

### 지표가 되는 수직 요소(The Vertical as a Point of Reference)

의도적으로 신비감, 당혹감이나 혼란감을 주는 공간을 계획하려는 것이 아니라면, 이용자에게 방향감을 줄 수 있도록 시각적 지표를 충분히 설정하는 것이 좋다. 시각적 지표는 주변 공간의 주제가 되기도 한다. 예를 들어, 높이 솟은 회전전망의자 시설은 사람을 끌어들이며, 주제 공원 상징물이기도 하다. 언덕 위에 서 있는 너도밤나무 고목, 도서관 종탑, 운동장의 행사용 깃발도 각기 공간 분위기를 설명해주면서 대학 교정의 길을 안내한다. 이것은 마치 골프장 그린에 꽂은 번호 깃발 따라 다음 그린으로 유도되는 것과 같다.

분수가 이 공공공간 주제인 동시에 지표가 되는 수직 요소다.

비교적 규모 큰 공간을 설계하면서 필자는 응용 가치가 큰 특이한 현상을 발견했다. 큰 공간 내 작은 이용 공간 근처에 서 있는 수직 요소나 널빤지 벽은 이

형태, 재료, 빛, 음향, 온도 정밀 조절

산만한 요소 차단

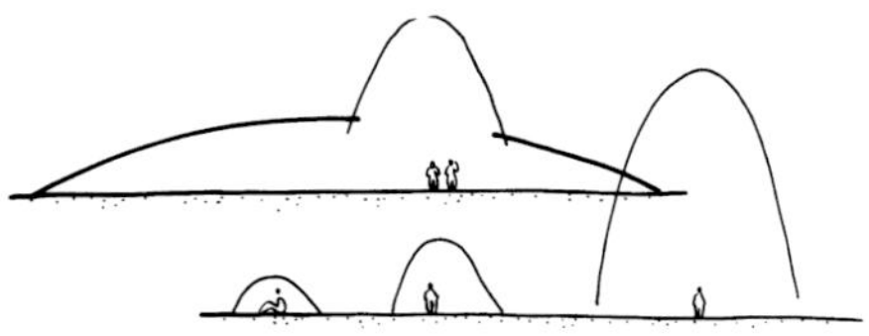

공간 크기와 느낌

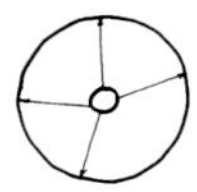

변화 없는 공간-정적(靜的)

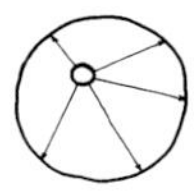

변화 있는 공간-동적(動的)

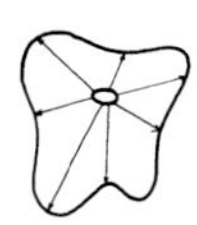

공간 변화가 커지면서 흥미도 증대

둘러싸는 형태가 부적합해 명확성 상실

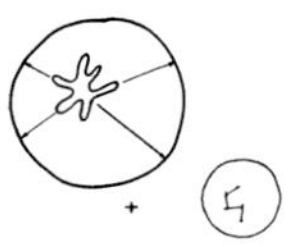

둘러싸는 형태를 단순화해 복잡한 형태에 대한 흥미 고조

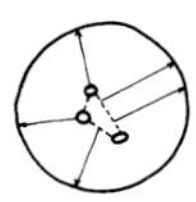

공간 속에 위치하는 여러 개 물체는 제각각뿐 아니라 그룹으로, 둘러싸는 요소와의 관계가 형성된다.

용자와 강한 시각적 관련성을 갖고 있어 그 나름의 척도(尺度, scale)를 주변 공간에 부여한다. 예를 들어, 커다란 광장으로 들어가거나 그 속을 거니는 사람은 광장 크기에 압도당할 것이다. 그 광장에 작은 벤치를 놓으면 대비 효과 때문에 공간의 압도감은 더욱 커질 것이다. 벤치에 앉는 사람은 거대한 광장과의 관계만 느낄 것이다. 그러나 벤치 근처에 아카시아나무, 분수, 장식 스크린 등을 배치하면 거대한 광장 공간을 느끼기 전에 나무 아래, 분수 옆, 스크린 근처에 앉아 있다고 느낄 것이다. 광장 이용자는 광장에 배치한 물체에 공간 척도감을 얻는 것이다.

커다란 공간에는 사람에게 지표 역할을 하는 여러 종류의 것을 배치할 수 있고, 이러한 지표가 있어야 쾌적한 공간이 된다(역사상 거대 광장 대부분은 광장에 운집하는 군중이 왜소감을 느끼게 하려는 의도, 더 나아가 굴종시키려는 의도가 컸다). 공포심, 경외심, 겸손한 감정을 불러일으키는 공간을 만들려면 인간적 척도의 지표가 되는 것을 없애거나 일그러뜨리면 된다. 편안과 위안을 주려면 인간적 척도(human scale)를 명확하게 설정해야 한다. 대개 이웃 건물 계단, 대문, 창문 등이 척도감을 주는 요소로 충분하지만, 그렇지 않으면 다른 방법으로 사람들의 지표가 되는 것을 마련해주어야 한다.

**수직 요소와 눈높이 관계**(The Vertical in Relation to Pix)

공간설계에서 가장 강하게 시각적 관심을 끄는 것은 수직 요소다. 공간 속에서 움직이거나 앉아 있거나 항상 수직면을 마주 대해야 하기 때문에 바닥면이나 천장면보다 수직면을 더 의식하게 된다. 따라서 수직면이나 서 있는 물체가 설계 대상물로서 가장 중요하다고 생각하는 것이 옳다. 가장 큰 관심 대상이 되는 것, 또는 잘 꾸민 경관 요소는 수직면 상에 부착하되, 수직면에서도 눈높이에 배치하는 것이 보통이다. 앉은 사람 눈높이가 선 사람 눈높이보다 낮다는 것은 모두 아는 사실 같지만, 이렇게 중요한 설계 요소를 잊는 경우가 많기 때문에 한 번 더 강조한다.

시각적 체험 중 가장 괴로운 하나가 수직면, 특히 담장이나 벽이 눈높이에서 끝나는 것이다. 이러한 담장이나 벽 상단(上端)은 지나가는 사람이나 보는 사람 눈에 거슬리는 정도가 아니라 괴롭다.

반면 수직면과 물체가 배경과 초점을 형성하게 배치해 우리 시선이 편안하게 그 수직면이나 물체에 머무를 수 있게 하면 가장 즐거운 시각적 처리가 된다. 더욱이 보는 물체와 주변 공간, 용도, 이용자 사이에서 세밀하고 적합한 관계를 발견할 수 있다면 즐거움은 배가될 것이다. 그러한 관계가 우연히 만들어질 수도 있지만, 대부분 의식적으로 계획해야 한다.

눈높이 물체가 관심을 끈다.

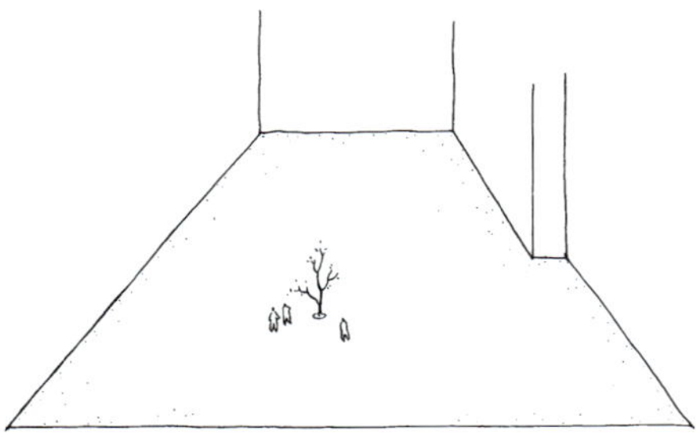

큰 공간에 작은 물체를 도입하면 그 영향권 내에서는 자신만의 작은 스케일감을 조성할 수도 있다.

**공간을 명확히 하는 수직 요소**(Verticals as Articulators)

수직 요소는 바닥면에서 일어나는 통행 형태나 이용 행태를 유도하고 설명한다. 대문 기둥이 “들어오세요”, 연이은 보차도 경계석이 “계속 따라가세요”, 입구 현관이 “차를 멈추고 내리세요”라고 무언의 말을 하는 것처럼, 공간 속 수직면은 공간을 설명해야 한다. 장소 성격에 맞게, 계획한 용도대로 끌어들이고, 방향 틀고, 이끌어가고, 머무르게 하고, 받아들이고, 기능을 수용하는 역할을 수직면이 맡아야 한다. 바닥면 형태 계획에 따라 공간 주제가 결정되고, 수직면은 이러한 주제를 조율하고 풍부한 조화를 이루도록 변화를 창조한다.

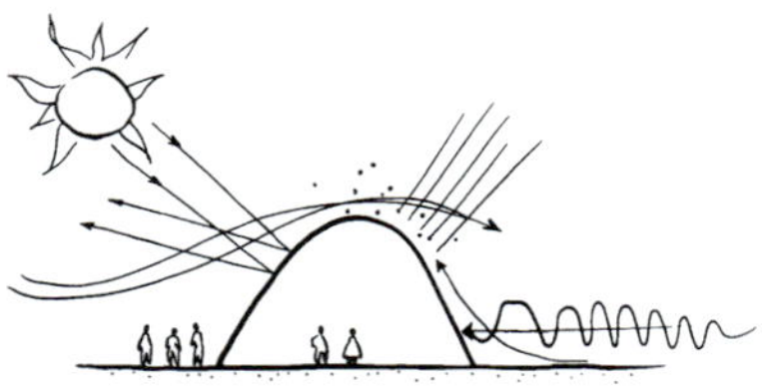

프라이버시, 대피소, 보호막

**환경을 조절하는 수직 요소**(Verticals as Controlling Elements)

공간 위요 정도와 성격을 결정하듯이 수직 요소는 바람, 미풍, 햇빛, 그림자, 기온, 소리를 조절하는 중요 요소다. 바람 방향을 바꾸고, 거르고, 아예 차단할 수도 있다. 습기 찬 표면 위로 미풍이 적당히 불게 하면 시원해지고 깃발, 나뭇잎, 움직이는 조각 등에 미풍을 불러들여 움직임과 소리를 연출할 수 있다. 동양에서는 풍각(風角), 바람 피리, 풍경(風磬) 등의 경쾌한 소리를 얻기도 한다. 햇빛을 차단하거나, 여과하거나, 분산시키거나, 산천초목에 힘과 생명을 주는 찬란한 햇빛으로 흠뻑 받아들일 수도 있다.

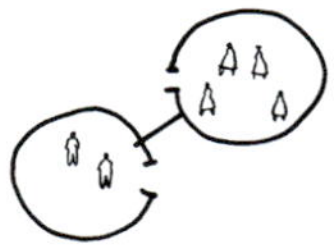

흥밋거리 분류

천장면처럼 수직면도 그림자를 드리우는 중요한 기능을 한다. 그림자는 포장면(鋪裝面)을 쓸고 지나가고, 벽을 따라 흐르고, 춤추고, 기어오르고, 깜박거리고, 산들거리고, 길게 뻗어나가고, 어둡고 시원한 공간을 만들고, 건축물 형태를

명확한 수직 공간 구성

대담하게 새기기도 한다.

**식물 소재(Plant Materials)**

예나 지금이나 수목(樹木)이 지구 표면 대부분을 여러 양태(樣態) 공간으로 나눈다. 나무는 홀로 섰거나, 줄지어 서거나, 집단으로 또는 큰 무리를 지어 서 있기도 한다. 이미 수목으로 둘러싸인 공간에 계획하는 용도 공간을 배치하는 행운을 누릴 수도 있다. 수곡이나 관목이 공간 일부만 감싸고 있을 때는 추가 식재나 절성토, 구조물 설치로 위요감을 보완할 수 있다. 이렇게 하면 기존 수목은 개발과 자연경관을 연결해주는 이상적인 매개체가 되며, 경관의 연속성을 확보해준다. 기존 수목을 전체 또는 부분적인 공간 조성에도 활용할 수 없다면 완전 새로 식재해야 하는데, 대부분 어느 지방에서나 아주 자연스레 생긴 수형부터 인공적으로 가공한 정형적 수형에 이르기까지 다양한 식물 소재 중에서 골라 쓸 수 있을 것이다.

바닥면을 구획하는 수직면

**효과적인 위요**(Effective Enclosure)

공간을 형성하는 수직 요소는 보통 공간 내에서만 보이는 것이 아니라 주변에서도 보인다는 것을 기억해야 한다. 수직 요소는 그것이 형성하는 공간과 함께 하나의 통일된 경관 요소가 되어 다른 모든 경관 요소와 연결되어야 한다.

수직 물체가 공간 속에 공간을 형성

**공리(公理, An Axiom)**

공간이나 장소가 불만족스러워지는 주인(主因)은 효과적인 위요감이 부족하다는 것이다. 적당한 형태, 적당한 정도로 수직 요소가 공간을 정의해주는 것이 절대 필요하다. 훌륭한 단지개발은 적당히 감싸고 적당히 드러내 보이게 수직면과 천장면을 구성했다는 특징을 지니고 있다.

이러한 방법으로 미시적인 경관뿐만 아니라 원경(遠景)도 통합해야 한다.

Bill Tatham, SWA Group

# 13

# 교통동선(交通動線)

# CIRCULATION

시설물 대부분이 인간에게만 의미가 있고, 그것도 우리가 체험할 때만 의미가 있다. 걸어서, 말 타고, 비행기로, 기차로, 자동차로, 기타 교통수단 및 운반수단을 이용해 구조물을 향해 나아가고, 통과하고, 위로 밑으로 지나가고, 주위를 돌아가는 인간 이동이나 움직임이 있어야 구조물을 체험할 수 있다. 따라서 동선 형태는 구조물이 인간 시야에 펼쳐지는 모습과 그에 따른 인간의 구조물 인지 속도, 순서, 속성을 좌우하기 때문에 모든 개발계획에서 중요한 변수임을 알 수 있다.

지각 가능한 실체가 되는 모든 물체는 공간 속에 존재할 뿐만 아니라 시간 속에도 존재한다. 이것은 모든 물체는 어느 한 관찰 지점이나 한순간에 그 총체를 파악할 수는 없다는 것을 의미한다. 물체는 수많은 인상(印象)을 종합해 지각된다. 움직이는 사람이 물체, 공간, 경관 등을 볼 때는 무수한 영상을 받아들이면서 그에 따라 점점 더 확실하게 대상을 인지하게 되는 것이다. 지각(知覺, perception) 작용은 시각적으로 보는 것만 의미하는 것이 아니다. 시각, 미각, 후각, 촉각, 청각 등 오감(五感)이 지각 작용에 동원된다. 지각 속도, 순서, 유형, 정도는 설계에 달렸고, 설계가 지각 작용에 미치는 영향은 대개 동선 형태가 결정한다.

## 움직임(Motion)

세상 만물 경험에서 정적(靜的) 경험은 거의 없다. 경험 대상이 움직이지 않더라도 체험하는 사람이 움직인다. 구조물을 고정된 한 관찰 지점에서만 바라보거나 정면에서만 바라보는 일은 거의 없고, 대개 보는 사람이 움직이면서 본다. 따라서 구조물의 3차원 모양과 형태가 입면(立面)보다 훨씬 중요하다. 단지(團地) 평면배치 형상도 그 속을 오가는 사람이 무수히 많은 관찰 지점에서 파악하게 된다. 동선 형태가 유동적일수록 그만큼 조망 지점이 많아지고, 그에 따라 보는 즐거움과 흥미도 증가한다.

### 움직임을 유발하는 형태와 설계 개념

(Motion Impelled by Form and Concept)

얼마 전 필자는 워싱턴 시 국립미술관에 갔다가 마침 안내원을 따라 관람을 시작하는 관광단과 함께하게 되었다. 일행이 높은 원형 천장을 떠받치고 있는 으리으리한 검은 대리석 기둥이 늘어선 거대한 원형 전시장 앞에 당도했다. 안내원 설명이다. "이 거대한 전시장을 설계한 건축가가 미술관 관람을 시작하는 여러분께 무엇을 말하려는지 짐작하시겠습니까? 건축가가 여러분께 전달하려는 주제는 장엄한 역사입니다. 그리고 지나간 장구한 역사와 여러분들 앞으로 다가올 위대한 역사 앞에서 인간이 얼마나 보잘것없고 하찮은 존재인가를 느끼게 하려는 것입니다. 새롭고 이상한 형태, 엄청난 크기, 대단한 현란함에 놀랐을 것입니다. 그러나 건축가는 여러분이 이상하고 낯선 것에 놀라 멀리하는 것을 원하는 것은 아닙니다. 그래서 전시실 중앙에 있는 분수대(Mercury Fountain)는 관람객이 편안하게 느끼라고 설치한 것입니다. 어떻게 역사의 위대함을 나타내는 설계, 편안한 분수를 설계할 수 있을까요? 그 방법은 규모, 즉 척도(尺度,

움직임을 나타내는 형태

scale)입니다."

"분수대의 머큐리 신상(神像)은 인체 크기보다 약간 작습니다. 분수대로 올라가는 계단은 높고 접근하기 어려운 대신 넓고 낮습니다. 분수(噴水)도 분출하기보다는 물방울 투기며 졸졸 흐르도록 되어 있습니다. 또 건축가는 무시무시한 전쟁 신이 아닌 날개 달린 발로 동에 번쩍 서에 번쩍하는 친숙한 신의 개념으로 머큐리 신을 보여주고자 합니다. 신화 내용을 알기에 사람들은 머큐리 상에 더욱 가까이 가고 싶어 합니다. 햇빛이 쏟아져 들어오고 넓은 공간이 열려 있는 높은 돔이 우리를 가까이 오라 맞아들이고 즐겁고 편안하게 해주는 것입니다."

"건축가는 이렇게 사람들의 호기심을 불러일으키고, 감명을 주고, 겸손해지게 하고, 즐거움을 주는 설계를 했습니다. 이제 건축가는 우리를 이 방에서 나서서 관람실로 이끌어갑니다. 어떻게 설계했을까요? 나선형을 주제로 삼아 원심적(遠心的) 움직임을 유발하게 설계했습니다. 머큐리 상(像) 구도(構圖)가 나선형이며, 조각 제목도 잘 어울리는 '비상(飛翔, flight)'입니다. 분수대 가장자리를 향해 잔물결을 일으키며 흘러나가는 물 흐름도 사람에게 이동(移動)을 암시합니다. 모든 선이 밖을 향하고 있으며, 처마 위에 새긴 독수리조차 곧 어디론가 날아갈 듯이 보입니다. 거대한 돔 천장 틀도 커다란 나선을 그리고 있습니다. 음향, 움직임, 암시, 강한 건축적 형태와 선의 표현 등이 모두 사람들에게 원심적 움직임을 일으키는 것입니다."

### 움직임의 동력학(The Kinematics of Motion)

움직임의 원인에 대해서는 잠시 덮어두고, 순전히 움직임의 여러 가지 특성에 대해 음미해보는 것도 재미있을 것이다. 설계를 통해 움직임의 선이나 궤적을 구불구불하게, 산만하게, 빙그르 돌게, 고리 모양이 되게, 갈 지 자가 되게, 지면을 스쳐 날듯 올라가게, 내려가게, 쌍곡선을 그리게, 구심적이게 만들 수도 있다. 원호를 그릴 수 있는가 하면 거침없는 직선도 가능하다. 기는 듯 느린 움직임부터 유성같이 빠른 움직임까지 속도도 다양하다. 움직임의 성격은 마음을 진정시키는 것, 깜짝 놀라게 하는 것, 충격적인 것, 당황하게 하는 것, 혼란스럽게 하는 것, 탐구적인 것, 논리적인 것, 연속적인 것, 진행하는 것, 신성한 것, 선형(線形), 물결 모양, 흐르는 것, 가지 친 것, 확산되는 것, 수렴하는 것, 약한 것, 힘찬 것, 확장, 수축 등 무한히 다양하다.

움직임의 모양, 속도, 성격이 움직이는 주체에게 상당히 예측 가능한 감성적 · 지적 반응을 일으키기 때문에 설계할 때 이 점을 감안해야 한다. 어떤 물체나 공간에 접근하는 동선, 통행로의 추상적 특성 또한 세심하게 다루어 설계에서 의도한 움직임을 잘 수용하고 만족스럽게 해결해야 한다. 이러한 것은 당연하지만, 당연한 것이 대개 그렇듯이 계획에서 흔히 소홀히 다루는 것들이다.

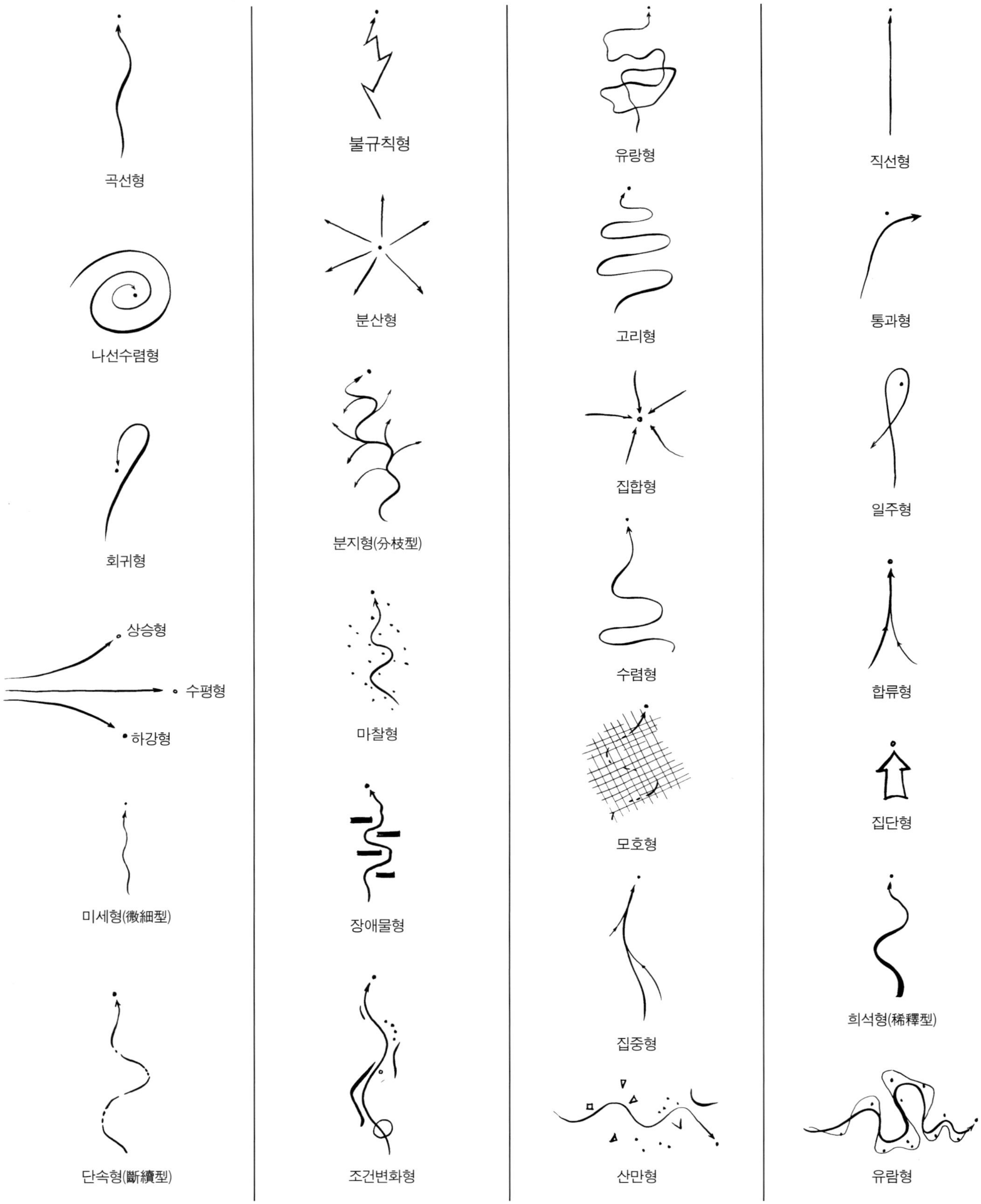


접근 동선. 어떤 지점, 지역 혹은 공간에 대한 접근 동선 유형의 추상적 표현

**사람을 끌어당기는 요소:**

인상적인 것

특이한 것

감탄스러운 것

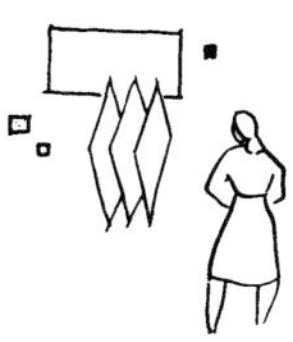

문양(pattern)

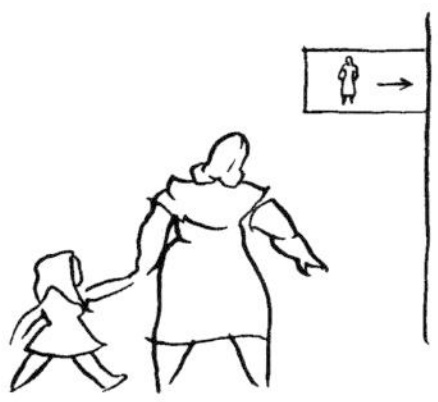

꼭 필요한 것

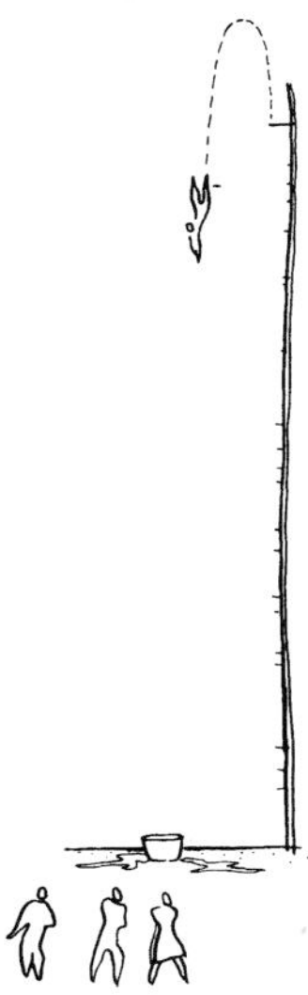

장관(壯觀)

영감(靈感)을 불러일으키는 것

### 행동 유발 요소(Impelling Factors)

예리한 관찰력을 갖춘 계획가라면, 용이하고 즐거운 느낌만 준다면 사람은 기꺼이 수평으로, 의로, 아래로, 어디로나 이끌려 움직이는 성향이 있음을 알고 있을 것이다. 시각, 청각, 미각, 촉각, 후각, 우리 오감이 무의식중에도 우리가 어디로 움직일까 두엇을 할까 결정하는 행동 유발 요소다. 신체 안락 추구 역시 강력한 행동 유발 요소다.

인간 행동 성향(性向):

논리적 진전 순서를 따라
마찰 적은 경로 선택
완만한 경사 선택
방향 암시 형체, 표지, 상징물을 쫓아서
즐거움을 향해
원하는 것 쪽으로
쓰임새 있는 것을 향해
변화 추구; 추운 곳에서 따뜻한 곳으로, 양지에서 그늘로, 그늘에서 양지로
흥미로움을 향해
호기심을 자극하는 것을 향해
아름다운 것, 그림같이 멋진 것 향해
움직이는 즐거운 감흥을 얻기 위해
공간 변화를 경험하기 위해
모험을 즐기고자
위협을 피할 은신처를 찾아서
출입구를 향해
받아들이는 분위기 쪽으로
가장 대비가 큰 쪽으로
질감이나 색채가 풍부한 쪽으로
목적 달성을 위해
높은 곳을 정복, 장거리 여행 기록 달성, 난제 해결 만족감을 위해
급할 때는 지름길로, 한가할 때는 여유롭게 돌아서
동선 패턴에 맞추어
설계한 형태에 맞추어
유쾌한 장소나 공간을 향해 또는 통과해
혼란이 싫증 나면 질서를 찾아서
질서가 지겨우면 혼란을 찾아서
내 분위기 또는 욕구에 맞는 공간, 장소, 물건을 찾아서

### 멀리하는 요소(Repelling Factors)

사람들이 멀리하는 요소:

장애물
가파른 경사
불쾌한 것
단조로운 것
흥미롭지 못한 것
지루한 것
추한 것
부적합한 것
빤한 것
바람직하지 않은 것
영감을 자극하지 못하는 것
가까이하기 어려운 것
너무 벅찬 것
위험
마찰

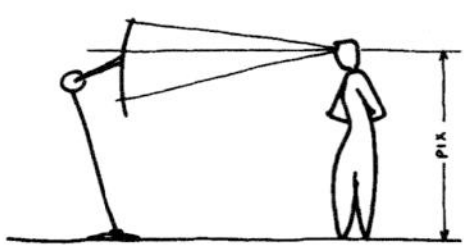
눈높이에 있는 것

이국적인 것

최상의 것

피곤할 때 쉴 수 있는 곳

미묘한 것

흥미를 끄는 것

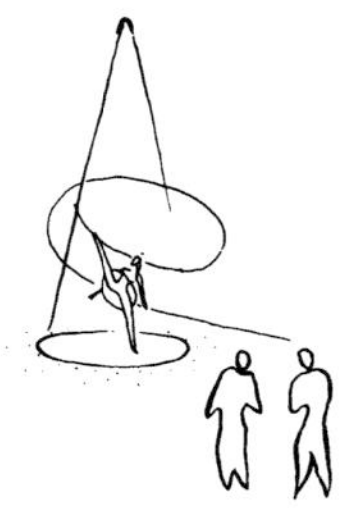
동적인 것

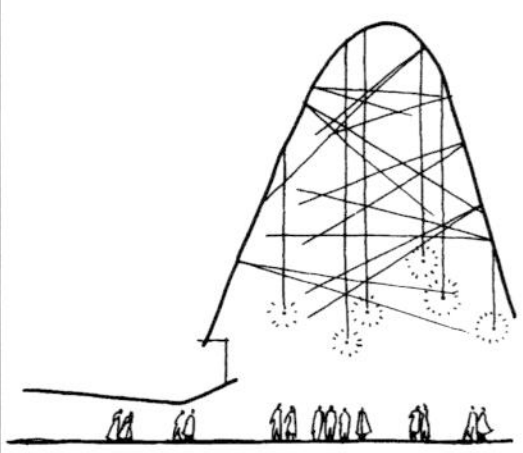
극적인 것

**움직임의 방향키**(Motion Directors)

움직임을 안내하거나 방향을 바꾸는 것 :

자연 또는 인공 구조물 배열
가파른 경사
암시적 동선 패턴
장애물, 차폐물, 칸막이 등
1번 홀에서 2번 홀로, 적색에서 주황색으로 진행 순서를 지시하는 것
표지판
상징물
문, 보차도 경계석, 통행 제한시설 등 기계적 통제 수단
역동적 평면계획 선(線)
공간 형태

**정지 상태로 이끄는 것**(Repose Inducers)

사람을 휴지 상태로 이끄는 것 :

편안하고, 즐겁고, 휴식할 수 있는 여건
사생활(privacy) 보호 가능한 곳
경관, 물체, 세밀한 부분 등을 더 잘 감상할 수 있는 곳
형태와 공간이 쾌적하게 정돈된 곳
집중이 가능한 곳
이동 제약 요소
앞이 가로막힘
어쩔 수 없는 상황
공간 형태
휴식, 정지와 연관 있는 기능
최적 위치 확보 가능한 곳

**수평 운동**(Horizontal Movement)

수평 운동 특색은 다음과 같다.

수평면상 움직임은 용이하고, 자유롭고, 효율적이다.
이동이 안전하다.
방향 전환이 쉽다.
방향 선택 폭이 넓다.
수직면이 시각적 흥미 요소
수평면은 대부분 기능 수용에 적합
움직임 조절 용이
움직이는 물체 보는 시선 통제 용이

**하향 운동, 하강**(下降, Downward Motion or Decline)

하강 운동 특성은 다음과 같다.

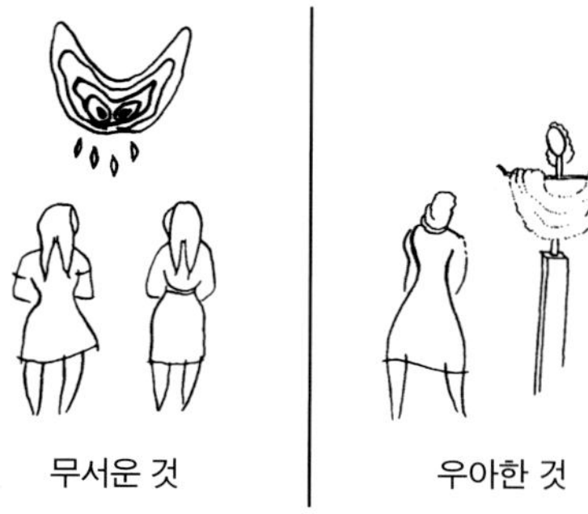


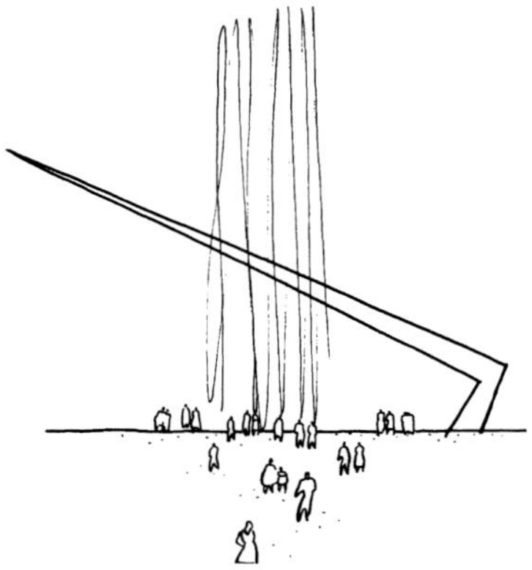


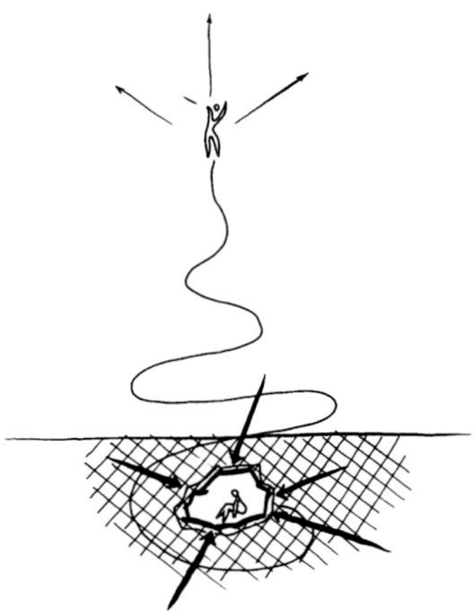

높이(height)는 성취, 잠재 가능성, 확장, 상쾌함, 영감(靈感), 숭고함, 해방감을 나타낸다.
깊이(depth)는 퇴보, 집중, 감금, 은신처, 세속(世俗), 중압감을 나타낸다.

힘은 적게 들지만 고도 저하
안전은 비탈면 결(texture)과 제동장치가 좌우
하향 운동은 피난, 은신, 매장 등을 의미
중력과 조화를 이루는 관성 운동, 급강하 운동 의미
시선은 바닥면 지향
식물, 물, 광물 등 지상 물체에 관심
비교적 힘들이지 않고 움직일 수 있으므로, 기운이 떨어져가는 여정 끝의 내리막은 반갑다.
은신, 보호, 사생활 증대 느낌
탄갱(炭坑), 늪, 비옥한 계곡 등 암시
지하 식당 같은 분위기
지하 할인 판매장 같은 분위기
짙은 흙빛, 단순한 고체 형태, 천연 재료, 낙수(落水) 또는 조용한 물 등이 하향 운동과 깊이감 증진

**상향 운동, 상승, 등반**(Upward Motion, Rise, or Climb)

상향 운동 특징은 다음과 같다.

중력에 거슬러 들어 올리는 힘 필요
한 차원 더 높은 이동
상쾌함
성취감, 중력 극복의 즐거움
고양(高揚)된 삶
지상 만물과 격리감
하늘에 도전하는 인간 모습
안전과 안정감, 착륙에 필요한 지면 질감과 제동력 생각
영적 고양(高揚), 신성(神聖) 의미
태양 근접, 고매함 의미
대중으로부터 격리, 지고(至高), 지배력 등을 의미
군사적으로 유리한 고지 의미
정점에 도달함 의미
넓어진 경관과 조망
머리 위쪽이 시각적 흥미 대상, 태양과 하늘 시각적 효과 극대화
이상의 모든 효과는 경사각 크기에 비례해 커짐

**반응**(Induced Response)

인간의 반응은 다음과 같다.

친숙한 것에는 긴장을 풀고, 낯선 것에는 분기(奮起)하거나 흥분
통일성, 다양성, 적합성에서는 즐거움을 느낀다.
경직, 고착 속에서는 신체적으로나 정신적으로나 영적으로 경화(硬化), 퇴락한다.
질서 속에서는 안심한다.
신기한 것, 생동감 있는 것, 변화가 있는 것에서는 오락성과 여흥을 느낀다.

길거리에서, 혼잡한 상가에서, 전시장에서는 더더욱, 계속 변전(變轉)하면서 쉼 없이 망막을 자극하는 볼거리들이 오라고 손짓하고, 현혹하고, 괴롭히고, 유혹하고, 설득하고, 애걸하고, 희롱해 시큰둥해지게 하거나 그렇지 않으면 매혹되게 한다. 때로는 머뭇거리면서, 때로는 확고하게 인간은 심안(心眼)을 따라 다음과 같은 것에 끌려간다.

| | | |
|---|---|---|
| 의미 있는 것 | 교묘한 것 | 만족스러운 것 |
| 활기찬 것 | 우세한 것 | 극적인 것 |
| 대조적인 것 | 장관을 이루는 것 | 단순한 것 |
| 별난 것 | 정교한 것 | 깨끗한 것 |
| 아름다운 것 | 친근감을 주는 것 | 자연적인 것 |
| 다양한 것 | 영감(靈感)을 주는 것 | 기묘한 것 |
| 눈높이에 있는 것 | 친숙한 것 속의 이상한 것 | 그럴싸한 것 |
| 장식적인 것 | 새로운 것 | 다채로운 것 |
| 필요한 것 | 유쾌한 패턴 | 생생한 것 |
| 바람직한 것 | 유쾌한 형태 | 재미있는 충격 |
| 떠들썩해 피곤할 때 휴식 주는 것 | 유쾌한 척도 | 밝은 것 |
| | 안전한 것 | 많은 낯선 것 속 친숙한 것 |
| 놀라운 것 | 안정적인 것 | 고정된 배경 속에서 움직이는 것 |
| 활력 있는 것 | 적합한 것 | |
| 대담한 것 | 편리한 것 | 매력적인 것 |
| 흥미를 주는 것 | 진행 중인 것 | 밝은 것에 싫증 나면 희미한 것으로 |
| 흥분하게 하는 것 | 교육적인 것 | |
| 추상적인 것 | 호기심을 끄는 것 | 경외(敬畏)하는 것 |
| 최상품 | 이국적인 것 | 상징적인 것 |
| 성공적인 것 | 특별한 것 | 신선한 것 |
| 두드러진 것 | 적절한 것 | 우수한 것 |
| 세련된 것 | 자극적인 것 | 유용한 것 |
| 이해할 수 있는 것 | 감탄할 만한 것 | 논리적인 것 |
| 지고(至高)한 것 | 진실한 것 | 연속적인 것 |
| 최상의 것 | 기분 전환되는 것 | 진보적인 것 |
| 인상적인 것 | 재미있는 것 | 인간적인 것 |
| 놀라운 것 | 암시적인 것 | 호소력 있는 것 |

### 거리라는 장애물(Distance as Friction)

어떠한 수단으로 이동하든 거리는 극복해야 하는 장애물이며, 면적은 통과해야 할 대상이며, 공간은 건너뛰어야 하는 허공이며, 여기에는 모두 에너지가 필요하다. 속도와 경제성이 문제가 될 때, 계획가는 가능한 한 직선 노선, 이동을 순조롭고 빠르게 하기 위해 장애 최소화 노선을 선정하거나 교통수단을 강구해야 한다.

효율적인 교통수단은 경사와 선형이 적절해야 하고, 통행 속도와 교통량을 수용할 수 있어야 한다. 형태와 속도가 다른 교통수단은 분류, 격리해 서로 장애가 되지 않아야 한다. 평면교차는 피한다. 안전 확보가 최우선이다. 속도와 경제성이 중요한 도로는 직선적이고 소통 장애가 없어야 할 뿐만 아니라 효율성을 표방해야 하기 때문에 모든 도로시설물은 물론 주변 요소까지도 원활한 소통을 촉진하고 자유로운 흐름을 표현해야 한다.

### 거리의 긍정적 측면(Positive Qualities of Distance)

거리는 면적의 함수이고, 면적은 공간의 함수이다. 대개의 경우 면적과 공간은 귀중한 자원이다. 인구가 증가하고 개발 압력이 커지는 현대사회에서는 더 넓은 공간을 갈망하고, 비좁은 영역을 확장하고자 한다. 경계선은 한정되어 있는 것이 보통이고, 그래서 계획이라는 수단 속에서 한정된 영역을 확장하는 방법을 모색하려 한다. 그 방법 하나가 거리가 멀게 지각되게 계획하는 것이다. 좁게 살아야 했던 문화에서는 예부터 고도로 발달한 이 기술은 요새화된 섬, 산정(山頂), 성곽 도시 등 폐쇄된 곳에서 살던 계획가들이 발달시켰다. 머지않은 장래에 조밀한 개발, 높은 인구밀도 속에 살아야 할 우리가 다시 배우고 발전시켜야 할 기술이다.

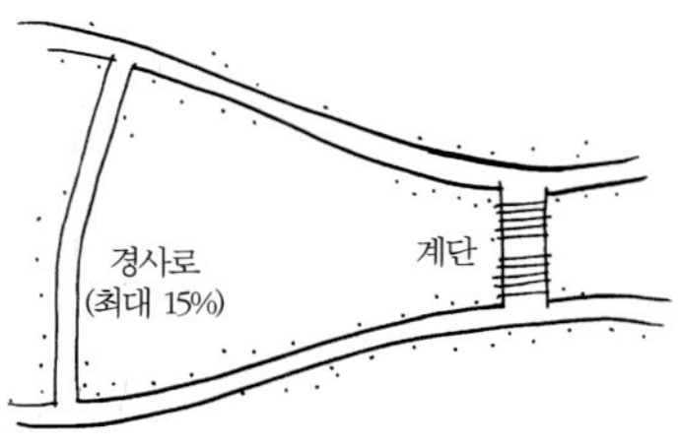


장애자, 바퀴 달린 운송 수단과 장비 등 통행을 위해, 계단과 더불어 경사로를 설치하는 것이 보통이다.

### 공간 변화(Space Modulation)

훌륭한 과학 작품, 예술 작품의 징표가 되는 조화(調和, harmony), 일치(一致, oneness), 통일(統一, unity)을 추구하는 것이 계획의 목표라는 것은 잘 알려진 바다. 조화, 일치, 통일을 이루는 장소는 사람들을 매혹하며, 그러한 곳에 어울리지 않는 요소가 침입하는 것, 예를 들어 아름다운 천연 협곡에 울긋불긋한 핫도그 판매대가 들어서는 것은 사람들이 거부할 것이다.

그뿐만 아니라 하나의 공간에서 다른 공간으로 전이함에 있어서도 조화로운 연속성을 추구한다. 클럽 테라스에서 수영장으로 내려가는 길에 주차장을 통과해 돌아가야 한다면 귀찮을 것이다. 가족을 차에 태우고 집에서 피크닉장으로 향하는 길이라면 상업 지역을 통과하는 것은 가능하면 피할 것이다. 경관도로, 강변도로나 시골길을 달리는 것이 피크닉 가는 분위기에 어울리고 유쾌하게 피크닉장으로 연결되는 공간 체험을 가능하게 할 것이다. 모두 통일성 있는 연속적 공간 변화를 경험하고자 하는 사람들 욕구를 예시한 것이다.

이동 중인 사람은 변화를 지각하면서 큰 기쁨을 얻는다−질감의 변화, 빛의 연출, 온도, 냄새, 시각적 패턴, 확대 · 축소되는 조망 변화는 물론 물체와 공간과 경관의 흐르듯 하는 시각적 인상 등.

어느 공간의 형태, 선, 색채, 질감이 그 공간에 담길 기능을 잘 수용하고 표현하고 있으면 그 공간은 기쁨을 준다. 더욱이 위요 정도와 형태를 적절히 선택하면 어떤 공간에 담고자 한 기능을 더욱 명확하게 표현할 수 있고, 그 공간이 주는 기쁨은 배가된다는 것을 알게 되었다. 어떤 공간에 가까이 가고 그 공간을 통과하는 일, 어떤 물체 주위를 둘러보거나 지나가면서 그 물체를 바라보는 일은 즐겁다. 한 공간에서 다른 공간으로 이동하는 것, 즉 공간에서 공간으로 연속적 전이(轉移)를 경험하는 것도 즐거운 일이다.

공간 변화가 미묘할 때는 전혀 다른 분위기와 용도를 지닌 여러 개 공간들을 통과하면서도 그 변화를 거의 느끼지 못할 수 있다. 반면에 어떤 공간 변화는 강력하다. 의도적으로 낮고 좁고 어두운 공간 속으로 유도했다가 높고 찬란하고 자유로운 공간 속으로 해방시켜 주면 극적이며 경이로운 공간 변화가 될 것이다. 여하튼 능숙한 계획가는 능숙한 음악가가 하프나 플루트나 드럼을 연주하는 것처럼 공간을 연출해 인간의 감정, 행동 양식, 감응 등을 연주할 수 있다.

Marion Brenner Photography/Lutsko Associates

Barry W. Starke, EDA

통과 공간

북경 서쪽 옥천(玉泉, Jade Fountain) 근처 여름궁전[Summer Palace, 이화원(頤和園)]에 벽으로 둘러싸인 첩(妾)의 정원(Court of the Concubine)이라는 곳이 있었다. 옛날에 어떤 황태자가 좋아하는 첩이 그곳에 살고 있었다. 중정 한쪽 끝에는 옻칠한 목재, 타일로 짓고, 부드러운 매트를 깔고, 발을 드리운 아름다운 저택이 서 있고, 반대편에는 가볍게 공중에 떠 있는 듯한 누각이 있어 황태자의 첩이 하녀들과 여름 오후를 보냈다고 한다. 그 첩은 쓰촨성(四川省) 넓은 평원에서 왔기 때문에 쓰촨성에서 보던 호수, 숲, 초원, 멀리 보이는 산, 자유롭게 노닐던 넓은 공간을 동경했다고 전해진다. 그런데 이제 여기 좁은 중정에 갇혀 지내게 되었다.

그를 기쁘게 해주고자 황태자는 이 좁은 공간에 자유로움과 기쁨을 누릴 수 있는 낙원을 창조할 계획을 세우도록 했다. 저택에서 반대편 누각까지 거리가 굉장히 멀게 보이는 착각을 일으키기 위해 벽을 점차 안쪽으로 모아지게, 갈수록 높이가 낮아지도록 했다. 더 나아가 담에 둘러싸인 답답함을 덜기 위해 담장이 모이는 끝부분에서는 양쪽 담 안팎으로, 담 너머로 식재를 연장했다. 심지어 바닥 포장재 크기도 먼 곳으로 가면서 작게 했다. 밖으로 갈수록 모든 질감이 모르는 사이에 거친 것에서 섬세한 것으로 변하고, 색은 따뜻한 심홍색, 적색, 오렌지색, 노란색에서 부드럽고 차가운 담녹색, 라벤더색, 담회색으로 변한다. 전경(前景)에 있는 수목과 초화류는 윤곽이나 잎이 뚜렷한 것을 택하고, 가냘픈 누각 근처에는 작고 섬세한 것을 심었다. 가까이에는 분출하여 콸콸 흐르는 분수를 두었지만, 멀리 있는 연못물은 거울처럼 잔잔하다. 이러한 원근법 적용만으로도 거처에서 보이는 모든 전망이 실제보다 훨씬 넓어 보이고 누각은 멀리 있는 것처럼 보인다.

애첩이 저택 테라스를 나서 중정으로 들어서면, 굽고 뒤틀린 향나무 숲 내음을 맡으며 통과해 이끼 낀 바닥 위에 평화롭게 놓인 진귀한 '태호석(太湖石)'에 다다른다. 태호석 뒤 석벽에는 구름 문양을 조각하고, '쓰촨평원(四川平原), 높은 산정(山頂)에 가볍게 떠도는 구름이 한가롭도다'라는 시구를 새겼다. 저택 테라스에서 열 발자국도 안 떨어진 이곳에서, 비록 눈에 보이지는 않지만 그 애첩의 마음은 벌써 떠나온 고향 산천에 가 있었을 것이다.

바로 너머에는 유혹하듯 시야에서 비스듬히 사라지는 에메랄드빛 담장이 있는데, 여기에는 열린 문을 향해 격노해 몸부림치듯 보이는 용 모습을 타일로 양각했다. 문 안쪽에는 파스텔색이 달콤하고 매혹적인 향기를 내뿜는 모란꽃이 나지막한 석함(石函) 속에 만발해 양지바른 정원을 장식한다. 물 떨어지는 소리가 들리는 것은 물보라 튀기는 폭포 옆 시원한 그늘 아래 놓인 티크 의자로 그녀 시선을 유도하려는 의도다. 머리 위에는 수양버들 가지가 층층이 드리워 가지 끝이 연못물에 잠기고, 물 위를 떠도는 버들잎 사이로 금빛 은빛 원앙이 유유히 헤엄친다. 징검다리가 구불구불 연못을 가로질러 대나무 숲으로 숨어들고, 대숲 속에서는 피리새 지저귀는 부드럽고 아름다운 멜로디가 흘러나와 경쾌한 분위기로 가득하다. 가느다란 소로가 연못 저편 깊고 고요한 물가 고사리가 우거진 돌출부로 뻗어 있으며, 그곳에는 동석(凍石)을 조각해 만든 책상과 푹신한 방석 깐 의자가 누각으로 오르는 계단 근처 소나무 그늘 아래서 기다린다.

높직한 누각에 올라 뒤돌아보면 놀라운 새 조망이 눈에 들어온다. 저택이 아주 가깝게 보인다. 역시 강한 원근법 때문이다. 저택에서부터 이곳에 이른 길은 살짝 감추어두고, 다른 길을 따라 돌아가게 하여 정원의 새로운 경치와 새로운 공간으로 초대한다.

이 중정은 하나하나 그 자체로 완결성 있는 여러 개 공간을 연결해놓은 복합체로 설계한 걸작이다. 한 공간에서 다른 공간으로, 한 요소에서 다른 요소로 이어지는 전이는 오랜 기간 훈련으로 익힌 능숙한 솜씨를 발휘해 조화롭기 그지없다.

공간 변화! 미국인들은 이 말의 의미를 아직 더 배워야 한다. 앞으로 다가오는 혼잡한 시대에는 배우기 싫어도 배워야 할 것이다. 그리고 우리 나름대로 새로운 최고의 예술적 경지에 이르도록 발전시킬 수 있을 것이라 믿는다.

### 조건부 지각(條件附 知覺, Conditioned Perception)

우리는 경험을 통해 사물 그 자체가 무엇인가라는 사실보다 사물과 인간과의 관계가 더 중요하다는 것을 안다. 인간이 볼 수 없고 기억할 수 없다면 그러한 나무는 존재하지 않는 것이다. 멀리 언덕 위에 있는 나무는 우선 우리의 길잡이가 되는 물체일 뿐일지 모른다. 가까이 다가가면서 그것이 배나무라는 것을 알게 되면 여러 가지 즐거운 의미를 떠올릴 것이다. 더 가까이 가면 배를 따고 싶은 충동을 느낄 수도 있고, 8월 뜨거운 여름날 오후 그 그늘 아래 누워 쉬거나 낮은 가지에 어린이 그네를 매달거나, 바닥에 자리를 마련할 수도 있을 것이다. 어느 경우나 나무는 같지만, 나무에 대한 우리의 인상은 우리가 그 나무와의 관계를 어떻게 지각하는가에 따라 변한다. 그러므로 공간상에 나무나 기타 물체를 배치해야 한다면, 배치하는 물체와 그것이 놓이는 공간의 관계뿐만 아니라 그 공간을 이용하는 모든 사람과 배치하는 물체의 관계도 고려해야 할 것이다. 또 공간 이용자와 배치하는 물체의 일련의 연속적인 관계를 치밀하게 계획해 배치한 물체의 특징이 가장 잘 드러나게 연출해야 한다.

물체나 공간에 대한 인상은 우리가 과거 경험한 것이나 기대한 것에 의해 결정된다. 나뭇잎이 무성해 시원한 정자 그늘을 나서면 마당에 내려쬐는 햇볕이 더 따사롭다. 찜통 속같이 덥고 건조한 중정 길을 따라 분수대에 접근하면 뿜어내는 물줄기와 흩날리는 물방울이 더욱 반가운 법이다. 자작나무 숲은 그 앞에 강이 흐르고 있다는 것을 알면 더욱 의미심장하게 다가온다. 넓고 자유로운 공간은 그에 앞서 좁은 공간의 답답함을 경험했거나 앞으로 경험할 것을 안다면, 한층 더 넓고 자유롭게 느껴진다.

그래서 우리는 하나의 공간 체험을 계획하는 것이 아니라, 서로 상호 작용해 유쾌함을 배가하는 일련의 조건반사적 공간 체험을 계획하는 것이다. 중국 식도락가는 이러한 과정을 잘 알기 때문에, 순서에 맞춰 구미를 돋우는 여러 가지 요리가 안배되어 나와야 훌륭한 만찬이라고 생각한다. 얇고 맛이 순한 상어 지느러미 수프, 바삭하게 구운 해초, 끈끈하고 쏘는 맛이 있는 달걀 요리, 아몬드 조각을 뿌린 밤 범벅, 달고 떫은 돌능금절임, 보송보송한 쌀밥, 새콤달콤한 감 소스 얹은 생선찜, 쌉싸래한 차, 땅콩기름에 살짝 튀겨낸 바삭바삭한 야채튀김, 부드럽고 맛깔스러운 버섯과 소고기 요리, 고기 국물에 메추라기 알을 곁들인 부드러운 국수, 잘 익은 두리안(durian)을 넣어 만든 깊은 맛의 커스터드(custard), 입맛을 개운하게 해주는 차, 시원하고 새콤한 망고와 차 한 잔 더, 마지막으로 아주 순하고 산뜻한 포도주. 식사마다 미각, 촉각, 시각 그리고 지적인 경험까지 빚어 넣어 하나의 완벽한 예술 작품으로 설계한 것이다. 우리가 살아가는 장소와 공간 환경을 계획할 때도 이만한 예술성을 담을 수 없다면 어찌 만족스럽다 할 수 있겠는가?

경험은 우리가 지각한 것, 지각하는 것, 지각하리라 기대하는 것이 복합된 것이라고 볼 수 있다.

한 개 공간 또는 여러 개 공간의 복합체를 통과한 후, 우리가 지나온 것, 지각했던 것을 무의식 속에 기억한다. 그래서 우리는 과거의 공간과 시간을 뒤돌아볼 뿐만 아니라 미래의 공간과 시간을 내다보고 과거는 미래에, 미래는 과거에 의미를 부여하며 따라서 과거, 현재, 미래 모두가 의미 있다.

## 연속성(連續性, Sequence)

계획 용어로서 '연속성'은 계속되는 일련의 지각 연결로 정의할 수 있다. 경험할 때만 연속성은 의미가 있다. 역으로 경험은 모두 연속적이다.

자연계에서는 연속성은 형식이 없고 자유롭다. 때로는 진행형 연속성도 있다. 예를 들어 낮은 곳에서 산 정상을 오르는 것은 상승형 연속성이고, 중앙평원에서 사막을 가로지르고 산을 넘고 계곡을 지나 태평양에 이르는 것은 방향성을 가지는 연속성이고, 햇볕이 드는 숲 가장자리에서 그늘 짙은 숲 속 깊이 들어가면 내부지향형 연속성이다. 그 외에 위요, 복잡성, 강도, 편리성, 이해 등등이 점증하는 진행형 연속성도 있을 수 있다.

자연 속에서 경험하는 연속성은 호젓한 바닷가나 갯벌 늪지 사이를 거니는 사람이나 어린이에게 비치는 단편적 인상과 같이, 특별한 질서가 없을 수도 있다.

우리가 계획하는 연속성은 형식이 없을 수도 있고 매우 질서를 갖춘 것일 수도 있다. 의도적으로 연속성에 개의치 않고 계획하거나 연속성 없이 무질서하게 계획할 수도 있으며, 또는 특정 목적을 위해 고도로 질서 정연한 연속성을 계획

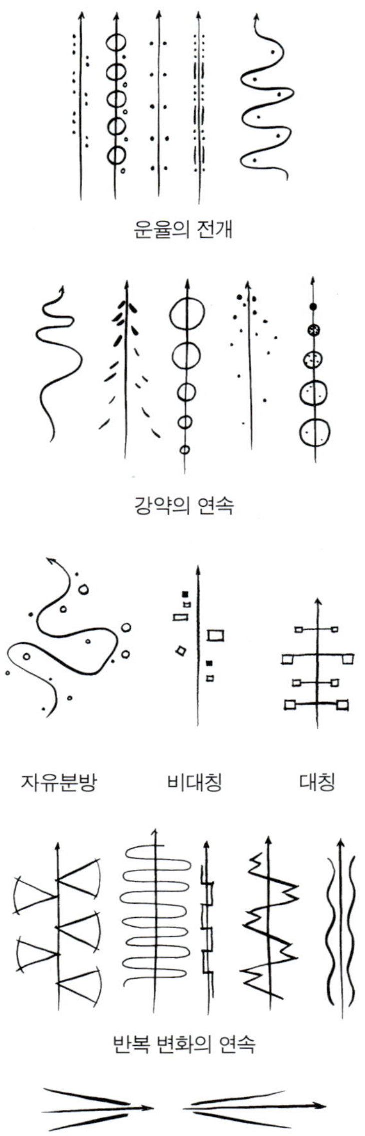


연속성. 여러 가지 유형의 연속성 배치계획을 추상화해 표현한 것. 화살표는 진행 방향임.

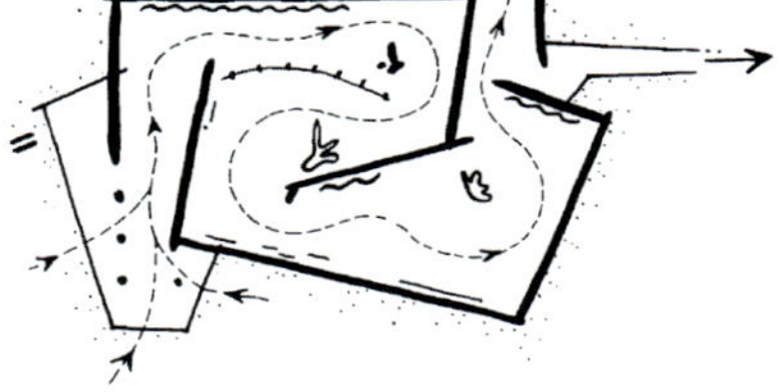

미리 설정한 경험을 연출하는 연속성 전개 계획

루스벨트 대통령 기념관(Franklin Delano Roosevelt Memorial).
네 차례 대통령 임기 수행을 일련의 옥외 공간에서 해설한다.

할 수도 있다. 연속성을 잘 계획하면 극히 효과적인 설계 수단이 된다. 움직임을 유도하고, 방향을 제시하고, 리듬을 만들어내고, 분위기를 자아내고, 공간 속에 자리한 하나 또는 여러 개의 대상물을 드러내 보이고 설명해준다.

연속성을 계획한다는 건 공간 구성 요소들을 의도에 맞춰 구성하는 것이다. 연속성은 시작과 끝이 있으며, 끝이 대개 절정을 이루는 부분이다. 사실은 절정 이외 다수 부(副)절정이 있을 수 있고, 부절정은 연속성 구현에 도움을 주는 것이어야 한다. 연속성이 암시하는 움직임과 힘 때문에 사람들은 출발점에서 종점까지 이동한다. 일단 연속성을 시작했으면, 연속성과 연속성으로 유발된 사람들 이동은 논리성 있는 마무리를 지어야 하며, 최소한 만족할 만한 결말에 이르러야 한다.

계획해 조성하는 공간과 그 속에서 일어나는 행사는 모두 일정한 순서와 질서에 따라 지각하고 경험하게 된다. 그리고 연속성의 순서와 질서는 우리가 설계하는 것이다. 연속성을 잘 계획하려면, 절정(climax)의 속성을 잘 설정해야 할 뿐만 아니라 절정에 이르는 시기, 절정 강도, 절정에 이르는 과정을 잘 전개해야 한다.

단순한 연속성, 복합적인 연속성, 복잡한 연속성 등이 있을 수 있고, 지속적이니면 단속적(斷續的)일 수도 있고, 변화, 변조(變調, modulated) 연속성도 있다. 또 집중이나 분산, 미세 혹은 거대, 미묘하거나 강력한 연속성도 상정할 수

개념의 점진적, 연속적 전개 즉 계산된 목적지 도달 과정

있다.

마치 밀림의 북소리와 마찬가지로 연속성 음률과 박자는 흥분, 경고, 두려움, 격노, 신비, 경이, 경외, 유쾌함, 행복감, 환희, 힘, 노여움, 호전성, 도전, 유혹, 후회, 슬픔, 억제할 수 없는 비애, 편안함 등 다양한 감정을 불러일으킬 수 있다.

공간 기능에 어울리지 않는 분위기와 기대감을 관찰자에게 불러일으키는 연속성을 계획하는 설계가는 비참한 결과를 맞을 것이다. 반대로 공간 체험에서 얻는 정서에 부합하는 분위기를 조성하고 보완해주는 공간 연속성을 설계한다면, 그것은 진정 효과적인 공간 설계라 할 것이다.

만일 크기, 형태, 색채, 빛, 질감 등 공간 특징 중 한두 가지 이상이 반복적 리듬 형태로 나타나면 연속성 속에는 곧 운율이 명확하게 표출된다. 반복되는 공간 특징의 성격, 강도, 출현 빈도에 따라 연속성 속에 내재하는 운율이 관찰자에게 주는 정서적 영향은 무시할 수 있을 정도로 가벼운 것에서부터 상당히 무거운 것이 될 수도 있다. 그러한 효과는 바람직할 때도 있고 해로울 때도 있다. 사람들이 걸어서 또는 차를 타고 통행하는 공간을 계획할 때는 항상 공간 변화와 공간 운율에 대한 이해가 필수라는 것을 알아두면 된다.

### 질서 있는 접근(The Ordered Approach)

운동 상태에 있는 동안은 항상 우리가 통과하는 물리적 환경이 우리에게 영향을 미친다. 따라서 어떤 목표를 향해 움직일 때 통과하는 공간은 목적지 성격에 맞게 설계할 필요가 있고, 목적지에서 어떤 경험이 예정되어 있다면 그에 걸맞은 마음 준비가 필요하지 않을까? 당연하다.

그 반대 예로, 상업지역의 복잡한 고속도로에 면한 도심 교회에 가고 있는 가족을 생각해보자. 도로를 통과하는 동안 바쁘게 움직이는 분위기에 휩쓸려야 하고, 폭주하는 자동차 행렬에서 빠져나와 빠듯한 교회 입구로 급회전할 때는 경계심을 늦출 수 없을 것이다. 좁은 교회 앞은 승객을 내리기 위해 시동을 건 채 서 있는 자동차들이 뒤엉켜 있다. 겨우 교회 현관 근처에 가족을 내려주고 주차장에 가니 주차장도 빈 곳이 없다. 간선도로를 불법으로 가로질러 건너편 슈퍼마켓 근처에 겨우 주차하고 이번에는 간선도로를 무단 횡단하고 언덕을 뛰어올라 교회에 도착하니 이미 예배는 시작되었다. 가족 옆 자리에 끼어들어 예배를 보지만, 온 가족이 긴장하고 신경 쓸 수밖에 없었고 마음의 평정을 되찾기도 전에 예배는 끝난다. 계획을 잘 하지 않으면 이렇게 한 가족뿐 아니라 수많은 사람이 축복받는 분위기 속에 교회를 갈 수가 없는 것이다.

같은 동네, 조용한 주택가 공원 도로변에 교회가 있다고 생각해보자. 일요일 아침 가족이 차편으로 또는 쾌적한 보도를 걸어서 교회를 갈 때, 교회는 길가에서 물러나 앉아 있어 수목으로 둘러싸이고 조용히 신도들을 맞아들이는 분위기다. 진입도로, 차를 돌리는 곳, 주차장 등이 모두 넉넉하고 알맞게 배치되어 있다. 보도를 따라가면 넓은 마당에 이르고, 예배실로 통하는 문에 당도한다. 문으로 들어가기 전, 여기서 보이는 형상, 상징물, 공간 특성이 벌써 예배에 임하는 마음을 준비하게 한다. 예배 후에는 가족 간, 친구들 간에 만나서 인사하고 담소하기에 적합한 장소다. 교회에 오는 길, 예배 참여, 되돌아가는 과정이 모두 종교적으로 의미 있고 도움이 되게 계획해야 한다.

동양에서는 얼마나 섬세하게 계획하는지 감탄스러울 뿐이다. 예를 들어 산사(山寺) 뜰에 이르는 길은 길 자체에 경건하고 신성한 분위기가 감돈다. 예부터 산문(山門)과 담이 문자 그대로 현세와 담 쌓고 극락의 상징, 적막에 휩싸인 정원 공간을 둘러싸고 있다. 제일 아래 사바세계(娑婆世界)에서 가장 깊은 곳 제단에 이르기까지 거친 것에서 세련된 것으로, 성긴 것에서 풍부한 것으로, 산만한 분위기에서 회고하는 분위기로, 세속에서 숭고(崇高)의 세계로, 진정 훌륭한 공간 전이(轉移)를 설계한 것이다.

비슷한 방법으로 우리도 어떤 분위기 조성에 꼭 알맞은 계획을 할 수 있을 것이다. 분명히 그렇게 계획해야 한다.

## 보행(步行, Pedestrian Movement)

강물 흐름과 비교해보면 보행 특성을 잘 이해할 수 있다. 보행 역시 흐르는 물과 같이 저항이 제일 적은 곳으로 흐른다. 또 두 지점 간 최단 거리를 택하는 경향이 있다. 보행 흐름은 힘이 있고, 운동량에서 발생하는 압력이 작용하며 침식 작용도 일으킨다. 빠른 유동이 가능하려면 장애물 없는 직선 통로가 필요하고, 곡선부는 폭을 넓혀야 한다. 그렇지 않으면 통로에 무리한 힘이 작용하게 된다. 빠르게 흐르는 강물이 돌출부를 갈아내고, 바위를 깎고, 우각호(牛角湖)를 줄줄이 만들어놓듯이, 보행 흐름 역시 막다른 곳이나 좁아지는 곳에서는 마찰을 일으키거나 통로를 넘쳐흘러 멋대로 새로운 길을 만든다.

마치 운하설계에 따라 선박 수송 용량, 수송로, 수송 속도가 정해지듯이 보행로설계가 통행 공간을 한정하고, 보행 흐름을 조절한다. 비가 오면 평원에 생기는 건천(乾川)처럼 보행 통로도 예측할 수 없는 변수에 따라 결정될 수 있다. 간

동물원 전시 순서에 따라 관람하는 보행 동선

Adam Jones, Jones & Jones Architects and Landscape Architects, Ltd.

*전시장을 계획하는 계획가는 사람들 행태를 미리 예견하고, 사람들이 서두르고, 멈추고, 바라보고, 어슬렁거리는 지점을 예측하고자 한다. 계획가 목적은 인파 흐름을 유도하고, 원하는 곳에 사람들을 모으려는 것이다. 그러나 인파 흐름을 유도한다는 것은 열차 궤도와 같은 고정 노선을 따라 사람들이 이동하게 만들거나, 양 떼같이 울타리 속에 몰아넣는 것을 의미하는 것은 아니다. 사람들이 보려는 것을 쉽게, 보려는 시간에 볼 수 있게 사람들의 움직임을 유도하는 것이 계획가가 이상으로 삼는 목표다. 또한 계획가는 사람들이 길을 잃거나, 피로를 느끼거나 지루하지 않도록 전체를 계획해야 한다.*

**James Gardner and Caroline Heller**

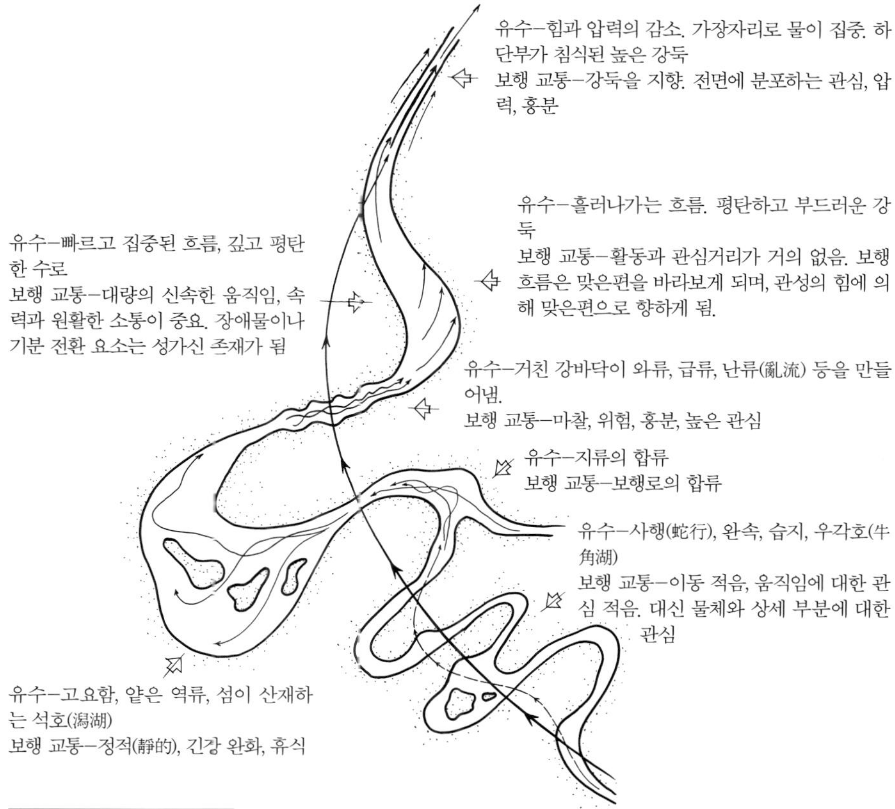


보행 교통과 유수(流水) 비유

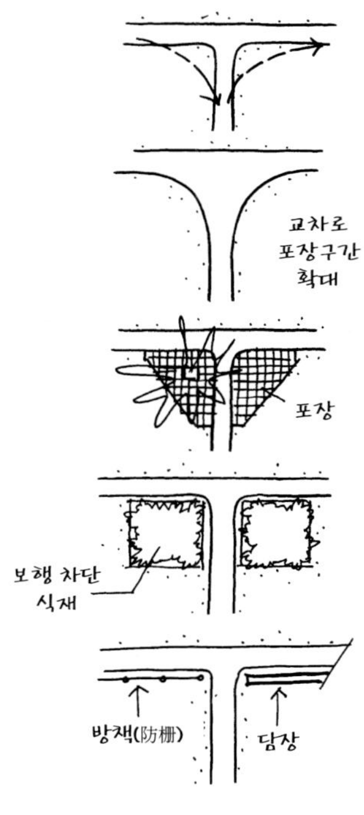


보행로 회전부와 교차로 보완 방법. 질러가기와 그에 따른 훼손과 침식을 예방할 수 있다.

혹 보행 통로 수요를 예측하기 어려운 경우, 특히 캠퍼스 계획에서는 중요한 보행 통로만 건물과 함께 만들고 나머지 지름길이나 소로들은 잔디밭 위에 자연히 생기는 보행 흔적을 따라 설치하면 좋다.

물 흐름과 같이 보행 흐름도 장애물을 만나면 소용돌이를 일으킨다. 소용돌이는 마찰이다. 흐름 방향이 뚜렷하고 통행 속도가 빠른 보행로 중간에 섬이 있다면 이 섬 모양은 보행 흐름을 분산하고 유도하기에 적합한 유선형으로 다듬는 것이 좋겠다.

교차로는 소용돌이 마찰이 가장 심한 곳이다. 보행로 계획에서는 그러한 소용돌이가 유용할 수도 있다. 흥을 돋우는 분위기를 조성하거나 다양한 인간 행태를 수용하려거나 좋은 흥밋거리가 필요한 곳, 부득이 보행 흐름 속도를 감소시켜야 하는 곳, 사람들이 빙빙 들아다니고 뒤섞이고 서로 어울리게 계획하고자 하는 곳 등에서는 소용돌이가 도움이 된다. 시장, 박람회장, 주제 공원, 시골 장터 같은 곳은 각각에 알맞은 열광적 분위기와 소란스러움 정도를 계획할 수 있다. 두 개 이상 흐름이 합쳐 하나의 빠르고 막힘없는 흐름으로 합류되려면, 합류 지점 부근을 넓게 만들고 모양도 늘어나는 유동량을 순조롭게 수용하면서 흐름에 지장을 주지 않는 형태로 만들어야 한다.

교차 지점은 교차 지점 기능을 수용하고 표현해야 한다. 지리적으로 하천이나 강 합류 지점은 전략적 요충지다. 이곳은 두 수계가 합쳐지는 곳일 뿐만 아니라 강과 함께 흐르는 생활, 무역, 문화가 합쳐지기 때문이다. 예를 들어 피츠버그 황금 삼각지(Golden Triangle)가 알레게니(Allegheny) 강과 모농가헬라(Monongahela) 강이 합류해 오하이오 강이 시작하는 곳에 자리 잡은 것은 충분한 이유가 있다. 다른 곳과 마찬가지로 여기서도 두 강 합류 지점이라는 이유 때문에 여러 가지 힘이 발생하고 상호 작용한다. 강물, 무역, 문화, 운송, 차량, 보행, 무엇이든 합류하는 것은 토지계획에서 해결하거나 발전시켜야 할 고려 사항을 야기하기 마련이다.

무심한 보행 교통은 마치 조용한 시냇물 흐름을 닮아 구불구불하다. 본류(本流)에서 벗어난 곳, 섬이 둘러싼 고요한 수면이나 석호(潟湖), 이런 곳 물이 고요하듯이, 원래 고요한 성격의 보행 또는 고요하기를 원하는 보행 역시 그와 유사한 곳에서 찾아볼 수 있다. 이렇게 무언가 감싸주는 것이 있어 고요한 석호를 닮은 공간이 지니는 설계상 의의는, 보행 흐름 본류와 관련이 있으면서도 본류에서는 벗어나 있을 필요가 있는 온갖 기능을 담기에 적합하다는 것이다. 같은 원리로, 물살이 빠르고 급한 것을 보면서 자유로움을 느낄 수 있고, 강물이 굽어 흐르는 곳에 멋진 경치가 펼쳐 보이는 것을 우리가 계획하는 경관에 도입, 응용할 수 있다.

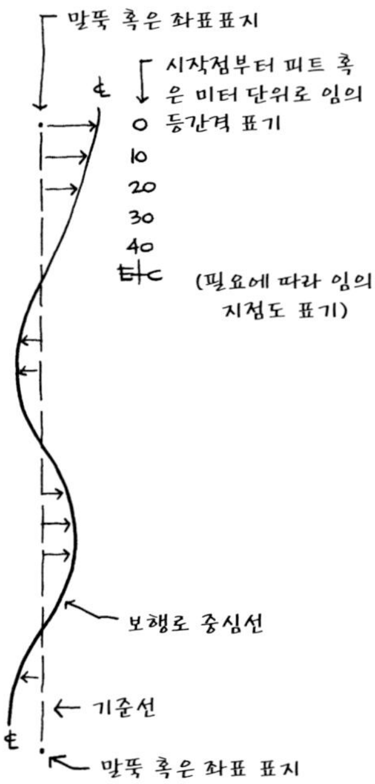


불규칙 형태 보행로 배치 방법. 구불구불한 보행로를 도면화하고 현장에서 위치를 잡으려면, 기준선을 설정하고 일정 간격마다 그 기준선에서 보행로 중심선까지의 거리를 측정하면 된다.

### 보이는 것(Things Seen)

보행이 아직도 가장 보편적인 이동수단이기 때문에 어떤 장소나 어떤 공간이나 주로 걷는 사람 입장에서, 사람 눈높이에서 보게 된다. 우리가 알고 있는 것처럼 이동 경로는 고정될 수도 있고, 그렇지 않으면 방향성 없이 자유로운 상태로 두어서 사람들이 원하는 길을 택하고 다양한 시각적 경험을 하게 할 수도 있다. 이동 속도가 느리면 상세한 부분에 흥미가 끌린다. 급할 때는 약간의 지체도 참기 어렵지만, 여유 있게 걸을 때는 돌아가거나 한눈파는 것도 좋다. 움직인다는 것 자체는 큰 흥밋거리가 못 되고 움직이면서 보는 것 경험하는 것이 즐거운 것이다.

### 바닥면(The Base Plane)

바닥면 질감은 보행 유형과 속도를 결정하는 등 보행 소통에 아주 민감하게 영향을 미친다. 다음 예와 같이 질감에 따라 적합한 용도가 있고, 질감이 그에 맞는 이용을 불러들이기도 한다.

| 질감 | 통행 |
|---|---|
| 천연 화강암, 거친 사암 | 징 박은 부츠 |
| 흙길, 들판, 숲의 낙엽 더미 | 하이킹용 구두, 모카신(moccasin 역주; 북미 원주민 사슴 가죽 신) |

| 눈 | 스키, 설화(雪靴, snowshoe) |
|---|---|
| 얼음 | 스케이트, 아이젠 |
| 모래 | 나막신, 맨발, 샌들 |
| 잔디 | 골프화, 축구화 |
| 아스팔트 포장 | 정구화 |
| 판석 | 간편화 |
| 절석(切石), 콘크리트, 벽돌 포장 | 비즈니스화 |
| 광택 대리석 | 무용화 |

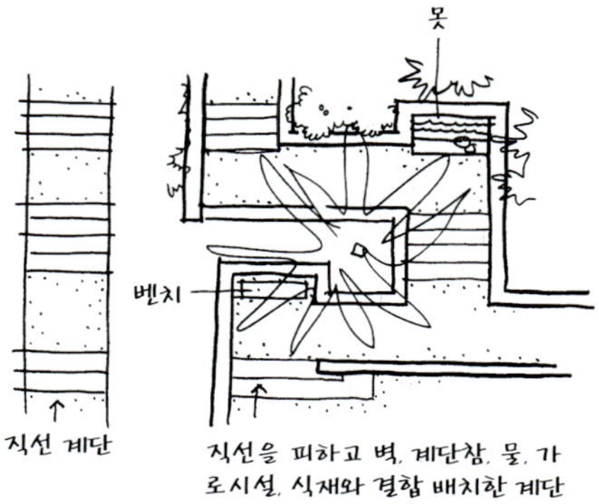


계단이 필요한 경사지는 재미있게 설계할 수 있는 기회다.

### 거리와 경사(Distance and Grade)

우리 자신 힘으로 움직일 때는 먼 거리를 가거나 비탈을 오를 때 힘드는 것을 의식한다. 거리와 비탈이 장애 요소가 된다면 거리는 가깝게, 비탈은 완만하게 계획해야 한다. 거리나 경사는 도로 선형 조정, 차폐, 공간 변화 등을 통해 상당히 감소할 수 있다. 예를 들어 직선으로 산 정상까지 오르면 등고선 비스듬히 이리저리 오가며 쉬엄쉬엄 오르는 것보다 피곤하고 더 높게 느낀다.

좁은 공간에서는 실제 거리나 높이보다 더 멀게, 더 높게 보이도록 하는 것이 바람직할 때가 많다. 동선과 시선 처리에 따라 그러한 효과를 상당히 거둘 수 있

Landscape Architect M. Paul Friedberg and Partners

Barry W. Starke, EDA

Barry W. Starke, EDA

보행 공간 다양성

고, 봉우리는 움푹한 곳에서 올려다보게, 낮은 곳은 봉우리에서 내려다보게 하고 가장 긴 대각선 방향으로 먼 구석을 바라보게 하는 방법 등을 써서 높이와 거리감을 크게 할 수 있다.

보행은 땅 위를 걷는 것이기 때문에 궤도를 그리며 움직이는 것은 아니고 흐름 형태를 취한다. 보행 흐름은 잘 계획하면 원하는 대로 유도하고, 붙잡아두고, 나누고, 합치고, 고이게 하고, 모여 흘러가게 하고, 방향을 주고, 방향을 바꾸고, 속도를 빠르게 할 수도 있다.

*말이 퇴장하면서 말이 달리던 구불구불한 길이 함께 사라진 것은 아니다. 자동차가 대신 그 길을 달린다. 일부 길은 '개량'되기도 했지만, 도로 근본 모습은 크게 변하지 않았다. 구형 길에 자동차가 달리기 시작하면서, 초기는 크게 심각한 문제가 아니었으나 나중에는 '큰 교통문제'를 야기했다. 오늘날도 자동차 특성에 맞는 자동차도로를 건설하는 대신, 여전히 말을 위해 건설한 옛날 도로를 뜯어고치고 있다. 이 간단한 사실이 오늘날 모든 교통문제 핵심이다.*

**Norman Bel Geddes**

*도시 도로, 지역 간 도로 모두 가축이 우마차를 끌던 구시대 도로 모양을 그대로 따라가고 있다. 구시대 도로를 만들어낸 교통수단과 조건은 자동차와 전혀 맞지 않는다. 옛날 도로는 마을 중심부를 통과해야 했다. 여행객들이 쉴 장소가 있고, 말을 바꾸거나 말 먹이를 구할 수 있는 곳이기 때문이다. 옛날 그 도로가 오늘날 고속도로가 되었고, 질주하는 자동차와 함께 교통사고 위험이 마을마다 도시마다 찾아들게 된 것이다.*

**Ludwig K. Hilberseimer**

## 자동차 교통(The Automobile)

고속도로, 간선도로, 심지어 주택가 작은 도로 역시 인명을 앗아갈 수 있는 치명적인 힘을 지니는 계획 요소로 생각해야 한다. 이러한 도로, 교차로는 대형 충돌사고, 중상자, 사망자를 양산하는 장소다. 고압선이 어린이 손이 닿을 정도로 낮게 동네를 가로질러 지나간다면 주민 항의가 빗발칠 것이다. 그런데 안전대책도 없는 고속도로가 멋대로 경관을 조각내며 뻗고, 생명을 위협하는 광로(廣路), 간선도로가 바둑판같이 도시를 쪼개놓는다. 왜? 도대체 왜 이래야 하는가?

아무리 냉정히 분석해보아도, 오늘날 만연하고 있는 바둑판 가로망은 설계하기 용이하다는 것을 제외하고는 어떤 타당한 이유도 없다. 실로 안타까운 일이다. 이러한 도로망 형태와 필지 분할 형태는 마차가 교통수단이던 시대 유물이며 측량 편리성을 위해 고안된 것이다. 이제는 이렇게 이동 형태, 우리 일상생활의 질과 안전에 지대한 영향을 미치는 가로망 형태를 바꿀 시대가 되었다.

어느 곳이나 자동차가 누비고 다니는 시대를 맞이하면서 이제 자동차는 단순히 성가신 존재를 넘어 생명을 위협할 정도로 교통 마찰을 일으키는 존재가 되었다. 궁여지책으로 더 넓은 도로, 중앙분리 도로, 육교, 지하도, 고속도로, 고가도로, 입체교차로 등을 고안해냈다. 사람과 자동차를 공간 속에서 이동시켜야 한다는 매우 현실적인 문제를 해결하기 위해 엔지니어들이 이룩해놓은 업적은 정말 경탄스러울 정도로 거창하다. 그러나 우리가 만들어낸 괴물, 굉음을 토하고, 매연을 뿜어대는 네 바퀴 달린 괴물을 길들이려면, 전혀 새로운 유형 교통수단, 새로운 형태 통행로, 새로운 모습 지역사회를 개발해야 할 것이다.

### 교통 소통(Traffic Flow)

*수억, 수십억 달러를 더 투자해 더 먼 곳까지 연결하는 더욱 많은 초고속도로를 건설해 더 많은 사람이 더 빨리 달려, 어딘가에 도착하기 위해 더 오랜 시간 동안 기다리고 또 기다려야 하며—그곳에 도착해서도 움직이기가 더더욱 어려워졌었다!*

**Frederick Bigger**

고속도로와 도로를 계획할 때는 가능한 한 '마찰 없이 교통수단이 흐를 수 있는 통로'를 계획한다고 생각해야 한다. 이것이 일차적인 목표다. 그러나 도로나 고속도로를 그곳을 통과하거나 만나는 힘으로 표현하는 다이어그램으로 그려본다면, 더 이상 많은 충돌이 발생하고 위험이 상존하고 무질서한 도로는 상상할 수도 없을 정도임을 알고 놀랄 것이다. 예를 들어 두 길이 만나는 곳에는 항상 마찰이 발생할 소지가 있고, 두 길이 교차하는 곳에는 항상 위험이 도사리고 있다. 마찰이나 위험 소지가 있는 곳은 적을수록 좋다. 하지만 도로란 도로는 거의 예외 없이 곳곳에 합류 지점과 교차 지점으로 점철(點綴)되어 있어 본래 기능을 발휘하기도 어려울 정도다. 우리가 이러한 상황에 만족해하고 있는 것은 얼마나 맹목적(盲目的)인가!

미래 통행로에는 교차로는 가능한 없어야 한다. 도로는 빠르고 안전하고 원활한 흐름이 이어지게 계획해야 한다. 회전 반경은 크게 늘려야 한다. 도로 용지도 훨씬 넓혀서 도로 공간에 수용해야 할 예상할 수 있는 모든 기능을 수용할 수 있도록 설계해야 한다. 교통수단별로, 속도별로 분리하고, 각각 별도로 특별히 설계한 통행로를 마련해주어야 한다. 옆에서 끼어드는 교통은 없게 해야 한다. 혁신적인 안전대책과 안전설비를 고속도로와 함께 계획하고 건설해야 한다. 대륙횡단 고속도로는 도심을 통과하지 말고 도시와 도시 사이 녹지를 통과해야 한다. 주거지역, 상업지역, 공업지역 등은 도로에서 떨어진 곳에 배치하고, 큰 간격으로 배치한 고속 경관도로나 화물차 전용 도로를 통해 진입하게 계획해야 한다. 다극화된 부도심들을 연결하고, 새로 조성하는 위성도시들도 연결할 여러 교통수단을 통합한 복합 수송 체계를 개발해야 한다.

미래에는 평면교차도로나 철로는 없어질 것이다. 도로나 철로 모두 지면보다 낮게 설치하거나 땅속에 묻어서 막힘없이 흐르는 튜브(tube) 모양으로 만들거나, 지상 높은 곳에 설치해 승객과 화물이 거의 마찰 없이 미끄러지듯 신속하고 안전하게 이동할 것이다.

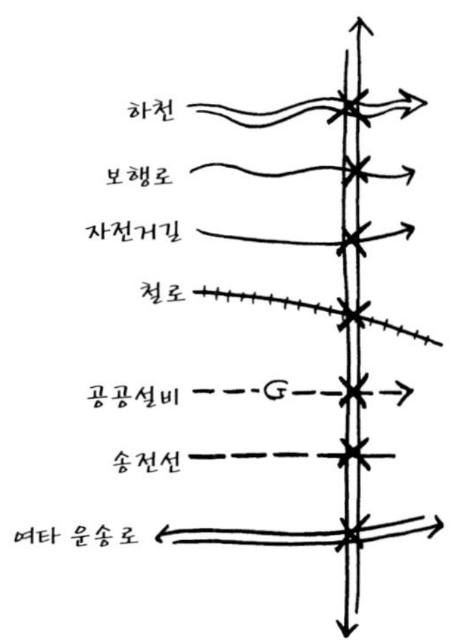


안전, 효율, 경제성을 감안할 때 어떤 형태 운송로이건 교통도로와 교차하는 것은 최대한 피해야 한다.

고속도로, 간선도로, 일반도로, 각각 그 자체가 하나의 완성체다. 모두 완전해야 하고, 안전해야 하고, 효율적이어야 한다. 교통 소통과 연결 통로로서 기능을 잘 발휘해야 한다. 또 한 지점에서 다른 지점으로 이동하면서 통과하는 경관이 유쾌한 경험이 되어야 한다. 도로를 지형에 맞추어 배치하고, 도로 용지를 넓게 확보해 필요한 시설물을 설치하고 경관을 조성해야 유용하고도 쾌적한 도로가 된다. 굽이굽이 골짜기를 누비는 경관도로, 그 도로변 숲이 계곡 가장자리까지 이어진다면, 또한 곳에 따라 도로 용지를 넓게 잡아서 언덕이나 산꼭대기를 바라보는 전망을 확보한다면 얼마나 아름답겠는가!

고속도로, 간선도로, 일반도로가 앞으로도 오랫동안 대부분 개발사업 부지에 진입하는 주요 수단이 될 것이라 예상하는 것이 타당하다. 경관은 접근로와 분리해 생각할 수 없다. 역으로 접근로는 그것이 연결하는 물체나 경관과 통합된 한 부분으로 생각해야 한다.

**경관(景觀)과 교통(In the Landscape)**

진입로, 부대시설물 등을 갖춘 현대 고속도로는 경관에서 가장 두드러진 요소일 뿐만 아니라 토지이용계획이나 도시개발에서도 가장 큰 영향을 미치는 요소다. 일단 어떤 경관 속에 도로를 건설하면 그 도로가 경관의 지배적 특징이 되고 도로가 통과하는 지역 주변 경관에 변화를 가져온다. 대부분 단지계획 개념도상에서 도로가 가장 역동적인 선(線)인 동시에 토지이용과 밀접한 관련이 있는 선(線)이다. 앞으로 계획 분야에서 가장 발전해야 할 분야는 넘쳐나는 도로, 주택단지, 도시 등과 그 주변을 둘러싸고 있는 경관 사이에 어떻게 합리적이고 조화로운 관계를 유지할 것인가가 될 것이다. 자동차가 모든 과거 토지계획 개념을 쓸모없는 것으로 만들어버렸다.

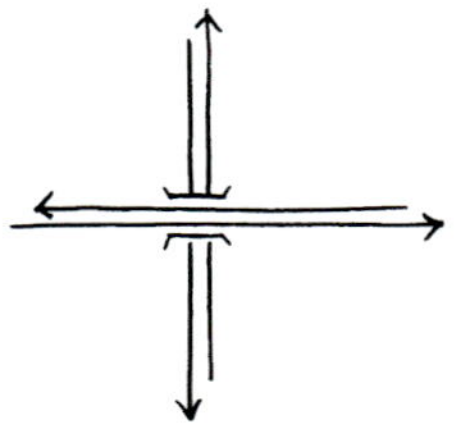

연결도로 없이 입체교차로를 설치하는 것이 바람직한 경우도 많다.

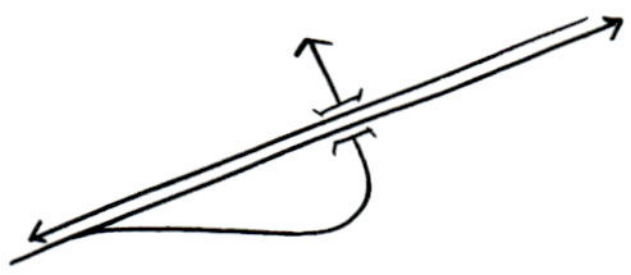

좌회전 지하도(또는 구름다리). 위험하지 않게, 교통소통에 방해되지 않게 고속도로를 교차하는 수단

Barry W. Starke, EDA

보행자와 차량 입체 분리

자동차가 사람들에게 거리와 시간을 극복하는 자유를 주었다는 점은 부정할 수 없다. 과거 그 어느 때보다 이동이 쉽다. 그러나 자동차는 생활 공간과 작업 공간을 침해하고, 소중한 보행로와 보행자 공간을 파괴하기 때문에 큰 고민거리가 되는 양면성을 드러내고 있다.

오늘날 우리 주변 경관 대부분은 자동차를 타고 빠른 속도로 움직이는 사람과 도보로 이동하는 사람이 함께 본다. 이것은 강요에 의한 모순 관계다. 어느 곳에나 상존하는 문제임에도 해결되기는커녕 아직 사람들에게 관심조차 끌지 못하고 있는 문제다. 이 문제점을 외면해왔기 때문에 문제는 더 커지고 해결할 수 없

*다른 차와 적당한 간격을 자동으로 유지할 수 있는 도로—장애물에 충돌하는 일 없이 저절로 목적지를 향해 달리는 도로—주행 속도를 사전에 결정하고, 특별한 노력 없이 그 속도를 일정하게 유지해 예정된 시각에 목적지에 도달할 수 있는 도로를 상상해 본 적이 있는가? 불가능한 일일까? 가능한 일이다. 기술적 문제는 모두 해결 가능하다. 충분히 현실성 있는 생각이다. 도로와 연결하는 자동제어장치를 자동차에 설치하면 된다. 항상 당신 자동차만 고속도로를 이용하고 있는 듯 안전하고 쾌적하게 달릴 수 있다.*

**Norman Bel Geddes**

을 지경에 이르고 있다. 아마 이 문제점을 연구하고 해결책을 찾자면 우리 주변은 온통 자동차 시대임을 유감없이 표현하는 형태와 패턴으로 들어차게 될지도 모른다. 그러나 미래 새로운 우리 생활 속 경관에서는 자동차 통행과 보행은 분리해야 할 것이다. 생활 공간과 직장은 자동차로 쉽게 접근할 수 있어야 하지만, 동시에 쾌적하고 상쾌한 보행 공간에 면하고 보행 공간으로 서로 연결되어야 하며, 이 보행 공간은 자동차 길이 침범해서는 안 된다. 쾌적한 보행 공간이 되려면 질주하는 차량 소음, 자동차 불빛, 매연, 교통사고 위험이 없어야 하고, 사람들이 거닐고 모여서 담소하기에 좋은 장소와 공간들로 연결되어야 한다. 그리고 자동차 교통의 꿈은 운전하기 즐겁고 막힘없이 소통되는, 자동차만을 위해 특별히 설계된 자동차 전용 도로망을 확보하는 것이다.

토지이용이나 건물과 도로 관계는 이 책 다른 곳에서 다루었다. 그러나 자동차 동선을 계획할 때 참고가 될 도로, 접근로, 자동차 진출입구, 주차장 등 위치 선정과 설계 요점을 한번 정리해보는 것도 도움이 될 것이다.

### 도로(The Roadway)

시골길이든 도시 고속도로든 도로는 모두 현장 여건에 맞춰 설계한 작품이며, 따라서 지방 특색과 기능적 특징을 살려야 한다. 그러나 어떠한 유형, 어떠한 크기의 도로를 계획하든지 다음과 같은 원리는 공통이다.

**가장 합리적인 선형을 택하라.** 합리적 선형은 효율적 연결을 의미한다. 도로가 인간 활동 중심지와 인구밀집지역 등 '사이'를 통과하면서 접근성을 제공해야 한다. 도로 선형은 가능한 한 현존 경계선를 따른다. 도로를 지형에 맞추고 식생이 성장할 것도 감안하는 등 도로를 경관에 어울리게 배치해야 한다.

**교통량을 수용하라.** 궁극적으로 도로가 교통량을 얼마나 잘 소화해내느냐는 도로를 이용할 주변 개발을 얼마나 잘 예측하고 도로를 계획하는가에 달렸다. 단계적으로 도로를 확충하더라도 도로 용지(right-of-way)는 장래 확충까지 감안해 충분히 확보한다.

**자연 생태계와 우수 경관을 보전하라.** 이 점에서 첫째 필수 조건은 충분한 도로용지를 확보함과 동시에 필요에 따라 도로용지 폭에 변화를 주는 것이다. 그럼으로써 장래 도로 확장, 갓길 설치, 도로변 사면 처리, 배수로 설치 등이 무리 없을 것이다. 곳에 따라 도로용지 폭을 확대해 하천, 연못, 작은 숲, 바위 등 자연경관 요소를 도로경관으로 확보, 보전하도록 한다. 같은 방법으로 보기 흉한 경관을 차폐하는 완충 공간, 좋은 전망을 확보하고 보호하는 완충 공간을 확보할 수 있다.

**도로 단면을 적절하게 설계하라.** 차선 폭과 차선 수는 예상 교통 유형과 교통량에 따라 정한다. 교통량이 많고 지형이 험하되 현지 여건이 가능하고 지가가

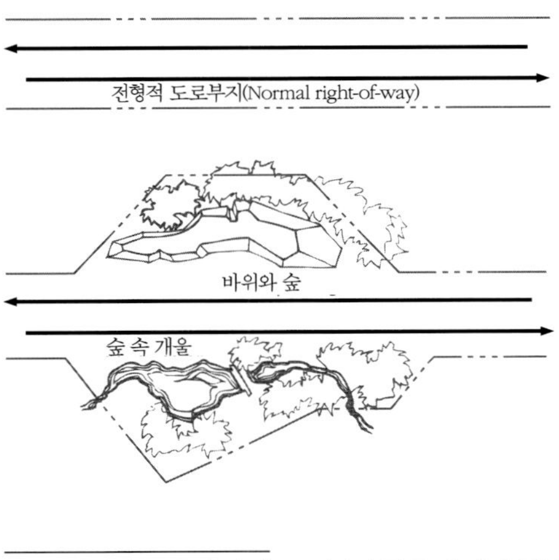


도시 내에서도 곳에 따라 도로부지 폭을 법에서 규정하는 것 이상으로 넓혀 연못, 개울, 골짜기, 숲 등 자연경관 요소를 보전해 고속도로 '경관 요소'로 활용해야 한다.

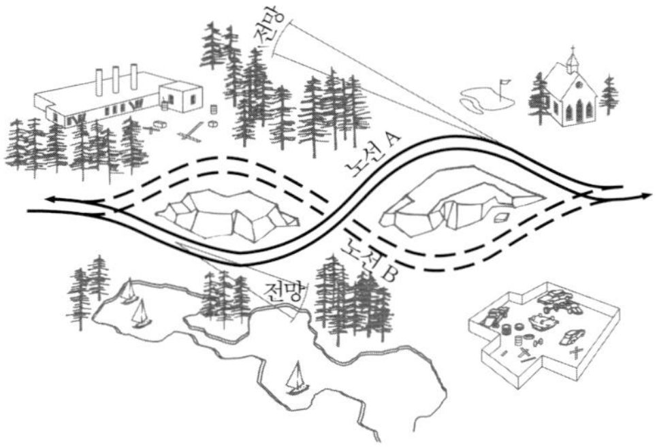


고속도로 노선 대안을 검토할 때는 어느 노선 경관이 수려한지 비중을 두어 평가해야 한다. 그림에서는 노선 A 경관이 노선 B보다 수려하다.

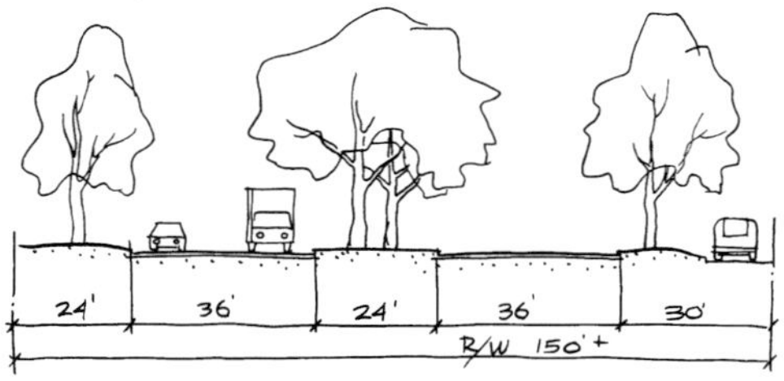


간선도로: 6차선, 중앙 분리. 6차선, 중앙 분리한 간선도로는 대량, 고속 통행이 가능하고, 대도시 주거지역 접근로 역할을 하며, 지역 간 연결도 담당한다. 보행로 설치는 적합하지 않은 반면, 소형 고속철도나 버스 전용 차선은 함께 설치할 수 있다.

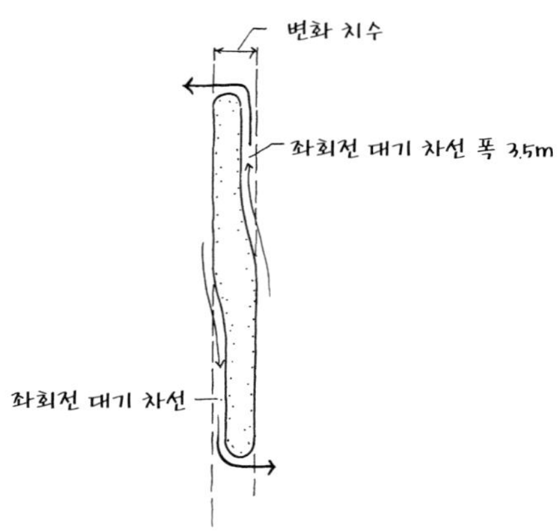


간선도로 중앙분리대에 설치하는 좌회전 대기 차선

저렴하다면, 양방향 차도를 분리 배치하는 것이 바람직하다. 토공(土工)과 도로 건설비용 절감액이 추가 도로용지 취득비보다 클 수 있기 때문이다. 뿐만 아니라 도로가 광막(廣漠)하다는 느낌을 줄이고, 전조등 눈부심 차단, 사면 높이와 폭 감소, 자연경관과 조화를 이루는 이점이 있다.

**현장에 맞춰 도로선형을 조정하라.** 주요 고속도로는 원호(圓弧)와 그 사이를 연결하는 나선(螺線)형으로 설계한다. 그보다 작은 도로는 직선과 원호를 조합하여 설계한다. 소로와 숲 속 길은 대개 기하학적 선형을 취하지 않고, 지형을 더듬어 수목과 기타 장애물을 피하여 낸다. 어느 경우에나 중요한 점은, 예상하지 못했던 장애물과 문제 지역을 피하고 지형 조건이나 전망의 장점을 최대한 이용하도록 현장에서 도로선형을 조정하는 것이다.

**동시에 종단선형도 조정하라.** 최선의 종단 선형은 등고선을 따름으로써 벌채, 토공, 사면 처리 등을 최소화하는 것이다. 종단선형은 마주 오는 차량, 측면에서 진입하는 차량을 명확히 볼 수 있게 충분한 시거(視距)를 확보해야 한다. 또한 노면, 도로변 도랑과 배수구 물이 잘 빠져야 한다. 오르막 내리막 경사는 추운 기후 지역에서는 교통안전상 중요한 요소가 된다.

**튼튼한 도로를 설계하라.** 잘 지은 건축물과 같이 잘 만든 도로는 튼튼한 기초가 우선이다. 도로 건설에서 필수 사항은 안정되고 배수 잘되게 지반을 조성하고, 그 위에 기초와 노면 등이 견실하게 잘 다져지도록 시공하는 것이다. 그리고 노반(路盤)과 노면이 함께 기후변화에 잘 견디고 차량 하중을 이기도록 설계해야 한다.

**적절한 노면을 조성하라.** 눈비 올 때 제동력을 줄 수 있는 질감을 가져야 한다. 노면 색채는 열을 반사하고 눈을 편안하게 하되, 길가 구조물 재료나 흙 색채와 달라서 도로를 쉽게 식별할 수 있는 색이 좋다. 간선도로는 가장자리 선과 중앙선을 긋는다. 골재는 쇄석, 산호석, 자갈 등 지역 토산품을 이용하는 것이 좋다.

**안전한 도로를 건설하라.** 경사를 줄이고, 회전구간은 차선폭을 넓히고, 진출입로 수를 줄이고, 평면교차를 없애는 것이 안전에 좋다. 가드레일, 반사표지, 명확한 방향표지판 등도 필요한 안전시설이다. 중요 진출로 램프나 나들목같이 특별한 지점에는 도로 조명을 설치하되, 눈부심 없는 조명을 설치한다.

**구조물은 단순하게.** 교량, 육교, 지하도, 옹벽, 배수로 등 고속도로 구조물 중에서 가장 좋은 사례에 속하는 것은 대부분 구조물의 목적, 지역성, 사용한 재료를 직설적으로 표현하고 있는 것들이다. 향토적 분위기가 어울리는 공원 같은 시설 내에는 거칠게 다듬은 자연석과 거칠게 켠 통나무를 사용하는 것이 효과적일 수 있다. 그러나 특히 고속도로에는 꾸밈이 없는 콘크리트와 구조용 강재(鋼材)가 더 적합한 재료다.

**안내 체계를 정비하라.** 잘 보이고 자세한 표지판이 좋은 표지판이다. 도로 성격과 설계 속도에 맞추어 필요한 장소에서 명확한 정보를 주어야 한다.

*고속도로변에는 전 구간에 걸쳐 유휴지가 이어져 있다. 고속도로변 유휴지에서 방목하는 소, 농기계, 잔디 깎는 기계 등을 몰아내자. 그러면 다양한 향토 식물은 물론 흥미로운 외래 수종까지 모두 우리 도시민이 일상 환경 일부분으로 즐길 수 있을 것이다.*

**Aldo Leopold**

**향토 식물을 소재하라.** 최상 도로변 식재는 기존 식생을 최대한 보존하는 것이다. 도로 경계선을 명확히 하고, 전망을 가다듬고, 공간감 있고 변화와 유쾌함이 있는 위요된 공간을 창조하기 위해서는 선택적 간벌(間伐)이 필요하다. 사면 보호나 침식 방지를 위해 주로 파종과 보충 식재한다.

논밭이 아닌 들판 도로변 절개지에는 생장력이 강한 야생초본류를 파종하는 것이 효과적이다. 기복 있는 도로변 풀밭은 낫질해 다듬고, 그 너머 자연지역은 그대로 두고 초지나 숲에서 바람에 날려오는 종자가 떨어져 자라게 남겨둔다. 시간이 지나면 교목, 관목, 덩굴, 잡초, 야생화 등이 어우러져 훌륭한 향토미를 자랑하면서 유지 관리 부담 없는 도로 조경이 될 것이다.

**경관 가치를 극대화하라.** 어느 경우나 자연경관과 잘 조화되고, 가장 좋은 전망과 경관을 보존해 보여주도록 선형을 배치하고 건설해야 좋은 도로가 된다. 좋은 도로는 여행자에게 편안하고, 흥미롭고, 유쾌한 도로다.

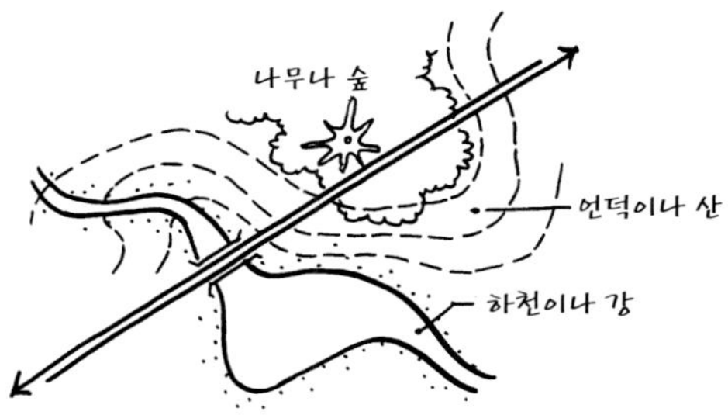


도로가 자연경관 지역을 가로질러 가는 곳마다 환경 파괴와 비싼 건설비 부담이 불가피하다.

**진입로**(The Approach Drive)

사업 대상지 선정 때는 반드시 진입로를 검토해야 한다. 오가며 보고 경험하는 것이 결정적 영향을 주기 때문이다. 예를 들어, 업무지역이나 주거지역으로 가는 길에 화물 야적장이나 퇴락하는 주택지를 지나가야 한다면, 잠재고객이 다른 곳으로 가버릴 것이다. 반대로, 산림보전지구나 좋은 상가지구를 지나간다면 고객 유치에 도움이 될 것이다.

단지개발 때 진입로 위치가 건물 배치에 영향을 미치거나 아예 건물 위치를 결정지을 수 있을 뿐만 아니라, 단지 내 용도지구 간 상호 관계를 결정한다. 기존 도로와 신축 예정 건물을 연결하는 진입로를 개설한다고 가정하되 여타 조건은 동일하다고 전제한다면, 진입로 설계 지침을 아래와 같이 정리할 수 있다.

*도착할 때 심리 상태는 생각보다 매우 중요하다. 어디서 차를 멈춰야 하는지 명확하지 않거나, 주차 공간이 없거나, 정문을 찾는데 후문과 맞닥뜨리거나 입구 조명이 어둡다면, 손님은 곤혹스럽고 그 기억은 잠재의식 속에 오랫동안 남을 것이다. 당신 집 난로가 아무리 따뜻해도, 전망이 아무리 아름다워도, 전체 인상은 도착 때 곤혹스러움 때문에 빛이 바랠 것이다.*

**Thomas D. Church**

**통과도로에서 잘 보이게 한다.** 진입로는 적절한 곳에 위치해야 한다. 도로에 접한 부지 경계선 중에서 단지 진입하기에 가장 적합한 지점, 또는 경관이 가장 뛰어난 곳이 적절한 지점이다. 도로 번지, 입구 표지판 등을 이용해 진입로를 잘 알아볼 수 있게 해야 한다. 인접 대지 진입로나 주변 경관과 관계도 고려해야 한다. 입구를 아늑한 만(灣)이나 항구처럼 오목한 형태로 만들면 자연스럽게 내방객을 끌어들일 수 있다. 단지에 진입해 만나게 될 모든 것을 진입로가 상징적으로 나타낼 수 있다. 단지개발 전반에 사용하는 재료나 건축양식을 출입구에 도입하기도 한다.

**진출입 안전(安全)을 확보한다.** 통과도로 좌우를 살피는 안전 시거를 확보할 수 있는 지점에 출입구를 설치해야 한다. 가파른 언덕 아래나 급하게 굽은 길에 출입구를 설치하면 안 된다. 급회전하는 선형은 피하고, 부지 여건이 허락하는 한 미끄러지듯 부드럽게 진입할 수 있도록, 회전 반경이 큰 진입로를 계획한다.

교통량이 많은 곳에 벌이는 대규모 개발사업이면 감속 차선을 계획한다. 도로에 직각으로 출입로를 설치하는 것이 양방향 시거 확보에 좋다.

**공간 전이는 유쾌하게.** 진입로 입구에서부터 건물 현관, 주차장까지 거기서 다시 되돌아가는 길을 따라 주제 변화가 있고 매력적인 공간이 되게 설계해야 한다. 도로 폭 역시 변화를 주어 입구 부분, 굽은 부분, 건물 앞에서는 넓혀서 항상 교통이 흐르는 모양에 맞춘다.

고속도로라는 특수한 성격을 지닌 공간에서 주택, 고층 아파트, 사무실, 상가, 학교 등 여러 가지 공간으로 옮겨가는 알맞은 공간 전이를 모색해야 한다. 씽씽 달리는 통과도로 분위기에서 건물 현관 앞마당 분위기, 즉 고속 주행 분위기에서 휴식 분위기로 이동하는 것이다. 예를 들어, 한 사람이 바람같이 빠른 속도로 도로를 달려 불과 2분 후에는 당도한 건물 앞에 명상하는 분위기로 서 있을 수도 있다. 두 상황 사이에는 마음 상태의 차이가 현저히 있으며, 따라서 어떻게든 둘 사이를 부드럽게 연결하는 방안을 마련해야 한다. 내방객이 도착해 경험하는 분위기에 맞게 마음 준비가 되도록 진입로 전 구간을 설계해야 하는 것이다.

**논리적인 설계.** 진입로상에서 운전자가 판단하고 결정 내려야 하는 사항을 최소화하도록 설계한다. 운전습관상 오른쪽 길을 택하는 경향, 진행하기 쉬운 갈림길을 택하는 경향, 가파른 길보다 평탄한 길을 택하는 경향이 많다는 점도 염두에 두어야 한다. 진입로는 명확해야 하면서도 두드러지지 않는 것이 좋다. 이것은 운전자가 명확히 인지할 수 있도록 하면서도 자연경관 침해는 최소화함을 의미한다.

**부지(敷地) 장점을 최대한 이용하라.** 지형, 식생, 조망, 전망, 좋은 경관 등 대상지가 지니는 특징을 시각적으로 전개해 보여주고, 또는 잘 감지하게 하려면 진입로 설계를 기회로 활용해야 한다. 진입로를 통과하는 동안 아름답게 펼쳐지는 숲이나 식재 공간, 지형 기복, 줄지어 선 나무줄기, 큰 것 작은 것, 다양한 질감, 색채와 색채대비 등이 잘 나타나도록 진입로를 배치해야 한다.

**등고선을 따라가라.** 진입로는 등고선을 따라 배치하거나 등고선과 비스듬히 교차하게 배치하는 것이 불필요한 훼손을 예방하는 방법이다. 완만하고 넓은 능선을 따라 배치하기도 한다. 또는 물이 모여 흘러내리는 개울가를 따라 배치하기도 하는데, 도로가 드러나지 않고 은폐되는 이점이 있고, 개울 쪽으로 쉽게 배수할 수 있는 이점도 있다. 단지 내 도로와 도로 측구(側溝)는 단지 내 강우를 처리하는 배수로 역할을 하는 경우가 많기 때문에, 배수에 지장이 없으면서 침식이 많이 발생하지 않게 적당한 경사를 유지해야 한다. 도로와 함께 설치하는 배수관, 오수관이 자연유하(自然流下) 되도록 한다.

**대지를 양분하지 마라.** 진입로를 배치할 때 가능한 한 넓은 땅이 원형대로 보전되도록 유의한다. 이용 공간들은 밀집 배치하는 동시에 가장 좋은 경관은 지키도록 계획가가 노력해야 한다.

흥미 요소 없음—단조로움

밖을 향해 밀어내기—배척

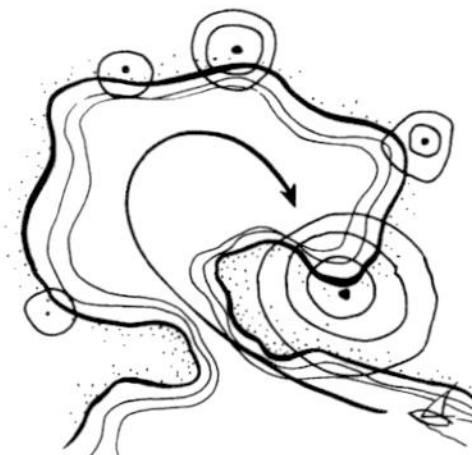

내부로 흡인—매력

항구의 흡인력. 진입로와 앞마당을 잘 만들면 아늑한 항구에서 느끼는 것 같은 영접하는 분위기를 조성할 수 있다. 여기서 대문 또는 출입문이 가장 매력적인 지점이 되어야 한다.

엄격하게 택지 조성 기준에 맞춰 건설하는 주거지 도로는 대개 폭이 너무 넓어 진정 필요한 주거지 쾌적성을 파괴한다.
도로 폭이 넓으면 과속, 사고 위험 증가, 고비용, 주거환경 파괴를 초래한다.
노상 주차는 교통 관련 사고 주요 원인이 되고 있다.

주거지역 도로의 위계

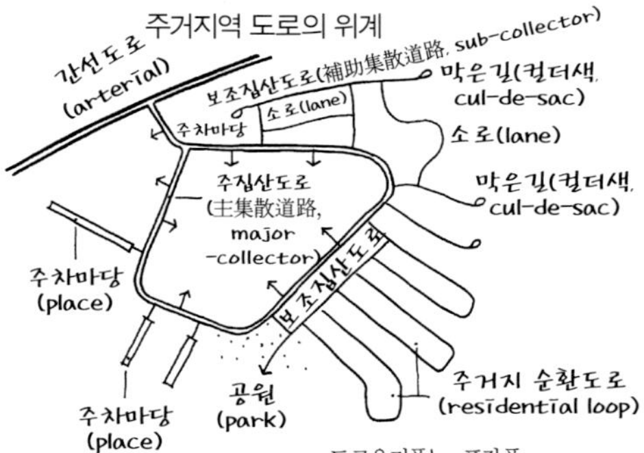


| | 도로용지폭 ±(m) | 포장폭 ±(m) |
|---|---|---|
| 소로(lane) | 11 | 5.5 |
| 막은길(컬더색, cul-de-sac) | 12.2~15.2 | 6.1 |
| 주거지 순환도로(residential loop) | 15.2 | 6.7 |
| 보조집산도로(補助集散道路, sub-collector) | 18.3 | 7.3 |
| 주차마당(place)(motor court) | 21.3~39.6 | 변화치수 |
| 주집산도로(主集散道路, major-collector) | 24.4 | 7.3+7.3 |
| 간선도로(arterial) | 30.5+ | 7.3−21.9 |

- 주거지 순환도로, 막은길, 주차마당 등은 차량이 저속 운행하므로 자전거와 보행자가 포장구간을 함께 이용하는 것도 가능하다.
- 동선 연결이 필요한 보조집산도로에는 한쪽 또는 양쪽 모두에 보도와 자전거도로를 설치하는 것이 보통이다.
- 주집산도로, 간선경관도로(arterial parkways), 대로(boulevards) 등에도 도로와 분리된 별도의 보도와 자전거도로를 설치할 수 있다. 단, 보행자와 자전거용 별도 초록길(greenways)이 있는 경우는 그럴 필요 없다.
- 간선도로, 주집산도로, 경우에 따라 보조집산도로에는 주택이 직접 면하게 하거나 주택 진입도로를 설치하지 말아야 한다.
- 공공도로에는 노상 주차를 허용하지 말아야 한다.

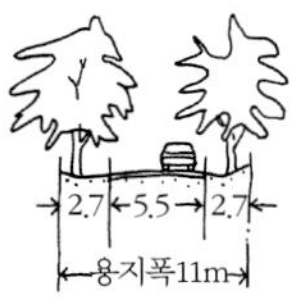

소로는 좁고 대체로 구불구불한 도로이며, 흩어져 있는 단독주택과 직접 면하는 도로(frontage street)이고, 포장은 된 것도 있고 안 된 것도 있다.

소로 (LANE)

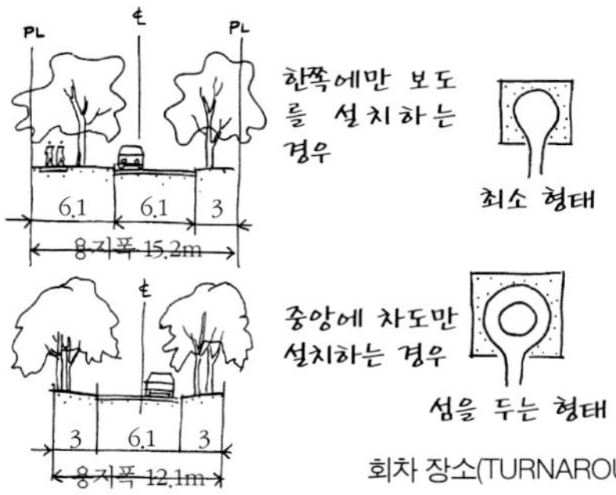

회차 장소(TURNAROUND)

막은길은 주택이 저속 주행 진입도로에 직접 면하는 장점과 골목 안 집들이 한 이웃이라는 분위기를 조성해주는 장점이 있다. 중간에 회차 장소가 없을 때는 길이가 300m를 초과하지 않아야 한다.

막은길(THE CUL-DE-SAC)

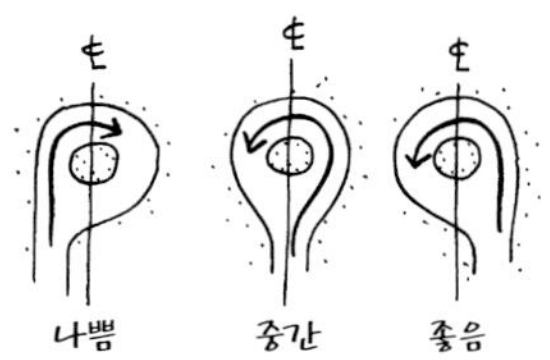

접근로. 좌측에서 접근하는 것은 정상 진행 방향과 반대다. 가운데나 우측에서 접근하는 것이 정상 회전을 유도한다.

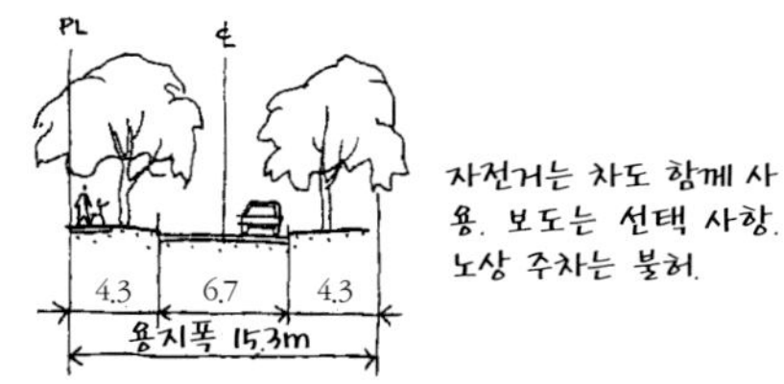

주거지역 내 단독주택과 공동주택이 대부분 이 주거지 순환도로에 면하게 배치한다. 적은 교통량, 저속 운행, 충분한 시거 확보(visibility)가 필수 요건이다.

주거지 순환도로(RESIDENTIAL LOOP STREET)

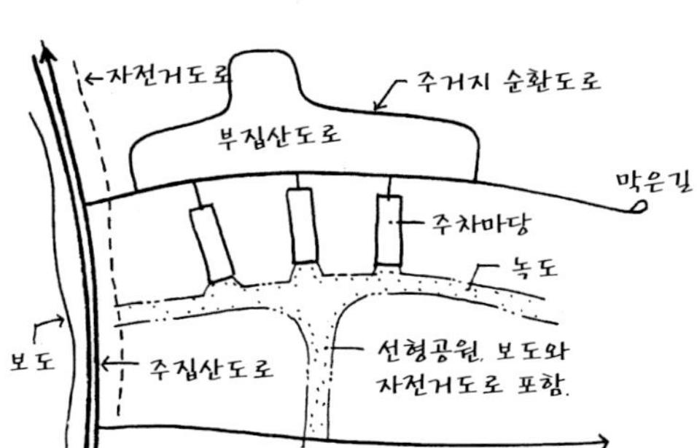

주거지 도로와 길(RESIDENTIAL STREETS AND WAYS)

**경제성 있게 배치하라.** 도로 길이는 짧을수록 건설과 유지 관리가 경제적이다. 그 밖에 굴착 용이성, 절성토량 균형, 배수시설과 교량 비용도 고려한다.

*안전.* 진입로가 보도, 자전거도로, 다른 도로와 교차하는 것을 피한다. 사람들이 많이 이용하는 공간을 통과하는 것은 피한다.

**일관성을 유지하라.** 진입로 분위기를 대상지, 개발사업, 건설 구조물 분위기에 맞춘다.

**구조물은 서서히 드러내 보여라.** 대지와 건물 첫인상이 좋게 진입로를 설계해야 한다. 건물은 곡선으로 굽은 진입로를 따라 접근하면서 볼 때 건물의 상세한 부분에 주의가 끌리기 전에 건물 형태와 크기를 알아볼 수 있어 건물에 더욱 흥미를 느끼게 되는 좋은 점이 있다. 의도적으로 구조물 옆을 통과하거나 구조물 주위를 한 바퀴 돌아가는 진입로를 계획해 구조물의 조각적 특색을 잘 볼 수 있게 연출하는 것도 좋다. 구조물을 진입로 여러 곳에서 연속적으로 전망할 수 있게 하되, 적정한 거리와 적당한 위치에서 보이게 하고, 주변 지형지물을 이용해 가장 좋은 그림틀 속에 넣어 보여 주면 좋다.

### 앞마당(The Entrance Court)

앞마당은 진입로와 건물이 만나는 부분이다. 진입로가 끝나는 곳이며, 건물이 시작되는 곳이고, 진입로와 건물을 연결하는 곳이다.

진입로가 건물과 충돌하는 형국이 되어서는 안 되고, 건물에 스치듯 다가가서 지나가야 한다.

**우측에서 접근하게 하라.** 미국에서 자동차는 우측 통행하기 때문에 목적지에 다가가면 건물 입구 측에 차량 우측을 대도록 택시나 승용차를 만들었다. 도로가 대개 왕복 차선이라 우측 접근이 필요하다. 좌측 접근은 불편하거나 위험하거나 위법이거나, 흔히 세 가지 모두다. 가능하면 일방통행 순환로를 만들어라. 건물 입구는 어느 곳이나 일방통행이 바람직하다. 안전하다. 운전자가 자동차 우측 바퀴를 보도 쪽에 대는 것이 심리적 자신감을 주고 자기가 운전 잘한다고 느끼는 성향도 있기 때문이다.

**불가피한 경우라면 좌측 접근을 허용하라.** 좌측에서 접근할 수밖에 없는 경우가 있다. 이럴 때는 입구를 지나 한 바퀴 돌아와서 원하는 위치에 정차할 수 있을 만큼 충분한 공간과 차를 돌려오는 공간이 있어야 한다. 부득이 좌측에서 접근한 상태로 차를 세워야 한다면 건물 입구 반대편에 단을 높인 승강대를 만들거나, 바닥을 포장한 승하차 공간을 만드는 등 타고 내리는 곳을 명확하게 만들어 놓음으로써 좌측 진입이 불편 없게 해야 한다.

**기후 조건을 고려하라.** 앞마당과 건물 입구는 어떠한 기후나 명암 조건에서도 이용에 불편이 없게 계획해야 한다. 폭풍, 비, 강한 햇볕 등을 피할 수 있어야 한다. 포장(鋪裝)된 곳은 여름에는 뜨겁고 겨울에는 차서 건물을 포장에 둘러싸인 섬같이 계획하면 안 된다. 넓은 포장면 위를 가로질러 한참 걸어야 건물 입구에 이를 수 있다면, 그런 길은 피하게 되고 그런 곳에 시선을 두는 것도 피하는 경향이 있다.

**후진 필요 없게 하라.** 건물 입구 부분, 특히 어린이들이 모이거나 노는 곳에서 차량이 후진하지 않아도 되게 계획한다.

### 완전도로(完全道路, Complete Streets)

20세기 중반에는 미국 고속도로와 도로설계 초점은 승용차와 상업용 차량 모두 한 곳에서 다른 곳으로 최대한 빨리 이동시키는 것에 맞추었다. 고속도로나 도로를 이용하는 보행이나 자전거 같은 다른 교통수단에 대한 불문율은 '주의 – 사고 피해 책임은 이용자에게 있음'인 셈이었다. 전국의 많은 지자체가 교차로 통행 우선권을 보행자가 아닌 자동차에 주고 있는 현실이었다.

1960년대부터 계획가와 설계가들이 생활환경과 근로환경에서 자동차에 중점을 두는 것은 바람직하지도 않고 건강에도 좋지 않은 환경으로 귀착됨을 깨닫기 시작했다. 그래서 더 나은, 더 살기 좋은 생활환경을 창조하려고 자동차도로에 보행로뿐만 아니라 여러 다른 교통수단을 다시 부활시키는 방안을 시험했다.

그러나 도로, 고속도로, 기타 교통시설 설계는 오랫동안 관료주의 권한 아래 있었고, 관료주의는 변화를 싫어해 별 진전이 없었다. 그래도 살기 좋은 환경 조성에 대한 관심 증대와 신도시주의(New Urbanism), 현명한 도시 성장(Smart Growth), 전통 근린주구개발(Traditional Neighborhood Development) 같은 동향에 힘입은 대중 여론이 교통 관계자와 엔지니어 사회에 상당한 변화를 일으켰

Mia Lehrer + Associates

각종 교통수단을 모두 수용하며, 저영향설계 개념을 적용한 도로계획

다. 오늘날 자동차, 자전거, 보행자 등 각종 교통수단을 모두 이용할 수 있으면서 안전하고 아름답고 쾌적한 도로를 '완전도로'라 부르게 되었다.

완전도로가 되려면 자전거도로, 차량 과속 방지시설, 가로수, 중앙분리대, 감속 유도 좁은 차선, 대중교통 전용 정차구간, 보도, 명확하게 설치한 횡단보도, 보행자용 신호등, 적정 조명, 장애자 통행시설 등을 갖추어야 한다. 잘 설계하면 완전도로는 더 안전하면서 건강에 더욱 도움을 주고, 인접 부동산 가치를 상승시킨다는 증거가 속속 나타나고 있다.

1970년대 초반부터 여러 주정부, 지방정부가 완전도로 의무화 또는 권장 정책을 법제화하고 있다. 연방정부 교통부 역시 완전도로 정책을 권장하고 있다.

### 주차 공간(Parking Compounds)

주차 공간은 도로 또는 진입로와 목적지를 연결하는 긴요한 요소다. 주차장은 안전하고 효율적으로 차량을 보관할 수 있게 설계해야 한다. 공간 여유가 있어야 하고, 부지 조건이 허락한다면 주차장은 건물 입구를 지나서 배치하는 것이 좋다. 때로는 주차장 자체가 건물로 진입하는 앞마당 역할을 겸하기도 한다. 주차장이 담당할 기능이 무엇이든지 그 기능을 충분히 수용하고 분명히 표현하도

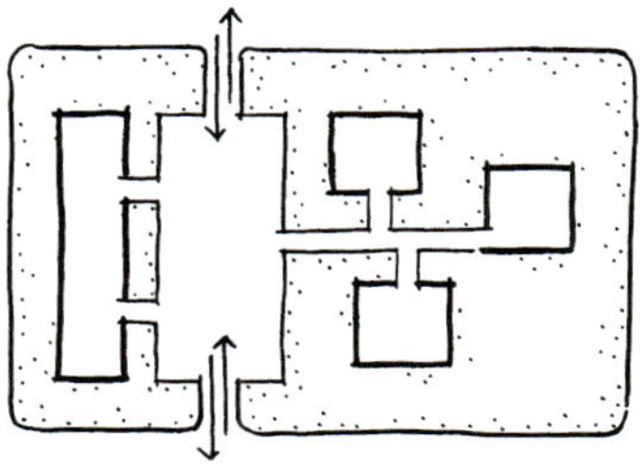

노외(路外) 주차장 마련. 단독 건물이건 복합단지건 모두 단지 내에 주차장을 설치하는 것이 바람직하다.

동선계획은 반드시 모두에게 접근성을 제공해야 한다.

록 계획해야 한다.

**모든 배치 가능성을 검토하라.** 주차장을 잘 배치하려면 건물, 지형 관계를 고려하면서 온갖 주차장 형태와 차량이 움직이는 동선을 검토해봐야 한다. 흔히 쓰는 주차장 형태를 다이어그램 형태로 그려 넣어보고 변형, 응용 가능성이 큰지 검토한다.

**진입, 하차, 주차.** 운전자 우측으로 건물에 접근해 현관에서 승객을 내려주고, 주차장에 가서 주차하고, 쾌적하고 편안한 길을 걸어서 건물 입구로 되돌아오도록 하는 것이 가장 이상적이다. 떠날 때도, 주차장에 가서 차를 몰고 돌아와 현관에서 승객을 태우고 나갈 수 있게 하는 것이 이상적이다.

**주차장을 차폐하라.** 앞마당에서 주차장이 직접 보이는 것은 대개 경우 바람직하지 않다. 상업 · 업무 지역 주차장이 아니라면 이용이 편리하면서도 건물에서 분리되어 있고, 건물에서 보이지 않게 가려져 있는 것이 좋다.

**주차장 다용도계획을 세워라.** 몇 개 건물이나 몇 개 용도 공간이 주차장을 공동 이용할 수도 있다. 주간에는 주차장으로, 야간이나 주차 수요가 적은 시간에는 다른 용도로 이용할 수도 있다. 주차 용도로 잘 쓰지 않는 곳은 오락 휴게 공간, 집회장, 임시 야적장 등으로 이용할 수도 있다.

**자동차 특성을 반영하라.** 효율적 주차가 목적이므로, 자동차 이동에 필요한 조건을 충분히 이해하고 주차장을 설계해야 한다. 자동차 이동 관련 조건은 경사, 회전 반경, 차량 통로 폭, 주차 칸 길이와 폭, 포장 질감 등이다. 차량 이동 공간과 주차 공간은 구별하기 쉽게 포장 질감을 달리할 수 있다.

**장애자를 고려하라.** 주차장에서는 차가 빈번히 후진, 회전하기 때문에 시각, 청각, 지체 부자유 등 장애가 있는 사람이 걷기에는 매우 위험한 장소다. 따라서 건물 입구 가까운 곳에 장애자 주차 공간을 배치하고, 주차 칸 폭을 다른 곳보다 넓힌다. 또 더욱 안전한 주차장을 만들고 차량이 무질서하게 움직이는 것을 예방하는 방편으로, 차량 동선을 단순하면서 명확히 하고 주차장 전체 조명이 필요하다. 짐을 가진 사람, 유모차를 미는 사람, 어린이를 데리고 움직여야 하는 사람들을 위해서도 이러한 주차장 설계가 꼭 필요하다.

**서비스 차량 동선을 분리하라.** 서비스 차량은 작은 동력 운송기나 소형 트럭에서부터 커다란 배달 차량이나 쓰레기차에 이르기까지 크기가 다양하다. 이러한 차량들은 건물 입구, 집하장, 기계실, 지하 공동구(共同溝), 기타 유사 시설에 쉽게 접근할 수 있어야 한다. 여건만 허락한다면 서비스 차량 주차장이나 동선은 승용차 주차장이나 동선과 분리하는 것이 좋고, 회전 반경과 움직이는 공간은 크게 만들고 차를 대는 공간이 확보되도록 설계해야 한다.

**비상 통로를 확보하라.** 소방차, 구급차, 경찰차, 기반시설 수리 차량이 건물에 접근할 수 있어야 한다. 이러한 차들이 목적지에 도달할 수 있도록 단지를 계획

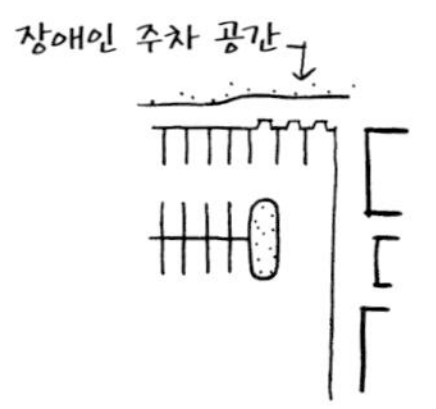


장애인 주차 고려. 목적지 근접 장애인용 주차 공간 마련. 넓은 주차 칸 설치. 경계석 일부에 경사로 설치.

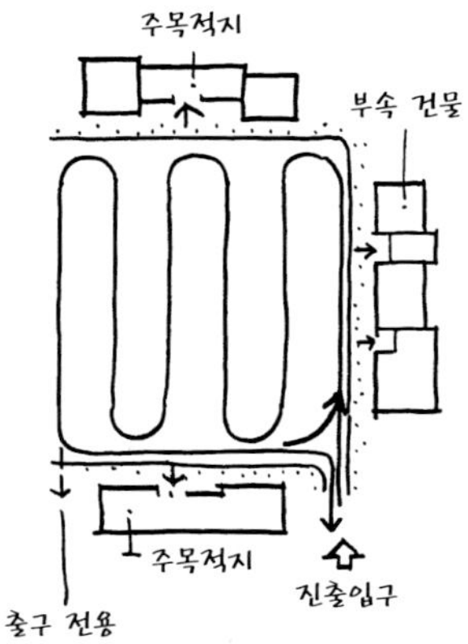


악천후 시 건물 앞에서 승객을 태울 수 있게, 주차장 내 도로는 순환형으로 설치

주차장은 직선형으로, 동선 형태는 단순하게 만든다.

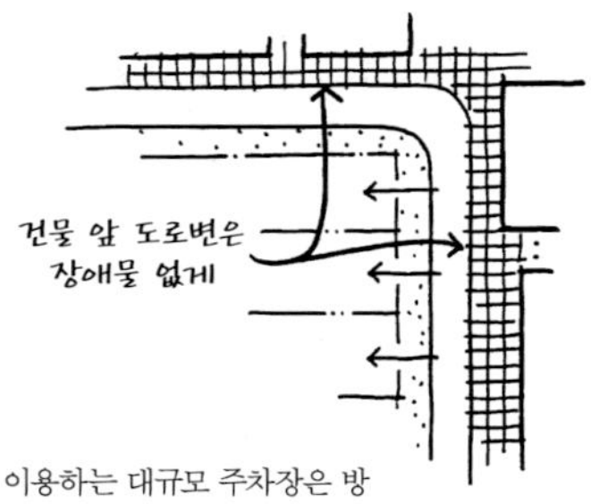


집약 이용하는 대규모 주차장은 방문객 승하차 편의를 위해 출입로 건물 앞 차선은 항상 장애물 없이 흐름이 원활하도록 유지.

건물 앞 차선은 장애물 없게 유지

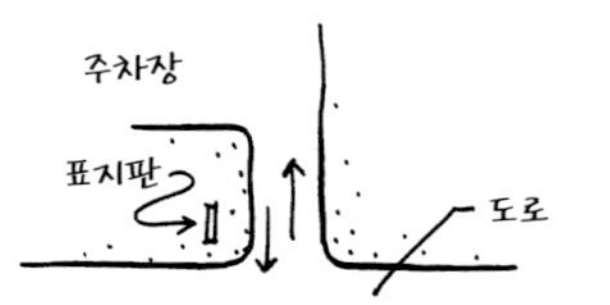


보안과 안전을 위해 주차장 전체 야간 조명 필요

표지판과 조명을 이용해 출입구를 명확하게 표시

해야 한다. 비상 차량이 목적지에 접근할 수 있는 도로를 확보하기 힘들다면, 보도나 기타 포장구간을 비상 통로로 이용하는 방안을 염두에 두고 설계해야 한다.

## 철도, 수상, 항공 교통(Travel by Rail, Water, and Air)

자동차 외에 철도, 항공기, 선박 모두 오래전부터 주요 운송수단이다. 그 연변, 교차로, 합류 지점에 도시가 생기고, 배후지역에서 생산하는 농산물이나 공산품 판매처 역할을 했다.

철도, 선박, 항공 모두 그 기능을 잘 수행해왔다. 그러나 화물과 승객을 동시에 수송하는 고래(古來) 기능을 고수하거나 때로는 그리하도록 강요당하는 현실 탓에 점차 심각한 문제점을 드러내고 있는 것이 최근 상황이다. 이 두 기능은 양립하기 어렵다. 서로운 철도, 수운(水運), 항공 수송수단이 나타남에 따라 운송기기는 물론 노선, 장비, 터미널까지 고도로 특화될 것이다. 통행, 운송, 배달 수단이 바뀌면서 기존 토지이용, 지역사회, 도시 개념도 변화가 불가피할 것이고, 따라서 전혀 새로운 계획 접근 방법이 필요하게 될 것이다.

### 철도 교통(Travel by Rail)

최신 철도 교통 형태는 고속철도(rapid transit)다. 어떤 것은 기존 도시 간 열차 또는 교외 통근열차를 신형 고속열차로 변형한 것으로서 지상, 지하 또는 고가 철로를 달린다. 철제 바퀴 외에 탄성 재료 피복 바퀴 장착 열차도 있고, 모두 고도로 자동화되어 있으며, 전자장비로 운행을 통제할 수 있다. 신형 고속열차는 단선 또는 복선 궤도를 미끄러져 달리거나 매달려 움직인다. 모두 기술 개선에 힘입어 가볍고, 지능화하고, 환경친화적이고, 효율적인 철도교통이 되었다. 철도는 많은 승객을 승용차나 버스보다 훨씬 빠르게 운송하고, 단위 거리당 운송비용도 적게 든다. 그런데 왜 고속철도 교통이 더 널리 보급되지 않는 것일까?

우선 철도교통이 생각보다 훨씬 많은 승객을 매일 운송하고 있다는 사실을 잘 인식하지 못한다 샌프란시스코, 토론토, 몬트리올, 수도 워싱턴 시의 발달된 고속철도가 유망(有望)한 예이며, 디즈니랜드나 디즈니월드 고가철도도 마찬가지로 좋은 예다. 고속철도가 잠재 가치를 충분히 발현하지 못하거나 실패한 곳을 살펴보면 공통된 근본 원인이 있다.

**고속철도 보급지역 주택이 너무 저밀도 산재(散在)한다.** 전형적인 단독주택 위주 교외 지역에서는 고속철도를 타고 목적지까지 가는 시간보다 집에서 역까지 차를 타고 가는 시간이 더 오래 걸릴 때가 많다.

**목적지까지 직접 연결되지 못한다.** 도심지 고속철도 종점에서 업무, 상업, 문화 중심지까지는 여러 구역 떨어진 경우가 많다.

**역(驛)이 부실하다.** 역이 대개 을씨년스럽다. 오래된 기차역이나 낡은 건물을

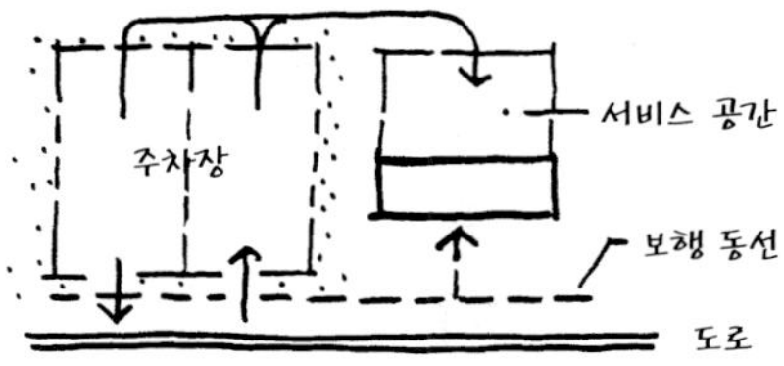

건물 측면 배치 주차장

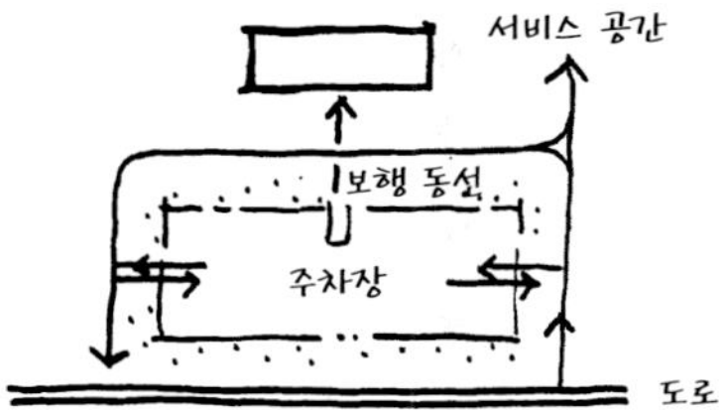

건물 전면 배치 주차장

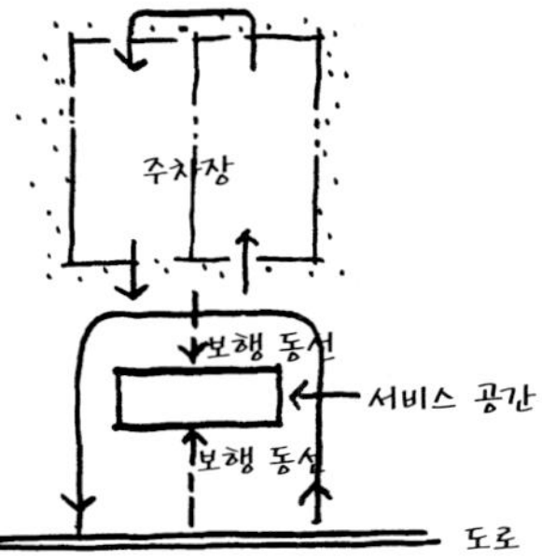

건물 후면 배치 주차장

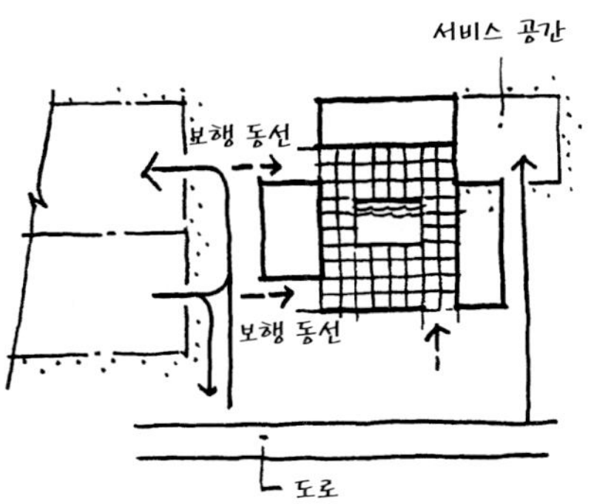

주차장과 서비스 공간은 측면 배치, 건물이 보행자 공간 주변을 둘러싼 배치

Barry W. Starke, EDA

© D.A. Horchner/Design Workshop

J. Brough Schamp/Wallace Roberts Todd

Barry W. Starke, EDA

교통수단 유형

고속철도 역사(驛舍)로 전용(轉用)한 경우, 승객이 편리하게 이용하고 쾌적하고 즐겁게 쉬면서 열차를 기다릴 수 있게 혁신하지 못한 경우가 많다.

**차창 밖 경관이 흉하다.** 기존 철도 선로를 이용하는 경우 도시에서 가장 퇴락한 모습을 보여주기 십상이다. 이제까지 철도 여건상 승객 역시 유류 운반 열차, 무개화차(無蓋貨車), 닭장차, 송아지 운송열차 등과 함께 같은 선로를 달려야 했고, 화학공장, 고물집하장, 도살장 뒷모습도 바라보아야 하는 경치였다. 통근 승객을 유치하고 확보하기에 좋은 여건이 아니다.

고속 대중교통 성공 열쇠는 많은 사람이 고속 대중교통수단을 이용하기 편리한 곳에 도시 활동 중심지를 건설하는 것이다.

### 고속철도의 잠재 가치(The Transit Potential)

주거밀집지역, 도심지 사이를 고속, 대량으로 승객을 운송할 수 있다면 그것은 매우 바람직하다. 예측 가능성, 안전성이 증대되고 시간 · 토지 · 에너지 자원을 절약할 수 있는 등 이점이 많기 때문이다. 고속철도 시대가 곧 도래할 것이다. 그래야 하는 이유도 있고 그럴 필요성도 있기 때문이다. 그러나 고속철도가 확고한 교통수단으로 등장하려면 다음과 같은 조건이 반드시 충족되어야 한다.

지역 전체를 개발하거나 새롭게 재정비하는 수단, 새로운 형태로 주거지구와 도심지를 조성하는 수단으로 고속철도노선을 활용한다.

고속철도 여행이 안전하고 효율적이고 즐거운 여행 경험이 되어야 한다.

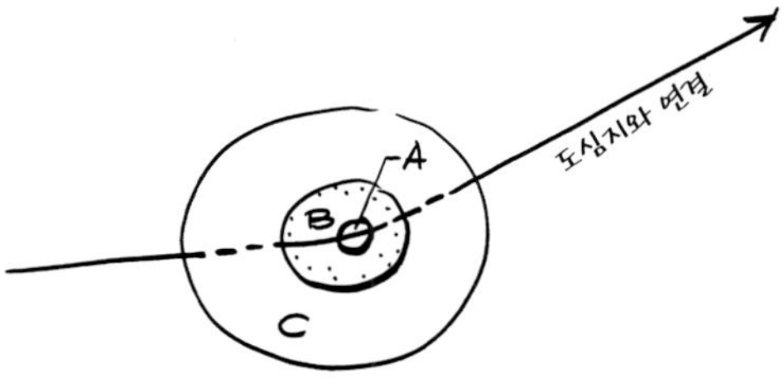


역세권 개발
A-정류장, 소형 전기차 차고, 충전기지. 공동주택단지, 근린 생활시설
B-도보권 내 주택단지
C-전천후 골프장 전동차 혹은 전기버스 등 소형 대중교통 운행 구역

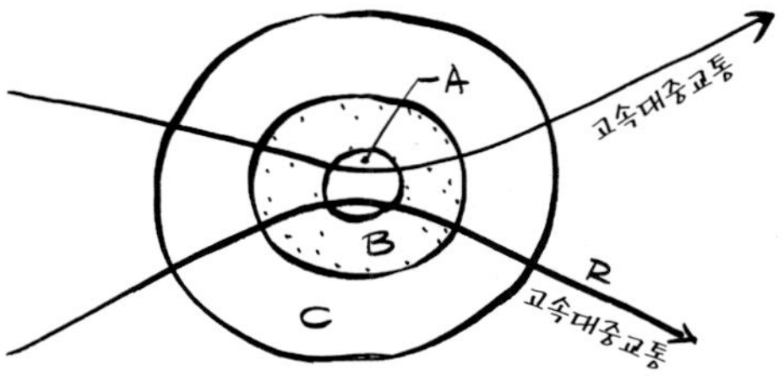


도심지
A-다층(多層) 고속 대중교통 정류장
B-핵심 도심부. 다층 보행자 공간. 승강기, 에스컬레이터, 움직이는 보도 설치
C-도심지 지원 활동 공간. 소형 버스 혹은 소형 전차 운행. 지상에는 차량이 통행하지 않게 하고 주차장은 주차 건물이나 지하주차장 이용. 물건은 변두리 화물기지에서 순환도로와 운송관(튜브)을 통해 공급

---

지역 간 고속 대중교통수단. 에너지 보전(경제성) 때문에 이제까지 생각지 않았던 일도 머지않아 해야 할지 모른다.

고속철도와 관련 시설 모두를 함께 계획하고 설계해 상호 연계된 완결성을 갖추어야 한다. 다시 말하면, 지역사회, 역, 차량, 노선, 종점 등을 함께 계획해 모두가 하나같이 원활하게 운영되는 운송 체계로 완성해야 한다.

### 수운(水運, Travel by Water)

움직이는 배를 생각하면 미끄러지듯 부드럽게 나아가는 선체, 일렁이며 퍼져 나가는 물결, 그 물결 위에서 춤추는 불빛을 떠올리게 된다. 흐르는 물과 마찬가지로 배 항로도 유동적이고 자유롭다. 고정된 궤도나 도로 없이 큰 원호를 그리며 운항하므로 기동하기에 충분한 공간이 필요하다. 계선장에 정박한 동안에도 배는 움직인다. 배 정박, 운항 관련 계획에서는 모든 선(線)이 배가 움직이는 이러한 동적 유선형을 잘 표현해야 한다. 흐르듯 부드럽게 운항할 수 있어야 하고 장애 요소가 발생하지 않도록 계획해야 한다. 무거운 것, 거친 것, 들쭉날쭉한 것, 날카로운 것은 선박 운행에는 방해되고, 파손을 일으키고, 보기에도 어울리지 않기 때문에 적합하지 않다.

배는 폭풍이나 조수 영향을 피할 수 없기에 정박할 항구나 방파제가 있어야 한다. 항구나 방파제는 지형이나 구조물, 혹은 두 가지 모두 이용해 배를 보호하는 시설이다. 항구는 물과 뭍 전이 지점이고, 유동과 자유가 정온(靜穩)과 만나는 곳이다. 이것을 모든 계획 형태에 잘 표현해야 한다. 물 관련 시설, 배 항로 관련 시설물이 성공하려면 먼저 물과 뭍이 만나면서 펼치는 드라마를 속속들이 파악해야 함을 이해해야 한다.

예를 들면, 호수나 바닷가에 위치하는 여름 별장은 물과 뭍을 연결하는 전이 공간 개념으로 설계하는 것이 최선이다. 고체와 유체, 광물질과 액체, 한정된 공간과 무한한 수평선, 움직이지 않는 그림자와 물결 위에서 춤추는 불빛을 연결하는 것이다. 또 자동차에서 요트나 범선, 노 젓는 배로 전이하는 공간이다. 이런 별장에서 공간 전이는 계단식으로 단차를 두어 내려가기도 하고, 매달려 굽어보거나, 바다 모습을 감추었다가 살짝 보여주거나 갑자기 극적으로 보여주기도 하며, 뭍에서 물로, 물에서 뭍으로 시선과 동선을 끌어들이며 수면을 껴안거나, 경사로나 계단을 따라 물속으로 연결한다. 구조적 관계를 명확히 함으로써 뭍과 물의 가치를 최대한 부각할 수 있다. 별장 건물 육지 쪽은 뭍의 영역이고, 물가 쪽은 물의 세계에 속한다.

강변에 자리 잡은 식당이 자릿값을 제대로 하려면, 강과 강 위를 떠다니는 배들을 바라볼 수 있어야 하고, 강물의 일렁임과 아름다운 물빛을 감상할 수 있어야 한다. 식당 육지 쪽 설계는 그 앞을 통과하는 보도, 도로, 고속도로 등과 주변 육지경관 특성에서 형태를 도출하는 것이 보통이다. 강변 쪽은 강물이 흐르는 곡선이나 접근하는 선박 곡선 모양에 형태를 맞추는 것이 좋겠다. 강 쪽으로 돌출해 높게 하고 유리벽을 설치해 흐르는 강물 경치를 감상할 수 있게 한 식당, 강

둑 옆 테라스나 데크 위 그늘진 곳에 마련한 식탁, 또는 흔들리는 보트와 찰싹이는 물결 옆 부두 위에 늘어놓은 식탁에서 식사하는 것은 추억에 남는 경험이 될 것이다. 마찬가지로 해변 호텔, 수변 공원, 다리, 부두, 항구, 등대 등을 계획할 때도 단지계획과 시설물 형태는 뭍과 물이 만나는 곳이라는 것을 표현해야 한다.

수운(水運)

Illustration courtesy of the National Capital Planning Commission's Extending the Legacy Plan. Rendering by Michael McCann.

뱃길이나 수로는 잘 계획하면 부정적인 측면은 거의 없고 여러 가지로 매력적이다. 거대한 수면은 기후를 조절해주고, 경관에 활기를 불어넣으며 지름길로 경제적인 승객과 화물 수송수단을 제공한다. 강은 계곡을 따라 흐른다. 대개 경사가 완만하므로 수상 운송이 가능하면서 제방 역시 주요한 통행로가 된다. 강 주변, 강에 합류하는 지류나 소하천 주변은 모두 식물이 무성하게 자라는 곳이어서 강 유역에서 가장 경관이 수려한 곳이다. 또 수변에는 공업, 상업, 주거지가 발달하기 마련이다. 그러면 어떻게 이러한 모든 것을 계획에 수용할 수 있을까? 어느 것이 우선인가? 어느 것이라도 무조건 금지하는 것은 감당하기 어려운 압력을 축적하는 것이어서 해결책이 되지 못한다. 온갖 기능의 상호 관계를 잘 계획하는 것이 좋은 해결책이다. 강, 호수, 운하, 해변 등과 다정하게 이웃해 개발된 지역이나 도시는 행운이 깃든 곳이다.

### 항공(Travel by Air)

비행기 날개 밑으로 서서히 움직이며 펼쳐지는 경치는 오밀조밀 모형으로 만든 것 같은 도시, 언덕, 호수, 강, 계곡, 농장, 들판, 산림 등이다. 끊이지 않고 이어지는 경관 연속성이 인상적이다. 아마 처음으로 경관 속 어떤 물체든지 전체 경관과 관련이 있다는 것을 깨닫는 계기가 될 것이다. 조망거리가 멀고 가시지역이 무한히 넓다. 물체가 눈에 잘 띄려면 단순하고 선이 굵으며 색상이나 질감은 주변과 대비를 이루어야 한다. 공중에서는 주로 음영을 보고 물체를 식별한다. 공항과 활주로 주변같이 공중에서 잘 식별할 수 있어야 하는 주요한 물체나 배치계획은 음영을 특히 강조해야 한다.

비행기 여행은 하늘을 나는 것이며, 일단 하늘에 오르면 별로 힘들어 보이지 않는다. 이렇게 빠르고 부드럽게 하늘을 날 수 있기 때문에 공항을 오가는 데 걸리는 시간, 공항에서 지체하는 것이 더욱 길게 느껴질 수밖에 없다. 이러한 지체 시간은 토지이용계획, 교통계획을 개선해 획기적으로 감소시켜야 한다. 경쟁력 있는 미래 공항이 되려면 여타 교통수단 요지와 도심 목적지까지 빠르고 편리한 접근성을 확보해야 한다. 극복할 다른 문제 하나는, 공항 주변 소음이 점점 높아져 참을 수 없는 수준에 이르는 것이다. 한계점에 도달하기 전 경제적 압력, 과학 발달 결과로 비행기 폭음이 휘파람 소리 정도로 감소되기를 기대해본다.

공항도 하나의 항구로 계획해야 한다. 여기 비행기 항구에서는 땅과 하늘이 만난다. 땅과 하늘의 만남, 그로부터 파생하는 모든 공간 전이를 분석하고 계획에 표현해야 한다. 운항 중인 비행기, 계류 중인 비행기 모두 현재 요구 조건, 예측 가능한 미래 요구 조건 등을 공항계획에 수용해야 한다. 더 이상 속도가 다르고, 요구 조건이 다르고, 성능이 다른 화물기와 여객기가 같은 공항을 이용하는 것은 어려울 것이다. 화물수송기는 공업지역, 화물기지와 관련이 많고, 여객기와 여객용 공항은 인구밀집지역, 도심지와 밀접한 관련이 있다. 주변 도시에서 공항으로 연결되는 전용 도로, 주요 지점에 배치한 공항택시 정류장 등이 꼭 필요할 것이다. 승객이 자동차로 공항에 도착해 주차하고 짐을 검사하고 비행기에 타고, 비행기로 도착해 짐을 찾고 승용차나 공항버스나 전철로 공항을 떠나는 전 과정이 신속하고 쾌적하고 막힘없이 이어지도록 해 항공 여행이 최선의 여행 경험이 되게 공항을 계획해야 한다. 물론 공항계획에는 다른 고려할 사항이 많다.

공항은 넓은 평지, 길고 평활한 활주로를 쉽게 건설할 땅이 필요하다. 그러한 입지는 거의 필연적으로 도심에서 멀기 때문에, 가능한 한 많은 공항 관련 시설을 그곳에 함께 건설하는 것이 최근 경향이다. 호텔, 극장, 회의장, 도서관, 심지어 레크리에이션 시설, 오락장, 종합상가 등 수익사업 시설을 공항에 유치한다. 미래에는 효율성 증대를 위해 공항 외부 시설 이용은 억제할 것이다.

도시 공항은 이제 활주로, 구내 매점, 항공권 발매창구 수준에 머무를 수 없다. 현대 공항은 무수히 많은 복잡한 기능의 복합체다. 다양한 공항 기능과 공항을 이용하는 도시와 지역 관계를 어떻게 적절하게 설정할 것인가 차원에서 연구분석이 필요하다. 모든 조경계획이 그러하듯이 공항 역시 부정적인 영향을 최소화하고 이익을 극대화하도록 계획해야 한다.

### 여객 이송수단(People Movers)

점점 더 많은 사람을 더 신속하게 이곳저곳으로 이송하기 위해 온갖 운송수단과 장비가 필요하게 되었다. 오늘날 대부분 행정, 업무, 상업 시설 심지어는 동물원이나 식물원 등도 이러한 시설을 갖추지 않으면 제 기능을 발휘하기 어렵게 되었다. 운송수단 형태나 규모도 운송 거리나 높이, 수송 가능 승객 수, 운행 속력 등에 따라 다양하다.

**움직이는 보도, 움직이는 의자(chairway), 승강 계단(escalator).** 사람이 걸어서 타고 내릴 수 있는 저속 운송수단으로서, 실내외에서 단독으로 또는 복합 설치할 수 있다.

**자운차(自運車).** 궤도나 전용 통로를 따라 움직이며 전자 통제되는 것으로서 승강기를 수평으로 설치한 것과 같은 효과를 낸다(역주: 인공위성 위치추적 장치와 전자기술 활용으로 일반도로에서도 운전자가 운전하지 않아도 목적지를 찾아가는 자운차 운행이 머지않아 보인다). 단독 또는 여러 대를 연결해 운행할 수 있고, 몇백 미터에서 몇 킬로미터에 이르는 거리를 중간 속도로 운행하며 승객 여러 명을 동시에 운송할 수 있다. 장거리 고속전철, 활주궤도 차량(glideway), 모노레일 등을 대학 캠퍼스나 도심부에 축소 응용하는 형태라 볼 수 있다.

**소형 버스열차.** 견인차에 무개(無蓋) 또는 (지붕 있는) 전천후 다인승 승객 차량을 연결한 것이다. 버스형 열차는 오락 시설이나 박람회장에서 잘 이용하며, 대개 안내방송 시설을 갖추고 있다.

여객 이송수단

옥외 에스컬레이터

고속 모노레일

**미니 버스.** 크기, 형태가 다양하며, 버스열차보다 장거리를 운행할 수 있고, 속도가 빠르고 기동성이 크다. 공항 대합실에서 비행기를 연결하는 미니 버스는 가장 큰 것에 속하며, 한 번에 승객 몇십 명을 운송하고, 비행기 문 높이까지 들어 올리는 장치를 갖춘 것도 있다.

**장거리 버스.** 버스 전용 차선을 이용, 교외와 도심을 연결하며 날로 인기가 증가하는 교통수단이다. 승객 대기소 시설을 갖춘 주택가 요지 정류소나 도시 외곽에 위치하는 대규모 주차장에서 멈춰 승객을 싣고 전용 차선을 달려 도심으로 직행한다.

**삭도(索道, 케이블카).** 급경사지, 산록(山麓, 예; 보고타, 카라카스), 높은 공중을 지나가는(예; 독일 콜로네) 삭도는 깊은 계곡이나 강, 산맥을 안전하고 쉽게 건널 수 있게 한다.

**자전거, 삼륜차, 동력자전거(mopeds).** 인력으로 움직여야 하지만 가볍게 볼 수 없는 중요한 운송수단이다. 최근 들어 몇십 년 만에 처음으로 미국에서 자전거 연간 판매량이 자동차 판대량을 앞질렀다. 차도나 보도와 분리해 전용 자전거도로를 설치한 곳, 특히 선형 공원같이 꾸민 자전거도로가 주택가 중심지와 도심부를 연결해주는 곳에서는 자전거와 전동수레 이용이 개화기를 맞고 있다.

**전동수레(electric cart).** 골프장 전동수레를 변형한 것으로 세바퀴, 네바퀴, 전천후 설비, 1명용에서 10여 명용까지 여러 가지 전동수레가 인기를 더해가고 있다. 전철역에 주차 공간과 퇴근해서 돌아올 때까지 충전하는 설비 등을 갖추면 장차 가정과 전철역을 연결하는 이상적인 운송수단이 될 것이다. 자전거와 함께 전동수레를 지역사회 내 주요 교통수단으로 이용하면 마을 내부 도로를 줄일 수 있고, 많은 비용과 많은 공간을 요하는 자동차 의존도를 크게 낮출 수 있을 것이다.

급경사지, 험준한 지형 운행 케이블카

### 통합 체계(Integrated Systems)

이렇게 무수한 운송수단이 발달하면 길과 교차로가 들고 나고, 오르고 내리고, 앞으로 뒤로, 얽히고설켜 결국 큰 혼돈 상태가 오리라 우려할 수 있지만, 결코 그렇지 않을 것이다. 궁극적으로 모든 운송수단은 하나의 합리적인 교통 체계를 형성하는 데 각각 역할을 담당하는 필요 요소가 될 것이다. 모든 도시와 지역 공간 구조는 다층 구조 전철-승용차 교통망을 중심으로 편성되거나 재정비될 것이고, 온갖 운송수단이 그 형태를 결정하는 열쇠가 될 것이다. 그래서 자동차가 없고, 도시를 조각내는 입체교차로가 없고, 차도와 주차장이 없는 도심부가 만들어지면 도시는 다시 품위 있는 도시, 유쾌한 보행자 영역이 될 것이다.

황막한 자동차도로와 주차장은 광장, 중정, 나무 그늘 드리운 보행자 전용 상점가, 신선한 도심 공원으로 대체하고, 사람들은 연중 편안하게 위아래 광장으로, 중심지에서 중심지로 도보 또는 여객 이송수단을 타고 이동할 것이다.

승용차는 트럭과 버스 없는 도로, 전원 오픈스페이스를 가로지르는 고속화된 경관도로 위를 달릴 것이다. 승용차는 도시와 지역 교통 요지를 안전하고 쾌적하게 연결하는 교통수단이겠지만, 옛날 말과 마찬가지로 승용차는 교통 요지 변두리 마구간에 두게 될 것이다.

이렇게 새로 형성하는 통합 운송 체계는 혁신적이고 훨씬 우수한 토지이용계획 개념, 지역계획 개념 가능성을 열어줄 것이다.

Kongjian Yu/Turenscape

# 14 구조물 STRUCTURES

이론상 건물, 토목 구조물 등 모두 설계가가 목적과 시간과 장소에 가장 이상적인 해답으로 구상해 내놓은 결과물이다. 잘 설계한 구조물이라면—산장이나 성당, 도수로(導水路)나 야외극장, 풍차, 축사, 현수교 등 무엇이건—그 작품성이 오래 기억될 것이다. 역사적인 도시나 전통 경관은 소중한 문화적 기념비로 살아 숨 쉬는 걸작으로 점철되어 있다. 오늘날 우리가 그런 곳을 여행하면서 그 뛰어난 작품성을 연구하고 배울 수 있다는 것은 다행스러운 일이다.

그러면 걸작의 공통점은 무엇일까?

## 공통분모(Common Denominators)

역사상 걸작은 거의 예외 없이 다음과 같은 특징을 지닌다.

- 구조물 목적을 직접적이고 명료하게 충족시키는 동시에 표현한다.
- 그 시대, 지역, 이용자의 문화적 습속(習俗)을 반영한다.
- 기후, 날씨, 계절 변화에 순응한다.
- 당대 최고 기예(技藝), 나아가 더 발전시킨 기예를 발휘한다.
- 기존 시설물, 자연경관과 어우러져 조화를 이룬다.

### 목적(Purpose)

'형태는 기능을 따른다(Form follows function)'는 금언(金言)은 '기능'이라는 용

현대인은 역사의 진리와 교훈을 외면한 채, 분별없이 앞으로만 나간다. 고귀한 정신 소유자라 자부하는 우리이기에 먼저 진리를 깨우치기만 한다면 아무런 문제도 생기지 않을 것이다. 왜냐하면 우리 주변에는 잘된 사례와 잘못된 사례들이 수없이 많아 우리는 그저 훌륭한 작품과 실패작을 분별할 줄 아는 안목만 기르면 되기 때문이다.

*건물은 그 자체로 하나의 독립된 존재다. 건물은 현재 그 자리에 지금과 같이 자연과 더불어 존재할 권리, 대비(對比, contrast)의 보완(補完, compensation)으로 존재할 권리가 있다.*

**Marcel Breuer**

*건축물은 미묘하면서도 웅변(雄辯)으로 단지(團地) 속에 자리 잡는다. 우리를 감동시키는 힘을 단지로부터 흡수하고, 우리 인간이 창조하는 기하학의 교향악을 단지에 되돌려준다.*

**Le Corbusier**

어를 '실용주의적' 제한된 어의(語義)를 뛰어넘어 이해할 때 의미가 있다. 조형설계(造形設計)에서 '기능'의 의미는 포괄적이어서 전통적 가치관(傳統的 價値觀, traditional values), 윤리(倫理, ethics), 미관(美觀, aesthetic quality), 타당성(妥當性, feasibility), 수용성(受容性, acceptability), 정합성(整合性, fitness) 등을 고려하는 것을 의미한다. 이러한 기준이 모두 충족되었을 때만 어떤 구조물이나 형상이 진정으로 그 기능이나 목적을 달성한다고 말할 수 있다.

### 문화(Culture)

어떤 사회나 국가 문화는 생존 방식의 변화 발전하는 양태, 또는 공유하고 있는 정신세계다. 문화 수준을 보면 문명이 일정 수준에 도달했음을 알 수 있기도 하지만, 문화가 문명 수준을 못 따라가는 경우도 있다. 문화는 그 시대 국민이 품고 있는 믿음과 포부의 현시(顯示)고, 어떤 이념이나 사상(事象)은 수용 가능하고 수용 불가능하다는 신념의 현시다. 이렇게 리트머스 시험하듯이 의상, 음식, 음악, 문학, 미술, 특히 건축, 기타 구조물은 더욱더 관습적으로 문화의 시험을 거치기 마련이었다.

개선과 약간의 혁신은 문화의 시험을 잘 통과하지만 이질적인 것, 거슬리는 것은 거부되기 일쑤고 때로는 시끄럽고 격렬한 반대에 부닥친다. 그러므로 건축가, 엔지니어, 조경가 등은 계획 과정에서 가능한 한 공중의 수용과 승인을 얻어내기 위해 애써야 한다.

분별 있는 공중 취향에 부합하는 동시에, 그 취향을 더욱 고양하고 순화하는 구조물, 조경계획이 되어야 성공한 작품이라 할 것이다.

### 지역성(Locality)

걸작에 속하는 구조물은 '장소'를 표현하는 작품이다. 대지와 어우러지면서, '땅에서 솟아난 듯한' 작품이다. 대지 장점을 부각시킨 작품이다. 창조적 상승 효과를 구사하는 설계가 최고의 작품을 탄생시킨다.

감수성 있는 설계라면 경관에 내재하는 특성의 정수(精髓)를 추출하고, 설계에 반영하고, 설계에서 더욱 극적으로 표출한다. 지형의 장점을 살린다. 폭풍이 내습하는 방향을 파악하고 대비한다. 미풍과 좋은 경치를 받아들인다. 태양 궤적을 감안한다. 주변 기존 시설물 속에 어우러지게 설계하고 구도를 맞춰 설계한다.

훌륭한 구조물의 특징은 대지와 주변 환경의 격을 떨어뜨리는 것이 아니고 끌어 올린다는 점이다.

### 기술(Technology)

건축, 토목, 조경은 모두 예술인 동시에 과학이다. 예술적 측면은 구성, 숙련

도, 외관 등 주로 시각적 특성과 관련된다. 자연의 무한한 법칙과 섭리에 비추어 구조와 기계설비 문제를 해결하고, 인간 수요를 충족시키는 것은 과학의 영역이다.

최근 들어 기술 발전 속도는 정말 눈부시다. 예를 들어 구조물 설계 분야 역사에서 철근 콘크리트, 압축응력 콘크리트(prestressed concrete), 전자공학 응용 등은 그리 오래되지 않았다. 이제 여러 가지 신소재, 신공법들이 등장하면서 구조물 설계 가능성은 훨씬 넓어졌다. 컴퓨터를 응용하면서 구조물 설계 신지평이 열렸다.

무엇이나 고립, 분리시키려는 광분(狂奔)이 현대 고질병이다.

**Camillo Sitte**

### 환경(Environs)

이러한 여러 가지 기술 발달이 우리 환경을 좋게 만드는 데 어떻게 기여했는가? 적어도 아직까지는 크게 좋아졌다는 증거는 보이지 않는다. 이동 속도가 빨라지고, 고층 건물을 지을 수 있고, 빛의 속도로 통신할 수 있다. 그러나 많은 사람은 신기할 정도의 이 기계화 시대에 우리가 이룩한 총체적 결과는 생활 주변 환경은 물론이고 전 육지와 대기, 심해까지 지구 전체를 쓰레기장화하고 극심하게 오염한 것이라고 생각한다. 자연의 힘과 자연의 형상을 충분히 이해하여 생명체 지구와 조화 이루는 세상을 건설하는 인간 예지와 능력 발전보다 건설 기술 발달이 앞지르고 말았다. 확실한 방향 전환이 이 시대 우리가 맞닥뜨린 도전이다.

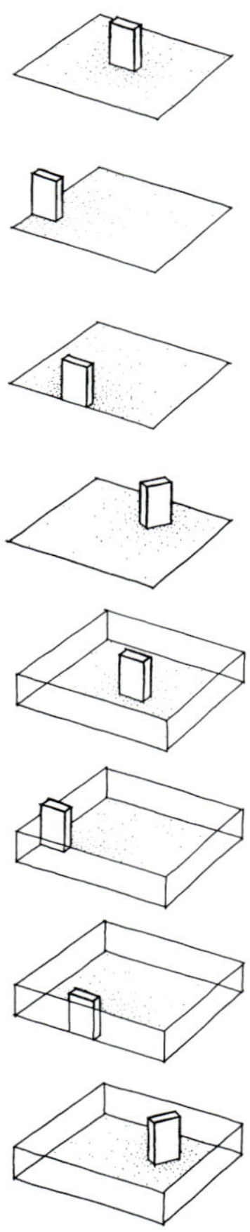

구조물 배치. 어떤 장소나 공간 속에 구조물을 배치하면 배치 위치에 따라 그곳 장소나 공간 모양은 물론 성격에도 영향을 미친다.

건물 배치 구성과 옥외 공간 형성

*조용하고, 위요되어 있고, 격리되어 있으며, 그늘을 드리운 공간. 생기 가득 찬 시끌벅적하고 분주한 공간. 포장(鋪裝)하고, 화려하고, 품위 있고, 광활해 경외감마저 느끼는 공간. 신비스러운 공간. 서로 대조적인 성격을 지닌 인접 공간들의 경계를 한정하고 분리하면서도 동시에 연결하는 전이 공간. 이렇게 서로 성격이 다른 각종 공간을 창조하려면 건축물을 어떻게 배치해야 할까? 건축물 배치 기술을 다시 배울 필요성이 절실하다.*
*호기심을 불러일으키고, 기대감을 지니게 하며, 우리를 손짓해 부르고, 달려가게 해 마침내 절정에 이른다. 자석과 같이 우리를 끌어당기며 방향성을 제시하는 핵심 공간에 이르러 해방감을 맛보게 하는 공간의 연속성 설정도 필요하다.*

**Paul Rudolph**

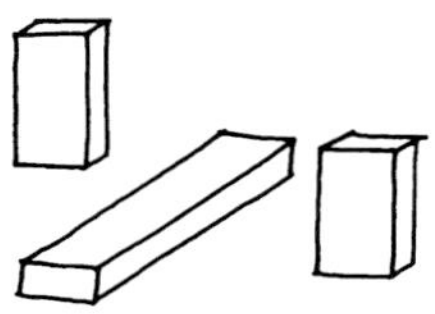

구조물 구성. 구조물 형태 자체보다 구조물이 둘러싼 공간 형태가 더 중요한 경우가 많다. 공간 속에 단독으로 놓인 구조물은 하나의 객체로 지각한다. 둘 이상 구조물은 각각 객체로 지각할 뿐만 아니라 서로 연관된 군집으로 지각하며, 상호 관계에 따라 각각의 중요도가 커지기도 하고 작아지기도 한다.

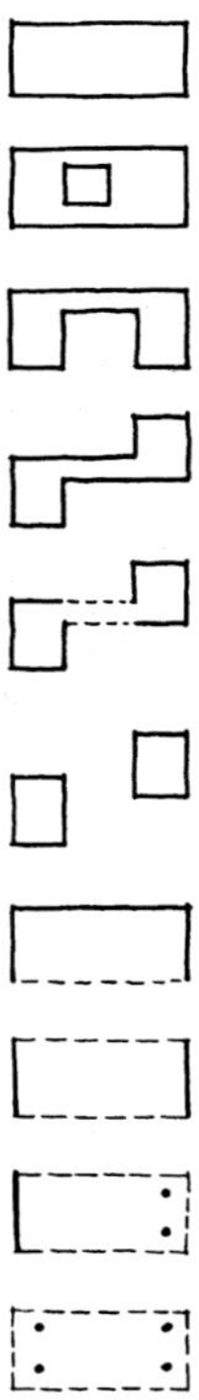

공간의 구조물 관입(貫入)

## 구성(Composition)

환경계획가는 스스로를 공간 구성 대가라고 생각하고 싶어 하지만, 실제는 아주 간단한 공간이나 구조물 배치문제도 해결하기 어려울 때가 많다. 예를 들어 건물과 그 주변을 둘러싸고 있는 넓은 공간 관계, 전면 접근로와 건물 관계, 보행자 전용 도로를 사이에 두고 마주하는 두 건물 관계, 여러 구조물 간 상호 관계, 구조물들이 둘러싸고 있는 공간 등을 설계하면서 고려해야 하는 사항은 무엇인가? 차례로 살펴보자.

### 건물과 공간(Buildings and Spaces)

만약 평지 위에 건물을 배치한다면, 건물 주변에 얼마나 공간을 두어야 하는가? 우선 진입로에서 건물이 잘 보이기를 원한다면? 건물 주변 공간은 너무 크지도 너무 작지도 않아야 하고, 건물과의 구성상 올바른 공간 형태, 올바른 공간 특성을 지니면서 건물을 가장 멋있게 보이도록 해야 할 것이다. 건물로의 접근, 주차와 서비스 공간, 앞마당, 중정, 테라스, 레크리에이션 공간, 정원 등 온갖 옥외 기능을 수용할 공간을 충분히 마련해야 한다. 그러한 공간은 대지와 건물 관계 다이어그램을 입체화한 것이다. 구조물과 그 주변 공간이 전체적으로 완벽하고 균형 잡힌 구성이 되어야 한다. 모든 건물이 목적을 갖고 있듯이, 건물로 인해 만들어지는 옥외 공간, 건물이 둘러싸고 있는 옥외 공간 역시 목적이 있어야 하며, 건물의 성격, 크기, 목적과 명확하게 연결되어야 한다.

건물 자체 형태보다 건물이 만들어내는 외부 공간 성격이 더 중요한 경우도 종종 있다. 초상화가는 신체 윤곽선이나 머리 윤곽선보다 신체나 머리와 그 주변 사이에 형성되는 공간 형태가 더 중요하다는 것을 알고 있다. 인물과 주변 형상의 관계가 인물에게 결정적 의미를 부여한다는 것이다. 건물도 마찬가지여서, 여타 구조물이나 공간, 경관 그 자체와 의미 있는 완전한 통합이 이루어지게 적절히 경관 속에 배치해야 한다.

### 건물군(建物群, Groups of Structures)

두 개 이상 건물이 관련되면, 건물과 그 사이 공간이 모두 하나의 건축적 실체가 된다. 이때 각 건물은 각각의 일차적인 기능에 더하여, 건물군 일부로서 여러 가지 이차적인 기능을 갖는다.

가능한 한 최선의 옥외 공간을 형성하도록 각 건물을 배치해야 한다. 옥외 공간 형성에서 건물 역할은 다음과 같다.

공간을 위요하는 요소
차폐하는 요소
배경 요소

경관을 주도함

경관을 조직화함

경관을 굽어봄

경관을 끌어안음

경관에 그림틀 형성

새로 정비한 경관을 창조함

새로운 경관을 외향(外向) 또는 내향(內向)으로 유도함

구조물을 둘러싸서 극적으로 보여줌

공간을 둘러싸서 극적으로 보여줌

공간 내 특정 요소를 극적으로 보여줌

*고립된 도시 주거는 마치 허공에 떠 있듯 유토피아적 공상에 불과하다. 도시 주거는 여러 도시 구조물 무리의 한 부분, 여러 용도지구(地區) 무리의 한 구성 요소로 생각해야 한다.*

**Jose Luis Sert**

*공공정신 없는 이기적 개인주의자들만 있다면 건강한 사회집단을 이룰 수 없는 것과 마찬가지로, 오만한 건물들이 모여서 건강한 건축집단을 구성할 수는 없다.*

**Eliel Saarinen**

즉 건물의 기능을 가장 잘 수용하고 표현하며 건물의 구조적 형태, 입면, 기타 특성을 잘 보여주고, 건물군 모두가 전체 경관과 잘 어울리게 하는 닫힌 공간 또는 일부 열린 공간을 조성하도록 건물군을 배치하는 것이다.

오늘날 우리 주변에서는 주변 건물을 완전히 경멸하는 듯 오만하게, 또는 서 있는 위치를 무시하고 혼자 잘난 듯 솟은 건물을 너무 많이 본다. 건물이 기존 경관과 어울리도록 하는 구성 처리, 형태, 재료 등을 찾아보기 어렵다. 고대 그리스나 로마인들은 새로 세우는 건물을 가로, 시민광장(forum), 가로광장(square) 등을 구성하는 요소의 하나로 생각했으므로 그렇게 무감각한 계획은 생각할 수 없었다. 사원, 분수, 심지어 가로등까지도 그냥 세우지 않았다. 의식적으로 가로와 광장을 재설계했던 것이다. 새 건물, 새 공간은 인접 환경은 물론 더 멀리 주변 환경과도 균형과 일체를 이루는 한 부분이 되게 구상했다. 이 계획가들이 쓴

Barry W. Starke, EDA

건물이 우세한 도시경관

방법보다 더 좋은 방법이 있는가? 사실 우리 건물과 도시가 다시 유쾌하고 만족스러운 도시가 되려면 다른 방법이 없을 것이다.

건물이나 구조물은 입체이며, 입체로서 충분한 표현이 가능하려면 입체에 대응하는 빈 공간(negative open space)이 필요하다. 여러 가지 계획 원리 중에서 가장 이해하기 힘든 원리다. 여러 시대, 여러 곳에서 이 원리를 잘 이해하고 터득해 작품을 남긴 사례가 있으니 그 예를 들면, 카르나크(Karnak)사원, 교토 가쓰라(Katsura)궁, 중국 쑤저우(Suzhou) 정원 등을 설계하고 건설한 사람들이다. 오늘날 그 작품을 봐도 건물 배치나 건물 주변 공간 배치가 뛰어난 조화와 균형을 갖춘 것을 알 수 있다. 입체가 있으면 그에 대응하는 빈 공간이 있고, 건물은 그에 알맞은 옥외 공간을 갖추었고, 옥내 기능은 옥외로 연장되고, 옥외에서 생성되고, 옥외에서 그 기능이 마무리된다.

수세기 동안 시행착오, 변경, 재평가, 인내심을 요하는 정제(精製) 과정을 통해 발전해온 이러한 기술과 원리를 현대 계획가들은 얼마나 터득하고 있는가? 동양은 이러한 문제를 긴장과 평정(tension and repose) 관계로 다루는 고도로 발달한 계획 원리를 갖고 있다. 그 근본 원리는 종교적 신비주의 장막 속에 가려져 있지만, 계획 내용에는 명확하게 나타난다. 회화적 구성에서 보는 것이거나, 삼차원 속에서 경험하는 것이거나, 모든 계획 요소가 오묘하게 균형을 이루도록 함으로써 어떠한 구성에나 평정감(平靜感)이 있게 하기 위해 아래와 같이 부단히 노력한다.

원(遠)과 근(近)의 균형
허(虛)와 실(實)의 대비
명(明)과 암(暗)의 대비
선명(鮮明)과 혼미(昏迷)의 대비
친(親)과 소(疎)의 대비
기(起)와 복(伏)의 대비
동(動)과 정(靜)의 대비
유동(流動)과 고착(固着)의 대비

각각에서 가장 두드러진 동적 긴장 관계를 찾아내거나 설정해 대립되는 양측 요소와 나아가서 전체 계획에 극대화한 의미를 부여한다. 균형을 통한 평정이 궁극적으로 추구하는 최종 결과물이지만, 최고 흥밋거리는 계획 요소 간 상호 관계를 어떻게 설정하면 평정을 이루게 되는가 하는 것이다. 충분히 이해하고 본다면, 대립 요소의 설정, 긴장 관계의 조성, 긴장 관계의 해소감 등이 감상의 핵심이다.

건물군 배치는 건물 상호 간 대립 관계가 형성되게 배치할 수도 있고, 동시에

마주 보는 구조물은 그 사이에 동적 긴장감(dynamic tension)이 흐르는 장(場, field)을 형성한다.

건물군과 주변 경관 사이에 대립 관계가 형성되게 배치할 수도 있다. 사람들이 건물 사이를 지나거나 건물군 주변을 둘러보노라면, 전개되는 구성 속에서 대립 관계, 긴장의 하소, 동적인 평정감을 경험하게 된다. 한 그루 나무라도 심는 위치와 가꾸기에 따라 멀리 있는 숲 또는 여러 그루 작은 나무들과 균형적 대비 관계를 형성하고 그 사이에 더 깊은 의미를 부여할 수 있다. 계곡 깊은 곳에서 고요하게 빛나는 호수의 경우, 실제 또는 우리가 연상하는 호수 넓이, 호수 모양 등이 호수를 둘러싼 맞은편 언덕과 균형 상태 평정을 이루는 요소일 것이다. 호수 저쪽 폭포에서 떨어지는 물기둥은 들쭉날쭉한 호안과 균형을 이루는 요소가 될 것이다.

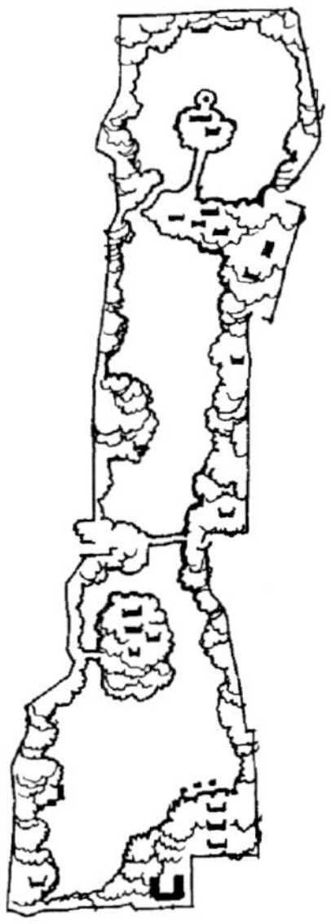

북경 건륭서원(乾隆西苑)
(Peking, Sea Palace gardens)

오랫동안 아시아 예술을 연구한 월터 베크는 이니스프리에 훌륭한 정원을 계획하고 그 정원에 대해 이렇게 말했다. "호숫가 벽 위에 내가 용바위라 부르는 바위가 있다. 호수와 주변 언덕과 균형을 이루기 위해 자연석 여러 개를 배치했고, 그중에서 용바위가 으뜸이다. 용바위를 그곳에 둔 것은 하늘과 먼 곳에서 뻗어오는 기를 제압하기 위한 것이다(Beck, W. 1956 Painting with Starch. Princeton, N.J.: Van Nostrand)." 여러 가지 요소가 어떤 물체—바위, 조각, 구조물 등—를 중심으로 하나의 큰 체계를 이루어 균형 잡힌 긴장과 동적 평정 상태에 도달하게 설계하면 그 물체에 지대한 흥미와 힘을 응집할 수 있다.

유럽과 아시아 계획 체계를 비교해보면, 전통적으로 서구적 사고는 물체나 구조물이 공간 속에서 어떻게 보이는가에 주로 관심을 가졌고, 동양적 사고는 구조물이 주로 공간을 형성하고 구획하는 수단이라고 보는 경향이 있는 것 같다.

이런 관점에서 라스무센(Steen Rasmussen)은 《도시와 건축(Towns and Buildings)》이라는 저서에서 루이 14세의 베르사유 궁원과 북경에 있는 중국 황실 궁원을 그림으로 비교했다. 모두 1700년대 초기에 완성되었고, 거대한 인공 수경(水景)을 조성했고, 규모가 거대하다는 점이 유사하지만, 공통점은 거기서 끝난다. 그림에서 보듯이, 정반대 두 가지 계획 접근 방법을 잘 살펴보면 그 시대 동양과 서양 철학 차이를 이해할 수 있다.

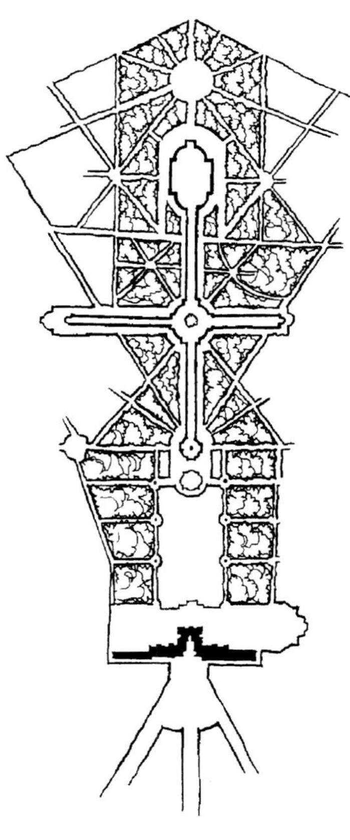

베르사유 궁원(宮園)

공간 속에 구조물을 배치하고 구성할 때 우리는 너무 딱딱한 기하학 형태로 귀착하는 경향이 있다. 평면도에서밖에 별다른 의미가 없는, 추상적인 흑백 문양으로 그린 건축평면도와 다이어그램이 넘쳐난다. 그러한 평면도에서 태어나는 건물은 공간 속 형체 또는 형체 속 공간으로서 생각하지 않았기 때문에 실패작이 되는 것은 당연하다. 그러나 세상은 그러한 졸작들로 가득하다. 합리적인 건물, 공원, 도시 계획은 기하학적인 낙서와는 거리가 멀다. 논리적인 이차원 평면도는 논리적인 삼차원적 사고의 결과물이다. 현명한 계획가는 항상 공간과 구조물의 구성을 함께 생각한다. 도면상에 표현되는 형태와 공간이 아니라 실제로 체험하는 형태와 공간을 다루는 것이다.

르네상스 시대 수많은 광장, 공원, 궁전은 어느 모로 보나 단조로운 기하학에 지나지 않았다. 그러한 미숙한 계획에 대해 분명하고 강한 비판을 한 사람이 비엔나 건축가였던 카밀로 지테(Camillo Sitte)였다. 도시 건축에 대한 그의 글이 처음 발표된 것은 1889년이었으나, 오늘날까지도 그의 생각은 유효하고 영향력 있다. 르네상스 이전 사람들은 공공 공간을 이용했고, 이러한 공간과 공간 주변 건물은 이용 목적을 충족시키기에 차질이 없도록 함께 계획했다는 것을 지적한 사람이 지테였다. 시장광장, 종교광장, 공작(公爵)광장, 시민광장 등 다양한 광장들이 그러했다. 그리고 초창기부터 수많은 시대 변천을 겪은 오늘날까지도 그 독특한 특성을 유지해왔다. 그 시대 공공장소는 결코 대칭적 계획이 아니다. 넓은 가로축(街路軸) 진입로를 만들어 그 공간 필수 요소인 위요감(圍繞感, enclosure)을 파괴하는 일도 없었다. 오히려 비대칭적이고, 좁고 굽은 길로 진입하게 계획했다. 공간 내 건물과 모든 물체는 공간 형성에 도움이 되게 계획하고, 공간을 향하도록 계획했으며 그곳에 모이고 섞이는 보행자를 위해 계획했다. 공간 중심부는 열린 공간으로 남겨두고 시설을 설치하지 않았다. 광장의 중요한 일부분인 기념탑, 분수, 조각 작품 등은 교통 분리 녹지대, 건물 구석 공간, 장식이 없는 벽면 앞이나 진입로 옆에 배치하되 표면 마감 처리, 매스, 공간과의 관계 등에 무한한 주의를 기울여 배치했다. 그러한 물체를 건물 입구나 건물 진입로와 축을 형성하는 위치에 배치하지 않았다. 시선을 분산시켜 건물의 감상 가치를 손상시킨다고 생각했기 때문이다. 역으로 말하자면, 건물의 축은 예술 작품 배경으로는 부적합하다고 생각했다.

오늘날 우리가 하는 것과는 달리 대성당 같은 중요한 건물을 오픈스페이스 중앙에 배치하는 일이 거의 없었다는 것을 지테는 발견했다. 대신에 다른 건물을 배경으로 삼거나 광장 한쪽으로 배치해 건물 입면, 첨탑, 현관 등이 잘 보이게 하고, 광장 내부에서 또는 구불구불한 접근로에서 가장 좋은 인상을 받게했다.

*파듀아(Padua) 성(聖) 안토니 성당 앞 도나텔로(Donatello) 작품 가타멜라타(Gattamelata) 기사상(騎士像)이 놓인 위치를 살펴보면 배울 점이 많다. 우선 현대의 경직된 공간 구성 체계와는 상당히 다른 점에 놀란다. 그러나 곧 기마상이 그 지점에 위치함으로써 빚어내는 장엄한 효과를 발견한다. 결국 그 기마상을 광장 중심으로 옮겨놓는다면 그 효과가 훨씬 감소할 것이라는 것을 깨닫게 된다. 이러한 배치 원리에 친숙해지면, 더 이상 기마상 방향이나 위치에 대해 이상하게 생각하지 않게 된다.*
*고대 이집트인도 이러한 원리를 잘 알고 있었다. 가타멜라타 기사상과 작은 원주(圓柱)가 파듀아 성당 입구 한쪽 옆으로 비껴 서 있는 것과 마찬가지로, 오벨리스크(Obelisk)와 파라오(Paraoh) 조각상도 신전으로 통하는 문 옆으로 비껴 서서 배치했다는 점이 이를 말하고 있다. 여기에 모든 비밀이 숨어 있건만, 오늘날 우리는 그 비밀을 알아보려 하지도 않는다.*

**Camillo Sitte**

### 구성 법칙(Rules of Composition)

몇 세기에 걸쳐 건물 비례, 건물과 건물 사이 관계, 건물과 주변 입체 공간 위요 관계를 결정하는 공식이나 법칙을 확립하고자 많은 노력이 있었다.

수학이 물질, 성장, 질서, 이 모두를 지배하는 공통 기반이라고 믿는 사람들이 오래전부터 있었다. 그 사람들은 질서, 미, 심지어 진리까지도 수학적 법칙이나 비례로 설명할 수 있다고 믿었다. 일례로, 황금비 사각형(golden rectangle)은 예부터 수학자들이 좋아하던 법칙이었는데, 황금비 사각형에서 정방형을 빼면 작은 황금비 사각형이 남고 이것이 계속 반복된다는 규칙성 때문이었을 것이다. 이러한 이상적 장방형(양변 비가 1:1.618, 약 3:5)은 서구 세계에서 평면, 입면, 구조물, 공간 비례로 쓰고 또 썼다.

'황금수(黃金數, The Golden Number 역주; 서력연수에 1을 더해 19로 나눈 나머지 수. 부활절 날짜 계산에 쓰임)'라는 재미있는 책을 쓴 저자(Miloutine

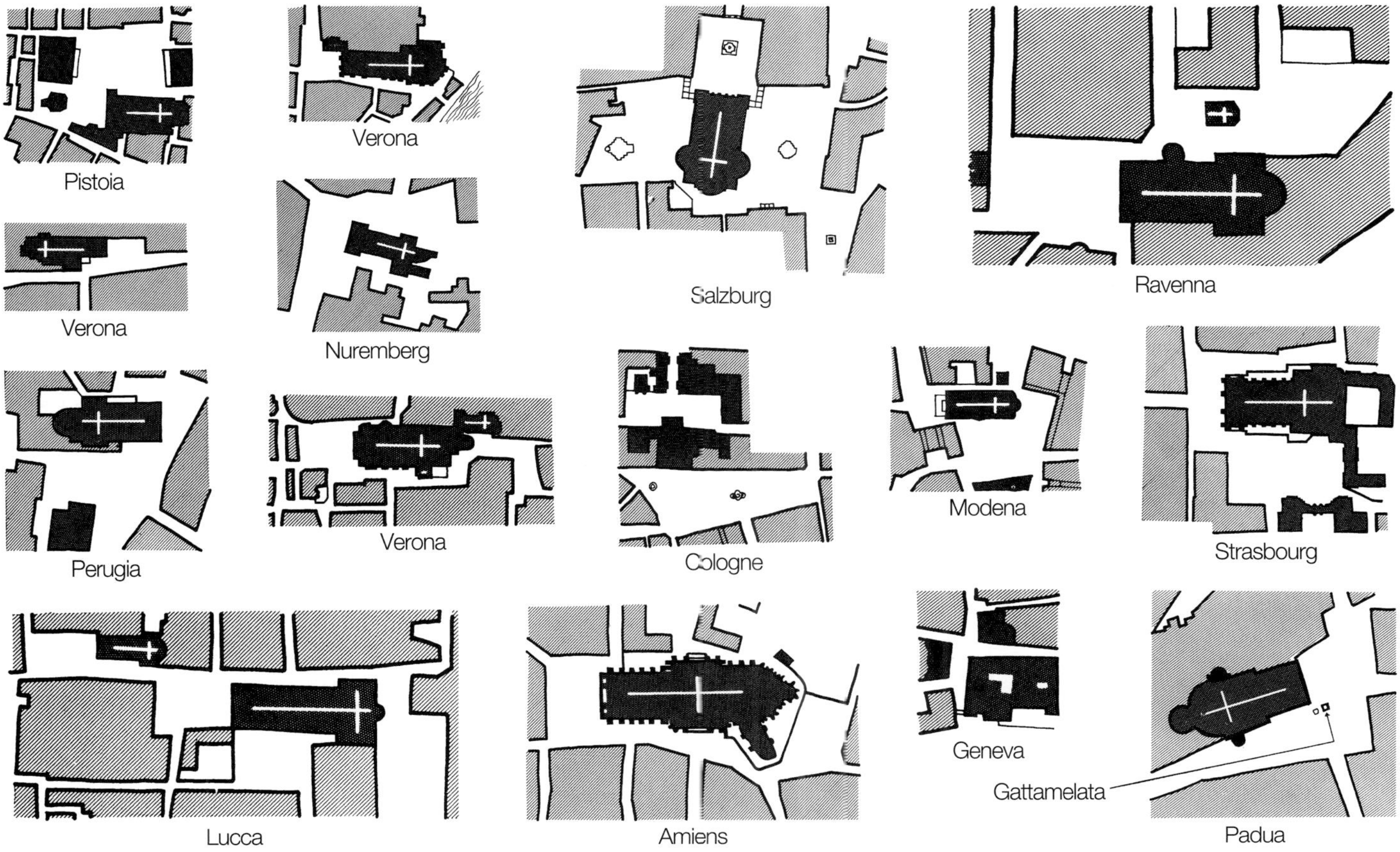


Borissavlievitch)는 건축 구성에 황금수를 적용하기 위해 연구하고 다음과 같이 주장했다. 황금비 사각형은 그 자체로는 철학적으로나 미학적으로나 모든 사각형 중에서 가장 아름답지만, "전체의 한 부분으로 볼 때는 다른 사각형보다 특별히 아름답거나 보기 흉하지는 않다. 전체는 독립된 한 부분에 의해서가 아니라 조화 법칙과 부분 사이의 비에 의해 판가름 나기 때문이다." 그는 또 "가장 위대하면서도 가장 일반적인 미(美)의 법칙은 '질서'다"라고 말하면서 건축적 조화에는 유사성 법칙(law of the similar)과 동일성 법칙(law of the same)만이 존재한다고 주장했다(주; 건축 비례에 관해서 말하고 있지만, 유사성 법칙과 동일성 법칙은 재료, 색채, 질감, 상징성에도 적용될 것이다).

**동일성 법칙.** '동일'한 요소, 형태 또는 공간을 반복 적용함으로써 질서가 형성된 구조물 또는 그러한 다수 구조물 구성에서만 건축적 조화를 창조하거나 지각할 수 있다.

**유사성 법칙.** '유사'한 요소, 형태 또는 공간을 반복 적용함으로써 질서가 형성된 구조물의 구성에서만 건축적 조화를 창조하거나 지각할 수 있다.

또 그는 "동일성 법칙은 동질성 속에서 통일성(또는 조화)을 나타내는 반면, 유사성 법칙은 다양성 속에서 통일성을 나타낸다"고 했다. "예술가가 무의식중에 이 두 가지 법칙 중 하나에 따를 때 아름다운 작품을 창조할 것이다. 우리는 창조 작업 중에 이 법칙들을 생각하지 않고, 상상력과 예술가적 느낌을 따를 뿐이다. 그러나 스케치가 완성되면, 우리는 작가가 아니라 최초 감상자 입장에서 평가하고 성공작이 되었는지 실패작이 되었는지 판단하며, 이 두 가지 법칙에 대해 알고 있기 때문에 성공과 실패 원인을 알게 된다"고 한 말에서도 그의 현명함을 엿본다.

그는 "아름다움은 느껴지는 것이지 계산되는 것이 아니다"라고도 말했다.

13세기 이탈리아 수학자 피보나치(Leonardo Fibonacci)가 발견한 수열(數列)은 계획 모든 단계에 광범위하게 적용되었다. 1과 2로 시작해 그다음 수는 앞 두 수를 합해 만들면 수열은 1, 2, 3, 5, 8, 13, 21, 34, … 가 되고, 이것을 계획 형태나 리듬으로 전환하면 시각적으로 유쾌하다는 것이다. 후에는 이 수열이 식물 등 유기체 성장 과정과도 근사하다는 것이 발견되어 더욱 흥미를 끌었으며, 이 수열이 '자연적'이고 '유기적'이라는 생각을 설계가들의 마음에 심어주었다.

기원전 1세기 로마 건축가이며 학자 비트루비우스(Marcus Vitruvius)는 평면과 구조물에 적용할 비례 체계를 수립하고자 했다. 그는 고대 그리스 계획과 건축에 대해 광범위하게 연구하고, 연구 과정에서 발견한 것을 담고, 인체 비례에 근거한 측정 단위인 인체측정학적 모듈(anthropomorphic module) 이론을 주창하는 책을 출간했다. 이 책이 르네상스 시대 사고와 계획에 지대한 영향을 주었다.

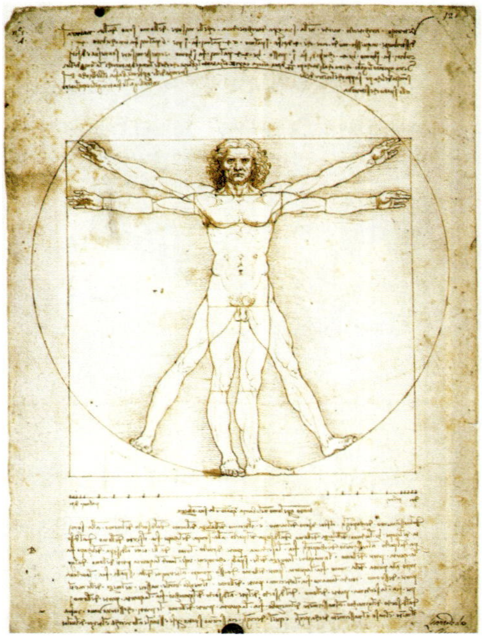

Leonardo da Vinci

비트루비안 맨[Vitruvian Man 역주; 비트루비우스(Vitruvius)는 로마 초대 황제 Augustus 시대 건축가. 《建築十書(Ten Books on Architecture)》 저자]: '인간 양팔 뻗은 길이는 키와 같다'는 비트루비안 맨 원리를 도해(圖解)한 레오나르도 다빈치(Leonardo da Vinci) 화첩 한 부분.

*원과 정사각형 속에 인체 비례를 도해한 비트루비안 맨 그림이 우주(macrocosm)와 인간(microcosm)의 수학적 합일을 나타내는 상징물이 되었다.*

**Rudolph Wittkower**

르네상스 시대 거장 레오나르도 다 빈치(Leonardo da Vinci)는 사람 신장과 신체 각 부분 비례를 분석, 도식화하고, 표준 비례표를 만든 후 여기에서 각 프로젝트에 적합한 모듈 체계를 만들어 쓰곤 했다. 건축가, 엔지니어, 조각가, 화가이기도 했던 그는, 모든 작품에 그 모듈시스템을 도입했으며, 이를 통해 작품이 질서와 아름다운 비례를 갖추려면 주요한 매스(mass)와 선(線), 아주 작은 상세 부분까지도 일관된 수학적 관련성을 가져야 한다고 믿었고, 작품을 통해 이를 후세에게 말하고 있다.

건축은 과학이며 건물 각 부분은 하나의 동일한 수학적 비례 체계 속에 통합되어야 한다는 확신이 르네상스 건축가들의 기본적인 명제였다고 할 수 있다. 오늘날 물리적 시설계획가들 역시 현대 작품에 가장 적합한 모듈 체계를 아직도 찾고 있다. 일본 건축이나 계획의 두드러진 특징 하나가 기본적인 질서 즉 각 요소 간의 수학적 관계다. 이것은 다다미라고 하는 짚으로 엮은 돗자리(약 3자에 6자 크기)를 최소 크기 단위로 사용하는 데서 기인한다고 할 수 있다. 전통적으로 다다미를 단위로 하는 격자형 모듈 체계가 대부분의 건물 평면과 주변 공간계획의 기본이었다. 방 폭과 길이도 다다미 크기 배수로 정하고, 건물 평면 크기도 다다미 개수로 잰다. 일본인들은 계획 단위로 12자를 흔히 사용하는데, 이것은 1, 2, 3, 4, 6으로 나눌 수 있다.

반침(半寢)이나 벽장같이 모듈보다 작은 공간이 필요할 때는 모듈을 채우기 위해 애쓰지 않고, 모듈 내에서 자유롭게, 모듈에 맞게 조합하고 구성했다. 어떤 물체가 모듈보다 작거나 크다면 그 사실을 감추지 않고 명확하게 예술적으로 나타냈다. 격자형 틀 속에 정확하게(또는 억지로) 맞추어 설계하는 미국 모듈 체계보다는 일본 모듈 체계가 훨씬 우수한 것 같다. 또 자유롭고 융통성 있는 모듈 체계보다는 뚜렷한 대칭을 고집했던 유럽 르네상스의 경직된 기하학적 구성과도 일본식 조형 양식은 상당히 다르다.

## 경관 속 구조물(Structures in the Landscape)

옛사람들이 나름대로 합리적인 이미지에 부합하는 더 아름다운 세계를 창조하고자 건축 구성의 시각적 측면에 대해 고심한 것을 살펴보았다. 그들은 수학적 차원에서는 질서, 비례, 척도(scale)를 제외하고는 어떤 보편적인 규칙도 발견하지 못했다. 측정하고 비교하고 논쟁하는 강박관념 속에서, 모든 자연계 구조물에 분명히 내재하는 궁극적 진리를 간과했던 것은 아닐까? 그 진리는 '정합성(整合性) 법칙'이다. 어떤 유형 구조물이건 시대와 장소에 맞고, 재료를 가장 경제적으로 사용하면서 구조물 목적을 충족하는 것이 최적 구조물이라는 것이다.

나무 가지와 줄기, 짐승과 새 골격, 알 껍질, 풀줄기 등 자연에서 보는 모든 구조체는 예외 없이 간결하고 힘 있고 탄력 있는 구조체다. 각각 기능에 아주 적합한 형태를 취하고 있다. 모두 미학적 개념 없이 설계되고 만들어졌겠지만, 절대적 정합성을 실현하고 있다는 점에서 본질적으로 아름다운 구조물들이다. 규칙이나 공식을 신봉하는 독단주의는 의미 있는 설계를 조장하기보다는 방해하는 것이 아닐까? 예전부터 알고 있는 평면 형태나 구조 형태를 따라 설계하면 고풍스러운 건물을 만들 수 있지 않을까? 자연에서처럼 철저하게 기능을 표출하는 것이 독창적이고 멋진 구조물을 도출하는 길이 아닐까? 그럴지도 모른다. 뉴잉글랜드 농장, 그리스 언덕 위 도시, 아프리카 부족회관 등 토속적 건축은 모두 자연계에서 보는 직설적 접근 방법이 공통점이며, 나름대로 출중한 표현력을 보여주고 있다.

자연에서 배울 것은 구조물 형태뿐만이 아니다. 주택과 도시 배치에 관해서도 배울 것이 많다. 비버가 좌우 대칭으로 집을 배치하는지, 개미가 축을 맞춰 집을 짓는지 생각해볼 일이다. 야생동물들은 자연 지형, 물 흐름, 바람 힘과 방향, 태양 궤도 등을 고려해 집을 지을 줄 안다. 인간도 그렇게 자연에 순응할 줄 알아야 하지 않을까?

열을 통과시키는 유리와 금속으로 뒤덮은 고층 건물을 쏟아지는 햇볕을 면하게 배치하는 경우가 얼마나 많은가. 겨울 찬 바람이 몰아치는 방향으로 넓은 도로를 배치하는 사례는 얼마나 많은가. 언덕이나 골짜기 자연경관을 철저히 파괴하고 들어선 대학 캠퍼스 건물 또한 얼마나 많은가. 지형, 수로, 숲 언덕, 지질, 폭풍이 불어치는 방향, 조망 등을 무시한 채 바둑판같이 개발한 주거단지가 주변 곳곳에서 보이지 않는가.

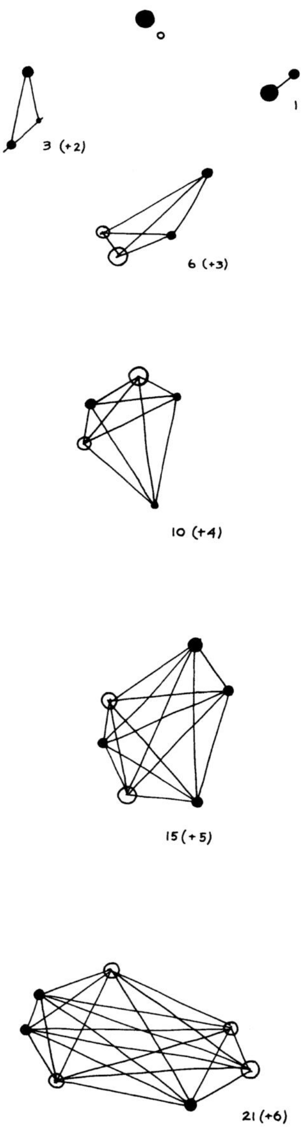


구조물 조합. 구조물 수가 한 개 늘어나면 연결 숫자는 계차수열(階差數列)로 증가한다. 새로 추가하는 구조물은 구조물 전체 조합 상태를 변화시키기 때문에, 추가 구조물과 다른 구조물 관계는 설계와 계획의 주요 관심사다.

깨우쳐야 할 교훈은 바로 이것이다. 공식에 대입해 설계하는 건축, 환경을 무시하고 기하학적으로 배치하는 단지계획은 실패가 필연이라는 것이다.

개별 건물을 거대한 건축적 구성의 한 단위 역할을 하도록 배치하기도 한다. 그렇게 배치한 건물, 건물들이 모여 형성하는 공간은 개별 건물이 만들어낼 수 없는 큰 효과를 발휘할 수 있다. 이것은 바람직할 수도 있고, 그렇지 않을 수도 있다. 그러한 배치가 적합한 경우는, 건물이 전체의 한 부분으로 '보이는' 경우, 전체의 한 부분으로 '기능하는' 경우다. 여러 건물을 모아서 건물군으로 구성할 때는 건물군 전체를 응집력 있고 통일되게 구성해야 하고, 각 건물이 전체 구성에 충실하게 계획해야 한다.

한 개 건물을 독립된 개체로 경관 속에 자유롭게 배치할 수도 있다. 이렇게 건물을 건물군 일부로 계획할 필요가 없을 때는, 건물과 그 주변 공간을 훨씬 자유롭게 설계할 수 있다. 이때 중요한 것은 건물과 건물 관계보다 건물과 주변 경관 관계, 건물과 주변 경관이 서로에게 주는 의미다.

비슷한 특성을 지닌 건물들은, 대학 캠퍼스나 군사시설에서 보듯이 상당한 간격을 두고 분산 배치해도 경관을 주도하고 통합할 수 있다. 건물과 건물 사이 공간에는 다양한 기능을 배치할 수 있지만, 시야에 들어오는 모든 요소가 연상시키는 것은 서로 어울려야 한다.

구조물을 강이나 호수, 철로변, 고속도로 등과 같은 자연경관 요소 또는 인공경관 요소와 관계를 맺어 구성하는 경우도 있다. 이러한 경우 최상의 상호관계를 구성하는 형태와 배치를 구상해야 한다. 호반에 위락단지를 배치한다면, 호수는 위락단지의 중요한 경관 요소가 되며 위락단지는 호반 경관에 보탬이 되도록 위락단지와 호수가 하나의 통일체를 형성하게 구성해야 한다. 공장과 공장선적 및 하역장은 철도에 맞춰, 철도와 함께 설계해야 한다. 고속도로

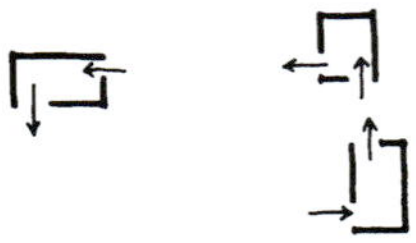

분리 상태 세 개 평면 요소

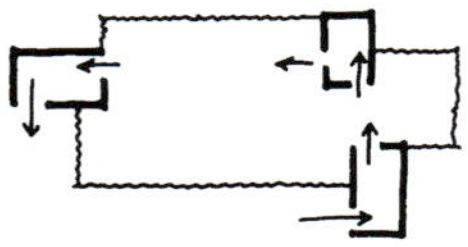

묶는 연결 요소 추가

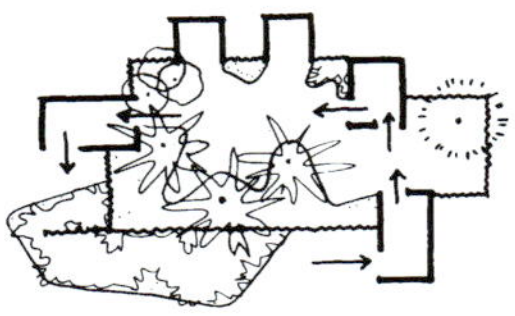

동선 체계를 더욱 명료하게 발전시킨 것

구조물 통합(integration)

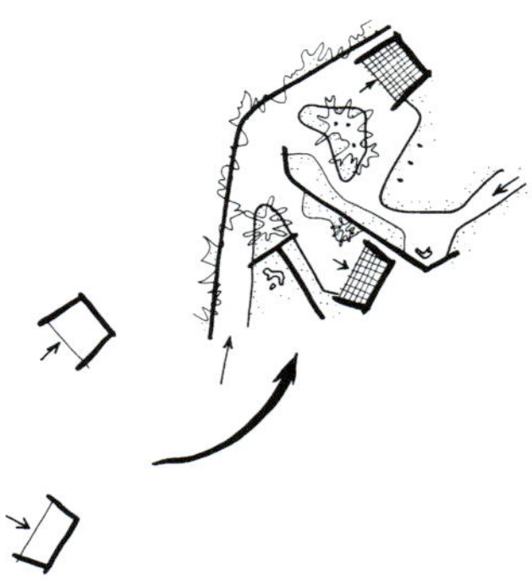

구조물을 추가하고 명확한 동선 체계를 구축해 공간을 구획

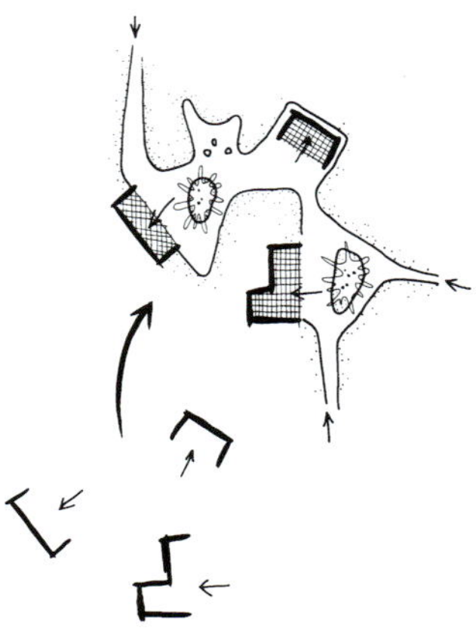

동선을 연결해 묶은 다양한 평면 요소

Tom Fox, SWA Group

건물 배치 계획

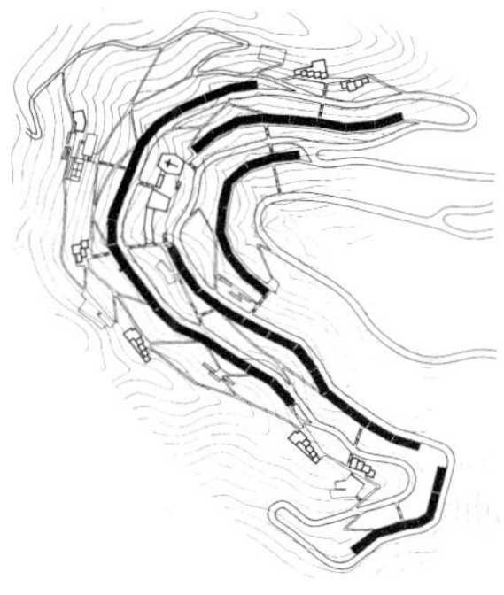

지형 따라 자연스레 배치한 띠 형.
단지와 건물 명쾌한 조화.

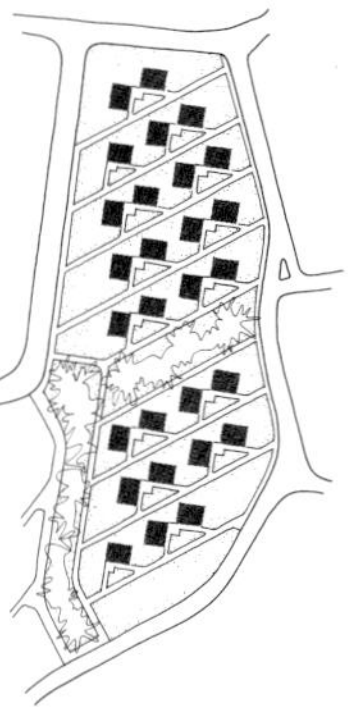

T자(尺)와 삼각자 의존 기하(幾何) 배치:
지나치면 이유 없는 규칙성과 단조로움 초래.

자유로운 구성 배치. 건물 상호 간 관계와 건물 사이
형성 공간의 다채로움이 주목할 만하다.
더 편안하고 즐거운 주거환경 조성.

다양한 아파트 배치 구성

휴게소 식당은 고속도로 경관, 시거(視距), 진입도로, 운행 속도 변화, 공간과 형태 구성 등 여러 가지 측면에서 고속도로와 일체감 있는 시설로 계획해야 한다.

건물숲도 자연숲과 마찬가지여서 독특한 경관을 가진다는 것을 염두에 두어야 한다. 그래야 건물 상호 관계 계획과 건물을 지원하는 단지계획을 통해서 의도하는 건축경관을 부각시킬 수 있다.

어떤 건물은 정적이다. 홀로 떨어져 서 있고, 자체로서 완결성을 가지는 건물이다. 의도하는 건축적 표현이 초연함, 위엄, 엄격, 기념비적일 때 그런 건물이 적합하다. 그런 건물은 건물 배경이나 단지개발도 건물 분위기와 조화되게 만들어야 한다.

인간의 자유와 상호교류 촉진을 표현하는 것을 목표로 건물군을 배치하는 단지계획도 있다. 그러한 단지는 자연경관은 물론 기존 인공경관에 순응하는 관계를 형성하도록 계획한다. 이러한 경우, 구조물 자체뿐만 아니라 구조물 배치 자체가 단지 특성을 결정하고, 단지가 영향을 미치거나 단지가 포용하고 있는 넓은 주변경관 특성까지 결정한다.

분산 배치한 건물들도 바닥 포장 연결, 명확한 동선 연결로 긴밀한 상호 관계를 설정하고 시각적으로도 만족스러운 관계를 조성할 수 있다. 벽이나 담장 같은 구조물 요소를 도입하는 것도 그러한 통합 효과를 거두는 방법이 된다. 열식(列植)한 수목이나 산울타리도 건물들을 묶어주는 역할을 충분히 해낸다. 이렇게 구조물들을 통합해주는 요소는 동시에 각 구조물 주변에 필요한 공간을 적절하게 조성해주는 역할도 할 수 있다.

## 오픈스페이스 형성(The Defined Open Space)

오픈스페이스가 구조물에 의해 전체 또는 부분적으로 위요되면 건축적 특성을 가지는 공간이 된다. 그러한 공간은 건물의 연장 성격을 지니기도 한다. 한 개 건물이 그러한 공간을 형성하기도 하고, 여러 개 건물이 둘러싸서 그러한 공간을 형성하기도 한다. 그렇게 형성한 공간은 구조물을 둘러싸는 공간 또는 전경(前景), 초점 경관, 구조물을 돋보이게 하는 공간 역할 등을 한다. 이러한 오픈스페이스는 그 자체로서 완벽한 하나의 공간이지만, 인접한 공간이나 구조물의 일부분이며, 분리해 생각할 수 없다.

구조물로 둘러싸 형성한 옥외 공간은 우물 같은 공간이다. 비어 있음이 그 공간 핵심 특징이다. 빈 것이 없으면 채워진 것이 무의미하다. 그렇다면 빈 공간 크기, 형태, 특성이 인접한 채워진 공간에 강력한 반작용 영향을 미칠 것이 확실하지 않은가? 구조물을 효과적으로 표현하려면 빈 공간과 채워진 공간의 균형을 잘 맞춰야 한다. 한 개 빈 공간이 둘 이상 구조물이 동시에 공유하는 공간이 되면서 그 사이 관계를 설정할 뿐만 아니라, 한 건물군을 다른 건물군이나 공간들과 연결하는 매개 역할을 할 수도 있다.

건축물은 오픈스페이스 공간을 형성한다.

기능이 무엇이든 간에 빈 공간이 필요하다면, 온갖 방법을 동원해 비어 있음을 세심하게 강조하고 보존해야 한다. 빈 공간 외피(外皮)가 잘 인식되도록 하고, 둘러싸는 요소와 바닥면을 드러내 보이고, 안쪽은 파내고, 바깥쪽으로는 휘어져 나오게 하고, 후퇴색과 후퇴감을 주는 형태를 이용하고, 바닥은 시각적으로 가라앉아 보이게 하고, 계단식으로 바닥을 향해 내려가거나 계단식으로 밖으로 나가게 하고, 바닥을 파내거나 수반을 설치하거나 반사 연못을 두어 공간 깊이를 무한히 확장하는 등 여러 방법을 구사할 수 있다. 깨끗하게 처리한 공간에 수목을 식재하거나 기타 물체들을 세워놓아 답답하고 지저분하게 만들어서는 안 된다. 이것은 그 공간 속에 아무것도 놓아서는 안 된다는 것을 의미하는 것이 아니라, 공간이 비어 있다는 느낌은 어떻게든 유지해야 함을 의미한다. 물체라도 잘 배치하면, 또는 식재를 하되 수관(樹冠)이 높은 나무숲을 만들면 알 껍질 같은 것에 둘러싸인 듯 빈 공간 느낌을 증가시킬 수도 있다.

구조물에 둘러싸여 있되 하늘을 향해 개방된 오픈스페이스는 쏟아지는 햇빛, 시시각각 변하는 그림자, 시원함, 하늘빛, 떠도는 아름다운 구름 등을 즐길 수 있는 것이 장점이다. 또 단점도 있으므로 단점을 최소화하고 개방성 이점을 최대한 활용하는 계획이 필요하다. 옥외 공간에 활기를 주고, 밝게 해주고, 신선한 숨결을 불어넣어주는 티 없이 푸르른 창공, 쏟아지는 화사한 햇살, 여름 더위를

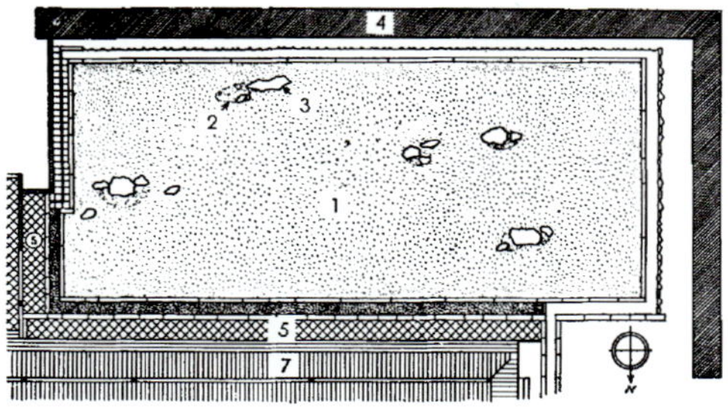


(1) 모래 바닥, (2) 이끼, (3) 자연석, (4) 토담, (5) 각석 포장, (6) 장식 문, (7) 툇마루

Barry W. Starke, EDA

추상 구성(抽象 構成, abstract composition). 교토(京都) 료안지(龍安寺, Ryoanji) 뜰은 전 시대 통틀어 열 손가락 안에 드는 가장 빼어난 정원 중 하나다. 자갈을 갈퀴로 긁어 바다를 형상화한 추상 작품이다. 담으로 둘러싼 공간이지만 수도원 식당과 테라스 경계를 확장하는 공간이다. 명상 정원으로 설계했으며, 단순성, 완벽한 상세, 광대한 공간을 표현하는 상징성, 인간 마음과 영혼을 자유롭게 하는 힘이 명원(名園)으로 만든다.

식혀주는 반가운 미풍을 하나도 헛되이 하지 말자.

구조물로 둘러싼 오픈스페이스 한쪽 측면이 개방되어 있다면, 구조물과 주변 경관을 연결하는 전이 공간의 초점이 된다. 좋은 전망을 향해 개방되어 있다면, 오픈스페이스는 경치를 감상하기에 제일 좋은 장소가 되게 개발하고, 오픈스페이스 내 어느 지점에서 보나 최상의 조망을 즐길 수 있게 그림틀을 구성하도록 한다.

구조물로 둘러싸 형성한 오픈스페이스는 대개 특정 용도를 갖기 마련이다. 차를 타고 내리는 마당은 현관의 연장이며, 야외 식탁은 식당이나 부엌 연장인 것처럼 구조물 기능을 연장한 오픈스페이스 형태가 있는가 하면, 기숙사 건물 사이에 위치한 휴게 오락장이나 막사가 둘러싼 군대 열병장처럼 자체 독자 기능을 가질 수도 있다. 그러나 오픈스페이스 용도는 구조물과 직접 관련이 있든 없든, 오픈스페이스 특성(character)만큼은 구조물과 관련지어야 한다. 중정, 마당, 공공광장 등 어떤 오픈스페이스이거나 건물군 속에서 초점이 되고 지배적인 요소가 되므로, 주변 구조물의 정수가 거기에 녹아들고 고여 있어야 한다.

## 주거 공간(Habitations)

주거(住居)의 기능은 무엇일까? 안식처? 가족생활 중심지? 사회 활동 근거지? 이 세 가지 기능을 모두 가지고 있음이 틀림없고, 세 가지 기능 모두를 도와주는 공간이 되어야 하고, 그것이 설계를 통해 구현되어야 한다. 그러나 진정한 의미의 인간정주(人間定住)는 그 이상이다. 지구라는 혹성에서 인간이 뿌리내리고 사는 정착지이며 거처다. 간단한 철학적 개념이지만 이렇게 정의하면 인간정주 개념은 훨씬 심오한 의미를 갖는다.

동양인들은 집과 정원을 계획할 때 자연경관에 순응하는 뛰어난 기술을 발휘할 뿐만 아니라 의식적으로 자연에 뿌리내리게 계획한다. 온갖 자연 재료를 취해 다양한 가공과 정제(精製) 과정을 거쳐 건설하기 때문에, 집과 정원은 대지(大地)의 형상과 구조를 인간적인 모습으로 연장한 것이며 자연 섭리와 완벽한 조화를 이룬다. 새 둥지나 비버 집처럼 자연의 특별한 한 모습일 뿐인 것이다.

## 주거와 자연 관계(Dwelling-Nature Relationships)

가장 훌륭한 인간 주거는 대지(垈地) 자연 조건, 주변 경관과 일체가 되어 그 한 부분이 되는 것이리라. 그 정도가 주거의 성패, 거주자가 느끼는 안정감, 행복감의 척도가 될 것이다.

주거와 자연 일체화는 힘든 작업이다. 어떻게 하면 될까?

**부지(敷地)를 조사, 분석한다.** 새와 들짐승이 최적 서식처를 탐색하듯, 농부가 자기 땅을 면밀히 살펴 농사지을 땅과 건물을 세울 땅을 가리듯 집과 정원을 계획하는 사람은 부지 조건과 특징을 속속들이 파악하고 계획에 반영해야 한다.

부지 자연 조건 최대 활용

**지질 구조에 순응한다.** 소용돌이(回旋, convolutions), 지층 형성, 융기, 침식, 모암 풍화 등 지질학적 요소가 땅 모습을 결정하는 요인이다. 이에 따라 지반 안정성과 지내력(地耐力), 굴착과 정지(整地) 용이성이 결정되며, 표토와 지반의 토양구조, 공극률, 비옥도, 지하수위, 가용 수자원 유무도 결정된다. 굴토나 시추를 통해 또는 오랜 경험을 쌓은 예리한 안목을 통해, 지하 상태에 대한 충분한 지식을 확보한 후에야 확신을 갖고 계획할 수 있다.

**자연을 보존한다.** 지형, 배수로, 강과 하천, 식생, 새와 야생동물 이동 통로 및 서식처 등은 모두 밀접한 관련이 있다. 기존 자연 상태와 자연스러운 흐름에 대한 훼손을 어떻게 최소화하는가가 계획을 잘하는가 잘못하는가를 판가름하는 중요한 기준이 된다.

**땅에 맞추어 계획한다.** 구조물을 세우는 곳과 비워두는 공간을 재구성함에 있어서 구조물은 보통 언덕이나 능선을 연장해 계곡을 내려다보는 개념으로 설계한다. 등고선과 수변 기본 형상을 존중하고 더욱 명확히 드러내 보이는 것이 좋은 계획이다. 두드러진 지세는 더욱 돋보이게 만들고, 오목한 곳이나 후미진 곳도 그 모습을 더욱 강조한다.

**기후 조건을 고려한다.** 한대, 온대, 고온건조지대, 온난다습지대 등 기후대별로 제각각 계획상 장단점이 있다. 그러나 각 기후대 내에서도 계획에 반드시 고려해야 할 국지적 기후 변이와 부지 특유 미기후가 있다.

**기후 요소에 맞춰 설계한다.** 바람을 막고, 미풍은 받아들이고, 비나 눈이 올 때를 대비하고, 홍수 피해를 예방하고, 폭풍에 대비하고, 태양 궤적을 고려한다.

**인문환경을 고려한다.** 부지 내외에 분포하는 구조물, 도로, 기반시설, 지역권(地役權, easements)과, 심지어 지역사회 특성, 행정구역, 용도지역지구, 계약 관계, 제한 사항, 규제 사항 등도 계획에 결정적 영향을 미친다.

**부정적 요소를 제거한다.** 바람직하지 않은 요소는 가능한 한 모두 제거하거나 그로 인한 나쁜 영향을 줄인다. 예를 들면 각종 오염, 위험 요소, 불량한 경관 등. 제거하기 어렵다면 지형, 식생을 이용하거나 거리를 충분히 띄우는 방법으로 보이지 않게 차폐하고 악영향을 저감한다.

**장점은 강조한다.** 동선, 이용 공간, 구조물 등은 단지 안에서 제일 좋은 경관 요소 사이에 또는 가까운 주변에 배치한다. 제일 좋은 경관 요소는 보존하고, 그쪽을 향해 배치하고, 그쪽에 초점을 맞추고, 그림틀을 형성하고, 어느 계절 어떤 일조 상태에서도 감상할 수 있게 한다.

**대상지 고유 특색을 계획 주제로 삼는다.** 어느 경관이나 고유 분위기와 특색이 있기 마련이다. 경관 특색이 부지 선정의 주요 이유였을 가능성도 크다. 대상지 고유 특색을 무시하거나 개조할 수는 있겠지만, 그 특색이 바람직하지 않은 것이거나 사업 목적에 적합하지 않은 경우로 국한해야 한다. 그렇지 않다면 유쾌한 변주(變奏), 가벼운 대위법(對位法), 공명하는 배음(倍音)을 연주하듯 주제 경관과 조화되게 설계한다.

**종합한다.** 모든 요소가 모여서 최상의 역동적 상호 관계를 유지하도록 종합한다. 이것은 자연에서 배워야 할 교훈인 동시에 모든 계획과 설계의 가장 중요한 목표이기도 하다.

주거 형태가 단독주택, 정원 딸린 연립주택, 고층 아파트, 무엇이든, 위치가 도시, 시골, 산, 평야, 사막, 호숫가, 어디든 계획 접근 방법은 똑같다.

## 인간 욕구와 주거 공간(Human Needs and Habitat)

이상적인 전원주택은 어떤 모습일까? 삶을 관찰해보면 최소한 다음과 같은 거주 요건을 충족해야 한다는 것을 알 수 있다.

### 안식처(安息處, Shelter)

예나 지금이나 변함없이 주거의 첫째 기능은 비바람을 막는 안식처 제공이다. 고도로 발달한 난방 설비, 공기조화 설비, 다양한 건설 재료, 정교한 구조 방식 등이 출현해 매우 높은 수준의 새로운 안식처 개념으로 발달했지만, 안식처라는 주거 기본 기능을 충족하고 그것을 명확하게 구현하는 건축이 되어야 한다.

### 보호(保護, Protection)

주거의 보호 기능은 화재, 홍수, 범죄 등 온갖 위험으로부터 안전을 지켜주는 것을 의미한다. 지난 몇 세기를 거치면서 인간 위협 요소는 많이 줄었지만, 우리 본능은 변하지 않았다. 안전 확보는 기본이다.

회전도 하고 뒤로도 가고, 어디로나 내닫는 차량은 항상 위험한 존재다. 차량은 우리 생활 공간 속에 있을 자리가 없으며, 따라서 진입을 허용해서는 안 된다. 자동차는 말을 마구간에 수용하듯 자동차 전용 공간이나 전용 시설에 수용해야 한다.

원시시대. 은신처 기능이 핵심 고려 사항

그리스-로마 시대.
방어와 사생활 보호가 가장 중요

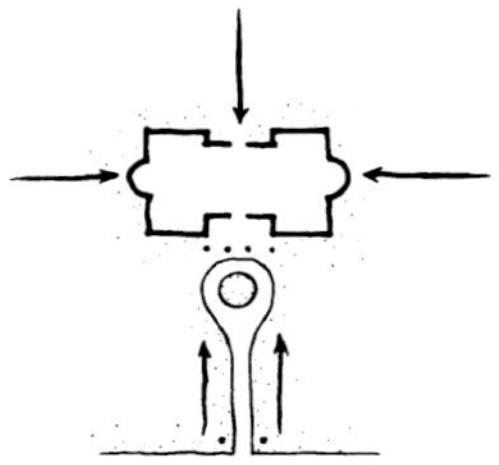

르네상스 시대. 구조물 각기 공간 속에 설정한 이상(理想)의 표상(表象)

동양. 자연 존중, 사생활 보호. 대지는 물론 전체 경관에 순응하는 구조물 계획

삶 양식 진화

### 실용성(實用性, Utility)

주택은 주거가 담당해야 할 다양한 기능을 명확히 구현해야 한다. 여러 생활 기능을 수용할 뿐만 아니라 기능 간 연결도 편리해야 한다. 주거 기능은 어떤 것들인가? 음식 준비, 식사, 오락, 수면, 어린이 양육 등이 그것이다. 지원시설로서 도서관, 마을회관, 작업장, 세탁장 등이 있어야 하고, 수납공간, 기계 설비, 쓰레기 수거시설 등도 필요하다. 가족 오락과 휴식은 발코니, 잔디밭, 테라스 등에서 이루어지는 경우가 많다. 또 옥외 공간은 운동장이면서 농경에 대한 그리움을 충족시키는 기능도 제공한다. 울밑에선 봉선화, 상추 가꾸는 텃밭도 중요한 상징적 의미를 갖는다.

실용성은 '모든 기능을 충족하며, 필요한 모든 것이 있음'을 의미하며, 모든 것이 서로 어우러져 잘 작동함을 의미한다. 주택은 생활을 위한 기계 이상의 큰 의미를 갖지만, 우선 효율적으로 기능을 발휘해야 한다.

### 쾌적성(快適性, Amenity)

주택이 생활 기능을 충족한다 해서 제구실을 다하는 것은 아니다. 주택은 친근감 있고 즐거운 곳이어야 한다. 또 아름다운 것을 사랑하고 자신을 표현하고자 하는 인간 욕구도 만족시켜야 한다. 그러나 아름다움을 장식, 치장, 애써서 꾸미는 것과 혼동하면 안 된다. 진정한 아름다움은 잘 빚은 도자기, 수수한 양모 카펫, 우아하게 다듬고 짜 맞춘 목각, 점판암 기와, 은 세공품같이 고도의 단순함과 꾸밈없음에 있고, 항상 목적에 꼭 알맞은 형태, 재료, 마무리에 있고 은근함 속에 있다. 진실로 '덜함이 더함(Less is more.)'이기 때문이다.

주택 꾸미기에 관해서는 일본 전통주택 도코노마(tokonoma 역주: 일본식 방 상좌(上座), 벽속으로 움푹하고 방바닥보다 높으며 예술품 전시, 장식 공간)를 언급하지 않을 수 없다. 자연 재료로 만든 우아한 단순미를 갖춘 도코노마는 아름다운 소품을 감상하는 공간이다. 전시품은 보관 창고에서, 정원에서 또는 뜰에서 가져오되 계절이나 특별한 행사에 맞춰 한 번에 기껏해야 두세 가지 이내만 전시한다. 전시품은 벽걸이, 그림, 도자기, 조각, 꽃꽂이 등이다. 우리 서양

경관 한 부분을 이루는 건물

주택과 정원을 꾸밀 때에도 그러한 예술적 솜씨와 절제를 발휘한다면 훨씬 뛰어날 것이다.

### 사생활(私生活, Privacy)

혼란하고 시끄러운 세상이기에 우리 모두 가끔씩은 조용한 은둔 장소가 필요함을 절감한다. 클 필요도 없다. 일상생활과 격리되어 독서, 음악감상, 대화, 조용한 자기성찰을 즐길 수 있는 주택이나 정원 한쪽 공간이면 족하다. 자기만의 사적인 공간이 필요하다는 것은 인간이라면 당연하다.

*봄은 말도 안 타고*
*언덕 넘어 내려오네*
*걸어서 살포시*
*거위 소녀같이 고요히*
*이 세상 모든 사랑스러운 것들이*
*봄과 함께 오네*
*그렇게 온다네*
*내게도*

**Edna St. Vincent Millay**

### 공간감(空間感, A Sense of Spaciousness)

호젓함을 원할 때가 있듯이 탁 트인 널찍함을 원할 때도 있다. 주택과 도시가 점점 더 비좁아짐에 따라 주택 대지 내에서 널찍한 공간감을 찾기는 힘들어졌다. 그러나 오랜 세월 좁은 공간 속에서 살아온 사람들에게서 공간을 '빌려 쓰는' 지혜를 배울 수 있다.

공용 공간을 중심으로 생활 공간을 잘 배치하고 상호 연계하면, 공용 공간을 공유함으로써 각 생활 공간이 더 넓어 보이는 효과를 얻는다. 일부러 투시도에서 보이는 모습으로 공간을 꾸미거나, 공간 내 모든 물체를 작게 만들면 공간 크기가 실제보다 커 보인다. 또 벽과 창문을 적절히 배치해 대지 내 또는 이웃 대지 좋은 경치나 먼 언덕이나 지평선 경관까지 차경(借景)할 수 있다. 벽으로 둘러싸

*정원의 참뜻은 사람 가슴을 사로잡는 그 힘 속에 있다.*

**Kanto Shigemori**

인 정원이나 중정에서도 하늘과 구름, 밤하늘 별자리로 시선을 이끌어 공간감을 불러일으킬 수 있다. 좁게 사는 일본에서는 정원 중에서도 좋아하는 지점이 달을 바라볼 수 있게 만든 자리라는 것은 결코 우연한 일이 아니다.

지구는 인간의 집이고, 자연법칙은 인간이 깨달음을 얻는 길이다.

### 자연 완상(玩賞) (Nature Appreciation)

인간에게는 흙, 돌, 물, 생물체 등 집 밖 모든 자연 요소에 대한 본능적 애착이 깊게 뿌리박혀 있다. 인간은 자연을 가까이하고, 바라보고, 만져볼 수 있어야 한다. 우리는 자연과 친근한 관계를 유지하고, 자연 속에서 자연에 둘러싸여 살고, 집과 생활 속으로 자연을 끌어들여야 한다.

현대 미국 주거 두드러진 특징은 옥내 생활과 옥외 생활을 똑같이 중시하는 경향이다. 옥내 공간은 대개 옥외 공간으로 확장 연결한다. 현관은 앞마당으로, 부엌은 뒤뜰로, 식당은 중정으로, 거실은 테라스로, 침실은 온탕으로, 오락실은 레크리에이션 공간으로, 일광욕실은 정원으로. 잘된 주거 계획에서는 특히 온화한 기후 지역에서는 옥내와 옥외를 구별하기 힘들어진다.

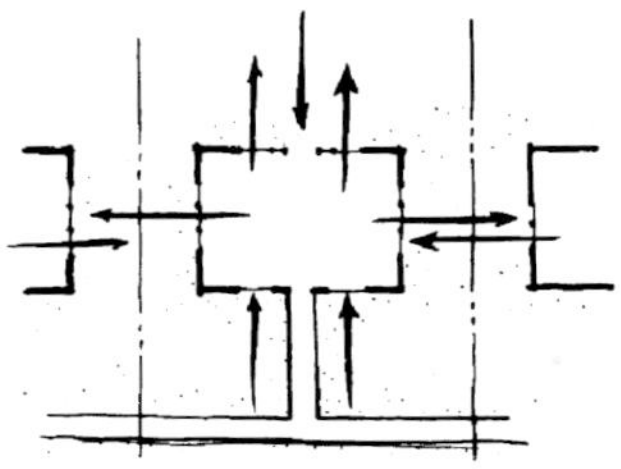

현대 미국식 주거 전형(典型)[르네상스 시대 유물]. 자연 무시. 외부 지향. 사생활 상실. 대지(垈地) 낭비. 옆뜰 설치, 건축선 후퇴 의무, 울타리 설치 금지 규정 산물이다.

주택과 정원은 우주 축소판이 되면 이상적이라는 이론도 있다. 난해한 이론이라면 넘어가도 좋다. 아마 언젠가, 더 많은 생각 후에 그 깊은 뜻을 이해하게 될 것이다.

## 주거계획 요소(Residential Components)

### 대지(垈地) 환경 현황(Existing Site Features)

특별히 아름다운 환경 요소가 있어서 특정 대지를 택지로 선정하는 경우가 있다. 우람한 참나무나 포플러나무 숲도 그런 특별한 요소가 될 수 있고, 옹달샘, 연못, 기암, 빼어난 경치일 수도 있다. 그런데 택지를 선정할 때 그렇게 중요하게 생각한 것들을 건설 과정에서는 무시하고 훼손하는 사례가 너무 많다. 그런 요소를 보전하고 더욱 강조하는 방향으로 계획하는 것은 필연이다.

미래 미국식 주거 모형. 대지 전체 생활 공간 이용. 사생활 보호. 실외-실내 공간 통합. 자연 요소 도입. 공원, 오락 공간 역할하는 자연경관 보존지역 속에 정원 갖춘 소형 고밀도 주택집단 배치

*집 짓기 좋아 보이는 장소가 반드시 집 짓기에 적합한 곳이란 법은 없다. 작은 땅 한 조각밖에 없다면 거기에라도 집을 짓고 싶은 유혹에 빠질 것이다. 그러나 그곳은 입구나 주차장이나 정원으로 사용하기 위해 남겨두는 것이 좋을지 모른다. …*
*어떠한 용도로 사용해도 적합하다고 여겨지는 특별한 장소가 대지 내에 있습니까? 그곳에서 소풍을 즐기고 목가적인 곳이라 생각한 적 있나요? 그곳에 집 지을 계획을 하면서 긴 겨울 저녁을 보낸 적이 있나요? 그곳에 집 지으면 그 좋은 장소가 사라져버리고 말 것이라는 생각이 든 적 있나요? 그렇다면 그곳은 바로 정원이 들어설 장소일 것입니다.*

**Thomas D. Church**

### 토지 용도 배분(Area Allocation)

세계에서 유례를 찾기 힘들게 미국에서는 전통적으로 택지 면적 상당 부분을 집 앞 도로와 면한 부분에 오로지 전시 목적 공간을 만들기 위해 할애한다. 집 앞 넓은 잔디밭 가장자리에는 산울타리를 조성하고, 건물 주변에는 장식용 수목을 식재해 사람들에게 보여주고 인정받고자 하는 것이 전통이다. 건물 양옆 뜰 역시 쓰임새 없이 이웃과 거리를 두는 역할 뿐이다. 결국 뒤뜰만 가족이 사용하고 즐기는 공간이다. 최근에야 집과 정원 통합 개념이 널리 퍼지고 옥내-옥외 생활 연계 계획이 빛을 보게 되었다.

그래도 비싼 관수 설비를 갖추고 잘 다듬은 넓은 잔디 정원과 전시 효과 위주 '인형의 집', '성채 같은 집'이 한동안 사라지지 않을 것 같다. 그러나 점차 전시용

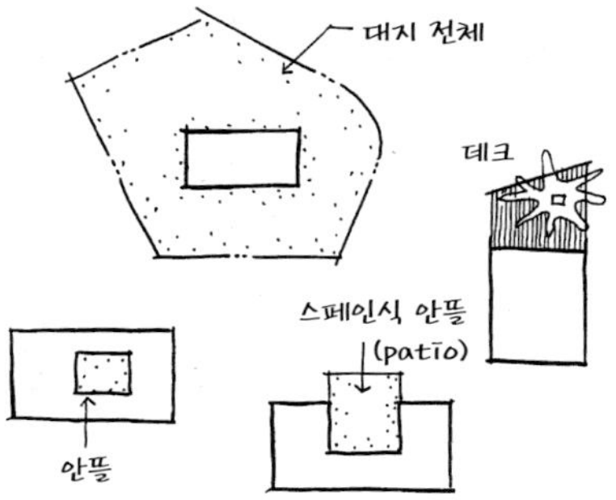


주택 옥외 공간(유형 예시)

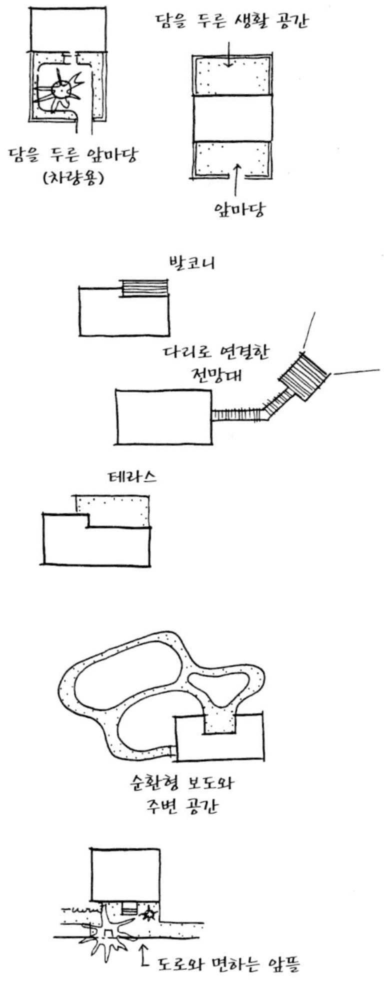


옥외 생활 공간 설계 목표:

- 모든 활동에 유용하고 쾌적한 공간 제공
- 건물과 일체가 되고, 건물 기능 보완
- 대지 최상의 특성을 잘 보존하고 드러내 보이는 방향으로 대지와 융화

녹지 크기가 줄어들고, 대신 집을 안뜰, 중정, 옥외 레크리에이션 공간으로 개방하는 경향이다. 자연 지형과 자연 식생을 더욱 보전하고 가족 활동은 옥외 지향 추세다.

### 집(The Dwelling)

집은 주거계획 핵심이다. 모든 활동이 집 안 또는 집 주변에서 이루어지기 때문이다. 집 안팎에서 일어나는 활동은 모두 어떠한 주거 형태를 선정하는가, 가족의 생활계획은 무엇인가에 따라 결정된다. 세월이 지나면 개 주인도 개를 닮는다는 말이 있는데, 이 말이 어느 정도 사실이라면, 집주인이 어떠한 사람이며 어떤 활동을 즐기는 사람인지는 그 사람이 선택한 집을 보면 알 수 있을 것이다.

집은 훌륭하고 완벽한 생활을 담기 위한 구조물이다. 자랑스럽게 초연해 자족적인 모습으로 서 있는 집, 그 집 벽 안쪽에서 모든 훌륭한 삶이 영위될 수도 있을 것이다. 반면에 여러 경치를 바라보는 전망대 역할, 여러 가지 옥외 활동 무대 역할을 담당하도록 밖으로 열린 집도 있을 것이다.

도시 아파트, 교외 단독주택, 전원주택, 숲 속 별장, 제각각 옥내–옥외 관계에서 가능성과 제약이 있기 마련이다.

도시 고층 아파트에서는 옥외 공간 체험이라는 것이 화분 올려놓은 햇볕 쪼이는 창가 아니면, 화분 한두 개 매달고 의자를 두어서 바깥 경치 바라보는 발코니 정도가 고작일 것이다. 여건이 좋은 경우라면 개별 또는 공동 옥상정원이 있을 수도 있다. 연립주택이라면 현관 옆에 나무가 심어져 있을 것이고, 뒤뜰에는 야외 식사를 즐길 수 있는 나무 그늘이나 정자 그늘, 연못이나 분수, 약초나 꽃을 심는 텃밭도 있을 수 있다. 교외 단독주택이나 전원주택은 대개 대지가 넓어 훨씬 다양한 옥외 활동 공간과 작업 공간을 확보할 수 있을 것이다. 더 멀리 있는 별장이나 오두막도 마찬가지지만, 주변 숲 등을 자연 상태 그대로 두고 싶은 주인도 있을 것이다.

### 옥외 활동 공간(Outdoor Activity Spaces)

각종 옥외 활동마다 적합한 크기의 공간이 필요하다. 작게는 유아용 모래밭이나 부엌 뒤 텃밭에서부터, 크게는 정구장, 수영장, 채마밭, 과수원이나 퍼팅 연습장도 있을 수 있다. 무엇이든 만들어놓고 즐길 수 있으려면 계획도면상에 설계가 반영되어야 한다.

건물에 딸린 뜰이나 테라스는 건물 내부 공간의 연장이며, 건물 내부 공간과 외부 공간의 연결고리다. 개방된 형태건 밀폐된 형태건, 집과 차고 사이 공간은 포장(鋪裝), 식재, 경우에 따라 벽천 같은 수경(水景)을 설치하고 진입 마당 또는 옥외 거실 역할도 할 수 있다.

뜰이나 테라스 주변은 운동 공간이나 잔디밭, 정원 또는 숲으로 둘러싸여 있

© D.A. Horchner/Design Workshop

옥외 활동 공간

을 것이다. 정원에는 관목 몇 무더기 심겨 있어도 충분하며, 붓꽃 몇 포기 또는 크로커스(crocus)나 수선화 한 줄 심어도 충분하고, 백합 약간 아니면 야생화가 조금 자라고 있어도 훌륭하다. 그도 아니면 보기 좋은 상록수 한 그루나, 화분에 담쟁이나 도금양과 함께 심어놓은 꽃사과 한 그루도 충분하다. 포장면 중간 한 조각 땅에 튤립을 심어도 좋고, 단을 쌓아 작약 몇 포기 심고 자갈을 둘러 깔아도 좋다. 통에 심은 무화과 한 그루, 선인장 정원도 좋다. 물론 테두리 갖춘 넓은 화단을 잘 가꾸어놓을 수도 있다.

탁자 위 제라늄 화분 하나라도 수영장을 갖추고 그 주변에 꽃이 만발한 화분을 늘어놓은 것 못지않게 훌륭한 정원이 된다. 양팔로 껴안을 수 있을 만큼 작은 정원일지라도 가장 아름다운 정원 하나로 기억될 수 있다.

주택 서비스 공간은 개방형, 벽으로 둘러싼 형, 부분 차폐형 등이 있다. 서비스 공간은 차고나 주차장과 가장 밀접한 관련이 있어서 물건을 싣고 내리는 공간, 주차 공간, 차가 돌아 나갈 수 있는 공간 등을 마련해야 한다. 또 쓰레기 보관 공간, 퇴비화 폐기물 수거용기와 재활용품 분리수거 용기 배치 공간도 마련해야 한다.

부속 시설로 공구와 부품 등을 저장하는 헛간도 있어야 하고, 여기에는 각종 계량기와 밸브도 설치하고, 물 뿌리는 호스를 말아서 걸어두는 공간이 되기도 한다.

옥외 활동 공간 형태 유형

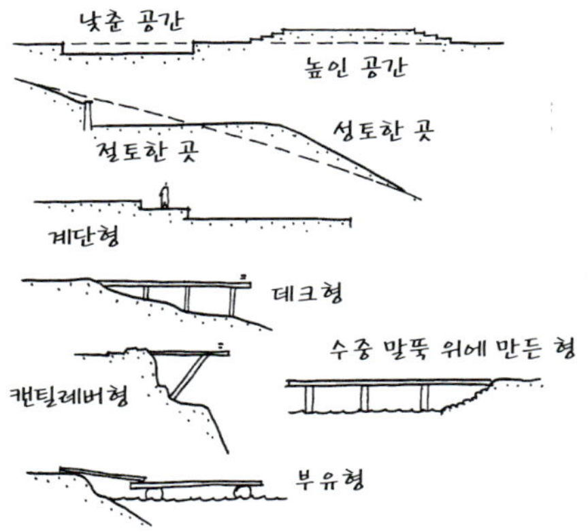


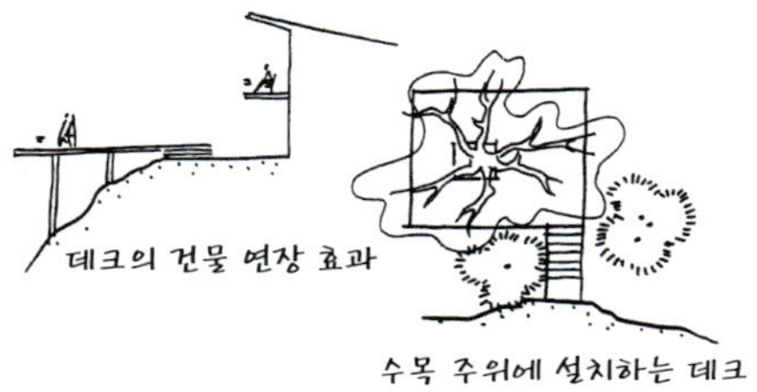


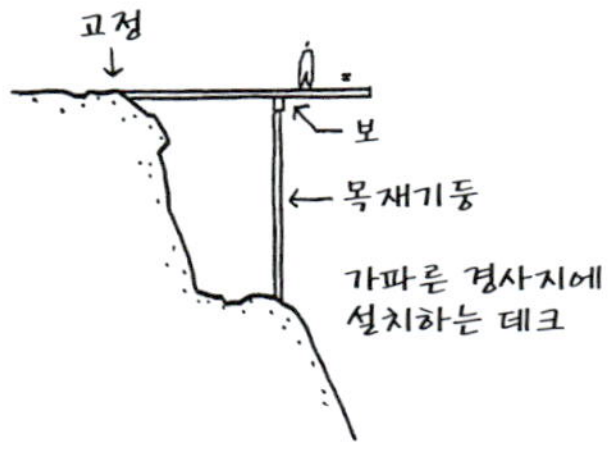

데크도 단차를 두어 만들 수 있다.

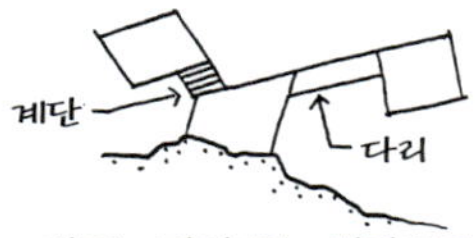

데크는 다리 또는 계단으로 연결할 수 있다.

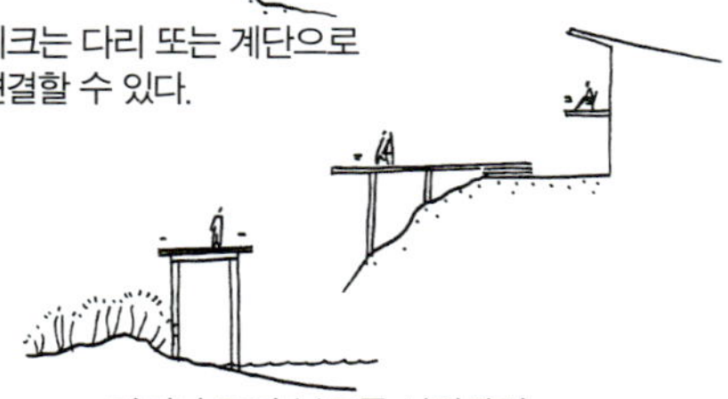
다리나 고가 보도를 설치하면 지형, 물 흐름, 기존 식생 보존

데크와 대(臺, platform) 용도:
- 단지 가용 면적 확장
- 활동 형태 확장 또는 분산
- 경관의 극적 전개
- 자연 지형 보존

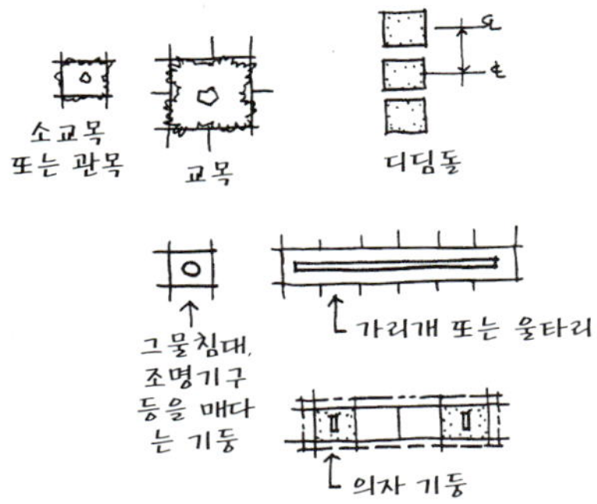


한 개 또는 몇 개 규격 포장재를 생략하면 기둥, 의자, 수반, 식재대, 수목 식재 공간을 마련할 수 있다.

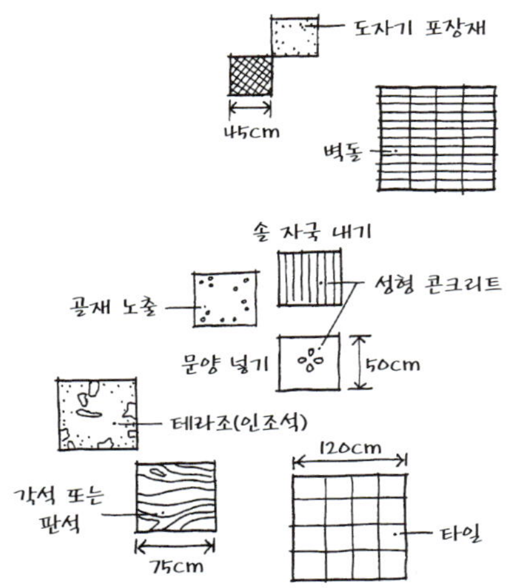


규격 포장재는 다양한 크기와 유형이 있다.

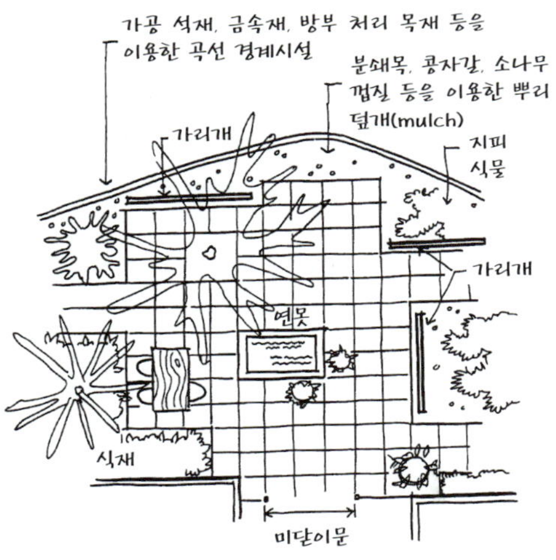


규격재(規格材) 포장 특징
- 융통성(flexible)
- 설계 통일성 부여
- 설치, 교체 비용 절감

**규격재(規格材) 포장(MODULAR PAVING)**

서비스 공간은 그 주변에 부엌에 딸린 텃밭이나 채마밭이나 화분 가꾸기 헛간을 배치하면 좋고, 온실이 있을 때는 연결통로 역할도 한다. 이곳에 담장이나 울타리나 정자가 있다면 포도넝쿨이나 꽃피는 덩굴식물을 올리기에 적합하고, 오렌지, 레몬, 배, 사과, 복숭아, 무화과 등 유실수를 심어도 좋다.

서비스 공간은 줄 긋고 네트를 설치하거나 농구대 한 개만 설치하면 포장된 레크리에이션 공간 역할도 겸한다. 한쪽에 문을 달아 어린이 놀이터를 배치하고 그네 등 놀이시설을 구비하면, 부엌에서 창문을 통해 어린이들 노는 모습을 지켜볼 수 있는 장점도 있다.

### 부속시설(Supplementary Structures)

여러 가지 단지 내 시설을 건물과 결합해 계획하거나 건물의 연장시설로 계획할 수 있음을 살펴보았다. 물론 차고, 손님용 숙소, 스튜디오 등을 본채와 분리해 하나의 대위법적 건축 요소로 설계해도 된다. 소규모 작업실이나 공구실도 마찬가지다. 본채 건물보다는 대지 성격에 맞추어 또는 용도에 맞추어, 의도적으로 색다르게 부속시설을 설계할 수도 있다. 수영장 옆 탈의실, 정원을 내려다보는 전망대 등이 그런 예다. 주말 스키장 숙박시설이나 배를 내리고 정박하는 시설이 딸린 정고(艇庫, boathouse) 같은 레크리에이션 시설에 주거 공간을 부속

Tom Fox, SWA Group

Belt Collins

Barry W. Starke, EDA

Barry W. Starke, EDA

부속 시설

시키는 경우도 있다.

### 비품(Furnishings)

옥외 설비와 비품을 고루 갖추지 않으면 온전한 집이 될 수 없다. 유지 관리 기계와 장비를 모두 갖추어 잘 정돈해놓은 창고나 헛간은 필수다. 네트, 라켓, 놀이 기구, 그물침대(hammock), 활쏘기 과녁판, 장난감 상자 등등 레크리에이션 장비가 모두 제자리 잡고 정돈되어 있어야 한다. 벤치, 의자, 탁자 등 야외용 가구도 필요하다. 비품이랄 수도 있고 아니랄 수도 있는 포장, 지피식물, 식재 등은 다른 장에서 다룬다.

이러한 기본 비품 외에 플랜터, 창틀 화분이나 각종 나무 화분, 도자기 화분 종류 등 장식적 비품도 있다. 모자이크 벽화, 액자, 닫집, 차일 등도 관심 끄는 요소, 색상에 변화를 주는 요소가 된다. 조각 작품은 어느 곳에나 특색을 부여하는 장식품이 될 것이다. 깃발, 명절 분위기 내는 장식품들 역시 때 맞춰 어울리는 것이 있을 것이다. 풍경, 새 목욕물 쟁반, 새 모이통 등을 비치하면 활력소가 된다.

물과 빛 효과도 소홀히 할 수 없다. 어느 정원에나 흘러넘치는 수반, 실개천, 똑똑 떨어지는 물, 뿜어 나오는 물, 흩날리는 물 중 한 가지 쯤은 있으면 좋다. 빛도 마찬가지다. 현관을 밝히는 정원등, 진입 차도와 보도를 따라 연이은 길잡이 조명, 운동장 야간 조명, 바닥에서 나무를 비추는 상향 조명, 조각이나 벽화나 꽃꽂이나 물을 내리 비추는 조명, 모두 야경을 수놓으며 즐거움을 더해 준다.

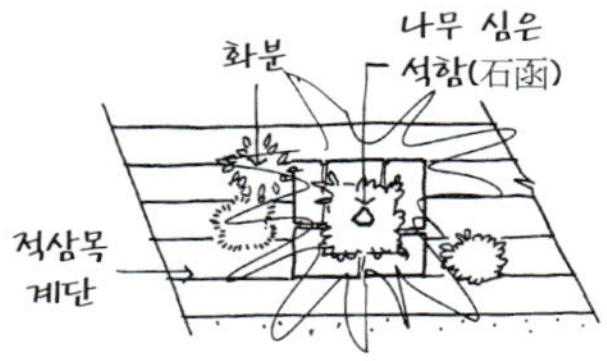

넓은 계단은 생활 공간 역할도 할 수 있다.

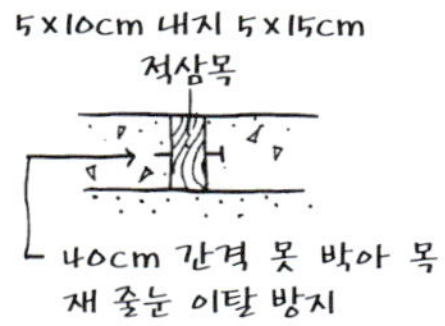


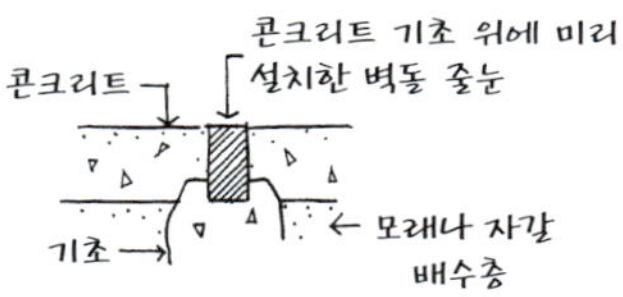


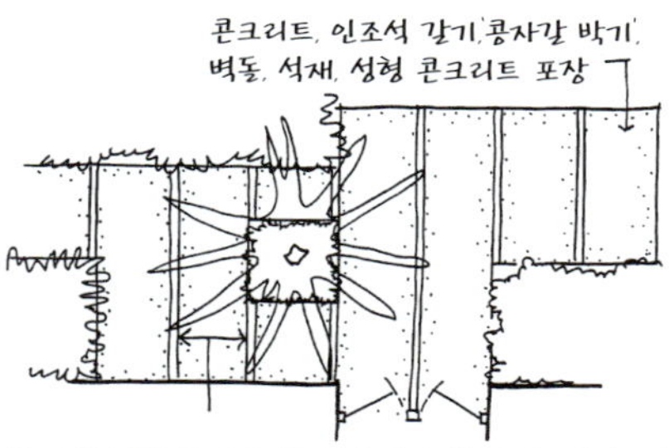

목재 줄눈(목재 데크, 목재 울타리, 목재 구조물과 조화) 또는 벽돌 줄눈(벽돌 담이나 벽돌 집과 조화)

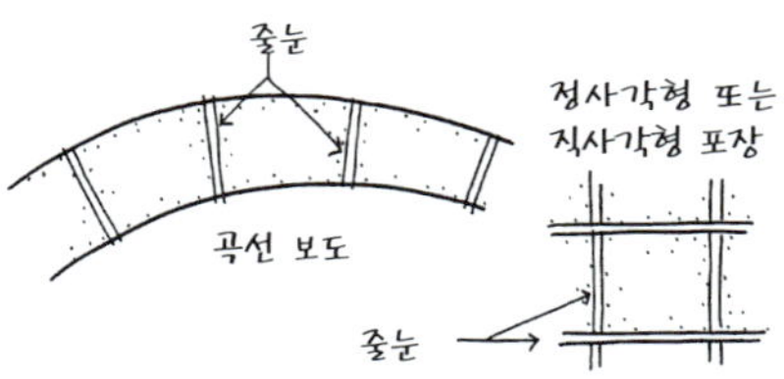

포장 줄눈은 옥외 생활 공간에 통일미를 주는 수단도 된다.

줄눈의 역할:
- 일정 폭 또는 불규칙한 폭으로 설치해 율동감 있는 설계 구현
- 시공 줄눈(construction joint), 거푸집 역할
- 신축 줄눈(expansion-contraction joint)
- (때로는 치장 줄눈 필요)

© D.A. Horchner/Design Workshop

의자 겸용 담, 비품 갖춘 옥외 공간

수경 조명

수경은 실물이건 상징이건 어느 정원에나 어울린다.

옥외 시설물 비용은 주택 건축비의 작은 일부에 불과하지만, 옥외 시설물은 가장 많이 보고, 가장 많이 사용하는, 즉 가장 많이 접하는 물품이다. 최상품을 구비하고 즐길 수 있게 해야 하는 이유가 여기에 있다. 대체로 주택 품질은 옥외 시설물 품질에 달려 있다.

**변주곡**(Variations on a Theme)

자연 과정을 무시하거나 땅을 거역해 계획하면 결과는 불편하고 괴로운 생활이 된다. 그러나 진실로 자연경관을 주인으로 삼고 그 힘과 형태와 특성에 순응하는 구조물과 생활 공간을 설계한다면, 거주자 생활은 행복과 즐거움이 넘칠 것이다.

사진에서 보는 사례는 주택과 정원이 함께 어우러지게 계획하는 방법, 주택과 정원을 대지와 주변경관과 조화 이루게 계획하는 방법, 사는 이 욕구와 필요에 맞게 계획하는 방법을 보여주는 본보기다.

© D.A. Horchner/Design Workshop

# 15 조경식재

# LANDSCAPE PLANTING

첫 미국 이민자들이 상륙정에 몸을 실어 동부 연안에 도착할 때 힘은 들었어도 정원에 심을 종자, 뿌리, 삽목 따위는 조심스레 모셔왔다. 이제 미국 땅 어디서나 정원을 볼 수 있다. 미국인들이 식물을 키우고 정원 가꾸는 데 기울이는 애착은 타고난 것처럼 보일 정도다.

환경계획 전문가는 여기서 배울 점이 있다. 정원 식물에 대한 애착과 사랑이 모든 식물과 모든 식물 삶의 기반인 물과 흙 사랑으로 이어져야 한다. 야생지역, 자연 하천 중에서 가장 아름다운 곳은 보전해야 한다. 헐벗은 하천 유역은 재조림하고 보호해야 한다. 중요한 습지는 복구하고 다시 물을 채워야 한다. 사구지역은 월귤나무(bearberry), 노간주나무, 메포도, 소나무를 다시 심고 바다귀리(sea oats) 씨를 뿌려 피복해야 한다. 동네는 농지나 산림 같은 오픈스페이스가 둘러싸도록 계획하고, 주택과 학교는 정원같이, 도시는 공원같이 계획하는 것이 우리 소망이리라.

## 목적(Purpose)

조경 식재라는 것이 완성 구조물 주변에 배열하는 원예 장식에 불과한 것이라 생각하는 사람이 많다. 정말 잘못된 생각이다. 기존 식생이나 지피 요소는 대지를 선정하고 계획하는 과정에서 일차적으로 고려할 사항 중 하나다. 대체로 식생이 부지 성격을 좌우한다고 할 수 있다. 식물은 토양을 보존하고, 기후를 조절하며, 바람막이나 차폐 역할을 하고, 이용 공간 형태를 결정하기도 한다.

경관을 이루는 식물은 예전부터 그곳에 살던 것 아니면 다른 곳에서 옮겨 심은 것이다. 현재 어떤 곳에 식물이 존재한다는 사실은 그 식물이 그 지역에 적합하다는 것을 입증하는 것이다. 따라서 심사숙고 끝에 불가피하게 옮겨야 한다는 결정을 내리기 전까지는 보전하는 것이 합리적이다. 나무를 경솔하게 이식해 죽여본 경험이 있는 사람은 그 결과가 얼마나 심각하고 돈이 많이 드는 일인지 알 것이다.

잘못 선택한 나무 한 그루가 경관 전체를 바꾸고 경관 질을 떨어뜨리거나 생태적 균형까지 교란시킬 수 있기 때문에, 새 수목을 심을 때는 신중히 생각해야 한다. 반대로 적합한 수종을 제 위치에 심으면 재미없고 삭막했던 부지를 좀 더 유용하고 편안하고 쾌적한 장소로 바꿀 수 있다.

사면(斜面) 보호, 유역(流域) 보호

## 과정(Process)

식물은 모두 미리 정해둔 목적에 맞춰 식재해야 한다. 훌륭한 식재설계는 과학이자 예술이다. 식물 특유 성장 조건과 설계 조건을 함께 만족시키는 여러 대안 중 최선 안을 택해야 한다.

방풍(windscreen)

### 기본도(Base map)

주택, 학교, 병원 같은 곳 전체 식재계획은 축척 1/100, 1/200, 1/400, 최대 1/500 내외로 작성한다. 화단이나 부엌 채소밭 등 좁거나 세밀한 계획이 필요한 곳은 1/10이나 1/20 정도가 더 적합하다. 도면에는 고객 성명과 주소, 막대 축척(graphic scale), 날자, 정확한 방위표를 기재한다. 건물 윤곽선은 물론이고 벽, 울타리, 가로등, 차도, 보도, 기타 포장구역과 같은 지형지물이나 보존할 기존 수목도 기입한다.

천장 역할(overhead space definition), 수관( canopy) 형성

### 수종 선정(Plant Selection)

경관틀 형성(enframement)

기본도를 마련했으면 수종 선정과 배치 작업을 한다. 처음 단계에는 기재 사항을 곳곳에 적고 다이어그램을 그린 개략 배치도부터 그려보면서 필요한 수종 유형을 열거해본다. 이때부터 수형(樹形), 수고(樹高), 수관폭(樹冠幅), 잎, 색채, 질감, 꽃피는 시기, 열매 맺는 시기 등 각 수종 특징을 고려한다. 내한성(耐寒性), 좋아하는 토양, 토양산도, 습윤도(濕潤度)와, 음수(陰樹) 양수(陽樹) 여부와 햇볕에 타는 피해는 없는지, 잘 자라려면 보호 조치가 필요한지 등등 제반 생육 조건 지식 역시 필수다.

배경(backdrop)

정원사 중에는 이런 것에 대한 본능적 느낌을 지닌 사람도 있지만 대개는 다년간 현장 경험을 쌓아야 터득하는 것이다.

수목 안내서나 광고물이 수종 선정에 유용하지만 묘포장이나 판매소 직접 방문을 대신할 수는 없다. 차를 타고 대상지 주변을 둘러보면서 그 지역에서는 어떤 수종이 잘 자라고 잘 어울리는지 파악하는 것도 도움이 된다. 정원사 친구가 있어 조언을 구할 수 있다면 행운이다.

### 시공(Installation)

식재설계 개념을 마음속에 가지고 있지 않거나 가지고 있더라도 시공 물량이 많을 경우에는 경험 있는 원예사나 조경가가 일을 맡아서 구체적인 배치를 해야 한다. 시공 방법은 몇 가지 있다. 소유주가 여가 활동 삼아 직접 시공한다. 정원사나 조경 시공 회사에 맡겨 일시에 또는 몇 단계로 나누어 시공한다. 규모 큰 공사는 대개 입찰에 붙이는데, 계획도면, 상세도, 시방서, 내역서 등을 준비해야 한다.

## 지침(Guidelines)

정원, 캠퍼스, 산업공원, 새로운 주거단지, 모두 식재설계 접근 방법은 마찬가지다. 목표는 동선 흐름을 원활케 하고 대상지 이용 가치를 높이는 것이다. 오랜 세월 거쳐 검증된 지침 원리는 다음과 같다.

**기존 식생을 보존하라.** 도로, 건물, 이용 공간은 가능한 한 기존 식생을 손상하지 않으면서 숲과 어우러지도록 배치해야 한다. 그러면 경관 연속성도 유지하면서 경관미도 유지하고, 건설 비용과 유지 관리 비용도 줄이며, 구조물, 포장, 잔디밭이 자연과 대비해 더 풍요로워질 것이다.

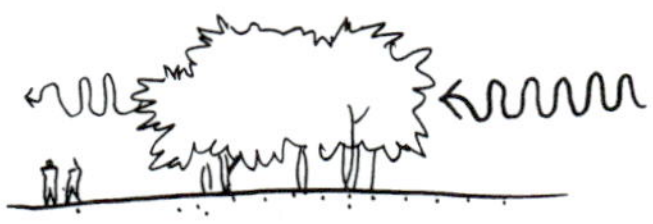

소음 저감

그늘

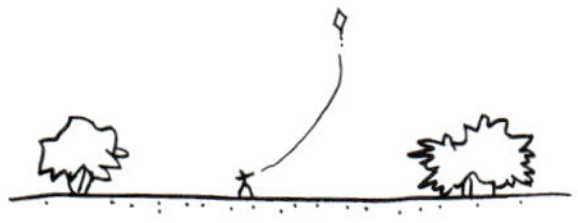

지상 공간 형성

평면 보강(plan reinforcement)

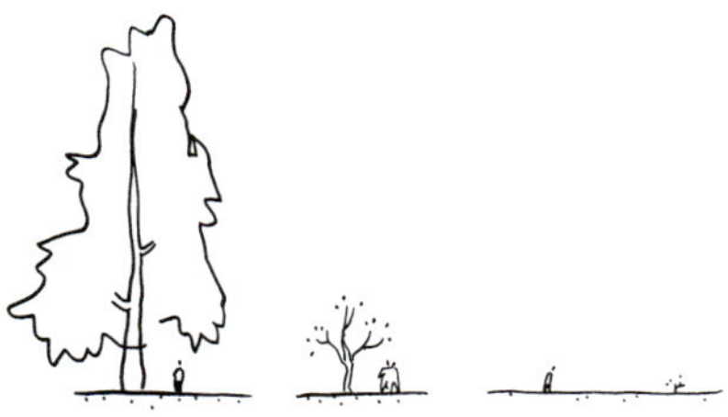

척도감(scale) 부여

장식

Lauren Todd, Stephen Stimson Associates

자연 식생 보존

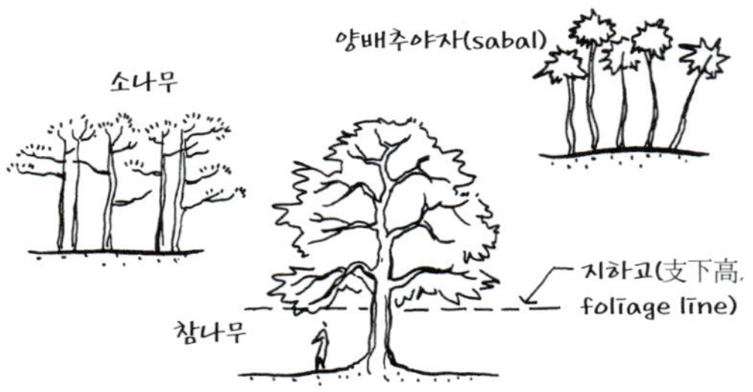


상층목(上層木, CANOPY TREES)
상층목은 대개 키 큰 녹음수, 산림 수종이며 단독으로 또는 여러 나무가 어우러져 높은 수관을 형성하는 나무다.

향토 수종 상층목을 이용해

- 햇빛을 가린다.
- 건축선을 부드럽게 한다.
- 조경 주제로 삼는다.
- 공간 통일감을 조성한다.
- 공간 천장을 만든다.

나무는 보행 공간 형성에 도움을 준다.

중층목(中層木, INTERMEDIATE TREES)
중층목은 거의 지면에서부터 적어도 눈높이까지 잎이 달리는 키 작은 활엽수종과 침엽수종이다.

중층목은 교목 아래에 또는 별도로 식재해 차폐, 배경 구성, 흥미로운 경관 조성 기능을 발휘하게 한다.

Barry W. Starke, EDA

Barry W. Starke, EDA

나무는 공간을 형성하고, 전망 그림틀도 된다.

**기능에 맞는 식물을 선정하라.** 경험 풍부한 설계가는 수종 선정 전에 개략 식재 개념도를 그린다. 개념도는 대개 시설 배치 평면도 위에 겹쳐 그린다. 개념도에는 각 공간별로 식재 목적, 화살표, 요점(要點) 등을 기입한다. 예를 들면,

가벼운 녹음 제공
보기 흉한 광고판 차폐
벽면에 나무 실루엣 투사
진입도로 곡선 부분 강조
앞부분에 지피식물과 구근 초화
상록수 배경 목련 초점 식재
계곡 조망경관 형성
테라스에 비치는 육상경기장 빛오염 차단
운동경기장 주변 위요 방풍 식재

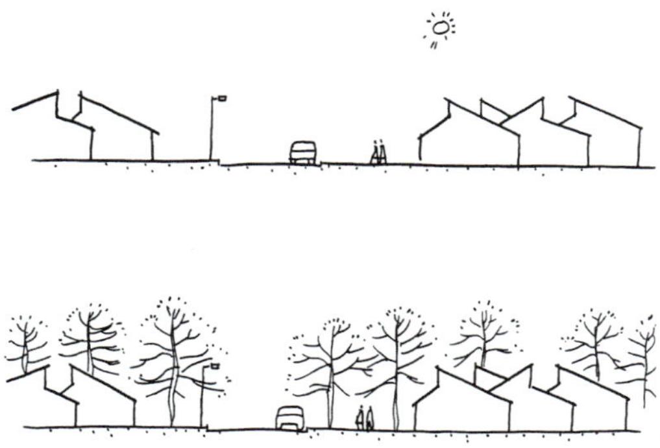

듬성듬성 잘 배치한 수목은 건물들과 단지에 통일감과 신선한 편안감을 준다.

개념도와 기입 사항이 명료하고 철저할수록 그만큼 수종 선정이 쉽고 식재 후 효과도 좋다.

**수목 선정이 기본이다.** 적절한 수목을 골라 잘 배치하면, 부지를 짜임새 있게 구성할 수 있고 추가 식재가 거의 필요 없다.

**자연스러운 형태로 군식(群植)하라.** 일정 간격의 기하학적 식재 방식은 가능한 한 피한다. 열식과 격자형 식재는 공공성이 강하거나 기념비적인 성격이 필요한 도시 공간에 한해 적용한다.

**부지 일체감을 조성하려면 수관관상수(樹冠觀賞樹, canopy trees)를 식재하라.** 가장 드러나 보인다. 동네 일대에 독특하고 두드러진 경관 특성과 정체성을 부여한다. 녹음을 제공하고, 딱딱한 건축선을 부드럽게 완화하며, 옥외 공간 천장과 지붕이 된다.

**하층 차폐, 방풍 및 경관 흥미 제공 위해 소교목을 식재하라.** 넓은 부지를 작은 용도지역과 용도 공간으로 분할하는 데 유용하다. 경관 강조 효과나 장식적 효과를 위해 사용할 수 있는 수종은 여기에도 적합하며 독립 경관수로 식재할 수도 있다.

**낮은 울타리와 차폐용으로 관목을 이용하라.** 관목은 공간을 둘러싸주고, 보행로 배치와 결절점을 명확히 하고, 계획상 중요한 경관과 장소를 강조하고, 꽃과 잎은 시각적 즐거움도 준다. 꼭 필요한 곳에만 산울타리로 아껴 쓴다.

**덩굴식물은 조경용 망사 옷이요, 휘장이다.** 비탈면과 모래언덕을 안정시키고 벽 그늘을 드리워 냉방 효과를 낸다. 벽이나 담장을 이파리와 꽃으로 흐드러지게 장식한다.

**지피식물은 토양침식 방지, 토양수분 유지, 동선과 용도지역 구획에 유용하다.** 필요한 곳에는 잔디를 식재하라. 지피식물은 지면을 장식하는 양탄자다.

**넓은 식재 공간에는 대상지 전체 주제가 될 한 가지 수종과 3~5종 보조 수종을 선정하고, 특별 효과를 위한 수종 몇 가지만 추가하라.** 이렇게 하면 간결하면서 느낌이 강한 식재 효과를 거둔다.

**주제 수종은 속성수 저관리 자생수목을 선정하라.** 주제 수종은 군식, 열식, 또는 작은 숲 모양으로 식재하여 웅장한 수목경관 틀을 구성하고 부지 전체 형태를 구성한다.

**보조 수종은 주제 식재를 보강하고 중요도가 낮은 공간을 구획하는 데 이용하라.** 보조 수종은 주제 수종과 자연경관과 잘 어울리면서 각 공간에 특징을 불어넣을 수종을 선정한다.

**추가 수종은 서로 다른 독특한 경관을 구별하고 차별화하는 데 사용하라.** 독특한 경관이란 능선, 분지, 고지(高地), 습지와 같은 지형적인 것, 지방도로, 마당, 조용한 정원, 분주한 도시 종합상가같이 토지이용과 관련된 것이거나 조밀한 방풍림 조성, 가벼운 그늘 조성, 계절적 색상 변화 같은 특별한 기능적 요구 사항과 관련된 것이다.

**외래 수종은 매우 인공적인 장소에만 제한적으로 이용하라.** 집중 관리할 수 있

관목(灌木, SHRUBS)
관목은 키가 작고, 지면에서 또는 거의 지면에 가까운 부위에서 가지가 여러 개 뻗는 다년생 수목을 말한다.
관목은 보조적인 낮은 차폐 녹지를 만들고자 하는 곳에 사용하거나 아름다운 형태, 잎, 꽃, 열매 등을 보고자 할 때 사용한다. 관목은 자연스러운 산울타리 또는 전정한(가능한 피하는 것이 좋지만) 산울타리 조성용으로도 사용한다.

목본류, 초본류 모두 나무껍질, 분쇄목, 자갈 등 뿌리덮개를 곁들이면 돋보인다.

덩굴식물과 지피식물(VINES AND GROUND COVERS)
재료는 목본류부터 초본류, 낙엽수부터 상록수, 다즙(多汁)식물부터 잔디류에 이르기까지 다종다양하다.

다음 기능을 탁월하게 충족시킬 지피식물을 선택한다
- 침식 방지
- 토양 수분 유지
- 자연스러운 전경 조성
- 좋은 잔디밭, 놀이터 제공
- 유지 관리 최소화

고 자연경관에 손상 주지 않는 조건에서만 이용한다.

**식재로 도로를 감싸라.** 보조 수종을 선택해 간선도로와 순환도로변에 불규칙하게 군식하는 것이 좋은 접근 방법이다. 지방도로, 순환도로, 막은길(cul-de-sac)은 전이공간이지만 용도, 지형, 건축물에 어울리는 추가 수종을 이용하면 독특한 분위기를 연출할 수 있다.

**도로 교차점을 강조하라.** 도로 교차점은 지형 변경, 벽, 담장, 표지판, 높은 가로등, 추가 수종 식재 등을 통해 두드러져 보이게 한다.

**도로 교차로에서는 모퉁이 시야를 가리지 않도록 하라.** 시야 가리는 관목이나 지하고 낮은 수목을 교차로 모퉁이에 식재하는 것은 피하라.

**근린주구와 중심가 진입로 입구는 매력 있게 조성하라.** 진입부 식재는 환영 분위기 항구같이 연출한다.

**군식 설계는 전망이 트이고 넓은 오픈스페이스가 형성되도록 하라.** 수목 역할은 공간을 채우는 것이라기보다 공간 틀을 형성하는 것이다.

**서로 다른 지형이나 구조물이 맞닿는 곳은 조밀하게 식재하라.** 이동 경로를 따라 경관 개방과 차폐, 식재 높이, 밀도, 폭이 증가하거나 감소하는 연속적 변화를 주면 경관은 풍부하고 생동감 있다.

Barry W. Starke, EDA

배경

Barry W. Starke, EDA

그림자

Barry W. Starke, EDA

실루엣(Silhouette)

Barry W. Starke, EDA

전경(前景)

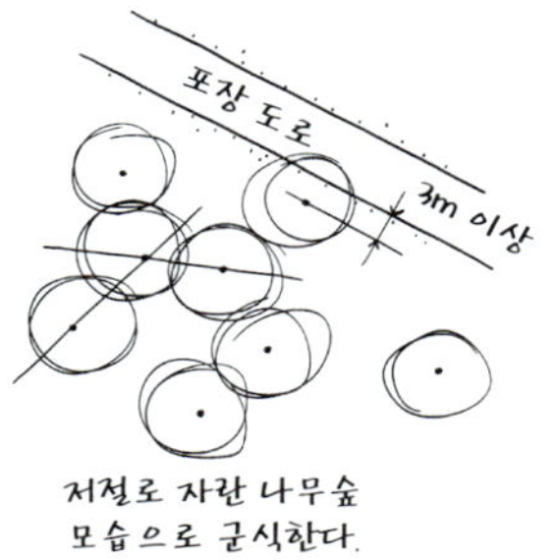


등 간격 식재 또는 두 그루 이상 일렬 식재는 피한다. 식재 간격은 나무 유형과, 독립수가 필요한지 여러 나무가 어우러져 연결된 수관 형성을 원하는지에 따라 정해진다.

### 신규 식재 (NEW PLANTING INSTALLATIONS)

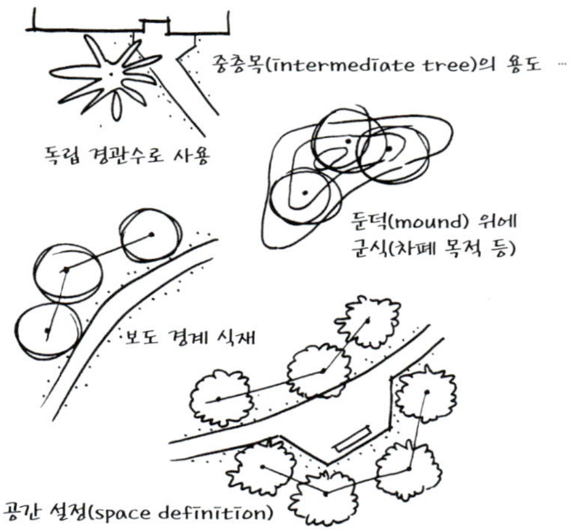


중층목(과 관목)은 장소, 바닥면, 노선을 명확히 설정한다. 중층목을 잘 활용해 계획하는 선과 형태를 보강하라.

나무를 식재해 녹음이 있고 흥미로운 보도, 자전거도로를 만든다.

차도 옆에는 차폐녹지대를 조성해 소음과 빛을 저감한다.

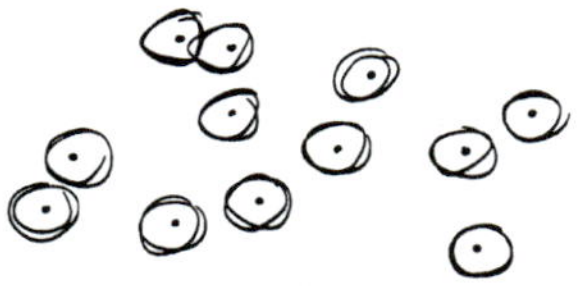

불규칙 식재는 공원, 레크리에이션 지역, 조림지 등 자연스러운 경관을 조성할 곳에 적합하다. 대개 향토 수종, 묘포장 조경수, 수명 긴 수종을 적절히 섞어 식재하면 좋은 결과를 얻는다.

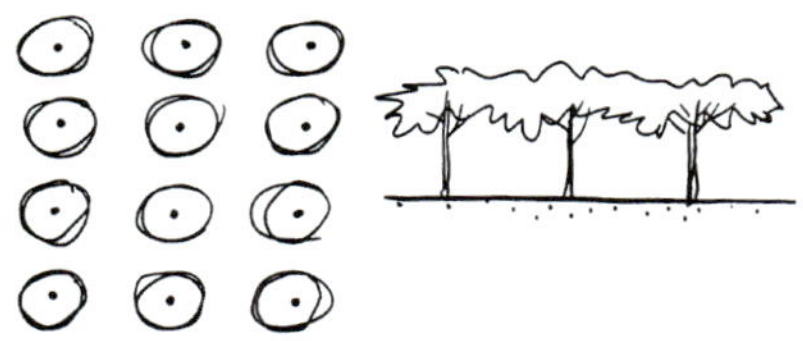

수관 형성 나무를 기하학적으로 정형(定形) 식재하면 널찍한 건축적 공간을 창출한다. 이러한 식재는 공공적 성격과 기념비적 성격을 띠는, 평지에 위치한 정형적 중정 같은 곳에 적절하다.

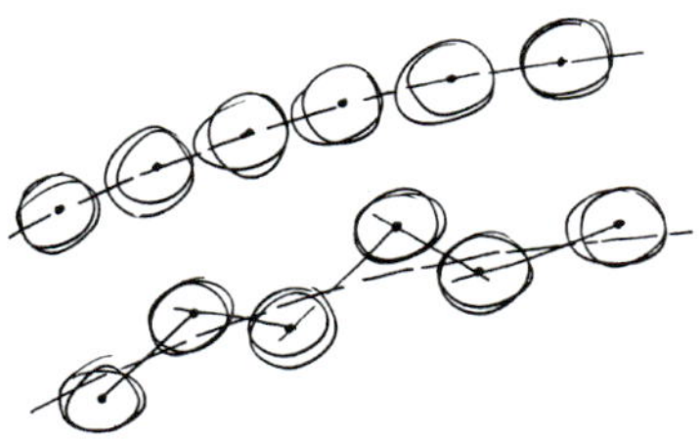

일렬 또는 이열 식재는 시각적 효과가 매우 강하다. 따라서 도시 공간이나 인공적 환경에 어울린다.
더 자연스러운 경관에는 불규칙한, 들쭉날쭉한 식재가 바람직하다.

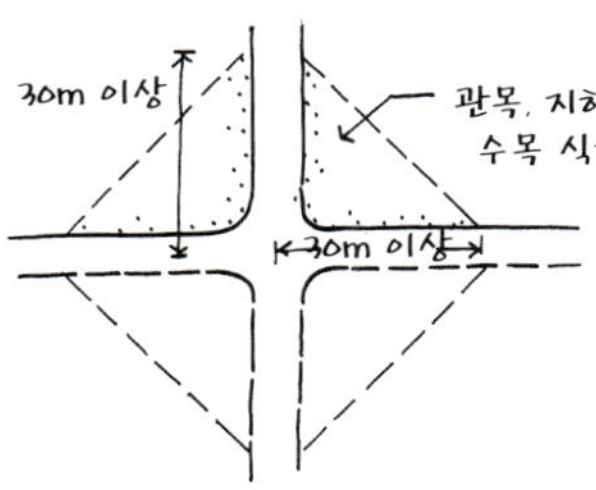


교차로 식재는 운전자 시계 확보를 고려한다.

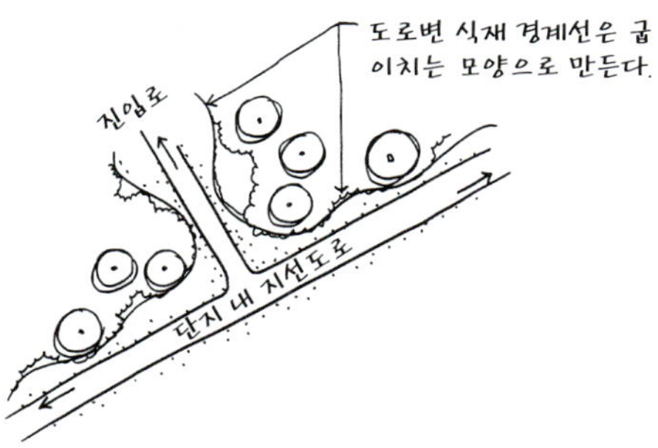


주택단지 입구는 항구 같은 분위기를 연출한다.

© D.A. Horchner/Design Workshop

질감(Texture)

Barry W. Starke, EDA

형태(Form)

Tom Fox, SWA Group

색(Color)

© D.A. Horchner/Design Workshop

선(Line)

**도로변 식재를 확대하라.** 공간이 좁은 곳에서는 도로건설과 식재가 도로용지 경계선 밖으로 나가는 수도 있다. 이런 경우 경관지역권(地役權, easement 역주: 소유주와 협약에 의해 사유 토지를 공공 이용에 제공하는 제도) 또는 식재 지역권을 확보하는 방안도 있다.

**보행로 및 도로 노선을 강조하기 위해 식재를 이용하라.** 평면 배치 인지(認知)를 돕고 뚜렷한 방향감을 줄 수 있다.

**보도와 자전거도로를 따라 녹음과 흥밋거리를 제공하라.** 매력 있게 조성하면 많은 사람이 이용할 것이다.

**주차장, 야적장, 기타 서비스 공간을 차폐하라.** 수목, 산울타리, 관목으로 혹은 둔덕, 벽, 담장과 식재를 함께 이용해 시선을 차단할 수 있다.

**어떤 식재든 기후 조절 기능을 고려하라.** 식물은 겨울 찬 바람을 막고, 시원한 미풍이 부는 통로를 만들고, 뜨거운 태양열을 식혀주는 등 미기후 개선에 이용할 수 있다.

**지형을 보완하라.** 솜씨를 발휘한 식재는 크게 지형 경관 증진 효과를 거둔다.

**공간 구성 요소로 이용하라.** 식물은 다양한 기능 공간은 물론 그 공간들 사이

둔덕과 수림대를 함께 조성하면 주차장, 서비스 공간을 효과적으로 가릴 수 있다.

연결로를 둘러싸거나 공간을 세분하거나 명확히 구획하는 데 아주 적합한 재료다. 식물은 이차원 용도지역을 삼차원 이용 공간으로 만든다. 식물이 지닌 본성적 친밀감, 색상, 질감, 형태, 이 모든 특성이 각 조경 공간을 이용 목적에 적합하게 만들어주는 식물의 위력이다.

배경, 차폐, 그늘, 공간구획 목적으로 사용하는 수종은 주로 강인성, 단정한 수형, 풍부한 질감, 미묘한 색감 따위를 보고 선택한다. 경관 조성용 수종은 아름다운 수형, 가지, 봉오리, 잎, 꽃, 열매를 보고 선택한다.

**양보다 질을 중시한다.** 나무 하나 잘 골라 심으면 백 나무 흩어 심은 것보다 낫다.

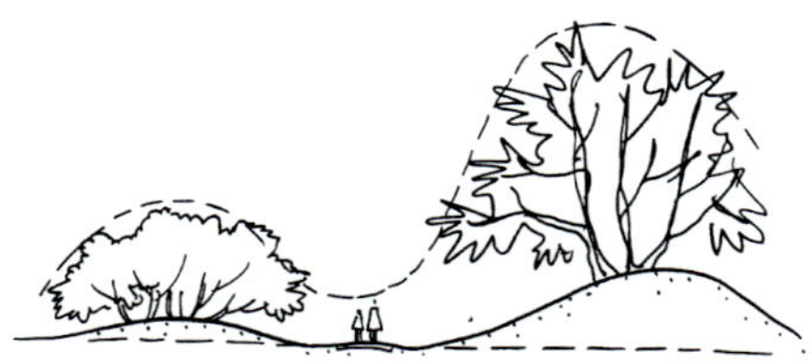

지형 변경과 식재를 통해 경관 변화와 흥미를 창출할 수 있다.

**지역별 수종 선정 예시**

| | 미시건 북부 | 태평양 연안 | 애리조나 중부 | 플로리다 남서부 |
|---|---|---|---|---|
| | 관광휴양지 | 대학 | 도시공원 | 주거지 |
| 주제 수종 | 스트로브잣나무 (White Pine) | 캘리포니아떡갈나무 (Cal. Live Oak)<br>유칼립투스 (Eucalyptus) | 워싱턴야자 (Washingtonia Palm) | 떡갈나무 (Live Oak)<br>슬래시파인 (Slash Pine) |
| 보조 수종 | 서양물푸레 (Ash)<br>피나무 (Basswood)<br>미국 너도밤나무 (Am. Beech)<br>사탕단풍 (Sugar maple)<br>백양 (Aspen) | 올리브 (Olive)<br>몬터레이 파인 (Monterey Pine)<br>오리나무 (White Alder)<br>피스타치오 (Pistache) | 카나리아소나무 (Canary Pine)<br>애리조나물푸레 (Arizona Ash)<br>반석소나무 (Stone Pine)<br>사이프러스 (Cypress) | 소귀나무 (Tree Wax Myrtle)<br>양배추야자 (Cabbage Palm)<br>마호가니 (Mahogany) |
| 추가 수종 | 채진목 (Shadblow)<br>자작나무 (White Birch)<br>솔송나무 (Hemlock)<br>미국 삼목 (Am. Cedar)<br>줄단풍 (Stripped Maple)<br>야생벚나무 (Pin Cherry) | 플로리다 벚나무 (Fl. Cherry)<br>산사나무 (Hawthorn)<br>덩굴단풍 (Vine Maple)<br>철목 (Ironwood)<br>자두 (Plum) | 프루트리스 멀베리 (Fruitless Mulberry)<br>신맛 오렌지 (Sour Orange)<br>늘푸른배 (Evergreen Pear)<br>배롱나무 (Crape Myrtle) | 블랙올리브 (Black Olive)<br>하수형 무화과 (Weeping Fig)<br>봉황목 (Royal Poinciana)<br>맹그로브 (Mangrove)<br>은버즘나무 (Silver Buttonwood) |

관목, 덩굴식물, 지피식물도 같은 방식으로 선정 목록을 작성한다. 모두 합치면, 표현하려는 대상지 특성을 잘 표현하면서 서로 잘 어우러지는 식물 가족을 형성하도록 해야 한다.

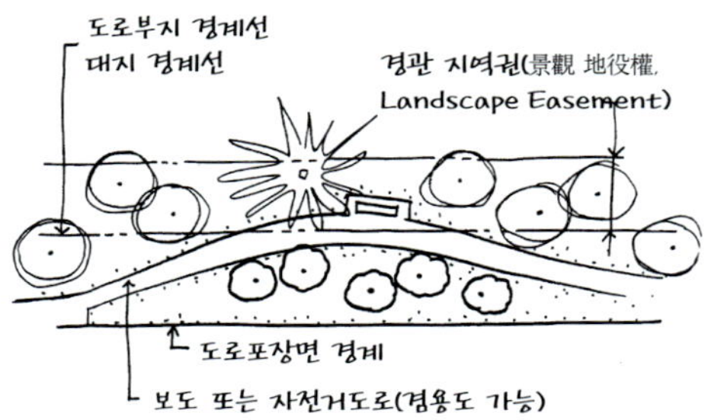


도로부지가 좁은 경우, 사유지 일부의 경관 지역권(景觀 地役權, Landscape Easement)을 확보한다면 도로부지 경계선 밖에도 조경시설 설치와 식재가 가능하다.

**형태와 공간 조정 (FORM AND SPACE MODULATION)**

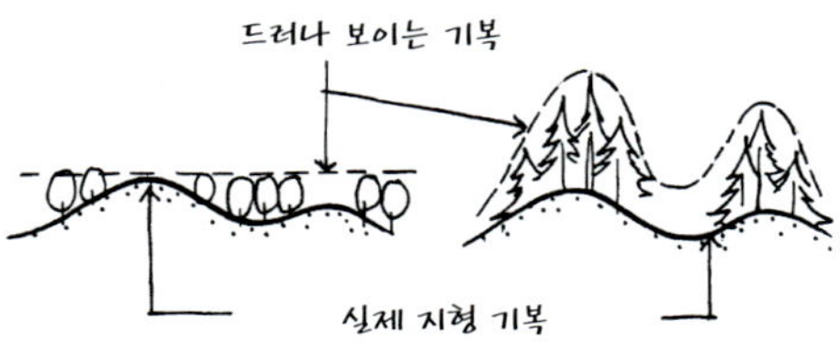


지형을 더욱 강조하고, 경관의 힘을 더욱 강화하기 위해 식재가 잘 쓰인다.

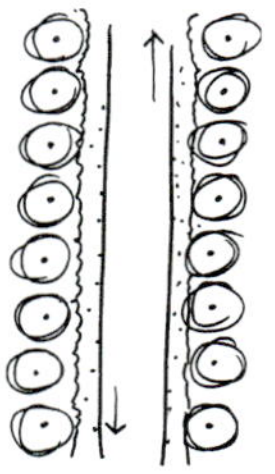

도로변은 물론 기타 식재 공간에서도 지루한 경계 식재를 피한다.

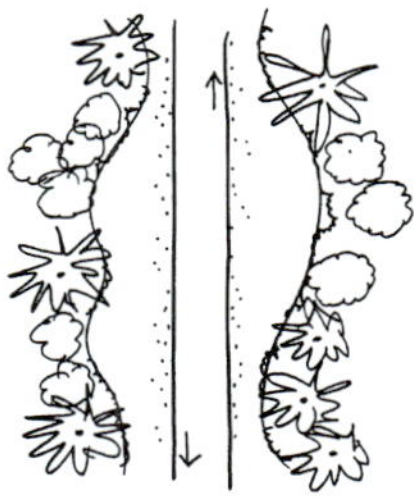

평면에는 굽이치는 전진과 후퇴, 수직면에도 유사한 기복이 있어야 경관에 매력을 더할 수 있다.

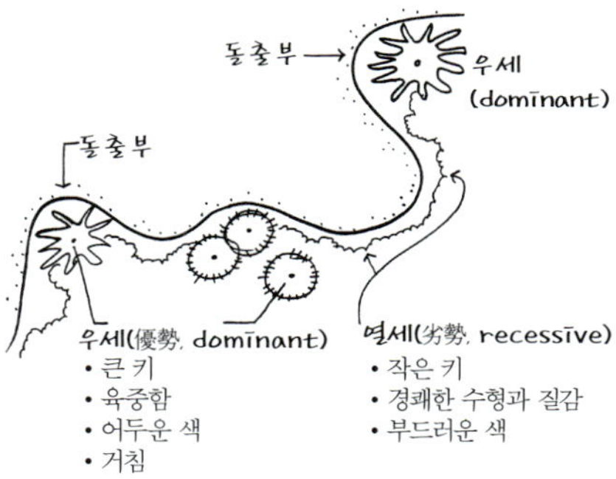


군식(群植)에서는 돌출부를 우세 수목으로 강조하고, 오목한 부분은 후퇴 분위기로 식재한다.

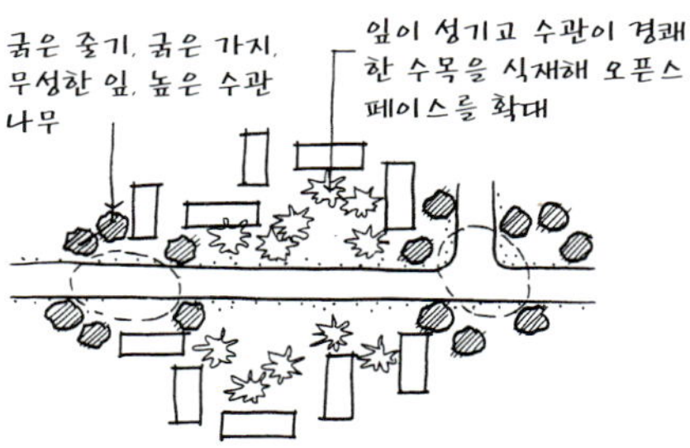


건물로 둘러싸인 공간과 교차로 부근은 크고 곧게 자라는 나무를 식재해 보강한다.

딱딱한 바닥에 부드러운 느낌을 주는 식물

방 같은 느낌의 옥외 공간을 형성하는 식물

## 발전(Advances)

지난 몇 년 사이 조경 식재가 어디에서나 큰 변혁을 거치고 있다. 몇 가지 문화 변화 현상에 따른 것이다.

- 미국 생활양식이 현시적 삶에서 격식 없는 삶으로 변하고, 정형적(formal) 생활양식에서 비정형(informal) 생활양식으로 바뀌었다.
- 맞벌이 가정이 대부분이어서 정원 가꿀 시간 여유가 없다.
- 도시는 특히 대지가 좁아 정원용지가 부족하다.
- 관리인, 정원사, 유지 관리 기술자 등이 급감해 부족하다.
- 수자원 부족 때문에 정원 관수 제한이 심해졌다.

이런 추세로 인해 잔디밭 면적, 정원 면적이 크게 줄었다. 대신 인기 끌게 된 것은 용기(容器) 이용 정원 가꾸기다. 땅에 정원을 일구는 대신 창문 화분대에 두거나 바닥에 따로 두는 도자기 용기, 석함(石函), 플랜터, 매다는 꽃바구니 등에 관심이 늘고 있다.

이런 용기 재배는 장점이 많다.

- 시간, 노력, 설치비, 유지비 모두 절약
- 관수량 대폭 저감
- 전략적 경관 요지에 꽃 배치 가능(중정, 건물 입구, 보도 교차점 등)
- 초화 대부분 실내 반입, 창틀이나 탁자 전시, 감상 가능

Mayer/Reed

Miller Company

용기(容器, container) 식재

한때 삭막했던 도시 가로에 이제 나무가 늘어서고 꽃과 푸름으로 생동감이 넘친다. 과거 공원에 있던 식물보다 적을지 모르나, 지금은 적소(適所)에 놓여 있다.

정원 가꿀 땅도 시간도 부족한 현실이다 보니 예전 도시에서는 흔히 눈에 띄던 텃밭은 이제 보기 힘들다. 물론 텃밭 소출이 기업적으로 재배해 그리 뽐내는 자태로 진열대에 앉은 채소 품질을 따라갈 수는 없다는 측면도 있다. 그러나 일반 도시 가정에서는 상추 한 줄 심을 공간을 찾기 어려운 것도 현실이다. 그렇다 보니 파슬리, 백리향 같은 식용식물 재배 용기가 부엌 곁에 환영받는 것이 당연하다.

잔디밭 면적은 계속 감소한다. 잔디밭 관리는 호사(豪奢) 아니면 번거로운 부담이 되어버렸고, 수자원 부족에 직면해 관수도 문젯거리다. 정원 관수는 재활용수 사용을 의무화했지만, 미국 특유 경관이었던 넓은 잔디밭은 앞으로 점차 희소해질 전망이다.

잔디밭 대체 방안 좋은 것 세 가지가 있다. 첫째, 포장(鋪裝)과 건설이다. 합당한 기능과 목적이 있을 때는 좋다. 둘째, 내건조경(耐乾造景)은 관수가 필요 없는 식물만 사용하는 조경이다. 선인장부터 건조에 견디는 여러 다년생 초본류와 관상초화를 사용하고 자갈, 조가비, 나무껍질이나 분쇄목 등을 뿌리덮개로 포설하면 상당히 매력적인 경관을 꾸밀 수 있다. 셋째, 손대지 않거나 약간 손질해

내건조경

보전하는 방법이다. 자연 상태로 식물이 무성하게 자라는 도시 교외 지역이나 농촌 지역에서 많이 적용해야 할 방법이다. 조성비, 유지비 모두 저렴하다. 대상지에 뿌리를 두고 있으며, 환경과 어울린다. 여름 더위는 식혀주고, 겨울 찬 바람은 막아준다.

이런 양상으로, 그 이상으로 미래 조경 식재는 변할 것이다.

## 저영향설계와 조경식재 (Landscape Plantings in Low-Impact Design)

토착 식물 또는 향토 식물(native, or indigenous, plants)이란 단지에 자생하고 있으며 오랜 동안 그 지역 특색을 이루는 식물을 말한다.
귀화 식물(naturalized plants)은 우연히 또는 의도적으로 유입된 후 생육 조건에 적응해 살아가면서 그 지역 경관 일부가 된 것이다.
외래 식물(exotic plants)은 그 지역 자연 상태에서는 볼 수 없는 식물이다.

### 인공지반녹화(Green Roofs)

지붕 일부나 전체를 살아 있는 식물로 덮는 옥상녹화(green roofs) 개념은 몇 세기 전부터 있었는데 오늘날에 이르러 설계와 건설 분야 환경 보전과 지속가능성 구현 운동 일환으로 채택되고 각광받게 되었다(역주: 지붕 외에 주차장이나 폐수처리장 같은 지하시설 상부, 건물이나 옹벽 벽면, 폐고가도로나 철로 같은 각종 인공지반을 포괄해 인공지반녹화라 칭하는 것이 타당함). 인공지반녹화는 하중과 구조 안전문제, 방수문제 등 어려운 과제가 있지만 이점이 많다. 강우 유출량 저감, 기후변화 완화, 이산화탄소 흡수 같은 환경 개선 효과뿐만 아니라 건물 단열 효과와 에너지 절감 효과, 건물 지붕 내구성 증대 효과도 있다.

이론상 조경식재 식물은 거의 모두 인공지반녹화에 사용 가능하지만 하중을 줄이려 인공지반 토심은 얇게 조성하기 때문에 주로 작은 식물을 식재한다. 세계적으로 도시화가 더욱 진전되면서 고밀화 도시 환경 개선 방법으로 인공지반녹화도 계속 증가할 전망이다.

인공지반녹화

**생태 도랑, 생태 저류지, 빗물정원**

**(Bioswales, Bioretention Areas, and Rain Gardens)**

1990년대 이래 조경식재가 빗물 관리에 기여하는 역할이 점증하고 있다. 생태 도랑, 생태 저류지, 빗물정원이 조경식재 기법을 응용하는 새로운 빗물 관리 방식이다. 세 방식 모두 식물을 이용해 유출과 유속을 줄이고 부유물과 오염물질을 거르는 점이 유사하다.

**생태 도랑(Bioswales)**은 예를 들어 주차장 같은 곳에서 모인 우수가 도랑을 통해 생태 저류지나 빗물 관리 연못으로 흘러가는 곳에 적용한다. 도랑에서 자라는 식물이 유속을 줄이고, 그러면 침전물은 퇴적하고 동시에 식물 뿌리는 오염물질을 흡수한다.

**생태 저류지**(Bioretention areas)는 유출수를 모아 저장하는 곳이다. 모은 유출수는 서서히 침투해 지하수를 보충하고, 그 과정에 물은 걸러서 정화된다. 여기서 자라는 조경식물은 여과장치 역할을 해 오염물질을 흡수한다. 생태 저류지는 야생동물 서식처도 제공한다.

**빗물정원**(Rain gardens)은 생태 저류지와 기능은 거의 동일한데 대개 소규모다.

Charles Anderson, FASLA

빗물정원

Christo and Jeanne–Claude, The Gates, Central Park, New York City, 1979–2005. Photo: Wolfgang Volz. Copyright Christo and Jeanne–Claude 2005.

# 16
# 전망
# PERSPECTIVE

뒤돌아보건대, 거친 '반항'의 시대에 속하던 1936년부터 1939년까지 하버드 대학교 설계대학원에서 지낼 수 있었던 것은 행운이었다. 그 당시 나는 보자르(Beaux Arts)라는 밝은 별을 좇아 학교에 왔기 때문에, 초기에는 상당히 당혹스럽고 실망했다. 당시 그 밝은 별빛은 아마도 최후 순간을 맞는 별똥별의 마지막 광채와도 같은 것이었는지 모른다. 보자르 양식은(주: 20세기 초부터 1940년대까지 미국 전 건축 분야와 디자인 분야 교육계를 휩쓸었지만) 곧 쇠퇴했기 때문이다. 밝게 빛나건 쇠퇴하건 여하튼 내가 학교에 입학했을 때는 이미 그 별은 없었다.

## 거부(拒否)와 탐색(探索) (Disavowal and Quest)

변화 조짐을 감지한 최초 건축학 교육자 중 한 사람이었던 후드넛(Joseph Hudnut) 학장이 곧 세 명의 선지자라 할 수 있는 거장, 독일 바우하우스(Bauhaus)의 그로피우스(Gropius)와 브로이어(Breuer), 베를린 시 도시계획가 바그너(Martin Wagner)를 학교에 영입했다. 이 세 사람은 강력한 새 복음을 전파하는 전도자와 다름없었다. 자코모 비뇰라(Giacomo Barozzi da Vignola 역주: 1507~1573 이탈리아 건축가, 대표작 로마 일 제스 성당)를 찬양하는 성가(聖歌)에 싫증 내고 피곤해하면서, 벽기둥과 벽기둥 꼭대기에 장식하는 외래 아칸서스[acanthus 역주: 코린트식 원주두(圓柱頭) 따위의 무늬] 이파리 무늬 정당성에 의구심을 품기 시작하던 보자르 건축 학도들에게, 이 세 신임 교수 말은 정화제인 동시에 강장제(强壯劑)가 되었다. 그들의 강력한 방향 제시, 그와 함께 최면에 걸린 듯 머릿속에 맴돌던 루이 설리반(Louis Sullivan)의 '형태는 기능을 따른다(Form follows function)'는 말은 이상하리만큼 강하게 학생들을 사로잡았다. 우리를 손짓해 부르는 희미한 불빛을 보는 듯했다.

거의 종교적이라 할 만한 열정이 학교를 휩쓰는 듯했다. 학장 지시에 따라 마치 신전에서 우상을 청소해내듯, 한때 그렇게 신성시하던 기둥과 박공벽 등을 모형실에서 흔적 없이 치워버렸다. 난촉(卵촉, egg-and-dart 역주: 달걀 모양과 살촉 모양을 번갈아 배열한 건축 장식) 장식 소벽(小壁, frieze 역주: 처마 복공과 평방 사이 부분) 모형도 치워버렸다. 성스럽게 여기던 코린트식 주두(柱頭)도 지하실에서 거미줄과 곰팡이를 덮어쓰게 되었다. 우리는 신의 노여움을 사는 것이 아닐까 걱정할 정도였다. 그러나 신의 노여움은 없었고, 개혁은 계속되었다.

건축가들이 새로운 형태 구조물 설계를 추구하는 동안 조경가들도 르네상스로부터 물려받아 마치 모든 세련된 조경계획의 징표인 양 여기던 크고 작은 축으로 구성하는 경직된 평면 형태를 탈출하고자 노력했다. 동료 건축 학도들에게 영향을 받아 우리도 열심히 그에 상응하는 새로운 조경설계 접근 방법을 모색했다.

하버드대학교 계획자료 도서관의 방대한 자료를 뒤적여 역사를 공부했다. 옛 도면과 지도와 문헌을 열심히 공부했다. 지침이 될 만한 것을 찾기 위해 유럽이나 아시아 고전 작품들도 살펴보았다. 회화, 조각, 심지어 음악 같은 관련 분야 작품도 살펴서 영감을 얻고자 했다.

동기(動機)도 좋았고 방향도 훌륭했다. 그러나 모르는 사이 치명적 실수를 범하고 있었다. 의도는 더 나은 설계 접근 방법을 찾는 것이었으나, 실제는 새로운 형태(forms)만 찾고 있었던 것이다. 그 결과는 신기한 평면 형태, 새롭지만 진부한 것을 잔뜩 모아놓은 것이었다. 톱니 모양이나 나선형을 평면 형태로 도입하려 하고, 잎꼭지(葉柄), 밀 이삭, 고사리 잎, 물고기 비늘 등 형태를 본떠 평면 형태로 삼으려했다. 수정 결정 모양을 차용(借用)하려 하고, 박테리아를 몇천 배 확대한 '자유곡선' 형태를 응용해보려 했다. 고대 페르시아 중정과 고대 로마 성곽 형태를 빌려오기도 했다.

그러나 곧 새로운 형태 그 자체가 해답은 아니라는 것을 깨닫게 되었다. 형태가 본질은 아니라는 현명한 결론에 도달했다. 오히려 형태는 기능이 취하는 모양새이거나 형태는 실체를 담는 껍질이나 몸체에 불과하다고 판단하게 된 것이다. 예를 들어, 앵무조개 껍데기는 그 자체로 매우 아름다운 형태를 보여주고 있지만, 본질적인 의미는 살아 있는 앵무조개에서 찾아야 한다. 앵무조개라는 연체동물의 서정적인 곡선을 평면 형태로 도입하는 것은 마치 당시 흔히 쓰는 수법으로 각광받던, 말하자면 피렌체의 빌라 메디치 평면 형태를 롱아일랜드 골프장 건물에 응용함과 같이 가식에 불과한 것으로 보인다.

우리가 추구해야 할 것은 형태 차용이 아니라 창조적인 계획 철학이라는 결론에 도달했다. 평면 형태는 창조적인 계획 철학에서 저절로 도출될 것이라는 생각에 이르렀다. 새로운 철학을 모색하는 것은 쉬운 일이 아니다. 새롭고 좀 더 의미 있는 형태를 찾는 것보다 더 힘들었다. 나는 역사 속에서 시간을 초월하는 계획 원리(timeless planning principles)를 찾고자 노력했다. 위대한 조경계획 작품들의 공통분모를 걸러내는 채찍질을 계속했다. 그리고 마침내 내가 바른 길로 들어섰다고 확신했다.

## 얻은 것(Findings)

돌이켜보면, 조경의 성배(聖杯)를 찾으러 떠난 나의 순례 역정이 성과가 없었던 것은 아니다. 르노트르(Le Notre), 험프리 렙턴(Humphrey Repton), 노자(老子, Lao-tse), 쿠빌라이 칸(Kublai Khan), 페리클레스(Pericles), 열화 같은 왕비 핫셉수트(Queen Hatshepsut) 등 거목들을 만날 수 있었기 때문이다. 몇 개는 이 책에서 소개한 바 있지만, 열심히 탐구한 그들의 계획 개념이 비록 계획 철학의 역할은 아닐지언정 적어도 건전하고 유용한 안내 역할을 해주었다.

하루하루 생활 속에서 도덕적 문제에 부닥칠 때마다 "예수님이었다면 어떻게 하셨을까?"라고 자문하는 착실한 기독교 신자처럼, 막연한 계획이론의 갈림길에 설 때마다 나는 "렙턴(Repton)이라면 무어라 말할까?" 또는 "노장(老將) 쿠빌라이 칸이시여, 이럴 때는 어떻게 해야 합니까?"라고 자문하곤 했다.

다시 조경학 교실과 학생 혁명 현장으로 돌아와보자. 더 나은 길을 찾았다는 확신 아래 우리는 축(軸)과 결별했다. 일본 신화에 따르면 성스러운 황금 불사조가 죽으면 그 잿더미 속에서 어린 불사조가 새로 탄생한다고 한다. 정성껏 의식을 치르듯, 우리는 황금 불사조를 죽였다. 그리고 그 주검으로부터 어린 불사조가 힘차게 날갯짓해 오르리라고 굳게 믿고 기다렸다. 신화에서는 얼마 만에 새 불사조가 탄생했는지 모른다. 그러나 우리의 새 불사조는 쉬이 탄생하지 않았다.

우리는 좌우대칭을 버리고 비대칭으로 돌아섰다. 당시 조경계획 수업은 도면으로 주고받는 논쟁이었다. 교수님들은 학생들 제도판 사이를 오가며 고개를 갸우뚱거리고, 의구심의 눈초리를 보내곤 했다. 우리는 선 하나, 형태 하나에도 학술적 이유를 붙였고, 이론에서 이론으로, 원칙에서 공리(公理)로, 힘든 탐색을 계속했다. 사실 우리 작품은 현실감이 없었고, 그래서 노력의 결과물에 대해서도 만족감을 얻을 수 없었다.

7년간의 조경학 공부, 1년간의 해외 유랑 끝에 어렵게 석사 학위를 취득하고 졸업했지만, 나와 학우들 모두 조경 업무 기본과 실무 기술은 배웠지만 무어라 말할 수 없는 본질을 결여하고 있다는 느낌을 떨칠 수 없었던 것 같다. 조경이라는 것이 인간과 자연의 최선의 관계를 조성하는 거창한 작업이라는 생각이 드는가 하면, 황동관(黃銅管)을 가공해 여러 가지 분수 모양을 연출하는 따위와 같은 한정된 업무라는 생각이 들 때도 있었다. 조경이 궁극적으로 지향하는 바가 무엇인가를 알고자 이때까지도 고민하고 있었던 것이다. 어떤 구체적인 일을 가장 잘하려면 그 일이 궁극적으로 성취하고자 하는 큰 목적과 어떤 관계가 있는지 잘 알아야 한다는 생각 때문이었다. 조경가의 목적은 무엇인가에 대한 밝은 깨달음을 갈망하고 있었다. 즉 조경가의 진정한 역할은 무엇이란 말인가?

키플링(J. R. Kipling, 역주: 영국 시인, 소설가 1865~1936) 작품 속의 라마교 노승(老僧)처럼 나는 다시 근본을 찾아 방랑길에 나섰다. 동료(주: Lester A. Collins, 후일 하버드 조경학과장 역임)와 함께 일본, 한국, 중국, 미얀마, 발리, 인도, 티베트까지 여행했다. 항구에서 왕궁으로, 왕궁에서 탑으로, 탐방하는 위대한 작품들을 계획의 기본 원리로 환원해보고자 노력했다.

단순한 중정의 매력에 끌려 묵상하는 불교 승려 자세로 앉아서 몇 시간씩 그 마당과 건물의 관계를 생각하기도 했다. 물, 목재, 돌, 금속, 식물 재료, 햇빛과 그늘 등을 어떻게 다루었는가 무수히 많은 사례를 살펴보았다. 정원, 국유림, 공원 등의 기능과 배치계획도 분석했다. 사람들이 홀로, 몇 명이서 또는 군중을 이루어 공간 속에서 이동하는 모습도 관찰했다. 사람들이 어슬렁거리는 모습, 뒤섞이는 모습, 흩어지고 모이는 모습도 바라보았다. 사람들을 움직이게 하는 요소, 이동 경로에 영향을 미치는 요소 등도 파악하고 목록을 만들었다.

가늘고 긴 손가락을 가진 예술가, 짧고 굵은 엄지손가락을 가진 목수, 화려한 목걸이를 두른 왕자님, 그을린 얼굴에 흙일로 닳고 굳은살 박인 얼룩진 손을 가진 정원사 등과 대화를 나누었다. 태양 움직임, 풍향과 풍속, 지형 등과 절묘한 관계를 형성하고 있는 섬세한 조경계획에 매료되곤 했다. 수계 발달을 살펴보고, 수변 개발계획과 물의 흐름, 강변 숲과 공터, 강 둑 경사 등의 관계도 관찰했다. 소박한 마을 광장을 그림으로 옮겨보기도 하고, 아름다운 거대 도시 평면을 다이어그램화해 보기도 했다. 도시, 가로, 사원, 시장 등을 돌면서 수많은 질문을 품어보기도 했다. 왜 좋은가? 어느 부분이 잘못되었나? 계획가 의도는 무엇인가? 계획가 목표는 달성되었나? 달성했다면 그 방법은? 이곳에서 배울 점은 무엇인가? 계획 걸작을 발견하면 걸작이게 하는 근원이 무엇인가 알고자 했다. 작품 전체를 지배하는 질서를 발견하면 그 질서의 기초는 무엇인가를 탐구했다. 질서 속에서 통일성이 보이면 그 통일성의 의미가 무엇인지 알아보고자 했다.

모든 위대한 계획 작품의 핵심 주제를 찾으려는 우리의 간절한 탐구는 진리를 갈구하는 라마교 노승의 구도(求道)와 같았다. 항상 무언가 있다는 느낌을 받으면서도 확실하게 잡히지는 않았다. 계획가들이 추구한 것은 무엇이었나? 임무를 어떻게 파악했나? 임무를 어떻게 수행했나? 마침내 우리는 조금은 더 현명해지고, 조금은 겸손해지고, 그러나 결코 만족스럽지 못한 마음으로 미국으로 돌아왔고, 각자 작은 사무실을 차려 일하게 되었다.

### 깨달음(Insights)

수년 후 어느 맑고 따스한 10월 오후, 나는 쓰러진 밤나무 가지 사이에 편안하게 기대어 몽상가의 시절 모르는 오락 삼아 다람쥐를 벗 삼고자 했다. 내 앞에는 참나무와 솔송나무 숲 속 공터에서 햇살이 졸고 있었다. 바람 없이 공기는 부드럽고 고사리 냄새가 향긋했다. 아직 자줏빛 잎에 덮여 주홍색 열매를 달고 있는 말채나무 덤불 너머 가까운 곳에서 마른 낙엽을 뒤지며 도토리를 찾는 다람쥐 소리가 들렸다. 기억 속에서 살아나는 낯익은 설렘, 더없는 행복감과 무어라 말할 수 없는 그 이상의 느낌이 나를 휩쌌다.

여러 해 전 족같은 느낌에 사로잡힌 적이 있었던 것 같다. 그때는 베이징 시 북문 고루(鼓樓)에서 저녁 어스름 속 시가지를 내려다볼 때였다. 일본 가쓰라 별궁 정원에서 소나무 그림자 드리운 고요한 호수를 바라볼 때도 같은 느낌이었다. 잔자갈을 물결무늬로 갈퀴질해 바다를 상징하고 그 사이에 수석(壽石)을 아름답게 배치한 료안지(龍安寺) 정원에서 목재로 이은 산책로를 걸을 때도 똑같은 느낌이었다.

자, 그렇다면 내가 앉아 있던 숲 속과 그렇게 멀리 떨어져 있는 여러 곳들이 같은 느낌을 주는 이유는 무엇이란 말인가? 일순간 그 이유가 떠올랐다!

넋을 잃게 하는 료안지 비밀은 그 평면 구성에 있는 것이 아니고 그곳에서 경험하는 것에 있었던 것이다. 긴카쿠지(銀閣寺)가 주는 목가적 느낌도 평면 형태나 모양을 의식해 느끼는 것은 아니었다. 그저 그 장소가 그런 느낌을 불러일으키는 것이었다. 장엄한 베이징 시에서 가장 크게 감동받는 장소는 뚜렷한 평면 계획이 없는 곳이다.

그래서 가장 중요한 것은 모양이나 공간이나 형태 설계가 아니다. 중요한 것은 경험(experience)이다! 이러한 사실의 발견은 즉시 르코르뷔지에(Le Corbusier)가 왜 강력한 계획이론가인가를 이해하는 실마리로 이어졌다. 르코르뷔지에는 휘갈기듯 몇 개 선을 그려 아이디어를 표현하는데, 그것이 형태나 크기

Barry W. Starke, EDA

료안지(龍安寺, Ryoanji)

Barry W. Starke, EDA

긴카쿠지(銀閣寺, Silver Pavilion)

건축은 또다시 전환기를 맞고 있다. 지나치게 과도함에 빠진 근년의 포스트모더니즘(postmodernism)에 대한 당연한 반발로서, 새로운 것을 모색하는 자기반성 시간을 가지는 것이다. 주로 디자인 대상으로 건축물을 바라보다가 더 단순하고, 허세 부리지 않는, 그러면서 좀 더 인간적인 구조물로 건축물을 바라보려는 것이다. 대지(垈地)를 압도하는 건축물이 아니라 지형, 자연배수, 식생, 일조에 순응, 조화하는 건축으로 전환하려는 것이다. 전시물 같은 건축이 아니라 친환경 건축, 만족스럽고 충만한 삶을 영위할 수 있게 안팎 공간을 연결하는 건축으로 전환하려는 것이다.

경관 예술(landscape art)을 조경(landscape architecture)과 혼동하면 안 된다. 경관 예술은 물, 돌, 식물 재료와 같은 자연 요소를 사용해 회화적 디자인 혹은 미적 경험을 창조하는 것이다.
조경은 인간 및 인간 활동과 그를 둘러싸는 자연 세계의 조화로운(compatible) 관계를 보존하거나 창조해내는 예술이며 과학이라는(art and science) 점에서 차이가 있다.

를 표현한다기보다 경험의 창조를 나타낸다고 생각되기 때문이다. 수정 결정체 모양을 본뜬 계획이 아니다. 그 자체가 결정체다. 생명체 모양을 본뜬 계획이 아니다. 그 자체가 진정 살아 있는 생명체다. 내게는 이러한 깨우침이, 눈부신 순수 진리에 한 줄기 밝은 광명을 비추는 것과 같았다.

시간이 지나면서 이러한 깨달음의 의미는 더욱 분명해진다. 계획가는 장소(places)를 계획하는 것이 아니며, 공간(spaces)을 계획하는 것도 아니고, 물체(things)를 계획하는 것도 아니다. 계획가는 경험(experiences)을 계획한다—첫째, 용도 즉 경험(use or experience)을 설정하고, 그런 다음 원하는 결과를 얻기 위해 형태와 공간 특성을 그에 맞게 설계하는 것이다. 장소, 공간, 물체 등은 오로지 기능을 충족시키고 기능을 표현하도록 설계하고, 계획한 경험을 가장 잘 창출할 수 있게 설계하는 것이다.

## 진보와 혁명(Evolution and Revolution)

긴 세월이 흘렀다. 조경 실무와 교육에 종사한 지 50여 년, 이제 학생 반란 시절 그 후 모색과 적용 시기를 넓어진 시야를 가지고 되돌아본다. 당시 건축과 조경계획 분야에는 또 하나의 반란이 있었다. 딱딱한 기하학 형태, 과도한 실용주의를 추구하던 바우하우스, 그로피우스, '코르뷔지에풍'과 이를 열렬히 추종하던 나 같은 사도(使徒)들에 대한 반혁명 세력이었다.

설익은 후기-바우하우스(post-Bauhaus) 이념이 무르익어가던 초기 단계는 따스함과 풍부함을 발전시키는 성과를 거두었다. 많은 사람이 금세기 최고 디자인이라고 믿는 작품들을 탄생시켰다. 이는 건축뿐만 아니라 인접 예술과 과학 분야에서도 마찬가지였다. 수요 충족에 충실함은 기본으로 하고, 양식과 장식은 금기시하되, 딱딱한 선을 부드럽게 하고 질감과 색상을 십분 활용했다. 조각가, 직공(織工), 미술가들도 동참했다. 건물은 햇빛과 바람과 경관을 듬뿍 받아들이도록 설계했다. 자연을 재발견하는 시대였다.

조경계획 분야에서는 유럽 르네상스 형식주의에서 갑자기 방향을 바꾸어 지형과 지세를 존중하는 흐름으로 바뀌었다. 평지로 만들고 약간의 문양을 넣는 이외에 빈 채로 남겨두는 광대한 공간, 전정하여 다듬은 정원, 공들여 가꾸던 복잡한 기하학 디자인의 정원, 강력한 축(軸) 등은 모두 사라졌다. 언덕, 골짜기, 숲, 바위, 옹달샘, 실개천, 모래언덕, 바다 어귀 등을 모두 완상 대상으로 보존하게 되었다. 거의 옴스테드(Olmsted) 시대로 돌아가는 듯했고, 소로(Henry David Thoreau, 역주: 1817~62, 미국 사상가, 저술가. 자연보호에 앞장섬)의 메아리가 울리는 듯했다. 레오폴드(Aldo Leopold, 역주: 1887~1948, 미국 자연보호 사상가. 저서 〈A Sand County Almanac〉에서 땅의 윤리 land ethics 주창)의 목소리도 들리는 듯했다.

그리고 나서 포스트모더니즘(postmodernism)이 왔다. 혁명이 만개한 것이다.

표현의 자유라는 이름으로 정교한 의장을 도입했다. 비틀린 형태도 사용했다. 환상적 설계도 등장했다. 절정기에는 기괴하고 현란하기 짝 없는 건물들을 용케도 대중 앞에 펼쳐놓았다. 은행, 사무소 건물, 가정집 등을 더 이상 그리스 신전을 닮은 보자르 양식이나, 튜도르 궁전 양식이나, 조지아 귀족 집무실 양식으로 설계하지 않는 것은 사실이다. 때로는 무자비해 보일 정도로 콘크리트와 유리로 뒤덮은 바우하우스 시대 건물을 닮지 않는 것도 사실이다. 대신 포스트모더니즘이 만개하면서 철저한 반기능주의(反機能主義, nonfunction) 환상의 나라가 도래했다. 예를 들어, 찌는 듯 더운 지역이나 매섭게 추운 지역에 짓는 사무실 건물도 번쩍이는 발할라 전당(Valhalla, 역주: 북유럽 신화의 예술, 문화, 전쟁, 사자(死者) 등의 신(神) 오딘(Odin)의 전당(殿堂). 국가적 영웅을 모시는 기념당) 설계하듯 하여 건물주가 막대한 냉난방비 때문에 침몰하게 만들었다. 상관없다, 건물들이 '말하고자 하는 것만 강력하게' 전달하면 되니까. 그러나 건물이 말하는 것은 오로지 한 가지다. "나를 보라, 나를 보라, 나를 보라."

우리 분야가 진취적으로 발전하려면 전환기마다 실험과 혁신이 필요하다. 또 예술계와 예술계를 선도하는 예술가에게서 새로운 생각을 꾸준히 받아들여야 한다. 그러나 경관 예술가들(landscape artists)의 시의 적절하고 유용한 도움을 받아들이는 것과 조경가의 끝없고 폭넓은 임무는 반드시 구분해야 한다.

조경가 중에도 극단적인 경우는 있어서, 당연히 보전해야 할 자연경관을 침해하는 사례가 있었다. 충격 효과를 노리고 디자인한 자의식적(自意識的, self-conscious) 경관예술(landscape art)도 있었다. 인간과 자연과 생태계를 무시하는 경솔함을 넘어 비웃음거리로 만든 경우도 없지 않았다.

수년 전, 해박한 건축사가(建築史家) 엘더(Henry Elder)가 학생들과 함께 디자인의 순환적(cyclical) 속성 개념을 밝힌 바 있다. 간단한 순환 다이어그램에 사례를 곁들여 디자인 현대사를 분석한 후 창조적 혁신기(革新期), 고전적 이상을

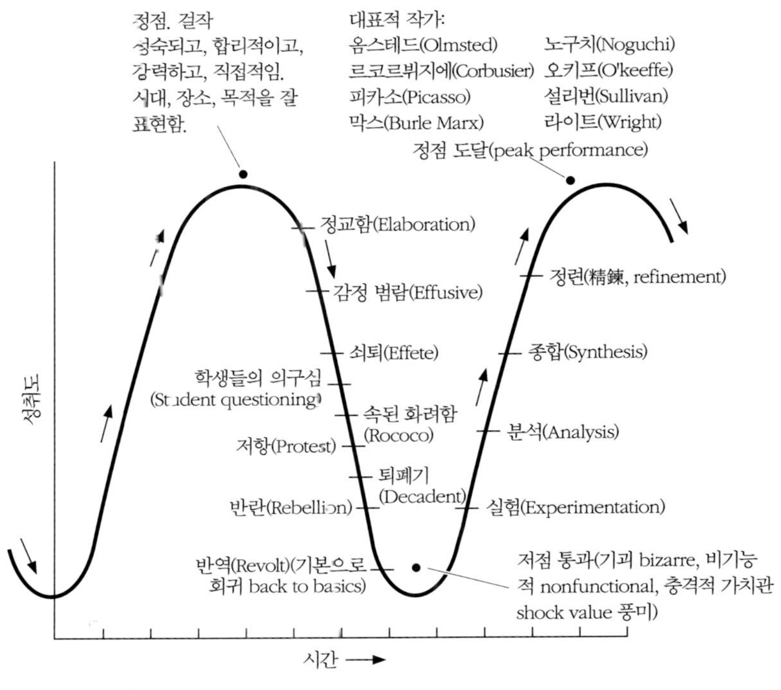


미술, 건축, 조경에서 보는 디자인 예술의 순환(Cycles of Design Expression)

향한 원숙기(圓熟期), 공상(空想, fanciful)과 무기력(無氣力, effete)의 쇠퇴기(衰退期)로 구분했다. 쇠퇴기 바닥에 이르기 훨씬 전에 현실에 만족하지 못하고 저항하여 기존 체계를 떨쳐버리고 새로운 상승곡선을 만들어 가는 이단자(異端者)가 항상 나타나게 마련이라고 했다. 반항 수단으로 새로운 방향을 모색하며, 야위고 순수해진 디자인을 다시 표현력 있고 의미 있는 형태를 추구하는 상승곡선으로 이끌어간다는 것이다.

또 하나의 반란의 시기가 도래하고 있는지도 모른다. 이번에는 환경과 생태중심으로. 다시 한 번 '형태는 기능을 따르는' 시대, 그러나 이 시대의 기능(function)은 인간의 모든 요구 조건과 소망을 수용하는 확대된 개념이다.

혁명 만세!

## 경험 계획(The Planned Experience)

계획가는 장소나 공간이나 물체를 계획하는 것이 아니다. 경험(experiences)을 계획한다.

이러한 기준에 따르면 일정 단면, 선형, 구배를 갖춘다 해서 훌륭한 고속도로 설계가 되는 것은 아니다. 고속도로 설계는 이동(移動)이라는 경험을 설계해야 한다. 따라서 이용자가 지점과 지점 사이를 즐겁고 편리하게 통행할 수 있게 마찰은 극소화하고 만족감은 극대화하는 공간 변화를 계획하는 것이 고속도로 설계 성공 조건이다. 놀랍게도 이용자 경험을 거의 고려하지 않는 현실이 미국 도로계획에서 심각한 실패작 양산 원인이다.

옥내건 옥외건 가장 좋은 생활 공간 필수 요건은 이용자 수요와 욕구에 부응하는 것이다.

같은 원리로, 주민이 최상의 삶을 경험할 수 있는 곳이 제일 좋은 주거지가 되는 것이다. 정원(庭園) 역시 도형(圖形) 실험으로 설계가 되는 것은 아니다. 구형(球形), 정육면체, 프리즘 형태, 수평면 등에 정원 시설물을 늘어놓는 식의 자의식적(自意識的, self-conscious) 설계는 안 된다. 그러한 기하학적 틀 속에서는 바위, 물, 식물 등 자연 소재가 본질을 잃어버리기 쉽다. 관찰자와 관계보다 평면의 기하학 형태와 관계가 더 중요해진다. 매우 드문 경우이기는 하겠지만, 평면계획 결과물이 극도의 기하학 형태로 나타날 수도 있을 것이다. 그러나 미리 설정한 형태에서 경험이 도출되는 것보다 경험의 계획에서 형태가 도출되는 것이 타당하다.

*삶을 이해하고, 그 삶을 표현하는 형태를 창조하는 것은 위대한 예술이다. … 그리고 나는 예술과 삶 모두를 이해하려면 세상 만물 근원(根源)까지 내려가 보아야 한다는 것을 깨달았다. 그것은 자연(自然)이다. …*
*자연법칙은 그 자체가 '미(美)'의 법칙이라 해도 좋다. 자연법칙은 아주 근본적이어서, 아름답게 만든 답시고 그 법칙을 흔들 수는 없다. 자연법칙은 항상 의식 속에 파악되지는 않더라도 인간은 항상 무의식적으로 그 영향을 받고 있다. …*
*자연 형상계를 연구하면 할수록 자연의 형태 언어가 얼마나 독창성, 뉘앙스(nuances), 변화가 무쌍한가를 더더욱 명확히 알게 된다. 그리고 자연계에서는 표현성(expressiveness)이 가장 '기본(basic)'임을 더욱 깊이 깨닫게 된다.*

**Eliel Saarinen**

정원은 아마 가장 어려운, 최고 경지 예술품이라 할 수 있을 것이다. 정원 설계는 인간과 인간, 인간과 구조물, 인간과 자연 어떤 측면과의 관계, 예를 들어 이끼 낀 은행나무 고목, 밝은 햇살 아래 너울거리는 목련나무 숲, 한 줄기 물, 물보라 일으키는 작은 폭포, 연못, 희귀한 모란꽃밭, 뉴햄프셔 주 고원지대 초원 풍경 등등과의 관계를 계획하는 것이다.

도시 역시 인간 생활 패턴과 구조물의 관계는 물론 자연 요소와의 이상적 관계를 구현하는 환경을 계획해야 한다. 역사상 가장 기분 좋은 도시 공간은 도시 평

계획할 것은 장소도, 공간도, 물체도 아니다 … 계획할 것은 경험이다.

면 기하 구조에서 온 것이 아니었다. 도시를 계획하고 도시가 성장하는 과정에서 시민 생활에 필요한 기능과 시민의 소망을 고려하고, 수용하고, 표현한 데서 온 것이었다.

아테네 시민에게 아테네 시는 도로와 건물 패턴 이상 무한한 의미를 지녔었다. 무엇보다 우선 영광스러운 삶 자체였다. 오늘날 '진보했다'는 우리 도시계획은 아테네보다 나은 도시를 이룩해야 할 것이 아닌가?

그러려면 형태(form)를 추구하는 접근 방법, 원칙(principles) 적용 위주 접근 방법은 버려야 한다. 진정한 설계 접근 방법은 이용할 사람을 위한 계획, 이용자에게 필요한 시설과 공간을 제공하는 계획, 이용자에게 즐거움을 주는 계획만이 의미가 있다는 것을 터득하는 데서 출발한다. 최적의 관계를 창조해 완벽한 경험(total experience)을 구현하는 것이 진정한 설계 접근 방법이다.

관계가 중요함도 역설했다. 그렇다면 인간과 그 무엇과 최적 관계란 어떠한 것인가? 그것은 지각(知覺)하는 대상 속에 내재하는 최상의 가치를 발현(發現)시키는 관계다.

그러나 아무리 고도의 개발, 세밀한 계획을 한다 해도 수시로 변하는 뉘앙스, 우연의 장난, 미세한 변수의 경험까지 모두 계획하고 통제할 수는 없다. 인간이

계획에 없던 경험

*산다는 것, 오로지 산다는 것이 존재의 궁극 목표다.*
**Louis H. Sullivan**

지각(知覺)하는 것은 대개 예측하기 어려운 것들이고, 바로 이 예측 불가능성 속에 흥미와 가치가 담겨 있는 경우가 많기 때문이다. 예를 들어, 모닥불을 바라본다는 것은 너울거리는 화염, 빨갛게 타오르는 장작, 사그라지는 재, 젖은 가지가 내뿜는 김, 용트림하는 연기, 튀는 불꽃, 장작 타는 따닥 소리, 춤추는 빛과 그림자 등을 느끼는 것이다. 모두 함께 어우러져 총체적 경험을 유발하는 이렇게 무수히 많은 지각 요소를 모두 통제할 수는 없는 것이다. 오로지 주어진 기능(機能)을 위해 주어진 상황 속에서 조화로운 관계, 적절한 틀, 기회성 극대화를 계획할 수 있을 뿐이다.

관계 지각(知覺)이 경험을 창출한다. 관계가 유쾌하지 못하면 경험도 유쾌하지 못하다. 알맞음(fitness), 편리(便利), 질서(秩序) 관계를 지각하면 경험은 유쾌한 것이 되고, 그 정도에 비례해 유쾌함 정도도 커진다.

알맞음(fitness)은 올바른 재료, 올바른 모양, 올바른 크기, 올바른 입체 구성(volumetric enframement)을 사용함을 의미한다. 편리함(convenience)은 원활한 통행, 마찰 극소화, 편안함, 안전, 보람(reward)을 의미한다. 질서(order)는 각 부분이 논리적 순서에 따라 합리적으로 배열되어 있음을 의미한다.

조화로운 관계를 지각할 때 즐거운 경험이 창출됨을 배웠다. 조화로운 관계는 또한 아름다운 경험을 만들어낸다. 아름다움, 이 신비스럽고 붙잡기 어려운 개념은 무엇일까? 생각해 보면, 아름다움 그 자체가 계획의 주된 대상이 아님은 분명하다. 모든 관계가 조화롭다고 지각될 때 오로지 그러한 순간, 그러한 장소에서만 생겨나는 현상이 아름다움이다. 그렇다면 설계 최종 결과물은 유용성과 함께 아름다움을 구비해야 할 것이다.

모든 조경계획, 경관 속에서 이루어지는 모든 계획은 인간과 인간 생활환경

사이 최적 관계를 이루는, 그야말로 지상낙원 창조를 추구한다. 물론 이러한 목표가 완벽히 달성될 수는 없을 것이다. 서글프게도 인간은 너무 인간적이다. 더욱이 자연(自然)의 속성은 바로 변화(變化)이기 때문에, 그러한 계획은 결코 완성됨이 없이, 종착역 없이, 끊임없이 계속해야 하는 것이리라. 그럴 수밖에 없을 것이다. 그러나 우리가 역사에서 배울 것은 완성이 궁극적 목적이 아니라는 것이다. 모든 계획가의 목적은 발전된 계획 접근 방법(approach)이다. 이 시점에서 우리가 다시 교훈으로 삼아야 할 것은 동양(東洋)의 지혜(智慧)다. 동양철학은 동태적(動態的, dynamic) 특성을 지니고 있다. 선종(禪宗, Zen)과 도교(道敎, Taoist) 사상은 완성을 이루려 하지만 완성 그 자체보다 완성을 추구하는 과정에 더 큰 의미를 부여한다. 선사(禪師)나 도가(道家)는 자연과 주변 환경에 항상 새롭게 순응하고자 노력하는 삶의 경지, 자아실현의 경지, '세상 속에 존재함'의 경지를 터득하고 있다.

의미 없는 문양, 생명 없는 형태를 계획하지 말자. 인간적 경험을 계획하자. 살아 있는, 고동치는, 생생한 경험이라면 그 경험을 조화로운 관계 다이어그램으로 구상할 수 있다면, 거기서 형태는 스스로 태어날 것이다. 그렇게 태어난 형태는 마치 앵무조개같이 유기적 형태를 취할 것이고, 계획이 잘되었다면 앵무조개만큼 아름다울 것이다.

다시 원점으로 돌아왔다.
그래서 조경가 역할은 무엇인가?
조경가 일생 목적과 임무는 인간과 인간이 건설하는 모든 것,
인간 사회, 도시 – 따라서 인간 삶까지 –
살아 숨 쉬는 지구와 조화이루도록 돕는 것이리라.

John O. Simonds
January 1, 2005

H. Landshoff

앵무조개(Nautilus)

# 회고(回顧, Retrospective)

**존 옴즈비 사이먼즈** (John Ormsbee Simonds) 1913 – 2005

Kitty Bartell

1913년 미국 북 다코타(North Dakota) 주 제임스타운(Jamestown)에서 순회 목사 가이 월러스 사이먼(Guy Wallace Simon)과 부인 마거리트 옴즈비 사이먼(Marguerite Ormsbee Simon)의 다섯 아들 중 넷째로 태어났다. 그는 회상하기를 아버지 무릎에 앉아 일생 지침이 되는 이야기를 듣곤 했다. "아들아, 인생에서 가장 중요한 것은 이 세상을 좋게 만들고 떠나는 것이란다. 네가 일생동안 여행한 세상이기 때문이란다." 여러 해 지난 후 그는 종종 말했다. "그러기 위해 나는 그 어떤 다른 직업보다 조경이 가장 적합하다고 믿게 되었다."

1920년 일곱 살 때 가족이 미시간(Michigan) 주 랜싱(Lansing)으로 이주했다. 고등학교를 졸업하면서 당시 여름이면 일하곤 했던 종묘원(種苗園) 주인 강권(强勸)으로 미시간(Michigan) 주립대학교에 조경학(landscape architecture)을 공부하러 입학했다. 1학년 재학 시절 선교사 친구에게서 영국 북부 보르네오 목재회사 한시직원으로 일할 수 있다는 말을 듣는다. 어려서부터 보르네오 밀림 속 야만인 이야기에 매료되어 있었던 그는 아직 20세 젊은이 사이에서는 거의 전례 없었던 대담한 일에 나선다. 학업을 한 동안 떠나 증기선을 타면서 홀로 두루 세상 여행에 나선 것이다. 그 여행이 일생 경력을 정하는 계기였고, 여행이 조경가 교육의 초석(礎石)이 되어야 한다는 확신을 얻게 되었다.

시애틀 행 버스표, 달러 해운(Dollar Line 역주: 1900년 Robert Dollar가 창립하고 목재운반선과 국제무역선단을 보유했던 Dollar Steamship Company 선박회사 별칭) 3등 표, 200달러를 갖고 보르네오를 향해 출발했다. 항해 중 상하이, 도쿄, 요코하마에 잠시 기항했다. 1933년 11월 12일 일기에 이렇게 썼다. "일본은 정원이다! 아름답다! 꼭 다시 보러 와야 한다." 보르네오 일은 보통 3년 계약이었다. 그는 대신 돈 떨어질 때까지 머물기로 맘먹었다. 우연히 젊은 원주민을 만나 사귀고 그 가정에 입양된 것이나 다름없게 되면서, 영국 농장주 생활이 아니라 원주민 생활을 경험한다. 미발간이지만 당시 몇 달 생활기록 제목은 《내가 알게 된 사람사냥꾼과 식인종》이라 붙였다.

6개월 후 돈이 떨어지고 할 수 없이 고향집으로 향한다. 이번에는 평범한 달러 해운 선원으로 일하면서. 친절한 갑판장이 이탈리아에서 배를 바꿔 탈 수 있게 주선해 주어서, 자전거를 구해 나폴리에서 플로렌스까지 자전거로 여행한다. 사람, 풍경, 예술작품과 조각 작품, 포도주, 모두 즐거운 여행이었으나 그에게 고전건축은 그리 인상적이지 못했다. 9월, 뉴욕에 도착해 학교 마지막 해를 마무리할 수 있었다. 1935년 봄에 졸업했으나 취업 기회는 거의 없었다. 유일하게 학장이 권한 취업기회는 미시간 주 북부 빅 베이(Big Bay) 지역 국민보전군단(國民保全軍團, Civilian Conservation Corps; CCC 역주: 루스벨트 대통령의 대공황(大恐慌) 타개책으로 가장이 실직한 가정 청소년 중 희망자를 모집하고 훈련하여 식목사업과 국토보전 사업을 실시해 임금 일부를 현장 지급하고 대부분은 고향 집으로 송금) 십장 자리였다. 취업했다. 이듬해 그는 미시간 여러 도시에서 온 미숙련 젊은이들을 이끌고 마케티(Marquette) 시 소재 도립공원 건설사업을 진행했다. 도로, 다리, 쉼터 등을 건설했다. 그의 첫 공원 작품이었다.

그는 더 공부하고 싶다는 것과, 더 배워야한다는 것을 깨닫고 하버드 대학교 설계대학원(Graduate School of Design)에 지원하였고, 장학금 혜택 기회를 얻어 입학할 수 있게 되었다. 그래서 개릿 에크보(Garrett Eckbo), 댄 카일리(Dan Kiley), 제임스 로즈(James Rose)와 함께 39학번이 되었고, '현대주의 반란군(modernist rebels)' 학번이란 별명을 얻었다. 그 시대는 구시대 조경 패러다임이 당 시대 문제에 해답을 주지 못하던 때였다. 1991년 존(John)이 스튜어트 도슨(Stuart Dawson)에게 보낸 편지에서 이렇게 재미있게 당시를 회상했다:

> 대공황 시름 깊던 때였지. 길 잃은 가난한 어린 양떼가 있었다면 그게 우리였지. 친구 개릿 에크보(Garrett Eckbo)도 그 중 하나였고. (사도使徒 하그Hagg, 헬프린Halprin, 세인트히데오Saint Hideo 등은 아직 길을 비추는 동방박사 별의 안내를 받아 나타나기 전이었지.) 조경학도로서 우리는 찬란한 보자르(Beaux Arts) 탄탄대로를 벗어나고, 전제주의 르네상스적 축(軸)을 거부했었지. 대신 하프너 숲(Haffner Woods), 월든 호(Walden Pond), 바우하우스(Bauhaus) 사이 어딘가 가시덤불 숲에서 길을 잃고 있었지.

존 같은 신사(紳士)를 반란군이라 부르는 것은 적절하지 않을 것 같은데, 사실 그는 반란군 중에서도 반란군이었다. 에크보와 카일리가 새로운 현대주의 형태에 몰두하면서 현대주의 조경 대표주자가 되는 경력을 지향하고 있는 동안, 사이먼즈는 일찍이 동양사상으로 기름부음 받은 자로서 새로운 형태, 새로운 설계 추구를 넘어 프레드릭 옴스테드(Frederick Law Olmsted) 전통을 이으면서 더 큰 그림을 품었으니, 사람과 환경, 인간과 자연 곧 이 세상을 더 나은 세상으로 만드는 이상을 품었다.

하버드를 졸업하면서 일본에 꼭 다시 가 보겠다던 다짐이 현실로 다가왔다. 일본문화신탁재단에 하버드 대학교가 소개서를 보내 주고, 적당한 재원도 마련되어 절친한 친구 레스터 콜린스(Lester Collins)와 동행하여 다시 지구를 도는 길에 나섰다. 일본 최고 장소를 가장 좋은 때 방문하는 특권을 누릴 수 있었다. 인간과 자연 관계를 깨우쳐 준 동양지혜가 그의 설계철학, 나아가 인생철학 밑바탕이 되었다. "사람, 장소, 물건, 무엇을 대(對)하건 최고 본질을 발견하고 그것이 발현(發顯)되도록 돕자."

내친김에 과객(過客)이 되어 둘이는 태국, 캄보디아, 발리, 인디아를 여행하고, 티벳 문턱에서 멈췄다. 유럽에서 시작한 제2차 세계대전 소식 때문이었다. 간 길을 되짚어 귀향하였다.

조경 실무 시작 무렵 결심할 사항을 놓고 하버드 후드닛(Hudnut) 학장과 나눈 대화 회상 내용이다. 학장이 사무실은 어디에 열 예정이냐고 물었고, 그는 피츠버그에 한 두 곳 주택 정원 일이 있고 동생도 살고 있어 좋은데, 서북 태평양 연안이 정말 맘에 든다고 답했다. 학장은 조언하기를, "서북 태평양 연안에 가면 신의 가호를 기다려야하고, 피츠버그에서는 일감이 너를 기다리고 있는데." 그래서 피츠버그로 갔고 역시 하버드에서 공학을 전공한 동생 필립(Philip)과 함께 '사이먼즈와 사이먼즈(Simonds and Simonds; 후일 The Environmental Planning and Design Partnership으로 개명)' 회사를 설립하였다. 다른 여러 조경회사와 마찬가지로 초기 일감은 군(軍) 주택 조경이 많다가 곧 대규모 공공사업이나 재개발사업 일거리로 바뀌었다. 회사가 성장하면서 두 형제는 여행경험 중요성을 공감하여 핵심 일꾼들에게 한 달씩 여행 휴가를 주었다.

1942년 장차 배우자가 될 마조리 토드(Marjorie Todd)를 만난다. 즐거운 추억이 가득한 만남 당시를 마조리는 이렇게 술회한다. "우리 모두의 친구 폴 존스톤(Paul Johnston)이 있었는데, 계속 '사이먼 너 마조리 토드 소개해 줄게', '마조리 넌 사이먼 옴즈비 꼭 만나봐'라고 말하곤 했었죠. 어느 일요일 오후 난 폴과 데이트하는 줄 알았거요. 그런데 그가 몰고 온 차 앞좌석에 여자 친구가 앉아 있고 뒷자리에 타고 있던 사람이 사이먼이었죠. 그래서 역사가 시작 되었고요." 다음 해 봄 둘은 결혼해서 63년 삶을 함께하며 자녀 넷을 키웠다. 마조리의 회고다. "그 여러 해 함께 살며 그는 내게 설계를 가르치고 나는 그에게 음악과 춤을 가르쳤죠. 그는 아주 충실한 아버지이고 가정적인 사람이었고, 일 때문에 가족을 소홀히 한 적 없었지요."

그 후 20여 년 동안 그의 작품과 영향력 범위가 급속히 확대 되었고, 그가 좋아하는 작품 시카고 식물원(Chicago Botanical Garden)으로부터 플로리다 주 주요 주택단지와 도시계획까지 이른다. 의식 없고 질 낮은 개발계획 때문에 환경훼손이 심각한 것을 한탄하여 보전 중시 주택단지 조성계획을 주창하여 진정 환경과 조화이루는 인간주거를 창조하고자 했다.

1965년 버지니아 주 입법부가 사이먼즈에게 각 분야 전문가단을 구성하여 주 전체 환경보전계획 수립할 것과 계획 집행을 뒷받침할 법률 초안 작성을 의뢰했다. 그 결과물《버지니아 공공 자산(Virginia's Common Wealth)》보고서는 당시 최신 최고 환경계획이었고 오늘날까지 적용되고 있다.

존은 전위적 설계가가 아니었고, 형태에 설계 초점을 맞추지 않았지만, 훌륭한 설계가 필요하다는 믿음은 그의 철학과 방법론에 굳게 자리하고 있었다. "형태는 계획하는 경험에서 도출해야한다. 미리 상정한 형태에서 경험을 도출하는 것이 아니다... 살아있는, 고동치는, 생생한 경험이라면, 그 경험을 조화로운 관계 다이어그램으로 구상할 수 있다면, 거기서 형태는 스스로 태어날 것이다. 그렇게 태어난 형태는 마치 앵무조개 같이 유기적 형태를 취할 것이고, 계획이 잘 되었다면 앵무조개만큼 아름답기도 할 것이다."

환경과 조화를 이루는 계획과 설계에서 성공을 거두면서 그는 주정부, 연방정부 지도자들로부터 존경을 받게 되었다. 당시 플로리다 주지사 로버트 그라함(Robert Graham)을 자문하고, 대통령자원환경전문위원회 일원으로 존슨(Lyndon Johnson) 대통령도 자문하였다.

왕성하게 글도 썼다. 글 쓰는 재주가 뛰어나서 조경에 관한 글 외 여행기, 국민보전군단(CCC) 시절 회고담, 해학(諧謔), 심지어 어린이 책도 저술하였다. 고전에 속하는 이 책《조경학(Landscape Architecture)》같은 조경분야 서적은 다년간 허다한 조경가 양성에 기여했다.

마조리 말에 의하면 존은 "조경이라는 종합 전문 분야에 대해 말해야 할 책임 같은 것을 느껴 조경학 책을 써야겠다고 했다." 미시간 주 호수(Lake Charlevoix)가에서 여름을 나는 때면 그는 하루 몇 시간 씩 할애하여 호수 주변 깊은 숲 속으로 차를 몰아가서 거기서 집필하곤 했다고 마조리는 회상한다. 조경학 책을 처음 출간한 것은 1961년이었고, 많은 사람들이 이 책이 그의 가장 뛰어난 업적이라 여긴다.

존은 대단한 풍채를 지닌 인물이었지만, 또한 만나본 사람들 중에서 가장 허세(虛勢)가 없고, 사심(私心)이 없고, 주제넘지 않는 인물이었다. 견해가 다르거나 나가는 방향이 다르더라도 동료들을 항상 존경하고 칭송하고 최대한 예의를 갖추어 대했다. 옛 급우(級友) 댄 카일리가 타계한 2004년 〈조경(Landscape Architecture)〉 잡지에 보낸 편지 글이다:

> 하버드 설계대학원 시절 댄은 개릿 에크보, 제임스 로즈, 나와 더불어 반란군에 속했고, 조경을 다시 의미 있게 만들 방법을 함께 궁리하였다. 그는 오랜 조경가 여정 속에서 건축가들에게 조경 역할 인식시키기에도 크게 기여했다. 댄은 격자 형태를 사용하면서도 구조물을 경관과 어우러지게 만든다고 믿었다. 아니라고 논박할 수는 없다. 만약 너무 지나치게 기하학적 개념으로 기운다고 생각이 들었다면 내가 그를 놀렸을 수도 있다 ... 댄 카일리는 훌륭한 사람이었고 좋은 친구였다.

존은 어린이를 사랑하고 어린이 인생과 장래 개척 돕기를 좋아했다. 그는 조경인 뿐만 아니라 세상 모든 연령층 사람 스승이요 지도자였다. 피츠버그 소재

카네기멜론 대학교에서 12년 동안 단지계획(site planning)을 가르쳤고, 평생 수많은 조경가, 건축가, 계획가의 정신적 지도자가 되었다.

아마 20세기 조경가 그 누구보다 존은 폭넓고 종합적으로 일했고 조경 발전에 기여했을 것이다. 장래 조경 발전을 위해서 강한 조경인 단체 역할 중요성도 인식하고 있었다. 스스로 지칠 줄 모르고 열심히 일했고, 함께 도운 미래 지향적인 소수 회원들이 노력한 결과 규모작고 미미했던 미국조경가협회(American Society of Landscape Architects; ASLA)가 오늘날 같이 매우 효과적인 큰 전문가 단체로 성장할 수 있었다.

1999년 미국조경가협회는 창립 100주년을 기념하여 한번만 수여하는 100주년 협회장 상(Centennial President's Medal)을 제정하였다. 생존 조경가 중에서 조경분야 발전에 탁월한 업적과 지대한 공헌을 남긴 사람의 공을 기리려는 것이었다. 이 영예로운 상 수상자로 협회가 존 사이먼즈를 선정한 이유다:

> 존은 모든 분야에 큰 족적(足跡)을 남겼다 – 모범적 공공부문 기여, 앞서가는 실무 조경가, 조경분야 중요 저작(著作), 뛰어난 조경 교육자, 제일 훌륭한 협회 회장직 수행, 조경재단(Landscape Architecture Foundation) 공동설립자. 이 모든 훌륭한 업적을 이루면서 사심 없이 우아하고 겸손(謙遜)하게 50년을 일하고, 결코 자기자랑 않고 스스로 모범(模範) 보이는 지도자 길을 걸었다.

수상자 선정 통지받은 존은 특유 겸손과 내세우지 않음과 해학을 섞어 이렇게 답했다:

> 미국조경가협회(ASLA) 100주년 협회장 상(Centennial President's Medal) 수여 소식은 무한한 영광입니다.
> 첫째 머리에 떠오른 것은 나보다 상을 받아야할 여러 사람 이름이었습니다. 그러나 다시 생각하니 그 사람들 이름을 거명(擧名)하면 아니 되겠습니다. 사람들이 정말 그리하자고 생각하면 안 되니까요.
> 조경이라는 전문분야가, 미국조경가협회가 이렇게 발전했다는 사실만으로도 충분했습니다. 저의 기여를 이렇게 영광스럽게 평가해주실 줄은 상상도 못했습니다. 제게 이 영광의 빛이 얼마나 크고 밝은지 모르겠습니다.

존은 2005년 5월 26일, 조경계에 불후(不朽)의 유산(遺産)을 남기고 영면(永眠)에 들었다.

# 작품 / 작가 소개 (Project Credits)

위치 표시: T=위; B=아래; M=중간; L=좌; R=우

| 쪽, 위치 | 작품 | 소재지 | 조경가/조경설계가 |
|---|---|---|---|
| 30 | Banyan Tree Bintan Resort | Bintan Island, Indonesia | Belt Collins |
| 35 | South San Francisco Bay Salt Pond Restoration | San Francisco, California | AECOM |
| 42 | Traditions, a Festival Marketplace | Budaghers, New Mexico | Design Workshop |
| 43 | Casa Morada | Islamorada, Florida | Raymond Jungles, FASLA |
| 44 | Anchorage Museum Common | Anchorage, Alaska | Charles Anderson, Atelier, PS |
| 45 | Pennsylvania Residence | St. Davids, Pennsylvania | Stephen Stimson Associates, Landscape Architects, Inc. |
| 46 | Miami Beach Botanical Garden | Miami Beach, Florida | Raymond Jungles, FASLA |
| 47 | The Gateway to the McDowell Sonoran Preserve | Scottsdale, Arizona | Phil Weddle, AIA, Weddle Gilmore Architects and Christopher Brown, FASLA, JJR \| Floor |
| 48 TR | Fiesta Americana Grand Los Cabos Resort | Los Cabos, Baja California, Mexico | EDSA |
| 48 TL | Park Avenue Redevelopment | South Lake Tahoe, California | Design Workshop |
| 49 | Jamison Square | Portland, Oregon | PWP Landscape Architecture |
| 50 | Tanner Fountain, Harvard University | Cambridge, Massachusetts | PWP Landscape Architecture |
| 52 | Village of Woodbridge | Irvine, California | SWA Group |
| 52 ML | Gap Headquarters, Embarcadero Building | San Francisco, California | OLIN |
| 52 MR | Stanford University | Stanford, California | SWA Group |
| 52 BL | Folk Art Park | Atlanta, Georgia | Robinson Fisher Associates |
| 52 BR | Creekfront | Denver, Colorado | Wenk Associates, Inc. |
| 53 ALL | Civic Plaza | Reno, Nevada | PWP Landscape Architecture |
| 59 T | Montage Resort and Spa | Laguna Beach, California | Burton Landscape Architecture Studio |
| 60 B | Tianjin Qiaoyuan Wetland Park | Tianjin, China | Kongjian Yu/Turenscape |
| 61 | Surry County Waterfront Access | Study Surry County, Virginia | Earth Design Associates, Inc. |
| 66 | Glenlyon Foreshore Wetland | Burnaby, British Columbia | Phillips Faarevaag Smallenberg |
| 67 | Rio Grande Botanic Gardens | Albuquerque, New Mexico | Design Workshop |
| 69 | The Red Ribbon Park | Qinhuangdao, Hebei Province, China | Kongjian Yu/Turenscape |
| 70 | Buffalo Bayou Promenade | Houston, Texas | SWA Group |
| 71 R | Holon Park | Holon, Israel | M. Paul Friedberg |
| 72 TL | Star River | Panyu (Guangzhou), China | Belt Collins |
| 72 TR | The Rain Garden, Oregon Convention Center Expansion | Silverton, Oregon | Mayer/Reed |
| 72 ML | Star River | Panyu (Guangzhou), China | Belt Collins |
| 72 MR | North Shore Riverfront Park | Pittsburgh, Pennsylvania | AECOM |
| 72 BL | Water Culture Square in Dujiang Yan, Sichuan Province | Sichuan Province, China | Kongjian Yu/Turenscape |
| 73 | Maymont Japanese Garden | Richmond, Virginia | Earth Design Associates, Inc. |
| 74–75 | Private Residence | Grand Tetons; Jackson, Wyoming | Design Workshop |
| 76 | The Gateway to the McDowell | Sonoran Scottsdale, Arizona | Christopher Brown, FASLA, JJR \| Floor and Phil |
| P | reserve Weddle, AIA, | Weddle Gilmore Architects | |
| 83 | River Islands | San Joaquin Valley, Lathrop, California | SWA Group |
| 84 | Menomonee River Valley Industrial Center and Community Park | Milwaukee, Wisconsin | Wenk Associates |
| 86 | Les Jardins de l'Imaginaire | Terrasson-Lavilledieu, France | Kathryn Gustafson, Jennifer Guthrie and Shannon Nichol, Gustafson Guthrie Nichol Ltd. |
| 87 | Deck Overlook, Compton Park | Alexandria, Louisiana | Moore Planning Group, LLC |

| 쪽, 위치 | 작품 | 소재지 | 조경가/조경설계가 |
|---|---|---|---|
| 88 T | Landscape Restoration Plan for Valley Phase II | Menomonee Menomonee Valley | Landscapes of Place |
| 88 B | Woodland Home | herborn, Massachusetts | Stephen Stimson Associates, Landscape Architects, Inc. |
| 91 ALL | The Regeneration/ Yongsan Park | Seoul, Korea | United LAB |
| 92–93 | Clark County Wetlands | Las Vegas, Nevada | Design Workshop |
| 94 TR | Private Residence | Aspen, Colorado | Design Workshop |
| 94 BL | Buttercup Meadow, Crosby Arboretum | Picayune, Mississippi | Andropogon Associates, Ltd. |
| 98 | Santa Barbara Botanical Garden | Santa Barbara, California | Dr. Frederic Clements |
| 101 BL | Southport Broadwater Parklands | Gold Coast, Australia | AECOM |
| 102 | Daybreak Community | South Jordan, Utah | Design Workshop |
| 102 TL | Gary Comer Youth Center | Chicago, Illinois | Hoerr Schaudt |
| 102 BL | Shengyang Jianzhu University Campus | Shengyang, China | Kongjian Yu/Turenscape |
| 103 | Atlanta City of the Future | Atlanta, Georgia | AECOM, and Praxis3 Architecture |
| 104–105 | Private Residence | Aspen, Colorado | Design Workshop |
| 106 | Tupelo Farm | Albemarle County, Virginia | Nelson Byrd Woltz Landscape Architects |
| 109 | Private Residence | Aspen, Colorado | Design Workshop |
| 111 | George "Doc" Cavalliere Park | Scottsdale, Arizona | Christopher Brown, FASLA, JJR \| Floor |
| 113 TL | Ashley Farm | Delaplane, Virginia | Earth Design Associates, Inc. |
| 113 BR | Haven Meadows | North Haven, New York | Hollander Design |
| 117 | Extending the Legacy: Planning America's Capital for the 21st Century | Washington, DC | Pierre Charles L'Enfant, Original Design, National Capital Planning Commission, AECOM |
| 124 R | Campus Plan, University of California, Berkeley | Berkeley, California | Sasaki Associates, Inc. |
| 126 | Forest Park and Central Section of Olympic Park, Beijing City | Beijing, China | Kongjian Yu/Turenscape |
| 140 | Pinecote Pavilion, Crosby Arboretum | Picayune, Mississippi | Andropogon Associates, Ltd./Fay Jones, Architect |
| 141 | Salginatobel Bridge | Schiers, Switzerland | Robert Maillart, Architect |
| 142 | Fallingwater | Bear Run, Pennsylvania | Frank Lloyd Wright, Architect |
| 143 L | Overtown Pedestrian Mall | Miama, Florida | Wallace Roberts Todd, LLC |
| 143 R | Campus Green, University of Cincinnati | Cincinnati, Ohio | Hargreaves Associates |
| 145 T | Hither Lane | East Hampton, New York | Reed Hilderbrand |
| 145 B | Rancho Viejo | Santa Fe, New Mexico | Design Workshop |
| 148–149 | Little Nell | Aspen, Colorado | Design Workshop |
| 151 | Growth Planning for | Beijing Beijing, China | Kongjian Yu/Turenscape |
| 152 | Baldwin Hills | | Mia Lehrer + Associates |
| 154 | The Qian'an Sanlihe Greenway | Qian'an Hebei Province, China | Kongjian Yu/Turenscape |
| 157 | Cedar Lake Park | Minneapolis, Minnesota | Jones & Jones Architects & Landscape Architects, Ltd., Richard Haag Associates, Affiliated Designers, Master Plan Phase; Darrel Morrison, FASLA, Sub-Consultant, native plant design, master plan phase; Kestrel Landscape Architects, post-construction prairie grassland establishment |
| 160–161 | Shady Canyon | Irvine, California | SWA Group |
| 167 | The Woodlands | Athens, Georgia | Robinson Fisher Associates |
| 169 | Refugio Valley Community Park | Hercules, California | SWA Group |
| 170 | Pelican Bay Cluster Development | Collier County, Florida | EPD |
| 171 | Shady Canyon | Irvine, California | SWA Group |
| 172 | Villages of West Palm Beach | West Palm Beach, Florida | EPD |
| 173 ALL | Villages of West Palm Beach | West Palm Beach, Florida | EPD |

| 쪽, 위치 | 작품 | 소재지 | 조경가/조경설계가 |
|---|---|---|---|
| 174 | Villages of West Palm Beach | West Palm Beach, Florida | EPD |
| 175 | Villages of West Palm Beach | West Palm Beach, Florida | EPD |
| 178 TL | Arbolera de Vida Redevelopment | Albuquerque, New Mexico | Design Workshop |
| 178 TR | Seibert Circle | Vail, Colorado | Design Workshop |
| 178 B | WaterColor | Walton County, Florida | Nelson Byrd Woltz Landscape Architects |
| 180 R | The Gateway to the McDowell Sonoran Preserve | Scottsdale, Arizona | Phil Weddle, AIA, Weddle Gilmore Architects and Christopher Brown, FASLA, JJR \| Floor |
| 185 | Golden Gate National Recreation Area | Marin County, California | SWA Group |
| 186 L | Tide Point Promenade, Digital Harbor | Baltimore, Maryland | W Architecture and Landscape Architecture |
| 186 R | Emery Barnes Park Public Art | Vancouver, British Columbia | Stevenson & Associates Landscape Architects |
| 188 | Pittsburgh Point | Pittsburgh, Pennsylvania | Griswold, Winters, Swain and Mullin |
| 189 | Zhongshan Shipyard | Zhongshan City, Guangdong, China | Kongjian Yu/Turenscape |
| 191 TL | Wildcat Ranch | Aspen, Colorado | Design Workshop |
| 191 TR | Broken Sound Planned Community | Boca Raton, Florida | SWA Group |
| 191 ML | Rincon Park | San Francisco, California | OLIN |
| 191 MR | Clark County Wetlands | Las Vegas, Nevada | Design Workshop |
| 191 BR | Clemente Park | Pittsburgh, Pennsylvania | EPD |
| 196–197 | Crescent Park, Lowry Redevelopment | Denver, Colorado | Design Workshop |
| 200 TL | Rancho Viejo | Santa Fe, New Mexico | Design Workshop |
| 200 TR | Park Avenue Redevelopment | South Lake Tahoe, California | Design Workshop |
| 200 BL | The Woodlands of Athens | Athens, Georgia | Robinson Fisher Associates |
| 200 BR | Lowry Redevelopment | Denver, Colorado | Design Workshop |
| 201 | York River Preserve | New Kent County, Virginia | Earth Design Associates, Inc. |
| 206 | Harbour Ridge | St. Lucie County, Florida | EDSA |
| 207 | The Big Wild Greenbelt, Santa Monica Mountains Conservancy | Southern California | Community Development by Design |
| 208 TL | Buffalo Bayou Promenade | Houston, Texas SWA Group | |
| 208 TR | Cedar Lake Park | Minneapolis, Minnesota | Jones & Jones Architects & Landscape Architects, Ltd; Richard Haag Associates, Affiliated Designers: Master Plan Phase; Darrel Morrison, FASLA: Sub-Consultant, native plant design, master plan phase; Kestrel Landscape Architects: post-construction prairie grassland establishment |
| 208 BL | Cedar Lake Park Minneapolis, | Minnesota | Jones & Jones Architects & Landscape Architects, Ltd; Richard Haag Associates, Affiliated Designers: Master Plan Phase; Darrel Morrison, FASLA: Sub-Consultant, native plant design, master plan phase; Kestrel Landscape Architects: post-construction prairie grassland establishment |
| 208 BR | Gene Coulon Memorial Beach Park | Renton, Washington | Jones & Jones Architects & Landscape Architects, Ltd. |
| 212–213 | Extending the Legacy: Planning America's Capital for the 21st Century AECOM | Washington, DC | National Capital Planning Commission, |
| 217 | Central Park | New York, New York | Frederick Law Olmsted and Calvert Vaux |
| 218 TL | False Creek North, Concord Pacific Place | Vancouver, British Columbia | Don Vaughan Associates/Phillip Wuori Long |
| 218 BL | Bryant Park | New York, New York | OLIN |
| 218 R | Baltimore Inner Harbor | Baltimore, Maryland | Wallace Roberts & Todd, LLC |
| 219 | Planned CBD | Shanghai, China | Sasaki Associates, Inc. |
| 220 | World Trade Center Memorial | New York, New York | PWP Landscape Architecture |
| 221 TM | Old Harbor Park | Boston, Massachusetts | Carol R. Johnson Associates |
| 221 TR | Emery Barnes Park | Vancouver, British Columbia S | tevenson & Associates Landscape Architects |

| 쪽, 위치 | 작품 | 소재지 | 조경가/조경설계가 |
|---|---|---|---|
| 221 BL | The Residences on Georgia V | ancouver, British Columbia | Phillips Farevaag Smallenberg |
| 221 BM | 888 Beach Avenue | Vancouver, British Columbia | Phillips Farevaag Smallenberg |
| 221 BR | The Crestmark V | ancouver, British Columbia | Harold Neufeldt |
| 225 L | Uptown Rocker, Hope Street Overpass | Los Angeles, California Lloyd | Hamrol, Sculptor |
| 225 R | Uptown Rocker, Hope Street Overpass | Los Angeles, California Lloyd | Hamrol, Sculptor |
| 227 TL | Seattle City Hall Plaza | Seattle, Washington Gustafson | Guthrie Nichol Ltd. |
| 227 TR | Maguire Gardens, Los Angeles Public Library | Los Angeles, California | Office of Lawrence Halprin, FASLA/Campbell & Campbell/Jud Fine, Sculptor |
| 227 BL | The Fullerton Hotel | Republic of Singapore | Belt Collins |
| 227 BR | Tokyo Museum of Science and Innovation | Tokyo, Japan | Hargreaves Associates |
| 228 | Hyatt City Center | Chicago, Illinois | Peter Lindsay Schaudt Landscape Architecture, Inc./Pei Cobb Freed & Partners |
| 229 | The Commons | Denver, Colorado | Design Workshop |
| 230–231 | Wukesong Cultural and Sports Center, 2008 Beijing Olympic Green | Beijing, China | Sasaki Associates |
| 234 | Vietnam Veterans Memorial | Washington, DC | Maya Lin, Architect |
| 236 | Mount St. Helens National Volcanic Monument | Washington | Charles Anderson, Atelier, PS and EDAW |
| 237 | Weyerhaeuser Headquarters T | acoma, Washington | PWP Landscape Architecture |
| 238 | River Islands | Lathrop, California | SWA Group |
| 239 | Xochimilco Ecological Park | Xochimilco, Mexico City | Mario Schjetnan/Grupo de Diseño Urbano, S.C. |
| 250 | Los Angeles River Revitalization | Los Angeles, California | Mia Lehrer + Associates, Wenk Associates, Civitas Inc., Tetratech Inc. |
| 252 | Upland Road | Cambridge, Massachusetts | Reed Hilderbrand |
| 254 | La Posada | Santa Fe, New Mexico | Design Workshop |
| 255 | Blue Ridge Farm | Upperville, Virginia | Earth Design Associates, Inc. |
| 257 | Hotarumibashi Park | Yamanashi Prefecture, Japan | Tooru Miyakoda, Keikan Sekkei Tokyo Co., Ltd. |
| 258 T | Mary Kahrs Memory Garden | University of Georgia R | obinson Fisher Associates, Ecological Planning & Design |
| 258 B | Oconee River Greenway | Athens, Georgia | Robinson Fisher Associates |
| 259 | J. Paul Getty Museum | Los Angeles, California | OLIN, Landscape Architect/Richard Meier & Partners Architects, LLP |
| 260 T | Xochimilco Ecological Park | Xochimilco, Mexico City | Grupo de Diseño Urbano, S.C. |
| 260 B | Boldwater Farm | Edgartown, Massachusetts | Stephen Stimson Associates, Landscape Architects, Inc./Mark Hutker & Associates, Architects |
| 262 TL | Robert F. Wagner, Jr. Park | New York, New York | OLIN |
| 262 TR | Blackcomb | Whistler, British Columbia, Canada | Design Workshop |
| 262 BM | Xochimilco Ecological Park | Xochimilco, Mexico City | Grupo de Diseño Urbano, S.C. |
| 262 BR | The Woodlands | Athens, Georgia | Robinson Fisher Associates |
| 264 | Green Diamond Residence | Paradise Valley, Arizona | Kristina Floor, FASLA, JJR \| Floor |
| 271 | Minneapolis Waterfront Design Concept | Minneapolis, Minnesota | Kongjian Yu/ Turenscape |
| 272 T | Heritage View Condominium | Singapore | Belt Collins |
| 273 T | Novartis Headquarters Campus | Basel, Switzerland | PWP Landscape Architecture |
| 273 B | John E. Jaqua Academic Center | Eugene, Oregon | Charles Anderson, Atelier PS |
| 276–277 | Novartis Headquarters Campus | Basel, Switzerland | PWP Landscape Architecture |
| 278 | Arizona Center | Phoenix, Arizona | SWA Group |
| 282 L | Dallas West End Historic District | Dallas, Texas | SWA Group |
| 282 R | Rancho Dulce | | Pamela Burton and Company |
| 284 | Rio Grande Botanic Gardens | Albuquerque, New Mexico | Design Workshop |
| 286 TM | Bunker Hill Steps | Los Angeles, California | Lawrence Halprin, FASLA |
| 286 TR | Central Park, New York City/The Gates | New York, New York | Frederick Law Olmsted and Calvert |

| 쪽, 위치 | 작품 | 소재지 | 조경가/조경설계가 |
|---|---|---|---|
| | | | Vaux/Christo and Jeanne-Claude |
| 286 BR | Bunker Hill Steps | Los Angeles, California | Lawrence Halprin, FASLA |
| 288 R | Vietnam Veterans Memorial | Washington, DC | Maya Lin, Architect |
| 293 TL | The Promenade at Marion Oliver McCaw Hall | Seattle, Washington | Gustafson Guthrie Nichol Ltd. |
| 293 TR | Nova Southeastern University Family Center Village | Davie, Florida | EDSA |
| 293 BL | Private Residence | Aspen, Colorado | Design Workshop |
| 293 BR | Elsie McCarthy Sensory Garden | Glendale, Arizona | Kristina Floor, FASLA, JJR \| Floor |
| 294 | Maymont Park | Richmond, Virginia | Earth Design Associates, Inc. |
| 295 | The Gateway to the McDowell Sonoran Preserve | Scottsdale, Arizona | Phil Weddle, AIA, Weddle Gilmore Architects and Christopher Brown, FASLA, JJR \| Floor |
| 296 L | Taiyuan Yingze Streetscape | Taiyuan, China | AECOM |
| 296 R | The Brazilian Garden at Naples Botanical Garden | Naples, Florida | Raymond Jungles, FASLA |
| 299 L | MacArthur Place | Orange County, California | Landscape Architect M. Paul Friedberg and Partners |
| 299 R | Waterworks/Beatty Mews | Vancouver, British Columbia | Harold Neufeldt |
| 300 | Centennial Olympic Park | Atlanta, Georgia | AECOM |
| 302 | Folk Art Park | Atlanta, Georgia | Pat Connell, Robinson Fisher Associates |
| 303 | Yongning River Park | Taizhou, China | Kongjian Yu/Turenscape |
| 304 | Central Train Station Plaza | Muragame, Japan P | WP Landscape Architecture |
| 306–307 | Buffalo Bayou Promonade | Houston, Texas | SWA Group |
| 308 L | Boldwater Farm | Edgartown, Massachusetts | Stephen Stimson Associates, Landscape Architects, Inc./Mark Hutker & Associates, Architects |
| 308 R | Stone River | New York | Jon Piasecki |
| 316 L | San Francisco Residence | San Francisco, California | Lutsko Associates |
| 316 R | Walt Disney Concert Hall | Los Angeles, California | Melinda Taylor and Lawrence Reed Moline, Landscape Architecture/Frank Gehry, Architect |
| 320 ALL | Franklin Delano Roosevelt Memorial | Washington, DC | Lawrence Halprin, FASLA |
| 322 | Arctic Ring of Life, Detroit Zoo | Detroit, Michigan | Jones & Jones Architects and Landscape Architects, Ltd. |
| 325 L | Yerba Buena Gardens | San Francisco, California | Landscape Architect M. Paul Friedberg and Partners |
| 325 M | Overtown Pedestrian Mall | Miama, Florida | Wallace Roberts Todd, LLC |
| 326 L | Maymont Park Japanese Garden | Richmond, Virginia | Earth Design Associates, Inc. |
| 334 | Los Angeles River Revitalization | Los Angeles, California | Mia Lehrer + Associates, Civitas Inc., Wenk Associates, Inc. |
| 335 | Evans Restorative Garden, Cleveland Botanical Garden | Cleveland, Ohio | David Kamp, FASLA |
| 338 TR | The Commons | Denver, Colorado | Design Workshop |
| 338 BL | Baltimore Inner Harbor | Baltimore, Maryland | Wallace Roberts Todd, LLC |
| 340 | Extending the Legacy: Planning America's Capital for the 21st Century AECOM | Washington, DC | National Capital Planning Commission, |
| 342 L | J. Paul Getty Museum | Los Angeles, California | OLIN, Landscape Architect/Richard Meier & Partners Architects, LLP |
| 342 R | Bunker Hill Steps | Los Angeles, California | Lawrence Halprin |
| 343 | Anaheim Redevelopment | Anaheim, California | SWA Group |
| 344 | Park Avenue Redevelopment | South Lake Tahoe, California | Design Workshop |
| 346–347 | Hallelujah Concert Hall | Zhangjiajie, Hunan province, China | Kongjian Yu/Turenscape |
| 349 | Fanueil Hall Marketplace B | oston, Massachusetts | John Smibert for Peter Faneuil, 1740–42/ |

| 쪽, 위치 | 작품 | 소재지 | 조경가/조경설계가 |
|---|---|---|---|
| | | | Charles Bullfinch, 1806/William Pressley and Associates, Inc. |
| 351 | Walt Disney Concert Hall | Los Angeles, California | Melinda Taylor and Lawrence Reed Moline, Landscape Architecture/Frank Gehry, Architect |
| 358 | Soka University | Aliso Viejo, California | SWA Group |
| 360 TL | Zhongshan Shipyard | Zhongshan City, Guangdong, China K | ongjian Yu/Turenscape |
| 360 BL | Chani Village Hotel | Singapore | Belt Collins |
| 360 R | Coal Harbour Waterfront Walkway | Vancouver, British Columbia | Urban Design/Civitas; Concept Plan/Phillips Wuori Long, Inc.; Detailed Design/Phillips Farevaag Smallenberg |
| 365 | Stone Villa | Aspen, Colorado | Design Workshop |
| 368 | Gardens at El Paseo | Palm Desert, California | Design Workshop |
| 369 TL | The Wilshire | Los Angeles, California | SWA Group |
| 369 BL | Toad Hall, Santa Barbara Botanic Garden | Santa Barbara, California | Patrick Dougherty |
| 369 TR | The Patra Resort & Villas | Bali, Indonesia | Belt Collins |
| 369 BR | Spring Hill Farm | Casanova, Virginia | Earth Design Associates, Inc. |
| 370 | Mountain Retreat | Aspen, Colorado | Design Workshop |
| 371 L | Conrad Bali Resort & Spa | Bali, Indonesia | Belt Collins |
| 371 R | Bedon's Alley | Charleston, South Carolina | Nelson Byrd Woltz Landscape Architects |
| 372–373 | Private Residence | Aspen, Colorado | Design Workshop |
| 375 | Phil Hardberger Park | San Antonio, Texas S | tephen Stimson Associates Landscape Architects |
| 376 R | Maymont Park | Richmond, Virginia | Earth Design Associates, Inc. |
| 378 TL | Apollo and Daphne, Little Sparta, Stonypath | Pentland Hills, Edinburgh, Scotland | Ian Hamilton Finlay |
| 378 TR | Walt Disney Concert Hall | Los Angeles, California | Melinda Taylor and Lawrence Reed Moline, Landscape Architecture, Frank Gehry, Architect |
| 378 BL | Walt Disney Concert Hall | Los Angeles, California | Melinda Taylor and Lawrence Reed Moline, Landscape Architecture, Frank Gehry, Architect |
| 378 BR | Apollo, Little Sparta, Stonypath P | entland Hills, Edinburgh, Scotland | Ian Hamilton Finlay |
| 379 TL | Polmood Farm | Santa Fe, New Mexico | Design Workshop |
| 379 BL | Exxon Corporate Headquarters | Irving, Texas | SWA Group |
| 379 BR | Private Residence | Aspen, Colorado | Design Workshop |
| 381 L | Private Residence | Aspen, Colorado | Design Workshop |
| 381 R | Copia, The American Center for Wine, Food, and Arts | Napa, California | PWP Landscape Architecture |
| 382 R | 5800 Third Street | San Francisco, California | Miller Company |
| 382 L | The Children's Garden at The Oregon Garden | Silverton, Oregon | Mayer/Reed |
| 383 L | Clark County Government Center | Las Vegas, Nevada | Civitas, Inc. |
| 383 R | Ensley Avenue | Los Angeles, California | Orange Street Studio |
| 384 | Mirabella | Portland, Oregon | Mayer/Reed |
| 385 | John E. Jaqua Academic Center | Eugene, Oregon | Charles Anderson, Atelier PS |
| 386–387 | The Gates, Central Park | New York, New York | The Gates—Christo and Jeanne-Claude/Central Park—Frederick Law Olmsted and Calvert Vaux |
| 395 L | Court of the Toads, Dallas Arboretum | Dallas, Texas | SWA Group |
| 395 R | Portland Parks and Jamison Square | Portland, Oregon | PWP Landscape Architecture |
| 396 | Creekfront | Denver, Colorado | Wenk Associates, Inc. |

# 인용문 출처 (Quotation Sources)(쪽 page)


Adams, Henry: *The Education of Henry Adams,* Houghton Mifflin, Boston, 1928 (216)

Ardrey, Robert: *African Genesis,* Dell, New York, 1961 (32)

Aristotle: *Rhetoric* (253)

Bacon, Edmund N.: *Planning,* The American Society of Planning Officials, Chicago, 1958 (199)

Beck, Walter: *Painting with Starch*, Van Nostrand, Princeton, N.J., 1956 (353)

Bel Geddes, Norman: *Magic Motorways,* andom House, New York, 1940 (326, 329)

Benét, Stephen Vincent: *Western Star,* Farrar & Rinehart, New York, 1943 (22)

Bergmann, Karen: *Landscape Architecture,* May 1990 (291)

Berry, Wendell: *Another Turn of the Crank,* Counterpoint, Washington, D.C., 1995 (198)

Borissavliévitch, Miloutine: *The Golden Number,* Alec Tiranti, London, 1958 (354)

Bowie, Henry P.: *On the Laws of Japanese Painting,* Dover, New York, 1952 (republication of 1911 edition) (246)

Braun, Ernest, and David E. Cavagnaro, *Living Water,* The American West Publishing Company, Palo Alto, Calif., 1971 (31)

Breuer, Marcel: In conversation (348)

Bronowski, Jacob: *Arts and Architecture,* February and December 1957 (127, 247)

Carson, Rachel: *The Sea around Us,* Oxford University Press, New York, 1951 (26)

Church, Thomas D.: *Gardens Are for People,*Reinhold, New York, 1955 (331, 366)

Churchill, Henry S.: *The City Is the People,* Harcourt, Brace, New York, 1945 (199, 216)

Clark, Kenneth: *Civilisation,* Harper & Row, New York, 1969 (21)

Clawson, Marion: *Man and Land in the United States,* University of Nebraska Press, Lincoln, 1964 (80)

Clay, Grady: *Water and the Landscape,* McGraw-Hill, New York, 1979 (134)

Crowe, Sylvia: *Tomorrow's Landscape,* Architectural Press, London, 1956 (199)

Cullen, Gordon: *Townscape,* Reinhold, New York, 1961 (291)

Danby, Hope: *The Garden of Perfect Brightness,* Henry Regnery Company, Chicago, 1950 (128)

Eckbo, Garrett: *Landscape Architecture,* May 1990 (233)

———: *Landscape for Living,* McGraw-Hill Information Systems Company, McGraw-Hill, Inc., New York, 1950 (198, 237, 278)

Eiseley, Loren: *The Immense Journey,* Random House, New York, 1957 (59)

Gallion, Arthur B.: *The Urban Pattern,* Van Nostrand, New York, 1949 (216)

Gardner, James, and Caroline Heller: *Exhibition and Display,* McGraw-Hill Information Systems Company, McGraw-Hill, Inc., New York, 1960 (323)

Giedion, Siegfried: *Space, Time and Architecture,* Harvard University Press, Cambridge, Mass., 1941 (140)

Goshorn, Warner S.: In correspondence with Harold S. Wagner (79)

Graham, Wade: "The Grassman," *The New Yorker,* August 19, 1996 (66)

Gutkind, E. A.: *Community and Environment,* C. A. Watts & Co., London, 1953 (35)

Hilberseimer, Ludwig K.: *The New Regional Pattern,* Paul Theobald, Chicago, 1949 (204, 326)

Hubbard, Henry V., and T. Kimball: *An Introduction to the Study of Landscape Design,* Macmillan, New York, 1917 (125)

Kepes, Gyorgy: *Language of Vision,* Paul Theobald, Chicago, 1944 (125)

*Landscape Architecture,* October 1994 (178)

Le Corbusier: *The Radiant City,* republication, Orion Press, New York, 1964 (141, 348)

Leopold, Aldo: *A Sand County Almanac,* reprint, Oxford University Press, Fair Lawn, N.J., 1969 (82, 331)

Li, H. H.: Translation of Chinese manuscript (24)

McHarg, Ian L.: *Landscape Architecture* (quarterly magazine of the American Society of Landscape Architects), January 1958 (204)

McPhee, John: *Annals of the Former World,* Farrar, Straus and Giroux, New York, 1998 (36)

McPhee, John: *Coming into the Country,* Bantam, New York, 1979 (78)

Mendelsohn, Eric: *Perspecta* (the Yale architectural journal), 1957 (128)

Millay, Edna St. Vincent: "The Goose-Girl," *Collected Lyrics of Edna St. Vincent Millay,* Harper and Brothers, New York, 1939 (365)

Moholy-Nagy, László: *The New Vision,Wittenborn,* Schultz, New York, 1928 (127, 281)

Mumford, Lewis: *The Culture of Cities, Harcourt,* Brace, New York, 1938 (176, 199, 203, 204, 216)

Murphy, W. Tayloe, "Address to ASLA Virginia Chapter" (62)

Neutra, Richard J.: *Survival through Design,* Oxford University Press, New York, 1954 (23, 284)

Newton, Norman T.: *An Approach to Design,* Addison-Wesley, Cambridge, Mass., 1941 (24, 126)

Ognibene, Peter J.: "Vanishing Farmlands," *Saturday Review,* May 1980 (76)

Okakura, Kakuzo: *The Book of Tea,* Charles E. Tuttle, Rutland, Vt., 1958 (265)

Phillips, Patricia C.: *Landscape Architecture,* December 1994 (214)

Rasmussen, Steen Eiler: *Towns and Buildings,* Harvard University Press, Cambridge, Mass., 1951 (213)

Read, Sir Herbert: *Arts and Architecture,* May 1954 (280)

Reed, Henry H., Jr.: *Perspecta* (the Yale architectural journal), 1952 (115)

Saarinen, Eliel: *Search for Form,* Reinhold, New York, 1948 (122, 209, 351, 394)

Santayana, George: *The Sense of Beauty, Dover,* New York, 1955 (124, 126)

Sert, José Luis, and C.I.A.M.: *Can Our Cities* Survive? Harvard University Press, Cambridge, Mass., 1942 (214, 351)

Severud, Fred M.: "Turtles and Walnuts, Morning Glories and Grass," *Architectural Forum,* September 1945 (27)

Shigemori, Kanto: In conversation (365)

Simonds, Dylan Todd: In correspondence (225)

Simonds, John Todd: In conversation (20)

Sitte, Camillo: *The Art of Building Cities,* Reinhold, New York, 1945 (122, 215, 349, 354)

Spengler, Oswald: *Decline of the West,* Alfred A. Knopf, New York, 1939 (285)

Sullivan, Louis H.: *Kindergarten Chats,* Wittenborn, Schultz, New York, 1947 (126, 396)

Sze, Mai-mai: *The Tao of Painting,* The Bollingen Foundation, New York, 1956 (27)

Tunnard, Christopher: *Gardens in the Modern Landscape,* Charles Scribner's, New York, 1948(34, 141)

Van der Ryn, Sim, and Stuart Cowan: *Ecological Design,* Island Press, Washington, D.C., 1996 (22, 25, 29)

Van Loon, Hendrik: *The Story of Mankind,* Boni and Liveright, New York, 1921 (26)

Veri, Albert R., et al.: *Environmental Quality by Design: South Florida,* University of Miami Press, Coral Gables, Fla., 1975 (31, 69)

White, Stanley: *A Primer of Landscape Architecture,* University of Illinois, Urbana, 1956 (3[illegible], 33, 145)

Whyte, Lancelot Law: "Some Thoughts on the Design of Nature and Their Implications for Education," *Arts and Architecture,* January 1956 (2[illegible])

Whyte, William H., Jr.: *The Exploding Metropolis,* Doubleday, New York, 1958 (216)

Wikipedia: "Water Resources," last modified July 20, 2012, accessed September 10, 2012, http://en.wikipedia.org/wiki/Water_resources (61)

Wilson, E. O.: *The Diversity of Life,* W. W. Norton and Co., 1992 (39)

Wittkower, Rudolph: *Architectural Principles in the Age of Humanism,* University of London, Warburg Institute, 1949 (356)

Zevi, Bruno: *Architecture as Space, Horizon Press,* New York, 1957 (295)

# 참고문헌 (Bibliography)

아래 열거하는 참고문헌은 우리 생활환경을 다루는 광범위한 문헌 목록 극히 일부만 예시하는 것이다. 일부 이미 절판된 도서는 대학 도서관에서 대개 구해 볼 수 있다.

## 1. 조경사 및 이론(History and Theory)

조경계획 및 설계 역사와 사상 흐름에 대한 통찰력을 주는 참고문헌 중 일부를 선정한 것이다.


ASLA: *Landscape Architecture magazine, Profilesin Landscape Architecture,* American Society ofLandscape Architects, Washington, D.C.,1995.

Brubaker, Sterling: *To Live on Earth,* Re sources for the Future, Inc., Johns Hopkins University Press, Baltimore, 1972.

Carson, Rachel: *Silent Spring,* Buccaneer Books, New York, 1994.

Clark, Kenneth: *Civilisation,* Harper & Row, New York, 1969.

Commoner, Barry: *The Closing Circle,* Bantam, New York, 1971.

Diamond, Henry L., and Patrick F. Noonam: *Land Use in America,* Island Press, Washington, D.C., 1996.

Dubos, René: *So Human an Animal: How We Are Shaped by Surroundings and Events,* Charles Scribner's Sons, New York, 1969.

Fein, Albert: *Frederick Law Olmsted and the American Environmental Tradition,* George Braziller, New York, 1972.

Howard, Ebenezer: *Garden Cities of Tomorrow,* M.I.T. Press, Cambridge, Mass., 1965. (Originally published in 1898.)

Hubbard, Henry Vincent, and Theodora Kimball: *An Introduction to the Study of Landscape Design,* rev. ed., Hubbard Educational Trust, Boston, 1959.

Jackson, J. B.: *Discovering the Vernacular Landscape,* Yale University Press, New Haven, Conn., 1983.

Jellicoe, Geoffrey, and Susan Jellicoe: *The Landscape of Man; Shaping the Environment from Prehistory to the Present Day,* Viking Press, New York, 1975.

Leopold, Aldo: *A Sand County Almanac: With Essays on Conservation from Round River,* Ecological Main Event Series, Ballantine, New York, 1987.

Marsh, George Perkins: *Man and Nature,* Harvard University Press, Cambridge, Mass., 1965. (Originally published in 1864.)

Mumford, Lewis: *The Culture of Cities,* Greenwood Publishers, Westport, Conn., 1981.

Newton, Norman T.: *Design on the Land,* Belknap Press, Harvard University Press, Cambridge, Mass., 1971.

Reich, Charles: *The Greening of America,* Bantam, New York, 1970.

Smithsonian Annual Symposium: *The Fitness of Man's Environment,* Smithsonian Institution Press, Washington, D.C., 1968.

Tunnard, Christopher, and Boris Pushkarev: *Man- made America: Chaos or Control?,* Yale University Press, New Haven, Conn., 1963.

Wilkes, Joseph A., and Robert T. Packard (eds.): *Encyclopedia of Architecture: Design, Engineering and Construction,* John Wiley & Sons, New York, 1988.


## 2. 환경(Environment)

세계 환경문제가 갈수록 심각해지면서 최근 들어 환경보호와 환경계획 분야 중요성이 더욱 커지고 있다. 수많은 문헌 중 우수한 글을 고른 것이다.


Anderson, J. M.: *Ecology for Environmental Sciences: Biosphere, Ecosystems and Man,* JohnWiley & Sons (Halsted), New York, 1981.

Berry, Thomas: *The Dream of Earth,* Sierra Club Books, San Francisco, 1990.

Berry, Wendell: *Another Turn of the Crank,* Counterpoint, Washington, D.C., 1995.

Berry, Wendell: *The Gift of Good Land,* North Point Press, San Francisco, 1981.

Bradshaw, A. D., and M. J. Chadwick: *The Restoration of the Land: The Ecology and Reclamation of Derelict and Degraded Land,* University of California Press, Berkeley, Calif., 1981.

Chase, Alson: *In a Dark Wood,* Houghton Mifflin, New York, 1995.

Clawson, Marion: *Forests for Whom and for What?,* Johns Hopkins University Press, Baltimore, 1975.

Curry- Lindahl, Kai: *Conservation for Survival: An Ecological Strategy,* William Morrow & Company, New York, 1972.

Fiedler, Peggy, and Subodh K. Jain (eds.): *Conservation Biology: The Theory and Practice of Nature Conservation,* Preservation and Management, Chapman & Hall, New York, 1992.

Gore, Al: *Earth in the Balance: Ecology and the Human Spirit,* Houghton Mifflin, New York, 1993.

Hiss, Tony: *The Experience of Place,* Vintage, New York, 1990.

Lewis, Philip H., Jr.: *Tomorrow By Design: A Regional Design Process for Sustainability,* John Wiley & Sons, New York, 1996.

Lyle, John Tillman: *Regenerative Design for Sustainable Development,* John Wiley & Sons, New York, 1994.

McHarg, Ian L.: *Design with Nature,* John Wiley & Sons, New York, 1995. (First published by the Natural History Press, 1969.)

Simonds, John Ormsbee: *Earthscape: A Manual of Environmental Planning and Design,* 2d ed., Van Nostrand Reinhold, New York, 1996.

Thayer, Robert: *Gray World, Green Heart: Technology, Nature and the Sustainable Landscape,* John Wiley & Sons, New York, 1994.

Van der Ryn, Sim, and Stuart Cowan: *Ecological Design,* Island Press, Washington, D.C., 1995.

Ward, Barbara, and René Dubos: *Only One Earth: The Care and Maintenance of a Small Planet, The United Nations Conference on the Human Environment,* W.W. Norton, NewYork, 1972.


## 3. 생활 공동체(Community)

더 나은 주택단지, 근린주구, 공동체 계획과 설계를 다루는 참고문헌들이다.


Arendt, Randall G.: *Conservation Design for Subdivisions: A Practical Guide to Creating Open Space Networks,* Island Press, Washington, D.C., 1996.

Dowden, C. James: *Community Associations: A Guide for Public Officials Published Jointly by the Urban Land Institute and the Community Associations Institute,* Washington, D.C., 1980.

Hall, Kenneth B.: A Concise Guide to Community Planning, McGraw- Hill, New

York, 1994.

Harker, Donald, and Elizabeth Ungar Natter: *Where We Live: A Citizen's Guide to Conducting a Community Environmental Inventory,* Island Press, Washington, D.C., 1995.

Hester, Randolph T., Jr.: *Planning Neighborhood Space with People,* Van Nostrand Reinhold, New York, 1984.

Little, Charles E.: *Challenge of the Land: Open Space Preservation,* Pergamon Press, New York, 1969.

Moore, Colleen Grogan: *PUD's In Practice,* Urban Land Institute, Washington, D.C., 1985.

Smart, Eric: *Making Infill Projects Work,* Urban Land Institute and Lincoln Institute of Land Policy, Washington, D.C., 1985.

Terrene Institute (and U.S. EPA): *Local Ordinances: A User's Guide,* Terrene Institute, Washington, D.C., 1995.

Whyte, William H.: *Cluster Development,* American Conservation Association, New York, 1964.

## 4. 도시 및 지역 형태 (Urban and Regional Form)

도시 및 지역 형태는 다음과 같은 토지이용, 교통, 레크리에이션, 자원계획 문헌에서 다루고 있다.

Arendt, Randall: *Rural By Design: Maintaining Small Town Character,* Planners' Press, Chicago, 1994.

Bacon, Edmund N.: *Design of Cities,* rev. ed., Viking Press, New York, 1974.

Breen, Ann, and Dick Rigby: *The New Waterfront: A Worldwide Urban Success Story,* McGraw-Hill, New York, 1996.

Calthorpe, Peter: *The Next American Metropolis: Ecology, Community, and the American Dream,* Princeton Architectural Press, New York, 1993.

Collins, Richard C., Elizabeth B. Waters, and A. Bruce Dotson: *America's Downtowns: Growth, Politics and Preservation,* Preservation Press, The National Trust for Historic Preservation, Washington, D.C., 1990.

Harr, Charles M.: *Land Use Planning: A Casebook on the Use, Misuse, and Reuse of Urban Land,* Little, Brown, Boston, 1976.

Jacobs, Jane: *The Death and Life of Great American Cities,* Modern Library, New York, 1993. (Originally published 1961.)

Katz, Peter: *The New Urbanism: Toward an Architecture of Community,* McGraw-Hill, New York, 1993.

Kunstler, James Howard: *The Geography of Nowhere: The Rise and Decline of America's Man-Made Landscape,* Simon & Schuster, New York, 1993.

Laurie, Ian C.: *Nature in Cities,* John Wiley & Sons, New York, 1979.

Little, Charles: *Greenways for America,* Johns Hopkins University Press, Baltimore, 1990.

MacKaye, Benton: *The New Exploration: A Philosophy of Regional Planning,* University of Illinois Press, Urbana, Ill., 1962.

Mertes, James D., and James R. Hall: *Park, Recreation Open Space, and Greenway Guidelines,* National Park and Recreation Association in cooperation with the American Academy for Park and Recreation Administration, Washington, D.C., 1996.

Simonds, John Ormsbee: *Garden Cities 21:Creating a Livable Urban Environment,* McGraw-Hill, New York, 1994.

Spirn, Anne Whiston: *The Granite Garden, Urban Nature and Human Design,* Basic Books, New York, 1984.

Spreiregen, Paul D.: *Urban Design: The Architecture of Town and Cities, McGraw-Hill,* New York, 1965.

Whittick, Arnold (ed.): *Encyclopedia of Urban Planning,* McGraw-Hill, New York, 1974.

Whyte, William H., Jr.: *Rediscovering the Center City,* Doubleday, New York, 1990.

## 5. 단지계획(Site Planning)

단지계획 및 설계와 조경계획 및 설계에 관한 수많은 문헌 중 입문서로 적합한 책을 소개한다.

Brown, Karen M., and Curtis Charles: *Computers in the Professional Practice of Design,* McGraw-Hill, New York, 1995.

Church, Thomas D., et al.: *Gardens Are for People,* 3d ed., University of California Press, Berkeley, Calif., 1995.

Collins, Lester A.: *Innisfree, An American Garden,* Sagapress/Harry Abrams, New York, 1994.

Crowe, Sylvia: *Garden Design,* Antique Collectors Club, Wappingers Falls, N.Y., 1994.

Dattner, Richard: *Civil Architecture: The New Public Infrastructure,* McGraw-Hill, New York, 1994.

Eckbo, Garrett, *Philosophy of Landscape,* Process Architecture Co., Tokyo, 1995.

EDAW: *The Integrated World,* Process Architecture Co., Tokyo, 1994.

Harris, Charles W., and Nicholas T. Dines: *Time-Saver Standards for Landscape Architecture,* McGraw-Hill, New York, 1988.

Kiley, Dan: *In Step with Nature,* Process Architecture Co., Tokyo, 1993.

Lebovich, William L.: *Design for Dignity,* John Wiley & Sons, New York, 1993.

Oehme, Wolfgang, and James van Sweden: *Bold Romantic Gardens,* Acropolis Books, Reston, Va., 1990.

Robinette, Gary O.: *Water Conservation in Landscape Design and Management,* Van Nostrand Reinhold, New York, 1984.

Van Sweden, James: *Gardening With Water,* Random House, New York, 1995.

Walker, Peter, William Johnson, and Partners: *Art and Nature,* Process Architecture Co., Tokyo, 1994.

Zion, Robert: *Landscape Architecture,* Process Architecture Co., Tokyo, 1994.

## 6. 기타 문헌(Other Publications) (아래 각 기관 판매 도서목록 참고)

American Institute of Architects
1735 New York Avenue, N.W.
Washington, DC 20006

American Planning Association
122 S. Michigan Ave.
Suite 1600
Chicago, IL 60603

American Society of Landscape Architects
4401 Connecticut Avenue, N.W.
Washington, DC 20008

Community Builders Handbook Series
Urban Land Institute
625 Indiana Avenue, N.W.
Washington, DC 20004-2930

Process Architecture Publications
Process Architecture Publishing Co., Ltd.
1-47-2-418 Sasazuka,Shibuya-Ku
Tokyo, Japan

Sierra Club Books
2034 Fillmore St.
San Francisco, CA 94115

Sunset Magazine: Sunset Gardening and Outdoor Books publish an enduring series of excellent paperback publications relating particularly to residential landscape design.
Lane Publishing Company Menlo Park, CA 94025

# 찾아보기 (Index)

## 인명 찾아보기